Introduction to GAME DESIGN, PROTOTYPING, and DEVELOPMENT

FROM CONCEPT TO PLAYABLE GAME
WITH UNITY AND C#

游戏设计、原型与开发

基于Unity与C#从构思到实现

[美] Jeremy Gibson 著
刘晓晗 刘思嘉 文静 张一淼 译

電子工業出版社
Publishing House of Electronics Industry
北京•BEIJING

内 容 简 介

这是一本将游戏设计理论、原型开发方法以及编程技术巧妙结合在一起的书籍，目的是填补游戏设计与编程开发之间的缺口，将两者联系起来。随着 Unity 游戏开发技术趋于成熟，游戏设计师把自己的想法转换为数字原型已变得极为重要。书中汇集了国际知名游戏设计专家——Jeremy Gibson 在北美地区首屈一指的游戏设计课程的教学经验，整合了成为成功游戏设计师和原型设计师所需要的相关技能与知识，能够有效帮助读者熟练运用 Unity 进行原型开发与游戏设计，以及借助 C#进行游戏编程。

游戏制作是一门手艺，是很多人的梦想，但其重重困难也时常令人望而却步。当你徘徊在游戏制作之门手足无措时，这本书可以从理论和实践两方面帮你打下牢固的基础。翻开这本书，跟随其中的指引冲破阻碍，也许创造下一个经典游戏的就是你！

图书在版编目（CIP）数据

游戏设计、原型与开发：基于 Unity 与 C#从构思到实现 /（美）杰里米・吉布森（Jeremy Gibson）著；刘晓晗等译. —北京：电子工业出版社，2017.5

书名原文：Introduction to Game Design, Prototyping, and Development: From Concept to Playable Game with Unity and C#

ISBN 978-7-121-31121-5

Ⅰ. ①游… Ⅱ. ①杰… ②刘… Ⅲ. ①游戏程序－程序设计 Ⅳ. ①TP317.6

中国版本图书馆 CIP 数据核字(2017)第 055486 号

策划编辑：牛　勇
责任编辑：徐津平
印　　刷：北京盛通商印快线网络科技有限公司
装　　订：北京盛通商印快线网络科技有限公司
出版发行：电子工业出版社
　　　　　北京市海淀区万寿路 173 信箱　　邮编：100036
开　　本：787×1092　1/16　印张：45.5　字数：1107 千字
版　　次：2017 年 5 月第 1 版
印　　次：2020 年 3 月第 9 次印刷
定　　价：128.00 元

凡所购买电子工业出版社图书有缺损问题，请向购买书店调换。若书店售缺，请与本社发行部联系，联系及邮购电话：（010）88254888，88258888。

质量投诉请发邮件至 zlts@phei.com.cn，盗版侵权举报请发邮件至 dbqq@phei.com.cn。

本书咨询联系方式：010-51260888-819，faq@phei.com.cn。

译者序

让我直截了当地告诉你，你是否需要这本书，以及为什么需要它吧。

在你手中的这本书，前半部分为关于游戏的理论框架和实用技巧，后半部分为 Unity 开发实践。本书作者的思路根植于当今欧美游戏教学的主流体系，并且更注重实践。如果你与作者一样，把游戏看作一门手艺，或者看成一门武功，那么前者是内功心经，后者则是武学招式。至于学游戏的最好途径，很多游戏设计书中都提过要亲手做游戏，这恰恰是体现本书价值的地方。

如果你已经是一名富有经验的游戏设计师，本书有些入门，也许会与你已有的经验相悖，难以接受。但是如果你对游戏开发有兴趣，刚要入门或者打算入门，我可以说这本书是绝好的入口，其不仅手把手带你走过“万事开头难”的部分，还能防止你误入歧途。

游戏制作称得上是这世界上最复杂的事情之一，当你站在它的门口手足无措时，本书可以从理论和实践两方面帮你打下牢固的基础。就像做音乐的要用小样展示自己的水平，设计师也需要通过游戏原型表达自己的想法。而本书明智地采用了 Unity，是目前在专业性和易上手之间极其平衡的选择。

以本书为基础，你可以继续在游戏理论框架里深入探索各个细分领域，或者试试其他游戏引擎和编程语言，找到自己心仪的那一款，甚至爱上编程，最后以程序员的身份步入游戏开发这条路。总而言之，你可以把本书看作游戏设计师的自我修养，或是进入游戏行业的敲门砖。

参与本书翻译工作的有：刘晓晗、刘思嘉、文静、张一淼、王薇、张一鸣、姚待艳、杨如利、龙成、李嘉明、夏骏、姚守理、李毅、姚居济、王德贞。由于水平有限，疏漏之处在所难免，还请广大读者和专家指正。

最后，作为行业中的一员，我很欣慰地看到国内的游戏业就要结束野蛮生长，进入以质取胜的阶段。学习欧美同行这些年“真金白银”的积累，在我看来是在这条路上需要踏出的第一步。

刘思嘉

2017 年 3 月

序

我认为尽管游戏设计师和教师的外在不尽相同，但其内在是一样的，许多优秀游戏设计师拥有的技能，优秀教师也具备。你可能遇到过这样的教师，用谜题和故事让全班同学着迷；或是展示一些容易入门，但又难以精通的技能；或在不知不觉中巧妙地梳理你脑中零散的信息碎片，直到有一天可以在旁边看着你做出自己都意想不到的杰作。

我们电子游戏设计师花费大量的时间教人们玩游戏的技巧，还要让他们乐在其中。不过我们并不想让人感觉是在教他们，通常最好的游戏教学看起来像是惊奇冒险的开始。我曾有幸在屡获殊荣的顽皮狗（Naughty Dog）工作室工作了八年，以主/副设计师的身份参与制作了《神秘海域》（*Uncharted*）系列的三部 PS3 游戏。工作室的所有人都非常喜欢《神秘海域 2：纵横四海》（*Uncharted 2: Among Thieves*）的开场。在玩家精神紧绷的同时，有效地教会了他们游戏的基础操作，当时我们的主角内森·德雷克正在悬崖边摇摇欲坠的火车上命悬一线。

游戏设计师在创造虚拟冒险时不断重复这个过程。比如开发类似《神秘海域》系列之类的续作游戏时，设计师要格外留意玩家刚刚学会的内容。需要以好玩的方式呈现出来，让玩家能将新技巧派上用场，同时又不会难度过高，还要足够有挑战性，能让他们全神贯注。通过游戏场景、人物和物体的描绘、游戏发出的声音和游戏进行交互操作，让纯粹的新玩家做这些事情，难度可想而知。

现在我作为一名教授在大学里讲授游戏设计，真切体会到了许多游戏设计技巧对我的教学非常有帮助。另外，我还发现，教学就像设计游戏一样让人满足。所以毫不意外的，我发现本书的作者 Jeremy Gibson 也在游戏设计和教学方面都有天赋，不久你就会发现。

大约在十年前，我在南加州的年度游戏开发者大会上与 Jeremy 相识，并一见如故。在游戏开发方面已经颇有建树的他，因为对游戏设计的热爱与我一拍即合。如你将在书中所见，他喜欢把游戏设计当作一门手艺、一种设计实践和新兴艺术。随后 Jeremy 回到了卡内基梅隆大学出色的娱乐科技中心继续研究生课程，师从 Randy Pausch 博士和 Jesse Schell 等梦想家。数年来，Jeremy 一直和我保持联系。最终，我得知其成为 USC 的游戏分部——电影艺术学院互动媒体游戏部的一名教授，也是我现在任教的地方。

事实上，他在 USC 任教的时候，我作为他的学生得以深入地了解他。为了取得在 USC 游戏创新实验室进行研究的必要技能，我上了 Jeremy 的一门课程，他让我从一个只有编程基础的 Unity 新手成为熟练的 C#程序员，得以充分利用 Unity——世界上最强大、易用和广泛适应性的游戏引擎之一。Jeremy 的每节课程不仅有 C#和 Unity 的内容，还有游戏设计和开发方面的真知灼见，从构思创意、时间管理和任务优先级，到游戏设计师利用电子表格优化游戏。修完 Jeremy 的课程后我甚至希望能再来一次，我知道还能从中学到很多。

所以，听到 Jeremy 在写这本书时我非常高兴，当我真正读到这本书时更是喜出望外。好消息是，Jeremy 已经将所有你我想了解的内容都写在了书中。我从游戏业中的优秀游戏设计、制作和开发范例中学到了许多，并且很开心地告诉你，Jeremy 已经将这些最有用的制作游戏方法汇总在了这本书中。你会读到手把手的教程及代码范例，并帮助你成为更优秀的游戏设计师和开发者。虽然书中的练习有点复杂——游戏设计难度非常之高，不过 Jeremy 会在一旁用浅显易懂的语言一路指引着你。

你还会在书中读到游戏历史和理论。Jeremy 不仅对游戏设计颇有研究，而且博览群书。在本书的第 I 部分，你会读到他对最先进的游戏设计方法广泛深刻的分析，并且还有他从游戏设计经验中总结出的心得体会。Jeremy 借助人类历史上与游戏相关的逸闻轶事支持自己的理论。他不断地让你质问自己对游戏的理解，超越主机、手柄、屏幕和音响，催生出新一代的游戏创新者。

Jeremy Gibson 已离开了 USC，现任教于密歇根大学安娜堡分校。我为密歇根大学的同学们感到庆幸，他们能够在他的引领下对游戏设计进行新的诠释。那一年春天，当 Jeremy 参加 USC 游戏专业举办的年度 GDC 校友晚宴时，满屋同学们的惊呼声变成了热烈的掌声。Jeremy Gibson 为人师表的成绩可见一斑。多亏了这本书，你也有幸成为他的学生之一。

游戏设计和开发的世界瞬息万变。我全身心地爱着独一无二的它，你可以成为这个奇妙世界的一员。借助在本书中学到的知识，你可以开发各种新颖的游戏原型，也许能创立全新的游戏类型、表现风格、细分市场。全世界游戏设计的明日之星，正在家中或学校学习设计和编程。如果你好好利用这本书，跟随这里的建议并且多做练习，也许创造下一个经典游戏的就是你。

祝你好运，玩得开心！

Richard Lemarchand

USC 游戏专业副教授

前言

欢迎阅读本书。笔者有多年游戏设计方面的经验，并在多所大学担任过游戏设计课程的教授，其中包括南加州大学的互动媒体和游戏专业、密歇根大学安娜堡分校的电气工程与计算机科学专业等，本书便是基于笔者多年的专业经验编写而成的。

本前言主要介绍本书的写作目的、内容以及本书的使用方法。

本书的写作目的

本书的写作目的非常明确：提供读者成为成功游戏设计师和原型设计师所需要的工具和知识，笔者尽可能地将所有的相关技能和知识都纳入了本书。与其他教程类的书籍不同的是，本书结合了游戏设计的原则与数字开发（也就是计算机编程）内容，并将两者融入互动原型中。随着性能先进且简便易用的游戏开发引擎的出现（比如 Unity），原型构建正变得前所未有的简单。而且，学会原型开发也有助于你成为一名更优秀的游戏设计师。

第 I 部分：游戏设计和纸面原型

本书第 I 部分介绍了游戏设计的不同理论和分析框架，这些内容在早年出版的一些书籍里均有涉及。本部分介绍了一种将这些理论结合并拓展延伸的方法——四元分层法。四元分层法探究了与互动体验设计相关的决策内容。本部分同时含纳了不同游戏设计原则的挑战难度，阐述了纸面原型的设计过程、游戏测试和迭代设计。这些具体的信息和知识将有助于读者成为合格的设计师。

第 II 部分：数字原型

本书第 II 部分介绍了编程的内容。该部分的编写基于笔者作为教授多年为零基础的学生授课的经验，笔者在课堂上也使用这些内容教导学生如何利用数字编程表达自己游戏设计的理念。如果你此前没有学过任何编程或开发的相关知识，也没有任何经验的话，那么本书第 II 部分的内容就是为你量身定做的。如果你此前有过一定的编程经验，那么你也可以学到编程的几个小窍门，了解到一些不同的编程方法。

第Ⅲ部分：游戏原型实例和教程

本书第Ⅲ部分围绕多种迥异的原型实例教程展开，你能学习到不同类型游戏的开发方法。该部分内容的主要目的是：通过展示不同类型游戏的开发方式，借此展现开发游戏原型的最佳办法，并且这些知识为你将来的工作打下了良好的基础。市场上其他图书多数只介绍一种类型的教程，篇幅长达上百页。相比之下，本书的教程种类繁多，短小精悍。虽然没有那些书籍的单个教程内容详尽，但是笔者认为学习不同类型的教程更有助于读者将来自己准备项目开发。

第Ⅳ部分：附录

本书包含了一些很重要的附录内容，值得在这里提一下。笔者将书中多次提及的信息，以及笔者认为读者阅读后有可能想要再次查阅的内容放在了附录，因此本书的附录并不是通篇重复的内容，也不需要读者翻阅不同章节寻找。附录 A 是运用 Unity 创建游戏项目的步骤。附录 B 是篇幅最长的附录，虽然该附录的名字十分平庸，但是笔者认为你以后会经常来查阅这部分的知识。附录 B“实用概念”里集合了笔者在游戏原型开发上经常使用的技术和策略。

数字原型：Unity

本书提到的所有数字游戏实例均基于游戏引擎 Unity 和 C#语言。笔者在讲授数字游戏开发和互动体验课程上有十多年的经验，在笔者看来，目前为止 Unity 是学习游戏开发的最佳工具，C#语言则最适合原型设计师学习。虽然现在也有一些开发工具不需要使用者具备任何编程技术（比如 Game Maker 和 Game Salad），但是 Unity 的资源包更灵活多变，并且基本上都是免费的（Unity 的免费版本包含付费版本的大多数内容，本书通篇用到的 Unity 也都是免费版本的）。如果你真的想学习游戏编程，那么 Unity 是你的最佳选择。

同样，有一些编程语言要比 C#语言更容易使用。过去笔者教过学生 ActionScript 和 JavaScript，但这么长时间以来 C#的灵活性和强大的功能一直让笔者印象深刻。学习 C#不仅是学习简单的编程，更是学习编程的方法。JavaScript 对使用者在编程时的严谨性要求不高，可笔者发现这实际上会减慢开发的速度。C#在这方面则要严格得多（通过强类型变量等内容），这不仅有助于使用者成为更出色的程序员，同时也会提升编程速度（比如强类型提供代码自动完成的提示，让使用者更快速、更准确地编程）。

本书面向的受众群体

市面上有很多关于游戏设计的书籍，也有很多关于编程的图书。本书的宗旨就是填补游戏设计和编程之间的缺口，将两者联系起来。随着像 Unity 的游戏开发技术趋于成熟，游戏设计师把自己的想法转换为数字原型就变得极为重要。本书能帮助你：

- **如果你有兴趣致力于游戏设计领域，但是从未学过编程，**那么本书是你的最佳选择。第 I 部分介绍了几种不同的游戏设计理论，以及探索设计理念的方法。第 II 部分教授零基础读者学习编程，了解面向对象的类体系。自从笔者担任大学教授以来，主讲的课程主要都是教授没有编程学习背景的学生学习游戏编程。笔者将自己的所有教学经验提炼浓缩至第 II 部分内容中。第III部分阐述了不同游戏类型的八种游戏原型开发方法。每一种方法都能快速地把概念转变成数字原型。本书的附录列举了游戏开发和编程的概念，提供了扩展学习的资源。附录 B“实用概念”里有很多深入探究的内容，接下来的很多年里你也会经常用到这部分内容。
- **如果你有过编程经验，同时对游戏设计感兴趣，**那么本书第 I 部分和第III部分对你最有用。第 I 部分介绍了不同的游戏设计理论和探索设计理念的办法。第 II 部分介绍了 C#语言，以及如何在 Unity 环境中运用 C#，你可以跳过这部分内容。如果你熟悉其他编程语言，那么你就会发现 C#和 C++很相似，同时带有 Java 的一些高级功能。第III部分阐述了不同游戏类型的八种游戏原型开发方法。用 Unity 开发游戏和用其他游戏引擎开发截然不同，因为许多元素都是在编程外进行设计的。本书中举出的每一种原型实例都最适合用在 Unity 上，并且开发速度都很快。你也应该仔细阅读附录 B，该附录包含了不同开发概念的详细信息和内容，值得你翻阅查看。

本书约定

本书设计了很多特殊的版式内容，让读者更容易理解本书内容。

> **文本框**
>
> 本书将一些有用的重要的信息和内容放在文本框内，与正文格式不同。

> **提示**
>
> 此类内容提供与章节内容相关的额外信息，便于读者理解概念。

> **警告**
>
> 小心！此类内容是读者应该避免的错误或陷阱。

专栏
这里用于探讨那些对文本理解有用但却因内容较长需要分开展示的内容。

代码

本书中提及的代码遵守以下排版规则。

```
public class SampleClass {
    public GameObject           variableOnExistingLine;  // 1
    public GameObject           variableOnNewLine;// 2
}
```

1 编码列经常有注释；在本例中，每行的额外注释后面跟着//，数字表示为第几行注释。

2 出于某些原因，一些代码列会基于你已写过的代码扩展或者为C#脚本中已有的代码。在这种情况下，原有的代码为普通格式，新的代码会**加粗**。

本书前两部分中的代码大多会带有行序号（如前所示）。在MonoDevelop中不需要输入行序号（它会自动显示）。在本书最后部分，因为代码数量多，故不再标记行序号。

本书的网站

本书的网站囊括了章节中提到的参考文件、课程讲义以及原型教程的完成成果。读者可以在http://book.prototools.net中查阅。

作者简介

Jeremy Gibson 在密歇根大学安娜堡分校的电气工程与计算机科学专业任教，讲授计算机游戏设计课程，同时也是 ExNinja Interactive 有限责任公司的创始人之一。2009 年至 2013 年间，担任南加州大学电影艺术学院的互动媒体及游戏专业的助理教授，讲授游戏设计和原型开发课程。在他任职期间，该学院的游戏设计课程在北美地区首屈一指。Jeremy 同时担任 IndieCade 独立游戏展会的教育和发展主席，负责 IndieX-change 和 GameU 峰会。自 2009 年开始，每年在游戏开发者大会上发表演讲。

Jeremy 于 1999 年取得了得克萨斯大学奥斯汀分校的广播、电视、电影专业的理学学士学位，于 2007 年取得了卡内基梅隆大学娱乐技术专业的硕士学位。Jeremy 曾在 Human Code 和 frog design 公司担任程序员和原型设计师，曾在 Great Northern Way Campus（温哥华，BC）、得克萨斯州立大学、匹兹堡艺术学院、奥斯汀社区学院、得克萨斯大学奥斯汀分校任教，并曾在迪士尼、Maxis、Electronic Arts 和 Pogo.com 等公司任职。在攻读研究生期间，Jeremy 的团队开发了游戏产品 *Skyrates*，荣获 2008 年独立游戏峰会的 Silver Gleemax 奖项。同时 Jeremy 也是第一位在哥斯达黎加讲授游戏设计课程的教授。

目录

第Ⅰ部分　游戏设计和纸质原型

第 II 部分 数字原型

第 III 部分 游戏原型实例和教程

第 IV 部分 附录

第I部分

游戏设计和纸质原型

第 1 章

像设计师一样思考

你的旅途从此开始了。本章介绍设计的基本理论，整本书都由此展开。在本章中，你还会遇到第一个游戏设计练习，进一步了解本书的基本原则。

1.1 你是一名游戏设计师

此时此刻，你是一名游戏设计师，笔者希望你大声地说出来[1]：

我是一名游戏设计师。

没关系。就算别人能听到你，也要大声说出来。根据心理学家罗伯特·西奥迪尼的著作《影响力》[2]所言，如果其他人听到你许诺某事，你更有可能去实现它。所以，大胆地写在脸书上，告诉你的朋友和家人：

我是一名游戏设计师。

但是，如何成为游戏设计师呢？本书将帮你回答这个问题，并且给你工具开始制作自己的游戏。让我们先从一个设计练习开始。

1.2 *Bartok*：游戏练习

笔者曾在 Foundations of Digital Gaming（FDC）大会上的游戏设计工坊部分，头一次看到游戏设计师 Malcolm Ryan 使用这个游戏练习。这个练习的目标是演示哪怕很简单的改动也会对游戏体验产生巨大的影响。

Bartok 与商业游戏 *Uno* 类似，是一种简单的纸牌游戏。最好的情况是与其他三名游戏设计师一起玩，不过笔者也制作了游戏的数字版，所以单人也可以玩。不管是纸质还

---

1 笔者要感谢我的前任教授 Jesse Schell 要求我在坐满同学的教室里如此公开声明。他在自己的书中也这么写过。*The Art of Game Design: A Book of Lenses* (Boca Raton, FL: CRC Press, 2008)。

2 罗伯特·西奥迪尼 *Influence: The Psychology of Persuasion* (New York: Morrow, 1993)。

是数字版本都能实现我们的目标。[3]

获取数字版 *Bartok*

有两种方式获取数字版游戏。第一种也是最简单的办法就是访问本书的官网：

http://book.prototools.net

你可以在网站上第 1 章节相关部分找到数字版的 *Bartok*。

第二种方式是下载游戏的 Unity 构建文件，在你自己的计算机上编译。尽管这不算难，但需要你事先对 Unity 有所了解。如果你现在对 Unity 不熟悉，可以先下载好文件，直到本书涉及数字原型部分。

你可以在同一个地方找到 *Bartok* 的构建文件：http://book.prototools.net。在本书后面的章节中，你将会学习如何制作一个简单的 *Bartok* 数字原型（在第 32 章“游戏原型 5：*Bartok*”），当然，你也可以直接找一副标准扑克牌和两三个朋友面对面玩，这样还能与你的朋友讨论对游戏的感觉和修改的意向。

目标

第一个打光自己手中的牌。

入门指南

下面是 *Bartok* 的基本规则：

1．拿一副标准扑克牌，去掉大小王，留下 52 张牌（每个花色从 A~K 为 13 张）。

2．洗牌后向每个玩家发 7 张牌。

3．将其他牌的牌面朝下扣在桌上作为抽牌堆。

4．将顶上的牌抽出，正面向上放在桌上作为弃牌堆。

5．从发牌人左边的玩家开始，顺时针方向，每个玩家如果可以出牌，必须出一张，如果不能出牌，玩家必须从抽牌堆中抽一张（如图 1-1 所示）。

6．如果符合下列条件，玩家可以出牌一张。

a．花色与弃牌堆顶部的牌一致（比如顶部的牌是梅花 2，任何梅花花色的牌均可以出）。

b．数字与弃牌堆顶部的牌一致（比如顶部的牌是梅花 2，任何数字是 2 的牌均可以出）。

7．第一个把手中牌打光的人获胜。

---

3 本书以及电子卡牌游戏中的卡牌图案均来自 Vectorized Playing Cards 1.3, Copyright 2011, Chris Aguilar. Licensed under LGPL 3 — — http://www.gnu.org/copyleft/ lesser.html,http://code.google.com/p/vectorized-playing-cards/。

图 1-1　*Bartok* 一开始的布局：玩家可以选择打出梅花 7，梅花 J，红心 2，黑桃 2

试玩测试

试玩几次游戏找找感觉。记得每次都要好好洗牌。如果洗不彻底，弃牌堆常常出现特定排列，影响之后游戏的效果。

小窍门

分块　将一组类似的牌拆散成小块的策略即为分块。在 *Bartok* 中，每次游戏结束后，牌都会变成花色或数字相同的小块。如果不把它们打散，后续游戏会结束得快，因为更容易匹配到满足条件的牌。

如果洗牌不彻底，下面是一些拆分牌的标准策略：

- 把牌分成几个不同的队列，最后一起洗牌。
- 把弃牌尽量打散，不要堆在一起。最后用两只手像搅水一样洗牌。多米诺通常这么洗，帮助你打散牌的顺序。最后收集起来组成一套牌。
- 把所有的牌丢到地上，然后再全部捡回来。

根据数学家兼魔术师 Persi Diaconis 的说法，七次鸽尾式洗牌[4]法足以满足所有的游戏要求。不过上面这些应该足够应付你遇到的问题了。

分析：找准问题

每次试玩后，要找到问题所在，尽管它们大多数遵从下面的基本规则，但每个游戏的问题不尽相同：

---

4 4Persi Diaconis, "Mathematical Developments from the Analysis of Riffle Shuffling," *Groups, Combinatorics and Geometry*, edited by Ivanov, Liebeck, and Saxl. *World Scientific* (2003): 73–97. Also available online at h ttp://statweb.stanford.edu/~cgates/PERSI/papers/Riffle.pdf。

- 游戏的难度对于目标受众是否合适？太难，太简单，还是刚好？
- 游戏的结果靠运气还是策略？随机性是否占比太多，或是玩家一旦占了上风，就会锁定胜局，其他玩家难以翻盘。
- 当你的回合结束，游戏还依然有趣吗？你是否能影响别人回合的行动，或他们的回合对你是否有直接影响？
- 还有许多其他问题可问，但这些是最常见的。

花点时间想想你的答案，把它们写下来。如果你跟其他人玩实体牌，最好也让他们写出自己的答案，之后一起讨论，这样可以保证玩家间互不影响。

更改规则

你将会在本书中发现，优秀游戏设计的秘密就是迭代：

1. 决定进行游戏时你想要的感觉；
2. 修改规则达到这种感觉；
3. 玩游戏；
4. 分析规则是如何影响游戏的感觉的；
5. 回到步骤 1，重复这个过程，直到你满意为止。

迭代设计的过程是对游戏设计进行小幅修改，实现和测试，并且分析对玩法的影响，随后重新进行另一项修改。

以 *Bartok* 为例，你可以试试采用下面的三种规则并试玩一下：

- **规则 1：**如果一名玩家打出 2，他左边的人必须抽两张牌，不能出牌。
- **规则 2：**如果任何玩家的牌大小和颜色（红或黑）都与顶部的牌相同，可以打出并宣布“匹配牌”，便可不按顺序立即打出。随后继续从这名玩家左边开始。这样可以跳过其他玩家的出牌回合。
- **规则 3：**一名玩家必须在只有一张牌时宣布“最后一张”。如果其他人先宣布，他必须抽两张牌（令持牌数达到 3）。

从上述几条规则中选择一条尝试几次。试玩后对照着四个问题写出每个人的答案。你还应该试一试其他规则（不过笔者建议一次只用一个）。

如果你玩的是数字版，可以利用菜单栏的复选框调整各类游戏选项。

> **警告**
>
> **小心试玩中的运气成分**　牌没洗好或者其他外界因素可能让某次游戏体验变得与众不同，这被叫作随机性，在涉及随机性的游戏时要慎重做出设计决定。如果新的规则以意想不到的方式影响游戏感觉，多试玩几次确保没有随机性的干扰。

分析：回合对比

现在你已经玩过修改规则后的游戏，该去分析每回合游戏的结果了。回顾你的笔记，看看每次游戏的感觉有何不同。如你所见，即使简单的规则更改也能极大地影响游戏感觉。下面是一些对于之前规则修改的场景反馈：

- **原始规则：**许多玩家觉得游戏原本的规则有些无聊。没有什么有趣的选择，随着玩家打出手牌，选择的余地也变少，在游戏后期经常只有一个选择。游戏很靠运气，玩家没有必要在意其他玩家回合，因为没有办法互相影响。

- **规则 1：**如果一名玩家打出 2，他左边的人必须抽两张牌，不能出牌。
  这个规则允许玩家直接影响其他人，增加了游戏趣味性。不过玩家是否能拿到 2 纯靠手气，而且每个人只能影响左边的玩家，不是太公平。尽管如此，还是让其他玩家的回合稍微有趣了点，因为玩家可以影响到他人。
- **规则 2：**如果任何玩家的牌大小和颜色（红或黑）都与顶部的牌相同，可以打出并宣布“匹配牌”，便可不按顺序立即打出。随后继续从这名玩家左边开始。这样可以跳过其他玩家的出牌回合。
  这条规则对吸引玩家注意大有帮助，因为任何玩家都有机会打断其他玩家回合，所以更留意其他人的回合。有类似规则的游戏相比起来更加刺激和吸引人。
- **规则 3：**一名玩家必须在只有一张牌时宣布“最后一张”。如果其他人先宣布，他必须抽两张牌（令持牌数达到 3）。
  这条规则只会在游戏将要结束时生效，所以不会影响主要游戏过程，不过会影响玩家最后的行为。这条规则会引发一种有趣的紧张感，当玩家就要剩最后一张牌之前，其他人会想办法抢先说出“最后一张”。这种规则常见于一些需要打光手牌的游戏，如果领先的玩家忘记了这条规则，就给了其他玩家迎头赶上的机会。

设计你想要的游戏气质

现在你已经见识过了不同的规则对 *Bartok* 产生的影响，是时候发挥你的设计能力优化游戏了。首先，确定你想要什么感觉的游戏：想要激烈残酷，从容淡定，还是需要策略和运气？

一旦你确定了游戏的大致感觉，回忆一下刚刚改过的规则，想出几条可以改进游戏体验的规则。下面是设计新规则时要注意的一些地方：

- 每次试玩时只更改一条规则。如果你修改多处，可能很难分辨规则对游戏的影响。保持改动足够简单，理解每条规则产生的影响。
- 改动越大，就需要更多的试玩去体会变化。如果你稍作修改，玩一两次就能搞明白。但如果大幅修改规则，就需要更多次体验，避免被游戏的随机性蒙蔽。
- 修改一个数字也会影响体验。就是很小的改动也能产生巨大影响。设想一下，如果 *Bortok* 有两个弃牌堆或者玩家起手要抓 5 张牌而不是 7 张牌。

当然，比起数字原型，与其他人一起玩游戏时修改规则的难度要低很多。所以说纸质原型很有必要，即使你设计的是电子游戏。本书第 I 部分对两者都有涉及，不过大多数设计范例和练习都用纸质游戏完成，因为它们制作和测试起来比电子版本方便多了。

1.3　游戏的定义

在进一步深入设计和迭代之前，应该先弄清楚当我们在谈论游戏和游戏设计时，到底在谈什么。许多聪明人想去定义游戏。根据时间顺序排列如下：

- Bernard Suits（滑铁卢大学的哲学教授）在他 1978 年出版的 *The Grasshopper* 书中提到“游戏是一种自愿克服不必要的障碍的活动”。[5]
- 游戏设计传奇人物席德·梅尔（Sid Meier）说：“游戏是一系列有趣的抉择。”
- 在《游戏设计梦工厂》（*Game Design Workshop*）中，Tracy Fullerton 定义游戏为“一个闭合有序的系统，与玩家有组织的冲突并以不稳定的结果消解自身的不确定性。”[6]
- 在《游戏设计艺术》（*The Art of Game Design*）中，Jesse Schell 幽默地检验了几种游戏的定义，并最后决定“游戏是一种以娱乐的态度解决问题的活动。”[7]
- 在 *Game Design Theory* 中，Keith Burgun 提出了一种更狭义的游戏：“玩家通过做出模糊和自发的重要决定对抗一套规则体系。”[8][9]

如你所见，在某种程度上这些答案都令人信服且正确。比起每种定义，也许更重要的是体会出每位作者在尝试定义时的意图。

Bernard Suits 的定义

除了“游戏是一种自愿克服不必要的障碍的活动。”这样简短的定义，Suits 还有一种更详细的版本“进行游戏是只利用规则允许的方法达到一种特定的状态。规则禁止高效的方式，更倾向低效的方式，因为这让活动才有意义。”贯彻全书，Suits 不断为自己的定义辩护，在读过之后，笔者可以确定地说他所定义的“游戏”，更适用于日常生活中提及的游戏。

然而，要记得这个定义是在 1978 年提出的，尽管那时候电子游戏和角色扮演游戏都已经存在，Suits 并未注意到，或者刻意忽略了它们。实际上，在 *The Grasshopper* 的第 9 章中，Suits 感叹没有游戏能抒发人类的情感（类似小孩子通过各类运动消磨旺盛的精力）。

---

5 Bernard Suits, *The Grasshopper* (Toronto: Toronto University Press, 1978), 56。

6 Fullerton, Tracy, Christopher Swain, and Steven Hoff man. *Game Design Workshop: A Playcentric Approach to Creating Innovative Games* , 2nd ed. (Boca Raton, FL: Elsevier Morgan Kaufmann, 2008), 43。

7 Schell, Jesse, *Art of Game Design: A Book of Lenses* (Boca Raton, FL: CRC Press, 2008), 37。

8 Burgun, Keith. *Game Design Theory: A New Philosophy for Understanding Games* (Boca Raton, FL: A K Peters/CRC Press, 2013), 10, 19。

9 自发的意思是来自某物体的内部系统，所以“自发的重要决定”是会影响游戏状态改变和产生后果的。在 *Farmville* 中选择人物穿着颜色不算重要决定，而在《合金装备 4》（*Metal Gear Solid 4*）中则是，因为不同的衣着颜色会影响你的隐秘程度。

[10]

尽管只是百密一疏，但恰恰是定义中缺失的部分：Suits 的定义精确解释了游戏的字面意思，但对设计师制作优秀的游戏没有帮助。

举例解释的话，请先玩一下 Jason Rohrer 的游戏 *Passage*（如图 1-2 所示）。虽然游戏流程只有 5 分钟，但完美地展示了短小精悍的游戏也有惊人的能量。玩几次看看吧。

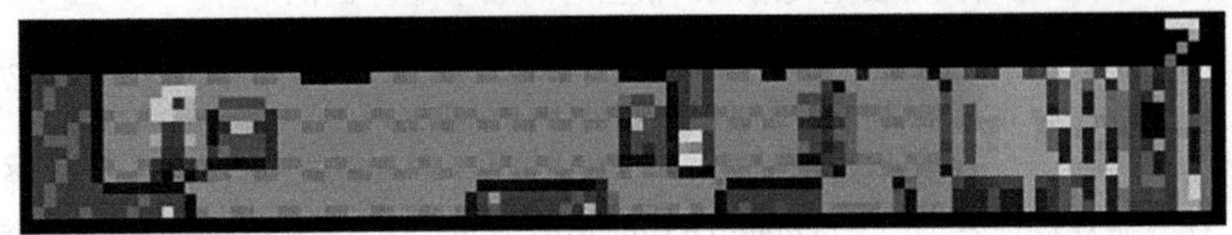

图 1-2　Jason Rohrer 的 *Passage*（于 2007 年 12 月 13 日发行）

从 Suits 的定义来看，这确实是个游戏。更具体一些，这是一款“开放游戏”，在他的定义中这类游戏的进程只有一个目标。[11]在 *Passage* 中，目标是不停地玩下去吗？其实游戏中有数个潜在目标，取决于玩家的选择。这些目标包括：

- 在角色死之前尽量向屏幕右侧移动（探索）；
- 找到尽可能多的宝箱来赢取高分（成就）；
- 找到一位同伴（社交）。

Passage 的意义在于用艺术手法展现了生命中的各类目标，比如上述三个目标共处于一个情境中。如果在游戏中角色很早就结了婚，则更难找到宝箱，因为有些地方只允许一个人进入。如果你选择寻宝，需要花时间探索垂直方向，没法看到右边的景致。如果你打算向右侧深入，则不会找到很多宝箱。

在这个极其简单的游戏中，Rohrer 描绘出了每个人在人生中遇到的重大选择，以及它们产生的深远影响。重要的是，他给予玩家选择，让他们明白选择的意义。

这是本书中笔者为设计者们举例说明的第一个目标：体验式理解。书本中线性的剧情确实可以通过让读者展现角色的人生和选择来产生共鸣，但游戏规则能使玩家不仅理解选择的结果，还能让玩家参与选择并承担后果。在第 8 章“设计目标”中，将进一步深入探讨。

席德・梅尔的定义

梅尔对游戏的定义“游戏就是一系列有趣的选择”其实很含糊（许多可以视为一系列有趣的选择的事情并非游戏），也看不出来他个人对于好游戏的看法。参与设计了 *Pirates*、《文明》、*Alpha Centauri* 和许多游戏，席德・梅尔是现存最成功的游戏设计师之一，不断把有趣的选择呈现给玩家。当然，怎么定义有趣是个问题。不过总的来说，一

10 Suits, Grasshopper, 95。

11 Suits 对闭合游戏的定义是：需要有特定目标（比如在赛跑中冲过终点或者在 *Bartok* 中打光手牌）。Suit 举的开放游戏的例子，如小孩子玩的过家家。

个有趣的选择应该是：

- 玩家有多个可行选择。
- 每个选择都有利有弊。
- 每个选择的结果可预测但不绝对。

这里引入了设计者的第二个目标：创造有趣的选择。如果玩家有多个选择，但有明显的最优解，那么做决定的体验就不存在。如果游戏设计得当，玩家常常要面对多个选择，而且难以抉择。

Tray Fullerton 的定义

如 Tracy 的书中所述，她更关注给予设计者工具去创造更好的游戏，而不是关于游戏的定义。所以，在她看来游戏是“一个闭合规范的系统，玩家参与结构化的冲突，并以不平衡的结局消解它的不确定性”，这不仅是一个优秀的定义，而且还列出了设计游戏时涉及的元素：

- **形式元素：**用以区分游戏和其他媒体的元素：规则、步骤、玩家、资源、目标、限制、冲突和结局。
- **动态系统：**随着游戏进行进化的交互方式。
- **冲突结构：**玩家与其他人交互的方式。
- **不确定性：**随机性、确定性和玩家策略间的相互作用。
- **不平衡结局：**游戏如何结束？

在 Tracy 书中的另一个关键元素是不停地制作游戏。成为更好的游戏设计师的唯一办法就是制作游戏。一些你设计的游戏可能很糟糕，笔者也是这样，但设计“烂游戏”也是学习的过程，每做一个游戏都能提高你的设计技巧，帮助你更好地理解游戏。

Jesse Schell 的定义

Schell 定义游戏为“以玩乐的态度去解决问题的活动”。这个接近 Suits 的定义都是以玩家的角度看游戏，正是玩家的玩乐态度成就了游戏。实际上，Suits 在他的书中提出，两个人做同样的事，一个人的行为可能成为游戏，另一个则未必。他举了一个例子，在一场赛跑中，一个人可能只是为了参与而跑步，另一个人则因为他必须冲到终点及时解除炸弹。根据 Suits 所说，尽管两人都在赛跑，单纯比赛的人会遵守比赛规则，因为他的玩乐（lusory）态度。另一个人则会时刻想要打破规则，因为他态度严肃得多（因为要求解除炸弹），并且不会投入比赛。Ludus 是拉丁文“玩”的意思，所以 Suits 用玩乐（lusory）形容一个人自愿参与游戏的态度。因为以玩乐的态度，玩家乐于遵守游戏规则，即便有更容易的方式达成游戏目标（Suits 称此为前玩乐目标）。比如既定的目标是打高尔夫球入洞，但是比起站在百米开外用球杆打，更容易的方法多得是。当人们拥有玩乐的态度时，他们设定挑战是为了体验战胜它们的喜悦。

所以，另一个设计目标是鼓励玩乐的态度。你的游戏应该鼓励玩家乐于接受规则的限制。想想规则为何如此，又是怎么影响玩家体验的。如果游戏平衡性好，规则也合理，玩家将会享受这种限制，而不是被它们激怒。

Keith Burgun 的定义

Burgun 对游戏的定义是“参与者遵循一整套规则，通过做出模糊有内在意义的选择来竞争”，他试图将游戏的定义缩小到可以被检验和理解的范围。这个定义的核心是玩家做出选择，这些选择不仅模糊（玩家不确定选择会导致何种结果），而且有内在意义（选择之所以有意义，因为它会影响到游戏系统）。

Burgun 的定义有意排除了人们普遍认为是游戏的几种活动，包括竞走和其他取决于身体技巧的比赛，还有反思类游戏，《墓园》游戏中，玩家扮演一个老太太漫步于墓园。其因为缺少不确定性和内在意义，所以被排除在定义之外。

Burgun 之所以限制定义，是因为他想要找到游戏的本质和独特的根源。如此一来，他得出了几个有趣的观点，比如他曾表示，体验是否有趣跟它是不是游戏没有必然联系。一些极其无聊的游戏也被称为游戏，只是很糟糕罢了。

在与其他设计师的讨论中，笔者发现这个问题分歧很大，到底什么能归类为游戏？游戏作为一种媒介，在过去几十年中得到了极大的成长和扩展，如今独立游戏的大爆发更是加速了这个过程。现在越来越多的背景各异的人参与到游戏领域，推进了游戏媒介的扩展。可以想见势必会让一些人感到困扰，因为游戏的界限越发模糊。Burgun 对此情况的回应是，如果没办法准确地定义这个媒体，就很难去严谨地发展它。

为什么要关注游戏的定义？

Ludwig Wittgenstein 在他于 1953 年写的 *Philisophical Investigations* 书中提出，游戏在口语中指代好几种不同的事物，有着同样的特性（他将其比作家族相似），但又不能概括成一个定义。在 1978 年，Bernard Suits 用自己的书 *The Grasshopper* 反驳了这种观点，如你之前在本章中读到的，他用十分严谨的定义描述游戏。然而，如 Chirs bateman 在他的 *Imaginary Games* 书中指出的那样，尽管 Wittgenstein 用游戏这个词来举例，其实他的观点并不局限于此：词语是用来定义事物的，而不是造物来匹配语言。

在 1974 年（介于 *Philisophical Investigations* 和 *The Grasshopper* 之间），哲学家 Mary Midgley 出版了名为 *The Game Game* 的论文，通过探索游戏这个词从何而来，反驳了 Wittgenstein 提出的“家族相似”。在她的论文中，同意了 Wittgenstein 关于游戏这个词在其存在很久之后才出现，但是她认为像游戏这个词不是由它所包含的内容定义，而是来自于需求。

如她所说：可以用来坐的东西就能被称作椅子，不管它是一个气球、一大块泡沫塑料，还是吊在天花板上的篮子。这些例子供你理解某件事物是拥有作为椅子的合适特征和共性。[12]

在她的论文中，Midgley 探讨了游戏应当满足的需求。她列举了几个游戏结果影响超

12 Mary Midgley. "The Game Game," *Philosophy* 49, no. 189 (1974): 231–53。

越了游戏本身的例子，指出了游戏并非闭合，因为人们不是毫无理由地进行游戏，她借此彻底驳斥了游戏为封闭系统的说法。对她而言，动机是关键。下面列举了一些玩游戏的理由：

- **人类喜欢设计好的冲突：**如 Midgley 所说，“并不是随便一套规则就能满足象棋玩家想要的智力活动。他们想要恰恰是象棋这套玩法的活动。”如 Suits 在他的定义中提到的，限制玩家的规则正好是因为这种限制带来了挑战，才对玩家有吸引力。
- **人类想要成为别人：**众所周知，我们只有一种人生（至少一次只能有一种），游戏则可以让你体验另一种生活。比如在《使命召唤》中扮演士兵，在《墓园》中体验老太太的生活，而扮演哈姆雷特则可以让你体验丹麦王子的动荡人生。
- **人类想要刺激：**许多流行的媒体都追求刺激，动作片、法庭剧或是浪漫小说。游戏与它们不同的是，玩家主动参与，不像主流线性媒体那样间接地接收。作为玩家，你不是看别人被僵尸追赶，而是亲身参与。

Midgley 发现，找到经由游戏满足的需求，是了解他们对玩家和社会影响的关键。Suits 和 Midgley 都在 20 世纪 70 年代提到过游戏的成瘾性，远早于导致玩家大量沉溺的大型多人在线游戏出现。作为游戏设计师，了解这些需求并敬畏它们的能量很重要。

模棱两可的定义

正如 Medgley 所说，用需求来定义游戏的思路很有用，她还提出象棋玩家可不是什么都乐意一玩。不仅游戏的万全定义难以得出，而且在不同的时间对不同的人来说，游戏的定义也是不一样的。当笔者说要玩游戏时，我一般指的是主机游戏，当我妻子说一样的事，一般指的是 Alan R. Moon 的 *Ticket to Ride*（有趣且不需激烈对抗的桌面游戏），对我岳父母来说，通常指的是纸牌或者多米诺。仅仅在笔者家里，就有这样的广度。

游戏这个词也在不断进化。当电脑游戏发明时，谁也想不到会成为几十亿美元的产业，或是近几年的独立游戏复兴。他们当时所见的是人们用电脑玩一些战争桌面游戏（笔者脑中想的是 *Space War*），它们被叫作“电脑游戏”，用来区分之前已存在的游戏概念。

电子游戏的进步是一个取代旧事物的过程。随着它的发展，游戏这个词逐渐将它们全部囊括。

现在，随着这个艺术形式的成熟，许多其他学科的设计师进入这个领域，带来了创造游戏的全新概念、设计思路和技术（你也许就是其中一员）。随着这些新鲜血液的加入，一些人采取了非常规的制作方法。实际上，这不仅没错，而且棒极了！可不只有我这么想。国际独立游戏盛会 IndieCade 每年都在寻找推陈出新的游戏。根据大会主席 Celia Pearce 和大会总监 Sam Roberts 所说，如果开发者想把自己开发的互动小样叫作游戏，IndieCade 不会介意[13]。

13 Celia Pearce 和 Sam Roberts 于 2014 年 IndieCade East 的“Festival Submission Workshop”阶段发表，并收录在 IndieCade 作品提交网站 http://www.indiecade.com/submissions/faq/。

1.4 小结

看过这些互相交织甚至矛盾的定义后，你可能好奇为什么本书花如此多的篇幅讨论游戏字面意思。笔者必须承认，作为教师和设计者，平时我不会花这么多时间纠结文字游戏。如莎士比亚所言，就算玫瑰的名字改变，闻着还是一样，仍然脆弱美丽又带刺。不过，笔者认为理解这些定义，对你有如下三个重要意义：

- 定义帮你理解人们玩你游戏的动机。针对特性类型和受众制作游戏时尤其如此。理解游戏受众对游戏的期望可以帮助你做出更棒的游戏。
- 定义带你理解游戏的核心和边界。在你读本章节时，会遇到不同的人做出的不同定义，每种都有内有外（比如，有些游戏完美符合定义“内”，有的只是勉强符合“外”）。那些不完全符合的外围边界，正是新游戏探索的领域。比如说，Fullerton 和 Midgley 之间关于游戏是否为封闭系统的分歧，凸显出了 21 世纪成长起来的虚拟实境游戏（ARG），不断颠覆着游戏的边界。[14]
- 定义可以帮助你与同行交流。本章有全书最多的脚注和引用，因为我想让你能够在哲学的范畴上探索游戏，不仅限于本书的范围（尤其是本书更着重于制作电子游戏）。循着这些脚注去找到阅读材料，可以帮助你深入理解游戏。

本书的核心目标

这本书不仅教会你如何设计游戏，实际上还包括打造各类交互体验。在我的定义中，由设计师创造，内含规则、媒体、技术，并且通过游玩呈现，就可被称为互动体验。这样一来，互动体验覆盖范围甚广。实际上，任何时候你为别人营造一种体验时，不论是设计游戏，筹划生日派对甚至是婚礼，都与游戏设计有共通之处。本书中不只教会你设计游戏的方法。也是解决所有的设计难题，迭代设计过程之路。如第 7 章中提到过的，“像设计师一样行动”是提高任何设计水平的核心方法。

没人生下来就会设计游戏。笔者的朋友 Chris Swain 的口头禅是“游戏设计是 1%的灵感和 99%的迭代”，改编自托马斯爱迪生的名言。他所言极是，游戏设计最关键的是（不同于之前提到的生日派对和婚礼）可以迭代你的设计，或者通过试玩一点点调整。随着你制作的每个原型和每次迭代，你的设计技能就会提升。同样，当你读到本书中关于电子游戏的开发，一定记得试验和迭代。代码范例和教程是为了向你展示如何制作可玩的游戏原型，但当你开始设计时，教程就结束了。本书每个原型应该制作成更大、更完整和平衡的游戏，我强烈建议你这么做。

下一步

现在你对游戏设计有了一些了解，也读了各类游戏的定义，是时候深入探索一些设

---

14 第一款大规模的 ARG 叫作 *Majestic*（艺电，2001），会在半夜给玩家打电话，并发传真和邮件。小型的 ARG 有 *Assassin*，常常在大学校园进行，玩家利用玩具枪或水枪在教室外刺杀彼此。这些游戏的独特之处是它们总在进行，并渗透进日常生活。

计师常用的分析框架，进一步了解游戏和游戏设计了。在下一章，笔者将会探索在过去几年中实践的各类框架，在其后的一章中将它们总结成贯穿全书的体系。

第2章

游戏分析框架

游戏学（Ludology）是研究游戏和游戏设计学科的时髦叫法。过去10年来，游戏学者提出了众多游戏分析框架，帮助他们理解和讨论游戏的构架和基础，以及游戏对玩家与社会的影响。

本章将介绍几种身为设计师有必要了解的常见框架。

之后的章节将会综合这些常用框架的概念，归纳为分层四元结构贯穿本书。

2.1 游戏学的常用框架

本章介绍的设计框架有：

- **MDA**：由 Robin Hunicke、Marc LeBlanc 和 Robert Zubek 首次提出，MDA 分别代表机制（mechanics）、动态（dynamics）和美学（aesthetics）。这是业内设计师最熟知的框架，并且对游戏玩家和设计师之间的关系颇有研究。
- **形式（formal）、戏剧（dramatic）和动态元素（dynamic elements）**：由 Tracy Fullerton 和 Chris Swain 在《游戏设计梦工厂》中提出，FDD 框架专注于实打实的分析工具，帮助设计师改进游戏和打磨创意。它与电影学有着千丝万缕的联系。
- **四元法（Elemental tetrad）**：由 Jesse Schell 在《游戏设计艺术》中提出，四元法将游戏分为四个内嵌元素：机制、美学、剧情和技术。

每个框架都有优缺点，是它们促成了本书中的分层四元法。以上按照它们出版的顺序进行排名。

2.2 MDA：机制、动态和美学

MDA 在 2001 年的游戏开发者大会上首次提出，并于 2004 年正式作为论文发表：《MDA：游戏设计和研究的形式方法》[1]。MDA 是游戏学引用最频繁的分析成果，核心元素是 MDA 对机制、动态和美学的定义，以及对玩家和设计师看待游戏视角差异的理解，

---

1 Robin Hunicke., Marc LeBlanc, and Robert Zubek, "MDA: A Formal Approach to Game Design and Game Research," *in Proceedings of the AAAI workshop on Challenges in Game AI Workshop* (San Jose, CA: AAAI Press, 2004), http://www.cs.northwestern.edu/~hunicke/MDA.pdf。

并且它提出设计师应当首先以美学的眼光看待游戏，敲定美学后再处理动态和机制。

机制、动态和美学的定义

上面提到的三个框架可能会让你困惑，它们都提到了同一组词汇，但是定义不尽相同。MDA 对它们的定义如下[2]：

- 机制：游戏的数据层面上的组件和算法。
- 动态：响应玩家输入和其他输出的实时行为。
- 美学：玩家与游戏系统交互时，应当唤起的情绪反应。

设计师和玩家的游戏视角

基于 MDA 理论，设计师倾向于优先从美学角度看待游戏，通过游戏向玩家传达情感。一旦设计师确定了美学，他将反向寻找激发这些情感的动态，并最终利用游戏机制创造出这些动态。玩家看待游戏的视角相反，首先体验机制（比如游戏的规则），然后通过玩游戏体会动态，最终体会到设计师一开始预想的美学（如图 2-1 所示）。

图 2-1　MDA 理论，设计师和玩家看待游戏的视角不同[3]

从美学到动态，再到机制

根据视角的不同，MDA 提出设计师应该首先敲定想要玩家体会到的美学，再根据美学方向逆向创造动态和机制。

比如，孩子们玩的游戏经常被设计成让他们感觉良好、始终都有赢的可能。为了达到这种感觉，玩家必须知道结局不是既定的，在游戏过程中可以寄希望于好运气。怀着这种想法，再去看看《蛇和梯子》（*Snakes and Ladders*）游戏的布局。

《蛇和梯子》

《蛇和梯子》源自古印度的儿童桌面游戏 *Moksha Patamu*[4]。游戏完全不需要技术，全靠运气。

每回合，玩家掷骰子并移动棋子相应的步数。一开始棋子并不在桌面上，所以如果你掷出了 1，那么就移动一步落在 1 区。游戏的目标是率先到达终点（100 区）。如果玩家落在了有灰色箭头起始的区块（梯子），就可以移动到箭头指定的地点（比如直接从 1 区移动到 38 区）。如果玩家落到了黑色箭头的起始区块（蛇），则移动到蛇指向的区块（比

2 同上. p. 2。

3 改编自: Hunicke, LeBlanc, and Zubek, "MDA: A Formal Approach to Game Design and GameResearch," 2。

4 Jack Botermans, *The Book of Games: Strategy, Tactics, & History* (New York / London: Sterling, 2008), 19。

如说落在了 87 区的话就要跌回到 24 区）。

在图 2-2 中可以看到，《蛇和梯子》的位置很重要。下面是几条原因：

- 从 1 区到 38 区的梯子。玩家首轮掷出 1 的话（本来算运气不好），则可以直接到达 38，占据巨大优势。
- 在游戏最后几个区块有三条蛇（93 区到 73 区，95 区到 75 区，98 区到 79 区）。这是为了拖慢领先玩家的速度。
- 从 87 区到 24 区的蛇和从 28 区到 84 区的梯子这一对设计很有意思。如果玩家走到 28 区跳到了 84 区，作为对手会希望他再走到 87 区，然后退回到 24 区。同理，如果玩家走到 87 区退回到了 24 区，也会想要走到 28 区，再回到 84 区。

蛇和梯子放置的位置都是为了给玩家希望，让他们相信可以迎头赶上。如果去掉了这些蛇和梯子，落后许多的玩家则获胜无望。

在原版游戏中，想让玩家体验的美是希望，形势逆转以及完全不做选择的刺激。机制包括蛇和梯子，动态是两者的交会，产生在玩家的行动遭遇机制，带来了希望和刺激的感觉。

改动《蛇和梯子》增加策略性

成年人倾向于更具挑战性的游戏，希望自己获胜是因为策略而不是纯靠运气。基于此，设计师想让游戏看起来更有目的和策略性，仅仅通过修改规则（机制的元素之一）完全可以达到这种美学的改变。比如说加入下面的规则：

1. 玩家每个人控制两个棋子。

2. 每个回合，玩家摇两次骰子。

3. 两个骰子给一个棋子用，或者每个棋子各用一个。

4. 玩家可以选择牺牲一个骰子，然后用另一个骰子逆向移动对方的棋子。

5. 如果玩家的棋子与对手的相遇，对手棋子下移一行（比如从 48 区跌落到 33 区，从 33 区跌落到 28 区则会直达 84 区）。

6. 如果一名玩家的棋子与自己的另一个相遇，则另一个棋子向上移动一行（比如处在 61 区的棋子向上到 80 区之后直接跳到 100 区）。

这些修改给了玩家大量的策略玩法（对游戏动态的修改），尤其是规则 4 和规则 5，可以直接阻碍或者帮助其他玩家[5]，让玩家之间互相合作或对抗。

5 一个可以帮助其他玩家的例子，将其他玩家顶下一行，到梯子的起始处。

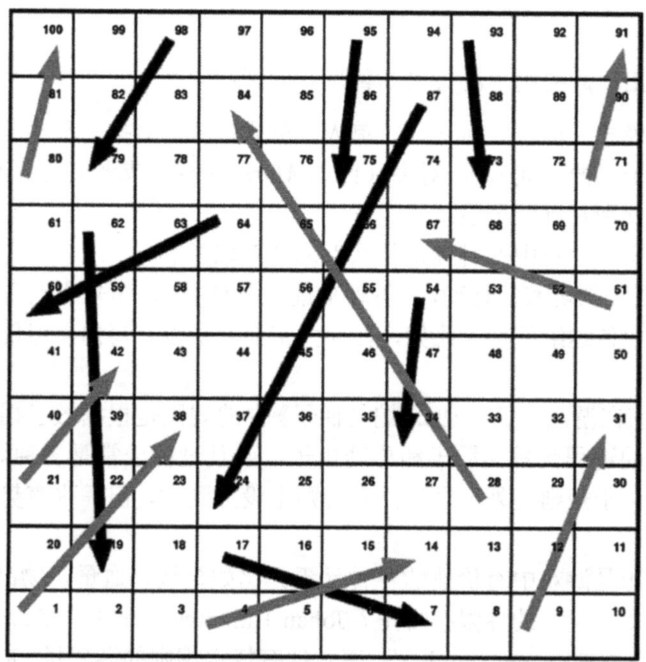

图 2-2 经典游戏《蛇和梯子》的布局

规则 1 到规则 3 同样增加了游戏策略性，减少运气的影响。利用两个骰子和棋子的组合，聪明的玩家永远不会让自己的棋子碰到蛇。

这只是设计师通过修改机制影响玩法动态和美学目标的一个例子。

2.3 形式、戏剧和动态元素

当 MDA 在试图帮助设计师和评论家更好地理解和谈论游戏时，由 Tracy Fullerton 和 Chris Swain 提出的形式、戏剧和动态元素[6]（或简称 FDD），旨在帮助在 USC 参加游戏设计课程的学生们更有效地设计游戏。

这个框架将游戏拆分为三类元素：

- **形式**：规则让游戏与其他媒体和互动区分开来是游戏的骨架。形式包括规则、资源和界限。
- **戏剧**：游戏的剧情和叙事，包括设定。戏剧元素让游戏成型，帮助玩家理解规则、促使玩家与游戏产生情感共鸣。
- **动态**：游戏运行的状态。一旦玩家真正进行游戏，游戏就进入了动态。动态元素包括决策、行为和游戏实体间的关系。要注意这里的动态与 MDA 中的类似，但是范围更广，因为范围超越了机制的实时运行。

6 Tracy Fullerton, *Game Design Workshop: A Playcentric Approach to Creating Innovative Games* (Burlington, MA: Morgan Kaufmann Publishers, 2008)。

形式元素

《游戏设计梦工厂》提出了游戏的 7 种形式元素：

- **玩家交互模式**：玩家如何交互？单人、单挑、队伍对抗、乱斗（多个玩家互相对抗，常见于桌面游戏）、一对多（比如 *Mario Party* 或者桌游《苏格兰场》、合作甚至多人分别对抗一个系统。
- **目标**：玩家在游戏中的目标是什么？怎样获取胜利。
- **规则**：规则限制玩家的行动，告诉他们能做些什么。许多规则明确地写在游戏中，有的则暗中传达给玩家（比如，在《大富翁》中没有写出，但玩家也明白不能抢银行）。
- **过程**：玩家在游戏中的行动。《蛇与梯子》中的规则是根据骰子摇出的数字移动。规则所示的过程就是摇骰子和移动棋子，而且过程经常是多种规则互相定义的。也有一些位于规则之外：尽管扑克规则中没提到过，但虚张声势是游戏中一个重要的过程。
- **资源**：资源是游戏中有价值的各种元素。比如金钱、血量、物品和财产。
- **边界**：游戏与现实的界限在哪里？Johan Huizinga 在他的书 *Homo Ludens* 中引入了术语“魔力圈（magic circle）”，表示拥有特定规则的游乐场。Katie Salen 和 Eric Zimmerman 在 *Rules of Play* 中进一步定义了魔力圈——游戏规则统治的临时世界。得益于他们的推广，这个术语常见于如今的游戏社群中。在足球或冰球运动中，魔力圈的范围等同于运动场，但是虚拟实境游戏 *I Love Bees*（《光环 2》的实境游戏）的边界则很模糊。
- **结局**：游戏如何结束？除了终点，过程也不断导向结局。在国际象棋中，最后的结局是某位玩家胜出，另一位输掉。在《龙与地下城》等桌面角色扮演游戏中，玩家杀怪升级时逐渐导向结局，甚至死亡也不算结束，因为还有办法复活玩家。

根据 Fullerton 的理论，另一种审视形式元素的办法是，尝试移除任意一种规则，看看它是否还称得上游戏。

戏剧元素

戏剧元素有助于玩家理解规则和资源，并且更加投入游戏。

Fullerton 指出了 3 种戏剧元素。

- **前提**：游戏世界的背景故事。在《大富翁》中，玩家首先是地产商，努力在亚特兰大和新泽西垄断房地产。在《大金刚》（*Donkey Kong*）中，玩家只身去营救被猩猩绑架的女友，前提为游戏叙事打下基础。
- **角色**：角色是故事中的人物，有些像《雷神》（*Quake*）中沉默的无名主角，有些如《神秘海域》（*Uncharted*）中的 Nathan Drake，丰富有深度，就像电影的主演。电影导演的目标是让观众关心主角，而在游戏中玩家就是主角，设计师要决定让主角作为玩家的代言人（将玩家的意图传达到游戏世界中）或是让玩家扮演一个角色（玩家遵从游戏角色的意志）。后者更容易实现，所以比较常见。

■ **戏剧**：游戏的情节。戏剧包含了整个游戏过程的叙事内容。前提是为戏剧搭台。

戏剧元素的主要目的是帮助玩家理解规则。在桌游《蛇与梯子》中，我们把绿色的箭头称作“梯子”，玩家可以用来爬升。1943 年时，Milton Bradley 开始在美国出版游戏，他把名字改成了《滑梯和梯子》（*Chutes and Ladders*）[7]。可能是为了让美国儿童更易理解游戏规则，因为滑梯（游乐园里的滑梯）比原版的蛇更直观。

除此之外，游戏的许多版本还有一张图片，图上面的孩子在梯子底部做好事，之后在梯子顶部得到奖励。相反，滑梯则是孩子在顶部犯错，在底部被惩罚。如此一来，叙事与 20 世纪 40 年代美国的道德标准结合起来。戏剧元素兼具融合叙事帮助玩家记忆规则（在这个例子中，蛇换成了滑梯）和传达游戏叙事超越游戏本身的能力（比如用图片表示行善作恶的后果）。

动态元素

动态元素指的是游玩过程中发生变化的东西。了解游戏的动态元素，有以下几个要点。

■ **涌现**：简单规则的碰撞可以导致难以预期的结果。有简单如《蛇与梯子》，也有难料的动态体验。如果一个玩家恰好每次都遇到梯子，另一个玩家则不断遇到蛇，体验会差别巨大。再考虑到已经提出的其他 6 个规则，可以想象玩法的多样性之广（比如玩家 B 选择不断攻击玩家 A，导致玩家 A 有负面体验）。简单的规则会导致复杂难料的行为。游戏设计师最重要的任务之一就是理解游戏规则的内涵。

■ **涌现叙事**：除在 MDA 模型中机制的动态行为，Fullerton 的模型指出游戏玩法本身，得益于它的多样性也会催生动态叙事。游戏与生俱来有能力让玩家置身于不寻常的情景中，因此产生了有趣的故事。这是《龙与地下城》跑团的核心魅力，其中一人扮演地下城主（Dungeon Master），创造其他玩家体验和互动的一个场景。这与 Fullerton 提过的内在叙述不同，并且也是一种独特的交互体验。

■ **试玩是唯一理解动态的方式**：成熟的游戏设计师更擅长预测游戏的动态行为和涌现，但是没人能在试玩之前准确理解游戏动态的运行。《蛇与梯子》的另外六条规则看似增加了策略性，但只有试玩几次才能确定。重复测试可以揭示游戏潜藏的各类动态行为，并且帮助设计师理解他们游戏可能出现的体验。

2.4　四元法

在《游戏设计艺术》[8]书中，Jesse Schell 提出了四元法：四个游戏的基本元素。

■ **机制**：玩家和游戏互动的规则。机制是游戏区别于其他非互动媒体（书和电影）的元素，它包括规则、目标和其他 Fullerton 提到的形式元素。这与 MDA 中提到

7 About.com 网站上的《滑梯与梯子》vs《蛇与梯子》：http://boardgames.about.com/od/gamehistories/p/chutes_ladders.htm . Last accessed March 1, 2014。

8 Jesse Schell, 《游戏设计艺术》 (Boca Raton, FL: CRC Press, 2008)。

的机制不同，因为 Schell 用此术语区别游戏机制和实现它们的技术。

- **美学**：美学解释了游戏如何被五感接受：视觉、听觉、嗅觉、味觉和触觉。从游戏原声到人物模型，包装和封面都属于美学范围。这里"美学"的用法与 MDA 中的不同，因为 MDA 中指的是由游戏触动的情绪，而 Schell 指的是由开发者制作的艺术和声音。
- **技术**：这个元素涵盖了所有游戏使用的技术。最明显的就是主机硬件、计算机软件、渲染管线等，它还包括了桌面游戏中的技术性元素。桌面游戏中的技术包括骰子的类型和数字，用骰子或者卡组产生随机数，还有影响结局的各类表格。实际上，2012 年 IndieCade 上的最佳技术奖授予了 *Zac S. for Vornheim*，用一套彩印的工具合集来主持一个设定在都市里的桌面角色扮演游戏。[9]
- **剧情**：Schell 使用剧情这个词涵盖了 Fullerton 提出的动态元素。戏剧是游戏中的叙事，包括背景和人物。

Schell 定义的四元素关系如图 2-3 所示。

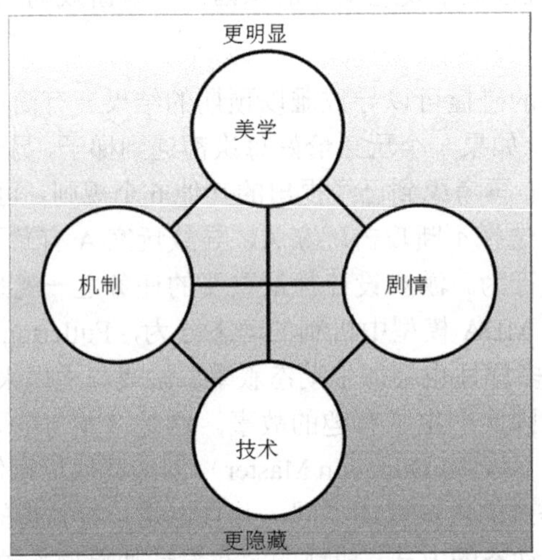

图 2-3　Jesse Schell10 的四元法。[10]

图 2-3 展示了四个元素如何相互关联。另外，Schell 指出游戏的美学对于玩家始终可见（尽管这与 MDA 中描述美学的感觉不同），而且玩家对游戏机制（例如蛇和梯子对玩家位置的影响）的了解应该甚于技术（例如摇到两个六的概率）。Schell 的四元法没有提及游戏的动态玩法，而是更关注封装在盒子（桌游）或者光盘中的静态游戏元素。Schell 的四元法将会在下一章中着重讨论，因为它构成了分层四元法的一层。

2.5 小结

这些用来理解游戏和互动体验的框架分别从不同视角解读：

9 http://www.indiecade.com/2012/award_winners/。

10 改编自 Schell 的《游戏设计艺术》, 42。

- MDA 试图展示玩家与设计师看待游戏的不同方式和目的，设计师通过玩家的视角可以更有效地审视自己的作品。
- 形式、戏剧和动态元素将游戏设计细分为特定组件分别对待和改进。本意是帮助设计师细分游戏的各组成部分，并分别优化。FDD 还强调了叙事对玩家体验的重要性。
- 四元法以游戏开发者视角看待游戏。它将原属于不同团队的游戏基本元素分区：设计师负责机制，艺术家负责美学，编剧负责剧情，还有程序员负责技术。

在接下来的章节中，分层四元法结合并扩展了上述的所有框架。所以了解这些分层四元法的前置理论很重要，同时笔者强烈推荐阅读这些理论的原著。

第3章 分层四元法

前面的章节介绍了一些理解游戏和游戏设计的分析框架。本章中的分层四元法结合了这些框架的精华，并扩展出下面章节的内容。

分层四元法帮助你了解和创作游戏的各个方面，并帮助分析你喜爱的游戏，让你更全面地审视自己的作品。最终，不仅了解游戏的机制，还包括玩的内涵、社会属性、意义和文化。

分层四元法是前面章节中三种游戏分析框架的结合与扩展。它不是为了定义游戏，而是作为一种工具帮助你理解创作游戏的各类要素，以及这些要素在游戏内外的意义。

分层四元法与 Schell 的四元法一样结合了四种元素，但这四个元素通过 3 个层次表现，前两个分别是内嵌层和动态层，根据 Fullerton 的形式和动态元素划分。另外，还有文化层涵盖游戏之外产生的影响，提供了连接游戏和文化的纽带，对于有担当的游戏创作者来说至关重要。

本章将简单介绍各层，之后的 3 章中会逐层详细解释。

3.1 内嵌层

内嵌层（如图 3-1 所示）类似 Schell 的四元法。

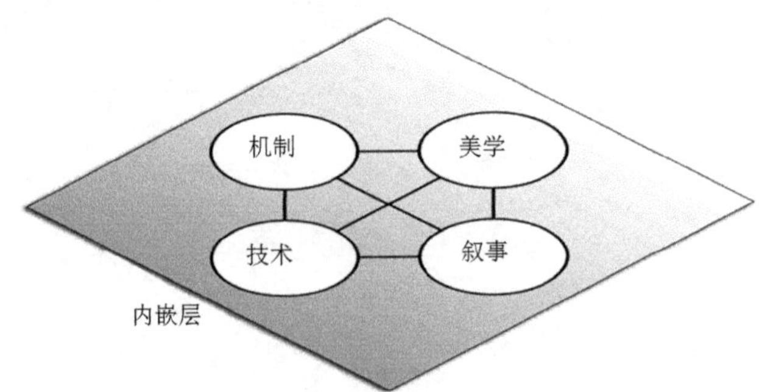

图 3-1　分层四元法的内嵌层[1]

四元素的定义类似 Schell 的理论，但它们仅存在于游戏层面。

- **机制**：定义玩家和游戏互动的系统，包括游戏的规则和 Fullerton 书中的形式元素：

1 改编自：Jesse Schell, *The Art of Game Design*: *A Book of Lenses* (Boca Raton, FL: CRC Press, 2008), 42。

玩家互动模式、目标、规则、资源和边界。

- **美学**：美学描述了游戏的色香味和感觉，包括从游戏原声到角色建模、包装和封面。这个定义与 MDA（机制、动态和美学）的用法不同，因为 MDA 指的是游戏激发的情感，而 Schell 和我指的是内在元素，如游戏的美术和声音。
- **技术**：如 Schell 的技术元素，涵盖了让游戏运行的所有技术，包括电子游戏。对电子游戏来说，技术元素主要依靠程序员，但对于设计者来说理解它也很重要，因为程序员为设计师的想法实现提供了基础。这种理解的重要性也可以体现在看似简单的设计决策（比如说，把关卡从地面搬到暴风雨中飘摇的船只上）会需要数千小时的开发去实现。
- **叙事**：Schell 在他的四元法中使用的是“剧情”，但我选择了范围更广的叙事（narrative），与 Fullerton 的用法类似，涵盖了背景、角色和情节。内在叙事包括所有脚本剧情和提前生成的游戏角色。

3.2　动态层

和 Fullerton 在《游戏梦工厂》中提到的一样，动态层（如图 3-2 所示）在玩游戏时涌现。

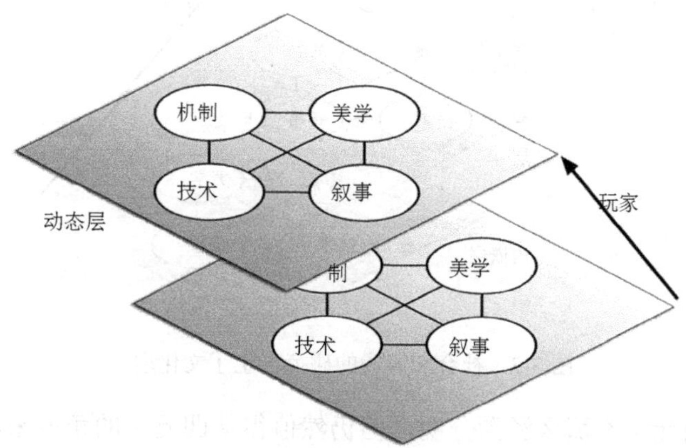

图 3-2　动态层和内嵌层的关系

如你所见，玩家是静态内嵌层到动态层的关键。动态层所有的元素都源自玩家进行游戏，包括玩家控制的各类元素和它们交互产生的结果。动态层是涌现的乐土，复杂的行为从简单的规则里显现出来。游戏的涌现行为常常难以预料，但是游戏设计最重要的技能之一就是预测。动态的四元素是：

- **机制**：不同于内嵌层的机制，动态层的机制包括玩家如何与内在元素互动。动态机制包含过程、策略、游戏的涌现行为和结局。
- **美学**：动态层的美学包括游戏过程中创造的美学元素。
- **技术**：动态的技术指的是游戏过程中技术性组件的行为，包括一对骰子的点数如何从来不符合数学预测的平滑钟形曲线，以及电子游戏的所有代码。游戏中敌人的 AI（人工智能）表现就是个例子，这里的技术包括游戏启动后代码产生的所有行为。

- **叙事**：动态叙事指的是游戏过程中产生的剧情，可以是《黑色洛城》和《暴雨》（*Heavy Rain*）中玩家选择剧情分支，或者玩《模拟人生》（*Sims*）时产生的家族故事，甚至是与其他玩家结伴游玩的轶事。2013 年，波士顿的红袜队触底崛起的故事，反映了城市从当年的马拉松炸弹事件后复苏。对于这种故事，如果靠游戏规则实现，也算是动态叙事。

3.3 文化层

分层四元法最后一层是文化层（如图 3-3 所示），超越游戏本身。文化层涵盖了游戏对文化的相互作用。游戏的玩家社群产生了文化层，在这里玩家的力量比游戏设计师更大，设计师的社会责任在这变得清晰。

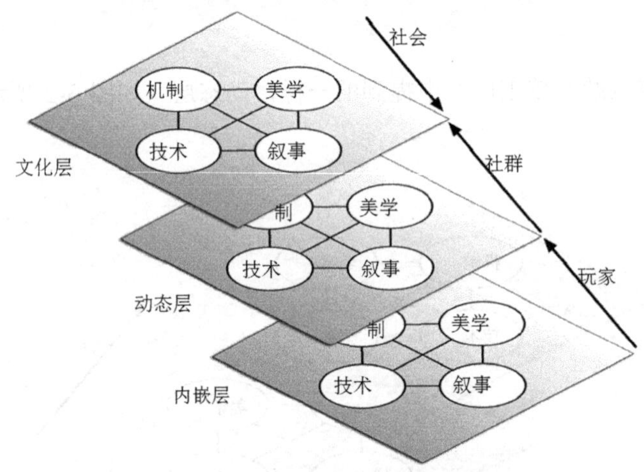

图 3-3　社会和游戏的碰撞产生了文化层

在文化层中四元素不那么泾渭分明，但仍然值得从四元素的角度来解读。

- **机制**：文化层机制最简单的表现形式就是游戏 mod（玩家直接改变游戏机制）。同样也包括游戏即时行为对社会的影响。
- **美学**：与机制类似，文化层美学涵盖了同人作品、游戏音乐重制，或者其他美学上的行为，如 Cosplay（角色扮演的简称，粉丝装扮成游戏角色的样子）。这里的要点是经授权的跨媒体产品（游戏题材转换成其他媒体，比如《古墓丽影》电影版，《口袋妖怪》午餐盒等）不属于文化层。因为它们属于游戏知识产权的所有者，而文化层美学是游戏玩家社群创造和控制的。
- **技术**：文化层技术涵盖了游戏技术的非游戏应用（比如群集算法可以用于机器人领域）以及影响游戏体验的技术。在 NES 时代（任天堂娱乐系统），拥有 Advantage 或 Max 手柄允许玩家使用连发键（自动快速连按 A 或 B 键）。某些游戏中，这会是巨大优势，影响游戏体验。文化层技术还包括不断探索游戏的可能性和游戏

mod 技术层面改变游戏内在元素。

- 叙事：文化层叙事涵盖了游戏同人跨媒体产品的叙事部分（比如同人小说，游戏 mod 和玩家自制游戏视频中的叙事部分）。它还包括了社会文化中关于游戏的故事，比如对《侠盗猎车手》的恶评或是对《风之旅人》和 *ICO* 的美谈。

3.4 设计师的责任

游戏设计师都明白要直接为游戏的形式层负责。游戏开发当然要有明确的规则，有趣的美术等鼓励玩家进行游戏。

到了动态层，某些设计师就搞不太清楚了。有的人会惊讶于他们游戏所显现的行为，想要将这部分责任推给玩家。比如说，几年前 Valve 决定在《军团要塞 2》(*Team Fortress*2）中加入帽子。他们选择的机制是随机奖励帽子给登录游戏的玩家。由于帽子奖励只依据玩家登录的时间来判断，导致玩家挂机刷帽子，而不是去玩游戏。Valve 觉察到了这种行为，并收回行为可疑玩家的帽子作为惩罚。

看起来是玩家在作弊，但也可以视作他们选择了最有效的获取帽子的方法，符合 Valve 制定的游戏规则。因为系统设计为奖励在线玩家，并没提到要进行游戏，玩家就选择了最容易的方法。玩家也许欺骗了帽子掉落系统的设计意图，但不是系统本身。玩家的动态行为完全符合 Valve 设计导向。如你所见，设计师同样要对系统内含的动态层体验负责。事实上，游戏设计最重要的一点就是预测和打造玩家体验。当然，做起来很难，但这是游戏好玩的关键。

那么设计师在文化层面上的责任呢？由于大部分游戏设计师不曾考虑过，所以社会上普遍认为游戏幼稚粗俗，向年轻人贩卖暴力，歧视女性。你我都知道这本可以避免，并且言过其实，但它已经深植于大众的观念中。游戏可用于教育、激励和治疗。游戏能造福社会，帮助玩家学习技能。嬉戏的态度和简单的规则可以让沉闷的工作变得有趣。作为设计师，你要对游戏给社会和玩家产生的影响负责。我们已经更擅长制作让人沉迷，甚至废寝忘食的游戏。还有些人诱骗小孩子在游戏上花费巨资。可悲的是，这类行为损耗了游戏在社会上的形象，让人们蔑视游戏或望而却步。我相信，作为设计师，这是我们的责任，通过游戏造福社会，尊重玩家和他们花在游戏上的时间精力。

3.5 小结

如本章所示，分层四元法的重点在于理解三个层次表现的游戏从开发者到玩家的所有权转变。内嵌层的所有内容同属于设计师和开发者，并且完全在开发者的掌控中。

动态层是游戏的体验所在，所以游戏设计师需要玩家付诸行动，做出选择去体验游戏。通过玩家的决定和对游戏系统的影响，玩家拥有部分体验，但总的来说还在开发者控制之下。如此一来，玩家和开发者共享动态层。

在文化层，游戏脱离了开发者的控制。这也是为什么游戏 mod 适用于文化层：通过游戏 mod，玩家得以控制游戏内容。当然，大部分游戏保持内容不变，特定元素则由玩家（mod 开发者）说了算。这也是为什么排除掉了授权改编作品，因为玩家和社群对游戏所有权转变的过程定义了文化层。

另外，文化层也包括社会中的非玩家对游戏的看法，它会受到玩家社群代表的游戏体验影响。不玩游戏的人通过媒体了解游戏，他们阅读的内容（但愿）是玩家所写。虽然说文化层大半由玩家控制，但是开发者和设计师依然有强大的影响力，并要对游戏的社会影响负责。

之后三章，我们将逐个详解分层四元法中的各个细节。

第 4 章

内嵌层

这是首个深入探索分层四元法的章节。

在第 3 章“分层四元法”中已经了解，内嵌层涵盖了所有游戏开发者直接设计和编程的内容。

在本章中，我们将从四个角度分析内嵌层：机制、美学、叙事和技术。

4.1 机制内嵌

机制内嵌是传统游戏设计师最了解的东西。在桌面游戏中，它包括了桌面的布局、规则和游戏用到的各类卡牌表格等。在 Tracy Fullerton 的《游戏设计梦工厂》一书中，她提到的游戏形式元素很好地描述了大部分内嵌机制，为了保持一致性（笔者不喜欢每本设计书用不同的术语），在这一章笔者尽量用了她用过的术语。

第 2 章中提到了“游戏分析框架”，Tracy Fullerton 在她的书中列出了 7 种游戏形式元素：玩家行为规律、目标、规则、步骤、资源、边界和结果。在形式、叙事和动态元素框架中，这 7 个形式元素被视作游戏与其他媒体的不同之处。

机制内嵌与此不同，虽然同为游戏独占要素，互有重叠，但不尽相同。然而内嵌层的重点是游戏开发者刻意设计的内容，机制也不例外。机制内嵌不包括步骤和结果（虽然它们属于 Fullerton 的形式元素），因为它们都由玩家控制，所以属于动态层。我们还增加了一些新的元素，详见下方：

- **目标**：目标包括玩家在游戏中的目标。玩家想要达成什么？
- **玩家关系**：定义玩家之间如何战斗和协作。玩家的目标如何相互影响，互相竞争还是互相帮助？
- **规则**：规则明确和限制了玩家的行为。为了达到目标，玩家什么能做，什么不能做。
- **边界**：边界定义游戏的界限，与魔力圈息息相关。游戏的边界在哪里？魔力圈的范围如何？
- **资源**：资源包括游戏边界内的财产和价值。玩家在游戏中能获取什么奖励？
- **空间**：空间定义游戏区域和其中可能的交互行为。最明显的是桌面游戏，桌面本身就是游戏的空间。
- **表格**：表格定义游戏的数值数据。玩家如何升级变强？既定时间内玩家可做些什么？

所有这些内嵌机制的元素互相影响，并且之间肯定有重复（比如，《文明》中的科技树是类似空间展开的表格），将它们分为七类的目标是帮助设计师思考设计的各种可能性。不是每个游戏都包括所有元素，但是如 Jesse Schell 的《游戏设计艺术》书中一样，这些机制内嵌元素是 7 种游戏设计的角度。

目标

许多游戏目标很简单明了——为了赢，但实际上，在游戏中玩家们会不停地权衡数个目标。它们可以通过轻重缓急分类，而且对不同玩家，程度不尽相同。

目标的紧要性

如图 4-1 所示是来自 thatgamecompany 的游戏《风之旅人》，现代游戏几乎每个画面中都有短期、中期和长期目标。

图 4-1　《风之旅人》第一关中短期、中期和长期目标

短期目标中，玩家想要给他的围巾充能（游戏中驱动飞行的能量），所以他在呼喊（环绕他的白圈），用来吸引围巾碎片。同时他还被周围的建筑吸引。对于中期目标，视平线上还有 3 座建筑。因为沙漠很荒芜，所以肯定会被建筑吸引（这类间接设计在游戏中很常见，并将在第 13 章“引导玩家”中分析）。至于长期目标，则是画面左上方那座发光的山，曾在游戏开场出现，贯穿游戏的目标就是登上山顶。

目标的重要性

如目标的多样性一样，它们对于玩家的重要程度也很多样。在贝塞斯达（Bethesda）游戏工作室《上古卷轴 5：天际》的开放世界中，分为主线和支线目标。某些玩家只玩主线通关需要 10~20 小时，而其他沉迷于支线和探索的玩家可以花掉 400 多个小时（甚至不包括完成主线的时间）。支线目标常常是特定玩法，比如《上古卷轴 5：天际》中想要加入盗贼工会的玩家需要完成系列任务，专精于潜行和盗窃。还有一系列任务专注于射箭或近战。这样确保了游戏适合喜好不同玩法的玩家。

目标冲突

作为玩家，你遇到的目标经常互相冲突，争抢同种资源。在《大富翁》中，游戏宏观目标是结束时获得最多的金钱，但你必须花费金钱投资房地产和酒店，为了随后挣到更多的钱。审视一下呈现在玩家面前的选择，最有趣的常常是此消彼长的那种。

从实用主义的角度出发，游戏中的目标需要耗时完成，玩家花在游戏中的时间有限。回到《上古卷轴 5：天际》的例子，许多玩家（包括我）从来完不成游戏的主线，因为时间都花在了众多支线中而忘记了主线。如此推测，《上古卷轴 5：天际》设计师的目标是让每个玩家在游戏中自行体验，只要玩家开心就好，无所谓通关，但是作为玩家，我在连绵不绝的任务中感到意犹未尽。如果作为设计师的你，认为玩家有必要完成主线，你一定要时刻提醒玩家任务紧要（很多开放世界没做到），给不能按时完成的任务增加后果。比如，在经典的游戏 *Star Control* 中，如果玩家没在规定时间内营救特定的外星种族，这个种族的母星会从宇宙中消失。

玩家关系

玩家心中常会有好几个目标，它们决定了玩家与游戏的关系。

玩家交互模式

在《游戏设计梦工厂》中，Fullerton 列出了 7 种互动模式：

- **单人对抗游戏**：玩家的目标就是打通游戏。
- **多人对抗游戏**：数个玩家协作，每个人有不同的目标，但是彼此合作不多。常见于 MMORPG 游戏，如《魔兽世界》，玩家各自完成任务，但交互不是很多。
- **合作游戏**：数个玩家一起通关游戏，目标一致。
- **玩家对玩家**：两个玩家的目标就是击败对方。
- **多方竞赛**：类似玩家对玩家，人数更多且互相对抗。
- **单方竞赛**：一个玩家对一队玩家。如桌游《苏格兰场》，玩家扮演罪犯躲避警察，其他 2~4 个玩家扮演警官合作抓捕罪犯。
- **团队对抗**：两队玩家互相对抗。

玩家关系和角色由目标定义

除了上面列出的交互模式，还有各种它们的组合。在实际的游戏中，玩家之间的结盟和竞争关系会改变。比如在《大富翁》中，玩家交易资产时会短暂合作，但游戏本质上是多方竞赛。

任何时候，玩家间的关系由所有玩家目标的组合构成。这些关系让玩家扮演多个角色：

- **主角**：主角是征服游戏的角色。
- **竞争者**：玩家试图征服其他玩家，可以是为了赢得游戏或是站在游戏这一方。（比如 2004 年发售的桌游 *Betrayal at House On the Hill*，游戏中一个玩家角色变邪恶反过来对抗其他玩家角色）。
- **合作者**：玩家帮助其他人。
- **市民**：玩家与其他人在同一个世界，但不会合作或竞争。

在不少多人游戏中，玩家们会在不同时刻扮演不同的角色，类似我们在动态层所见，不同玩家的倾向也不同。

规则

规则限制玩家的行动。规则同样也是设计师概念最直观的体现。在桌面游戏的规则中，设计师试图将体验加入在规则中。随后，玩家理解这些规则，体会设计师的意图。

与纸笔游戏不同，电子游戏规则不能直接阅读，而是通过游玩解读开发者用代码编写的规则。因为规则是设计师与玩家沟通最直接的方式，规则同时定义了许多其他元素。《大富翁》中的货币具有价值是因为规则声明钱可以购买各类资产。

明文写出是最直观的，但也能通过规则暗示。比如玩扑克牌，规则暗示你不能把牌藏在袖子中。虽然没有明文写在规则中，但每个玩家都知道这么干就是作弊[1]。

边界

边界定义了进行游戏的范围。在这个范围里，游戏规则才适用：扑克游戏的筹码才有价值，你才允许冲撞其他冰球玩家，赛车第一个出线才有意义。有时候边界是实体，比如冰球场的围墙。有时则不太明显，玩家进行 ARG（虚拟现实游戏）时，常常一直置身于其中。如笔者在第 1 章“像设计师一样思考”中提到的，*Majestic* 的玩家提供给 EA 公司他们的电话号码、传真、电子邮件和家庭地址，他们则会收到电话、传真，时刻进行着游戏。游戏的本意就是模糊日常生活和游戏的边界。

资源

资源是游戏中的价值物，这些东西可以是资产或只是数值。游戏中的资产包括了如《塞尔达传说》中的装备，《卡坦岛拓荒者》（*Settlers of Catan*）中的资源卡和《大富翁》中的房产酒店。数值常包括生命值、潜水时的氧气、经验值。因为金钱太普遍和常用，所以介于两者之间。游戏可以有实体货币（如《大富翁》中的现金），也可以是非实体的数值（如 *GTA* 中的金钱数额）。

空间

设计师经常要负责创造空间。包括设计桌面游戏的桌板和电子游戏中的虚拟关卡。在两种情况下，你都需要设计得独特有趣，并且考虑创造流程。设计空间时要记住以下要点：

- **空间的目的**：建筑师克里斯托弗·亚历山大花了多年研究为什么一些空间特别好用。他提炼出这些设计模式，写在了《建筑模式语言》（A Pattern Language）中，探索了各类优秀建筑的空间。这本书的目的是列出一系列模式，帮助其他人创造

1 这是一个单人和多人游戏设计的好例子。在多人扑克游戏中，藏起一张牌视为作弊。然而在 Rockstar 的《荒野大镖客》（*Red Dead Redemption*）中，游戏内置的扑克游戏允许玩家穿上特定服装，开启换牌作弊功能（有几率被 NPC 识破）。

合适的空间。

- **流程**：空间是适合玩家通过还是限制行动？背后有何动机？在桌面游戏 *Clue* 中，玩家每回合摇骰子决定移动距离，穿过版面会非常慢（版面尺寸 24×25，平均每次移动 3.5 需要 7 回合穿越版面）。意识到这点后，设计师加入了隐藏的传送点直达对角设计，帮助玩家快速移动。
- **地标**：让玩家在虚拟 3D 空间记住地形比现实中更难。鉴于此，更需要在虚拟场景中设置地标让玩家围绕它行动。在夏威夷的檀香山，除非日落之后，否则游客不以方向定位，而是用地标 Mauka（东北方向的山）、Makai（西南的海洋）、Diamond Head（东南方向的大山）和 Ewa（西南方向的区域）。夏威夷岛上的其他地方，Mauka 意味着内陆，而 Makai 则朝向海洋，而不太在意方向（这个岛是圆形的）。放置玩家容易识别的地标来节约玩家查看地图的时间。
- **经验**：总的来说，游戏是一种体验，但游戏的地图或空间也需要布置一些玩家可以体验的兴趣点。在《刺客信条 4：黑旗》中，游戏地图是个缩小的真实的加勒比海。尽管真实的加勒比海岛屿之间相隔数天的航程，游戏中的加勒比海散布了许多活动保证玩家每隔几分钟都有事做，可能是一个岛上的宝箱或者穿越整个敌军舰队。
- **短、中、长期目标**：如图 4-1《风之旅人》中展示的那样，你的空间可以有多层目标。在开放世界中，玩家经常会在早期遇到高级敌人，激励玩家之后击败他。许多游戏也在地图上标记出高中低难度的地区。

表格

表格是游戏平衡性的关键，尤其是现代的电子游戏。简单地说，表格就是一堆数字，但也能用来设计和描绘各类其他东西。

- **概率**：表格可以用来定义特殊场景下的可能性。在桌游 *Tales of the Arabian Nights* 中，玩家遇到生物时用一张表格列出一系列遭遇后可能的反应和后果。
- **进程**：在纸面 RPG 游戏如《龙与地下城》中，表格展示了玩家能力和属性的成长。
- **试玩数据**：除了玩家使用表格进行游戏，设计师也用表格记录试玩数据和玩家体验。

当然，表格也是游戏中的一项技术，跨越了机制和技术界限。作为一种技术，它包括存储信息和在表格中进行演算（比如表格中的公式）。作为机制，表格包括设计师印刻在设计中的决定。

4.2　美学内嵌

美学内嵌是开发者置于游戏中的美学元素，包括所有的五感。作为设计师，你应该意识到玩家在进行游戏时能全部体会到。

五种美学感受

设计师制作游戏时必须考虑五种感受，这些感受如下。

- **视觉**：在五感中，视觉是游戏中最引人注目的。所以，影像逼真度在近几年得到了长足的进步。考虑游戏中的视觉元素时，不要局限于 3D 美术或者桌面游戏中的画板。记得玩家（或潜在玩家）看到的一切都会影响其对游戏的印象和体验。过去一些开发者花费大量精力在游戏美术上，但游戏却隐藏在丑陋的封面包装之后。

- **听觉**：如今游戏中音效的拟真度仅次于视觉。所有的现代主机都可以输出 5.1 声道音效甚至更好。游戏音效包括声效、音乐和对话。每个都需要不同的时长传达给玩家和最佳使用场景。另外，在中型或者大型团队中，三者交由不同的艺术家处理。

音效类型	即时性	适用场景
声效	立即	提醒玩家，传达简单信息
音乐	中	营造氛围
对话	中/长	传达复杂信息

还有一方面要注意的是背景噪声。对手机游戏来说，玩家几乎都是在嘈杂的环境下玩。你当然可以给游戏加入音效，但是不要太仰赖它，除非声音是你游戏的核心要素（比如 somethin'Else 制作的 *Papa Sangre* 和 Psychic Bunny 制作的 *Freeq*）。主机和电脑游戏也需要考虑噪声，它们的散热风扇可能很吵，在开发电子游戏的时候要留意。

- **触感**：数字和桌面游戏的触感完全不同，但对玩家来说这是最直观的。在桌面游戏中，触感在于游戏道具、卡牌和桌面等。这些道具质量是高档是廉价？通常情况下，你当然希望是前者，但廉价也不完全是坏事。曾大赚一笔的桌游设计师 James Ernst 开有一家叫作 Cheap Ass Games 的公司，任务就是让好游戏以最低的价格卖给玩家。为了压缩成本，他们公司的游戏道具使用的都是廉价材料，但是玩家照样买账。因为通常售价为 40~50 美元的游戏，在他这里只需 10 美元。这也是设计的一种，当你做决定时，搞清楚你有多少种选择。
  桌游界近期最振奋的进步要数 3D 打印，许多设计师开始打印他们游戏的道具原型。也有公司为道具和卡牌提供在线打印服务。
  电子游戏也有触感。设计师要考虑手柄的手感和玩家操作时的疲劳感。当 PS2 神作《大神》（*Okami*）移植到任天堂 Wii 时，设计师决定用 WiiMote 手柄的摇摆代替 PS2 手柄的 X 键进行攻击（模仿 Wii 上的《塞尔达传说：黄昏公主》）。但是《塞尔达传说：黄昏公主》中的攻击几秒钟进行一次，而《大神》则是一秒钟发生几次，导致玩家很容易疲劳。随着平板和智能手机上的游戏越来越多，触摸手势也需要设计师用心考虑。

- **嗅觉**：味道虽然不常见，但也不是没有。比如有些书用特别的印刷工艺制作气味，桌游印刷时也可以采用。但大量印刷之前一定要先试闻一下样品。

美学目标

当设计和制作游戏的美学元素时，设计师要利用几百年来对艺术形式的理解。人类从发明文字之前就已开始画画和作曲。交互体验的优势是利用这些经验，结合美学的技艺和知识融入我们设计的游戏中。但是这么做必须有理有据，并与其他元素和谐共处。下面列出了一些能服务于游戏的美学元素。

- **情绪**：美学帮助游戏营造情绪氛围的效果出众。虽然可以通过机制传达情绪，但视听比机制的影响力有效得多。
- **信息**：颜色信息内置于我们哺乳动物的心智中。警示颜色红、黄、黑色在哺乳动物界随处可见。反之，蓝色和绿色通常代表平和。

  另外，可以训练玩家对特定美学的理解。在 LucasArts 的 *X-Wing* 游戏中首次使用了根据环境生成的原声。增加音乐强度以警告玩家。同样如第 13 章所写，顽皮狗在《神秘海域 3》中用明亮的黄蓝色提示玩家攀爬路线。

4.3 叙事内嵌

与其他形式的体验一样，剧情和叙事是许多交互体验的重要一环。但在游戏中遇到的挑战不同于任何线性媒体，所以编剧还要学习如何创作和呈现交互叙事。本节将一探叙事的核心组件、叙事的动机和方法，以及游戏叙事和线性叙事的差异。

叙事内嵌的组件

在线性和互动叙事中，叙事的组件是一样的：前提、设定、角色和情节。

- **前提**：前提是叙事的基础，故事在此产生。[2]

  很久以前，在遥远的太空，一场星际大战波及了一位年轻的农夫，此时他还不知道自己和其祖先是何等重要的人物。

  戈登·弗里曼还不知道，黑山研究所为他第一天来此上班准备了怎样的惊喜。

  爱德华·肯威必须在加勒比海上追寻宝藏和神秘的观测所，这也是圣殿骑士和刺客都在追寻的神殿。
- **设定**：设定在前提的骨架上扩展开来，详细描绘故事发生的世界。可以远在天边，也可近在眼前，但一定要在前提约定的范围内可信和自洽，如果你的角色在热兵器时代用剑战斗，你最好能解释得通。在《星球大战》中，当欧比旺把光剑交给卢克时，他用一句“这不是什么破烂爆能枪能比的，它是来自文明时代的精致武器。”解释合理性。
- **角色**：故事为角色服务，最棒的故事往往有着让我们在意的角色。叙事上来说，角色是背景和目标的结合体。这种结合赋予了角色在叙事中的位置：主角、反派、同伴、仆从或是导师等。
- **情节**：情节是叙事时发生的一系列事件。不同的是，它发生在主角想要达成某个

2 这些分别是《星球大战：新希望》《半条命》和《刺客信条 4：黑旗》。

目标，却遭遇反派或者逆境。于是情节变成了主角如何克服这些困境和障碍。

传统戏剧

尽管互动叙事提供给编剧和开发者许多新机会，但整体还是要自己遵循传统戏剧结构。

五幕结构

德国编剧 Gustav Freytag 在其 1863 年的著作 *Die Technlk des Dramas*（戏剧技术）中提到了五幕结构。莎士比亚等人（还有罗马剧作家）就经常用这种结构，被后人称之为 Freytag 金字塔（如图 4-2 所示）。图 4-2 和图 4-3 的垂直轴代表了观众的兴奋程度。

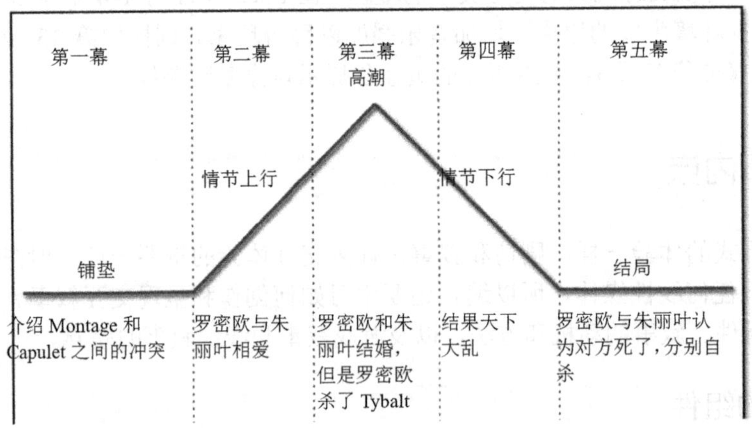

图 4-2 用 Freytag 金字塔的五幕结构解读莎士比亚的《罗密欧与朱丽叶》

根据 Freytag 的理论，每一幕作用如下：

- **第一幕 铺垫**：介绍前情、设置和重要角色。在《罗密欧与朱丽叶》的第一幕中，我们认识了维也纳、意大利和两个大家族蒙塔古和凯普莱特的争端。罗密欧以蒙塔古家族的儿子出场，并且被罗莎琳迷得神魂颠倒。
- **第二幕 情节上行**：有事发生导致了重要角色间和戏剧的张力上升。罗密欧潜入卡普莱特的舞厅，瞬间迷倒了卡普莱特家族的朱丽叶。
- **第三幕 高潮**：所有的事情会首一处，结局定型。罗密欧和朱丽叶秘密结婚，本地的修士希望可以化解两家人的矛盾。然而，第二天朱丽叶的堂兄 Tybalt 找上了罗密欧。罗密欧不想动粗，所以他的朋友 Mercutio 替他出战，在这个过程中，Tybalt 失手杀死了 Mercutio（因为罗密欧碍事）。盛怒之下的罗密欧追打 Tybalt，最后杀死了他。那一瞬间剧情达到了高潮，因为观众都知道，原本美满的一对恋人从此之后要成为悲剧。
- **第四幕 情节下行**：剧情朝着结尾发展。如果是喜剧，一切开始转好，如果是悲剧，看起来可能好转，但其实不然。高潮的后果继续发酵。罗密欧被逐出维也纳。修士意图让罗密欧与朱丽叶一起远走高飞。他让朱丽叶假死，然后派信使通知罗密欧，但事与愿违，信使失败了。
- **第五幕 结局**：故事结尾。罗密欧进入墓穴以为朱丽叶已死，于是殉情自杀。朱丽叶醒来后也选择赴死。两个家族得知后，人人为之动容，选择和解。

三幕结构

美国剧作家 Syd Field 在他的著作和演讲中提出过一种传统叙事的解读方式，即三幕。[3]每幕之间有个情节点改变故事走向，强迫玩家应对，如图 4-3 所示。以下是这个案例的详解。

- **第一幕 铺垫**：向观众介绍世界、背景设定和主要角色。在《星球大战》的第一幕中，卢克是个年轻的理想主义少年，在他叔叔的农场干活。星际叛军正在对抗法西斯帝国，而他则梦想成为一名星舰飞行员。
- **钩子**：迅速勾起观众的注意，前几分钟决定了观众会不会看下去，所以一定要够刺激，哪怕跟电影内容无关也不怕（比如 007 电影的片头）。在《星球大战》开场，莱亚公主飞船被攻击的场景用了当时最先进的特效和 John Williams 精彩配乐，两者都牢牢吸引住了观众。

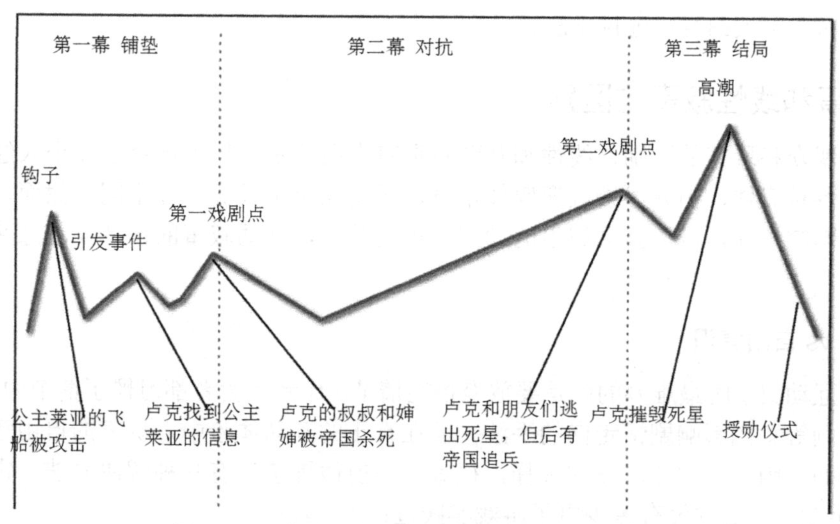

图 4-3　三幕结构，以《星球大战：新希望》举例

- **引发事件**：事件进入主角的生活，让他启程冒险。卢克听到 R2-D2 里隐藏的秘密前一直过着平凡的生活。正是这个发现让他上路寻找“老班”肯诺比，从而改变了他的人生。
- **第一戏剧点**：第一戏剧点随着第一幕结束，推进玩家向第二个出发。卢克决定在家不去帮欧比旺，但得知帝国杀害他叔叔和婶婶后，他改变了心意决定加入欧比旺，决心成为绝地武士。
- **第二幕 对抗**：主角踏上征途，但一路坎坷。卢克和欧比旺招募到了韩索罗和楚巴卡帮忙，将 R2-D2 身藏的秘密带到奥德兰，但到达时奥德兰被毁，飞船也被死星俘获。
- **第二戏剧点**：第二戏剧点结束后推进主角作出决定，进入第三幕。历经磨难后，

3 Syd Field *Screenplay: The Foundations of Screenwriting* (New York: Delta Trade Paperbacks, 2005)。

卢克和他的朋友带着计划和公主逃出了死星，但他的导师欧比旺不幸身亡。死星跟随他们来到了叛军的秘密基地，卢克必须决定帮助叛军，还是随韩索罗而去。

- **第三幕 结局**：故事结束，主角成功或失败。不论成败，这些经历让他重新认识自己。卢克选择协力对抗死星，终于拯救众人。
- **高潮**：所有冲突的汇集，悬念落下。卢克在死星战斗到孤身一人。就要被黑武士击毙之前，韩索罗和楚巴卡出现救下了他。这时卢克决心相信原力，利用空当闭眼一搏，居然射中摧毁了黑武士。

在大多数现代电影和几乎所有的电子游戏中，高潮常接近剧情尾声，结束得很仓促。一个非常好的反例是 Rockstar 的《荒野大镖客》。在高潮结束后，主角 John Marston 终于杀死了政府要犯，得以回家与妻儿团聚。在雪中，伴随着游戏中一首歌曲 John 骑马缓缓前行。之后玩家接到一系列平淡的任务，如驱赶谷仓的乌鸦，教孩子放牛之类的琐事。紧接着一开始找他的政府官员出现，射杀了主角。John 死后，主角变成了 3 年后他的儿子 Jack。玩家开始追踪杀死他父亲的凶手，回归了动作游戏玩法。游戏中这样的情节之罕见，让《荒野大镖客》过目难忘。

互动叙事和线性叙事的区别

因为观众和玩家的区别，线性和互动叙事有本质区别。尽管观众会以个人经验解读其消费的各种媒体，但并不能改变媒体本身，区别在于个人的悟性不同。然而，玩家参与时不断影响媒体，成为互动叙事的动因。也就是说，互动叙事的作者要注意两者的本质区别。

情节 vs 自由意识

创作互动叙事时最难办的就是要放弃控制情节。作者和读者都习惯了情节中的伏笔、命运、讽刺等意图影响剧情走向的手法。但在真正的互动体验中，玩家的自由意识让这些都行不通。因为不知道玩家的选择，很难去提前做铺垫。有几种解决办法，常见于纸笔 RPG 游戏，但是并没有多少电子游戏实践过：

- **限制可能性**：几乎所有的互动剧情都限制可能性。事实上，大多数游戏本质上都不具有互动叙事。过去十年间最流行的系列游戏（《波斯王子》《使命召唤》《光环》《神秘海域》等）本质上都是线性剧情。不管你在游戏中干什么，只能继续游戏或者退出。而 Yager 开发《特殊行动：命悬一线》（*Spec Ops: The Line*）的处理手法则精妙得多，将玩家和主角置于同种处境只有两个选择：继续作恶或者彻底退出。而在《波斯王子：时之沙》中则引入叙述者（主角），每次失败后他会说“不不，事情不该是这样。我该再试一次？”随即载入最近的存档点。在《刺客信条》系列，则提示你与祖先的记忆“不同步”，如果玩家的技术不好，祖先也会死。还有一些例子是根据玩家的行动限制可能性。Lionhead Studios 的《神鬼寓言》（*Fable*）和 Bioware 的《星球大战：旧帝国骑士》（*Star Wars: Knights of the Old Republic*）称他们根据玩家的行为决定游戏结局，但实际上游戏只记录了善恶对比，两者（以及其他游戏）结局前的一个决断就可以推翻之前所有的善恶选择。

  其他游戏如日本 RPG《最终幻想 7》和《时空之轮》有更多、更巧妙的可能性。

在《最终幻想 7》中，主角克劳德前往 Golden Saucer 游乐场赴约。默认是要去见艾莉丝，但如果你的游戏中一直无视她并不带她战斗，克劳德则会见到蒂法。约会的人选包括艾莉丝、蒂法、尤菲和巴雷特，虽然最后这个比较麻烦。游戏没有解释背后的算法，并且在《最终幻想 10》的浪漫场景中，又这么做了一次。《时空之轮》用了多项数据决定游戏从十三个结局中挑选哪一个（这些结局本身也有多个可能性）。同样，这些计算基本不会让玩家知晓。

- **允许玩家选择多个线性支线任务**：许多贝塞斯达的开放世界游戏使用这个策略，包括最近的《辐射 3》和《上古卷轴 5：天际》。虽然这些游戏的主线非常线性，但这只是游戏的一小部分。举例来说，《上古卷轴 5：天际》的主线大约需要 12~16 小时完成，但其他支线则需要 400 多小时。玩家在游戏中的作为和声望会解锁一些任务，同时又无法完成另一些任务。这就是说不同的线性体验组合在一起，玩家们对游戏宏观体验各不相同。
- **多个伏笔**：如果你对可能发生的事情留了几个伏笔，其中一些也许以后会发生。玩家一般只有在真正发生时才会意识到。这个手法经常在电视剧看到，之前留下的数个伏笔只有在之后出现（比如说，Nebari 夺取宇宙的阴谋直到 Farscape 中的"A Clockwork Nebari"这集才显现，还有《神秘博士》（*Doctor Who*）在"The Doctor's Daughter"一集中出现的博士的女儿再也没出现）。
- **做一些配角 NPC 支持主角**：这个方法常用于纸笔 RPG 游戏。比如说玩家被 10 个强盗袭击，但跑了一个。游戏主持（GM）可以之后让这个人回来报复。这与《最终幻想 6》（在美国名为《最终幻想 3》）不一样，因为 Kefka 从游戏开始就是个不停来烦你的大反派。尽管玩家的队员没感觉，但开发者给 Kefka 添加了特殊的音效供玩家识别。

小窍门

笔者还是非常推崇纸笔 RPG 游戏，它们提供了独一无二的互动体验。当笔者在南加州大学任教时，我要求所有的学生跟同学玩几次游戏。每学期大概 40%的学生将其列为最喜爱的作业。

因为纸笔 RPG 游戏由人主持，主持人可以实时创造剧情，这是电脑没法比的。之前列出的所有策略中，主持人都会利用并给玩家带来合适的体验，比如线性叙事中常见的伏笔或讽刺。

由 Wizard of the Coast 出品的老牌 RPG 游戏《龙与地下城》是最好的入门，相关书籍数不胜数。然而笔者发现 *D&D* 着重战斗，想要体验叙事的话，我推荐 Evil Hat Productions 的 *FATE* 系列。

感情投入：角色 vs 化身

在线性叙事中，主角常是玩家需要投入感情的角色。当观众看到罗密欧和朱丽叶做傻事时，他们记得自己年轻的时候，并对年轻恋人的悲惨遭遇感同身受。与之相对的，互动叙事中的主角不只是个角色，而是玩家的化身。这会引起玩家的真实性格和玩家性格的错位。对笔者来说，当我扮演克劳德·史特莱夫时体会最深。我比克劳德的爆脾气好一些，但总的来说，他的沉默让我将自己的性格投射到他身上。然而，在一个关键场景中（克劳德失去亲人时），他选择在轮椅上茫然不动，而不是如我所愿奋起反抗，从 Sephiroth 中拯救世界。这种玩家与角色选择的分歧让我非常沮丧。

一个关于这种分歧绝好的例子来自四叶草工作室（Clover Studio）的游戏《大神》。在《大神》中，玩家是日本神话中的天照大神，化身为白狼的太阳女神。但是，天照大神的力量经过 100 多年已经消减，玩家必须找回神力。在剧情进行四分之一后，主要反派无双大蛇选择献祭一名侍女。玩家和天照大神的同伴 Issun 知道这时候自己还非常虚弱，不能对抗无双大蛇。尽管 Issun 一再反对，天照大神还是卷入战斗。这时音乐风格突变响应着她的决定，玩家也从害怕转向热血，因为知道这场战斗的悬殊，但还是奋不顾身地战斗，让玩家觉得自己像个英雄。

这种角色对化身的错位，在游戏的互动叙事中经常用到。

- **角色扮演**：目前为止，游戏中最常用的手法是让玩家角色扮演。当玩角色驱动的游戏如《古墓丽影》或《神秘海域》时，玩家不再是他自己，而是劳拉·克劳馥或内森·德雷克。玩家摒弃自己的性格，而是扮演游戏主角。
- **沉默的主角**：追溯到第一部《塞尔达传说》的年代，大部分主角沉默不语。其他角色会跟主角对话，假装做出反应，但玩家从没看过角色说一句话。这种做法能让玩家把自己的性格投射在主角上，而不是接受开发者强加的个性。但是，不管林克说不说话，他的行动诠释了自己的个性，克劳德一言不发，玩家也能感受到之前描述的性格失调。

  多个对话选择：许多游戏给玩家的角色提供多种对话选择，提升玩家的控制感。但这种做法有几个必要条件：

  玩家必须了解对话的内涵：有时候，编剧看来明显不过的对话玩家未必能体会。如果玩家理解错了编剧的意图，NPC 的反应会让玩家很奇怪。
- **玩家的选择要有意义**：一些游戏给玩家选择的假象，预测玩家的选择。比如请求玩家拯救世界，如果拒绝，则提示“你不是认真的吧。”并没有真正给玩家选择。

Bioware 的《质量效应》系列在这方面处理得非常好。游戏中玩家通过转轮选择对话，每个位置有对应的意义。转轮左边的选项继续对话，右边的选项停止对话。上方为友善，下方当然就是敌对了。经过这样的安排，确保玩家理解自己的选择，对后果有所准备。

根据玩家选择做出反应：一些游戏会记录玩家跟各派系的关系，让派系成员回应玩家。如帮兽人一个忙，他们才会跟你做生意。抓捕一个盗贼工会成员，他们以后可能会报复你。这类道德系统在贝塞斯达的开放世界游戏中很常见，源自《创世纪 4》中的八种美德和三个原则，也是这种复杂道德系统第一次在电子游戏中出现。

叙事内嵌的目标

在游戏设计中内嵌叙事的目的：

- **唤起情感**：过去数个世纪，作家们掌握了通过叙事操控观众情感的技能。这对游戏和互动叙事同样适用，甚至单纯的线性叙事游戏也能做到这一点。
- **动机和理由**：叙事可以操纵情绪，同样可能促使玩家采取行动，或是把恶行正当化。在由 Joseph Conrad 所著 *Heart of Darkness* 的改编游戏《特殊行动：生死一线》中，尤其是这样。正面例子可见于《萨尔达传说：风之仗》。游戏开始时，林克的姐姐 Aryll 在林克生日的这天借给他望远镜。同一天，她被巨鸟抓走，游戏的第一部分就由林克救他姐姐的剧情驱动。在被抓走之前给予玩家物品，增加了玩家营救她的动力。
- **进程和奖励**：许多游戏用过场讲故事和奖励玩家。如果游戏的叙事比较线性，玩家对传统三段叙事结构的理解可以帮助他了解自己的进度，也能明白自己处在剧情的哪个阶段。这在几乎所有卖座的线性游戏中都适用（比如：《使命召唤：现代战争》《光环》和《神秘海域》系列）。
- **加强机制**：内嵌叙事的主要目的之一就是加强游戏机制。德国 Ravensburger 出品的桌游 *Up the River* 就是绝好的例子。在游戏中，玩家试图移动三艘船逆流而上。将桌面叫作“河”强化了逆向流动的机制。阻挡前进的部分叫作“沙堤”（船只经常停靠在沙堤上），推动玩家前进的叫作“高潮”。因为每个元素对应着剧情，理解记忆很简单。相比之下，数字 3 表示停船，数字 7 表示前进，就难记得多。

4.4 技术内嵌

类似机制内嵌，技术内嵌也主要通过动态行为来表现。数字或者桌面游戏都是如此。投骰子只有在游戏时有用，就像程序员编写的代码，只有运行时才有意义。这也是导致技术元素比较隐晦的原因之一。

另外，机制和技术大量的重叠。技术驱动机制，机制和设计决定了技术的方向。

桌面游戏技术内嵌

常见的桌面游戏的技术内嵌是随机、状态记录和进度：

- **随机**：桌游最常用的技术就是随机化。牌、骰子、陀螺等都能产生随机数。作为设计师，你要掌控大局，决定随机方式。随机还可以与表格配合使用，比如随机化遭遇和游戏角色。在第 11 章“数学和游戏平衡”中，你会见到各类乱数产生器。
- **状态记录**：状态记录可以是记录玩家的分数（如克里比奇牌戏记分板）或者 RPG 游戏中复杂的人物属性表。
- **进度**：进度经常用图表展示，包括了玩家升级时能力的提升，类似《文明》中的技能树，还有桌游 *Power Grid* 中的资源补充等。

电子游戏的内嵌技术

本书的后半部分用 Unity 和 C#编程语言，大篇幅详解了电子游戏技术。和桌面游戏技术类似，游戏编程的艺术就是把体验编写成规则（以代码的形式），随后玩家通过游戏来解码。

4.5 小结

内嵌层的四元素组成了玩家通过购买游戏得到的全部内容，所以这是开发者唯一完全掌控的一层。下一章里，我们将看到游戏从内嵌层的静态转向动态层的涌现。

第 5 章

动态层

一旦玩家开始游戏，就从内嵌层走向了动态层。玩法、策略和玩家选择在这个层面涌现。

在本章中，我们将会探索动态层的各种涌现行为，以及设计师如何预估设计决策的后果。

5.1 玩家的角色

一位设计同行曾对笔者说，游戏只有被人玩时，才能称得上是游戏。尽管这听起来像是“森林里一棵树倒下，没有人听到，它发出声音了吗？”但对互动媒体来说尤其重要。电影可以在空无一人的影院放映[1]。电视信号即使没人收看也没什么影响。然而游戏离开玩家则不存在。只有通过玩家行动，游戏才能从一系列内嵌要素转变成了一种体验（如图 5-1 所示）。

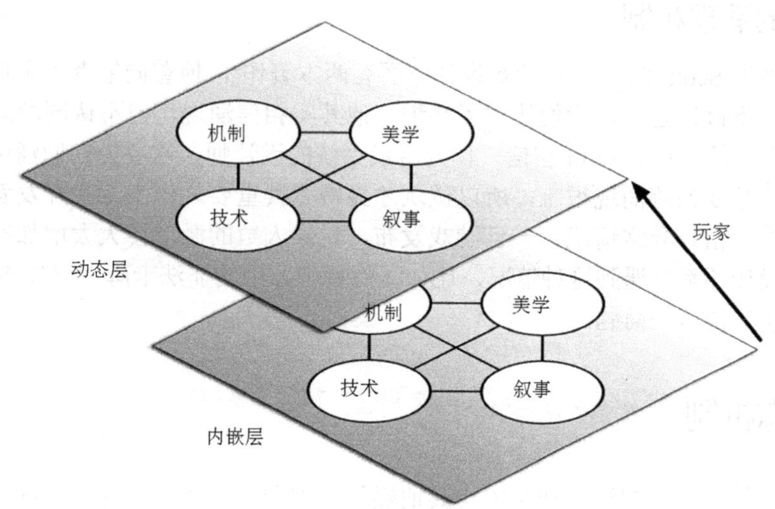

图 5-1　玩家使游戏从内嵌层走向动态层

1 有的电影，如《洛基恐怖秀》（*Rocky Horror Picture Show*）靠着观众参与赢得了众多影迷，同时观众对电影的反应也影响其他观众的体验。然而，电影完全不受观众的影响。游戏的动态就是源于这种媒体会给玩家反馈。

当然了，这也不是绝对的，总有特殊的个例。黑客游戏 *Core War* 中，每个玩家编写病毒争夺目标电脑的控制权。玩家提交了病毒后等它们互相厮杀即可。在每年的 RoboCup 大奖赛中，各个团队的机器人在无人干涉情况下进行足球比赛。在经典卡牌游戏 *War* 中，玩家选择卡组开始比赛之后就没事做了，游戏完全靠排序和运气进行。

尽管这些例子里，玩家在游戏时并没参与，但还是在事前受玩家的决策影响，玩家也对游戏结局相当在意。以上所有例子中，玩家仍然需要创建游戏，做出决策影响结局。

尽管玩家对游戏和玩法影响巨大（包括四元素），但游玩过程中是置身其外作为引擎驱动游戏。是玩家让开发者置入的内嵌元素显现，成为一种体验。作为设计师，我们依靠玩家帮助我们实现游戏的目的。但有几个方面完全无法控制，比如玩家是否遵循规则，是否在意输赢，还有玩家的心情和游戏进行时的环境等。因为玩家非常重要，我们作为开发者要尊重他们，确保规则清晰易懂，以便顺利地传达我们的设计意图。

5.2 涌现

本章最重要的概念就是涌现，它的核心是即使简单规则也能产生复杂的动态行为。回忆下第 1 章中玩过的游戏 *Bartok*。尽管它的规则不多，还是能涌现出复杂玩法。而且，当你开始自己修改规则时，会发现即使微调规则，也可能大幅改变游戏的体验。

分层四元法的动态层包含了玩家与四类（机制，美学，叙事，技术）元素互动的结果。

出乎意料的涌现机制

笔者的同事 Scott Rogers 在游戏设计方面有两本著作[2]，他曾向笔者表示自己不相信涌现。经过一番讨论之后，我们达成了共识，他其实相信涌现，但不认同游戏设计师用涌现当作不负责的借口。Scott 相信，作为游戏系统的设计师，需要为它们涌现的行为负责。当然了，想要预测涌现很难，所以试玩才显得尤其重要。作为游戏开发者，及早测试，经常测试，留意异常情况。一旦游戏发布，玩家人数的激增会大大增加产生异常的机会。所有设计师都会遇到这种情况，比如《万智牌》中的非法卡牌，但如 Scott 所言，设计师要负责解决这些问题。

5.3 动态机制

动态层中的动态机制让互动媒体与其他媒体区别开来，成为了游戏。动态机制包括了步骤、有意义的玩法、策略、规则、玩家意图和结果。与内嵌机制类似，在 Tracy Fullerton

2 Scott Rogers,《通关!游戏设计之道》（*Swipe this! The Guide to Great Tablet Game Design*）。

的《游戏设计梦工厂》[3]中，也提到过这些扩展元素。

步骤

内嵌层的机制包括了规则：设计师给玩家准备的游戏指南。步骤是玩家回应规则的动态行为。在游戏 *Bartok* 中，如果增加规则，那么符合条件的玩家需要执行特定步骤响应（比如手牌只剩一张时叫听）。然而，这里有一条隐藏规则：其他玩家会互相监督。在此之前，没有玩家会注意别人的手牌，但这一条简单的规则改掉了玩家的游戏过程。

有意义的玩法

在 *Rules of Play*[4]中，Katie Salen 和 Eric Zimmerman 定义有意义的玩法：既要玩家可识别，还能整合到更大的游戏中。

- **可识别**：可识别的玩法就是玩家行为产生的可见后果。比如当你坐电梯时，按钮灯亮起。如果你曾遇到过电梯按钮灯坏掉，就能体会到无法分辨自己行动的沮丧感。
- **相互协调**：如果玩家知道行为会影响游戏结果，这就叫协调。比如，当你知道按电梯按钮时，电梯会在你这层停下，这就算相互协调。

在《超级玛丽》中，踩死敌人还是避开它们并不是很有意义的选择，因为单个动作没有影响游戏的结果。《超级玛丽》从来不记录你的杀敌数，只要活着到达关底即可。然而在 HAL Laboratories 的系列游戏《卡比》中，玩家吞噬敌人获得特别能力，所以杀敌直接与能力获取相关，这种选择才有意义。

如果玩家的行为没意义，很快就会丧失兴趣。Salen 和 Zimmerman 提出“有意义玩法”的概念，在于提醒设计师注意玩家的心态和他们与游戏的互动是否清晰明了。

策略

当游戏允许有意义的行为，玩家通常会利用策略取胜。策略是一系列精心算计的行为，帮助玩家达成某个目标。另外，目标不限于赢得游戏。比如说，当小孩子与同样低水平的玩家进行游戏时，玩家的目标可能是享受过程、获取知识，而不是取胜。

最优策略

当游戏非常简单时，玩家可能会找出游戏的最优策略。如果玩家很理性地为了获胜玩游戏，最优策略就是赢面最大的策略。大多数游戏都太过复杂没有最优策略，但一些特别简单的游戏（如《井字棋》）就会有。实际上，《井字棋》简单到经过训练的鸡都可

---

3 Tracy Fullerton, Christopher Swain, and Steven Hoff man, *Game Design Workshop: A Playcentric Approach to Creating Innovative Games* (Burlington, MA: Morgan Kaufmann Publishers, 2008), chapters 3 and 5。

4 Katie Salen and Eric Zimmerman, *Rules of Play: Game Design Fundamentals* (Cambridge, MA: MIT Press,2003), 34。

以做到不败。[5]

通常意义上的最优策略指的是帮助玩家扩大赢面的笼统概念。比如 Manfred Ludwig 的桌游 *Up the River*，玩家要把三条船移动到游戏板顶端的码头，第一条船靠岸赢得 12 分，第二条 11 分，依此类推直到只剩 1 分。每回合（每个玩家行动过），河流逆向移动一格，任何掉下瀑布的船算损失掉。每回合，玩家从 1 到 6 摇一个数字（六面骰子），选择移动哪条船。因为 6 面骰子的平均数为 3.5，玩家有三条船，也就是每三个回合每条船平均移动 3.5 格。然而 3 回合后河流会逆向流动 3 格，所以平均每条船向前移动了 0.5 格（或者说每回合移动 0.1666 格）。[6]

这个游戏中，最优策略是舍弃掉一条船。那么每两回合就可以向前移动 3.5 格。河流 2 回合移动 2 格，每条船每两回合可以向前移动 1.5 格（每回合 0.75 格），这比起保持所有船在河上的效果好得多。更有可能最快抵达港口，获得 23 分（12+11）。在双人游戏中，这个策略不好用，因为第二个玩家最终可以得到 27 分（10+9+8），但如果有三四个玩家的话，这就是游戏的最佳策略。然而，其他玩家的选择和骰子的随机性决定了不可能次次得胜，只是增加获胜的可能性。

策略性设计

作为设计师，有好多种方式确保游戏更倾向策略性。首先，要记住提供给玩家多种获胜选择，每个都需要做出艰难的选择。另外，如果这些目标之间互相纠缠（比如两个目标的条件一样），在游戏时会让玩家朝特定角色发展。一旦玩家察觉到正在实现某个目标时，也会选择与其互补的目标，这样会引导他做出符合既定角色目标的决策。如果这些目标需要在游戏中执行特定行为，便会影响他与其他玩家在游戏中的关系。

在 Klaus Teuber 设计的游戏《卡坦岛拓荒者》有个范例。在游戏中，玩家需要获取的资源的方式有掷骰子和交易，5 种资源有些用于前期，有些用于后期。三种前期不太有用的资源是绵羊、小麦和矿石，但是三种合在一起可以用来交换建设卡。最常见的建设卡是士兵卡，可以驱赶抢匪到任何位置，允许玩家偷取其他玩家资源。所以，开局时额外的矿石、小麦和绵羊方便玩家购入建设卡，同时持有大量的士兵卡能赢得胜利点数，两者的结合会让玩家更倾向于劫掠其他玩家，成为游戏中的恶霸角色。

自订规则

如你在 *Bartok* 中所见，玩家自定义过游戏规则，即使细小的改动也可能大幅影响游戏。比如《大富翁》中，最常见的自订规则是取消地产竞拍（当某人行进到别人的房产并且无意购买时产生）和将所有罚金放在 Free Parking 处，被行进至此的玩家取得。移除拍卖规则等于去掉了《大富翁》几乎所有潜在策略（将它转化成了拖沓、随机的地产分配系统），移除第二条规则增加了游戏的不确定性（因为这可以让所有玩家获益，包括领

---

5 Kia Gregory, "Chinatown Fair Is Back, Without Chickens Playing Tick-Tack-Toe," *New York Times* ,June 10, 2012。

6 为了简化，在这笔者忽略掉了部分游戏规则。

先的玩家）。自订规则当然也是有好[7]有坏。但不管怎样，都表示着玩家开始掌控游戏。自订规则的美妙之处在于，这是大多数人开始尝试游戏设计的开始。

玩家意图：Bartel 的分类，作弊者和扫兴者

玩家意图是你几乎无法控制的。虽然大多数玩家的动机是获胜，但你也要满足作弊者和扫兴者。即使在正常玩家中，你也可以识别出四种 Richard Bartel（第一个 *MUD*[8]游戏设计师之一）定义的人格类型。这种定义从早期的 *MUD* 一直延续到今天的网游。他在 1996 年发表的文章 *Hearts, Clubs, Diamonds, Spades: Players Who Suit MUDs*[9]中，描述了这几类玩家如何互动，提供了如何培养玩家社区良性发展的信息。

Bartle 定义的四类（花色）玩家如下：

- **成就型（方块）**：追求游戏中的最高分。想要称霸游戏。
- **探索型（黑桃）**：致力于探索游戏每个角落。想要了解游戏。
- **社交型（红心）**：想和朋友一起玩游戏。希望了解其他玩家。
- **杀手型（梅花）**：喜欢挑衅其他玩家。想要主宰其他玩家。

图 5-2 以图像的形式展示了他们之间的关系（同样来自文章）。

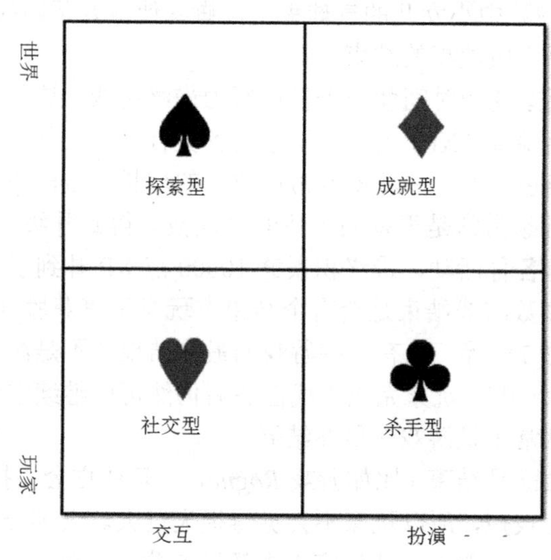

图 5-2　Richard Bartle 网络游戏中的四类玩家

当然也有其他玩家类型和动机的理论[10]，但游戏内最广为人知的还是 Bartle 这一套。

---

7 如果你玩过 Atlas Games 的 *Lunch Monkey*，试一下允许玩家互相攻击、治疗和随意弃卡（而不只是三选一）。这会让游戏变得异常疯狂。

8 译者注：*MUD*，纯文字的多人地牢游戏，是如今 MMORPG 游戏的始祖。

9 文章用扑克牌的四种花色类比四类玩家。

10 参见 Nick Yee 的 "Motivations of Play in MMORPGs: Results from a Factor Analytic Approach,"http://www.nickyee.com/Daedalus/motivations.pdf。

还有两类你可能遇到的玩家是作弊者和扫兴者。

- **作弊者：**在意输赢但不在乎游戏公平。作弊者会为了取胜扭曲规则。
- **扫兴者：**不在乎输赢也不在意游戏。扫兴者常常会破坏其他玩家的体验。

你不会希望上面两类玩家玩你的游戏，但还是要理解他们的动机。比如说，如果作弊者认为他可以正当的取胜也许不会作弊。扫兴者要麻烦很多，但在单人游戏中无所谓，因为他们压根不会想要玩你的游戏。但是正常玩家也会被糟糕的游戏机制逼成扫兴者，尤其是在愤怒退出游戏之前。

结果

玩游戏就会有结果，所有游戏都是如此。许多传统游戏是零和游戏，也就是说有一方赢就会有一方输。当然这不是游戏的唯一出路。事实上，游戏中每时每刻都有自己的结果。大多数游戏都有下列结果：

- **直接结果：**每个独立行为都有结果。当玩家攻击敌人，攻击的结果不是落空便是击中。当玩家在《大富翁》中购买资产，结果是玩家现金变少但有可能挣得更多。
- **任务结果：**许多游戏中都有任务，完成后会给予奖励。任务经常围绕着叙事构造（比如《蜘蛛侠 2》中小女儿的气球丢了，蜘蛛侠就要帮她找回来），所以任务的结果常标志着一小段故事的结束。
- **积累结果：**当玩家花费时间朝一个目标努力最终达成，这就叫积累结果。最常见的形式就是刷经验值（XP）升级。玩家的各类行动会增加经验点数，当积累超过某个值后玩家角色升级，并获得能力点数上的增长。与任务结果最大的区别是没有叙事成分，玩家常常是干别的事情的时候被动得到升级（比如《龙与地下城》的玩家积极进行各种活动，最终积累够 10000 点 XP 升到了 7 级）。
- **最终结果：**大多数游戏结束是会有个结果。玩家下棋获胜（另一方输），玩家通关了《最终幻想 7》等。也有一些游戏的最终结果并不是游戏结束，比如在《上古卷轴 5：天际》中，玩家完成主线任务后仍然可以继续游玩。有意思的是，玩家角色的死亡常常不是游戏的最终结局。

  某些游戏中死亡既是结束（比如游戏 *Rogue*，一旦死亡会丢掉全部进度），每段游戏过程往往会比较短，所以玩家不会觉得损失过大。大部分游戏中，死亡只是回到之前的检查点，一般不会让玩家丢失超过 5 分钟的进度。

5.4 动态美学

与动态机制类似，动态美学是游戏进行时产生的。大体上分两类：

- **过程美学：**美学是利用电子游戏中的代码生成（或者桌面游戏中利用机制生成）。这包括了游戏过程直接由代码生成的音乐和美术。
- **环境美学：**这是游戏进行中的环境，不太受到开发者控制。

过程美学

一般认为，过程美学是利用内嵌的技术和美术，通过程序生成。它们被叫作“过程”，是因为它们被写入了代码中，在运行时出现（也被叫作功能）。看一下在第 18 章“Hello World：你的首个程序”中制作的瀑布，可以被看作是过程美术，因为它通过 C#代码实现。在专业游戏中，最常见的过程美学是音乐和美术。

过程音乐

过程（生成）音乐在现代游戏中随处可见，目前通过三种不同技术实现：

- **横向重排**（HRS）：HRS 是根据设计师对当前游戏氛围的需要，重新排列预先录制好的音乐段落。比如 LucasArt 的 iMUSE（Interactive MUsic StreamingEngine），用在了《X 翼战机》（*X-Wing*）系列和其他旗下冒险游戏中。使用 iMUSE，玩家正常飞行时播放安详的音乐，敌人攻击时播放不详的音乐，达成目标或击毁敌机时播放胜利音乐等。长短音乐用来循环播放，短促的音乐用来掩饰不同音乐间的过渡。这是目前最常见的过程音乐技术，甚至可以追溯到《超级玛丽》，当你通关时间不足 99 秒时会有短暂音效做背景音乐。
- **竖向重编**（VRO）：VRO 包括了一首歌的多条音轨，可以启动和禁用，常见于音乐游戏如 *PaRappa the Rapper* 和 *Frequency* 中。在 *PaRappa* 中，有四条音轨代表玩家的水平。游戏每过一段会评价玩家水平，切换到更好或者更糟的音轨去，借此反映玩家的发挥。在 *Frequency* 和续作 *Amplitude* 中，玩家控制飞船穿越隧道，墙壁就是录制好的不同音轨。当玩家在哪面墙上发挥好，就会播放对应的音轨。*Amplitude* 还包括了一个玩家可以选择何时开始音轨的模式。音乐游戏中普遍存在这种做法，除了日本的《押忍！战斗！应援团》（*Osu Tatake Ouendan!*）和《精英节拍特工》（*Elite Beat Agents*），其他游戏中这种用法也非常常见，比如给玩家音乐反馈来提示玩家血量和车辆速度等。
- **过程编曲**（PCO）：PCO 是最少见的过程音乐做法，因为花费时间最多，难度最高。PCO 不是将已有的音乐段落重新排序，而是通过程序规则实时编曲。早期的商业尝试之一是 Sid Meier 和 Jeff Brigs 制作的 *C.P.U. Bach*，玩家选择乐器设定参数，游戏便可以利用规则生成类似巴赫曲风的音乐。

  另一个杰出的例子是 thatgamecompany 的《花》，由作曲家和游戏设计师 Vincent Diamante 制作音乐。在游戏中，Diamante 利用了预先录制好的段落和过程生成规则。进行游戏时，玩家飞掠过花让它们绽放时播放背景音乐（用 HRS 方式重新编排）。每朵花在开放时播放一个音调，此时 Diamante 制作的 PCO 引擎会选择一个合适的音调与预先录好的音乐完美融合。不管什么时候玩家掠过花朵，系统总会一个合适的音调，如果一次掠过许多花朵则会变成一段动听的旋律。

过程美术

由代码动态生成游戏中的美术就叫作过程美术。你可能遇到过以下几种过程美术：

- **粒子系统**：作为最常见的过程美术形式，当今游戏几乎都有粒子系统。比如《马里奥银河》中马里奥脚下的尘土，《神秘海域 3》中的火焰，《火爆狂飙》中车辆相撞的碎片都属于粒子系统。Unity 的粒子系统高效强健（如图 5-3 所示），你将会用它制作第 35 章“游戏原型 8：*Omega Mage*”中的火焰魔法。

- **过程动画**：过程动画涵盖了一群生物的集群行为到 Will Wright 在《孢子》中制作的过程动画引擎——为各类玩家创造的生物移动、攻击和其他各类动画。传统动画只能按照既定的设计原样演出，而在过程动画中，动画可以根据规则生成复杂的动作和行为。在第 26 章“面向对象思维”（如图 5-4 所示）中体验名为 boids 的集群行为。

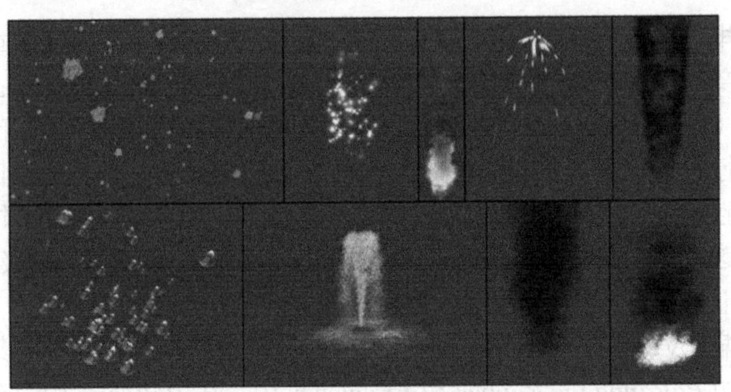

图 5-3　Unity 中的各类粒子效果

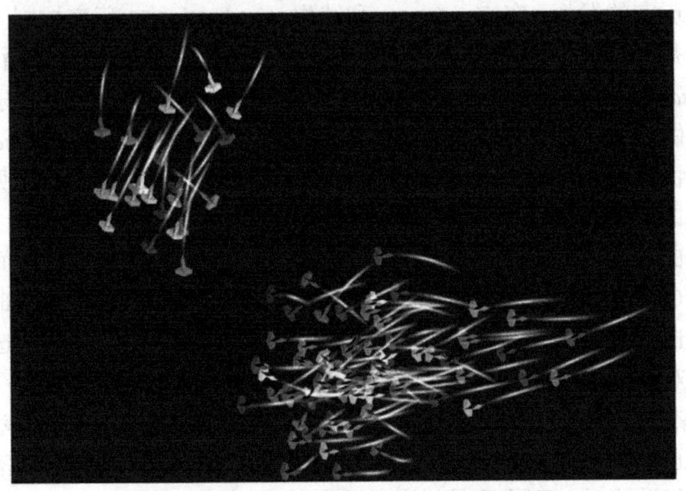

图 5-4　Boids，第 26 章中的过程动画粒子

- **过程环境**：最知名的例子是 Mojang 的《我的世界》。每次玩家开始新游戏，整个世界（上亿个方格）以一个种子数字创建（也被叫作随机种子）。因为程序中的随机是伪随机，也就是说同样的种子，其创建的世界也是一样的。

环境美学

另一大类的动态美学是由游戏过程中环境控制的。虽然这些超出设计师的掌控，但仍然应当尽量理解环境美学可能会演变成什么样子。

游戏环境视觉

玩家玩游戏的设备和设定不尽相同，所以设计师要注意可能造成的影响。尤其要留意下面两种要素：

- **环境亮度**：绝大多数游戏要在精心控制的灯光条件下进行，保证画面清晰。玩家自身所处的环境不一定有合适的光照。如果玩家用投影仪或者处于糟糕的采光环境，则很难看清昏暗场景。记得确保你的视觉美学有强烈的明暗对比，或者允许玩家调节伽马值或亮度。在移动设备上要尤其注意，因为玩家很可能直接在阳光直射下玩游戏。
- **玩家屏幕分辨率**：如果你为固定分辨率设备（如 PSVita 或者 iPad）开发游戏，这不算问题。然而在电脑和主机上，你难以控制玩家屏幕的分辨率或者质量，尤其是主机游戏。你不能保证玩家会用 1080p 或者 720p 的屏幕。在 PS4 和 Xbox One 之前所有的现代主机仍然使用标准的复合视频信号，这个标准从 20 世纪 50 年代就已经存在了。如果玩家使用标准分辨率电视，文字需要很多才可看清。即使像《质量效应》《最后生还者》和《刺客信条》这种 AAA 游戏这点也做不太好，在超过 10 年以上的电视中，文字几乎不可读。你永远不知道某人会用什么旧设备玩你的游戏，但是你可以选择是否检测设备并调整字体大小。

游戏声音环境

与游戏视觉环境类似，你对游戏进行时的声音环境无能为力。对任何游戏都是这样，尤其是移动设备上的游戏。要考虑的因素包括：

- **环境噪音**：游戏进行时遇到其他声音干扰再正常不过了，所以你要保证玩家漏听某些声音时仍然可以进行游戏。你还需要保证游戏本身不要太吵，不影响玩家获取关键信息。大体上，重要的对话和语音指导应该是音量最大的，其他声音小一点没关系。你还要注意别用细微的声音当重要的声音提示。
- **玩家控制音量**：玩家可能会开启静音，在手游上更是如此。对任何游戏，除了声音外还要有后备手段。如果有重要的对话，确保玩家可以打开字幕。如果利用声音提示玩家，确保同时也有视觉引导。

体贴玩家

关于环境另外还有一点很重要，不是所有的玩家都能感受到全部 5 种美学。如果你注意上面的规则，即使有听力障碍的玩家也能照样玩你的游戏。然而下面两点经常被设计师忽略：

- **色盲**：大约 7%到 10%的白种人是色盲。色盲有几种，最常见的是让人不能区分红色和绿色。因为色盲相当普遍，你应该能找到色盲的朋友帮忙测试游戏，看看重要的视觉信息能否传达。另一个测试的好办法是用 PhotoShop。在其视图目录下找到 Proof Setup，这里有两种常见的色盲设置。这可以帮助你模拟色盲人士的观感。
- **癫痫和偏头痛**：频繁闪光可以引起癫痫和偏头痛，儿童尤其容易对光敏感。1997

年时，日本的一条《口袋妖怪》电视广告，因包含闪动的图像，引发了数百人的癫痫。[11]现在几乎所有的游戏都自带引起癫痫的警告，但实际已经很少引发癫痫了。因为开发者已经意识到这点，并移除了游戏中快速的闪光。

5.5 动态叙事

动态叙事可以从各种角度来解读。一个例子就是传统纸笔 PRG 游戏里，玩家的体验和它们的游戏主持。虽然有人致力于打造真正的互动电子叙事，但经过了三十余年仍然没有达到《龙与地下城》（*D&D*）的高度。*D&D* 之所以有这么厉害的动态叙事，是因为地下城主（DM：主持游戏的人）一直在考虑玩家的欲望、恐惧和增进技艺，以他们为中心打造剧情。在本书前面提到过，如果玩家遇到难缠的低等级敌人（因为骰子点数倾向于它），DM 可以让这个敌人逃跑，之后回来找玩家寻仇。一个人类 DM 可以根据玩家改编叙事，但电脑很难做到。

互动叙事的摇篮期

1997 年，乔治亚科技大学的一位教授 Janet Murray 出版了《甲板上的哈姆雷特》（*Hamlet on the Holodeck*[12]）。书中讨论了早期互动叙事和其他媒体的关系。Murray 在书中探索了其他媒体的摇篮期，即这些媒体从出现到成熟的历史。比如说，在电影的摇篮期，导演试图拍摄 10 分钟版的《哈姆雷特》和《李尔王》(因为一卷 16mm 胶片只有 10 分钟)；在电视的摇篮期，基本就是流行电台节目的电视化。Murray 继续谈到互动电子小说正在摇篮期成长。她谈及了 Infocom 公司早期的文字冒险游戏如 *Zork* 系列和 *Planetfall*，并指出两个让互动小说与众不同的点。

互动小说影响玩家

不像其他形式的叙事，互动小说直接影响玩家。下面是游戏 *Zork* 的开头（尖括号开头的句子表示由玩家输入）。

....挪开地毯，可以看到满是尘土的陷阱门。

>打开陷阱门

门吱吱地打开后，一段摇摇晃晃的台阶陷进黑暗中。

>向下

一片漆黑，你好像要被恐惧吞噬。

>点灯

灯亮了。你在阴暗潮湿的地下室，一条小道向东，另一条走廊向南。西边是陡峭的金属墙，爬不上去。门大声地被关上了，你听到有人在钉死门。[13]

---

11 Sheryl WuDunn, “电视卡通闪光引发了 700 位日本人痉挛,” 纽约时报 , 12 月 18, 1997。

12 Janet Horowitz Murray, *Hamlet on the Holodeck* (New York: Free Press, 1997)。

13 Tim Anderson, Marc Blank,Bruce Daniels 和 Dave Lebling 于 1977 到 1979 年间，在马塞诸萨技术学院创造了 *Zork*。他们在 1979 年成立了 Infocom，并将 *Zork* 做为商品发行。

这里的要点是当你听到有人钉死门时，就出不去了。互动小说是唯一一种读者/玩家角色需要采取行动并承担后果的叙事媒体。

通过共同体验构建关系

互动小说另一个特别的地方在于玩家通过共享经历与其他角色建立关系。Murray 评论说 Infocom 另一个文字冒险 *Planetfall*[14]是个绝佳的例子。玩家在 *Planetfall* 中是星船上的清洁工，在星船被毁后一直独处。最终，玩家遇到了一台制作机器人战士的机器，但机器失灵，玩家做出了一个叫作 Floyd 的废柴机器人。Floyd 主要功能是提示玩家和调剂场面。在游戏后期，玩家需要在生化试验中取得一个设备，但是里面到处是辐射和凶恶的外星人。随即，Floyd 说了一句“Folyd 去拿！”然后便进入实验室拿到了设备，但受损严重，最后玩家唱着“Ballad of the Starcrossed Miner”看着它死在了其怀中。很多玩家对 *Planetfall* 的设计师 Steven Merezky 说他们当时泣不成声。Murry 表示这便是早期玩家和游戏内角色建立感情联系的例子之一。

5.6 涌现叙事

真正的动态叙事在玩家和系统共同叙事时出现。几年前，笔者与朋友玩 3.5 版本的《龙与地下城》。我们刚刚从其他维度的邪恶势力手中拿回了神器，但是被一个大个炎魔[15]紧追不舍，最后我们乘坐飞毯逃进了一个窄洞，向着自己的维度传送门狂奔。炎魔眼看就要追上了，我们的武器又太弱。这时候笔者突然想起了我的壮丽之杖（Rod kof Splendor[16]）。这个杖可以每周一次释放一个法术，创造一个 60 英尺大的丝绸帐篷，其中有家具和够 100 人吃的美食。一般我们都是在任务结束后用它来庆祝的，但这次笔者直接在身后释放了法术。因为隧道只有 30 英尺宽，炎魔一头栽入了帐篷中被缠住了，让我们得以全身而退。

这种难以预料的突发状况来自主持人、游戏规则和玩家的创意。在笔者参与的角色扮演战役中（不管当玩家还是城主）这样的情况时有发生，而且你还可以特意鼓励这种合作的叙事方法。更多关于角色扮演游戏和如何跑团的内容，参见附录 B 的“角色扮演游戏”内容。

5.7 动态技术

如前所述，因为本书有大量篇幅涉及技术，所以本章中简单带过。这里的核心概念是，你创作的代码（你的内嵌技术）将会成为供玩家体验的系统。与其他动态系统一样，会有事件涌现，也就是说好事和坏事都可能会发生。动态技术包括了所有运行时影响玩

14 *Planetfall* 由 Steve Meretzky 设计，1983 年由 Infocom 出版。

15 炎魔就是托尔金的《魔戒：护戒使者》中甘道夫只身拦住的怪物，其中有经典台词“you shall not pass”。

16 龙与地下城 3.5e 系统参考分档中的 Rod of Splendor 可以参见 http://www.d20srd.org/srd/magicItems/rods.htm#splendor 。

家的代码。这可以是任何代码实现的内容，比如物理模拟或是人工智能。

想了解实体游戏的动态行为，如骰子、转盘、卡片和其他随机产生器，请学习第 11 章“数学和游戏平衡”。关于电子游戏所用的技术，可以参考本书最后两章或者附录 B。

5.8 小结

机制、美学、叙事和技术都来自玩家进行游戏。虽然难以预测会涌现什么，但这是设计师的责任去试玩和理解涌现背后的意义。

下一章我们将会探讨分层四分法中的文化层，它凌驾于游戏性之上。在文化层玩家比游戏开发者更有发言权，而且文化层可以被从未玩过游戏的社会人员所体验。

第 6 章

文化层

分层四元法的最后一层文化层是离设计师最远的，也是最难掌控的部分，但是文化层对游戏设计开发的整体理解至关重要。

在本章中，我们将探讨文化层及其紧密相连的玩家社区内容。

6.1 游戏之外

设计师很容易了解内嵌层和动态层，因为它们和互动体验概念是一个整体。而文化层则没有那么明显易懂。文化层存在于游戏和社会的交互影响中。一个游戏的玩家会因为他们之间共同的游戏体验而组成一个社区。社区成员将游戏的概念和信息带到游戏外的世界。游戏的文化层主要由两种社群玩家得到体现，其中的一种是游戏的硬核玩家，另一种是刚刚接触游戏的新玩家。后者了解游戏往往不是通过游戏本身，而是通过硬核玩家写的指导、指南等（如图 6-1 所示）。

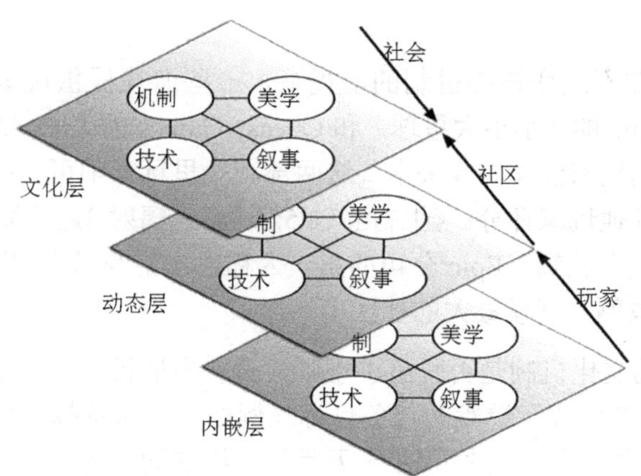

图 6-1　由玩家社区创建的文化层

Constance Steinkuehler 在她的 *The Mangle of Play*[1]文章中指出，一个游戏的动态层，特别是大型多人游戏的动态层是交互稳定的混合体。在前一章也提到过，动态层不仅包含游戏开发者的意图，也包含玩家的意向，游戏体验受玩家和开发者两方共同影响。延伸这个概念后我们会发现，玩家对文化层的影响和控制要比开发者更大。在文化层面上，

1 Constance Steinkuehler. "The Mangle of Play." *Games and Culture 1* , no. 3 (2006): 199–213。

社区玩家改变游戏的元素，在游戏叙事的基础上创作自己的同人小说、音乐和漫画。

在内嵌层中，四要素（美学、机制、叙事和技术）分别分配给开发团队的不同成员。而在文化层中，这些要素互有重叠，界限模糊。粉丝制作的 mod 在文化层中占有重要一席，通常由四元素融合组成。[2]

下面小节的内容与前一章的内容保持一致，并且笔者建议你仔细研究每个要素下面列出的具体例子。每个例子并不局限于一个文化要素内。

6.2 文化机制

文化机制发生在玩家掌握游戏机制的时候，有时也发生在游戏外。以下是几种最常见的例子：

- **游戏 mod：**玩家改动游戏机制，制作成 mod。这在 Windows 系统的电脑上最常见。比如玩家制作了《雷神之锤 2》几十上百个 mod ，这些 mod 都使用了游戏的技术，替换成玩家自己设计的机制和关卡内容（也有外观内容）。
  有一些出色的游戏 mod 后来变成了赚钱的商业产品。《反恐精英》一开始是《半条命》的游戏 mod，后来被 Valve 收购。[3]*DotA* 最初是粉丝制作的《魔兽争霸 3》的游戏 mod，最终成为了独立游戏，推动 MOBA 类型游戏风潮越来越热。[4]
  一些公司也会发布自己的官方编辑器，鼓励玩家创作。比如 Bethesda 发布了《上古卷轴 5:天际》的 Creation Kit 编辑器。玩家可以用 Creation Kit 设计关卡、任务、NPC 等。Bethesda 之前的作品也公布过编辑器，比如《辐射 3》等《上古卷轴》系列之前的游戏。
- **定制关卡：**在不改变核心机制的前提下，一些游戏提供玩家制作关卡的工具。Media Molecule 的《小小大星球》和 Queasy Games 的 *Sound Shape* 都内置关卡编辑工具，鼓励玩家创作游戏关卡。这两部游戏里玩家都可以把自己设计的关卡发布出去，让其他玩家评分。《上古卷轴 5:天际》《辐射 3》的编辑器和 mod 编辑套件里面也有关卡编辑。Epic 公司的第一人称射击游戏《虚幻》，它的游戏 mod 社区可能是最成熟、规模最大的社区了。

判断游戏 mod 的文化机制是否脱离了规则，就看内嵌机制是否被改动。如果内嵌机制没有变化，但是玩家修改了游戏的任务目标（例如，玩家选择“快速奔跑”来尽可能快地打通游戏，或是在玩像《上古卷轴 5:天际》一样的动作游戏时，不击杀任何敌人通

2 笔者绝对没有贬低开发者的 mod 的意思。我这样做是为了避免混淆开发者（内嵌内容的开发者）和玩家（开发 mod 的玩家）。许多杰出的设计师和开发者一开始也尝试过做游戏 mod，这也是锻炼技艺的一个绝佳办法。

3 http://www.ign.com/articles/2000/11/23/counter-strike-2 http://en.wikipedia.org/wiki/Counter-Strike。

4 http://en.wikipedia.org/wiki/Multiplayer_online_battle_arena 和 http://themittani.com/features/dota-2-history-lesson，*DotA* 最初根据《星际争霸》的 Aeon of Strife 地图，制作了《魔兽争霸 3》的 mod，《星际争霸》和《魔兽争霸 3》均为暴雪公司的游戏。

关），在动态机制内玩家依然可以做到。玩家拿到了修改游戏内嵌元素的权利后，玩家的行为就进入到了文化层面。

6.3 美学文化

美学文化是指社区玩家创作游戏相关的艺术作品。其形式丰富多样，有角色人物图、音乐等，也可以用游戏引擎来进行创作：

- **同人图：**许多艺术家将游戏和游戏角色视为工作的灵感来源，以此描绘这些角色。
- **Cosplay：**和同人相似，Cosplay（costume 和 play 的混合词）是指粉丝装扮成游戏（或漫画、动画、电影等）中的角色的样子。Cosplay 者扮演这个角色的时候要塑造人物的性格，就如同在虚拟的游戏世界一样。Cosplay 多在游戏展会、动画展会、漫画展会上表演。
- **游戏性的艺术：**笔者在前面的章节里也提到过，Keith Burgun 在他的 *Game Design Theory* 一书中呼吁大家应该将游戏开发者和乐器制作人同等看待：游戏开发者作为工匠，制作表演者可以创作艺术的工具。据他所说，开发者开发的不仅是游戏，更是游戏性。那些技术娴熟、从容自在的玩家的游玩也是一门艺术。

6.4 叙事文化

有时，玩家社区会根据游戏的世界创作自己的故事和剧情。像是角色扮演游戏《龙与地下城》，文化叙事是游玩的必要组成部分。除此以外，还有很多与其不同的例子：

- **同人小说：**和电影、电视剧一样，游戏粉丝会写关于游戏世界和游戏角色的故事。
- **剧情 mod：**像是《上古卷轴 5：天际》《无冬之夜》的一些游戏，提供玩家工具让玩家在游戏世界内创造自己的互动剧情。并且因为玩家用的工具和开发者用的工具类似，玩家的叙事能和游戏内原有的叙事一样有深度和广度。

Mike Hoye 是一位父亲，也是《塞尔达传说：风之杖》的粉丝，他把游戏做了微小的修改后制作成了一个特别的 mod。Mike 一直和他的女儿 Maya 玩这款游戏，而 Maya 也很喜欢。但是游戏里的主角林克（Maya 的角色）一直是男孩，Mike 想为自己的女儿找到一个正面的女性形象。Mike 直接破解了游戏，替换文本内容，将林克改为女性角色。Mike 的原话是这样说的："我不希望我的女儿长大后认为女性中就没有英雄，就不能拯救她们的兄弟。"玩家这样的一点小改动，让他的女儿能够感受到在原本性别歧视的游戏里不能体会到的英雄形象。[5]

- **引擎电影：**另一个有趣的例子就是引擎电影。其中较知名的就是 Rooster Teeth 出品的 *Red vs. Blue (RvB)*，作品是根据 Bungie 工作室的《光环》创作。视频是宽银

5 你可以在 Mike Hoye 的博客上读到这个故事，然后在 http://exple.tive.org/blarg/ 2012/11/07/flip-all-the-pronouns/ 下载到补丁。

幕格式的，屏幕上方有黑色的细条，底端则较宽，这样是为了挡住游戏里的枪。在早期视频里，你还能看见枪的准心。*Red vs. Blue* (RvB)于 2003 年 4 月开始播出，多年以来不断改进，甚至获得了 Bungie 工作室的大力支持。《光环》里有个 Bug，玩家举枪向下指向地面时，角色的头会回弹起来向前看。RoosterTeeth 利用这个 Bug 让角色边说边点头（手里没有枪）。在《光环 2》里，Bungie 修复了这个 Bug，给角色添加了放下枪的姿势，让大家在制作视频时更简单。也有其他游戏用到了引擎电影。《雷神之锤》是早期大量使用引擎电影的游戏之一。顽皮狗工作室的《神秘海域 3：德雷克的欺骗》有一个多人引擎电影模式，玩家可以调整镜头制作动画等。

6.5 技术文化

本章前面提到，文化层中的四要素之间界限模糊，并不清晰，因此技术文化的例子与之前的几项例子有所重复（例如，游戏 mod 列在文化机制中，但是也可以列在技术文化里）。技术文化的核心由两部分组成：游戏的技术对玩家生活的影响、玩家社区用来修改游戏内置技术和体验的技术。

- **游戏外的游戏技术**：在过去几十年里，游戏技术的发展翻天覆地。分辨率的增长（比如，电视经历了从 480i 到 1080p 再到 4K 的更新换代）和玩家口味的提升驱使着开发者持续不断地改善技术，以提供更好的画质。这些实时的技术不仅能够用来开发游戏，也可以应用到医学成像和电影的可视化预览中（制作像游戏一样的动画来为拍摄做计划）。
- **玩家制作的外部工具**：玩家制作的外部工具能够影响玩家的游戏体验，但是不算作是游戏 mod，因为它并不修改任何游戏内嵌机制。例子如下：
  - 在《我的世界》里添加地图工具，让玩家能了解地区的概貌，寻找特定的区域或矿石。
  - 大型多人在线游戏（MMOG）的 DPS（每秒伤害）计算器，能够帮助玩家了解自己角色的实力，选择最优的装备提高攻击力。
  - 有几款工具可以让玩家在 iOS 平台上玩 *Eve Online*。功能有管理技能、资产、邮件等。[6]
- 粉丝制作的游戏指南，比如 http://gamefaqs.com。这些指南有助于玩家更好地理解游戏，提升玩家的水平。这些指南没有修改任何游戏内容。

---

6 在 *Eve Online* 里，玩家登不登录游戏都可以提升技能。设置一个提醒，告诉玩家技能升级完成，这样玩家可以回去再选择一个技能，很方便（来自 http://pozniak.pl/wp/?p=4882 and https://itunes.apple.com/us/app/neocom/id418895101）。

6.6　授权的跨媒体不属于文化层

跨媒体（transmedia）指的是把同一件事情在多个不同的渠道传播。一个典型的例子就是《口袋妖怪》。《口袋妖怪》诞生于 1996 年，该作品有自己的动画、卡牌游戏、任天堂的掌机游戏还有漫画连载。还有很多相似的例子，比如和每部迪士尼电影同期发售的游戏，还有《生化危机》《古墓丽影》的电影。

跨媒体可以是游戏品牌的一个重要组成部分，也是提升市场占有率和品牌效应时间的一个好策略。但是，我们要分清授权的跨媒体（如《口袋妖怪》）和未授权的粉丝制作作品。后者属于文化层，而前者不是（如图 6-2 所示）。

分层四元法中的内嵌层、动态层和文化层是相互分开的，这基于游戏制作人嵌入作品内的要素的不断发展，以及玩家的游玩和游戏对玩家及社会造成的文化影响。相比之下，授权的跨媒体是由品牌和知识产权所有者对游戏的重新描绘和刻画。所以授权的跨媒体与内嵌层不可分割。每一个跨媒体作品都是内嵌层的产品，都有属于自己的动态层和文化层。最大的区别就是操控方不同。游戏和授权的跨媒体的内嵌层由开发的公司控制；而动态层则由开发者用到的技术、机制和玩家的行为、策略等控制；在文化层上则完全由社区玩家控制。所以同人小说、Cosplay、游戏 mod、粉丝制作跨媒体都属于文化层，而授权的跨媒体产品则不属于。

你若是想要了解更多关于跨媒体的内容，笔者推荐你阅读 Henry Jenkins 的书和论文。

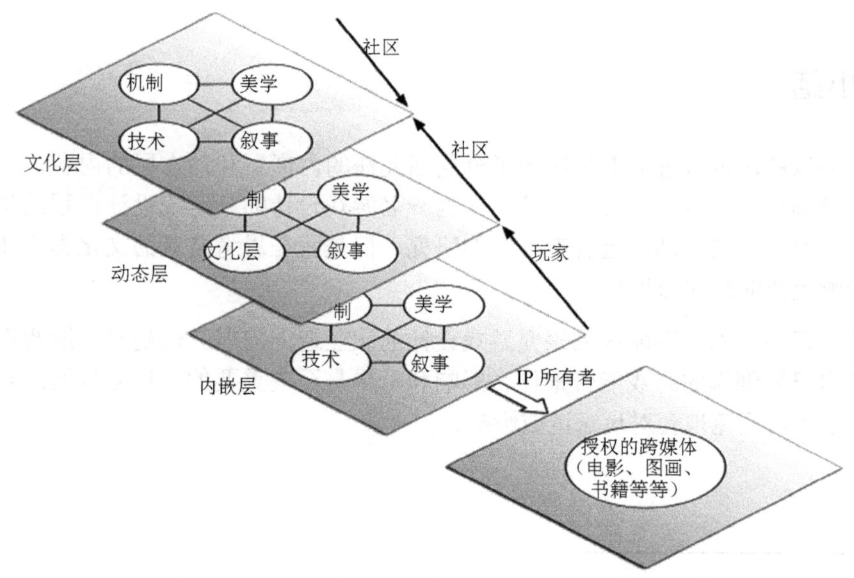

图 6-2　分层四元法与跨媒体之间的位置关系

6.7 游戏的文化影响

目前为止，我们所讨论的文化层都是玩家将游戏内容带到游戏之外进行的活动。我们还可以从另一个视角来看待文化层，那就是游戏对玩家的影响。让人大失所望的是，过去几十年以来，游戏产业一直都主张和支持表明游戏积极影响的科学研究（例如，提高多任务工作能力、对环境的观察能力），然而却否认发现游戏消极影响的科学研究（例如，游戏成瘾、暴力内容的负面作用等）。[7]几乎所有受娱乐软件协会监管的公司设计的游戏内容，多多少少都有暴力元素，而“暴力电子游戏”总是被记者归结为所有暴力事件的罪魁祸首。[8]然而在 2011 年，美国最高法院在一项裁决中称，电子游戏是艺术，理应和其他艺术形式一样受到美国宪法第一修正案的保护。在这次裁决以前，游戏开发商和娱乐软件协会的成员都有充分的理由害怕政府禁止销售暴力电子游戏。但是现在，游戏和其他艺术形式一样受到保护，开发者不必再心惊胆战地开发游戏了。

当然，与自由的权利相伴的是相应的义务，我们知道了游戏对社会能够造成影响，而且不仅局限于暴力游戏。在 2011 年，Meguerian 指控苹果公司的 App Store[9]应用商店能让未成年人简单容易地购买第三方游戏内购。虽然最后双方达成了和解，但问题是，儿童对真实货币没有完全的认知，一些儿童在未经父母的同意下每月购买了不多于 1000 美元的游戏内购。有研究表明，人们玩社交网络游戏（如 Facebook 游戏）的高峰时间是在上班时间，社交网络游戏一般都有“体力”和“作物腐烂”的机制，这种机制鼓励玩家每 15 分钟就回去登录游戏，这肯定对工作效率有一定影响。

6.8 小结

在本书以前，也有很多书籍谈到了分层四元法的内嵌层和动态层的内容，但是对文化层的讨论却少之甚少。事实上，笔者作为一名游戏设计师和游戏设计课程的教授，虽然日常笔者对内嵌层和动态层有着丰富的研究，但是我在思考游戏的文化影响和玩家对游戏的影响上花的时间却很少。

受篇幅限制，本书不能详细探究游戏设计的职业道德问题。但是对于游戏设计师来说，思考自己所创作的游戏能带来什么影响和后果是至关重要的，玩家打通游戏后，游戏的文化层不可避免地会对玩家造成影响。

---

7 简单浏览一下娱乐软件协会（ESA）的文件你就会发现，多数内容都是电子游戏的优点，几乎没有几篇文章写了游戏的负面影响。http://www.theesa.com/newsroom/news_archives.asp。

8 Dave Moore and Bill Manville. "What role might video game addiction have played in the Columbine shootings?" *New York Daily News*, April 23, 2009 and Kevin Simpson and Jason Blevins. "Did Harris preview massacre on DOOM?" Denver Post, May 4, 1999。

9 Meguerian v. Apple Inc., case number 5:11-cv-01758, in the U.S. District Court for the Northern District of California。

第 7 章

像一名设计师一样工作

你已经学会了如何用设计师的方法来思考和分析游戏，那么现在笔者开始教你游戏策划是如何创造交互式体验的。

正如上一章提到的那样，游戏设计需要大量的练习。你练习的设计越多，你就会越来越熟练。同时，你也要知道如何在加班时保证最高的工作效率。以上是本章的主要学习内容。

7.1 迭代设计

“游戏设计由 1%的灵感和 99%的重复组成。”——Chris Swin

你还记得第 1 章里提到的这句名言吗？在本节里，我们就这个内容继续深入研究。

一个好设计的关键，也是你能从本书里学到的最重要的内容是图 7-1 中的迭代设计。笔者见过一开始很糟糕的游戏后来通过迭代设计变得非常不错，并且迭代设计适用于多个方面，从游戏内的背景到故事叙事和游戏设计，都可以得到很好的应用。

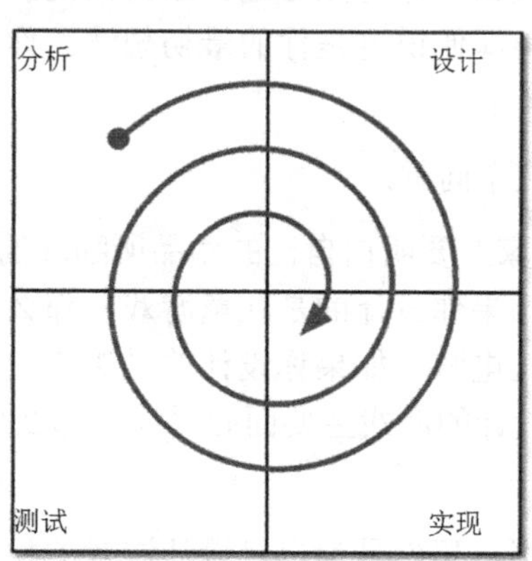

图 7-1　设计中的重复迭代过程1

迭代设计的四个阶段是：

1 Tracy Fullerton, Christopher Swain，Steven Hoff man *Game Design Workshop: A Playcentric Approach to Creating Innovative Games* (Burlington, MA: Morgan Kaufmann Publishers, 2008), 36。

- **分析：**分析阶段主要是弄清楚自己所处的位置和自己想要达成的目标。明确你在你的设计里想要解决的问题（或是你想要利用的机会），考虑项目开发上你能利用哪些资源，并统筹一下你一共有多少时间。
- **设计：**现在你已经清楚自己的位置以及期望的目标，用你现有的资源创造一个设计，这个设计要能够解决你的难题或是提供可利用的机会。通过头脑风暴的方式开始设计，最后决定一个切实可行的计划。
- **实现：**你已经有设计方案了，现在开始贯彻实行它。有一句古谚语是这样说的："直到有人开始玩它，它才是一个游戏。"该阶段的任务是把游戏设计的想法尽可能快地转换成可玩的原型。你在本书后半部分的数字教程内容里，可以看到在贯彻自己想法的初期，开发者还只是在屏幕上移动角色，单纯地观察模型的移动是否灵敏自然，还没有任何物体和敌人的模型。并且，先只做游戏的一小部分内容再进行测试是完全可以接受的。小范围的测试要比大规格的游戏测试更有针对性。完成了这个阶段以后，你就可以准备进行游戏性测试了。
- **测试：**请一些人来玩你的作品，并观察他们的反应。随着你在设计上的经验不断积累，你就会更加清晰自己设计的游戏机制会带来什么样的玩家反应。但即便是你拥有多年的经验，你也不能百分之百地预测测试的结果。所以一定要进行测试，测试能反映出设计的不足。最好是早一点测试，这样你还有机会做些改变并纠正错误。并且测试的频率要高，这样才能知道是什么原因导致了玩家反应的变化。

让我们再详细讨论一下每个阶段。

分析

每一个设计都是为了处理什么问题或是利用一个机会。在你开始设计以前，你需要对问题和机会有一个清晰的认识。你可能会这么跟自己说："我只是想做个好游戏。"我们大多数人都是这么想的。但即便说这是你的最初想法，你也可以挖掘更深层次的问题并透彻分析它。

开始前，先问自己这样几个问题：

1. 我的游戏面向哪些玩家？要明白自己的作品所瞄准的玩家群，他们可以指明你的设计里需要哪些其他要素。如果你设计的是儿童游戏，那么他们的父母更有可能让孩子用手机玩游戏，而不是联网的电脑。如果你设计的是策略游戏，那么相对应的玩家群则更倾向于使用电脑。如果你设计的游戏主要面向男性，那么你就应该了解近 10%的男性白种人是色盲。

你还需要知道另外一件事，那就是为自己设计游戏的危险性。如果你只是为自己设计游戏，那么很有可能这个游戏最终只有你想玩它。调查一下你所瞄准的玩家群，了解他们为什么喜欢这种类型的游戏，你就知道自己的设计应该往哪个方向走，这样你的设计才会越来越好。

玩家想要什么内容和玩家喜欢什么内容是完全不同的，这也是你需要记住的另外重要一点。在对玩家的调查里，他们自己说的喜欢的内容和真正激发他们玩的因素是不同的，把这两者区分出来是非常重要的。

2．我有什么资源？我们中的大多数人做游戏，都没有上千万美元的资金支持，也没有 200 名员工的工作室团队，更没有超过两年的制作周期。你所拥有的是一些时间和才华，可能你也认识一些有才能的朋友。正面看待自己现有的资源、优势和劣势，这样能帮助你更好地策划游戏。作为一名独立游戏开发者，你最主要的资源就是才能和时间。通过雇佣承包商或人才来获得的资源也同样是上述两者。你应该确保你在开发中充分利用了你的团队资源，不要浪费了它。

3．现有技术有什么？笔者的学生们经常忽视这个问题。现有技术是一个用来描述与你的作品相关联的现存游戏和其他媒介的术语。没有任何游戏从一片空白中诞生，作为一名设计师，你要知道的不仅仅是哪些游戏激发了你的灵感，也要知道哪些最近和将来的作品将成为你的竞争者。

例如，你要给主机平台上设计一款第一人称射击游戏，你接下来肯定会想到《泰坦陨落》和《使命召唤：现代战争》系列，你也肯定很熟悉《光环》（首部主机平台上的第一人称射击游戏，当时的主流观念认为在主机平台上开发射击游戏是不可能的事情）、《马拉松》（Bungie 公司的作品，比《光环》更早发售，奠定了《光环》作品里的很多设计理念）还有其他在《马拉松》前面的 FPS 游戏。

你必须要彻底搜索一遍同类型下有什么其他作品，这样你才能知道别人在处理同样一个问题的时候是如何应对的。即便有人和你有同样的创意，但是他肯定是用不同的方式实现的，从他们的成功和失败之处学习，你能够在自己的作品上设计得更出色。

4．我想快点做出一个能投入测试的可玩性高的游戏，有没有什么捷径？虽然大家经常忽视这个问题，其实它是非常重要的。每天只有 24 小时，假如你们都像我一样的话，那么一天里只有很少的时间能拿来开发游戏。所以如果你想要按时完成制作的话，就要尽可能地每天高效率地利用时间。想想你的作品里的核心机制是什么（比如在《超级玛丽》中，核心机制就是跳跃），再来设计和测试。这样你就知道值不值得接下来继续开发了。美工、音乐以及其他外观要素对于游戏开发的最后阶段尤为重要，但是在现在这个时间点上，你关注的重点还是应该在游戏的机制和游戏性上。先把这些弄明白，这是你作为一名游戏设计师的核心目标。

当然，除了上述四个问题以外，你还可以加入其他问题。但是无论你做的是什么游戏，在分析阶段都要牢牢记住这四个问题。

设计

本书的很大篇幅都在介绍游戏策划，但是在本节中，笔者将主要谈一谈职业设计师的工作态度问题（更详细的内容参见第 14 章“数字游戏产业”）。

设计师不是天才也不是电影导演，并不是说团队里的其他人只要听从设计师的想法就可以了。设计所关乎的不是你自己本身，而是项目团队成员的合作。作为一名游戏设计师，你要做的工作是和团队的其他人合作与沟通，最重要的就是倾听。

在 Jesse Schell 的著作《全景探秘游戏设计艺术》的前几页里，阐述了倾听是游戏设计师的一项重要技能，笔者实在是不能更同意了。Schell 列出了在哪些方面你需要留心[2]：

- **倾听玩家的声音**：你想要哪类玩家来玩你的游戏？你想要哪类玩家群体买你的作品？正如前面所讲，这些是你要回答的问题。在你有了答案了以后，你需要问一问这些玩家他们想要什么样的游戏体验。整个设计的迭代重复过程就是你先做出一些内容，然后交给游戏测试人员，最后得到玩家的反馈。他们给了你反馈以后，即便结果和你的期望相差甚远，甚至你根本不想听到，你也一定要认真浏览和分析。
- **倾听团队的声音**：多数游戏项目里，你都要和其他才华横溢的团队成员一起工作。你作为设计师的职责就是搜集所有团队成员的想法，并合作挖掘出对于所瞄准的目标玩家最好的游戏创意。如果你的同事在和你意见相左的时候能够畅所欲言，那么你们才能做出优秀的作品。团队成员不应该动辄争吵，相反，团队成员应该是有创新意识的，怀着对游戏的热情工作。
- **倾听客户的声音**：作为一名职业游戏设计师，在很长的一段时间里，你都在为客户工作（老板、委员会等），你也需要他们的投资。他们通常都不是游戏策划上的专家，这也是为什么他们聘用你，但是你必须满足他们一些独特的需求。你的工作就是在各个阶段里听取他们的想法：他们告诉你他们想要的是什么；他们心里想要的是什么但没有说出来的；甚至是他们自己都没承认但却是内心深处真正想要的东西。与客户接触时，你需要谨慎小心察言观色，这样才能给客户一个出色的合作印象以及优秀的作品。
- **倾听作品的声音**：有的时候在游戏设计里，把特定元素组合在一起就像双手戴上手套一样贴合恰当，而有的时候，就像把肥胖的貂熊塞到圣诞节袜子里一样臃肿（这不是个好主意）。作为一名设计师，你是最接近作品的游戏设计的，你也可以从整体的角度俯瞰作品的全貌。即使游戏的某个方面的设计非常巧妙，它也有可能和剩下的部分不融洽和谐。不要担心，如果这真的是一个巧妙出色的设计的话，你也有机会把它应用到其他作品中去。在你的职业生涯里，你会参与很多游戏的制作。
- **倾听自己的声音**：其中有几个重要方面是你需要留意的：
  - **听从你的直觉**：有的时候你对某件事情会有一种直觉，有时这种直觉是错的，而有时又是对的。在策划设计时如果你有了什么灵光一现，不如尝试一下。说不定是你的直觉比理性先一步找到了答案。
  - **注意你的健康**：保重身体，保持健康。真的，现在已经有太多的调查表明，经常通宵且压力大的人群若是没有定期锻炼身体的话，这样的生活习惯将影响到创造性的工作。为了成为一名优秀的游戏设计师，你需要保持身体健康，保证充分的休息时间。不要试图通过疯狂工作整夜的方式来解决任何问题。

2 Jesse Schell, *The Art of Game Design: A Book of Lenses* (Boca Raton, FL: CRC Press, 2008), 4–6。

— **自己的声音别人听是什么样的：**当你在和同事、同辈、朋友、家人或熟人交谈的时候，仔细感受一下自己说的话听起来是怎么样的。我不是想要说的很复杂，我就是想让你听一听自己谈话的声音，再问自己以下这些问题：我听起来有礼貌吗？我听起来真的关心对方吗？我是不是应该听起来更在乎这个项目？成功人士总是表现得恭敬和关爱他人，而笔者认识的一些人却不理解这个道理。他们一开始做得都很好，但是由于不懂得尊重对方，事业直线下滑，最终没有几个人愿意和他们合作。游戏设计是一个需要团队成员互相尊重的事业。

当然了，比起倾听，行为上像一位专业的设计师也同样重要。本书的后半部分会继续阐述关于如何成为一名设计师的具体内容。如上述所言，做任何事情时都要秉承着谦恭的态度，保持身体的健康，以合作创新的心态去对待工作。

实现

本书的三分之二内容都是关于数字实现的，但是你要认识到，在迭代设计过程中为了有效实现自己想法，测试游戏是最有用的方法。假如你要给《超级玛丽》《洛克人》这样的平台游戏做测试，你就需要做个数字化原型。然而，如果你是给图形用户界面（GUI）菜单系统做测试的话，你不用特地构建一个完整的数字版本，只需要打印出来菜单的不同页面，然后你在电脑上操作画面的同时，给测试人员浏览这些页面就可以了。

如图 7-2 所示了一个选项菜单的图形用户界面模型的不同画面。测试人员测试时，每次可以打开一个界面。先从①的选项菜单开始，展示①时，让测试人员去单击一下打开“视频”的选项（让测试人员像真正按触摸屏一样单击纸张）。

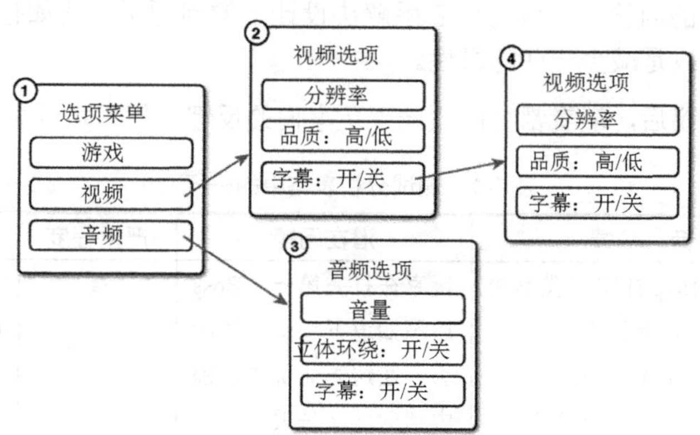

图 7-2　一个简单的图形用户界面模型

一些测试人员可能单击视频选项，一些可能会单击音频选项（基本没人点游戏选项）。在他们单击完后，翻到该选项下的纸张（比如，②视频选项）。然后，测试人员接下来单击“字幕：开/关”，这样就能从②转换到④视频选项。

这里需要记住的重要一点是，在视频和音频界面都可以对字幕进行开关。因为无论玩家选择的是哪个选项（视频或音频），你都可以通过这样的方式测试出来“开/关”按键能否显示出来当前字幕已关闭。

测试

如你所见，纸上原型是项目早期阶段进行测试的一个便捷途径。在第 10 章“游戏测试”里详细介绍了测试的各个方面的细节。你要记住的是，不管现在你觉得自己的作品怎么样，只有直到玩家（不是你）来测试并给出反馈的时候，你才真正对作品的好坏有个客观的理解。测试的玩家越多，相应的反馈也就越真实合理。

笔者在南加州大学开设了一门游戏设计的讲习班，我们在研究室里花费了四周多的时间开展桌游项目。在刚开始时，学生们要和自己的团队成员一起进行关于游戏内容的头脑风暴，然后对当前版本的游戏进行测试。经过为期四周的训练，每名学生都有近 6 小时的测试经验，他们的设计能力也得到了显著提高。提高设计水平的最好办法就是，尽可能多地让别人来测试你的作品并获得他们的反馈。另外，测试人员在告诉你反馈内容时你最好能记录下来。如果你忘了反馈内容是什么了，测试可就前功尽弃了。

你一定要确保测试者提供的反馈是真实有效的。有时，他们不想让你感到难受，可能会夸大一些积极乐观的反馈。《全景探秘游戏设计艺术》的作者 Jesse Schell 建议大家这样告诉游戏测试员：“我需要你的帮忙，这个游戏现在有一些问题，但是我还不知道是什么。请你一定要告诉我哪里你不喜欢，这能帮我大忙。”你需要鼓励他们心口如一地告诉你作品的缺陷和不足[3]。

分析/设计/实现/测试/重复

在你做完测试以后，肯定记下来很多测试的反馈。现在是分析这些反馈内容的时候了。玩家喜欢什么？不喜欢什么？哪些部分过于简单或过于困难？这个游戏吸引人吗？

根据以上问题的回答，你就可以着手解决设计上的问题了。比如把第 II 部分的关卡设计得更吸引人，或是减少一些随机性。

在每次测试会议后，笔者都会回顾一下玩家们的反馈，然后填好表 7-1。

表 7-1　测试分析表格中的一行

地　点	反　　馈	潜在问题	严重程度	提出的方案
Boss1	“第一个Boss打完了我不知道应该去干什么。” “我现在应该往哪走？” “好了，现在该干什么？”	玩家在打完第一个Boss后不知道下一步该做什么。在这之前玩的过程中指向性还是很强，但是现在玩家不知道应该去做什么	高	设计成在第一个Boss被击败后，让导师角色返回，给玩家第二个任务

上面的表格只是一个简单的例子，后面可以加更多格。首先要做的是把相似的反馈内容集中到一起。你要保证测试的评论都是针对游戏的同一部分内容的，所以你应该有一种系统能记录他们在游戏里的哪个地方做出了评论（例如 Boss1）。把所有的详细评论

3 Jesse Schell, *The Art of Game Design: A Book of Lenses* (Boca Raton, FL: CRC Press, 2008), 401。

放进同一个单元格里，然后整体分析这些反馈，并找出造成玩家这样感受的原因。之后判断这是一个潜在、中度还是严重的问题，再提出相应的解决方案。在你提出所有解决办法后，在设计部分应用相应的解决方案，然后继续重复上述的步骤。每一次的重复后作品多多少少都会产生一些变化，但不是全部都会。最重要的是你要尽快完成修改，进行下一次测试，这样才会知道你的解决方法有没有奏效。

7.2 创新

Frans Johansson 在他的著作 *The Medici Effect*[4]中写到，世界上一共有两种创新：渐进型创新和交会点创新。渐进型创新是在可预知的情况下进行改善。20 世纪 90 年代时，英特尔奔腾处理器的迅速发展就是渐进型创新的例子。每年公布的新奔腾处理器都要比上一代容量更大，带有更多的晶体管。渐进型创新可以预料，值得信赖。如果你在找人投资自己的项目的话，这样的创新很容易说服投资人投入资金。然而，正如渐进型这几个字说明的那样，这种类型的创新永远不会瞬间出现飞跃性的成果。

另一种创新类型叫作交汇点创新。这种创新出现在两种截然不同的观念碰撞的时候，这同时也是很多伟大理念出现的时刻。然而，正是因为交汇点创新的成果过于新颖且难以预料，要让别人认同这种成果是非常困难的。

1991 年，Richard Garfield 尝试给自己的桌游 *RoboRally* 寻找发行商。在这个过程中，他认识了一个叫 Peter Adkison 的人，他是威世智公司的创立者和 CEO。虽然 Adkison 也热爱游戏，但是他认为公司没有那么多的资源来给他发行一个内容如此庞大的游戏。同时 Adkison 提到，他们公司正在寻找一种只需很少的道具且在 15 分钟内就可以结束的新游戏。

Richard 把道具少、快节奏的卡牌游戏理念和一直在他脑海里盘旋的像棒球卡一样收集的卡牌游戏理念相结合。最终在 1993 年，威世智发行了《万智牌》，开辟了集换式卡牌游戏（CCG）的先河。

虽然在 Garfield 和 Adkison 见面前，Garfield 就曾想到过把卡牌游戏做成集换式，但正是这种想法和 Adkison 对快速游戏的要求相结合，才诞生出了集换式卡牌游戏类型。而且后来所有的集换式卡牌游戏都有相同的基本格式：基本的卡组规则、高于基本卡组的卡组规则、卡牌组建以及快捷的游戏节奏。

在下一节，笔者将详细地说明一下头脑风暴，这种方法同时利用了两种创新模式，可以让你创造出更棒的作品。

---

4 Frans Johansson, *The Medici Eff ect: What Elephants and Epidemics Can Teach Us about Innovation* (Boston,MA: Harvard Business School Press, 2006)。

7.3 头脑风暴与构思

“找到好点子的最佳办法就是尽可能地多想点子，再扔掉那些不好的。”——Linus Pauling，唯一一位诺贝尔化学奖和诺贝尔和平奖双项得主。

你和所有人一样，一个人的全部想法不见得都是好点子。所以你能做到的就是想出尽量多的点子，再筛选出来最好的那一个，这是头脑风暴的核心概念。在本节中，笔者将介绍一种特殊的头脑风暴方式，这种方法在很多人身上都颇有成效，尤其是对那些有创造力的人才。

首先你要准备：一个白板、一摞卡片（或者是一堆纸片）、一个用来记下点子的笔记本、各种颜色的白板笔、钢笔、铅笔等。这个方法在 5 到 10 个人的时候使用效果最佳，但是人少的时候通过重复过程也同样适用。笔者曾经把这个流程修改成适用一个 65 人的班级（比如，上面的流程写的是某个任务一个人做一次，如果你是一个人进行头脑风暴的话，就自己多做几次，直到满意为止）。

步骤 1：拓展阶段

比方说你要和一些朋友来进行 48 小时的 Game Jam（以某个主题进行游戏创作的比赛）。主题为乌洛波洛斯（一个用嘴咬住自己尾巴的蛇的象征），这是 2012 年 Global Game Jam 的主题。是不是粗略想一想，没有什么太多可供参考的？所以，你接下来就可以开始进行你在小学时学过的头脑风暴方法。在白板上画一条咬尾蛇，画一个圈把它围起来，然后开始联想。在这个阶段，不要担心自己写的内容，不要删掉任何东西，想到什么就写什么。图 7-3 展示了一个例子。

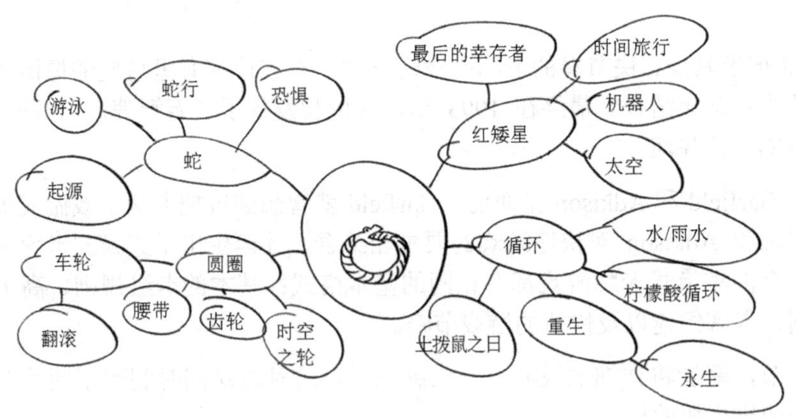

图 7-3　以“乌洛波洛斯”为主题的头脑风暴拓展阶段

警告

小心"白板笔暴政"　头脑风暴时，如果成员的人数多于白板笔的数量，那么你应该时刻注意要让所有人的想法都能被听到。有创意的人才们什么性格都有，而最内向的那些人有时有最好的主意。你在管理一支团队的时候，让内向的成员手拿白板笔。他们不愿意大声说出来想法时，可能会愿意写在白板上。

在完成了以后，给白板照一张照片。笔者的手机里面有几百张这样的白板照片，每一张都非常有意义。照完了以后，把照片发给团队的所有成员。

步骤 2：收集阶段

收集之前所有集思广益得来的想法，将它们每个依次写到卡片上。这些就叫作思想卡片（如图 7-4 所示）。

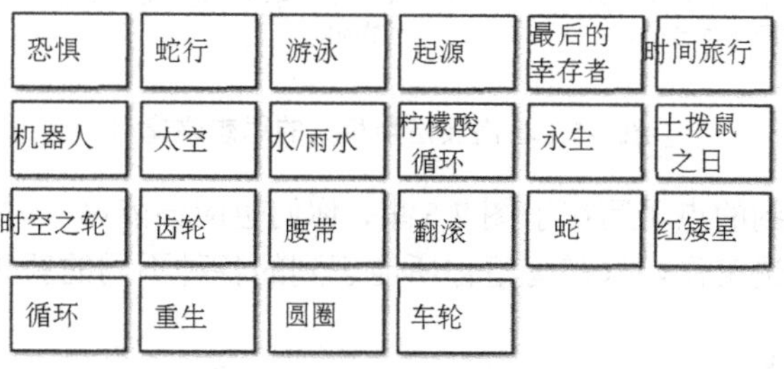

图 7-4　乌洛波洛斯思想卡片

一点题外话和一两个笑话

先来讲几个糟糕的笑话：

两个锂原子在一起走路。一个对另一个说："Phil，我刚才丢了一个电子。"然后 Phil 说："真的吗？Jason，你确定？" Jason 回答道："真的！我现在带正电（positive）了！"

还有一个：

为什么 6 害怕 7？

因为 7 吃了（英文 8 与"吃"同音）9!

抱歉，笔者知道这些笑话不好笑。

你可能好奇为什么笔者给你讲这两个糟糕的笑话。笔者这么做是因为，这些笑话与交汇点创新是基于同一原则的。人类是一种喜欢思考且愿意尝试结合各种奇怪点子的生物。笑话之所以好笑，是因为它引领你的思维混合了两个迥然不同的领域。你的大脑连接起了两个完全不同的、看上去毫无关联的两种概念，就在其中的交汇混合里，幽默诞生了。

在你融合两种点子的时候，也是上述相同的道理。这也是为什么在我们把两种寻常易见的观点转化成不寻常的概念时会让人感到开心愉悦的原因。

步骤 3：碰撞阶段

这个阶段就开始有趣了。把所有的思想卡片整理好，给每名团队成员发两张。每个人把自己的两张卡片放到白板上给所有人展示，然后大家根据这两张卡片的内容一起想出三个不同的游戏点子（如果两张卡的想法都过于相似或是完全不能融合到一起的话，可以跳过这两张卡片）。图 7-5 提供了一些例子。

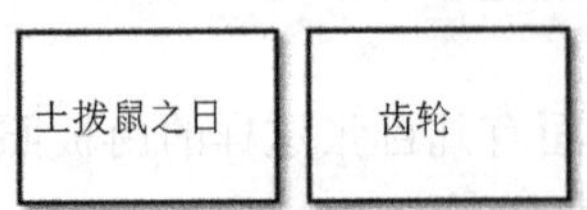

1. 土拨鼠一直在破坏园丁的花园，园丁制造了一些疯狂的装置来抓住这些土拨鼠。
2. 像《战争机器》一样的射击游戏，士兵必须一进行一次次战斗，直到取得完美的结果（类似电影《土拨鼠之日》）。
3. 时间管理类型游戏（例如 Nick Fortugno 的《美女餐厅》），玩家需要考虑季节因素，来完成每个季节的目标并成功到达下一阶段。

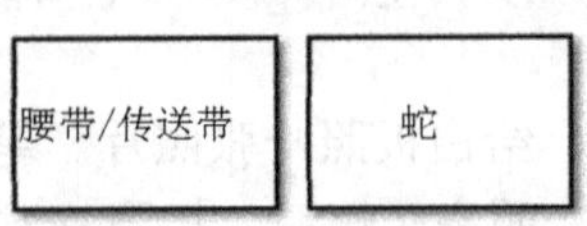

1. 经典游戏《贪吃蛇》（蛇吃苹果可以变长，但是要避免吃到自己），但是在一个移动的传送带上进行。
2. 一条为了穿过房间的蛇，伪装成腰带，从人们的腰间缠成腰带跳来跳去。
3. 一条会催眠人的蛇，能控制人做一些简单的事情。这条蛇可以弯曲摇摆成各种姿势，装成人类的腰带来逃出动物园。

图 7-5　乌洛波洛斯相关的思想碰撞

笔者所能快速想到的点子写在了图 7.5 里，你们也应该能第一时间想出来。在这个阶段，我们不做太多筛选工作，只需写下你所能想到的各种不同的新想法即可。

步骤 4：评分阶段

现在你有了很多想法，是时候来辨别挑选了。每个人选出步骤 3 中最好的两个点子，并写到白板上。

所有人写完了以后，在最受欢迎的前三个想法旁边打对号。最后你就会发现，有的点子上的对号很多，有些则很少。

7.4　改变你的想法

重复设计过程中重要的一环就是改变自身的想法。随着你在作品里完成了各种各样不同的重复设计后，你就会不可避免地对自己的设计做出相应的改变。

正如图 7-6 所示，没有人能把自己的想法在没有任何变化的情况下直接实现成为游戏（如图上半部），如果谁做到了，那几乎可以肯定是个质量差的作品。真实情况更像是该图的下半部分。一开始你有了个想法，然后做出一个初始原型。这个原型又激发出了更多的灵感，所以你又做了一个原型。可能新原型不是很好，所以你重新做了一个。你一直继续这个过程，直到把想法成功转换成一部优秀的作品。在工作中，如果你善于倾听别人的意见，积极和同事进行创新性合作的话，做出来的成果将会比你的初始原型好许多。

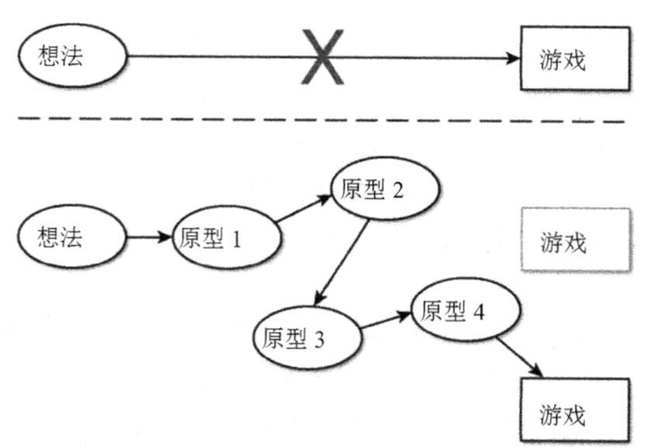

图 7-6　游戏设计的实际情况

随着开发的进行，你会越来越投入

上面描述的方法对于小型企划或是项目的产前阶段都很适用。但是如果项目的参与人数众多，成员又投入了大量的时间和精力的话，改变想法则是一件既困难又昂贵的事情。一个标准的专业游戏开发分为几个不同阶段：

- **制作前（Preproduction）**：大多数游戏教程都讲了这部分内容。在制作前的阶段，你要试验各种不同的原型，并找出最有趣且最吸引人的那一个。在这个阶段完全可以随时改变自己的想法。在大型项目中，制作前阶段的成员数量约为 4 到 16 人。在本阶段结束时，你应该做出一个可以展示游戏整体样貌的作品，简短的五分钟内容即可，质量要与最终发售的作品水平相当。这样的一个 demo（小样）要给主管领导过目，由他来决定是否可以继续制作。虽然其余的部分还停留在概念上，但是也应该设计好大概内容。
- **制作（Production）**：在游戏行业里，作品进入制作阶段后，团队成员的规模将会显著增大。主机平台的大作在这个阶段员工数量可能会超过 100 人，很多同事都不和自己处在同一个城市甚至不在同一个国家。在制作阶段，需要及早地定好系统设计（例如游戏机制），随着系统设计落实了以后，其他方面的设计（像是关卡设计、调整角色能力等）才会逐渐确定。在美工方面，这个阶段也是所有建模、材质、动画制作和其他设计美学要素工作内容开始的时候。该阶段主要以 demo 为核心做出相应的高完成度内容。
- **内部测试（Alpha）**：进入这个阶段时，所有的功能设计和游戏机制都已经 100% 确定了。在这个阶段，我们不能再对系统的设计做出更改，只能针对测试中出现的问题做出相应的更改，比如在关卡设计上。这个时间点上的游戏测试，更多的是向品控靠拢，主要工作围绕在找出问题和 Bug 上面（比如编程上的 Bug，更多详情见第 10 章）。这个阶段很可能还有很多错误（比如编程上的错误），你应该及时发现并改正它们。
- **Beta 测试**：进入这个阶段时，作品已经基本完成了。在本阶段，你应该修复所有可能会崩溃游戏的 Bug，即便是有的 Bug 仍然没被发现，这些 Bug 也只能是一些轻微的错误。Beta 阶段的主要目的是找到并修复余下的 Bug。从美术角度上来讲，要保证所有结构和质地绘制正确，每个文本都没有拼写错误等。在 Beta 阶段不允许做出任何更改，只能修复和解决你找到的问题。

- **“黄金”阶段（Gold）**：当你的项目进入“黄金”阶段，就离发售不远了。在过去CD-ROM 的时代，大量压制盘碟前需要一个母盘，而这个母盘是由黄金做的。虽然现在以磁碟形式销售的主机游戏有了网上更新的方式，“黄金阶段”也在一定程度上失去了原有的意义，但是“黄金”这一词成为了游戏已经准备好发售的代名词。
- **发售后（Post-release）**：因为网络在我们的生活里无处不在，所以所有非卡带形式销售的游戏（比如，任天堂 DS 游戏和一些 3DS 游戏是卡带形式的）在发售后都可以做些修改与调整[5]。发售后的这个时间段可以用来开发 DLC。因为 DLC 通常包含多个新任务和新关卡，所以每个 DLC 的开发要经历的过程和大型游戏开发是一样的（虽然规格相对较小）：制作前、制作、内部测试、Beta 测试、以及“黄金”阶段。

7.5 规划作品的范围大小

作为一名游戏设计师，你要明白的一个重要概念是如何规划游戏内容的范围。根据你现有的时间和资源来合理地压缩设计内容的过程就是规划范围，而过多的设计内容则是游戏项目的第一杀手。

再说一遍：过多的内容是游戏项目的第一杀手。

你所见到的和玩到的游戏都是由几十个人在几个月的时间里全职工作完成的。一些主机游戏大作花费了近 5 亿美元的资金来开发。而进行开发的团队成员也都是有着多年工作经验的人才。

我不是想要打击你的积极性，我只是想让你规划的设计范围小一些。为了你自己，不要尝试做那些你能想到的知名游戏，像是《泰坦陨落》《魔兽世界》或是什么其他大作。相反，你应该找到一个相对较小的、非常棒的核心机制，在一个小尺度范围里深度挖掘它。

如果你想要找点灵感，去看看每年 IndieCade 展会上的提名游戏。IndieCade 是一个针对独立游戏的展会，作品大小不一，笔者认为这个展会正是推动独立游戏发展的先驱。[6]如果你去看了他们的网站（http://indiecade.com），你能发现很多出色的游戏，每一部作品都是对游戏领域的一个新的创新。这些游戏都是个人激情投入的作品，许多个人或小团队花费了上百甚至上千个小时来开发创作。

在浏览网站后，你可能对他们作品的短小而感到惊讶。这没关系。虽然这些游戏的规格确实非常小，但是仍然足够优秀来赢得 IndieCade 的奖项。

在你的事业蒸蒸日上的时候，你可能就有机会去做一些像《星际争霸》《侠盗猎车手》

---

5 调整是指在游戏机制的开发后期阶段，做一点微小的改变。

6 笔者从 2013 年开始担任 IndieCade 的教育与发展主席，我很荣幸成为机构中的一员。

的大型游戏，但是要记住，所有人都是从一个小作品开始。George Lucas 制作《星球大战》电影前，他还只是南加州大学电影专业的一个有才华的学生。事实上，在他拍摄《星球大战》时，他把电影内容缩减得恰到好处，只用了一千一百万美元就制作了迄今为止票房最高的电影之一（在票房、玩具销售、家庭影片销售等，该作品获利高达七亿七千五百万美元）。

所以现在，你要将作品的设计范围规划得小一些。设法想出一些能在短时间内完整制作的点子，然后完成它。只要你能做得出色，之后你想再添加什么内容都可以。

7.6　小结

在本章中提到的工具和理论都是笔者教给自己学生的内容，也是笔者在策划时会用到的知识。上面我列出的头脑风暴的方法，对大团体和小团体在思考优秀出色的想法时非常有帮助。在游戏行业和学术界多年的经验告诉我，重复迭代设计、快速制作原型以及合理地规划内容范围是改善游戏设计的重点，笔者强烈推荐给你。

第 8 章

设计目标

本章讲述了作品设计要争取达到的几个重要目标。它包括“好玩”那极具欺骗性的复杂结构，以及体验性理解等许多内容，这些都对创造互动体验很重要。

在你阅读本章时，思考一下哪些目标对于你来讲最重要。随着你在不同的项目上工作，这些目标的重要性也会相应变化，甚至在开发的不同阶段也会有所改变。但是你应该时刻记住，即便这里面的其中一个目标对于你来说是不重要的，这也应该是你深思熟虑后的结果，而不应该是无意间造成的疏忽。

8.1 设计目标：一个不完整的清单

在策划游戏或创作互动体验时，你都应该在心里想一想自己应该达到哪几个目标。笔者知道本章里提到的目标不会完全包含大家的想法。基于笔者作为一名策划的经验以及和学生、朋友合作的经历，我将尽可能地把我能想到的都写在了本章里。

以设计师为中心的目标

下面这些内容是你作为一名设计师所关注的方向。你想从设计游戏里得到些什么呢？

- **财富**：你想赚钱。
- **名气**：你想要人们知道你是谁。
- **团体**：你想成为团体中的一员。
- **个人表达**：你想通过游戏来和别人交流。
- **更高的善**：通过这种方式让世界变得更美好。
- **成为一名出色的游戏策划**：你单纯地想要做游戏，提升自己的技艺。

以玩家为中心的目标

下面这些目标围绕你想提供给玩家什么：

- **趣味**：你想要玩家喜欢玩你的作品。
- **游戏性态度**：你想要玩家投入游戏的幻想世界中来。
- **心流**：提供给玩家最优的挑战。
- **结构化的冲突**：你想提供一个玩家间竞争对抗的途径，这种途径对游戏系统也是极大的挑战。

- **力量感**：你想让玩家在游戏里感觉强大。
- **兴趣/关注/投入**：你想要作品吸引玩家。
- **有意义的决定**：你想要玩家做出的选择对他们自身和游戏都有意义。
- **体验式理解**：你想要玩家通过玩游戏学到东西。

现在我们再详细说说。

8.2 以设计为中心的目标

作为一名游戏设计师和开发者，你想要通过游戏制作来帮你达成一些人生目标。

财富

笔者的朋友 John Chowanec 进入游戏行业已有多年时间了。第一次遇见他时，他给了我一些关于在游戏行业赚钱的建议。他说："你能在这个行业里赚到几百美元。"

他的玩笑说的很对，这世界上有太多比游戏行业赚钱的买卖了。笔者告诉我的学生，如果你们想赚大钱，你们应该去银行工作。银行持有大量的资金，他们也很愿意为员工支付高薪，让他们来帮助银行继续保持持有大量的资金。但是，游戏产业和其他娱乐产业一样，不仅僧多粥少，而且选择进入这个行业工作的人都是热爱这份事业的。所以，游戏公司可以在同等条件下雇佣同样的员工却支付更少的薪水。当然游戏行业里也有人赚得了高薪，但是这些人寥寥无几。

想要在游戏行业里过高质量的生活是完全有可能的，特别是如果你单身没有孩子。如果你给大公司工作那就更有可能了，他们更愿意支付高薪，提供高福利待遇。小公司（或是自己成立公司）则有很多不稳定性，通常薪水也较差，在这里你有机会持有一定比例股份，虽然这些股份最后不太可能给你多大的回报。

名气

笔者跟你说实话：很少会有人因为设计游戏而出名。因为想出名去做游戏设计，和为了出名去电影行业做特效艺术家是一样的。即便是有上百万的玩家玩过了你的游戏，也不见得有多少人认识你本人。

当然，游戏行业也是有名人的，像是 Sid Meier、Will Wright 和 John Romero，但是这些人在行业里已经工作太久太久了，从很早以前就大有名气了。还有一些年代上相对较近的新人 Jenova Chen，Jonathan Blow 和 Markus "Notch" Persson，很多人并不知道这些名字，更多的是熟悉他们的作品（各自的作品分别为《流》《花》《风之旅人》、《时空幻境》和《我的世界》）。

比起出名，笔者觉得游戏行业里的社区更有意义。游戏行业名人其实要比那些外行人想得更少。这是个非常出色的社区，尤其是独立游戏社区和游戏展会 IndieCade 的包容性和开放性，给我留下了深刻的印象。

社区

当然了，这个行业里还有很多其他不同的社区，但总体来看，笔者觉得这是一个人才济济的好地方。笔者很多最亲密的朋友，都是通过一起在学习游戏设计或一起在游戏行业里工作认识的。虽然很多高预算的 3A 游戏里都有性别歧视和暴力的内容，但是以笔者的经验来讲，制作这些作品的人都是真诚的好人。还有一些大型的充满生气的社区，由一帮开发者、设计师和艺术家组成，这些人从不同的角度推动了游戏作品的进步。在过去的几年里，独立游戏展会 IndieCade 上不仅展出的作品多样性十足，而且游戏的开发团队也是充满多元性。独立游戏社区更像是一个精英管理的社区，无论你是什么种族、性别、性取向，信奉什么宗教，只要你工作干得好，你就会受到独立游戏社区的欢迎和尊重。当然，游戏开发者社区依然存在进步的空间，而现在的社区成员也都十分积极地想把社区环境建设得更加友好热情。

个人表达与交流

以玩家为中心的目标里，有一项是体验式理解，而个人表达与交流就是体验式理解的一个方面。然而，个人表达与交流要比体验式理解的形式多得多（主要是互动媒体形式）。设计师和艺术家用各种媒介来展示自己，他们这么做已有上百年的时间了。如果你有表现自己的欲望，那么你应该问问自己下面这两个重要的问题：

什么形式的媒介能最好地展现这个概念？

什么形式的媒介你运用的最熟练？

通过回答上述两个问题，你就能知道一种互动方式是不是你表达的最佳方式了。值得高兴的是，很多玩家也都热切地希望能在互动领域上表达自我。像是 *That Dragon，Cancer*，*Mainichi* 和 *Papo y Yo*，这些作品都获得了大量的关注和称赞，这也标志着互动体验作为个人表达的一种渠道在逐渐趋于成熟。[1]

更高的善

有一些人做游戏是因为他们想要把世界变得更美好。这些游戏通常都叫作严肃游戏或是变革型游戏，它们已经成为了几个游戏开发者会议的主题。小工作室通过开发这种类型的游戏来起步是一个不错的选择。现在也有一些政府机构、公司和非营利组织为开发者们提供资金来开发这类的严肃游戏。

这些为了改善世界的游戏有很多名字，最主要的有三个：

- **严肃游戏：**这个是最老的称呼了，而且这个类型的游戏多数作品都这么叫。当然，

---

1 *That Dragon，Cancer*（2014，Ryan Green 和 Josh Larson 的作品）讲述了一对父母的小儿子患有晚期癌症的故事，创作该游戏帮助 Ryan 面对自己患有癌症的儿子。*Mainnichi*（2013，作者 Mattie Brice）的创作是为了展现给自己的朋友，作为一名跨性别者女性在旧金山的生活是什么样的。*Papo y Yo*（2014, 作者 Minority Media）中，玩家置身于一个男孩的梦中世界，梦中有一个有时善意、有时暴力的怪兽形象代表他的酒鬼父亲，男孩在这里试图保护自己和他的妹妹。

虽然名字里有严肃，但同样也可以有趣。“严肃”两个字只是为了说明游戏除了趣味性还有特殊的意义和目的。一个典型的例子就是教育类游戏。

- **改善社会类游戏：**这类游戏主要围绕在影响和改变人们在某一个话题上的想法。通常是关于全球变暖、政府预算赤字、政客的各种美德和恶习等。
- **改善行为类游戏：**这类作品的目的不是想要改变玩家的想法和观念（这种多为改善社会类游戏），相反，它的主要目的是改善玩家在真实世界里的行为。比如，一些医学游戏有助于抑制儿童肥胖症，提升注意力持续时间，加强与抑郁症的抗争，甚至能及早查明疾病，如儿童弱视。越来越多的调查发现表明，玩游戏对人的精神和身体健康上有显著影响（有好也有坏）。

成为一名更出色的设计师

要成为更出色的设计师，你最应该做的就是，做游戏……不，做很多很多的游戏。本书的目的是教会你如何设计，这也是为什么本书涵盖了多种不同类型游戏的制作教程，而不是只就一种类型的开发。每一个教程都是围绕一种类型游戏的原型开发，同时包含了一些具体的主题。你所制作的这些原型不仅仅是学习工具，这也是在为你将来的游戏制作奠定基础。

8.3 以玩家为中心的目标

作为一位设计师和开发者，你肯定想为玩家带来些什么。

趣味性

很多人都把趣味性视作游戏的唯一目的，作为本书读者的你阅读至今应该已经明白这是不对的。正如本章后面所讨论的那样，只要作品能吸引住玩家，玩家是愿意玩趣味性低的游戏的。这个道理在所有形式的艺术上都是一样的。虽然《辛德勒的名单》《美丽人生》《美梦成真》这些电影一点也不“有趣”，但是笔者还是很愿意观看这些作品的。虽然趣味不是游戏制作的唯一目的，但是趣味这个相对模糊的概念对游戏制作人来讲是相当重要的。

在 *Game Design Theory* 书中，Keith Burgun 提出了提高游戏趣味性的三个方面。分别为：乐趣性，吸引力与满足感。

- **乐趣性：**有很多让人愉快的方式，而大多数玩家买游戏也是为了寻找乐趣。在 Roger Caillois 的 *Les Jeux et Les Hommes*[2]书中提到，在乐趣性上，一共有四种不同的游戏：
  - — 竞争：竞争性游戏（如象棋、棒球游戏、《神秘海域》）
  - — 赌博：概率性游戏（如赌博、石头剪刀布）

2 Roger Caillois, *Le Jeux et Les Hommes* （Man, Play, & Games） （Paris: Gallimard, 1958）。

— 感知：眩晕性游戏（如过山车、让孩子们转到头晕为止的游戏、其他会让玩家感觉眩晕的游戏）

— 模仿：围绕虚构与模拟的游戏（如过家家游戏、孩子玩的玩偶）

每一种类型都有自己独特的趣味性。正如 Chris Bateman 在他的 *Imaginary Games* 书中提到，感知游戏所带给玩家的感受是兴奋还是恐惧，取决于玩家游玩的心态，而不是游戏本身。[3]

- **吸引力：**作品必须要能够抓住玩家的注意力。Richard Lemarchand 是《神秘海域》系列的副设计师，在 2012 年旧金山游戏开发者大会上发表了“要关注，不要沉浸”的演讲，并且说明了抓住玩家的注意力是游戏设计里一个很重要的方面。在本章的后半部分笔者将详细讨论该演讲的细节。
- **满足感：**游玩的过程中作品必须要满足玩家的一些期望。无论是在真实世界中玩游戏，还是在虚拟世界里玩游戏，都可以满足这一点。比如对社会化和社区的需求期望，我们可以通过和朋友玩桌游或是和《动物之森》里的朋友一起度过一天来满足。你在玩足球游戏时带领队友取胜，或是在像《拳皇》[4]一样的格斗游戏里战胜朋友，又或是玩节奏游戏《押忍!战斗!应援团》时通过了特别难的最后关卡，这些都能给你带来无与伦比的满足感（原文“fiero”，为意大利词汇，指个人从困境中取胜）。[5]不同的玩家有不同的需求，而每一位玩家每天的需求也是在变化的。

游戏性态度

在 *The Grasshopper* 里，Bernard Suits 详细探讨了游戏性态度：指玩家愿意全身心投入到游戏中去的态度。在这样的情况下，玩家能够很开心地遵守游戏的规则，并最终根据规则来获取胜利（而不是躲避规则）。正如 Suits 指出的那样，作弊的玩家和扫兴的玩家都没有这样的心态。作弊的玩家希望通过躲避规则来获胜，而扫兴的玩家可能会遵守规则，也可能不会遵守，他们没有兴趣在游戏里获胜。

作为一名设计师，你应该努力让玩家保持这种良好的游戏心态。从更广的角度来讲，你应该尊重玩家而不是利用他们。在 2010 年，笔者和同事 Bryan Cash 在游戏开发者大会上发表了演讲，其中谈到了叫作间断性游玩（sporadic-play）[6]的游戏，这种类型的游戏玩家在一天的时间里可以时断时续地玩。我们演讲的内容主要是基于 *Skyrates*[7]的开发经验。开发者共有 Howard Braham、Bryan Cash、 Jeremy Gibson、 Chuck Hoover、Henry Clay

---

3 Chris Bateman, *Imaginary Games*（Washington, USA: Zero Books, 2011）, 26-28。

4 感谢笔者的朋友 Donald McCaskill 和 Mike Wabschall 介绍给我这么复杂有趣的游戏《拳皇》，我们一起对战了上千局。

5 Nicole Lazzaro 在游戏开发者大会上讨论情感引导玩家时，经常谈到 fiero 一词。

6 Cash, Bryan,Gibson, Jeremy.“Sporadic Games: The History and Future of Games for Busy People”（在 2010 年旧金山游戏开发者大会的社交游戏峰会上提出）。

7 *Skyrates* 是笔者在卡内基梅隆大学读本科时，在 2006 年的两个学期里开发出来的作品。

Reister、Seth Shain、 Sam Spiro 和角色设计师 Chris Daniel。教师顾问为 Jesse Schell 和 Dr. Drew Davidson。发布 *Skyrates* 后，我们把它作为一个爱好继续进行开发，另外加入了其他开发者 Phil Light 和 JasonBuckner。你可以到 http://skyrates.net 网站上玩。*Skyrates* 是我们当时学生团队的一个项目，在 2008 年赢得了一些设计奖项。在策划 *Skyrates* 时，我们打算做一个生活忙碌的人也可以玩的网游（像大型多人在线游戏 *MMO* 类型，比如暴雪公司的《魔兽世界》），在 *Skyrates* 中，玩家扮演的是太空海盗，从一个个漂浮的岛屿之间穿梭，来进行贸易和与海盗战斗。这个作品的间歇性游玩是指，玩家每天可以每隔一段时间登录游戏，给自己的角色下达命令，可以和海盗战斗，也可以升级飞船和角色。然后玩家就可以退出游戏让角色自己去完成命令了。在一天的时间里，玩家可能会收到飞船正在被攻击的消息提示，这时可以选择回到游戏里继续战斗或是直接留给飞船自己处理。

在那段时间里，作为设计师的我们见证了社交游戏的兴起壮大，像是《开心农场》这样的游戏，以及其他不尊重玩家时间的游戏。这种社交游戏要求玩家在线时长高，对不登录游戏玩家有相应惩罚。这种状况都是一些糟糕的游戏机制造成的，为首的便是体力和腐烂机制。

在社交游戏里，体力是一种资源，无论玩家是否登录，体力都在缓慢地恢复增长。但是玩家能持有的体力点有最高限额，这个限额要比每天一共恢复的数量低，也要比玩家最大程度游玩需求的数量低。这样的机制就在无形之中要求玩家每天多次上线花费掉恢复的体力点，避免体力回复满了造成浪费。当然，玩家也可以选购买额外的体力。这也正是这类游戏的主要收入来源之一。

腐烂机制在《开心农场》里则展现得淋漓尽致。在这部游戏中，玩家种植作物后，需要等待一段时间再来收获。然而，如果作物在成熟后被放置的时间太长，作物就会腐烂，玩家就会损失种子和时间的成本。高价值的作物在成熟后可放置的时间，要比低价值的作物、新手级别的作物短，所以玩家会发现可收获的时间段非常短，要经常及时地返回登录游戏。

笔者和 Bryan 都希望通过开发者大会上的讨论，能够抵制这类游戏潮流，或者至少提供一些其他的选择。间断性游玩的概念是指在时间上给玩家绝对的权利（选择的权利）。笔者的教授 Jesse Schell 曾这样评价过 *Skyrates*：这部游戏就像是一位朋友，每隔一段时间它就会出现在你繁忙的工作中提醒你休息一下，在玩了几分钟后又提示你该回去工作了。正是这样对玩家的尊重使我们的作品有高达 90%的留存率，这意味着一开始尝试该游戏的玩家有 90%成为了常驻玩家。

魔法圈理论

第 2 章里也简单谈到了该理论。魔法圈理论是 Johan Huizinga 在 1938 年，在他的 *Homo Ludens* 一书中提出来的。魔法圈会出现在人们玩游戏的时候，可以是精神上，也可以是物理上，有时是两者的结合。在这个圈内，规则随玩家变化，有一些在日常生活中不得当的行为，在这里是被允许的，反之亦然。

比如，两个朋友一起玩扑克牌，他们都会向对方虚张声势（或是撒谎），假装自己有什么牌，表现的极为自信。然而，在真实世界里，这两个人就会认为欺骗是对友情的亵渎。同样，在冰上曲棍球比赛中，运动员之间会互相推搡，进行激烈的肢体冲突（当然是在规则允许范围里），但是在赛后运动员们还是会互相握手道别，甚至成为亲密的朋友。

Ian Bogost 和许多其他游戏理论家都指出魔法圈是一个易变且暂时性的状态。甚至小孩子都明白这个道理，他们也会在玩耍中喊出“暂停”。暂停在游戏过程里，指的是规则与魔法圈的暂停，这样玩家们有时间讨论如何修改规则来继续剩下的游戏。讨论结束以后喊“开始”，游戏和魔法圈就又从刚才停顿的地方开始继续了。

玩家可以暂停和继续魔法圈，但是有时很难保证魔法圈的一体性。在足球比赛里有时会推迟很长时间的比赛（例如，在下半场时因为天气原因推迟 30 分钟），这时解说员通常会讨论运动员在推迟比赛和返回赛场时，保持心态十分困难。

心流

如心理学家 Mihaly Csíkszentmihályi 所说的那样，最优的挑战程度状态是波动的。因为心流这一概念与许多游戏设计师的努力方向密切相关，所以曾在游戏开发者大会上被多次讨论过。在波动状态下，玩家全身心投入到挑战困难中，很少会体验到其以外的感受。你可能也感受过，在这种集中投入的过程里，时间有时过得飞快，有时让人感觉很慢。

Jenova Chen 在南加州大学的艺术硕士的论文主题也是“感受中的波动性”，同时这也是他的游戏 *Flow* 的主题。[8] Jenova 也在游戏开发者大会上多次谈过这个概念。

正如你在图 8-1 看到的那样，波动状态夹在无聊和挫败之间。如果游戏的难度对于玩家水平来说过高，玩家会有挫败感。相反，如果玩家的水平对于游戏的难度来讲过高，则会觉得无聊。

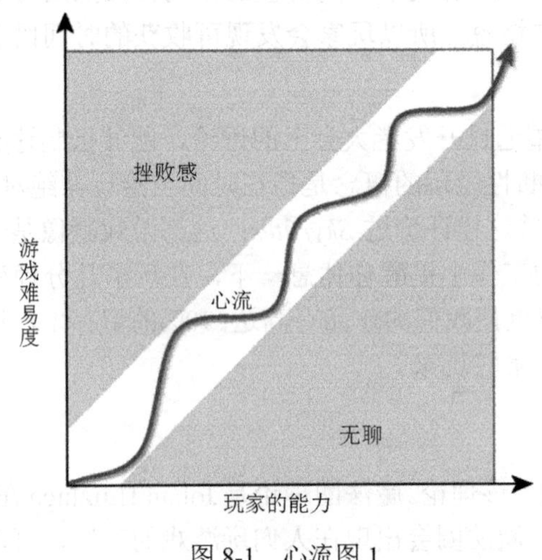

图 8-1　心流图 1

8 原始的 Flash 版本的 *Flow* 可以在 http://interactive.usc.edu/projects/cloud/上玩。更新后扩展的 PlayStation 3 版本可以在 PlayStation Store 上下载。

Jeanne Nakamura 和 Mihaly Csíkszentmihályi 在 2002 年发表了一篇文章《心流的概念》，其中提到了即便是玩家的文化背景、性别、年龄和活跃程度不同，所有人都会有心流体验。这主要基于两个前提条件：[9]

- 玩家能够感受到游戏的难度和获胜的机会，这样的挑战性（刚刚好）不断提高玩家的水平。在这样的状态下，挑战的难易度和玩家的能力匹配。
- 存在明确的最优目标，以及每次玩家的进步都有立刻的反馈。

这就是心流在游戏设计领域里主要围绕的内容。这两个前提条件简明确切，设计师都能够明白如何在游戏里达到这样的目标。通过仔细的测试和玩家的反馈，也很容易分辨出作品有没有做到这一点。但是在 1990 年，Csíkszentmihályi 发表了一部著作《心流：最佳体验中的心理学》。在这本书中，提到了对波动性的深入研究，而这个研究发现对游戏作品的开发尤为重要：波动并不会一直保持下去。人们发现，虽然玩家喜欢心流的体验，那些让人难以忘怀的游戏体验都是在波动中出现的，但是波动很难维持在 15 到 20 分钟。相反，如果玩家一直保持在完美的波动状态下，他就能感受到自己的水平一直在提高。所以，大多数玩家都想要体验如图 8-2 所示的理想状态。

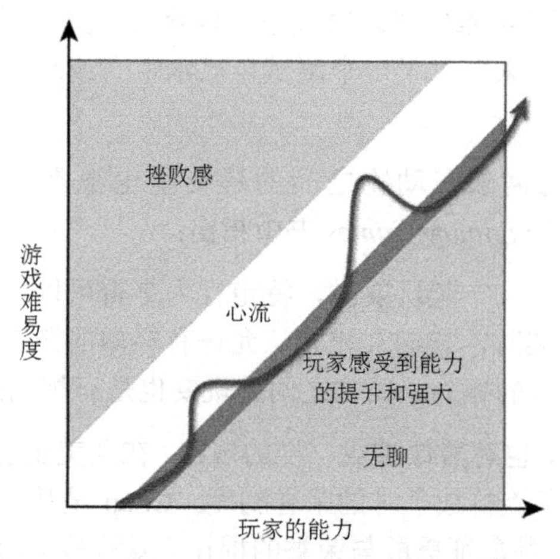

图 8-2 心流图 2

在无聊与心流之间有一道分水岭，在这个阶段玩家能感受到自己在变强，技巧也变得更加熟练，玩家需要有这样的体验。虽然心流状态下的体验都是积极的，但是让玩家时不时地脱离出波动也很重要，这样才能让其真正感受到满足感。想想你之前玩游戏时打过的最精彩的 Boss 战。在心流状态中，你不会感受到无聊或是挫败，因为心流需要完全的投入和关注。直到你打赢了 Boss 以后，才有机会长舒一口气放松下来，这时候你才意识到刚才的战斗多么的精彩。玩家不仅需要心流内的体验，也需要心流外的时间来发现自己水平的提升。

9 Jeanne Nakamura, Mihaly Csíkszentmihályi, "The Concept of Flow." *Handbook of positive psychology* (2002): 89–105, 90。

很多游戏都做到了这一点，《战神》系列在这个方面做得尤为突出。游戏里玩家总会接二连三地面对单体的新敌人，这有一点像小 Boss 战，因为玩家还没打败过该类型的敌人，也不会知道相应的策略。最终，玩家学会了如何应对各种敌人。经过与同一类型的敌人多次对战，玩家的水平也有所提升。然后过去几分钟后，玩家又会遇见上次的敌人，只不过这次的数量更多。这其实比第一次遇到时挑战性要低，之前在对战单个新敌人时玩家觉得困难重重，而现在能同时应付多个相同的敌人，这让玩家感受到自己水平的提升。

在你设计游戏的时候，记得不仅要给玩家提供最佳的难易度，还要让他们发现到自己的进步，让玩家有时间为自己的胜利欢欣鼓舞。在每场艰难的战斗后，留给玩家一些时间感受一下自己的能力在逐渐变强。

冲突对抗

你在第 1 章也看到了，冲突是玩家的需求之一。单纯的玩乐和游戏之间最本质的区别就是游戏总是包含对抗或竞争，这种竞争可能是玩家之间的竞争，也可以是玩家和游戏系统之间的对抗（详见第 4 章中“玩家关系”内容）。这种竞争让玩家通过互相竞争、与系统对抗、和几率博弈，来提供了一个测试自己水平（或玩家在团队中的水平）的机会。

这种对冲突与对抗的需求在动物之间的玩耍里也很常见。Chris Bateman Chris BatemanChris Bateman 在 *Imaginary Games* 书中指出：

在我们的宠物狗和其他狗一起玩耍时，特定行为是否可以接受有着清晰可辨别的范围。在小狗们假装互相打架时，它们互相默认允许有轻微的撕咬、攀爬到对方身上、在地上翻滚等虚假的有些暴力的行为。动物之间的玩耍也是有规则的。[10]

甚至在真实的战争中，也有着像游戏一样的规则。在北美土著乌鸦部落的首领 Plenty Coups 的回忆录里，讲述了族群战争时的荣誉制度。Coup 是从战场上奋战拼搏死里逃生的象征。用 Coup-Stick（一种象征勇敢与荣誉的棍棒）或骑马用的短鞭与全副武装的敌人战斗，或是从敌人营地里偷取马匹和武器、在战场上第一个击杀敌人都算作是 Coup，一种勇敢的象征。如果能毫发无损地回来，这对部落的人来说更加荣誉。Plenty Coups 在书中也说明了部族的两根象征意义的棍棒：

每个部落社群里会有一根笔直的棍棒，在较尖的一端穿满一只鹰的羽毛。如果发生战争，拿棍棒的人要把它竖在地上，表示自己不能撤退或离开棍子。除非他的族群兄弟正在赶来，否则他即便是战死也不能离开这根具有象征意义的棍棒。只要是棍子插在地上，它代表的就是整个部落。持有弯曲棍子的人，每人有两根羽毛，他们可以自行决定怎么绑在棍子上比较方便。只有自己战死棍子才会为敌人所有。用这样的在社群里有象征意义的棍子做出代表勇敢与荣誉的行为（如击倒敌人），算作双重荣誉。因为持有者携

---

10 Chris Bateman, *Imaginary Games* . (Washington, USA: Zero Books, 2011), 24。

带部落特殊意义的棍棒，所以他们的处境更加危险。[11]

战斗过后，计算 Coup 的数量，也就是计算每名战士在战斗中有多少壮举。若是死里逃生毫发无伤，战士会收到一根鹰的羽毛，可以戴在头上或系到棍子上。如果负伤归来，赠予的羽毛则会被染成红色。

北美平原上的土著部落计算 Coup（勇敢与荣誉）的行为，为部落之间的战争增添了别样的意义，提供了一个系统的方法，将战场上的英勇事迹在战后转变成为对个人的荣誉。

现在许多游戏为团队之间提供一个冲突竞争的舞台，包括多数的传统运动（足球、橄榄球、篮球，还有世界范围都流行的曲棍球），网游例如《英雄联盟》《军团要塞》和《反恐精英》都是如此。但即便不是团队比赛，游戏整体也为玩家提供了在逆境中冲突和获胜的平台。

力量感

在心流的内容里也涉及了一类玩家的权利（玩家在游戏世界感到强大）。本节将讲述另一种权利：玩家在游戏里有权利选择做什么。这主要分为两方面：自主设定目标与表演。

内在动力（Autotelic）

Autotelic 这个词来源于拉丁语，Auto 是自己，telic 是目标的意思。Autotelic 就是指玩家为自己建立一个目标。Csíkszentmihályi 在一开始研究心流时，就意识到内在动力在这里会有重要的一席之地。他的研究表明，拥有内在动力的玩家能够在心流状态下能获得最大程度的愉悦感。相反，那些缺乏内在动力的玩家，在自己的能力远远高于难度时获得的愉快感更多。[12] Csíkszentmihály 认为，无论是什么样的环境，正是内在动力这个因素让人们能够感受快乐。[13]

那么，什么样的游戏能促进玩家产生内在动力呢？有一个非常恰当的例子就是《我的世界》。在这部作品里，玩家进入一个随机生成的世界里，唯一的目标就是生存（僵尸和其他怪物在夜间会攻击玩家）。玩家可以在四处的环境里挖掘资源，利用资源建造工具和建筑物。《我的世界》的玩家不仅造出了城堡、桥梁和等规格《星际迷航》企业号星舰，甚至建造出了上千米长的过山车和带 RAM 的简单计算机。[14]这是《我的世界》最聪明的地方：它给了玩家选择的机会，并通过多变的游戏机制让选择的多样性成为可能。

---

11 Frank Bird Linderman, *Plenty-coups, Chief of the Crows* , New ed. (Lincoln, NE: University of Nebraska Press,2002), 31–32。

12 Nakamura and Csíkszentmihályi, "The Concept of Flow," 98。

13 Mihaly Csíkszentmihályi, *Flow: The psychology of optimal experience* (New York: Harper & Row, 1990), 69。

14 http://www.escapistmagazine.com/news/view/109385-Computer-Built-in-Minecraft-Has-RAM-Performs-Division。

虽然多数游戏都没有《我的世界》自由度高，但还是有机会提供给玩家多样的选择。文字冒险游戏（如《魔域帝国》《银河系漫游指南》）和单击式冒险游戏（如雪乐山的《国王密使》）近年来人气渐弱，其中一个主要的原因就是游戏通常只提供给玩家一个选择。在 *Space Quest 2* 里，如果你刚开始没到柜子里拿三角绷带，之后你就不能拿它当吊索用了，玩家不得不退出重新开始游戏。Infocom 的《银河系漫游指南》里，当玩家的房子前出现了一辆推土机，玩家必须要在淤泥前躺下等推土机推三次。如果玩家做的不对就会死，然后重新开始游戏。[15]相比之下，如游戏《羞辱》中，每一个环节至少有一个用战斗解决的办法和一个不需要战斗就通过的办法。赋予玩家选择如何达成目标的权利，将极大地提高作品对玩家的吸引力。[16]

表演

力量感的另一种重要体现，是提供给玩家表演的权力。在 *Game Design Theory* 书中 Keith Burgun 指出不仅游戏设计师在进行创作艺术，他们也提供给玩家创作艺术的能力。设计师作为游戏这种被动媒介的创作者，可以看作是作曲人，作曲人是为观众演奏的。但是作为一名设计师，你更像是作曲人和乐器制作人两者的结合。你不仅仅要创造出给他人弹奏的曲谱，你也要制作出玩家可以用来创造艺术的乐器。其中做得最好的一个例子就是《托尼霍克滑板》，在这个游戏里，玩家可以做出各种各样不同的动作，目的是通过组合这些动作来达到高分。设计师提供给玩家创作艺术的能力，玩家也能够成为一名艺术家。在其他类型的游戏里也可以看到这样完美的例子，比如有多种动作组合的格斗游戏、策略选择多样的即时战略游戏。

关注和投入

本章的前面也提到过，杰出的游戏设计师 Richard Lemarchand 在 2012 年游戏开发者大会上发表了关于关注的演讲“要关注，不要沉浸：用心理学和游戏测试把游戏做得更好，这是《神秘海域》的诀窍”。这次演讲的目的是揭示游戏设计时人们对沉浸的疑惑，以及说明抓住玩家的注意力是游戏设计师最应该做的事情。

在 Lemarchand 发表演讲之前，许多设计师都试图在自己的作品里追求沉浸感。如果像 Lemarchand 所说的那样，尽量远离沉浸的设计，那么相应要做的就是减少或去掉 HUD，减少影响玩家投入游玩的因素。但正像 Lemarchand 在演讲里说的那样，玩家从来就不能达到沉浸的目标，他们也不想达到。如果一个玩家真的相信他就是《神秘海域 3》里的德雷克，那么玩家在几千英尺沙漠上空的一架运输机上途中被击中，玩家岂不会要惊恐万分。魔法圈的一个重要点就是进入或停在这个圈内都是玩家自己的选择，玩家意识到自己是自发进行游戏的（正如 Suits 所说，一旦这个游戏的参与不再是自发的，这个体验也就不再是游戏了）。

---

15 会发生这样的情况主要是因为如果允许玩家在游戏里做任何事情的话，可能发生的事件太多了。笔者见过的真正开放式有分支剧情的作品就是 Michael Mateas 和 Andrew Stern 的互动小说 *Façade*。

16 但是，你必须客观地看待开发成本和时间。如果你不小心的话，你所有提供给玩家的选项都会增加开发的成本，即有资金上的成本，也有时间上的成本。这是你作为设计师和开发者必须小心保持的成本平衡。

比起沉浸，Lemarchand 追求在一开始就吸引住玩家，并一直保持下去。为了清楚说明，所有立即吸引我的都叫作关注，长期吸引我的则叫作投入（虽然无论长期短期 Lemarchand 都选择用关注这个词）。Lemarchand 也指出了反射性注意（我们对周围刺激的无意识反应）和主动性注意（我们自主选择去关注什么）。

根据他的演讲，美学的要素、强烈的反差，这些都有助于吸引玩家。邦德的电影总是以动作戏作为开场就是这个原因。他们这样做是因为，观众在影院里无聊地等待电影开始，和影片刚开始时激烈的动作戏形成强烈的反差。这种关注就是反射性注意，让人不由自主地做出反应。在你看见什么东西正在脱离你的视野里时，不管你想不想，你都不会不由自主地去看它。就这样，邦德电影一吸引到你的注意，电影内容就开始叙述剧情了。因为观众已经上钩了，所以接下来会进行的是主动性注意（也就是选择去关注）。

在 *The Art of Game Design* 书中，Jesse Schell 提出了他的兴趣曲线理论。该理论主要围绕在吸引注意力上。据 Schell 的研究，图 8-3 为良好的兴趣曲线。

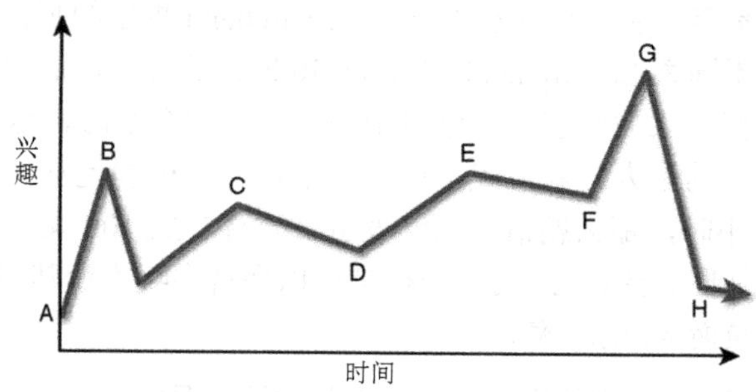

图 8-3　Jesse Schell 书中的兴趣曲线

据 Schell 的研究结果，一个完美的兴趣曲线，观众先会从稍微低的兴趣（A）开始，然后你会想吸引观众上钩（B）。在你引起他们的兴趣后，可以稍微放松下来，让观众的兴趣逐渐形成波峰和波谷（C，D，E 和 F），最后到达兴趣的最高峰（G）。之后马上将迎来结束，观众的兴趣就会回落（H）。这和 Syd Field 用来分析故事和电影的标准三幕戏剧曲线图表是相似的。Schell 同时也表示，这个不规则的图形可以在长期时间里继续延长。有一个办法可以让兴趣延长，那就是在大型游戏里设置结构性的任务，保证每一个任务都有相应的兴趣曲线，而整个游戏又有更长的曲线。但是真正实行起来又很复杂，因为 Schell 所讨论的兴趣是我们所说的关注，如果要玩家长期保持兴趣曲线，我们还需要考虑到投入。

仔细想一想关注和投入，关注总是和反射性注意（无意识反应）成双成对，而投入几乎是只需要主动性注意。经过认真地思索，笔者结合 Lemarchand 的概念与作为设计师和玩家的经验，绘制了图 8-4。

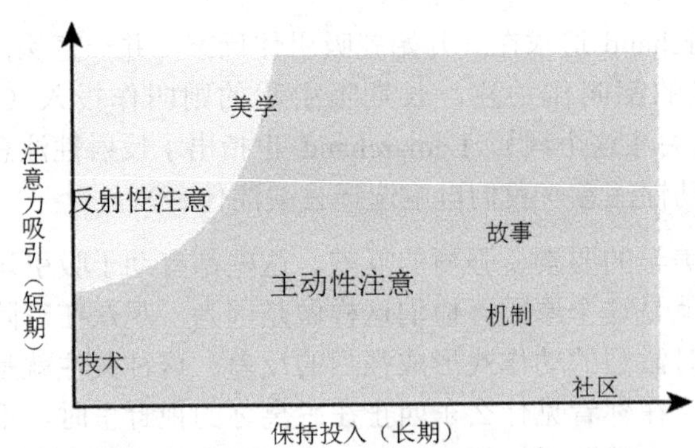

图 8-4 四要素与关注和投入的关系（因为科技要素对玩家并没有显著作用，所以没写进该图）

正如你所看见的那样，美学要素在引起玩家关注上有很重要的作用，并且美学要素引起的关注多是反射性注意。这是因为美学直接影响我们的感官，从而引起注意。

故事和游戏机制都需要主动性注意。正如 Lemarchand 指出的那样，剧情容易引起我们的注意，但是笔者不同意 Lemarchand 和 Jason Rohrer 的观点，他们认为游戏机制要比故事更容易让玩家保持投入的状态。一个电影通常要一两个小时，这对游戏的一小节内容同样适用。根据笔者的个人经验，我发现只要电视剧的机制足够优秀到来保持住我的投入状态超过 100 个小时，那么剧情就能够吸引我一直看到 100 集。机制和故事之间的主要区别是，故事必须要发展变化，而游戏机制可以保持多年不变却仍能够吸引玩家（想想毕生都在玩象棋和桌游 *go* 的玩家）。

在保持玩家长期投入上，比故事和机制更有效的因素是社区。当人们发现一个游戏、电影或是活动有自己的社区团体，并且认为自己是社区中的一员，他们就会继续参与进去，即便是故事和机制已经不能再很好地吸引他们了。比如网游《网络创世纪》，在很多玩家不再玩这款游戏而去玩其他游戏的时候，社区把所有公会成员聚集了起来。他们更可能会选择一起玩新的游戏而不会选择和新游戏的其他玩家一起玩，一个在不同网游中保持稳定的固定社区就这样形成了。

令人感兴趣的决定

你在第 1 章也读到了，Sid Meier 指出游戏是（或应该是）一系列有意义的决定组成的，但是我们对什么是有意义的决定提出了质疑。

纵观全书，我们已经学习了几种有助于解答这个问题的概念。

Katie Salen 和 Eric Zimmerman 在第 5 章中提出的关于有意义的游戏概念“多变的层次”，能让我们更好地了解这个问题。一个决定要有意义，要满足两个条件：辨别性和完整性。[17]

- **辨别性：**玩家可以传递给游戏自己的决定，系统能够领会玩家的意图（例如即时反馈）。

17 Katie Salen, Eric Zimmerman, *Rules of Play* (Cambridge, MA: MIT Press, 2003), 34。

- **完整性：**玩家认为自己的决定能够造成长期影响（比如长时间的影响）。

Katie Burgun 在他对游戏的定义里，指出了决定必须“含糊不清”的重要性。

- **含糊不清：**玩家能够对自己做出的决定将如何影响游戏做出猜想，但是不能百分之百肯定。把钱投到股票市场，这一决策的结果是不确定的。作为一位聪明的投资者，你应该能猜到股票价格不是上升就是下降，但是市场波动太大了，你是不能肯定结果是什么的。

几乎所有吸引人的决定都是有双重影响的（正如一把双刃剑）：

- **双重效果：**决定的结果既有积极的一面又有消极的一面。在之前股票市场的例子里，积极的一面就是长期潜在的升值，而消极的一面则是立刻资源（金钱）的损失。

决定吸引人的另一个方面是选择的新颖。

- **新颖：**如果选项和玩家最近做出的决定有很大不同，那么这个选择就是新颖的。在经典日式 RPG《最终幻想 7》里，玩家和每种敌人之间的战斗不会产生什么变化。如果敌人怕火，那么玩家就要有足够的蓝条放火系魔法，一直用火系魔法打死敌人。相反同样是日式 RPG 的《格兰蒂亚》，要找准角度和位置才能释放出特殊攻击，玩家可以选择时间停止，在停止的过程中，分析敌人和伙伴的位置是否合适，再来进行选择。角色的移动性和位置的重要性使得每场战斗中的选择都新奇有趣。

最后一个要求，游戏提供的选择必须清晰明白。

- **清晰：**虽然每个选项对应的后果应该模糊不清，但选项本身应该清晰明白。有几种可能性会让选项缺乏清晰度：
  - 在一定时间里，提供过多的选项会让玩家一头雾水，难以分辨出其中的不同。这会导致选择瘫痪，因为选项的数量过多而造成无法选择。
  - 如果玩家凭直觉不能知道选择对应的可能后果，那么这个选择就是模糊不清的。这个问题经常出现在游戏里的对话树上，这些选项只是尽可能多地列出了玩家可能想到的选择，但是完全没有显示出每条信息暗含的结果。在《质量效应》中的对话树中，玩家可以从选项的内容辨别出这个选择是延长还是缩短两个人之间的对话，是以友好的态度还是敌对的态度交谈。这样比起具体的行为，玩家能选择出明确的态度，也就避免了对话树的模糊不清。
  - 如果玩家不能明白选项的重要性，这个选项也有可能不清晰。《格兰蒂亚 3》的战斗系统比《格兰蒂亚 2》的系统有一个非常大的进步，那就是角色受到威胁时，以及轮到其他角色的回合时，该角色可以向其他人求援。如果角色 A 就要被敌人攻击了，轮到角色 B 的回合，A 可以向 B 求援，B 可以选择为 A 抵挡攻击。玩家也可以选择给角色 B 下达其他的指令，但是游戏明确地表明了这是最后一个机会来抵挡袭击 A 的攻击。

正是这六个要素的结合，完美地阐述了如何让选择更加吸引玩家：辨别性、完整性、含糊不清、双重效果、新颖和清晰。通过让你游戏里的选择与选项更加吸引玩家，你作品的机制也会更加有感染力，这样玩家才会长期投入到你的游戏里。

体验性理解

本章我们要讨论的以玩家为中心的最后一个目标是，体验性理解。这个设计目标在游戏设计里实现要比在其他的媒体中实现更加容易。

在 2013 年，游戏评论家和理论家 Mattie Brice 发布了作品 *Mainichi*，这是她设计和开发的第一部游戏（如图 8-5 所示）。

据 Brice 所说，*Mainichi* 是给她的一位朋友做的游戏，更像是私人信件，让她的朋友了解自己的每日生活。Brice 是一名跨性别者女性，住在旧金山的 Castro 街区。在 *Mainichi* 里，玩家扮演 Mattie Brice 本人，并做出一系列的选择来准备和朋友去咖啡店喝一杯：穿着是否漂亮得体、要不要化妆、吃不吃点东西等。每一个选项都会一定程度地影响玩家去咖啡店点饮品的途中，所遇到的镇子里的人对自己的反应。甚至是一个非常简单的决定在游戏里也有深刻的意义，像是用信用卡支付还是现金支付（如果玩家用信用卡支付的话，咖啡店的服务员就会说“Brice 女士……呃……先生”，因为他看信用卡上的名字是一个男性的名字）。

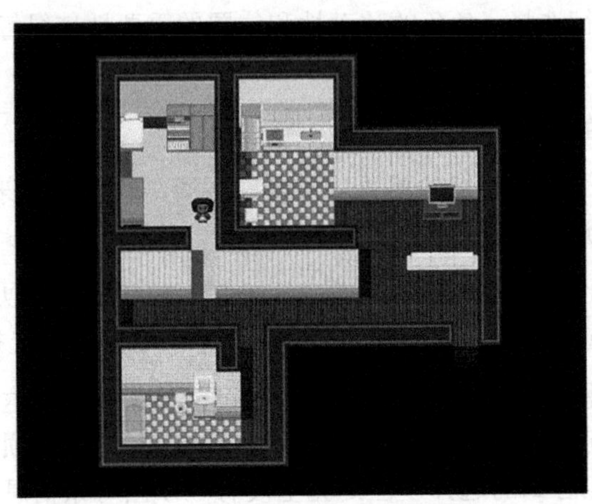

图 8-5 Mattie Brice 的作品 *Mainichi*

游戏流程非常短，作为玩家，你玩过一遍之后很想再玩一次，试试选择和之前不同的选项能有什么样的结局。因为玩家的选择将改变 Brice 是怎么被其他人看待的，所以周围人是善意相处还是恶言相向，玩家都会与角色感同身受。电影《土拨鼠之日》的那种剧情分支和故事结构也可以传达出 Brice 的选择上被赋予的意义，但是它们都不能让观众和角色建立起感情联系。在这种情况下，只有游戏这种方式，才能让观众真正站在角色的视角里，感受每次选择时角色的感受。而本节所探讨的目标，是我们作为游戏设计师努力达成的最有吸引力的目标之一。

8.4　小结

每个人做游戏时都有不同的设计目标。有些人想要创造有趣的体验，有些人想给玩家制作有意思的谜题，有些人则想鼓励玩家就某个特定话题深入思考，而有些人想提供给玩家一个能感受到自己强大的竞争舞台。无论你是基于是什么缘由开发游戏，现在你都应该开始创作了。下两章的内容是关于纸面原型和游戏测试，这两者是游戏设计的核心内容。几乎在所有游戏里，特别是数字游戏，你有上百个要素的变量可以调整，来改变游戏体验。但是，在数字游戏里，一个看上去细微的改变可能就要花费大量的精力去实现。下一章提到的纸面原型方法，能帮助你迅速地从作品的概念过渡到可应用的原型（纸面原型）上，然后更高效、快速地制作下一个新原型。对于许多游戏来讲，纸面原型的阶段能为你节省很多开发时间，因为你能够在编程前就通过纸上测试找到游戏对的方向。

第 9 章

纸面原型

在本章中，你将学习纸面原型的内容。纸面原型是游戏设计师迅速测试游戏和改变想法的重要工具之一，这个工具简便易用。虽然你的想法和概念最终都要数字化，但是它能告诉你作品还缺少什么内容。

在本章的末尾，你能学习到纸面原型的最优方案，了解到哪些数字内容能适合用纸面原型来测试。

9.1 纸面原型的优势

虽然数字技术为游戏开发提供了全新的平台，但是许多设计师在研究作品概念时，都觉得传统的纸面原型是一个好办法。计算机在计算数字和显示信息的速度上比人快得多，你可能想为什么我们还要用纸面原型？这主要归结于两个因素：实现想法的速度和简易度。除了这两点，纸面原型还有其他优点，包括：

- **初始开发速度：**如果要迅速做出一款游戏，没什么比使用纸更便捷了。你可以拿个骰子和一些纸牌大小的卡片，在很短的时间里你就能做出一个游戏。即便你是个经验丰富的游戏设计师，在开始制作一个没尝试过的游戏类型时，你也会觉得起步很难。
- **重复迭代速度：**你可以很快地改变纸上游戏的内容和规则。事实上，你甚至可以边玩边改。因为改变是如此容易，所以在项目的制作前阶段(这时经常有大改动)，纸面原型十分适用于头脑风暴。如果项目现有的纸面原型不好用，修改它只需要几分钟时间。
- **低技术门槛：**因为纸面原型对技术知识和美术水平的要求都很低，所以游戏开发团队的任何人都可以参与到这个环节中来。对于那些不太可能在数字原型上有什么贡献的成员，这是一个极佳的机会让你从这些人那里听取一些建议和点子。
- **协作的原型：**因为纸面原型低门槛和快速重复的特点，我们可以合作创作和快速修改原型。团队成员在纸面阶段，可以简单快捷地分享自己的想法。
- **集中的原型构建与测试：**即便是一个新手，也能看出来纸面原型和最终的数字产品有很大差距。在纸面测试时，测试员能够集中测试原型的功能性，而不是其他细节内容。许多年以前，苹果公司里有一份内部文件曾发给公司的用户界面的设计师，建议他在纸面原型上画一些粗糙大概的按钮图样，然后把纸张扫描再做 UI 原型。因为草图和扫描出来的按钮菜单之类的 UI 肯定不会是苹果公司最后决定的产品设计，所以测试者不会纠结于按钮的样式，而会更关注界面的实用性，这才是苹果公司在测试时最感兴趣的内容。纸面原型有助于引导测试者的关注方向，这样他们不会过分关注原型的外观，而是会重点研究游戏内容，这也是你最想测试的内容。

9.2 纸面原型工具

你最好有几个纸面原型工具。你几乎可以拿任何东西来做纸面原型，其中有一些工具可以加快你制作的速度：

- **几张大纸**：几乎所有的办公用品商店都卖画架规格大小的纸张（大概宽 25 英寸长 36 英寸）。像便签本一样后面有胶可以粘在墙上。你也能买到印好方格或六边形的纸。在下面的专栏“不同方格上的移动”里你可以看到为什么要用带有六边形或方格的纸，以及怎么在开放的桌游格子上处理移动问题。

不同方格上的移动

如图 9-1 所示，你需要决定玩家以什么样的规则在方格上移动。如图 A，对角线方向移动要比垂直移动多出 50%的距离（根据勾股定理，对角线的距离为$\sqrt{2}$，约等于 1.414）。然而，从六边形格子里移动到任何一个相邻的格子的话，无论你的出发点在哪里，距离都是相同的（如图 B 所示）。

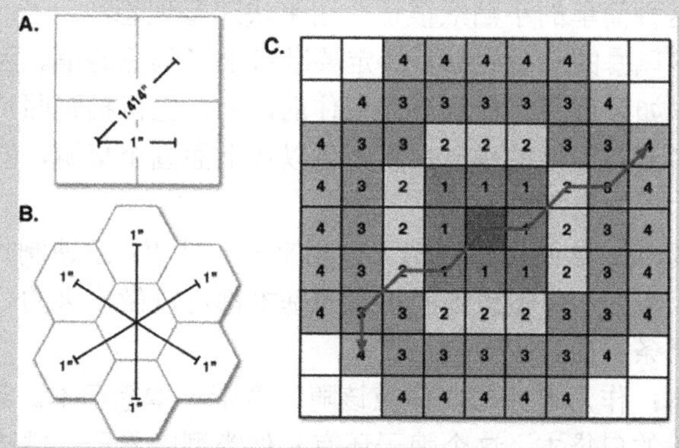

图 9-1　移动系统

图 C 展示了另外一个简单的正方形移动系统，可以用在桌游上，既可以对角线行走，也可以垂直移动。玩家每次的对角线移动需要间隔一次其他形式的移动。这种办法平均了移动距离，让移动的轨迹向圆形靠拢。图 C 中的线段是 4 次移动的两种不同路线。

六边形格子多用于军事模拟桌游上，其对距离和移动精确的要求十分严格。但是，现实世界中的多数建筑物都是四边形的，所以建筑物并不是很适用于六边形里。选择哪种方格最终还是取决于设计师。

- **骰子：** 多数人都有 d6 骰子（普通的六面骰子）。作为游戏设计师，手里有各种不同种类的骰子总是有好处。你本地的游戏商店里应该会卖可以用来玩 d20 角色扮演游戏的骰子，还有 2d6（两个六面骰子）、1d8、1d12、1d20 和百分骰（两个 10 面骰子，一个标有 0~9，另一个标有 00~90，一起掷出得到一个 00~99 的数字）。第 11 章里有很多关于不同种类的骰子以及随机空间的内容。例如，掷 1 个 6 面骰子，你掷 1~6 的每个数字的机会是相等的。但是用 2d6 的骰子（两个六面骰子），你有 6 种组合掷出 5（6/36 的几率），却只有一种组合掷出 12（1/36 的几率）。
- **卡牌：** 因为卡牌的可塑性很强，所以这是一个很不错的原型工具。做一套标有 1~6 数字的卡牌，你就有了一个 1d6 的卡组。如果你每次抓牌前都洗牌的话，那么和 1d6 骰子的作用是一样的。如果你是一次性抓完所有牌再洗牌的话，那么在你抓过 1、2、3、4、5、6 以后才会看见两次相同的数字。
- **卡套：** 多数游戏商店都售卖不同类型的卡套。卡套的设计最初是用来保护棒球卡牌的，随着 20 世纪 90 年代集换式卡牌游戏《万智牌》的兴起，卡套的使用逐渐延伸至游戏行业中。卡套是保护单个卡牌的塑料封套，里面有空间装下一张普通大小的卡牌和一张纸条。这对原型设计有很大帮助，因为你可以用普通的打印纸打印出来你的原型卡片，然后放进卡套里。这样的卡足够硬来洗牌，免去了特地印刷专门的卡牌纸张所需要花费的时间和金钱。卡套可以让卡组看起来统一美观，也可以用来区分卡组中的特殊牌。
- **3 英寸×5 英寸卡片：** 把这样的卡片裁成一半，这种大小很适合用来做卡组，裁开以前则适合头脑风暴。现在一些商店直接卖剪好的卡片（3 英寸×2.5 英寸）。
- **便笺纸：** 这种简单的小贴纸很适合用来快速整理想法。
- **白板：** 头脑风暴的必备用品。一定要准备很多颜色的笔。因为白板上的字很容易擦掉，所以如果你写了什么值得留住的内容，记得拍张照片留存。如果你有桌面用白板或者是有磁性的垂直白板，可以在上面画个桌游，但是笔者更推荐你用纸来画，因为不容易擦掉。
- **烟斗通条/乐高：** 这两个东西都可以用来干一件事：迅速制作小东西。可以单个使用，也可以组合，你能想到的小东西基本都可以做出来的。乐高的方块更结实一些，烟斗通条更便宜也更灵活。
- **一个笔记本：** 作为设计师，你应该随时携带一本笔记本。笔者喜欢 Moleskine 牌的没有横线的口袋本，这个牌子还有其他类型的本子。挑选笔记本时最需要注意的是，规格要足够小且能够随时带在身上，要有足够多的页数，不用隔几周就要换。在别人测试你的原型时，你应该记下来。你也许认为自己脑子就能记住重要的事，但是事实上你是记不住的。

9.3　一个纸面原型的例子

在本节里，笔者将以自己正开发的一个战术游戏为例子向你解释纸面原型。为了更好地说明，我们将把控制 AI 角色的一方叫作游戏管理员（GM），另一方则由玩家扮演。

游戏最初的概念

游戏最终的版本将是触屏的回合制战术游戏，最典型的例子就是 SEGA 的《战场女武神》系列。玩家控制一队角色来和电脑控制的一队角色战斗。因为这是为数字游戏做纸面原型，所以笔者先从怎么做最后能够数字化的角度来进行构思。

图 9-2 展示了一个战术游戏较为粗糙的模型。在触屏版本里，玩家每回合开始时先观察地图上的详细内容，然后画出角色行进的路线。每个角色在一个回合里只能够移动一定的距离。玩家下达完命令后，角色会沿着规划好的路线移动。在角色经过掩体时（地图上角色可以隐藏自己抵挡敌人攻击的地方），玩家可以单击掩体，让角色绕路走进掩体。玩家之后也可以在屏幕上滑动，让角色从掩体里跳出来，继续之前规定好的路线。在角色移动的时候，玩家随时可以单击攻击按钮让角色在短时间里对敌人射击。最后单击完成，结束该回合。

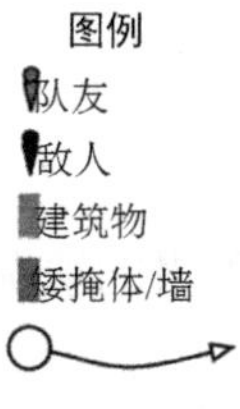

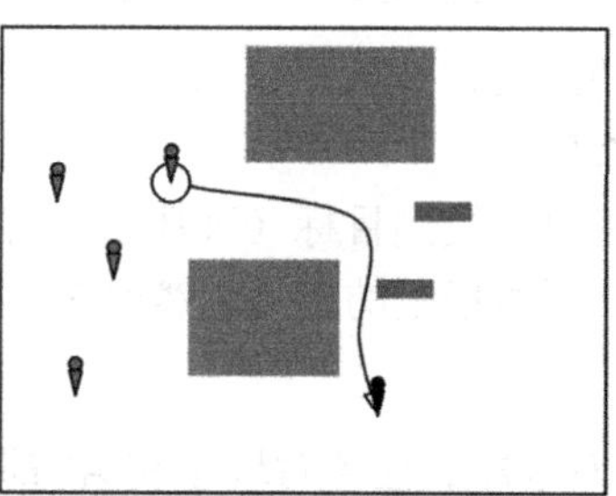

地图视角。玩家画出角色的行进路线。

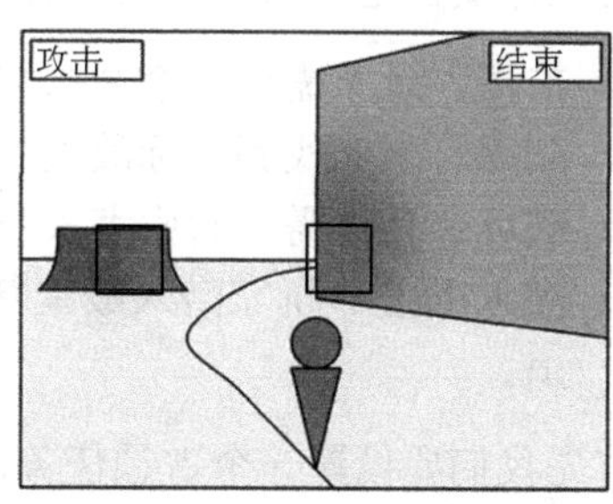

队友移动的时候，镜头转到第三人称视角。方框表示可作为掩体的地方。

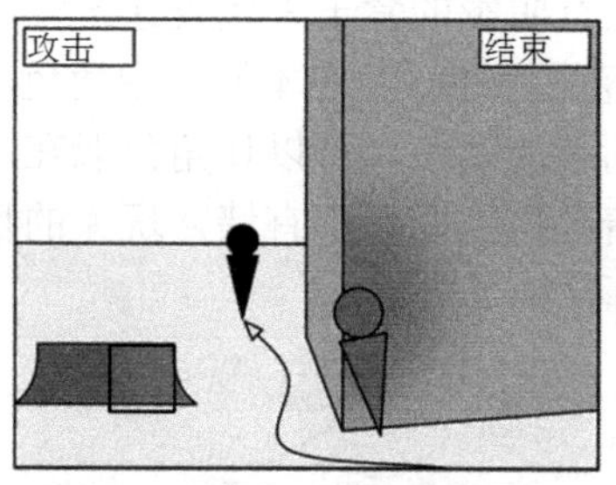

单击方框的区域，队友就可以进入掩体。在掩体内，敌人的射击精度会下降，角色可以从墙角向外观察。

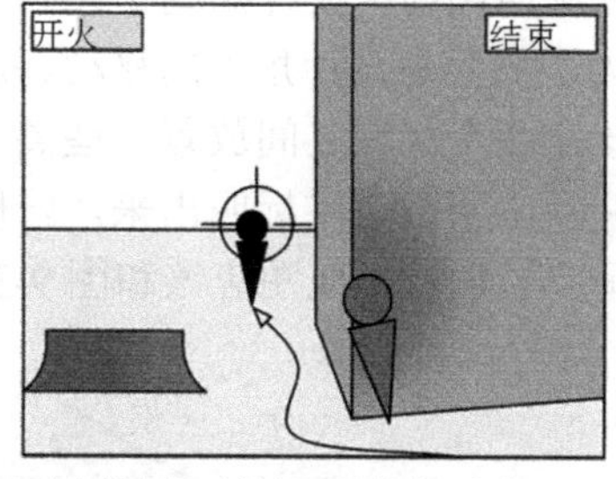

移动中的任何时候都可以单击“攻击”按钮。等“开火”的时间条走完，就可以单击“开火”按钮射击。

图 9-2　策略游戏模型

可以构建原型的几个要素：

- **地图规划**：笔者想要尽可能规范地设计游戏的地图，但是我还不能确定什么样的地图最适合这种类型的游戏。通过纸面原型，你就能知道这一切的答案。
- **人工智能（AI）**：游戏最后完成制作时要加入 AI，来控制敌人的行进路线和攻击。看一看扮演 GM 的人是如何操控游戏里的敌人，你就知道怎么设计 AI 了。
- **武器设计**：不同的武器有不同的效果，如命中率、单发伤害量等。纸面原型能帮你选择适合作品的武器，并做好不同武器之间的平衡。

- **寻找乐趣**：虽然最后制作完成后，游戏的画面、角色的移动、触摸反馈等内容里也有很多能让玩家感觉有趣的地方，但是玩家每回合做的策略选择和如何组建上场的角色来克服敌人设置的障碍，才应该是游戏最主要的乐趣来源。这些内容都可以通过纸面模型来找到答案。

原型构建

原型构建先从一张六角网格的纸开始。你可以到网上买 1/2"大小的六角网格纸，也可以下载一张网格的 PDF 自己打印出来。因为我们需要一张地图大小的网格，所以你可能需要把四张纸粘在一起。

制作地图

首先你要决定这张地图用来做什么类型的任务。下面是几种任务类型：

- **击溃**：玩家需要击杀 80%以上的敌人，让敌军撤退。
- **刺杀**：玩家找到目标敌人后击杀目标。
- **破坏**：玩家需要偷偷潜入敌军基地，找到目标（破坏目标等）。
- **潜入/撤出**：玩家潜入敌军基地，到达指定的地点，然后在不触发警报的情况下撤退。

首先我们要设置一个占领任务，因为这样的任务对玩家和 AI 都有战略性目标（玩家占领了一个目标点以后，AI 也可能夺回目标点）。

先从地图的中央开始制作，画一些有阴影的盒子来代表建筑物（或者贴上有颜色的纸）。为了更容易设计角色的移动、视野范围和掩体，在本原型中角色不能进入建筑物内。你应该在两个区域之间放置一些高度到腰的矮墙，可以让角色躲在下面。最后放一些据点，并画出阴影区域标明出来。一般情况据点四面都有墙，玩家的目标就是占领三个据点。画完了以后，地图应该和图 9-3 差不多。

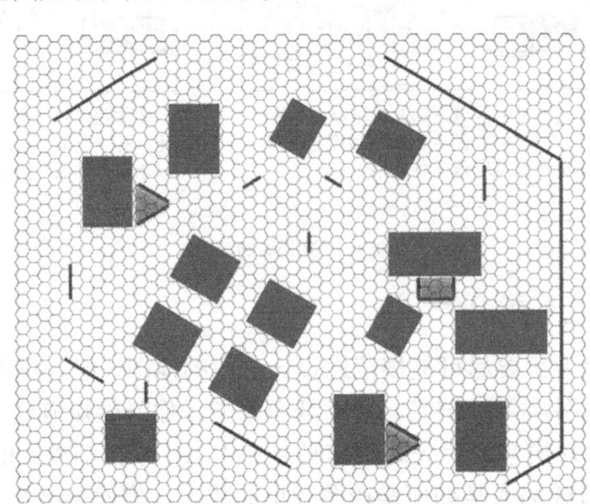

图 9-3　玩家地图上显示的建筑物、墙、据点

用另外一张小一点的纸，复制这些建筑物的地点，交给 GM（笔者建议用 1/4"大小的六边形网格纸）。然后，GM 在他自己的地图里用记号笔画上敌人的位置。不仅要标明位置，也要标明敌人的面对方向，如图 9-4 所示。这些敌人单位的位置不会展示给玩家，除非玩家的角色看见了敌人（掩体内也可以）。GM 在放置敌方单位时，记住设计的目的不是击败玩家，而是创造有趣和有挑战的游戏体验。假如把很多敌人放在一个据点上，让他们面向不同方向，虽然这种设计确实需要玩家有策略地应对，但是却不怎么有趣了。这不是玩家想要的内容，而 GM 应该满足玩家的需求。

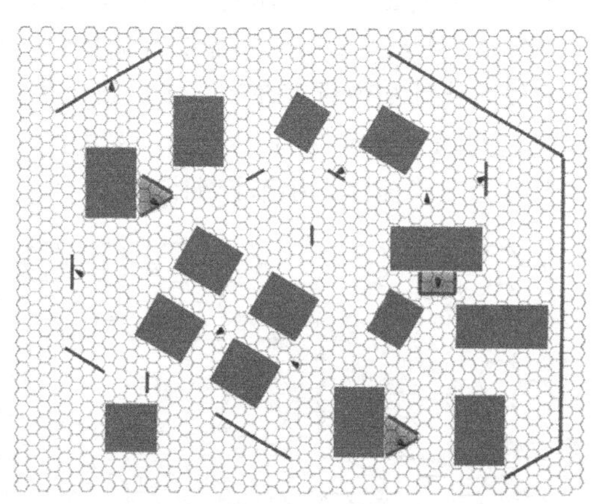

图 9-4　展示敌人单位位置和面对方向的 GM 地图

游戏性

下一步给原型设计游戏性内容。本节包含了游戏性所需要的元素。

目标

玩家的任务目标是占领三个据点。

需要的道具

设计时需要的道具有：

- 印有六边形图案的地图。
- 小规格的 GM 用的六边形地图。
- 几个六面的骰子。
- 每个单位的标记要能放进一个格子里，并且要把单位的面对方向明确标明出来。为了更好的区分，把单位涂上颜色并标明数字（比如红-4，蓝-2 等）。玩家单位为蓝色，敌人单位为红色（颜色是什么不重要，重要的是要能区分出哪方是玩家，哪方是敌人）。
- 准备一摞纸记录单位的血量和游戏测试的反馈。

设置位置

在原型设计初期，玩家一方有 4 个单位，每个单位的能力是相同的（原型制作后期时，再变化不同单位的能力）。

玩家可以选取地图边缘的任何地点作为他的开始位置。在六边形格子里放下第一个角色，之后的角色放置必须与第一个角色相邻。

可视范围

在这个游戏里，可视范围是非常重要的。所有单位都可以看见面前 10 格以内的人，这个可视范围是菱形的，如图 9-5 所示。单位之间能够互通信息，所以一旦一个敌人单位发现了玩家的单位，所有的敌人就都知道玩家在哪里了。每个单位都有“视线”，建筑物会遮挡视线。只要两个单位之间隔着建筑物的一部分，这两个单位就不能看到对方（除了建筑物的墙角，这部分内容会在“掩体”小节详细说明）。

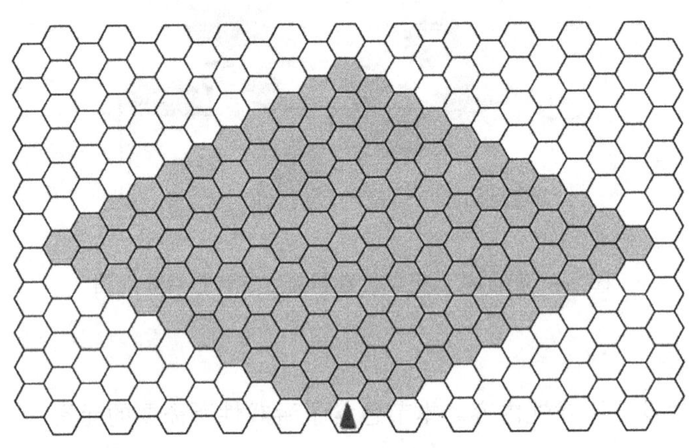

图 9-5　阴影为可视范围

GM 要负责记录跟踪单位的视线。在移动过程中，如果一个敌人进入了玩家单位的视野范围里，那么 GM 要把这个敌人单位放置在玩家的地图上（无论是哪方在移动中看到的）。一旦敌人单位脱离玩家的视野，就要把这个单位从玩家的地图上拿走。或者，你也可以只把单位标记翻过来（敌人单位还可以移动，但是因为玩家不能看见了，所以玩家地图上的敌人单位保持不动），之后等什么时候敌人单位再进入玩家的视野后，你再把标记翻过来，放到敌人新的位置上。

玩家的移动

玩家每回合有 4 个行动点。每个行动点可以让 1 个单位移动，所以玩家可以移动 4 个单位各 1 次，或移动 1 个单位 4 次。每次移动单位后，单位的可移动范围会减少。在第一个行动点时，单位可以移动 8 格，接下来的行动依次可以移动 6、4、2 个格。玩家可以向任何方向移动，但是在移动的时候，应该考虑到自己与敌人之间的距离不超过 10 个格时，且敌人面向玩家的时候，玩家的单位就会被发现（单位之间如果隔着建筑物，不能看见对方）。

武器和开火

每个单位可以携带图 9-6 中的一种武器。因为这是第一次运行模型，所以笔者建议你给所有单位带手枪，之后测试的时候再带别的武器。只要敌人进入了单位的可视范围内就可以射击，一个单位在每次行动里可以射击一次（在移动中也可以射击）。为了计算射击的命中率，你要记录下攻击者和目标之间的距离，然后对照图 9-6。假如，一个携带手枪的单位与目标相隔 5 个格子。控制攻击单位的玩家就要掷 4 个六面骰子（每个骰子代表开一枪），掷出的数字大于或等于 3 就可以击中目标（也就是 66%的机会）。单位每次被击中受到 2 点伤害。

在第 11 章里，你会写一个如图 9-6 所示的电子表格来平衡不同武器之间的平衡性。

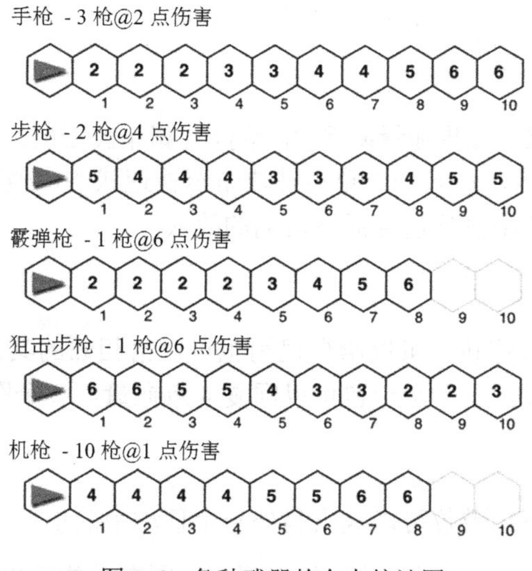

图 9-6　各种武器的命中统计图

反击

如果一个单位被攻击后存活，他将立刻转向面对攻击者（将单位面向攻击者），根据之前同样的规则反击。这就意味着如果攻击一方没有杀死敌人，自己的处境将会很危险。

掩体

掩体可以起到掩护作用。如果一个单位所在的格子和矮墙或墙角的格子相邻，那么这个单位就被看作在掩体内。单位在掩体内受到的攻击减半（四舍五入）。所以，如果单位在掩体外受到的总伤害值是 7，那么在掩体内受到的伤害值就是 3。

如果单位进入的掩体是墙角，那么单位的可视范围包含墙角的两侧，如图 9-7 所示。这种可视范围模仿的是单位从墙角里向外看的视野，和数字游戏里是一样的。

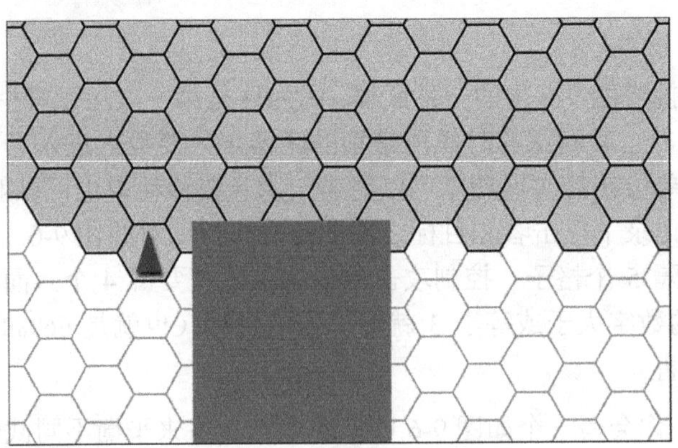

图 9-7　单位在墙角时的视野

血量

每个单位有 6 点血量。如果血量减到 0，单位就算作被击倒，不能再做任何行动或回应。血量不能降到 0 以下，一旦一个单位被攻击至昏迷状态，他就不会再承受更多的伤害。其他单位可以通过使用医疗包复活被击倒的敌人。

医疗包

每个单位携带一个医疗包，可以给自己用也可以给相邻的其他人用。在一次行动里用过医疗包以后就不能攻击了。医疗包可以回复 4 点血量，一个医疗包只能用一次。

拦截射击

在一些特定的情况下，单位可以攻击另外一个移动中的单位：

- 一个移动中的单位进入固定单位的视野后，固定单位可以向其射击。
- 一个移动中的单位离开固定单位的视野时，固定单位可以向其射击。
- 如果移动单位在固定单位的视野范围内，但不在固定单位的武器射程内，在移动单位进入或离开武器射程时可以对其射击（在视野内时）。
- 一个移动中的单位进入固定单位的视野后，固定单位可以向其射击阻止其移动。

拦截射击和普通攻击的计算方式一样，但只掷一半的骰子（四舍五入）。也就是说霰弹枪、步枪和狙击步枪在拦截射击时掷 1 次骰子，手枪掷 2 次骰子。

单位固定不动时，只能看见他正前方的弧状视野。当移动单位进入他的视野里时，固定单位面向追随移动目标，直到脱离视野范围内。

如果出现了移动单位和固定单位同时向对方攻击的情况，那么移动单位先攻击。

占领据点

如果一个单位在据点的阴影区域里结束回合，并且该据点内没有存活的敌人，那么这个据点就是被该单位占领了。敌人可以用相同的规则来重新占领据点。

GM 部署

笔者在前面说过，原型制作的主要目标之一就是找到最适合数字游戏的 AI 的计划。你需要考虑以下几个方面：

- GM 的单位在进入玩家单位的视野里或因为其他原因被发现时，才可以被移动（比如，如果红色单位看见了玩家，你可以想象红色单位通知其他单位）。玩家的单位数量要比红色单位少，这样才能给玩家机会突然袭击。
- 玩家一占领据点，所有 GM 的单位就会知道。所以，即便是红色单位还没看见玩家的单位，也可以选择向据点的方向前进，夺回原有的据点。
- 时刻记录玩家可以看见哪些 GM 单位，GM 可以看见哪些玩家单位。不要让 GM 用玩家拥有的信息移动单位。
- GM 应该记录下哪些针对玩家的策略有效，哪些难度太高或过于简单。时刻牢记 GM 的目标是为玩家寻找乐趣，保证游戏难度不会过于简单。

游戏测试

和不同的朋友一起运行几次原型，再看看怎么样。在和朋友玩的时候，记得在心里问自己下面几个问题：

- 你的建筑物配置是否合理？如果不合理，为什么？如果合理，那么你为什么认为它合理？
- 不同的武器之间是否平衡？如果没有平衡，调整它们之间的平衡系统（你可以用第 11 章的表格）。
- 单位的初始血量是否正确？医疗包恢复的血量合理吗？
- 你的设计策略怎么样？玩家会觉得有趣吗？

每次玩游戏时，记得记录你和玩家对上述问题的答案。你可能会发现自己的想法在不断变化，自己和玩家的想法也有很大不同。这些答案可以帮助你了解测试结果是变得越来越好，还是越来越差。

9.4　纸面原型的优点

你在例子中也看到了，数字游戏的纸面原型既有优点也有缺点。下面是纸面原型的长处：

- **理解玩家在地图里的移动路线：**配置不同的建筑和墙壁组合，你会发现玩家倾向于选择同样的移动路线。了解玩家的移动方式可以帮助你设计关卡。
- **平衡系统：**原型中的武器有三个变量：基于距离变化的命中率、射击次数、每次击中的伤害值。虽然只有三个，但是要平衡这三个变量要远比看上去复杂得多。比如，平衡霰弹枪和机关枪的能力：
    - **霰弹枪：**每发 6 点伤害，一次射击就可以杀死敌人。在 1 到 4 的距离里，掷出的骰子大于 1 算作击中（5/6 的几率击中）。但是因为霰弹枪只能射一枪，所以如果没击中敌人，敌人就不会受到任何伤害。

— **机关枪：**机关枪每发只有 1 点伤害，所以需要 6 次都击中才能杀死敌人。在 1 到 4 的距离里，掷出的骰子大于 3 算作击中（3/6 的几率击中）。在这个距离里，如果开 10 枪的话，机关枪的伤害要比霰弹枪更稳定。

通过这些数据我们能看出，霰弹枪命中率不稳定但是伤害值高，机关枪命中率稳定但是伤害值较低。我们之后会在第 11 章里学习一下这背后的数学问题。

- **图形用户界面（GUI）：**打印几个 GUI 模型（比如按钮、菜单、输入字段等），然后让测试人员测试特定的任务（如停止游戏、选择角色等）。
- **尝试大胆的主意：**因为纸面原型的快速重复和开发速度，你完全可以时不时地尝试一些疯狂的想法，看看这样会对游戏性产生什么影响。如果每次单位移动时都可以发生一次拦截射击会怎么样？如果攻击者在射击时受伤会怎么样？假如设计成攻击没发现自己的目标可以获得额外伤害的话怎么样？用纸面原型可以很轻松地找到这些问题的答案。

9.5 纸面原型的缺点

看过上面举出的纸面原型的例子，你可能也发现了它的一些缺陷：

- **信息缺乏：**在纸面原型里，有些内容用计算机运行效果更好。其中包含可视范围的大小、跟踪血量、计算攻击者的位置等。你在用纸面原型时，关注的重点应该放在游戏的系统、关卡设计的布局和每个武器的情况（比如伤害波动性大的散弹枪和稳定的机关枪）。之后你可以在数字模型里作些调整。
- **游戏节奏过快或过慢：**纸面原型在游戏节奏上可能会给你一个错误的印象。假如这是一个动作游戏，而不是回合制策略游戏，玩家玩的时候就不会像在纸面原型一样有很多时间思考和制定战略。还有一个例子，笔者见过一个团队在纸面原型上放的内容过多，多到要世界各地的玩家玩一个月才能给出结果。纸面原型有一套完整有趣的复仇机制，玩家们可以直接讥讽嘲弄其他玩家，与其竞争。玩家们在一个房间里玩纸面原型的时间不超过一个小时的时候，复仇机制的效果最好。但是在真实游戏里，玩家是分布在世界各地的，游戏时间又持续几周甚至几月，复仇机制就不会有立即生效，效果也大打折扣。
- **实体界面：**纸面原型在测试 GUI 时表现出色，但是在实体界面上的效果却不是很好（比如手柄、触屏、键盘和鼠标）。只有玩家在数字模型进行实体界面的测试时，你才能了解游戏实体界面的情况。这是个比较棘手的问题，你能从许多系列作品里对操作的微妙更改中感觉到（比如多年来《刺客信条》系列在操作上的调整）。

9.6 小结

笔者希望本章的内容能让你明白纸面原型的简便和强大之处。在一些优秀的大学游戏设计课程里，学生们第一学期的学习内容就是通过制作桌游和卡牌游戏来锻炼自己纸面原型构建和调整游戏平衡的能力。纸面原型不仅可以帮你探索最适合数字游戏的概念，还可以磨炼你迭代设计和问题选择的能力，这些技术在你做数字游戏时非常重要。

每次你开始设计新游戏的时候（或是为开发中的游戏设计一个新系统），问一问自己这个游戏或是这个系统是否能从纸面原型中受益。比如，笔者只花了几个小时就完成了本章中的纸面原型，但是却花了一周多的时间才完成了数字模型的逻辑、镜头移动、AI 等的设计。

你还可以从纸面原型上学到一件事情，那就是如果你的设计事与愿违，不必灰心沮丧。我们所有人在游戏设计的事业里都做过错误的设计决定。你把错误的想法做成纸面原型的好处就是，你能立刻发现这是个糟糕的主意，扔掉它，继续研究下一个想法。

在下一章中，你能学习到各种形式的游戏测试和可用性测试，学会如何从游戏测试里得到准确有效的信息。然后在第 11 章里，你能了解游戏设计背后的数学知识，学会如何用电子表格调整平衡。

第 10 章

游戏测试

在原型和迭代设计里，我们发现要做出优秀的游戏设计，高质量的测试是不可或缺的。但是问题来了，怎么样才能做好测试？

在本章中，你将学习到各种游戏测试的方法、如何合理地使用这些方法以及每个方法适用于开发的哪个阶段。

10.1 为什么要测试游戏

等你分析完目标，设计好方案，完成原型制作以后，就该测试原型获取反馈了。笔者明白你看到这里可能会有点害怕。游戏设计很难，要有很丰富的经历才能做得好。即便在你已经成为了经验丰富的设计师，想到把作品第一次给别人测试也会觉得恐惧的。你应该记住的最重要一点就是测试你的游戏的人会让你的作品变得更好；你获得的所有评价，无论是正面的还是负面的都能帮你改善玩家的体验和你的设计。

测试的目的就是为了改进设计，你必须要有来自外部的回馈才能做到。笔者在几个游戏设计展会上做过评委，让我觉得吃惊的是大家能很轻易地就发现一个制作团队有没有做了充分的测试。一个作品若是没有充分的测试，它的游戏目标通常都是不明显的，游戏难度也是突然飙升的。这些迹象都表明了试玩者是知道游戏机制的人，他们了解通关难点，所以他们感受不到正常测试时玩家会感受到的难度。

在本章里，你将学习如何进行有意义的游戏测试，以及如何利用反馈的信息改善游戏。

小贴士

监控员 VS 试玩者　在游戏行业里，我们把测试游戏的人和参与游戏测试的人统称为试玩者。为了说明清楚，在本书中笔者将使用以下术语：

- **监控员**：管理游戏测试的人。
- **试玩者**：试玩游戏并给出反馈的人。

10.2　成为出色的试玩者

在了解不同形式的游戏测试和寻找试玩者之前，先来看一看自己怎样才能成为一名合格的试玩者。

- **边想边说：**作为一名试玩者，你应该在测试游戏的时候把自己的感想说出来。这样可以让监控员更好地理解你的想法。如果你是第一次接触游戏的话，这个方法就更有效了。
- **展示你的偏好：**所有玩家都会因为自己的经历有所偏好，而监控员却很难知道试玩者有哪些偏好。在你测试的时候，谈一谈这个游戏让你想起来的其他游戏、电影、书籍、回忆等。这样有助于监控员了解你的背景和偏好。
- **自我分析：**让监控员明白为什么你会对这部作品有这样的反应。不要只说“我感觉开心”，要说“我觉得开心，因为这个跳跃机制让我感觉愉快”会更好。
- **区分不同要素：**作为试玩人员，在你针对游戏体验给出反馈以后，尝试一下把所有元素分开看待；单独分析游戏的美术、机制、氛围、音效、音乐等。这对监控员的工作有很大帮助。而且，说“这把大提琴弹得跑调了”和“我不喜欢这个交响乐”是一样的，并没有什么用处。设计师的洞察力比多数的普通玩家更好，给出的回馈也更准确，你要充分利用这个优势。
- **如果他们不喜欢你的想法，不要担心：**面对监控员，你应该畅所欲言，只要是能改善作品的想法，就都应该告诉他。但是如果他们没有采用你的办法，也不要生气。自我约束也是游戏设计和游戏测试的一部分。

10.3　试玩者圈子

开始测试以后，试玩者会不断增多，一开始是你自己测试，然后你的朋友和熟人来测试，最后几乎你周围认识的所有人都要来试玩。不同的人来试玩游戏能提供不同角度的回馈。

你自己

作为游戏制作人，这部作品的第一个和最后一个试玩者很有可能都是你自己。你是第一个体验游戏的人，也是第一个感受游戏机制和界面的人。

本书最主要的内容就是教会你如何尽快地制作出一个游戏的原型。在你完成原型以前，你有的只是一堆杂乱的想法和点子，但是在你制作好原型以后，你终于有了可以测试出反馈的内容了。

本书的后半部分里，你将学习用 Unity 制作数字游戏。每次你在 Unity 里按下 Play 键时，你都在扮演着试玩者。即便你不是项目的首席工程师，但是作为一名设计师，辨别作品的制作方向是否和团队的期望相符也是你的工作之一。在你想让其他成员更好地理解游戏设计，或是你还在寻找游戏的核心机制和核心体验时，拥有熟练的试玩技巧在这个开发阶段是非常重要的。

最终你总是要把游戏给别人试玩的。因为你自己的试玩并不能说明出这部作品的第一印象，你对它太了解了。只要你觉得自己的游戏不是很差，你就应该找一些人让他们试玩。

值得信赖的朋友

在你自己反复测试完游戏，做了一些改进，游戏体验已经接近你的最初的期望以后，这时候该把游戏给其他人测试了。第一批人应该是你值得信赖的朋友和家人，他们最好是你作品瞄准的目标玩家或是游戏开发社区的人。目标玩家能从潜在玩家的视角给你回馈，游戏开发者能提供独到的见解和经验，这在原型开发初期对你很有帮助。

纸巾试玩者

纸巾试玩者是一个行业术语，用来描述试玩者测试游戏给出反馈以后，试玩者就被“抛弃”了。他们就像纸巾一样是一次性的。试玩者的存在很重要，因为他们能给你最真实的反馈。如果有人在之前玩过一次你的游戏，那么他就对游戏有所了解，之后他进行测试难免会有偏颇的想法。所以在试玩中，是不是第一次玩非常重要：

- 教程系统
- 前几个关卡
- 剧情转折或其他意外剧情对情绪的影响
- 游戏结局对情绪的影响

所有人只能成为一次纸巾试玩者

一个人对一部作品形成初步印象的机会只有一次。陈星汉在制作《风之旅人》时，笔者和他是室友。他让我等到开发一年多了以后才让我试玩。之后他告诉我，他想等游戏完成度较高时再让我测试，看看玩家有没有期望的情绪共鸣。如果在开发初期我就试玩的话，就没有这样的效果了。让亲密的朋友来试玩时，记得注意这一点。思考一下怎么样才能让每个人给出最有价值的回馈，并且保证让每个人在正确的时间试玩。

不要把“等我准备好了”这句话当作不想给别人测试游戏的借口。在我试玩《风之旅人》前，已经有上百人测试过了。你会发现，在游戏开发初期的测试里，很多人的反馈都会有些不同。即便是在开发初期，你也需要这些回馈，你需要试玩者告诉你游戏机制的缺陷。留几名好朋友放在最后测试，他们的反馈对你很有帮助。

熟人和其他人

在你重复设计过几次，有了比较像样的成品后，是时候给其他人试玩了。但是现在还不是在网上发布测试版的时候。现在你应该给那些不怎么联系的朋友测试，他们的反馈很有用。你的朋友和家人通常和你有同样的背景和经历，这就意味着他们很有可能和你有同样的偏好和偏见。如果你只让他们试玩，那么得到的反馈也通常是有相应偏好的。

和这个情况有一个相似的例子：得克萨斯州选出了一位共和党总统候选人，而得克萨斯州的首府奥斯汀的人们则会觉得很惊讶。因为奥斯汀人多数都是民主党，但是得克萨斯州的群众多数都是共和党。如果你只计算奥斯汀的选票，你就不会知道整个州的选票情况到底是怎么样的。同样的，你需要离开你平时的社交圈子，找更多的人来试玩游戏，这样才能明白玩家对作品的真正看法是怎么样的。

那么你去哪里找更多人来试玩呢？下面有一些建议：

- **本地的大学**：许多大学生喜欢玩游戏。你可以在学校学生中心做测试。当然，在这么做之前你应该检查好校园的安保。
  也可以看看本地大学里有没有游戏开发的俱乐部或是定期晚上一起玩游戏的团体，问问他们愿不愿测试游戏。
- **本地的游戏商店/商场**：玩家来这里买游戏，这也是一个测试游戏的好地方。这种商店通常都有自己的公司政策，你应该先问问他们。
- **农贸市场/社区活动/聚会**：这样的群体活动中，包含了游戏的很多不同受众。笔者在聚会上认识的一些人给过我很用的反馈。

互联网

互联网有时是个吓人的地方。匿名往往意味着人们不用为自己的言行负责，而有的网友有时只是觉得好玩刺激就恶语伤人。互联网也有很多你能利用的试玩者。如果你开发的是网游，那么你最终肯定是要发布在网上等待反响的。你需要大量的数据和用户来支持测试，在本章的“在线游戏测试”内容里你能了解到详细内容。

10.4　测试方法

游戏测试有许多方法，每个阶段的方法都各不相同。在下文中，笔者列出了几种在设计过程中有帮助作用的测试方法。

非正式的单独测试

这是笔者独立开发时最喜欢用的测试办法。最近笔者在开发移动平台的游戏，所以我可以很容易地把游戏随身携带给朋友看。在和朋友谈话时，我会中途打断一下，问他是否愿意看看我的游戏。在开发的早期阶段，或是你有一个想测试的新要素的时候，这种办法十分有效。在测试时，有下列几个注意事项：

- **避免提供给玩家太多信息**：即便是在开发初期，辨别游戏的界面是否直观、游戏目的是否明确也是很重要的。在你指示试玩者操作前，先让他们自己尝试一下。这样你能看出游戏有没有应有的互动作用。最后你再指引玩家怎么继续玩，这基本上相当于你游戏里的教程。
- **不要引导试玩者**：不要向玩家提出有引导性的提问，这样有暗示性的提问可能会使你的试玩者产生偏见。甚至像这样的简单问题“你注意到加血道具了吗”也会暗示他们游戏里存在恢复道具，他们就会知道收集恢复道具很重要。等你公布作品以后，你就没机会和玩家解释游戏内容了。所以现在让你的试玩者自己研究一会儿游戏内容是很重要的，这能让你明白作品里的哪些内容不直观。

- **切勿争论或找借口：**在测试游戏时，你应该把自己的自尊放在一边。即便你不同意别人的想法，你也要听一听试玩者的反馈。这不是你维护自己作品的时候，试玩者拿出自己的时间为你测试游戏，你应该倾听他们的想法来改善设计。
- **记笔记：**随身携带一个笔记本，记录你获得的回馈内容，特别是你没预料到的或是不想听的内容。之后整理好这些笔记，找找哪些反馈内容是相同的。你不用太关注单独一个试玩者说过什么，但是一定要注意那些很多人都反映过的相同内容。

正式的团体测试

很多年来，这都是大型工作室选择的游戏测试方式。笔者在 EA 工作时，参加过很多次这样的测试。在测试时，试玩者们一起进入一个房间里玩游戏。有时我们会提供一些教程指导，有时不会。玩家们在规定的时间内玩游戏。玩过后，试玩者需要填写一份调查报告，监控员有的时候也会单独询问个别问题。测试的人数越多越好，你能从他们那里获得问题的答案。

测试问卷的一些例子：

- “在这部游戏里，你最喜欢哪三个部分，最讨厌哪三个部分？”
- 将游戏的不同内容列成一个列表（截图更好），然后问“你如何评价以下内容？”
- “如何评价主角（或其他角色）？在试玩过程中，你对主角的看法有变化吗？”
- “你愿意为这个游戏支付多少钱？你觉得这个游戏应该以什么价格销售？”
- “指出你觉得困惑的三个地方。”

所有正式的测试都需要一个计划稿

在你做正式测试之前，无论监控员是团队成员还是团队外的人，你都应该先准备好一个计划稿。计划搞需要包含以下内容：

- 在试玩玩家开始玩游戏之前，监控员应该对玩家说写什么？应该提供哪些操作指南？
- 在测试过程中，监控员应该作何反应？如果玩家做了什么有趣或反常的事情，监控员是否应该询问？监控员是否可以在测试中给玩家提示？
- 应该怎样安排测试环境？玩家应该测试多久？
- 测试完成后，监控员应该问试玩者一些什么问题？

正式的个人测试

正式的团体测试侧重于从众多的玩家那里收集大量的数据，监控员对试玩者的体验有更清晰直观的了解。而正式的个人测试则是倾向于从单个试玩者的游玩体验那里收集更详细的数据。为了达到这个目标，监控员要把单个试玩者的体验数据仔细记录下来，然后再检查一遍保证没有忘记保存的内容。在做正式的单独测试时，有几个不同的数据流你要记录：

- **屏幕录制：**你想知道玩家看的是什么。
- **记录试玩者的动作：**你要看看玩家测试时的动作。如果游戏是采用鼠标操作，那么在其上方放一个摄像头。如果游戏是触屏的，那么你应该拍摄下玩家手的动作。
- **录制玩家的面部：**通过看玩家的面部表情，你就能了解他们的情绪。
- **把试玩者说的话记录音频：**即便玩家没有把自己的想法全都说出来，但是通过听他说话的方式你也能多少感受到他心里是怎么想的。
- **记录游戏数据：**记录时间和游戏内的数据。其中包含：玩家的输出（比如手柄按键）、玩家在任务上的成功或失败、玩家的位置、每一阶段花费的时间等。阅读“自动数据记录”你能了解关于这方面的更详细的内容。

将这些不同的数据同步，设计师就能清楚地看见它们之间的关联关系。你在观察玩家面部的表情时，也能知道玩家屏幕上显示的内容是什么，同时也可以看见他在手柄上的动作。虽然这些数据数量庞大，但是现代科技能帮助我们既简单又便宜地进行单独测试。详情如下。

为正式的个人测试设置实验室

建造一个个人测试的实验室可能要花几千甚至几万美元，很多工作室也花了这么多。但是你也可以花很少的钱模拟一个实验室。

基本上无论你开发的游戏是什么平台的，你只需要三个摄像机来记录数据：记录屏幕、记录面部、记录手部。所有的摄像机都要能录制音频，这些数据也应该标明好时间，有助于你同步数据。

同步数据

许多软件包都可以帮你同步视频数据流，但是往往那些最古老的办法才是最简单易用的。在这里，笔者推荐你用数字版本的制作电影用的场记板。在电影里，拍摄时会用到场记板，工作人员拿着板子，上面写着电影的名字、场景编号，以及第几幕。他要把这三个内容大声读出来，然后打板。这么做是为了后期剪辑时能让声音和影像同步。

你可以给你的游戏做一个数字版场记板。在测试的开始阶段，在游戏画面上显示出带有编号的场记板。监控员大声读出数字，然后按下按键。同时，软件也可以模拟打板合上的声音，然后记录游戏数据和测试的时间。这些在之后同步视频数据时都有用，甚至也可以用来同步游戏数据。基本上所有视频编辑软件都可以把这些视频放进一个四格的屏幕里，然后在第四格里填写上日期、时间和测试阶段 ID。最后你就能把它们都同步到一个视频里了。

隐私问题

在现代社会，很多人都关注个人隐私问题。你需要提前和试玩者说明拍摄的问题。你应该向他们保证该视频只会做内部使用，不会泄露给任何公司外的人。

运行正式的个人测试

监控员应该把测试的环境尽量模拟得和玩家在家玩新游戏的环境一样，最好能让玩家觉得舒服自在。准备一些零食和饮料、舒服的沙发或者椅子（如果是电脑游戏，桌子和办公椅更合适）。

在开始测试时，你应该表达一下感激之情，感谢玩家愿意抽出时间试玩，并且表示出他的回馈将会很有帮助。你也要要求试玩者在游玩过程中大声说出自己的想法。很少有玩家能真正做到这一点，但问问也无妨。

试玩者完成测试了以后，监控员应该和他一起坐下来，谈一谈刚才的体验。监控员问的问题和正式的团体测试的问题差不多，但是一对一的问答可以让监控员继续深入提问，获得更详尽的信息。测试后的问答环节也应该被记录下来，音频记录要比视频记录更好。

不管是什么形式的测试，监控员最好都不是游戏开发团队的成员。这样监控员看问题的角度不会受到个人对作品投入的影响。在你找到了合适的监控员以后，在整个开发过程里，你最好一直用这一个人，这样他能提供一个玩家整体体验的变化。

在线游戏测试

在本章前面笔者也提到过，互联网测试也是测试的一种形式。你的作品必须进入测试阶段以后才能尝试这个测试。这种测试俗称 Beta 测试，有以下几种形式：

- **封测：**一种限制人数的邀请制测试。一开始，你应该只让几个值得信任的朋友来上网测试。这是在服务器构架上找 Bug 的好机会，也是挑出作品哪些内容不清晰的好时机。
- 笔者参与制作的 *Skyrates*[1]，它的封闭测试花了有八周的时间，参与人员包括 4 名开发成员和其他 12 人，所有人都在同一间大楼里的办公室工作。我们花了两周时间修复游戏和服务器的问题，还加了一些新的功能，把测试团队扩大到了 25 人。又一个两周过后，扩大到了 50 人。在这个时候，开发团队的一名成员专门负责指导每位试玩者如何进行游戏。

  两周以后，我们写了一个在线游戏指南，然后进入了内测阶段。
- **内测：**虽然有一些特殊的限制，只要注册，玩家就能来参与测试。最常见的限制是对玩家人数的限制。

  在 *Skyrates* 刚开始内测时，我们把人数限制在了 125 人，并且告诉玩家们可以邀请自己的朋友或家人来参加。这轮测试的人数要比封测时多得多，所以我们想确保服务器能撑得住。公测前的最后一次测试时，我们把人数控制在了 250 人。
- **公测：**公测没有人数限制，任何人都可以来玩。这个阶段你会感觉非常奇妙，因为你的游戏能获得全球玩家的关注，但是你也会觉得害怕，因为人数的突然飙升可能会导致服务器过载。总的来说，你应该保证游戏基本上完成了再进行线上公测。

---

1 *Skyrates* （Airship Studios, 2006）是在第 8 章介绍的一款游戏，这部作品利用了间断性游玩的概念，玩家在一天的时间里，可以间断性地玩游戏，每次玩几分钟即可。虽然现在这种类型在 Facebook 的游戏上已经很常见了，但是在当时开发时还是个新奇的概念，需要很多轮测试来完善它。

在开发的第一期末，*Skyrates* 进入了公测阶段。我们没打算一直公测到第二期，所以就让服务器运行到夏天结束。让我们惊讶的是，*Skyrates* 是一个只开发了两周的作品，却有不少人在夏天试玩了这款游戏，总人数大概在 500 至 1000 人。我们公测的时候，Facebook 还不是游戏平台，手机和平板游戏还不是普遍存在。虽然这些平台 99%的游戏在当时都没有什么人气，但是你要知道，在这些平台上发售的游戏，都是有机会在几天里从几名玩家跃升至几百万名玩家的。在社交平台上公测要小心一些，但是你最终不管怎么样都是要公测的。

自动记录数据

你要尽早地把自动数据记录（ADL）放进游戏里。ADL 自动记录玩家的行为和游戏事件。记录的数据通常存储在服务器上，也可以下载到本地里。

2007 年时，笔者在 EA 设计和开发了 Pogo.com 上的游戏 *Crazy Cakes*。*Crazy Cakes* 是当时 Pogo 上唯一一部运用了 ADL 的作品。这之后 ADL 的使用成为了行业制作的标准。*Crazy Cakes* 上设置的 ADL 很简单。每个关卡里我们会记录以下几个数据：

- 时间戳：关卡开始的日期和时间。
- 玩家用户名：这样我们可以咨询一下得高分的玩家，他们在玩的过程中采用了什么策略，或者如果记录里有奇怪的事情发生，也可以直接询问本人。
- 关卡难度和回合数：一共有五个难度，每个难度有四个回合，难度递增。
- 得分。
- 每回合使用的增益道具数量和种类。
- 获得的代币数量。
- 服务的顾客数量。
- 提供的甜点数量：一些顾客点了几份甜点，有助于我们追踪数据。

当时，Pogo.com 上有几百名试玩者，在我们封测三天后，收到了 25000 多条测试的数据。笔者把这些内容随机筛选出 4000 条，然后用之前平衡游戏的电子表格整理出来。在笔者根据数据确定了游戏确实平衡以后，我另外随机选出 4000 条再确认一次。[2]

10.5　其他重要的测试办法

除了试玩测试，还有其他几种重要的测试方法。

焦点测试

将开发团队的核心成员组成一个小组，收集他们对作品的外观、场景、音乐等美术要素和剧情的看法。许多大型工作室经常用这个方法来决定是否应该继续开发项目。

2 每次都选出 4000 条的原因是，当时的 Excel 最多只能处理 4000 条数据。

兴趣投票

现在可以用社交网站 Facebook 或者众筹网站 Kickstarter 来调查人们对你的游戏感兴趣的程度。在这些网站上，你可以发布一个游戏的介绍视频，然后等待大家的反馈。如果你是独立游戏开发者，手头资源有限，这也是一个集资的好办法，但是，结果如何就不一定了。

可用性测试

许多正式的个人测试里运用到的技术，现在逐渐发展应用到了可用性测试里。可用性测试的核心是，测试玩家能否理解和使用软件的界面。因为可用性的基础就是理解，所以我们要收集屏幕的数据、玩家的互动、试玩者的面部表情等数据。除了试玩游戏，针对个人的可用性测试很重要，你应该调查玩家和游戏之间的互动情况，玩家是否能理解游戏的意图。可用性测试也包含了对界面信息和不同操作设置的测试。

质量保证测试

质量保证测试（QA）重点放在寻找游戏 Bug、修改 Bug 上。整个游戏行业都要用到这种测试，它的内容比较庞大，以下是核心的几个要素：

1. 找到游戏的 Bug（游戏里不能正常运行或互动的部分）。

2. 写下修改 Bug 的步骤。

3. 按轻重缓急排列 Bug 的顺序。是否会造成游戏崩溃？发生的频率如何？问题是否明显？

4. 告知工程团队来修复 Bug。

通常会由开发团队成员和最终阶段的试玩者来进行 QA 测试。虽然你也可以让玩家提交 Bug，但是多数玩家都没有受过训练，他们不知道怎么写出准确清晰的 Bug 报告。有很多你可以用的 Bug 追踪工具，像是 Bugzilla、Mantis Bug Tracker 还有 Trac 等。

自动化测试

自动化测试（AT）是用软件来自动查找游戏或服务器里 Bug 的测试方法，这种办法不需要人工。针对游戏查找 Bug，AT 可以快速模拟用户的输入（如每秒几百下的单击）。针对服务器查找 Bug，AT 可以每秒提出几千次的申请，来测试服务器的负载量。AT 测试相对来说比较复杂，但是它要比人工 QA 测试效率高得多。现在有的公司就是专门做自动化测试的。

10.6 小结

本章的主要目的是让你宏观地了解一下不同形式的游戏测试。作为一名游戏设计的新手，你应该找一个对你最有用的办法。笔者成功地用过几种不同的测试方法，我认为本章包含的所有方法都能多多少少帮助你改善游戏。

在下一章，你将会进入游戏乐趣背后的数学世界，以及学习如何用电子表格调整游戏平衡。

第 11 章

数学和游戏平衡

在本章中，我们会探索桌面游戏中用到的各种概率系统和随机性。你还会学到一些 OpenOffice Calc 的知识，帮助你探索可能性。

在讲完数学（笔者尽可能地保证简单易懂）后，我们会看看这些系统如何用在桌面和数字游戏中调整平衡，帮助提升游戏体验。

11.1 游戏平衡的意义

现在你已经做过游戏原型并且测试过几次了，你可能需要着手调整平衡。平衡这个词在游戏开发中很常见，但它的意思会随着语境不同而变化。

在多人游戏中，平衡一般指的是公平：每个玩家取胜的机会相同。在对称的游戏中这个最容易实现，因为大家技能和起始点一样。但在不对称游戏中，平衡的难度显著提升，因为看似平衡的设计对于个别玩家可能会严重偏斜。这也是测试非常重要的原因之一。

在单人游戏中，平衡一般意味着难度等级和曲线。如果游戏在某点上难度大增，玩家很容易流失。在第 8 章“设计目标”以玩家为主的设计目标中，有相关心流的讨论。

在本章中，你将会学到几种迥然不同的游戏设计和平衡数学方法。其中包括理解概率和桌面游戏中各类乱数产生器，以及权重、排列和正负反馈的概念。在这个过程中，会使用 OpenOffice Calc 的表格软件来帮助理解上面的概念。在本章结尾，你会看到怎么使用 Calc 平衡第 9 章“纸面原型”中一个纸面游戏原型中的武器。

11.2 安装 OpenOffice Calc

开始数学之旅前，笔者需要你下载和安装 OpenOffice。OpenOffice 是一款可以与微软 Office 比肩的免费开源办公软件。你可以从 http://openoffice.org 上下载。本书写作时当前版本为 4.1.0，请现在就去下载安装，我们会在本章中一直使用它。[1]

> **注意**
>
> 本书中选择 OpenOffice Calc 是因为它免费、跨平台且门槛低。其他表格软件公司如微软的 Excel、谷歌的 Spreadsheet 和 Libreoffice Calc 表格，但是每种软件都有细微差别，所以用其他软件完成本章内容可能会不太顺利。

针对我们本章要做的事情，Calc 这样的表格软件不是必须的，你可以用草稿纸和计算器达到同样效果，但是我觉得有必要说明电子表格在游戏平衡上的重要性：

- 电子表格可以帮助你从数据中快速获取信息。在第 9 章中，笔者展示了几种不同数据的武器。在本章结尾，我们会重新平衡这些武器，并用电子表格跟之前靠感觉得出的结果做对比。
- 图表和数据经常用来向非设计师验证你决策的正确性。为了开发游戏，你需要跟各类人打交道，其中一些更依靠数据而不是直觉。这不是说你一定要跟着数据走，笔者想要你在必要的时候能够做出来。
- 许多专业游戏设计师日常使用电子表格，但是笔者没怎么见过游戏设计课程有相关内容教学，另外，大学中教授电子表格的，更着重在商业和核算而不是游戏平衡，然而笔者在工作中发现，留意各种电子表格的应用十分有用。

与游戏开发的其他方面一样，创建表格也是混乱和迭代的。与其从头到尾展示一个完美表格如何制作，本章中的教程更倾向于展示真实的迭代过程，包括途中计划和制作的过程。

11.3 用 Calc 检查骰子

游戏中数学常与概率有关，所以了解一些概率的知识非常重要。我们将会用 OpenOffice Calc 帮助理解掷骰子的数字分布，这里使用两个六面骰子（2d6）。

单个骰子一次投掷的结果是（1d6），很明显你得到 1、2、3、4、5、6 的机会均等。然而两个骰子一起投掷结果会有趣的多。如果你掷 2d6，则会有 36 种结果，展示如下：

骰子 A: 1 2 3 4 5 6 1 2 3 4 5 6 1 2 3 4 5 6 1 2 3 4 5 6 1 2 3 4 5 6 1 2 3 4 5 6

骰子 B: 1 1 1 1 1 1 2 2 2 2 2 2 3 3 3 3 3 3 4 4 4 4 4 4 5 5 5 5 5 5 6 6 6 6 6 6

手写出来当然没什么问题，但笔者想让你用 Calc 做到，当作调整游戏平衡的入门练习。打开 OpenOffice 新建一个电子表格（这样也会打开 OpenOffice 的 Calc 部分）。你会看到如图 11-1 所示的新文档。

---

1 如果你使用 OS X 系统可能会无法运行，因为它不能直接从 Apple App Store 下载。如果你遇到这个问题，可以参见相关文章：http://support.apple.com/kb/HT5290 or read the OpenOffice Install Guide athttp://www.openoffi ce.org/download/common/instructions.html。

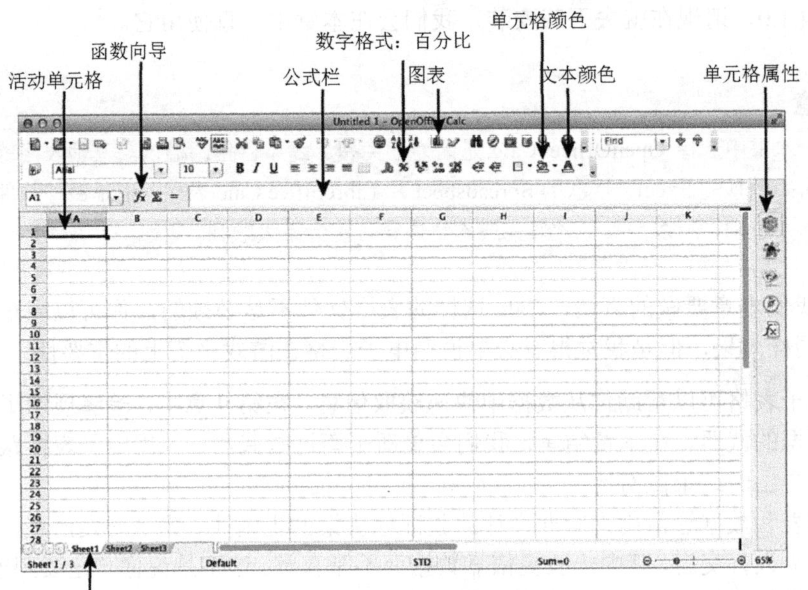

图 11-1　新建的 OpenOffice 电子表格界面和重要部分

Calc 入门

表格中的单元格以列字母和行数字表示。图 11-1 中左上角的表格为 A1，A1 被黑色边框高亮出来，另外在右下角还有个黑色小方块，表示它是活动单元格。

下面的说明会告诉你如何入门 Calc：

1．单击 OpenOffice 的 A1 来选中它。

2．单击键盘上的数字键 1 并且按回车键。A1 现在的值为 1。

3．在单元格 B1 中输入=A1+1 按回车键。这样 B1 中会加入一个公式，根据 A1 的值计算结果。所有的公式都以=开始。你现在可以看到 B1 的值为 2（也就是 A1 加 1 的值）。如果你改变 A1，B1 也会随之更新。

4．单击 B1 复制单元格（执行编辑>复制命令，或者用快捷键，PC 为 Ctrl+C，OS X 为 Command+ C）。

5．按住 Shift 键同时单击单元格 K1。这将会高亮从 B1 到 K1 的单元格。

6. 将 B1 中的公式复制到高亮的单元格（执行编辑>复制命令，快捷键 PC 为 Ctrl+V，OS X 为 Command + V）。这样会把公式=A1+1 复制到从 B1 到 K1 的单元格。

注意

因为所有的单元格都以 A1 为参考，所以会根据新单元格的位置更新。换句话说，在 K1 的公式为 J1+1，因为 J1 在 K1 的左边，如同 A1 在 B1 的左边。

在 B1 中的公式（=A1+1），是根据 B1 的相对位置决定，而不是 A1 的绝对位置。要创建一个绝对参考（也就是说公式不会受到单元格位置影响），在列（A）和行（1）之前都加上$（美元）符号。这样公式就变成了=$A$1+1，包含了 A1 的绝对位置。你可以灵活地用一个$来选择让行或者列固定。

创建一个从 1 到 36 的一行数字

完成前面的步骤之后，A1:K1（从 A1 到 K1，冒号用来表示两个单元格之间的内容）单元格中会有 1 到 11 这些数字。下面我们要把它扩展到 1 到 36（为了骰子的 36 种可能性）:

1. 单击 B1 选中它。

2. 另一种大量选择单元格的办法是用所选单元格右下角的黑色方块（图 11-1 中可见）。单击并拖曳它一直到框住了 B1:AJ1。松开鼠标，你可以看到 A1:AJ1 为数字 1 到 36。

设定列宽

现在 A1:AJ1 都有了正确的数据，但是 36 列比我们需要的宽。现在我们来把它们缩到合适的宽度。

1. 选中 A1。

2. 按住键盘上的 Shift 键和 Command 键（PC 为 Shift 键和 Ctrl 键）同时按右方向键。这样会全选 A1:AJ1 的单元格。当按下 Command 键，按任意方向键会选中该方向最后一个活动单元格。

3. 在菜单栏执行格式>列>最佳宽度命令，在弹出的窗口中会询问你附加值（也就是每列之间的空间）。选择默认的 0.1"然后确定。A 到 AJ 会缩小到它们数字加 0.1"额外空间。现在屏幕中很容易容得下全部数字了。

另一种办法是鼠标光标直接移到两列头部（如图 11-2），按住鼠标左键向左右拖曳调整大小。松开鼠标左键后得到全新的宽度。

如果选中了多个单元格，可以将其宽度设定为同一个值，但是你需要选择整列（单击 A 列头部按住 Shift 键同时单击 AJ 列头部）。双击某列头部的右端会自动选择最佳宽度。

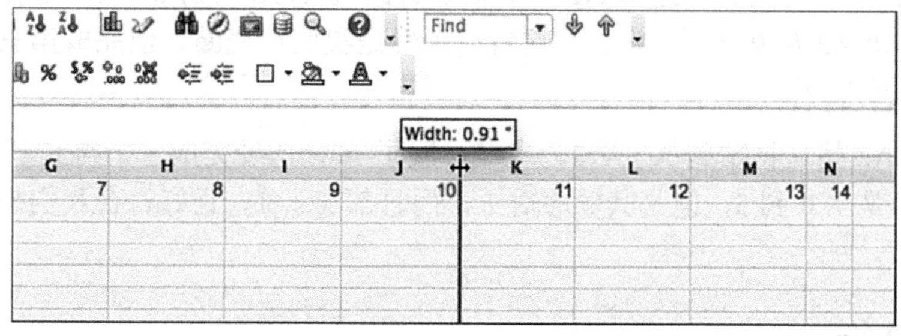

图 11-2　用鼠标调节 OpenOffice Calc 的宽度

为骰子 A 制作一行

现在我们有了一堆数字，但我们想要的是代表骰子 A 和骰子 B 的两行数字。我们可以用简单的公式达到这样的效果：

1．单击 A2 选择它。

2．单击图 11-1 中的函数向导，会打开函数向导窗口，其中列出了 Calc 可用的所有函数。

3．找到函数 MOD 并单击它。函数向导会显示 MOD()函数的剪接，但是缺少了很多重要信息。

4．单击“帮助”窗口，在查找中输入 MOD，按回车键可以看到更多相关信息。如“帮助”窗口所示，MOD()返回的是一个整数被整除后的余数。这意味着 MOD(5;3)将会返回 2（5/3 的余数）。MOD(6;3)则返回 0，因为 6 可以被 3 整除。

5．随后可以关掉“帮助”窗口，切换回 Calc 程序。

6．在函数向导中输入=MOD(A1;6)。你可以看到结果显示为 1（1 除以 6 的余数）。

7．在函数向导内单击确定。这样会把公式放入 A2 单元格内。

8．复制 A2 的公式到 A2:AJ2（从 A2 到 AJ2 所有单元格）。这样从 A2 到 AJ2 会有 123450 重复六次。因为 A1 的公式是相对的，每个 A2:AJ2 直接取上方的值然后除以 6 得到余数。

这个结果跟我们想要的骰子 A 数列很接近了。我们想要 123456 但是它给我们 123450，所以要稍加修改。

调整 MOD（取余运算）公式

我们需要修改 A2:AJ2 的两个问题。第一，最小的数字应该 A、F、L，以此类推。第二，数字应该是 1 到 6，而不是从 0 到 5。这两点调整起来都不难。

1．选择 A1 把它的值从 1 改到 0。这样会让 B1:AJ1 的数字变成从 0 到 35。现在，A2 的公式会返回 0（0 除以 6 得到的数），A2:AJ2 的数字为 012345，第一个目标达成。

2．要解决第二个问题，选择 A2 然后把公式改成`=MOD(A1;6)+1`。这样会在之前的公式上加 1，让 A2 从 0 变成 1。虽然这看起来像是我们在绕圈，但完成第三步后你就明白为什么要这么做了。

3．复制 A2 然后粘贴到 A2:A12。现在，骰子 A 行已经完成了，得到了 123456。摩的值现在仍然是从 0 到 5，但是其顺序对了，而且都加了 1，正好符合我们想要的骰子 A 数值。

制作骰子 B 行

骰子 B 行包括了 6 个数字，每次重复 6 次。要做出这种效果，我们使用 Calc 中的除法和最小值功能。除法就是普通用法（比如 3/2 你会得到 1.5），然而向下取整功能你可能没见到过。

1．选择单元格 A3。

2．单击函数向导找到 FLOOR。如函数向导所示，FLOOR 用来把小数点去掉，而且总是向下取值。比如 FLOOR(5.1;1)返回 5，FLOOR(5.9;1)也返回 5。FLOOR 函数的第二个输入值（比如前面例子中的 1）是有效值。为了取到完整的整数，这个输入值应当一直为 1。

3．在函数栏输入=FLOOR(A1/6;1)。你会看到结果更新为 0。

4. 像我们对骰子 A 做的那样，我们要给结果加 1。将公式改成=FLOOR(A1/6;1)+1，你会看到现在结果为 1。

5．单击"OK"关闭函数向导。

6．将 A3 的内容复制到 A3:AJ3。

你的电子表格现在看起来如 11-3 上图所示。然而，如果将它们加上标签如 11-3 下图的话，会容易理解得多。

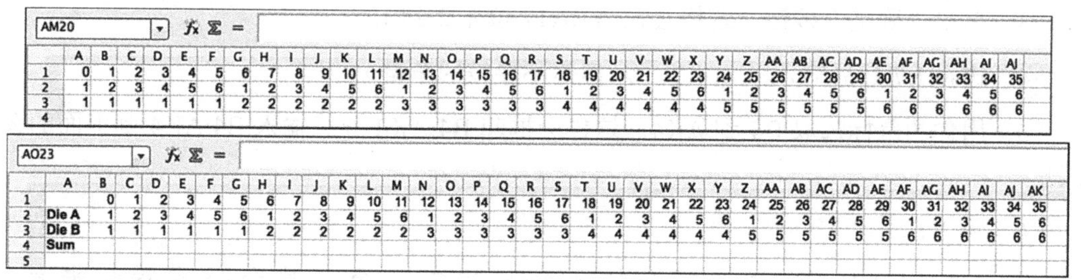

图 11-3　加标签帮助理解

加标签帮助理解

要给图 11-3 的上图加标签的话，你需要在 A 列的左侧新加一列：

1．用鼠标右键单击 A 列的任意单元格，从菜单上选择插入列。如果你用 OS X 系统而且没有使用鼠标右键的话，你可以按住[Ctrl]键单击。参见附录 B"OS X 系统上右键单击"的部分，在"实用概念"中有更多信息。

2. 从出现的对话框中选择整列然后单击"确定"按钮。这将在已有列左边新建一列。注意所有的数据和公式都保持原样。

3．单击新增的 A2 并输入 Die A。你可以在输入时按住 Option 键（PC 上的 Alt 键）并且按方向键轻松调整列宽。

4．在 A3 中输入 Die B。然后选择 A2:A3，按组合键 Command + B（PC 上 Ctrl+B）或者单击上方功能菜单的 B 格式键。

5．在 A4 中输入 Sum 并且加粗它。你的电子表格应该与图 11-3 中的一样了。

将两个骰子的结果求和

要求两个骰子的和，需要另一个公式。

1．单击 B4 输入公式=SUM（B2;B3），这样会将 B2 到 B3 的值相加（公式=B2+B3 效果一样）。这样 B4 的值为 2。

2．复制 B4 粘贴到 B4:AK4。现在行 4 的数字为 2d6 的全部可能结果。

计算骰子之和

行 4 现在为 2d6 的全部可能结果。但是尽管数据有了，但并不太容易解读。这里可以发挥电子表格真正的力量。要解读数据，我们要计算每个和出现的频率（也就是说 2d6 会得到几次 7）。

1．选择 A7:A17，然后在菜单栏执行编辑>填充>系列命令。这样可以在单元格中填入一列数。

2．方向设置为向下，初始值为 2，结束值为 12，每次加 1。

3．单击“确定”按钮。这样会在 A7:A17 填充 2 到 12。

4．选择 B7 然后输入=COUNTIF（但是不要按回车键）。

5．用你的鼠标选取 B4 到 AK4。这样会框起 B4:AK4 并且输入 B4:AK4 到上面的公式里。

6．输入;。

7．单击 A7。这样 A7 会加入到公式中。至此整个公式看起来是=COUNTIF(B4:AK4;A7。

8．输入)然后按回车键。现在 B7 的公式为= COUNTIF(B4:AK4;A7)。

COUNTIF 函数计算一系列单元格中特定数字的出现次数。在单元格 B7，COUNTIF 函数监控着 B4:AK4 单元格，计算着数字 2 出现的次数（因为 A7 中的数值为 2）。

接下来你需要从监测数字 2 扩展到所有可能出现的骰子之和，也就是 2 到 12。

1．从 B7 中复制公式并粘贴到 B7:B17。

你会发现会有问题。对 2 以外数值的计算都为 0。我们来看看哪里出错了。

2．选择单元格 B7 然后单击公式栏。这样会高亮所有用到 B7 内公式涉及的单元格。

3．按 Esc（Escape）键。这步很重要，因为可以带你离开单元格编辑模式。如果你在单击其他单元格前没有按过 Esc 键，单元格的参数会被加入公式。在下面的警告中查看更多信息。

警告

退出公式编辑　当使用 Calc 时，你需要按 Esc 键或回车键从公式编辑模式退出。回车会结束你的修改，而 Esc 为放弃修改。如果你没有从公式编辑中正确退出，任何你单击的单元格将被加入公式中（你不想要的意外情况）。如果已经发生，你可以按 Esc 键取消做出的修改。

4．选择单元格 B8，单击公式栏，现在你能看到 B8 公式的问题了。我们想要计算 3 在 B4:AK4 的出现次数，而其实它在计算 B5:AK5 中 3 出现的次数。这是因为本章之前提到过的自动升级相对参数的功能作祟。因为 B8 比 B7 低一个单元格，B8 中的参数也相应的低了一格。更新后的参数第二部分没错（如 B8 应该找 A8 中的数字，而不是 A7 的），但是需要固定第一部分参数。

5．按[Esc]键结束编辑 B8。

6．选择 B7 将公式改成 `=COUNTIF(B$4:AK$4;A7)`。

7．复制 B7 内的公式粘贴到 B7:B17。现在你能看到数字更新正确了，B7:B17 的每个公式都从单元格 B$4:AK$4 取值。

绘制结果图

现在单元格 B7:B17 中有了我们所需的数据。在 2d6 的 36 种可能性中，有 6 种达到 7 的方式，但是只有一种办法取得 2 或者 12。这些信息展示在单元格中，但它们放在图表中会易读的多：

1．选择 A7:B17 单元格。

2．单击图表（见图 11-1）。这回打开图表“函数向导”选项，展示还未定义的图表。

3．图表类型默认为柱形图。

4．在图表向导左侧，单击 2.数据区域然后勾选上第一列作为标签。这样会从图表中移除第一列（数字 2~12），并让其变成图表底部的标签。

5．单击 4.图表元素然后取消显示图例。这样会去掉表格右侧的 B 列图例。

6．单击“完成”按钮，你会看到如图 11-4 所示的 2d6 数据图表。如果你单击表格其他位置，然后再单击图标，就可以移动它的位置。

笔者知道取到这些数据有些累人，但我想让你试试 Calc，因为它是做数据平衡的重要工具。

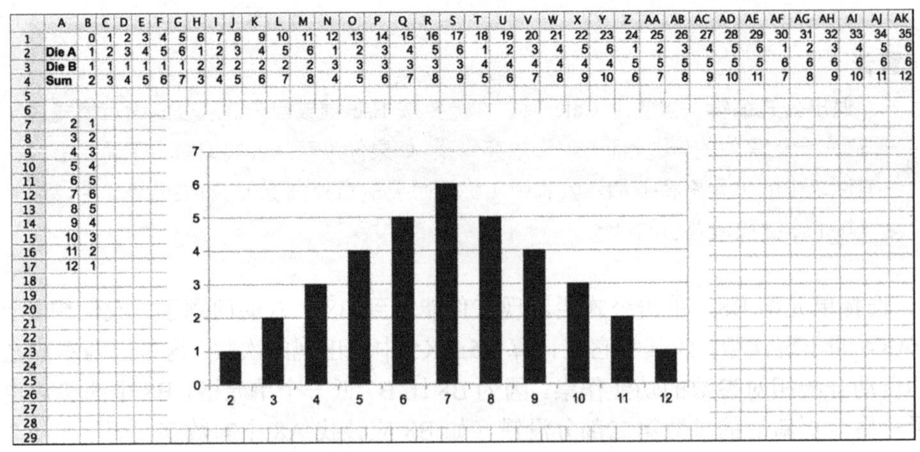

图 11-4　2d6 概率分布图表

11.4　概率

到了这一步，你可能会想肯定有比列举骰子全部结果更简单的办法学习概率。幸好，有一整个数学分支与概率有关，本节我们就来看看从中可以学到什么。

首先，让我们看看 2d6 有多少种可能性。因为有两个骰子，每个有 6 种可能，所以有 6×6=36 种不同的结果。如果是 3d6，就有 6×6×6=216，或者 63 种结果。如果 8d6，则有 6^8=1,679,616 种可能性。如果我们还用 2d6 的枚举法，要制作 8d6 的图表几乎不可能。

在 Jesse Schell 所著的《游戏设计艺术》中有提到“每个游戏设计师都应该知道的十个概率规则”[2]，笔者改述如下：

- **规则 1：分数=小数=百分数**。分数、小数和百分数是同种东西，你会发现自己经常换着用。比如，1d20 得到 1 的概率是 1/20 或者 0.05 或者 5%。它们之间的转换遵循以下规则：
  - 分数到小数：在计算器中输入分数（输入 1÷20= 会得到结果 0.05）。
  - 百分数到小数：除以 100（5%=5/100=0.05）。
  - 小数到百分比：乘以 100（0.05=（0.05×100）%=5%）。
  - 任意数到分数：这有点难；一般没有简单办法从小数或百分比换到分数，除了几个众所周知的结果（比如 0.5=50%=1/2，0.25=1/4）。
- **规则 2：概率从 0 到 1 就好（等同于 0%到 100%和 0/1 到 1/1）**。事情发生的概率不可能低于 0%或者高于 100%。
- **规则 3：想要的“除以”可能的结果等于概率**。如果你想从 1d6 里得到 6，也就是说想要的结果（6）在 6 种可能结果中。得到 6 的概率为 1/6（大约等于 0.16666 或者 17%)。一副牌中有 13 张黑桃，所以你随便抽一张牌，得到黑桃的概率是 13/52

2 Schell, *The Art of Game Design* , 155–163。

（0.25 或者 25%）。

- **规则 4：枚举可以解决复杂的数学难题**。如果你遇到的可能结果不多，可以枚举它们，就像 Calc 中的 2d6 例子。如果你有大量数字（比如 10d6，有 60466 种结果），你可以写一个程序枚举它们。如果你有程序底子，可以参考附录 B 中写好的程序。
- **规则 5：在互斥情况下，“或”意为“加”。**Schell 的例子是找到一副牌中抽到一张人头或者 A 的概率。一张牌中有 12 张人头和 4 张 A。A 和人头是互斥的，也就是说没有哪张牌既有 A 也有人头。因此，如果你的问题是“抓到人头或者 A 的概率是多少？”你就可以将两种概率相加。12/52+4/52=16/52(0.3077≈31%)。那么在 1d6 得到 1，2 或者 3 的概率是多少？1/6+1/6+1/6=3/6（0.5=50%）。记得如果你用或连接互斥的几个想要结果，它们的概率可以相加。
- **规则 6：在非互斥情况下，“和”意为“乘”**。如果你想要的结果是人头和黑桃，你可以将两个概率相乘。一共有 13 张黑桃（13/52）和 12 张人头（12/52）。相乘结果如下：

  13/52 ×12/52
  =(13×12)/(52×52)
  =156/2704　　　　两者都可以被 52 整除
  =3/52(0.0577≈6%)

  我们知道这个结果没错，因为我们知道在一副牌中既是黑桃又是人头的牌确实只有 3 张。另一个例子是 2 个 1d6 上都取到 1 的概率，应该是 1/6×1/6=1/36（0.0278≈3%），我们在 Calc 枚举的例子上能看到，2d6 为 1 的概率正好是 1/36。记住，如果你用和连接非互斥的想要结果，你可以相乘它们的概率。

  推论：想要的结果如果互相独立，概率相乘。如果两种行为完全互相独立（非互斥的子集），它们发生的概率为彼此相乘。比如说，1d6 取 6 的概率是 1/6。两个完全独立的骰子 2d6 都得到 6 的概率为（1/6×1/6=1/36），与 Calc 例子中的结果一致。2d6 上得到两个 6 并且掷硬币都得到头的概率是（1/6×1/6×1/2×1/2 =1/144）。

  规则 7：1 减“是”等于“不是”。一件事发生的概率等于 1 减去不会发生的概率。比如说 1d6 得到一个 1 的概率是 1/6，那么不得到 1 的概率是 1-1/6=5/6（0.8333≈83%）。这个用处在于有时候找到发生的概率很难，找到不发生的概率容易。

  比如说你想要算出 2d6 中至少得到一个 6 的概率，如果我们枚举的话，可以发现概率为 11/36（想要的结果是 6_x, x_6 和 6_6，x 可以是任意不为 6 的数字）。你还可以在 Calc 图表中数含有至少一个 6 的列。但通过规则 5、6、7，我们可以计算概率。

  1d6 得到 6 的概率是 1/6。得到非 6 的概率是 5/6，所以得到 6 和一个非 6（6_x）的概率是 1/6×5/6=5/36（记得规则 6 中，和意为乘）。因为 6_x 与 x_6 效果相同，我们需要把这两个概率相加：5/36+5/36=10/36（规则 5：或意为加）。得到两个 6(6_6)的概率为 1/6x1/6=1/36。因为这也是 6_x 或 x_6 类似的互斥概率，所以可以相加：5/36+5/36+1/36=11/36（0.3055≈31%）。

虽然很容易变成一团乱麻，但我们能用规则 7 来简化它。如果你反过来看问题，可以解读为"第一次得到一个非 6 和第二次也得到一个非 6？"这两个可能性不是互斥的，所以可以 5/6×5/6 或者 25/36，1−25/36=11/36，这样比之前的算法简单多了。

现在如果我们要从 4d6 中得到至少一个 6 呢？这么简单：

1-(5/6×5/6/×5/6×5/6)
=1-($5^4/6^4$)
=1-(625/1296)
=(1296/1296)-(625/1296)　　1296/1296 等于 1
=（1296-625）/1296　　因为分母都是 1296 所以可以去括号
=671/1296　　（0.5177≈52%）

大约 52%的概率从 4d6 中得到至少一个 6。

- **规则 8：多个骰子之和不是线性分布。**如我们在 Calc 枚举过的 2d6，尽管单个骰子是线性分布。也就是说 1~6 发生的机会均等，但是把它们相加，你会得到加权分布。骰子越多越复杂，如图 11-5 所示。

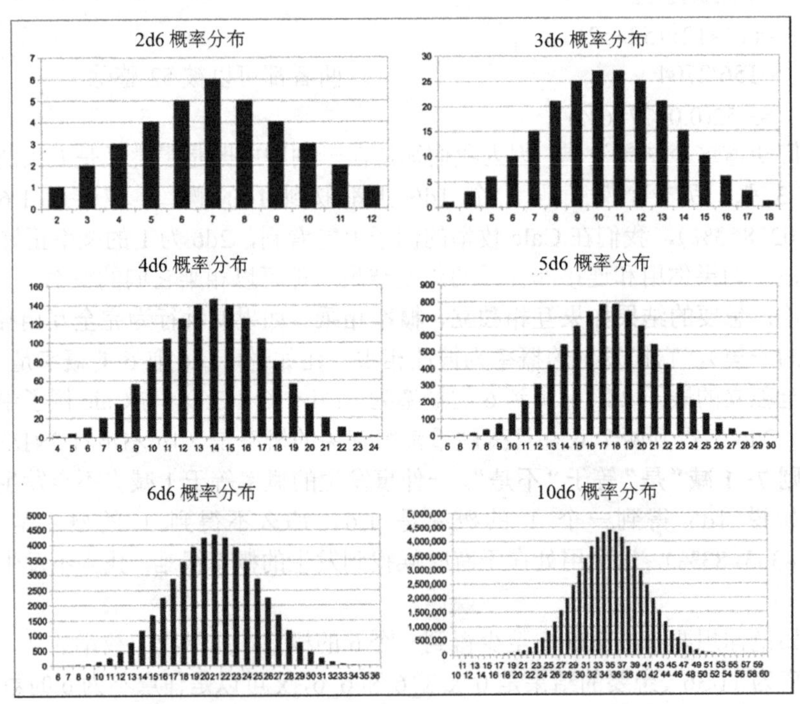

图 11-5　2d6, 3d6, 4d6, 5d6, 6d6 和 10d6 的概率分布

如图 11-5 所示，用的骰子越多就越倾向于骰子和的平均数。实际上，10d6 中全部为 6 的概率是 1/60466176，但由 4395456/60466176（0.0727≈7%）的概率得到 35 或者 41539796/60466176（0.6869922781≈69%）的概率得到 30~40 之间的数。要写清楚算数过程很费纸，但笔者根据规则 4 写了一个程序来做。

作为游戏设计师，并不需要你了解这些概率的准确数字。你真正要记住的是，骰子越多，得到的数值越接近平均值。

- **规则 9：理论 vs 现实。**除了理论上的概率，有时从实际出发更容易理解概率，或者说投骰子的结果并不总是与理论预测相符。数字化和模拟方法都是出路。
  数字化，你可以写一个简单程序运行上百万次来实验。这常被称作蒙特卡罗法，实际上几个最强的人工智能都采用这种办法玩国际象棋和围棋。围棋复杂度太高，计算机其实在计算自己和人类对手的随机百万种走法，从中找出最优解。这个方法还能用来解决非常复杂的理论问题。Schell 举的例子中计算机可以快速模拟《大富翁》中上百万次投骰子，让程序员知道玩家最可能移动到哪里。
  这条规则的另一个角度是所有的骰子生来平等。比如说如果你想要出版桌游，寻找投资的制造商，最好的办法就是投几百次这几家可选制造商的骰子，记录数据。这可能要花几个小时，但能告诉你骰子是不是重量均衡，而不是倾向于某个特定数字。
- **规则 10：求助朋友。**几乎所有专业是计算机科学或者数学的大学生，都学过概率。如果你需要解决难搞的概率问题，可以求助他们。实际上，根据 Schell 所言，对概率的研究始于 1654 年，Chevalier de Méré不明白为什么更容易在 4 次 1d6 中得到 6，而难以在 24 次 2d6 中得到一个 12。赌徒 Chevalier 于是去请教了他的朋友 Blaise Pascal。Pascal 写信给他父亲的朋友 Pierre de Fermat，他们之间的对话成为了概率论的基础[3]。所以，用这个规则 10，你也能搞定概率难题。

在附录 B 中，笔者已经写了一个可以计算任意面数和骰子数量结果分布的程序（如果你够耐心等待计算结果的话）。

11.5 桌游中的乱数产生技术

最常见的桌游乱数产生器有骰子、转盘和扑克牌。

骰子

本章中我们讲了大量骰子的相关内容，要点如下：

- 单个骰子产生线性概率分布。
- 多个骰子相加，数量越多结果越偏向平均值（离线性分布越远）。
- 标准骰子尺寸包括: d4, d6, d8, d10, d12 和 d20。游戏常用的骰子一般有 1d4, 2d6, 1d8, 2d10, 1d12 和 1d20。
- 2d10 有时候被叫作百分位骰子（*percentile dice*），因为第一个用来确定个位（取值 0~9），第二个用来决定十分位（取值 00~90），从 00 到 99 概率平均分布（00 表示 100%）。

3 Schell, *The Art of Game Design* , 154。

转盘

转盘有很多种类型，但是都有旋转部件和常量部件。在大多数桌游中，转盘一般用硬纸板作表盘划分几个区域，上面挂着一个箭头（如图 11-6 中 A 图）。大个的转盘（比如电视节目《幸运之轮》），则是表盘不动，转动箭头（图 11-6 中 B 图）。只要玩家力量足够，转盘从概率角度看与骰子一样。

转盘经常用在儿童游戏中，出于以下两个原因：

- 年轻儿童难以控制力量，所以他们经常把骰子扔飞。
- 转盘不容易被吃下去。

尽管在成人游戏中比较少见，转盘能够提供超出骰子的有趣可能性：

- 转盘上可以写任意数字。虽然也不是没可能，但是很难造一个有 3、7、13 或者 200 面的骰子。
- 转盘的概率分布容易解读。图 11-6 中的 C 图是一个假想的玩家攻击转盘。在这个转盘中，玩家有 3/16 的概率丢失，5/16 的概率造成 1 点伤害，3/16 的概率造成两点伤害，2/16 的概率造成 3 点伤害，打出 4、5 和暴击的概率为 1/16。

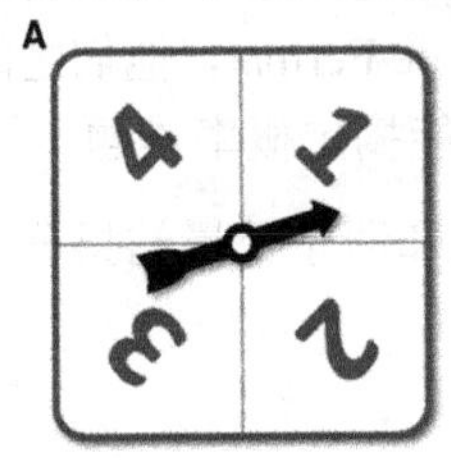

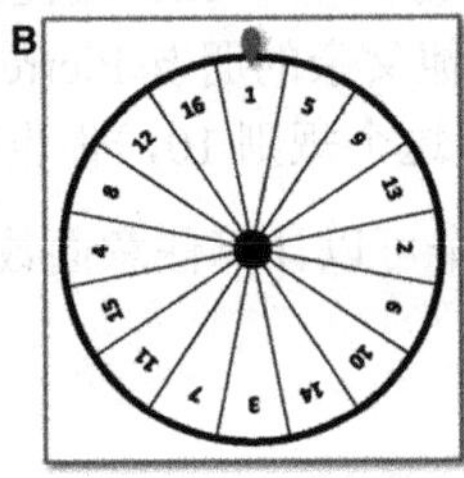

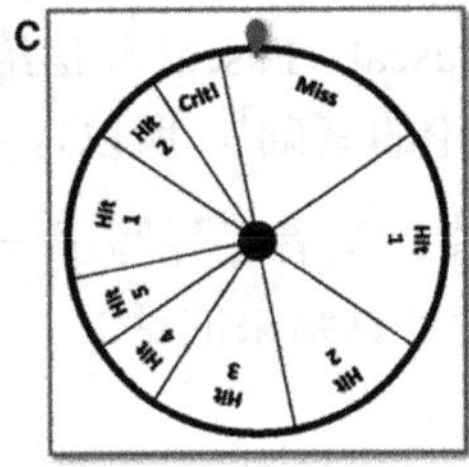

图 11-6　各类转盘

扑克牌

一副标准扑克牌中包括各 13 张的四种花色牌，有时还包括 2 张王牌（如图 11-7 所示）。这包括了级别 1（也叫作 A）到 10 和 J、Q、K，分别为四种花色：梅花、红桃、方块和黑桃。

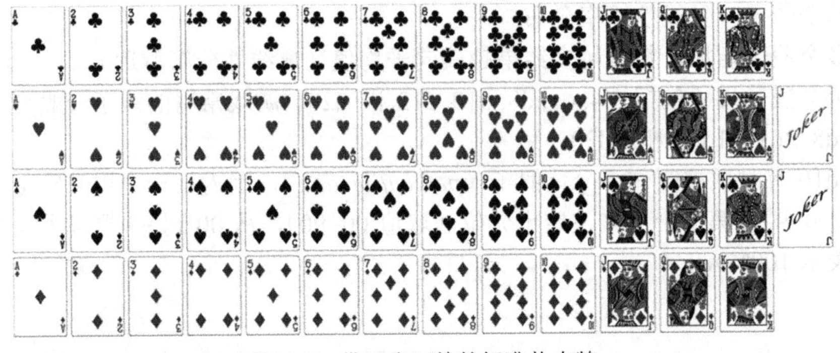

图 11-7　带两张王牌的标准扑克牌

扑克牌很常见，因为它们的紧凑而且用法多样。

在一列没有王牌的扑克牌中，有以下概率：

- 抽到一张特定的牌：1/52(0.0192 ≈ 2%)。
- 抽到特定花色牌：13/52（0.25 = 25%）。
- 抽到一张人头牌（J，Q，K）：12/52=3/13（0.2308 ≈ 23%）。

自定义牌组

一副牌是最简单和最容易定制的乱数产生器。你可以随意去掉某张牌更改抽牌时的概率。更多内容参见随后的权重分配。

> **制作自定义牌组的技巧**
>
> 制作自定义牌组的麻烦之一是找到合适的材料。3 英寸×5 英寸的便条不能拿来洗牌，但是有些更好的选项：
>
> - 用签字笔或者贴纸更改已有的牌组。签字笔很好用，而且不会让牌变厚。
> - 买一盒卡套（类似塑封），然后插进去规整的纸片，我们在第 9 章提到过。
>
> 制作牌组的时候（或者任何桌面原型时），切记不要花费太多时间制作道具。比如在你精心制作一堆牌后，你可能不舍得扔掉其中某些牌，或者彻底推倒重来。

洗牌的时机

如果你每次抽牌前都洗牌，你抽到任意一张牌的概率均等（与骰子和转盘一样）。然而大部分人不这么干。人们常常抽完牌之后再洗牌，这样得到的结果与正常骰子差别很大。如果你有 6 张牌，数字从 1~6，全抽完不洗牌，肯定会从 1 到 6 过一遍。然而投骰子 6 次可不是这样。另外玩家还可以记牌，让他们知道接下来特定牌被抽到的概率。比如说，如果牌 1、3、4 和 5 都被抽完了，那么抽到 2 和 6 的概率都是 50%。

骰子和卡牌的区别可以在桌游《卡坦岛拓荒者》中看到，一些玩家很不爽发行商将 2d6 骰子换成了 36 张卡牌（写着 2d6 的每个可能性），但这样做其实保证了实际概率与理论概率一致。

11.6　加权分布

加权分布指的是一些可能性更容易发生。我们目前遇到的例子大多是概率线性分布，但作为设计师，经常想要让某个可能更容易发生。比如在桌面游戏 *Small World* 中，设计师想要一半玩家的攻击带有随机加成，他们想把加成的范围控制在+1 到+3。要达到这个效果，他们创造了下面这个六面骰子（如图 11-8 所示）。

用这个骰子，获得加成的概率为 3/6=1/2（0.5=50%），取得加成 2 的概率为 1/6（0.1666 ≈ 17%），所以没有加成的选项在这个例子里有加权。

换个做法，比如你还想要玩家一半时间得到加成，但是获得加成 1 的概率比 3 多 3 倍，获得 2 的概率比 3 多 2 倍。那么会得到如图 11-9 所示的加权分布。

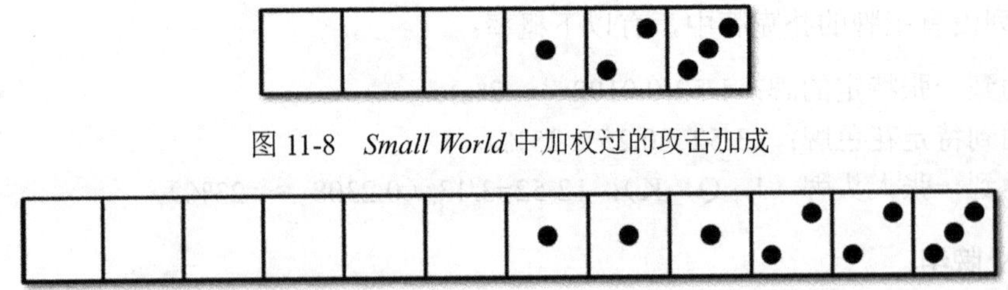

图 11-8　*Small World* 中加权过的攻击加成

图 11-9　一半概率为 0，1/4 概率为 1，1/6 概率为 2，1/12 概率为 3

幸好，它们加起来刚好能做成一个骰子（标准骰子尺寸）。即使它们加起来不是标准尺寸，你总是可以用转盘或者一副牌得到相同的概率（卡牌的话你需要在每次抽之前洗牌）。而且也可以用 Calc 给加权后的随机结果建模。做法与你之后用 C#在 Unity 中处理随机数的做法类似。

Calc 中的概率加权

概率加权在电子游戏中随处可见。比如说你想让敌人遇到玩家时，40%的概率攻击、40%的概率防御，20%的概率逃跑，你可以常见一个数组 [攻击，攻击，防御，防御，逃跑][4]，并且让敌人的 AI 第一次遭遇玩家是取一个随机数。

跟着下面几步做，最终你会得到一个可以用来随机取值的 Calc 工作表。启动后它会从 1~12 随机选一个数字，随后你可以把 A 列的数字替换成任意值。

1．在 Calc 中新建文件。

2．如图 11-10 所示，在 A 列和 B 列中填上对应内容，但是现在 C 列留空。为了右对齐 B 列中的内容，在菜单栏选择 B1:B4，然后执行格式>对齐方式>右对齐命令。

C2　=RAND()

	A	B	C
1	1	# Choices:	12
2	2	Random:	0.08807831
3	3	Index:	2
4	4	Roll:	2
5	5		
6	6		
7	7		
8	8		
9	9		
10	10		
11	11		
12	12		

图 11-10　OpenOffice Calc 加权数字选择表

1．选择单元格 C1 输入公式=`COUNTIF(A1:A100;"<>")`。它会计算 A1:A100 非空单元格中的数字（在 Calc 中，< >意为“不同于”，括号内留空意味着“不同于无”）。提

4　方括号在 C#代表数组（一组数值），所以笔者在此分组 5 个可能的值。

供我们 A 列中的可用选择（现在有 12 种）。

2．在单元格 C2 输入公式`=RAND()`，这样会产生 0 到 1 之间的随机数（包括 0 但不会到 1）。

3.选择单元格 C3 输入公式`=FLOOR(C2*C1;1)+1`。我们向下求整的数是 0 到 0.9999 之间的随机数乘以可选项目数量，这个例子中数字为 12。也就是说，我们向下求整的数在 0 到 11.9999 之间，为 0~11 的某个整数。然后我们在结果上加 1，得到整数 1 到 12。

4．在单元格 4 中，输入公式`=INDEX(A1:A100;C3)`。INDEX()在一定范围内取值（如 A1:A100），然后根据指针（本例中为 C3，也就是 1 到 12）取值。现在，C4 会从 A 列选择一个随机的值。

为了取得不同的随机数，在键盘上按[F9]键（OS X 系统上需要按[fn]+[F9]组合键）。这样 Calc 会重新计算所有公式（包括 RAND()公式），然后给你全新的随机数。

只要不跳过任何一行，你可以在 A 列中放入数字或者文字。试着用图 11-9（也就是[0, 0, 0, 0, 0, 0, 1, 1, 1, 2, 2, 3]）中的加权数值替换单元格 A1:A12 的内容。替换好后重新计算几次 C3 内的随机数，你可以看到 0 出现的概率为一般。你还可以用[攻击，攻击，防守，防守，逃跑]替换 A1:A5 的内容试试看。

11.7　排列

有个传统游戏叫《公牛和母牛》(*Bulls and Cows*)，如图 11-11 所示，后来的桌游 *Master Mind*（Mordecai Meirowitz 制作于 1970）就建立在它的基础上。在这个游戏中，每次开始游戏时玩家要偷偷写下 4 位数密码（每个数字不能相同）。玩家们轮流猜对方的密码，第一个猜对的获胜。当玩家猜数字时，他的对手则以公牛和母牛的数量回应。猜的人猜对了数字位置的话得一头公牛，猜对数字但位置不对的话得一头母牛。下图中，深色代表一头公牛，白色代表一头母牛。

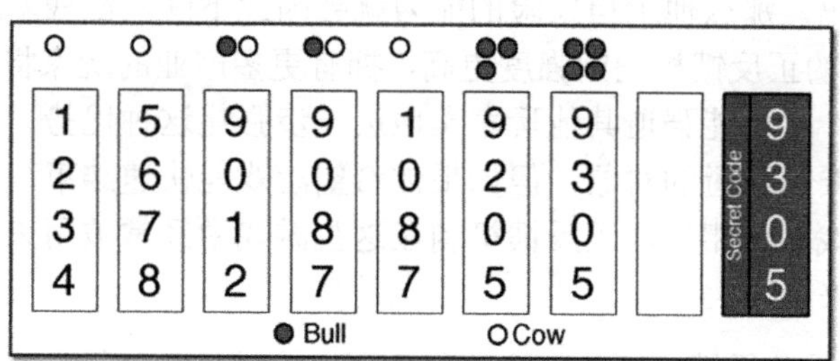

图 11-11　《公牛和母牛》游戏实例

从猜的人角度看，密码是一系列随机的选择。数学家把这个称为排列。在《公牛和母牛》中，密码是 0~9 的排列，其中选择 4 个不重复的元素。在游戏 *MasterMind* 中，则为 8 种可能的颜色，选择不重复的四种。在两种情况下，密码被叫作排列而不是组合是因为与位置相关（9305 不同于 3905）。组合中位置不重要，比如 1234、2341、3421，2431 等在组合里都是一样的。

含有重复元素的排列

我们先从更简单些的允许重复排列入手。如果四位数还允许重复，则有 10000 种可能的组合（从 0000 到 9999）。用数字来看简单一些，但我们要推而广之（有的情况下每一位并不是有 10 种选择）。因为每一位与其他的独立而且有 10 种可能性，根据概率规则 6，取得任意数字的概率是 1/10×1/10×1/10×1/10 = 1/10000。同时也能告诉我们这组数字有 10000 种可能性（如果允许重复）。

允许重复的排列一般就是每一位上的可能性相乘。4 位 10 种可能性就是 10×10×10×10=10000。如果你打算用六面骰子替代数字，那就是 4 位 6 种可能性，一共 6×6×6×6=1296 种可能性。

不含重复的排列

但《公牛与母牛》这种不允许数字重复的情况呢？实际上比你想象的简单。一旦你用过，就不能再用了。所以，第一位可以从 0~9 随便选，一旦选好数字（比如说 9）那第二位就剩下 9 种（0~8）可能。其他位同理，所以计算《公牛与母牛》的可能性其实是 10×9×8×7=5040。几乎是允许重复情况下的一半。

11.8 正负反馈

理解游戏平衡最重要的一点就是搞清楚正反馈和负反馈。在一个拥有正反馈机制的游戏中，一名在游戏初期就取得了有利条件的玩家，将更容易取得优势并最终赢得游戏。在一个拥有负反馈机制的游戏中，一名正处于下风的玩家将被赋予更多的优势。

扑克牌游戏是一个典型的正反馈例子。在扑克牌游戏中，一名玩家在抓了一手好牌之后将拥有比其他玩家更多的筹码，而此后的单次下注对于他的意义将更小，在诸如虚张声势等战术选择方面他也将因此变得更加自由。相比之下，若是一名玩家在游戏的早期就输掉了很多筹码，那么他承担风险的能力就会因此下降，在战术选择的自由方面也会下降。《大富翁》的正反馈机制则强度更高，拥有更多产业的玩家将比其他对手持续性地获得更多的收入，甚至能强迫其他玩家卖地进一步强化这种优势。在多人游戏中，正反馈机制一般是需要被回避的对象，但如果你希望游戏能快速结束，它就是一种非常有效的手段。单人游戏则正相反，正反馈机制在这些游戏中经常被用来让玩家感觉自己在游戏流程中变得越来越强大。

《马里奥赛车》是负反馈机制的一个绝佳例子。这种机制是靠游戏中的随机道具箱来实现的，对于领先的玩家来说，他们通常只能在道具箱中获得香蕉（一种效能很低的攻击型道具）或者是龟壳（一种防御道具）。而处于最后一名的玩家就大不一样了，他们往往能获得最强大的攻击型道具，比如闪电，一种能让所有其他玩家减速的攻击道具。负反馈机制能让游戏中落后的玩家感到更加“公平”，而且总体上讲，这种机制还能让对抗的过程变得更长，而且让哪怕是落后了很多的玩家也感觉自己还有翻盘的机会。

11.9　使用 Calc 调整武器平衡性

OpenOffice Calc 在游戏设计中的另一大用处就是平衡不同武器或能力的属性。在本节中，我们将详细讨论第 9 章中提到的在纸面原型上调整武器平衡性的内容。如第 9 章所述，每种武器的属性围绕三个方面：

- 射速。
- 每发伤害量。
- 一定距离内的命中率。

我们设计武器时，在赋予每个武器不同的特点时，也要随时调整武器之前的平衡性。以下是几种常见武器的相应特点：

- **手枪：**基础武器；适用于多种情况，但性能并不出众。
- **步枪：**适用于中长距离。
- **霰弹枪：**适合近距离使用，伤害波动性高；每次只有一发子弹，若是一次未击中则没有伤害。
- **狙击步枪：**不适合近距离使用，在远距离中表现出色。
- **机枪：**一次能射出很多子弹，容错率高，伤害虽稳定但并不高。

图 11-12 是我一开始设计的武器平衡性电子图表。ToHit 是指在不同距离下玩家需要掷出多大的骰子数字算作击中。比如，在单元格 K3 里，手枪在距离 7 的情况下 ToHit 值为 4，也就是说，在距离 7 的位置上射击，掷出的骰子大于 4 才能命中，也就是有 50% 的机会命中（六面骰子掷出 4、5 或 6）。

	A	B	C	D	E	F	G	H	I	J	K	L	M	N	O	P	Q	R	S	T	U	V	W	X	Y	Z
1	武器	射出的弹药数量	单发伤害		ToHit											命中率										
2	原始				1	2	3	4	5	6	7	8	9	10		1	2	3	4	5	6	7	8	9	10	
3	手枪	4	2		2	2	2	3	3	4	4	5	5	6												
4	步枪	3	3		4	3	2	2	2	3	3	3	4	4												
5	霰弹枪	1	10		2	2	3	3	4	5	6															
6	狙击枪	1	8		6	5	4	4	3	3	2	2	3	4												
7	机枪	6	1		3	3	4	4	5	5	6	6														

图 11-12　平衡武器伤害值的电子表格

模仿图 11-12，将数据录入 Calc 的电子表格内。如图 11-11 所示，你可以单击颜色按钮改变单元格的背景颜色。

计算单发命中率

在命中率一栏里，我们要计算每种武器在不同距离下的单发命中率。步骤如下：

1. 单元格 E3 表示手枪在距离 1 时射击，玩家要掷出大于 2 的骰子才能命中。这也就是说，如果掷出 1，就算作射失；如果掷出 2、3、4、5 或 6，则算作击中，命中率为 5/6（约等于 83%）。我们需要一个公式来计算它。根据概率规则，我们知道有 1/6 的几率打偏（也就是掷出 1）。选中单元格 P3，填入公式**=(E3-1)/6**。这样 P3 就可以直接显示出手枪的命中率。

2. 根据概率规则 7，我们知道 1-miss = hit，也就是 1-射失率=命中率，所以把单元格 P3 的公式改为= **1-((E3-1)/6)**。Calc 可以把运算排序，所以先运行除法再用减法。为了实现这个顺序，笔者加入了括号。完成以后，P3 的值显示为 0.8333333。

3．如果要把 P3 的数字从小数格式改为百分数格式的话，单击图 11-1 中的按钮数字格式：百分比，你也需要点几次数字格式：删除小数点位数，它正好在数字格式：百分比按键的右面，上面有.000 和红色的 X。

4．复制 P3，在 P3:Y7 中粘贴。你会发现除了 ToHit 单元格显示的不对，其他都计算正确。ToHit 上面显示 117%，这肯定是错误的，你需要把它修改成空白单元格。

5．再次选中 P3，将公式改为**=IF(E3="";"";1-((E3-1)/6))**。这个公式由分号分为三个部分。

- **E3="":**指 E3 是否等于""（某内容）。
- **""**：如果等于，单元格内填入相应的内容。如果 E3 是空白的，那么 P3 就是空白单元格。
- **1-((E3-1)/6)**：如果 E3 单元格不是空白的，那么该单元格内容为新的公式。

6．复制 P3 的新公式，在 P3:Y7 里粘贴。你能发现 ToHit 在命中率区域上变成了空白单元格（比如，L5:N5 是空白的，那么 W5:Y5 也应该是空白的）。现在表格应该和图 11-13 中的命中率部分差不多。

	M	N	O	P	Q	R	S	T	U	V	W	X	Y	Z	AA	AB	AC	AD	AE	AF	AG	AH	AI	AJ	AK
1				命中率							平均伤害值														
2	9	10		1	2	3	4	5	6	7	8	9	10		1	2	3	4	5	6	7	8	9	10	
3	5	6		83%	83%	83%	67%	67%	50%	50%	33%	33%	17%		6.7	6.7	6.7	5.3	5.3	4.0	4.0	2.7	2.7	1.3	
4	4	4		50%	67%	83%	83%	83%	67%	67%	67%	50%	50%		4.5	6.0	7.5	7.5	7.5	6.0	6.0	6.0	4.5	4.5	
5				83%	83%	67%	67%	50%	33%	17%					8.3	8.3	6.7	6.7	5.0	3.3	1.7				
6	3	4		17%	33%	50%	50%	67%	67%	83%	83%	67%	50%		1.3	2.7	4.0	4.0	5.3	5.3	6.7	6.7	5.3	4.0	
7				67%	67%	50%	50%	33%	33%	17%	17%				4.0	4.0	3.0	3.0	2.0	2.0	1.0	1.0			

图 11-13　武器的命中率和平均伤害值。你接下来会制作平均伤害值的部分

（记得把顶端的序列从 M 拉到 AK）

计算平均伤害值

下一步是计算每种武器在一定距离内的伤害值。因为一些枪每次可以射击多发子弹，而每发子弹又有一定的伤害值，所以平均伤害量就等于射出的子弹数量×单发伤害值×单发命中率。

1．选中单元格 AA3，填入公式= **IF(P3="";"";$B3*$C3*P3)**。这里的 IF 语句和 P3 的一样。这里用到了单元格$B3 和$C3，B3 指射出的子弹数量，C3 指单发伤害值。不要让这几个单元格移动到其他列里（但是我们要把它们能移动到其他行里，所以只有列的位置不动）。

2．复制单元格 AA3，粘贴在 AA3:AJ7。现在你的平均伤害值表格应该和图 11-13 类似。

绘制平均伤害值的图表

下一步骤是做出平均伤害值的图表。虽然你也可以自己观察分析数据，但是用 Calc 更加简便，它可以把你已有的数据绘制成表，更直观地展现出数据的信息。步骤如下：

1．单击并拖曳单元格 AA3:AJ7。

2．单击图表按钮（见图 11-1），会出现图表向导（Chart Wizard）。这个图表要比之前的图表略微复杂一些。

3．在图表类型里选择折线图（Line）。

4．选择折线图中的第三种。

5．单击图表向导左方的数据范围（Data Range）。

6．因为每种武器的数据按行排列，所以要按行选中数据序列。

7．为了能让武器的标识显示出来，你必须把武器的名字写入图表里。把数据转移到 $A$3:$A$7;$AA$3:$AJ$7 中。这样每种枪的名字就能显示在 A3:A7 里了。

8．现在表格的第一列显示的就是每种武器的名字了。

9．单击“完成”按钮，完成表格。

10．选中表格后，用鼠标指针靠近表格边缘附近，指针会变成一个小手的图标，单击后可以拖曳图表，你也可以修改表格的大小。

图 11-14 是最终完成的表格样子。如你所见，武器之间的平衡性确实有些问题。虽然狙击步枪和霰弹枪与我们初始的设计想法很接近（霰弹枪在近距离使用很有效，而狙击步枪适合用于长距离射程的情况），但是也有很多其他问题：

- 机枪的效果出奇的差。
- 手枪的能力太强。
- 步枪与其他武器相比过于强大。

总而言之，各种武器的能力并不平衡。

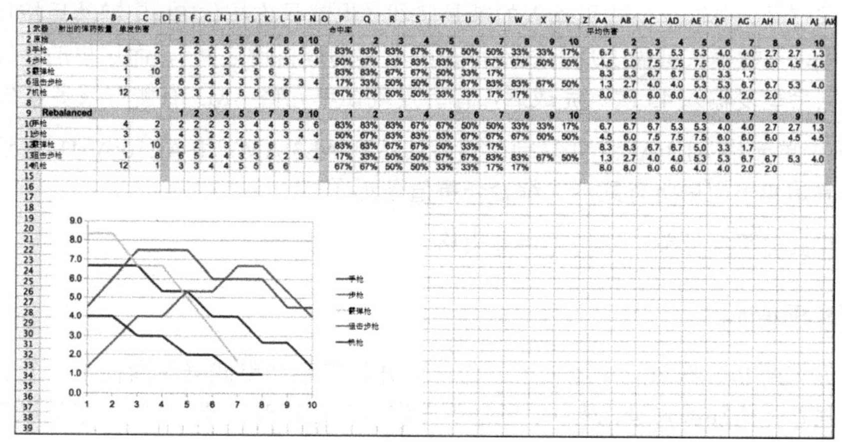

	A	B	C	D	E	F	G	H	I	J	K	L	M
1	武器	射出的弹药数量	单发伤害										
2	原始			1	2	3	4	5	6	7	8	9	10
3	手枪	4	2	2	2	2	3	3	4	4	5	5	6
4	步枪	3	3	4	3	2	2	2	3	3	3	4	4
5	霰弹枪	1	10	2	2	3	3	4	5	6			
6	狙击步枪	1	8	6	5	4	4	3	3	2	2	3	4
7	机枪	12	1	3	3	4	4	5	5	6	6		
8													
9	Rebalanced			1	2	3	4	5	6	7	8	9	10
10	手枪	4	2	2	2	2	3	3	4	4	5	5	6
11	步枪	3	3	4	3	2	2	2	3	3	3	4	4
12	霰弹枪	1	10	2	2	3	3	4	5	6			
13	狙击步枪	1	8	6	5	4	4	3	3	2	2	3	4
14	机枪	12	1	3	3	4	4	5	5	6	6		

	P	Q	R	S	T	U	V	W	X	Y
1	命中率									
2	1	2	3	4	5	6	7	8	9	10
3	83%	83%	83%	67%	67%	50%	50%	33%	33%	17%
4	50%	67%	83%	83%	83%	67%	67%	67%	50%	50%
5	83%	83%	67%	67%	50%	33%	17%			
6	17%	33%	50%	50%	67%	67%	83%	83%	67%	50%
7	67%	67%	50%	50%	33%	33%	17%	17%		
8										
9	1	2	3	4	5	6	7	8	9	10
10	83%	83%	83%	67%	67%	50%	50%	33%	33%	17%
11	50%	67%	83%	83%	83%	67%	67%	67%	50%	50%
12	83%	83%	67%	67%	50%	33%	17%			
13	17%	33%	50%	50%	67%	67%	83%	83%	67%	50%
14	67%	67%	50%	50%	33%	33%	17%	17%		

	AA	AB	AC	AD	AE	AF	AG	AH	AI	AJ
1	平均伤害									
2	1	2	3	4	5	6	7	8	9	10
3	6.7	6.7	6.7	5.3	5.3	4.0	4.0	2.7	2.7	1.3
4	4.5	6.0	7.5	7.5	7.5	6.0	6.0	6.0	4.5	4.5
5	8.3	8.3	6.7	6.7	5.0	3.3	1.7			
6	1.3	2.7	4.0	4.0	5.3	5.3	6.7	6.7	5.3	4.0
7	8.0	8.0	6.0	6.0	4.0	4.0	2.0	2.0		
8										
9	1	2	3	4	5	6	7	8	9	10
10	6.7	6.7	6.7	5.3	5.3	4.0	4.0	2.7	2.7	1.3
11	4.5	6.0	7.5	7.5	7.5	6.0	6.0	6.0	4.5	4.5
12	8.3	8.3	6.7	6.7	5.0	3.3	1.7			
13	1.3	2.7	4.0	4.0	5.3	5.3	6.7	6.7	5.3	4.0
14	8.0	8.0	6.0	6.0	4.0	4.0	2.0	2.0		

图 11-14　折线图的中间点为初始武器的数据，图中的原始数据和平衡后的数据相同

复制武器数据

要调整武器平衡，最好先把原始数据和要修改的数据放在一起（如图 11-14 所示）：

1．先把表格移动到图 11-14 中的位置上。

2．复制已有的数据和公式，选中单元格 A2:AK8 复制，单击 A9 粘贴。这样就能复制原有的数据。

3．改写 A9 的题头，把原始改为平衡后，然后你的图表应该和图 11-14 差不多了。第二份表格是你用来重新调整平衡数据的地方。

4．然后，重新为新数据构图。选中 AA10:AJ14，和之前一样，绘制一个折线图（Line Chart）。

5．将数据范围放在$A$10:$A$14;$AA$10:$AJ$14 内，和之前一样，按照行列排列填写，并在首列标上相应名称。

6．单击完成按钮，然后把新制作的折线图移置原有折线图的右侧，这样你就可以同时观察分析两个图表了。

计算综合伤害值

还有一个你需要记录分析的数据是综合伤害值。综合伤害值是指一种武器在所有范围内的平均伤害值，综合伤害值能描述一种武器总体伤害情况。在这里，笔者将教你一个利用条形图的小诀窍。

1．选中单元格 AL3，填入公式= **SUM(AA3:AJ3)**。这个公式能够把手枪在所有射程里的平均伤害相加（应该等于 45.33333）。

2. 为了用条形图，我们需要整数而不能带小数，所以你要把相加后的总和四舍五入。把 AL3 的公式改为**=ROUND(SUM(AA3:AJ3))**。计算结果就是 45。

3．选中单元格 AM3，填入公式= **REPT("|";AL3)**。REPT 函数可以一次性输入多个重复的相同符号。在这个公式里输入的就是竖线（也就是你按住[Shift]键然后按反斜线键出来的符号，多数美式键盘上反斜线键都在回车键和退格键之间），而这里的计算结果是 45，所以它会重复输入 45 次。完成后，你会发现在单元格 AM3 右侧有很多竖线。

4．选中单元格 AL3:AM3 并复制，然后粘贴到 AL3:AM7 和 AL10:AM14。这样便能够表示出原始和平衡后所有武器的综合伤害值条形图。

在调整武器平衡性前，记得先保存表格。

调整武器平衡性

现在你有两套数据和两个图表了，你可以开始着手调整武器平衡性了。怎么样可以让机枪更强？是增加载弹量、命中率还是单发伤害？在修改武器时，时刻牢记以下几点：

- 游戏中的单位只有 6 点血，如果单位受到了大于或等于 6 的伤害，单位就会昏迷。
- 纸面原型里，如果攻击敌人后，敌人没有被击倒，那么敌人可以对玩家进行反击。这就使得在距离 6 的射击要比距离 5 的攻击更好，因为可以有效保护攻击一方免于受到反击。

- 一次可以射出多发子弹的武器（如机枪），在单次回合中伤害更容易达到平均值。而只可以射出一发子弹的武器伤害波动性则非常大（如霰弹枪和狙击步枪）。从图 11-5 中的概率分布你能看出来，需要投掷多次骰子的武器要比投掷单次骰子的武器综合伤害值更平均。
- 即便有这么多的数据和信息，武器平衡的有些内容还是不能完全反映在图表里。比如多发弹药的武器总体伤害更平均，以及狙击步枪在远程射击时，能够有效避免反击。

你先从这几个武器开始调整平衡性，你应该先只变动 B10:N14，不变动原始数据，也不动更命中率和平均伤害值的单元格，因为在你调整了 ToHit、载弹量或单发伤害后，这些单元格就会有相应的变化。等你调整了几次以后，再继续阅读本章内容。

第 9 章原型里调整后的武器数据

图 11-15 是笔者调整后的武器数据。当然了，这不是唯一调整平衡的办法，也不是最佳方法。但是这个调整结果达到了很多设计的要求和目标。

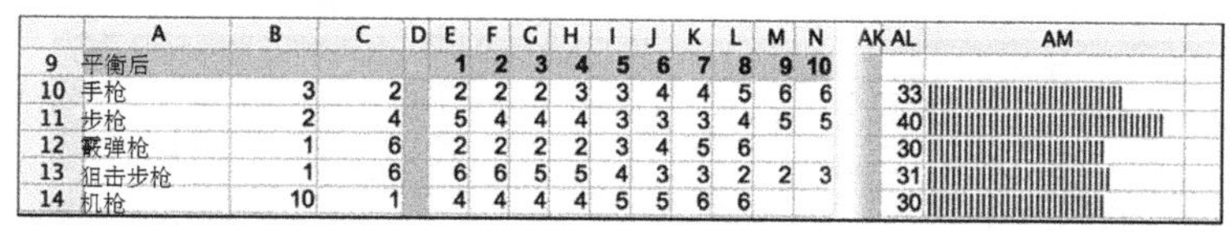

	A	B	C	D	E	F	G	H	I	J	K	L	M	N	AK	AL	AM
9	平衡后				1	2	3	4	5	6	7	8	9	10			
10	手枪	3	2		2	2	2	3	3	4	4	5	6	6		33	
11	步枪	2	4		5	4	4	4	3	3	3	4	5	5		40	
12	霰弹枪	1	6		2	2	2	2	3	4	5	6				30	
13	狙击步枪	1	6		6	6	5	5	4	3	3	2	2	3		31	
14	机枪	10	1		4	4	4	4	5	5	6	6				30	

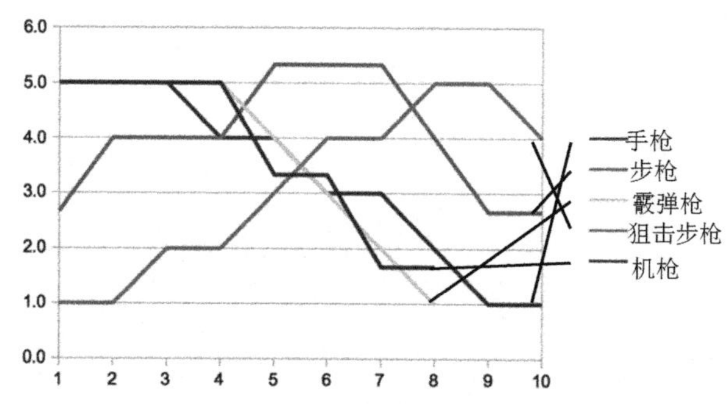

图 11-15　第 9 章里平衡后的武器数据

- 每种武器有自己的特点，没有哪个武器显得过分强大或过分弱小。
- 虽然图中的霰弹枪和机枪看起来差不多，但是这两者在两个方面有很大差异：1）霰弹枪若是命中，则敌人立即被击倒。2）机枪的载弹量高，射出的子弹数多，其综合伤害更平均。
- 手枪适用于近距离，它比霰弹枪和机枪适应范围更广，也可以用在远距离。
- 步枪在中距离时使用最有效。
- 狙击步枪不适合用在近距离，但是非常适合用在长距离。它和霰弹枪一样，若是命中就直接造成 6 点伤害，一发击倒敌人。

虽然这种电子表格不能囊括武器平衡的所有信息，但是它在游戏设计上还是一个很重要的工具，因为电子表格能帮助你快速理解大量数据。很多免费游戏的设计师会在电子表格上花很多精力来调整游戏的细微平衡，所以如果你对这个领域有兴趣的话，这种电子数据表格和设计对于你来讲会是非常重要的技能。

11.10 小结

本章有很多数学内容，笔者希望你通过阅读本章，能够学会一些对游戏设计有帮助的数学知识。本章里谈到的很多知识点都有相应的课程和书籍，如果你有兴趣的话，笔者建议你深入学习。

在下一章，你将学习谜题设计的具体多项原则。虽然游戏和谜题有相似之处，但是这两者有很关键的不同点，值得你分开来思考。

第 12 章

谜题设计

在数字游戏里，谜题设计和难度设计同样占有重要的一席之位。在本章，我们将从最伟大的谜题设计师之一的 Scott Kim 的视角来探寻谜题设计的魅力。

在本章的后半部分，笔者将介绍现代游戏常用的几种谜题，其中有几类你可能没有想到过。

12.1 谜题无处不在

几乎所有的单人游戏都有谜题的内容，但是多人游戏却经常没有。主要原因是单人游戏和谜题都依靠系统来提供挑战给玩家，而多人游戏依靠其他玩家来保证挑战和难度。因为单人游戏和谜题有着这样的相似之处，所以学习如何设计谜题对你设计单人和合作模式游戏都有帮助。

12.2 Scott Kim 与谜题设计

Scott Kim 是当今一流的谜题设计师。他从 1990 年开始就为 *Discover*、*Scientific American*、*Games* 等杂志设计谜题，曾创造过许多模式谜题，其中包括《宝石迷阵 2》。他在 TED 和游戏开发者大会上都发表过关于谜题设计的演讲，其中他和 Alexey Pajitnov（《俄罗斯方块》的创始人）在 1999 和 2000 年的游戏开发者大会上发表了题为 *The Art of Puzzle Design*[1]的论文集，奠定了许多设计师在谜题上的想法。

什么是谜题

Kim 说他自己最喜欢这样简单地定义谜题："妙趣横生的谜题都有一个正确的答案。"[2] 这个定义区别出了玩具和解谜，玩具虽然有趣但是没有一个正确的答案，然而游戏也使人愉快，但是比起确切的答案，游戏的目标更多的是玩。虽然笔者觉得谜题是游戏的一种，但是 Kim 将谜题和游戏分开来看待。定义的概念虽然简单，但是这里面隐藏着难以说明

---

1 Scott Kim and Alexey Pajitnov, "The Art of Puzzle Game Design" (presented at the Game Developers Conference, San Jose, CA, March 15, 1999), http://www.scottkim.com/thinkinggames/GDC99/index.html。

2 Scott Kim, "What Is a Puzzle?" Accessed January 17, 2014, http://www.scottkim.com/thinkinggames/whatisapuzzle/。

的微妙之处。

谜题让人开心

Kim 指出的有趣谜题的三个要素：

- **新奇：**许多谜题都有自己的解题思路，玩家一旦掌握了谜题的模式，解谜就变得非常简单。人们觉得解谜有意思，主要原因就是灵光一现所带来的快感以及找到解决办法的喜悦。如果谜题老旧，玩家很有可能早就知道了解题的思路，也就没什么乐趣可言了。
- **合适的难度：**和游戏一样，谜题也应该和玩家的能力、阅历、创造力相当。每名玩家在解谜时，都有不同水平的解谜经验，他们在放弃之前能够承受一定程度的打击。优秀的谜题通常都有一种中等难度的解决方案和另一种需要高端技巧才能解开的方法。还有一种设计策略是谜题看起来很简单，但实际上却非常难。如果玩家一开始感觉难度很低，他就不太可能放弃。
- **棘手：**很多出色的谜题让玩家不能及时地变换自己看问题的角度。但是即便玩家能够从另一个角度思考，玩家也会发现自己还缺少一定的技巧来实现自己解谜的方案。最典型的例子就是 Klei Entertainment 的解谜潜入类战斗游戏《忍者之印》。在这个游戏里，玩家需要思考如何进入一个全是敌人的房间，然后精确地实施自己的解决办法。[3]

谜题有一个正确的答案

每个谜题都要有一个答案，有的谜题有多个答案。优秀的谜题还有一个重要的标志，那就是玩家发现了答案以后，他能清楚地肯定自己是对的。如果玩家不能确定，那么谜题肯定是模糊不清的。

谜题的种类

Kim 指出了四种类型的谜题（如图 12-1 所示），[4]每一种都需要玩家用不同的方法和不同的技巧解题。所有种类的谜题都与其他内容相交融合。比如，一个故事谜题就是剧情和谜题的结合。

- **动作：**像《俄罗斯方块》的动作类游戏，都有一定的时间限制和容错空间。这种类型就是动作和解谜的结合。
- **故事：**比如游戏《神秘岛》《雷顿教授》就是将剧情与解谜结合了起来。多数的

3 Nels Anderson,"Of Choice and Breaking New Ground: Designing Mark of the Ninja "(游戏开发者大会，San Francisco，CA, 2013 年 3 月 29 日)。Nels Anderson 是《忍者之印》的首席设计师，在演讲中谈到了缩短意图和实现的距离。《忍者之印》的制作团队发现，让谜题的解决办法更容易实现，能让游戏更倾向于解谜要素，而不是动作内容，能更吸引住玩家。他把自己的演讲稿发布在自己的博客里 http://www.above49.ca/2013/04/gdc-13-slidestext.html。

4 Scott Kim and Alexey Pajitnov, "The Art of Puzzle Game Design," slide 7。

找物品的解谜游戏[5]都要通过探索剧情和环境来解题。这种类型将两者紧密地结合了起来。

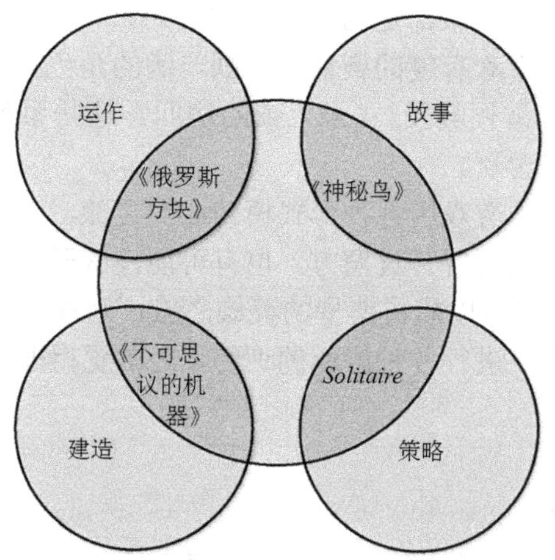

图 12-1　Kim 的四种谜题类型[6]

- **建造**：在建造类解谜游戏里，玩家用各种零件来制造物品从而解决问题。《不可思议的机器》是最成功的作品之一，玩家在游戏里建造的装置极其复杂，却只是用来做很简单的事情。有一些建造游戏里甚至内置独立的建造装置，玩家可以自己设计谜题。建造类解谜游戏融合了建造、工程以及空间推理谜题几个要素。
- **策略**：策略类解谜游戏一般都是将多人的游戏转变成单人的版本。比如桥牌解谜（给玩家不同的手牌，然后问玩家如何继续打牌）和象棋解谜（给玩家一个对局中途的象棋对阵，问玩家如何在规定的步数内获胜）。这种类型的游戏将多人游戏的思考方式和解谜所需要的技巧巧妙地结合了起来，从而提高玩家多人游戏的水平。

Kim 同时也表示，有一些纯粹的解谜不能融入这四种类型里。比如数独、纵横填字游戏等。

玩解谜游戏的四大理由

Kim 认为人们主要基于四个理由选择玩解谜游戏：[7]

- **挑战**：玩家喜欢挑战困难的感觉，更喜欢战胜挑战时带来的喜悦。解谜能让人们感觉到成就和进步。
- **打发时间**：一些人追求挑战，而另外一些人则单纯希望找个有趣的游戏打发时间。

5 《神秘岛》是第一批 CD-ROM 冒险游戏之一，在《模拟人生》夺冠以前，它是销售量最高的 CD-ROM 游戏。《雷顿教授》系列发布在任天堂掌机上，将许多独立的解谜游戏融合进一个神秘的故事里。找物品游戏是一个非常有人气的游戏类型，要求玩家在一个复杂的场景里找到一张列表里的所有物品。游戏的剧情也需要玩家通过找物品来推动。

6 Scott Kim and Alexey Pajitnov, *The Art of Puzzle Game Design*, slide 7。

7 Scott Kim and Alexey Pajitnov, *The Art of Puzzle Game Design*, slide 8。

像是《宝石迷阵》《愤怒的小鸟》这样的游戏，没有什么难度和压力，但是却很有趣。这种类型的解谜游戏难度相对简单，重复内容居多，并不需要多少技巧就能破解（而很多休闲玩家都是为了难度才玩的）。

- **角色和氛围：** 玩家喜欢有趣的剧情、刻画丰满的角色、漂亮的画面。像是《神秘岛》《旅人计划》《雷顿教授》《未上锁的房间》这些系列游戏，出色的故事和美术吸引着玩家继续游玩。
- **心灵之旅：** 一些解谜游戏用各种形式模仿心灵之旅。其中魔方就是里程碑式的发明。你可能一生里成功解开过魔方，也有可能没解开过。有一些迷宫游戏也是这个道理。另外谜题也可以模仿典型的英雄之旅：[8]玩家一开始在解谜上还是完全的新手，在不断坚持下进行各种解谜的训练，之前觉得非常困难的谜题也能轻松解决。

解谜需要的思考模式

玩家需要用各种不同思考的方式来解谜，而每个玩家都有自己喜欢的一种思考模式和谜题类型。图 12-2 说明了解谜的各种要素。

- **填字：** 有许多不同类型的文字解谜。多数都要求玩家有庞大繁多的词汇量。
- **画面：** 包含拼图、寻物解谜、2D/3D 空间解谜。该类型倾向于锻炼专门处理影像、空间和模式识别的部分大脑。

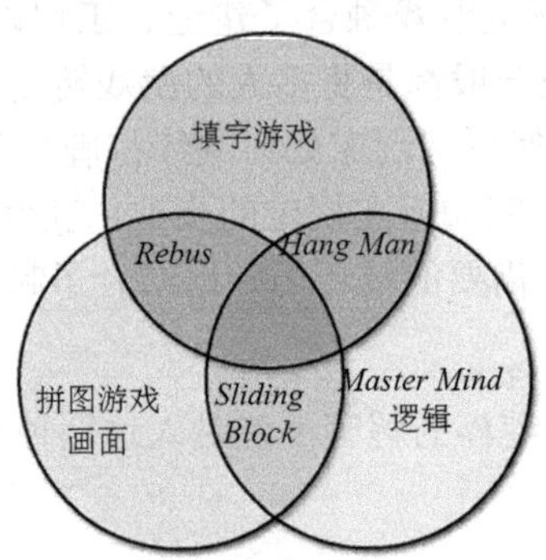

图 12-2　Scott Kim 发现解谜的几种模式化思考方式，其中也有几种交叉思考的方式[9]

- **逻辑：** 像是 *Master Mind*、*Bulls & Cows*（在第 11 章中提到的）这样的游戏、还有谜语和推理谜题都可以锻炼人的逻辑推理能力。许多游戏都是基于演绎推论：排除掉所有错误的可能性，只留下正确的一个（比如玩家的推理“我知道其他嫌疑人都是无辜的，所以肯定是 Colonel Mustard 杀了 Boddy”）这种类型的游戏有妙探寻凶、猜数字游戏和逻辑矩阵益智游戏。用归纳推理的游戏要比想象中的少：

---

8 英雄之旅的概念最早是在 Joseph Campbell 的 *The Hero With a Thousand Faces* 书中提出的。Campbell 指出了所有文化都共享的一种单元神话，年轻人离开了自己原本舒适自在的世界，经历了各种磨练与困难，战胜了强大的敌人之后，回到家乡引领人民走上辉煌的道路（英雄之旅的主角传统上都是男性，但是现在再也没有理由性别歧视了，主角也可以是女性）。

9 Scott Kim and Alexey Pajitnov, “The Art of Puzzle Game Design.” Slide 9。

从明确的一个事实推论整体的可能性（比如一个玩家的推理“玩扑克时，John 最后虚张声势了 5 次，每次他会习惯性地蹭一蹭鼻子；他现在在蹭鼻子，所以他可能是假装的”）。演绎逻辑可以推导至必然的结果，而归纳逻辑只能以合理的可能性进行猜测。演绎逻辑的确定性更吸引设计师。

- **文字/画面**：如 *Scrabble* 是把文字和图像相结合寻找词语的游戏。*Scrabble* 是个混合模式的解谜游戏，而纵横填字游戏则不是，因为在 *Scrabble* 里是玩家来决定把字母放在哪里。纵横填字游戏里不需要图像和空间推理，也不需要做任何决策。
- **图像/逻辑**：滑动拼图、激光迷宫以及图 12-3 的第二个分类里的游戏都是这种类型。
- **逻辑/文字**：许多谜语游戏都属于这个分类，像是经典的斯芬克斯谜语，见图 12-3。出自于经典的希腊神话。

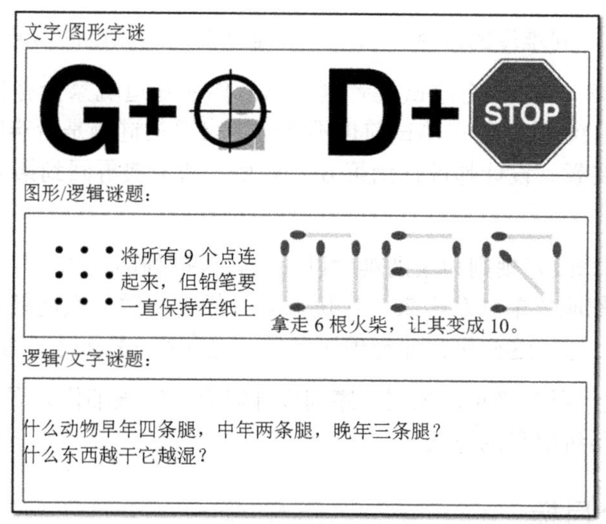

图 12-3　各种混合模式的谜题（本章的末尾有答案）

Kim 的数字谜题设计的八个步骤

Scott Kim 在设计谜题时遵循八个步骤。[10]

1．灵感：和游戏一样，谜题的灵感也无处不在。Alexey Pajitnov 的《俄罗斯方块》灵感就是来自于数学家 Solomon Golomb 的五格骨牌概念（五格骨牌指的是一组由五个边长为一个单位长度的正方形连接所构成的图形），并将其应用在动作游戏里。然而在五格骨牌里有很多五格形状的骨牌，难以改到谜题里，所以 Alexey Pajitnov 将它变成了 4 格的形状。

2．简单化：需要把原本的想法简单化才能变成可玩的谜题游戏。

a． 找出谜题的核心机制，玩家需要的解题技巧。

10 Scott Kim and Alexey Pajitnov, *The Art of Puzzle Game Design*, slide 97。

b．去除不相关的内容，聚焦重点内容。

c．一体化。比如，如果你做的是建造类谜题，就要让玩家能把每个小块合成一个完整的整体，方便操作。

d．简化操作。确保玩家方便操作。Kim 曾经谈到，玩实物的魔方很容易操作，但是用键鼠玩数字版的魔方就非常困难。

3．建造组件：制作一个可以简便快速制作谜题的工具。许多谜题都可以用纸面原型制作和测试，但是如果纸面原型不适合你的谜题，那你就需要编程了。无论是纸面还是数字原型，高效的制作工具能让你事半功倍。找一找你设计的谜题里哪些部分的内容是重复的，然后看看能不能把这部分制作的内容自动化。

4．规则：确定规则。定义面板、方块、移动的方式、谜题最终的目标、级别等。

5．谜题：设置不同难度的谜题。保证不同难度的谜题相应的解题机制不同。

6．测试：和游戏一样，只有给试玩者测试以后你才知道玩家会有什么感想和反应。即便 Kim 有着多年的经验，他在测试前也不能确定自己的谜题是否难度适中。游戏测试是所有设计的关键要素。设计师进行到第 6 步以后，通常要再回到第 4 和第 5 步重新打磨设计。

7．排序：在你修改好规则和级别难度以后，就该排列谜题的顺序了。你在游戏里每加入一个新概念，都应该单独拿出来，让玩家先以低难度做一次谜题。最后你再把所有概念和要素混合在一起，这样玩家才能理解明白。这和第 13 章提到的排序是一样的。

8．外观：完成了所有级别、规则、序列设计以后，就该细化外观了。任务包括完善界面的外观和改善系统信息的方式。

谜题设计的七个目标

在设计时，你需要在心里牢记以下内容。总的来说，能达到的目标越多，设计的谜题就越好：

- **用户友好：**指用户可以比较容易地熟悉和理解谜题。谜题可以有一些巧妙的诡计，但是不能利用玩家或是让玩家觉得自己愚蠢。
- **入门简单：**玩家在一分钟之内就能明白游戏的玩法。玩家在几分钟以内就可以体验游戏。
- **即时反馈：**Kyle Gabler[11]（《粘粘世界》《小小地狱之火》的制作人）曾经说过，解谜游戏应该及时对玩家的输入形成反馈。
- **永动：**游戏机制要刺激玩家继续游玩，并且在游戏过程中，不应该有明显的停止点。笔者在 Pogo.com 工作时，所有的游戏过关的界面上面都有“Play Again”的

11 Kyle Gray, Kyle Gabler, Shalin Shodan, and Matt Kucic. “How to Prototype a Game in Under 7 Days” Accessed May 29, 2014.http://www.gamasutra.com/view/feature/130848/how_to_prototype_a_game_in_under_7_.php。

按键，而不是“Game Over”。就是这么微小的细节也能推动玩家继续游玩。

- **清晰的目标**：你要让玩家清晰地知道谜题的主要目的。你也可以给玩家设置进阶性的多个目标。比如 *Hexic* 和 *Bookworm*，这两个游戏就有着清晰的初始目标，同时也包含了进阶的高难的任务目标，玩家在熟练操作以后能够完成。
- **难度级别**：游戏的难度应该与玩家的能力相当。和所有游戏一样，合适的难度在游戏体验上有很大的影响。
- **一些特别的内容**：多数出色的谜题游戏都有一些自己独特的内容。Alexey Pajitnov 的《俄罗斯方块》看似简单，其实暗藏玄机。《粘粘世界》《愤怒的小鸟》则内容丰富、游戏性强、互动体验积极刺激。

12.3　动作解谜游戏的几种类型

有很多 3A 级别的解谜游戏，这些游戏多数都是下面列出的分类中的一种。

滑块/位置解谜

这种游戏通常都是第三人称动作游戏，要求玩家移动地面上的方块或箱子一类的东西。和这个类似的还有用来反射光线或激光的镜子。还有一个变种是，游戏中的地面极其光滑，玩家推动一下箱子后，箱子会一直移动到墙面或其他障碍物才停止。

- **代表作品**：《神秘海域》《波斯王子：时之沙》《古墓丽影》《塞尔达传说》。

物理谜题

这个类型的游戏涉及物理环境模拟。玩家需要移动物品来击中目标。最典型的例子就是《传送门》系列。在这个领域里，物理引擎 Havok 和英伟达物理加速系统（植入到 Unity）应用得较多。

横越谜题

这种类型的谜题的任务是让玩家到达一个目标地点，但是中间的过程很复杂。玩家需要绕很多路去解锁大门或桥梁才能到达目标地点。《GT 赛车》也可以看作是这个类型的游戏，玩家需要找到完美的路线才能开得尽可能的快。*Burnout* 系列里玩家要穿越一个有各种障碍物的跑道和一些 U 形弯路，其间不能有任何失误。

- **代表作品**：《神秘海域》《古墓丽影》《刺客信条》《GT 赛车》《传送门》。

潜行谜题

因为其独特的优势，潜行作为一个单独的分类从横越类里延伸出来。在这种类型的游戏中，要求玩家在不被敌人发现的前提下达到目标点，敌人巡逻的路径都是事先安排好的。通常玩家都有打击敌人的手段，但是如果运用得不好，很有可能会被敌人察觉。

- **代表作品**：《合金装备》《神秘海域》《忍者之印》《辐射 3》《上古卷轴 5：天际》

《刺客信条》。

连锁反应

这种游戏里都有物理模拟系统，各种物品之间可以相互影响，可以制造爆炸等。玩家可以通过使用工具制作陷阱来解谜或是攻击敌人。竞速游戏 *Burnout* 有一个碰撞模式，玩家制造的连环冲撞经济损失越高分数越高。

- **代表作品：**《古墓丽影（2013）》《半条命 2》《不可思议的机器》《魔法对抗》《红色派系：游击战》《孤岛惊魂 2》《生化奇兵》。

Boss 战

多数游戏的 Boss 战，尤其是经典游戏里，玩家都要找到 Boss 攻击的模式和节奏才能打败 Boss。任天堂的第三人称动作优秀尤其明显，比如《塞尔达传说》《密特罗德》《超级马里奥》。这种类型游戏的共同特点是：玩家第一次找到正确的方式对 Boss 造成伤害时，会很惊讶。第二次时，玩家会尝试打败 Boss/解开谜题。第三次时，玩家的技巧已经成熟，能成功击败 Boss 破解谜题了。《塞尔达传说》系列从《塞尔达传说：时光之笛》开始，只要玩家找到了 Boss 的攻击模式和诀窍，都可以很容易击败 Boss。

- **代表作品：**《塞尔达传说》《战神》《合金装备》《密特罗德》《超级马里奥》《墨西哥英雄大混战》《旺达与巨像》以及《魔兽世界》的多人副本。

12.4　小结

在许多有单人模式的游戏里，谜题是游戏的重要元素。作为游戏设计师，谜题设计和你之前学过的技术没有太多不同，但是多多少少有点区别。游戏设计的重点是实时的游戏性，谜题设计的重点则是洞察与观察的技巧（比如《俄罗斯方块》，每次方块的掉落和摆放都需要玩家的观察和技巧）。另外，谜题设计要让玩家在解谜时能分清自己的答案是否正确，而游戏设计里的选项则要玩家不能确定选项的结果或选项的正确性。

无论谜题设计和游戏设计有多大的区别，重复迭代设计过程都在这些设计里的互动体验中扮演着不可或缺的重要角色。作为谜题设计师，你也要制作原型，并且像测试游戏那样测试谜题。而且你的试玩者最好之前没有看过相同类型的谜题（因为这样他们就会知道解题思路了）。

图 12-4 是图 12-3 谜题的答案。笔者并非只是单纯地给你一份答案，火柴棍谜题十分经典，包含的要素齐全：逻辑、图像和文字，值得你仔细研究。

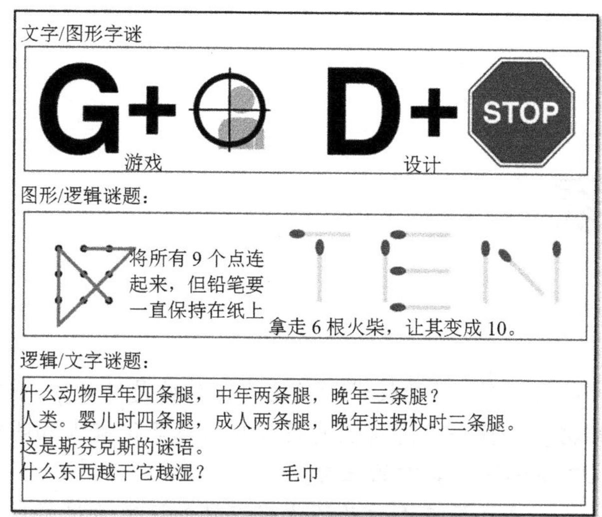

图 12-4　图 12-3 中谜题的答案

第 13 章

指引玩家

在读过前文后你应该明白，作为设计师的主要工作就是给玩家制造富有乐趣的体验。随着开发工作的不断拓展，你会觉得自己的设计越来越显得直观和明确。这种感觉源自你对游戏的理解正在不断加深，非常的正常。

不过值得注意的是，这也意味着你必须比以前更加谨慎地观察自己的作品，以确保其他不怎么了解这款作品的玩家也能像你一样，能够直观地感受到作品的设计意图。为了实现这一目标，你将需要在游戏中小心地加入一些可能是“隐形”的指引功能，这也是本章将要讨论的内容。

本章将主要介绍两种玩家指引机制：一种是直接的、玩家知道自己在被指引的机制；另外一种是间接的，玩家可能都没有意识到自己被指引就能发挥作用的机制。本章还将介绍一种循序渐进的指引方式，这种方式将随着玩家的游戏进度一点一点地将新的机制介绍给他们。

13.1 直接指引

直接指引的手法，玩家通常可以明确而清楚地感受到。直接指引的方式很多，其效果主要由四点决定，即及时性、稀缺性、简洁性和明确性。

- **及时性**：指引信息必须在需要时立即传达给玩家。有些游戏喜欢在一开始的时候就把所有的操作机制一股脑地教给玩家（有时他们会在游戏中放上一张手柄图，上面标示了所有按键的功能），但希望玩家一下子就能记住所有的指南性内容，并在需要它们的时候立刻就能想起来，这其实非常荒谬。关于操作的指引应该在玩家需要使用到这项操作的时候才立刻出现在屏幕之上，PS2 游戏 *Kya: Dark Lineage* 中有这样的一个场景：一棵大树倒在了玩家的面前，这时候屏幕上会出现“按 X 键跳跃”的字样，就是指引及时性的一个绝佳例子。
- **稀缺性**：不少现代游戏涉及许许多多的操作机制与模拟目标，所以，不要让玩家一次性地被大量的操作信息冲昏头脑，这非常重要。让直接的指引信息变得很稀少，会让这些信息显得更有价值，也更容易被接受。在任务设计方面，这个道理也同样适用。一名玩家同一时间只能全神贯注于一个任务，像是《上古卷轴：天际》这样的游戏总是同时赋予玩家大量的任务，以至于不少玩家在经过好几个小时的游戏之后，发现自己的任务列表中所有的任务都只完成了一半，许多任务就这样被忽略了。

- **简洁性：**在指引中永远不要使用任何不必要的词句，也不要一次塞给玩家太多的信息。像是在策略游戏《战场女武神》中，如果你希望教会玩家“在沙包前按 O 键可以进入掩体”，那么最好的表述方式大概就是“当接近沙包时，按 O 键进入掩体”。
- **明确性：**保证你想要传达的信息 100%准确。比如在上面的例子中，你可能真的就会在游戏指引中写上“当接近沙包时，按 O 键进入掩体”，因为你可能会假定玩家一定会明白，掩体能够帮他们阻挡敌人射来的子弹。但实际情况则是，在《战场女武神》中，掩体不仅能够减少玩家被打中的几率，还能降低玩家被击中后遭受的伤害（即便敌人已经绕到掩体后面也是如此）。所以，为了保证玩家能够确实了解这一相关机制，你还必须在指引信息中加入有关减少伤害的内容才行。

直接指引的具体手段

关于直接指引，有许多典型的手段。

- **介绍：**游戏明确地告诉玩家该干什么。形式可以是直接出现在屏幕上的文字、可以是与 NPC 的对话、可以是图表图形，在更多的情况下，上面几种元素会同时使用。介绍是最明确的指引形式，但它也是最容易让玩家被过多的信息淹没或感到反感的一种方式。
- **尝试行动：**游戏清晰地指引玩家行动的步骤。最常见的形式就是 NPC 给玩家提供任务。在这里笔者推荐你一个办法，你先给玩家设立一个长期目标，然后再给玩家设立一系列期间可以完成的短期和中期目标。

在《塞尔达传说：时之笛》中，剧情开始于妖精那薇把主角林克由噩梦之中唤醒，并告诉他被荣耀地召唤前往村落的守护神“大迪古树”面前。在这里，长期目标就是找到“大迪古树”（在林克醒来以前，大迪古树和那薇的对话暗示了林克的长期目标就是到达那里）。在途中林克被米多阻挡，他告诉林克进入森林前需要一把剑和一个盾。这就是完成长期目标前可以完成的中期目标。为了达成这些任务，主角需要探索迷宫，在路上遇见很多人，获得至少 40 卢比的钱。这些短期任务与找到“大迪古树”的长期任务紧紧相连。

- **地图或导航系统：**很多游戏都内置一个地图或像 GPS 一样的导航系统，指引玩家完成目标或任务。在《侠盗猎车手 5》里，屏幕的角落上有一个雷达/迷你地图，上面高亮显示着玩家到达下一个目标的路线。《侠盗猎车手 5》的开放世界实在是太大了，很多任务要求去的地方玩家还不熟悉，所以玩家很依赖 GPS 地图。但是要注意，这样的导航系统可能会使玩家在跟随 GPS 指示上花了太多时间，而不是自己思考下一个目标是哪里，然后选择一条路线。这样多多少少会增加玩家了解地图的布局。
- **弹出：**在一些游戏里，操作可能会根据玩家周围情景的变化而改变。比如在《刺客信条 4：黑旗》里，一个按键在不同的情况下，功能可能是开门、点燃成桶的火药、控制已装备的武器等。为了让玩家能快速了解这些功能，在可以操作时，通常都会弹出一个按键图标，旁边注明一条简短的功能描述。

13.2　间接指引

间接指引是一门影响的艺术，在玩家不知不觉的基础上指引玩家。作为设计师，有很多间接指引你都能用到。首先笔者要向你介绍的第一个间接指引的方法，是 Jesse Schell 在 *The Art of Game Design: A Book of Lenses* 书中的第 16 章里提到的“间接控制”。下面是对他的六个方法的扩展。[1]

约束

如果你提供有限的选择给玩家，那么玩家就只能从这些选项里选择。这看起来很简单，但是你想想填空和选择的区别。没有限制的话，玩家可能会陷入选择困难。这就是为什么餐馆的菜单上可能有 100 种食物，但是却只有 20 个是带图片的。店主这样做是为了让顾客更容易点餐。

目标

在本章前面的小节里，我们讨论了直接指引的几种途径。目标也可以用来间接指引玩家。Schell 指出，如果玩家有一个收集香蕉的目标，还有两扇门可以进去，那么在其中一扇门后面放置玩家能看见的香蕉就能起到指引玩家完成任务的目的。

玩家也喜欢给自己设置目标，设计师可以通过提供材料来帮助玩家完成。在《我的世界》里（《我的世界》原名为 *Minecraft*，其名字就直接显示出了“mine”和“craft”两个内容），设计师提供了一些可以制作的物品，隐含意味着玩家可以自行设置制作物品的目标。合成的菜单里有建筑物原料、简单工具和武器，玩家可以设定目标，为自己的家建造一个防御性堡垒。为了达成这个目标，玩家就会去寻找所需的原材料。另外，钻石可以做出最好的工具，这样玩家就会为了钻石挖掘得更深（钻石很稀有，只在地下 50~55 米深的地方出现），鼓励玩家探索未知的世界。

物理界面

Schell 在他的书中提到，物理界面也可以用来间接引导玩家：如果你给《吉他英雄》《摇滚乐队》的玩家一个吉他形状的手柄，玩家就会期待拿它弹奏。给《吉他英雄》的玩家一个普通的手柄，他可能会认为是拿它来移动角色。

还有一个办法可以用物理界面来间接引导玩家，那就是通过手柄震动的不同强度来提示玩家。现实生活中的机动车道上有红色和白色的震动带，如果司机开的离弯道太远，那么他经过震动带时就会感受颠簸震动。赛车手在过弯道时，都会尽量靠近弯道内侧，在车内人们往往看不见车轮行进中的具体位置，而震动带就起到了完美的提示作用。许

1 Jesse Schell, *The Art of Game Design: A Book of Lenses* (Boca Raton, FL: CRC Press, 2008), pp. 283–298。

多赛车游戏都用到了这个方法，玩家在过弯道时手柄会震动。如果玩家行进的路线平稳正确，那么手柄不会震动。如果玩家脱离了道路开进了草地里，那么手柄会剧烈震动。手柄震动的触感引导玩家开回道路上去。

视觉设计

有几种视觉设计的途径来间接引导玩家。

- **光线：**人们天生会被光线吸引。如果玩家置身在一个黑暗的房间里，房间的另一端射出一道光线，玩家在探索其他以前都会先向光线走去。
- **相似性：**如果玩家在游戏里找到了什么有益的（有用的、恢复血量的、有价值的等）物品，那么他会继续寻找和它相似的东西。
- **路径：**相似性会引发一种像是面包屑小路一样的影响。玩家捡起了一个特定的道具以后，会追随同样的道具前进探索。
- **路标：**大型建筑物或目标可以当作路标。thatgamecompany 的《风之旅人》里，玩家一开始出现在沙漠中央的沙丘旁。除了沙丘上矗立着一个高大的石碑外，周遭一切的颜色都是相同的（如图 13-1 左）。因为这片景色里唯一凸显出来的就是这个石碑，所以玩家就被引导至那里。玩家到达石碑后，镜头从下至上，远方逐渐显露出一座高山（如图 13-1 右）。镜头移动的方式暗示着玩家那座山是新的目标地点。

在刚开始设计迪士尼乐园时，华特迪士尼幻想工程（当时叫 WED 部门）部门设计了不同的地标引导游客游览乐园，避免游客全部集中在一个区域。游客刚进入公园时，他们会进入美国小镇大街，这是一个 20 世纪初期的美国经典小镇。走到小镇的尽头，游客会立刻被远处的睡美人城堡吸引。等游客到达那里后就会发现，实际上城堡要比看起来小得多，并没有什么可以游览的内容。现在游客位于迪士尼的主干道上，能看见远方的马特洪峰、右侧的明日世界和左侧的边域世界。从游客现在的视角向外看，这些新的地标要比小城堡更有趣，这样就成功分流了客流量。[2]

图 13-1 《风之旅人》的地标

《刺客信条》系列里地标也得到了充分的利用。玩家第一次进入新区域时，能看见有一些建筑要比其他高。这些地标的鸟瞰点除了能吸引玩家以外，还可以更新地图信息。

---

2 Scott Rogers 在 *Level Up! : The Guide to Great Video Game Design* (Chichester, UK: Wiley, 2010)一书中提到。

设计师不仅提供了地标，还赋予了其任务目标，玩家每到一个新地区都会先找到这些鸟瞰点，拓展地图后再进行其他活动。

- **箭头**：图 13-2 展示了利用隐蔽箭头的方式引导玩家的方法，图中游戏为顽皮狗工作室的《神秘海域 3：德雷克的骗局》。在图片中，玩家（德雷克）在追赶一个叫 Talbot 的敌人。

  A. 在玩家翻上屋顶时，场景里的线条勾勒和灯光指引玩家的注意力向左。这些线条包括玩家翻越的屋顶、面前的矮墙、左方的木板还有面前的灰色椅子。

  B. 玩家翻越至屋顶后，镜头随之旋转，突出的岩石、矮墙和木板，无一不指向玩家下一个跳跃的方向（从木板上跳到另一个房顶上）。甚至旁边的煤渣砖块和矮墙形成了一个指示箭头。
  因为玩家跳落的地点会坍塌，玩家会质疑自己行进的方向是否正确，所以这个指示在追逐战中特别重要，箭头能尽可能打消玩家的困惑。
  《神秘海域 3》里，开发团队多次用到木板来指示玩家跳跃的方向。这部分追逐内容的设计师 Emilia Schatz 曾提到自己的灵感来源于 Donald Norman 的可用性研究。Norman 在他的书中提到过物品的指示性作用：一个光秃的高台暗示玩家应该小心后退，而一个跳板则暗示玩家可以跳跃。你在图 13-3 也能看见其他跳板。

图 13-2 《神秘海域 3》运用线条和对比巧妙地引导玩家

  C. 在这场追逐中，Talbot 穿过了一个大门后随手砰地把门关上了。矮墙上蓝色的布指引玩家向左走。Schatz 指出这里的蓝色布搭在了墙上和地面，能避免让玩家将其看作是障碍。

  D. 这时摄像头向左转去，从这个角度看，蓝色布形成了一个箭头，直接指向前方黄色的窗户框（玩家的下一个目标）。在这里游戏运用了明亮的蓝色和黄色指引玩家正确行进的道路。

- **镜头**：许多有到达目的地任务的游戏会用移动镜头的办法指引玩家。通过镜头给玩家展示远处的物品或跳跃地点，指引玩家前进的方向避免产生疑惑。图 13-3

的《神秘海域 3》用的就是同一种方法。

在图 13-3 的图 A 中，镜头正好在玩家的背后。在玩家跳跃到对面后，镜头向左移，指向玩家左方（图 B）。在玩家爬到左边梯子以前，镜头都是一直指向左面（图 C）。在向下爬的过程中，镜头一直向前，最后露出一条黄色的指示性管子（图 D）。

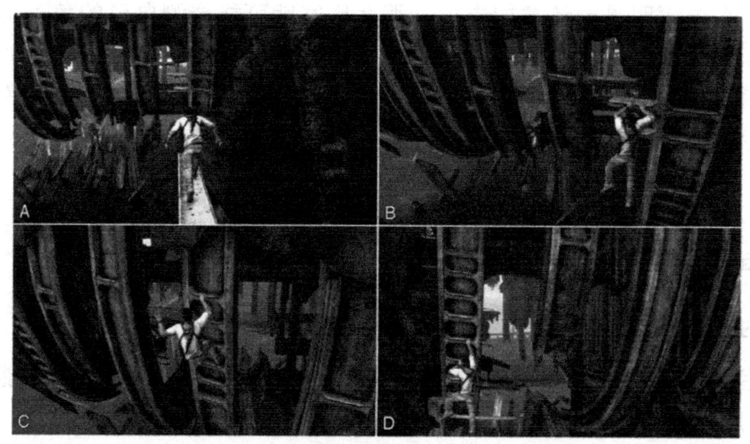

图 13-3 《神秘海域 3》中的镜头导航

- **对比**：图 13-2 和图 13-3 里，也运用了对比的方法吸引玩家注意力。在图 13-2 和图 13-3 有几种不同形式的对比：
  - **亮度**：在图 13-2 的图 A 和图 B 里，形成箭头的区域亮度差异最大。较暗的区域和明亮的区域延伸出了一条明显的线条。
  - **材质**：在图 13-2 的图 A 和图 B 里，木板材质细腻，而周围的石头质地粗糙。
  - **颜色**：在图 13-2 的图 C 和图 D 里，蓝色布料、黄色窗框、黄色梯子都和场景里的其他颜色有明显差异。在图 D 里，因为场景多数都是蓝色和灰色，所以梯子下面的黄色管子非常突出。
  - **方向性**：虽然上面几种方法比较常见，但是方向性的反差也可以有效吸引玩家的视线。在图 13-3 的图 A 里，水平的梯子非常显眼，这是因为画面中的其他线条都是垂直的。

音频设计

Schell 指出音乐能够影响玩家的心情和行为。[3]特定类型的音乐能联系到不同类型的活动：缓慢、安静、爵士乐风格的音乐通常会和潜行或搜查任务联系在一起；然而高亢的快节奏、强有力的音乐适合用在玩家激烈的战斗中。

音效也可以通过吸引玩家的注意力，从而影响玩家的行为。在《刺客信条》系列中，玩家接近宝箱时，就会出现铃声的音效。这样可以通知玩家可以寻找箱子，并且因为只有接近时才会响铃，所以这也能表明宝箱不会离玩家太远。基于有保证的回报，玩家通

3 Schell, *Art of Game Design* , 292–293。

常都会去找宝箱，除非自己有更重要的任务。

玩家化身

玩家化身的模型（也就是玩家的角色）能对玩家的行为有深远的影响。如果玩家的角色看起来是个摇滚明星，还拿把吉他，那么玩家就可能猜测自己的角色可能会弹奏音乐。如果玩家的角色手持一把剑，那么玩家就会想自己可能会进入战斗。如果玩家的角色头戴巫师帽，身穿长袍，手拿一本书而不是武器，那么玩家就会尽量避免硬碰硬的战斗，而是会专注施法。

NPC

NPC 是间接指引中最复杂灵活的形式之一。NPC 指引也有很多手段。

构建行为

NPC 角色有不同模式的行为。在游戏中，构建行为的目的是为了让玩家能看出规律。图 13-4 展示了 *Kya:Dark Lineage* 中的几种行为构建例子。

图 13-4　*Kya: Dark Lineage* 中的 NPC 构建行为

- **消极的行为：**NPC 通常会做一些玩家应该避免做的事情，NPC 起到了示范的作用。在图 13-4 的图 A 中，NPC（圆圈）踩进了地上圆形的陷阱里被抓住了（陷阱把 NPC 抬起来，向敌人方向扔去）。
- **积极的行为：**图 A 中的另一个 NPC（圆圈）飞跃圈套，示范了玩家应该如何躲避陷阱。这就是构建积极行为，向玩家展示正确的操作方法。图 B 说明了另外一个例子，NPC 等移动的气流停到面前才继续往前移动。这也表明了玩家应该在气流前等待正确的时机再前进。
- **安全：**在图 C 和图 D 里。NPC 跳进的区域看起来很危险。但是正是因为 NPC 能够跳进去，所以玩家才知道跟着跳进去是安全的。

情感联系

情感联系是 NPC 影响玩家行为的另一种方式。

在图 13-5 的《风之旅人》中，玩家正是因为情感联系才跟随 NPC 前进。初始的旅途中玩家孤独寂寞，在整个穿越沙漠的旅行里，NPC 是唯一一个玩家接触到的有情感的生物。玩家也可能会因为负面的情感联系并跟随一个 NPC。比如，NPC 偷了玩家的东西然后逃跑了，玩家就会去追回自己的东西。不管是哪种情况玩家都能跟随 NPC，都能起到指引玩家到达目的地的效果。

图 13-5　《风之旅人》的情感联系

13.3　介绍新技能和新概念

以上提到的直接和间接引导重点都放在玩家的移动上。在最后一节里，笔者将介绍如何引导玩家更好地理解游戏内容。

如果游戏操作简单，你可以给玩家展示一个操作图，或者让玩家直接自己体验。在《超级马里奥》里，一个按键的功能是跳跃，另一个按键负责跑（如果马里奥捡起了火焰花，这个按键就可以发射火球）。只要简单试几次，玩家就知道 NES 手柄上 A 和 B 按键的作用是什么了。但是现在的手柄基本都有两个摇杆（也可以用来像按钮那样敲击）、一个八向方向键、八个正面按钮、两个肩部按钮、两个扳机按钮。在有限按键的基础上，根据不同场景能组合出多种按键功能，比如之前在直接指引中提到的跳出按键。

因为现代游戏的复杂性，所以让玩家学会如何玩变得极其重要。你在设计时不能简简单单地给玩家一个说明书手册，而是要通过体验慢慢教会玩家如何操作。

排序

排序是一门排列信息的艺术。图 13-6 展示了一个典型的例子。*Kya: Dark Lineage* 通过设置几个步骤，让玩家学会了游戏里经常用到的盘旋机制。

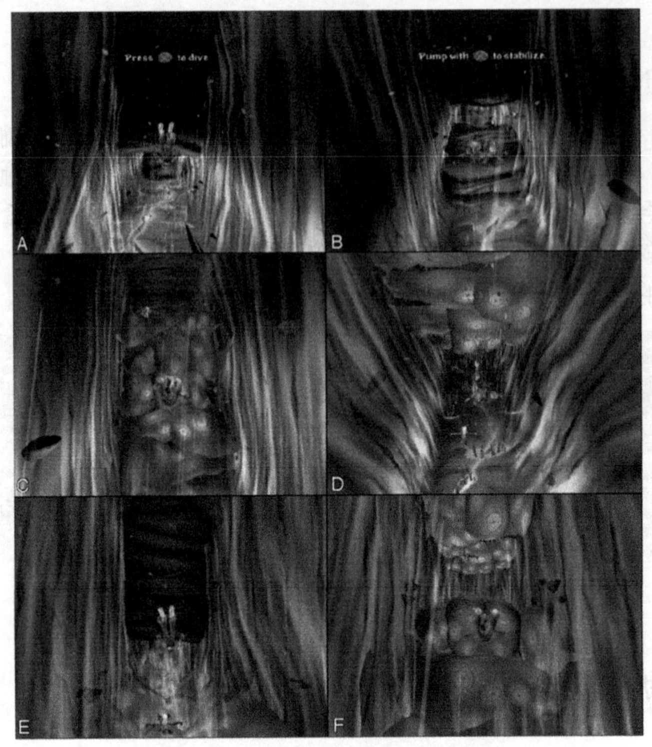

图 13-6　*Kya: Dark Lineage* 中的机制教程

- **单独介绍：**系统向玩家介绍一种新机制时，要等玩家适应了以后再继续。在图 13-6 的图 A 中，空气持续上升，玩家需要按住 X 键向下移动至底下。玩家在这里按住 X 键之前，是没有时间限制的。
- **扩展：**图 13-6 的图 B 展示了排序教程的下一个步骤。地道的上下两端都被堵住了，所以玩家需要用 X 键来盘旋到中间位置。在这个阶段玩家操作不对也不会有什么惩罚。
- **增加危险：**在图 13-6 的图 C 中，增加了额外的难度。玩家接近红色的东西会受伤。同样，本阶段也没有时间压力，只要不按 X 键玩家都是安全的。在图 D 里，玩家不能碰触上面，但是地面是安全的，所以如果玩家已经学会了如何操作，那么他可以按住 X 键就轻松通过。
- **提升难度：**图 13-6 的图 E 和图 F 展示了教程介绍的最后一个步骤。图 E 中上面还是安全的，但是玩家需要小心穿越狭窄的通道。图 F 也需要穿越一个狭窄的通道，但是最顶端和最下面都是危险的。玩家需要熟练掌握单击 X 按键的机制来安全通过隧道。[4]

在本章中，笔者用了很多 *Kya: Dark Lineage* 的截图，因为这是我见过的最好的关于排序教程的例子。在游玩的前六分钟，玩家要学会移动、跳跃、躲避陷阱和荆棘、踢开

---

4 图 13-6 通过使用颜色反差来告诉玩家哪部分区域是安全的。颜色从绿转红表明危险性的提高。在图 F 中，远处的紫色光线表明玩家即将完成任务。

动物来破坏陷阱、避免踩空气流、盘旋、潜行等十多项机制。所有的这些技能都要通过一定的排序来教会玩家，并且玩家完成教程后都能记住它们。

在许多游戏里基本都是这样安排教程的。《战神》系列里，奎托斯每拿到一个新武器或是咒语，系统会跳出一个文本信息告诉玩家如何使用，然后直接展示给玩家。如果咒语是像闪电一样的，那么它可以用来给设备充能或电击敌人，玩家第一次通常都是要用在非战斗的目的上（比如，玩家在一个上锁的房间里拿到了闪电咒语，就可以用它来激活装置开门）。然后玩家将面对一场能直接使用新咒语的战斗。这不仅让玩家体验了战斗中使用咒语的感觉，同时也展示了咒语的效果，使玩家感觉强大。

融合

在玩家学会了每个单独的机制以后（如上面所述的例子），玩家就该学习如何应用这些不同的机制了。系统可以清晰直接地介绍（例如，系统直接告诉玩家在水面上使用闪电，伤害范围会从原来的 6 英尺扩大到整个水面），也可以含蓄地暗示（例如，将玩家安排到水面的战斗上，玩家使用闪电时就会发现伤害范围变大了）。《战神》里玩家后面会学会一种新咒语，能浸湿敌人，玩家就能立刻明白自己可以把两个咒语结合起来使用。

13.4　小结

除了本章介绍的内容，还有很多其他指引玩家的方法。笔者希望阅读本书的你不仅能了解每个指引方法，同时能体会每个方法背后的原理和概念。在你设计游戏的时候，时刻牢记指引玩家。这个任务对于你来说可能是最艰难的任务之一，因为作为一名设计师，所有的机制你都了然于心。多数游戏公司在开发阶段，都要找十几甚至上百名试玩者来测试，而要你自己转换视角看待问题是非常难的。找更多人测试你的游戏并获取他们对指引系统的反馈是至关重要的。游戏开发如果不经历测试的话，最后的成品通常不是太难就是难度波动起伏过大，容易让玩家受挫。所以你要记住，尽早测试，频繁测试，让更多的人来试玩。

第 14 章

数字游戏产业

正在读本书的你如果在学习游戏设计，那么笔者认为你应该有一定的兴趣投身到游戏产业中来。

本章主要阐述了现阶段游戏产业的一些情况。之后就大学的游戏教学课程作一些简单的介绍。笔者会给你一些关于结识朋友、建立关系网、寻找工作方面的建议。最后笔者会教你如何准备自己的独立游戏项目。

14.1 关于游戏产业

关于游戏产业，笔者所能告诉你的最绝对的事情就是整个行业都在变化。像是美国艺电公司、动视公司这样的大公司，从过去的三十年间到现在依然健在。而我们也目睹了许多新创业公司的兴起，如拳头公司（2008 年时还只有很少的员工，现在该公司拥有世界范围内最热门的网游之一）。仅仅几年前，人们还不能相信手机会成为最成功的游戏平台之一，但是现在光是苹果 iOS 上的游戏销售额就达到了数十亿美元。鉴于现在产业内的变化非常快，笔者不会事无巨细地给出太具体的建议。相反，笔者会告诉你什么资源与数据能引领你走到具体的方向中去，并且这些内容每年都是不断更新的。

娱乐软件协会基本事实

娱乐软件协会是大多数大型游戏开发公司的交易协会与游说组织。该协会成功地在美国最高法院上争取到了对游戏的保护的第一修正案。娱乐软件协会每年会发布一份关于游戏产业现状的报告“Essential Facts”，你可以在谷歌上搜索“ESA Essential Facts”。在这份报告中，虽然确实有一些不完全是事实的地方（娱乐软件协会的工作就是以过分乐观的眼光看待游戏产业），但是这是一个绝佳的途径让我们来了解整个产业的现状。下面是 2013 年“Essential Facts”中的 10 个事实：[1]

1．58%的美国人玩游戏。

2．2012 年，消费者在游戏软件与硬件和配件上花费了 207 亿 7000 万美元。

3．2012 年，数字下载占据了游戏销售额的 40%，其中包含游戏、DLC、App 软件、

1 http://www.theesa.com/facts/pdfs/ESA_EF_2013.pdf。

会员订阅、社交网络游戏。

4．玩家的平均年龄为 30 岁，玩家的平均游龄为 13 年。

5．购买游戏频率最高的玩家平均年龄为 35 岁。

6．45%的玩家为女性。18 岁以上的女性占玩家总群体的 31%， 17 岁及 17 岁以下男性所占比例为 19%。

7．51%的美国家庭拥有游戏主机，平均拥有量为两台。

8．36%的玩家在智能手机平台上玩游戏，25%的玩家在无线设备上玩游戏。

9．在 2012 年，91%的游戏由娱乐软件分级委员会评级，“E”级代表所有人，“E10+”代表 10 岁以上，“T”则代表青少年（在 www.esrb.org 上可以查询到游戏评级的详细信息）。

10．在购买游戏时，89%的时间里家长都是陪同的。

正在发生的变革

在游戏产业中，员工的工作环境、制作游戏的成本、免费游戏、独立游戏的兴起等因素都在不断发生变化。

游戏公司的工作环境

如果你对游戏产业完全不了解，那么你可能以为在游戏公司工作一定是既轻松又愉快的。如果你稍微有一点接触，就应该会听说过游戏公司的员工一周工作 60 小时，没有加班费的条件下强制加班的状况。虽然实际情况要比这个传言好一些，但是这些基本都是属实的。我在游戏行业的一些好友现在一到紧急的截止日期前，还要每周工作 70 小时（每天 10 小时，没有休息日）。值得让人感到高兴的是，这种情况在过去的十几年里减少了很多。虽然现在大多数公司，尤其是大公司，有时还是要求员工加班加点工作的，但是游戏开发人员一周都没有机会见到自己的配偶或是孩子的情况越来越少见了（虽然听起来很悲惨，但现在确实还存在这样的情况）。你在任何游戏公司应聘时，都应该咨询了解一下该公司的加班政策和项目最后赶工时的状况。

3A 游戏成本的上涨

每一代游戏主机都见证了游戏大作成本的上涨（指 AAA 游戏，称作 3A 游戏）。PlayStation3、Xbox360 与 PlayStation2、Xbox 这两个世代显得尤为明显，这样的成本上升在 Xbox One 和 PlayStation4 上也会继续。3A 游戏通常都是由 100 人或是 200 人的制作团队完成的，其中一些相对精简的团队则是把任务外包给其他拥有上百名员工的工作室。一部 3A 大作的预算超过 1 亿美元且由超过 1000 人的多个工作室团队完成的情况虽然少见，但不再是闻所未闻了。

这种成本预算的提高对游戏产业的影响和预算的提高对电影产业的影响是一样的：公司在一个项目上花费越多的资金，就越不愿意承担风险。这也就是为什么 2012 年娱乐软件协会公布的销售量前 20 的游戏里全部都是续作的原因（如图 14-1 所示）。

1《使命召唤9：黑色行动2》	11《舞力全开3》
2《麦登橄榄球13》	12《小龙斯派罗:巨人》
3《光环4》	13《质量效应3》
4《刺客信条3》	14《NBA 2K12》
5《舞力全开4》	15《美国大学足球13》
6《NBA 2K13》	16《新超级马里奥2》
7《使命召唤8：现代战争3》	17《战地3》
8《无主之地2》	18《上古卷轴5：天际》
9《乐高蝙蝠侠2:DC超级英雄》	19《蝙蝠侠：阿甘之城》
10《FIFA 13》	20《马里奥赛车7》

图 14-1　2012 年销售量前 20 的游戏（来源于 2013 年 ESA Essential Facts）

免费游戏的崛起（也许是衰落）

据 Flurry Analytics 称，2011 年 1 月至 6 月间，免费游戏在 iOS 的收入总额所占比迅速超过了付费游戏。[2]在 2011 年 1 月时，付费游戏（预先购买的游戏）占据了 iOS App 商店游戏收入的 61%。到该年 6 月时，这一数字直线下降到 35%，而剩下的 65%则来源于免费游戏。在免费游戏的模式中，虽然玩家可以不花钱就玩到游戏，但是这种模式鼓励玩家通过支付小额的金钱来获得游戏上的优势或是独特的功能。社交游戏公司 Zynga 从最初两个人的创业团队发展到 2000 名员工的公司，仅仅只用了几年时间。这种免费模式，相比过去传统的游戏类型来说，更适用于休闲游戏类型。现在一些传统类型游戏的开发商，开始在手游平台上开发游戏，并且选择过去那种付费模式，这些开发商认为市场的走向是不利于免费模式游戏的。

免费游戏很少能吸引到相对硬核（不那么休闲）的玩家。这两种游戏模式的最大不同就在于，休闲游戏引导玩家通过购买来获取游戏内的优势（也就是花的钱越多赢得越多），相反，像是《军团要塞 2》这样的硬核游戏，玩家只能购买得到外观道具（如服装等），或是不破坏游戏平衡性的道具（比如使用黑匣子火箭发射器，虽然弹夹容量会减少 25%，但是每击中一个敌人回复自身血量 15 点），并且在游戏里能够买到的物品，玩家也可以通过制作来获取。最重要的因素是，硬核玩家不希望其他人通过简单的购买就获得游戏上的优势。

选择免费模式还是收费模式，主要取决你想要开发的游戏类型，瞄准的是什么样的市场和玩家。了解市场上的其他游戏和它们相应的标准，再决定你是要跟随风潮还是逆向而行。

独立游戏的兴起

随着 3A 游戏的制作成本越来越高，像是 Unity、GameMaker 以及 Unreal Engine 这样廉价的开发工具让世界范围内独立游戏的崛起成为了可能。在本书的后面你能读到，几

---

2 "Free-to-play Revenue Overtakes Premium Revenue in the App Store" by Jeferson Valadares (Jul 07, 2011),http://blog.flurry.com/bid/65656/Free-to-play-Revenue-Overtakes-Premium-Revenue-in-the-App-Store 。

乎所有人都可以学会编程。很多开发人员都证明了，要制作一部游戏需要的只是一个好点子、一些才能和大量的时间。许多知名独立游戏策划都源自于个人的激情之作，这其中有《我的世界》《洞穴探险》和《史丹利的寓言》。IndieCade 起源于 2005 年，是一个针对独立游戏的游戏展会。除此之外，其他数十个展会要么是关注独立游戏的发展，要么是给独立游戏的开发者一个竞争的渠道和机会。[3]现在做一个游戏要比过去容易得多，本书余下的内容会教你如何创作游戏。

14.2 游戏教育

在过去，大学里的游戏设计课程还是很新奇的。经过十年的发展，游戏设计已经成为了一个成熟完备的专业。《普林斯顿评论》每年会评选出最好的本科及研究生游戏课程，现在有些学校甚至已经开设有游戏相关的博士学位课程了。

在选择游戏课程前，你需要问自己的两个最重要的问题为：

- 我应该学习游戏教育课程吗？
- 我应该参加哪个游戏教育课程？

笔者将在下面两节回答这些问题。

我应该学习游戏教育课程吗？

作为一名过去几年里一直在讲授游戏相关课程的老师，笔者可以明确地告诉你，答案是肯定的。参加这样的课程有几个明确的好处：

- 你能够有一个集中的地点和时间来系统地磨炼自己游戏设计和开发的能力。
- 老师能给你的作品提供诚实且有意义的反馈。你能接触到可以成为合作者的同龄人。另外，许多课程的老师也在游戏行业内工作，他们和多家游戏公司都有关系。
- 许多游戏公司会从顶尖学校里招聘人才。学习这样的课程意味着你也有机会去你最喜欢的工作室面试实习。
- 经过学习游戏课程的学生，尤其是学习过尖端课程的学生，在进入公司时通常要比其他应聘者职位更高。通常来讲，初次进入游戏公司的员工将负责品控和游戏测试。如果员工在品控上表现得非常出色，就可能会被上级赏识换到其他的岗位上去。虽然说这也是深入该行业的一个不错的方式，但是笔者见过一些刚从大学课程中走出来的学生，比通过品控来升职的人获得的职位更高。
- 高等教育使你成长，让你成为一个更好的人。

然而，事先声明，上学是要花费时间和金钱的。如果你还没有学士学位，笔者认为你应该读一个。学士学位在你的人生里，能给你打开更多机会的大门。在这个行业里，硕士学位就不那么必要了，但是硕士级别的课程都会更有针对性，和本科课程比起来是

3 事先声明，从 2013 年起，笔者开始担任 IndieCade 教育和发展部门主席，并负责 IndieXchange 和 Game U，我很荣幸能成为团体的一员。

迥然不同的。本科课程的学习通常要 2 到 3 年，花费为 6 万美元以上。笔者的教授 Randy Pausch 很喜欢说的一段话："你总能赚到更多的钱，也可以拿贷款和奖学金来支付学费；但是时间是永远不能赚回来的。你要停止问自己上学值不值得这些钱，你要问的是值不值得你的时间。"

我应该参加哪个游戏教育课程？

现在有太多的游戏课程，每年都在增加。《普林斯顿评论》上列出来的顶尖学校固然很好，但最重要的是选择一项对于你来说正确的学校，瞄准你想要从事的岗位。你应该花时间来搜索游戏课程的信息，了解课程的内容和教师。调查一下课程所针对的是游戏开发的哪些方面：诸如游戏设计、美术设计、编程、管理等。教授课程的老师是仍在行业内工作，还是只专注于教学上？在浏览这些内容的时候，你应该时刻记住每一个学校都有自己的独特之处。

作为一名学生，笔者取得了卡内基梅隆大学的娱乐技术研究生学位。在卡内基梅隆大学，娱乐技术中心的教学主要围绕在团队合作和与客户的沟通交流上（这是笔者经历过的最好的教学体验）。其中一项学习叫作搭建虚拟世界，新来的学生要和班级内随机的一个小组完成五个作业，时间为期两周。班级通常至少有 60 名学生。正是因为人数众多，学生才能在整个学期里锻炼自己与陌生人沟通交流的能力。在一个学期里，学生除了要和其他班级的团队合作完成两个或三个作业以外，每周也要在自己的小组作业上花上 80 多个小时研究。在最后的一个学期中，每名学生将被指派到一个单独的项目团队中去，在整个学期里不会再和其他团队工作。每一个项目都有一个真实的客户，这样学生能够直接学习如何满足客户的愿望、如何与同事工作、如何处理团队内部的争执、如何应对变化的行业规定。学生们能够在短短两年的学校学习里，获得工作多年才能得到的宝贵经验。

相反，排名第一的南加州大学的交互媒体与游戏专业（笔者在那里教了四年课），它的教学体系则完全不同。每年的新生班级最多 15 人，所有的学生在第一年里一起上课。学生除了要做团体项目以外，也要完成几个独立任务。第二年，学校鼓励学生们出去探索自己最感兴趣的内容。虽然每名学生都有论文计划，但是多数情况下都是多人一起工作。论文的合作团队通常要 6 到 10 个人，这其中一部分是本专业的人，另一部分是来自其他专业感兴趣的学生。对这些合作项目感兴趣的业内人士和学术导师会组成一个论文委员会，并由本专业的教师担任委员会主席。这个专业的主要教学意图是让学生成为有思想的领导人。塑造富有创新精神的学生，要比单纯地为学生将来的工作做准备重要得多。

正如你所想的，学生从不同学校的课程里获取的知识是不一样的。因为上面两所学校是笔者最熟悉的，所以笔者举这两个专业的教学作为例子说明我的观点。但是每所学校都有自己的独特之处，你要弄清楚每所学校为自己的学生设立的目标是什么，以及为了让学生达成这样的目标，是如何安排教学计划的。

14.3 走进行业中去

本节的内容节选于笔者在2010年游戏开发者大会上的演讲"与专业人士一起工作"。如果你想要看完整的版本，可以登录下面注释上的网站观看。[4]

与业内人士会面

要和行业内的人士见上一面，最好的办法就是去他们在的地方。如果你喜欢桌上游戏，那你就去 Gen Con；如果对 3A 游戏有兴趣，那么你就去参加旧金山的游戏开发者大会；如果你热爱独立游戏开发，那么就去 IndieCade。虽然还有很多其他优秀的游戏展会，但是这三个展会，对相应的游戏开发商有着最大的吸引力。[5]

然而，参加同一个游戏开发大会并不意味着你就和开发者打成一片了。为了能和他们有一面之缘，你需要寻找时机打招呼介绍自己。像是聚会上、演讲后、展台上都是攀谈的好机会。在任何情况下，对开发者和与他交谈的人，你都要保持言语谦恭和简洁。游戏开发者们日程繁忙，他们来参加展会也是有自己的任务的。他们也想要结实朋友，扩展自己的人际网络，和其他开发者探讨工作。所以不要占用他们太多的时间，避免让他们觉得和你说得没完没了，同时你也要有话可说。这样才能引起他对你的兴趣。

第一次与人见面时，不要表现得像个奉承的粉丝一样。无论是 Will Wright 还是 Jenova Chen，设计师都是普通人，没有几个人想要自己被粉丝崇拜。遵循以上规则，不要说"我爱你！我是你的超级粉丝！"这样的话。坦白讲，这么说话真是让人觉得怪异。如果你说"我很喜欢你的《风之旅人》"就会好得多。这样你是在赞扬整部作品，而不是奉承一位你了解甚少的制作人。

当然，最好的时机还是他人把你介绍给开发者认识的时候，而且共同的朋友是绝佳的讨论话题。然而这个时候，你有义务避免你的朋友出丑。无论是谁介绍你，他都是在为你作担保。如果你做了什么尴尬为难的事情，对他个人的影响也不好。

另外，不要只关注知名的游戏开发者。参加展会的所有人对游戏都怀有热忱，一些激情澎湃有创意的学生和志愿者，也是你应该去交谈的对象。况且，你在展会上见到的任何人都可能会成为下一个人人知晓的著名设计师。这些人会给你的作品提出很棒的建议。

去游戏展会要随身携带什么物品

与人见面时要携带名片。只要字体清晰可读，那么你在名片上面印什么都行。笔者建议你把名片背面留成空白，这样得到名片的人就可以在背面写一些字，易于他们之后回想起你是谁。

---

4 可以在 http://book.prototools.net 看到完整的演讲。

5 E3 和 PAX 也是知名游戏展会，但是在这两个地方你不太可能见到游戏开发者。

以下列出了其他笔者喜欢带的东西：

- 清新口气的薄荷糖和牙签。
- 口袋工具，像是 Leatherman（类似于瑞士军刀）。房间里如果有什么东西坏了，你能及时修好的话会让人刮目相看。
- 简历。我很满意现在的工作，所以我不再带简历了。但是如果你在找工作的话，一定要随身携带几份。

跟进

那么，在之前的展会上你已经和很多人见过面了，也拿到了名片。下一步是什么？

展会过了两个星期以后，再给你想联系的人写邮件。因为开发者们离开展会后，他们会被海量的邮件和工作淹没。你的邮件格式应大体仿照图 14-2 所示。

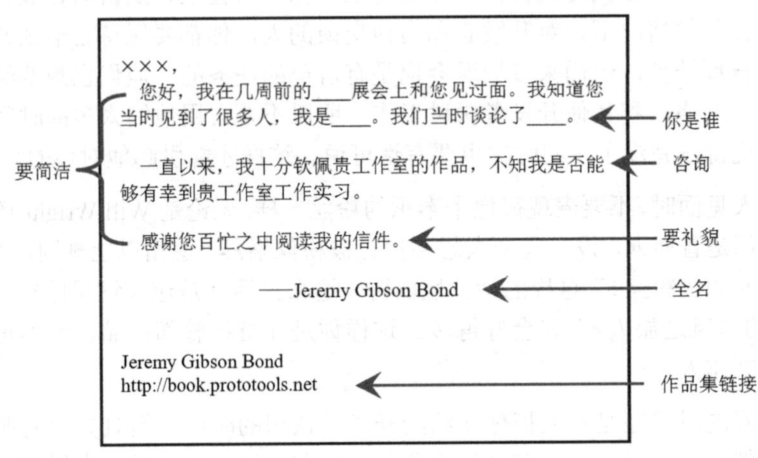

图 14-2　邮件格式

发送邮件后等上几周。如果还是没有回音的话，再写一封邮件，开头大概这样："我猜您可能是展会后工作繁忙，无暇阅读我的邮件。所以我再次写了一封想确保您收到信件。"

应聘

如果进展顺利，那么之后你就有机会去工作室面试了。你该如何准备呢？

面试前要问什么问题

面试你的面试官都是游戏开发团队的员工。在面试之前，和你说话的是招聘人员。招聘人员的一部分工作就是让应聘者准备好面试。年末时公司对招聘人员的审核评价一部分是基于他所招纳进公司的员工能力。也就是说，他会尽最大可能让你胜任你的职位，也很乐意回答你面试相关的问题。

要问的问题：

- **我的职位是什么？**你对自己应聘的职位了解得越详尽，你就可以做更多的准备。如果在招聘时工作岗位已经明确列出，就不要再问了。
- **我会去哪个项目工作？**公司是针对明确的岗位招聘还是只是单纯聘用有才华的员工？咨询这个问题，你就会得到解答。
- **公司文化是怎么样的？**每个公司的文化都不尽相同，尤其是在游戏行业里。这个问题通常会谈到加班和截止前赶工的情况。在面试阶段，你还不需要了解公司的工作条件。但是在签合同前你一定要知道。
- **面试的时候我应该穿什么会比较得体？**这个看似简单却非常重要的问题，很多人都忽略了。总体来讲，笔者倾向于穿得比工作日的着装更正式一些，但是大多数游戏公司，员工从来不穿西装（也从来不系领带）。记住，你不是去参加晚宴或聚会，也不是约会或是进行什么宗教仪式。笔者的妻子是一名职业的服装设计师和教授，她的建议是：你想要把自己打扮得漂亮，但是你应该把面试官的关注放在你的能力上，而不是外表上。

另一个问题是，在面试时你想穿一些舒适的衣服，也想穿能让面试官觉得得体的衣服。每个工作室都会有和投资人、媒体、发行商等其他人交谈商讨的时候，而这些人平时工作的穿着要比工作室的更庄重一些。工作室在招聘你的时候，他们需要知道在上述的场合中，能否让你大大方方地和投资人一起开会，还是只能把你藏在里屋以防丢人现眼。确保自己是前者。

关于穿什么衣服去面试合适，网络上有很多不同的观点，所以你最好咨询一下招聘人员。招聘人员见过无数的应聘者，他们知道穿什么好穿什么不好。

- **面试前，有什么游戏我应该确保玩过？**你绝对应该玩一下你应聘的工作室的作品。如果你是应聘到一个明确的游戏开发团队的话，那么没玩过其游戏或是前作的话是不可原谅的。你也应该了解一些工作室竞争对手的作品。
- **你可以告诉我谁会面试我吗？**如果你提前知道谁会面试你的话，你就可以调查他的背景，做一些功课。了解面试官在来到这里工作以前，曾经参与过哪些项目的制作，或是了解面试官之前曾在哪里就职，都有助于你对他们的背景有更深层次的了解，也让你有更多交谈的话题。

有些问题是你绝对不能问的。不能咨询的问题有：

- **工作室都做过什么游戏？工作室成立多久了？**这些问题的答案在网上太容易找到了。问这样的问题会让人觉得你在面试前没有做任何准备，因此你也不会关心面试结果，也不会重视这份工作。
- **我的薪资是多少？**虽然最后肯定是要问薪资有多少的，但是现在向一名面试官或是招聘人员询问实在是不合时宜。当你已经拿到这份工作的时候，才可以在协商中讨论薪资问题。你可以在 GameCareerGuide.com 上的游戏开发者薪资调查上了解行业内的平均薪资水平。[6]

面试结束后

面试之后，你最好手写一些感谢的便条，送给那些和你交谈过的人。在面试期间，尽量随身携带便条，这样你可以及时记录下你对每个人的印象。“十分感谢您带我进入工作室，特别是您介绍我到 X 团队中去。”这样的便条要比“遇见你太棒了，与你的交谈很愉快。”好得多。这好比是游戏中的道具，手写信件很珍贵，因为它的的确确很稀有。每个月，笔者都会收到上千封电子邮件，超过 100 封邮局信件，却没有一张手写的便条。手写的便条要比邮件好上太多了。

14.4 等不及开始做游戏了

还没成为游戏公司的一名员工，并不意味着你不能制作游戏。在你阅读完这本书，并在编程和原型开发上有一定的经验以后，你可能就想要着手制作一部游戏了。针对这个阶段，下面有一些建议。

加入一个项目团队

笔者知道你心里有一大堆关于游戏的好点子，但是如果你对开发还很陌生，加入一个有开发经验的团队是最好的选择。即便是这个团队也像你一样还在摸索中，和团队的其他开发者一起工作，仍然是磨炼技能的最佳办法。

开展自己的项目

一旦你在团队里获得一些经验，或是你找不到一个能与之工作的团队，现在就是创造自己游戏的时候了。做游戏，你需要五个重要的元素。

正确的想法

关于游戏的点子成千上万。你需要选出一个真正有用的想法，选出一个你知道自己永远不会对其失去兴趣的，或是模仿了你最爱的游戏的，或是其他人认为很有趣的想法。最重要的是，这是一个你能实践成真的想法。

正确的游戏规模

避免制作内容过多而无法完工是项目的重中之重。大多数开发新手不明白制作一部游戏要花费多长时间，所以他们的游戏制作期望通常都夸大了很多。你应该把游戏的制作范围缩短到游戏的本质内容，删除掉花哨的添加。为保证游戏制作的大小适中，首先你要对完成一部作品需要多长时间有个实际准确的了解。你要确保你的团队有充分的时间完成制作。

---

6 *Game Developer* 杂志上每年会公布一篇薪资调查报告，但是该杂志从 2013 年停刊了，你可以在 http://gamecareerguide.com/features/1279/game_developer_salary_survey_.php 上查看。

比起一开始就尝试做内容浩大的游戏，先从小规模的游戏尝试会比较好。记住你玩过的多数游戏都是由大型团队的众多专业人士完成的，更不用说他们有上百万美元资金的支持。在你刚开始起步的时候，设想的小一些。等你做完了以后你想添加什么内容都可以。避免做的内容过多却无法完成，及时完成小而精的游戏更能打动业内人士。

正确的团队

与他人一起开发游戏是一个长期的过程，所以你要做好长期的准备。不幸的是，能成为好朋友的人不见得是一个合格的团队伙伴。当你在设想你的同事的时候，你希望他们和自己有着同样的工作习惯，最好是都喜欢在一天里的同一个时间段里工作。如果你组建的是个远程团队，同时工作也有助于更好地使用短信或视频交流。

在你组建团队的时候，你需要和工作伙伴提前商榷好游戏作品的知识产权所属问题。如果没有事先立下任何协议的话，作品的产权将被默认为所有参与者所有。[7]产权问题很棘手，虽然还没有作品出炉就讨论这个事情看起来很可笑，但是这确实是一个非常重要的商谈协议。笔者也确实目睹过有团队因为在产权所属问题上无法谈拢，从一开始就没能开工。你绝对不想处于那样的困境里。

正确的工作计划

在第 27 章“敏捷思维”中，笔者提到了敏捷开发和燃尽图。你在项目开发以前应该先读一遍这一章。虽然每个人的作品大小不同，但是笔者发现对于大多数的学生团队，燃尽图是一个极好的工具，能监控和了解每个员工的开发任务。并且，燃尽图有助于你明白你所估计的工作耗时和实际耗时的差距。通过图标获悉这个时间差距，你能准确估计出完成剩余任务需要的时长。

完成的决心

在你开发的过程中，到一个时间点上，你就会发现自己完全可以做得更好。你发现你的代码一团糟，美工还可以更好，设计漏洞百出。很多团队在这个阶段就离关门大吉不远了。在制作快要接近尾声之时，你需要给自己加一把油。你要有决心和毅力完成作品。如果说游戏制作的第一杀手是过大的篇幅，那么第二大杀手就是项目最后 10%的冲刺阶段。不要放弃，继续努力，即便作品不完美，相信我，没有任何游戏完美，即使成果没有你想象中的那么好，甚至离自己的期望相距甚远，也要完成它。因为只有完整地完成一部作品，你才能被称作有过开发经验的游戏开发者，这对于你将来寻找合作至关重要。

14.5　小结

关于游戏产业的知识，你还有很多内容需要了解，但是本章包含不下了。幸运的是，很多网站和出版物都介绍了游戏产业，像是如何进入行业内部，如何组建自己的公司。

7 笔者不是律师，笔者也不是在给出什么法律建议，只是提供一些我自己的个人经验和理解。如果你有朋友是律师的话，笔者建议你向他们咨询或上网搜索。

在网络上搜索就能很容易地找到。

如果你选择自己成立公司，那么在这个过程中，你可能会碰到各种绊脚石，你要确保事先找到自己能够信任的律师和会计。律师和会计在如何组建和保护公司权益上有多年的培训与经验，及时向他们咨询能让你的公司之路更轻松从容。

第Ⅱ部分

数字原型

第 15 章

数字化系统中的思维

如果你没编写过程序，本章会带你领略一个全新的世界，你将学会为自己构思的游戏制作数字化原型，并掌握相关的技巧。本章介绍了制作编程项目时需要具备的思维模式，还给出了一些练习，旨在探索这一思维模式，并帮助你从互相关联的关系系统以及从内在涵义的角度研究这个世界。

通过本章学习，你将具备正确的思维模式，为学习本书“游戏原型实例和教程”部分的内容打好基础。

15.1　棋类游戏中的系统思维

通过本书第 I 部分的学习，你可以认识到游戏是由互相关联的系统构建的。在游戏中，这些系统表示为游戏规则和玩家本身；所有玩家都将某些预期、能力、知识和社会规范带入到了游戏当中。以一对标准的六面骰子为例，在多数棋类游戏中，掷骰子的行为方式有些符合人们的预期，有些则不符合。

- **棋类游戏中掷骰子时符合预期的行为方式**

1. 每个骰子在掷出后都会随机得到一个 1 到 6 之间（包括 1 和 6）的点数。
2. 两个骰子通常一起掷出，尤其是两个骰子颜色和大小都相同的时候。
3. 两个骰子一起掷时，通常会计算总点数。例如，一个骰子为 3 点，另一个骰子为 4 点时，总点数为 7。
4. 如果掷出一对同样的点数（即两个骰子的点数都一样），有时会给玩家特殊利益。

- **棋类游戏中掷骰子时不符合预期的行为方式**

1. 玩家不能直接用骰子摆出自己想要的点数。
2. 骰子必须停在桌面上，并且必须一个面完全朝下才算有效。否则需要重新掷。
3. 玩家掷出骰子后，在这一回合内通常不允许再触碰骰子。
4. 骰子通常不能掷向其他玩家。

这些规则很简单，通常不用做书面规定，如果在这方面较真的话会显得过于死板，但这个例子很好地说明：棋类游戏中有很多规则其实并未写入规则手册中，而是由玩家基于公平比赛的共识默契遵守。这一观念存在于虚拟现实的设想当中，也可以在很大程度上解释为什么一群儿童可以自创游戏并且他们全都能凭直觉明白玩法。对大多数人类玩家来说，游戏玩法中隐藏着大量的默认规则。

但是，计算机游戏做每件事时都要依赖明确的指令。尽管计算机通过近几十年的发展，已经达到堪称强大的程度，但其本质仍然是无意识的机器，只能每秒上百万次地依次执行各条明确指令。只有你把自己的想法编译成非常简单的指令让它执行，计算机才能产生貌似智能的行为表现。

15.2　简单命令练习

这里有个经典的练习，可以帮助学习计算机科学的学生理解如何从简单指令的角度思考问题，方法就是用简单命令指挥另外一个人从卧姿转为站姿。你需要找个同伴配合你完成这一练习。

首先，让同伴仰卧在地板上，然后告诉他严格按你所发出的命令的字面含义做相应动作。你的目标是向同伴发出一系列命令，使他站立起来。但你不能使用“站起来”之类的复杂命令，只能像指挥机器人一样使用简单命令。例如：

- 把你的左胳膊肘弯成 90°。
- 让你的右腿半伸展。
- 将你的左手手心向下放在地上。
- 举起你的右臂指向电视。

事实上，相对于大多数机器人接受能力来说，上述这些简单命令还是过于复杂，而且解读时也容易出现偏差。不过，作为一个练习，简化到这种程度已经足够了。请尝试一下。

你用正确的命令让同伴站立起来花了多长时间？如果你和同伴都尽量遵守这个练习的规则，用时肯定不会短。如果你换不同的人一起玩这个练习，你会发现，如果你的同伴事先不知道你需要让他站立起来，那么花的时间会更长。

你几岁时家长开始让你摆餐具？在笔者四岁的时候，家长就觉得，只要告诉我“请把餐具摆好”，我就能完成这样复杂的工作了。基于上面的练习，你可以想象一下，要让一个人完成像摆餐具这样复杂的工作，你需要发出多少简单命令，但是很多儿童在上小学以前就可以自己完成了。

数字化编程的意义

当然，上面的练习不是为了让你失去信心，而是为了帮助你理解计算机的思维方式，用类比的方式说明计算机编程的几个方面。实际上，接下来的两章会鼓舞你的信心。请接着往下看。

计算机语言

作者在上文中给出了四个简单命令的例子，只是为了大致说明你应该用什么样的语言给同伴发命令。显然，这种语言的定义很模糊。在本书中，我们将使用 C#（英文发音是 see sharp）编程语言，幸好，这种语言的定义要明确得多。我们将在这一部分的后续章节中深入探索 C#语言。十几年来，笔者教过几百名学生，讲过多种编程语言，根据我的经验，C#是最佳的编程入门语言之一。尽管 C#比 Processing 或者 JavaScript 之类的简单语言需要学习者更加认真仔细，但它能让学习者更好地理解一些核心编程概念，使他们在游戏原型设计和开发的职业生涯中长期获益，而且还能帮助学习者建立良好的代码书写习惯，使代码开发更加轻松快捷。

代码库

从上面的练习中你可以看到，比起花费力气发出很多低级命令，如果你能告诉同伴“站起来”的话，事情会简单许多。在这里，“站起来”就相当于一个多功能高级命令，你可以用这个命令把你的要求告诉同伴，而不用考虑同伴最开始是什么姿势。“把餐具摆好”与此类似，也是一个常用的简单命令，不管要准备什么食物、有多少人就餐、或者是在谁家，都可以通过这样的高级命令得到预期的结果。在 C#中，常用行为的高级命令集称为代码库（code library）。如果你使用 C#和 Unity 进行开发，有上百个这样的代码库供你使用。

最常用的代码库是把 C#语言集成到 Unity 开发环境的代码库。这个代码库功能非常强大，以 UnityEngine 的名称导入。UnityEngine 代码库包含用于以下功能的代码：

- 卓越的光影效果，例如烟雾和反射。
- 物理模拟，包括重力、碰撞，甚至是布料模拟。
- 来自鼠标、键盘、游戏手柄、触摸平板的输入。
- 上千种其他功能。

另外，还有几十万种免费或收费的代码库，帮你更轻松地编写代码。如果你要做的工作非常常见（比如让物体在一秒钟内平滑地穿过屏幕），很有可能其他人已经写好了这种用途的代码库（Bob Berkebile 的 iTween 免费代码库就有这一功能，网址是 http://itween.pixelplacement.com/index.php）。

业内有许多流行的 Unity 和 C#优秀代码库，这意味着你可以专注于编写游戏中新出现的独特内容，而不必每次开始新游戏项目的时候都重复劳动。慢慢地，你也可以把自己代码中的常用片段整理到一个代码库中，以便在多个项目中重用。在本书中，我们会创建一个叫作 ProtoTools 的代码库，在本书的几个项目中使用，并逐渐给它添加功能。

开发环境

Unity 游戏开发环境是本次开发体验的必备工具。Unity 程序可以当作一个开发环境，我们先创建各个游戏组件，然后在这个开发环境中把所有组件组合在一起。在 Unity 中，三维模型、音乐和音频片段、二维图像和纹理以及你编写的 C#脚本，这些资源都不是直接在 Unity 中创建的，但通过 Unity，你可以把它们整合成一个完整的计算机游戏。Unity

还可以用来在三维空间中布置游戏中的对象，处理用户输入，设置屏幕中的虚拟摄像机，并最终把这些资源编译成一个可以运行的游戏。在第 16 章“Unity 开发环境简介”中，我们将全面探讨 Unity 的这种能力。

把复杂问题分解为简单问题

通过前面的练习，你一定会注意到，如果不允许给出“站起来”这样的复杂指令，你就需要把复杂命令分解成更细、更琐碎的命令。尽管这在练习时很困难，但你会在编程过程中发现，把复杂命令分解为简单命令的技巧是你处理所面临的挑战时最重要的能力，让你把所要创建的游戏一点一点建立起来。在开发自己游戏时，笔者每天都会用到这种技巧，我敢保证这种技巧也会帮到你。接下来，我们将分解第 28 章“游戏原型 1：《拾苹果》游戏”中的拾苹果游戏，作为示例。

15.3　游戏分析：《拾苹果》

《拾苹果》游戏是本书中制作的第一个原型（见第 28 章）。这个游戏的玩法基于 Activision 的经典炸弹人游戏 *Kaboom!*[1]，*Kaboom!*由 Larry Kaplan 设计，由 Activision 公司于 1981 年发行。多年来，*Kaboom !* 游戏的克隆版本层出不穷，我们这个版本相对来说不是那么暴力。在原始的 *Kaboom !* 游戏中，有一个“疯狂炸弹投手”的游戏角色不停扔出炸弹，玩家需要左右移动篮筐接住这些炸弹。在我们这个版本中，玩家使用篮筐收集树上掉下来的苹果（如图 15-1 所示）。

图 15-1　《拾苹果》游戏

在本节分析中，我们将研究《拾苹果》游戏中的每个游戏对象，分析它们的行为，将这些行为分解为简单命令，以流程图的形式表示出来。通过这个示例，我们可以看到简单命令如何构成复杂的行为和有趣的游戏。笔者建议读者在网上试着搜索 *Kaboom!*游

1 http://en.wikipedia.org/wiki/Kaboom!_(video_game)。

戏，看看有没有这个游戏的网络版，在进行游戏分析之前先试玩一下，但是这个游戏的玩法非常简单，即使不试玩也无所谓。你也可以通过 http://book.prototools.net 网站上的链接找到《拾苹果》游戏的原型版本，只不过《拾苹果》游戏只有一个无尽的关卡，而 *Kaboom!* 游戏则有 8 个难度级别。

《拾苹果》游戏的基本玩法

玩家控制着屏幕下方的三个篮筐，可以用鼠标左右移动。苹果树在屏幕上方快速左右移动，并隔一段时间掉下一个苹果，玩家必须在苹果落地之前用篮筐接住它们。玩家每接住一个苹果就会获得一定的分数，但如果苹果落地一个，所有的苹果都会立即消失，而玩家会损失一个篮筐。玩家损失全部三个篮筐后，游戏结束（原版 *Kaboom!*游戏中还有另外一些规则，规定了每接住一个炸弹（苹果）的分数，以及各个关卡如何发展，但这些细节对于游戏分析来说并不重要）。

《拾苹果》游戏中的游戏对象

在 Unity 的术语中，游戏中的任何物体（通常指屏幕上可以看到的任何物体）都称为游戏对象（GameObject）。我们也可以使用这一术语指如图 15-2 所示的各个可见元素。

A. 篮筐：篮筐由玩家控制，随鼠标左右移动。篮筐在碰到苹果时即可接住苹果，同时玩家得分。

B. 苹果：苹果从苹果树上落下，并垂直向下坠落。如果苹果碰到任何一个篮筐，即被篮筐接住，同时从屏幕上消失（让玩家得分）。在碰到游戏窗口的底边时，苹果也会消失，并且会使其他苹果同时消失。这会使篮筐数目减少一个（按从下到上的顺序减少），然后苹果树上又重新开始掉苹果。

C. 苹果树：苹果树会随机向左或向右移动，并不时掉下苹果。苹果掉落的时间间隔是固定的，因此，只有左右移动是随机行为。

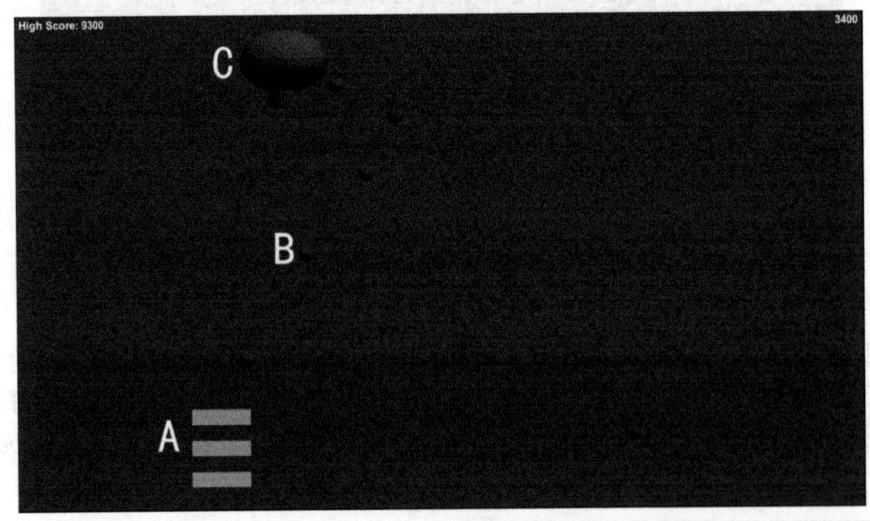

图 15-2　《拾苹果》游戏，图中标出了各类游戏对象

《拾苹果》游戏的游戏对象动作列表

在本节分析中，我们将不考虑原版 *Kaboom!*游戏中出现的难度级别或回合制，而只关注每个游戏对象各个时刻的动作。

篮筐的动作

篮筐的动作包括：

- 随玩家的鼠标左右移动
- 如果篮筐碰到苹果，则接住苹果[2]

仅此而已！篮筐的动作非常简单。

苹果的动作

苹果的动作包括：

- 下落
- 如果苹果碰到地面，它就会消失，并且使其他苹果一起消失

苹果的动作也非常简单。

苹果树的动作

苹果树的动作包括：

- 左右随机移动
- 每隔 0.5 秒落下一个苹果

苹果树的动作同样非常简单。

《拾苹果》游戏的游戏对象流程图

要考虑游戏中动作和决策流程，使用流程图通常是一个不错的方式。让我们看看《拾苹果》游戏中的流程图是什么样子。尽管下面流程图显示了得分和结束游戏等内容，但目前来说，我们只需要考虑单个回合中发生的动作，所以不必考虑如何实现计分和回合动作。

篮筐的流程图

如图 15-3 所示，用流程图列出了篮筐的行为。游戏的每帧都循环经历这一流程（每秒钟 30 帧以上）。图中最上方的椭圆代表游戏的帧，方框代表篮筐的动作（例如，追随鼠标向左/右移动），而菱形代表判别。关于帧的构成，详见“计算机游戏的帧”专栏。

---

2 也可以把碰撞当作苹果的动作，但是笔者选择把它当作篮筐的动作。

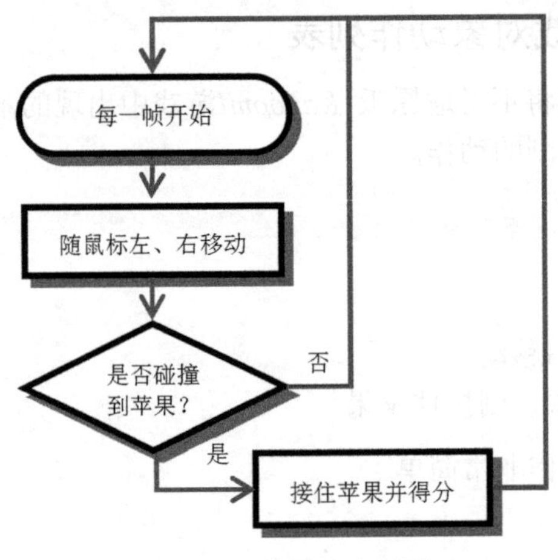

图 15-3 篮筐的流程图

计算机游戏中的帧

“帧”的概念起源于电影行业。从前，电影影片是由上千张单独的胶片（称为帧）构成的，这些胶片在快速依次播放时（速度为 16 或 24 帧/秒），就会产生动态的效果。在电视领域，动态效果是由投射到屏幕上的一系列电子影像产生的，这些影像也称为帧（速度约为 30 帧/秒）。

随着计算机图形快到足以显示动画和其他运动影像，在计算机屏幕上显示的各个单幅画面也被称为帧。另外，使电脑屏幕上产生该画面的所有运算都是该帧的组成部分。当 Unity 以 60 帧/秒的速度运行游戏时，它每秒在屏幕上显示 60 幅画面，同时，它还在进行大量必要的数学运算，使物体按要求从一帧运动到下一帧。

图 15-3 显示了让篮筐从一帧运动到下一帧所进行的全部运算。

苹果的流程图

苹果的流程图也非常简单（如图 15-4 所示）。

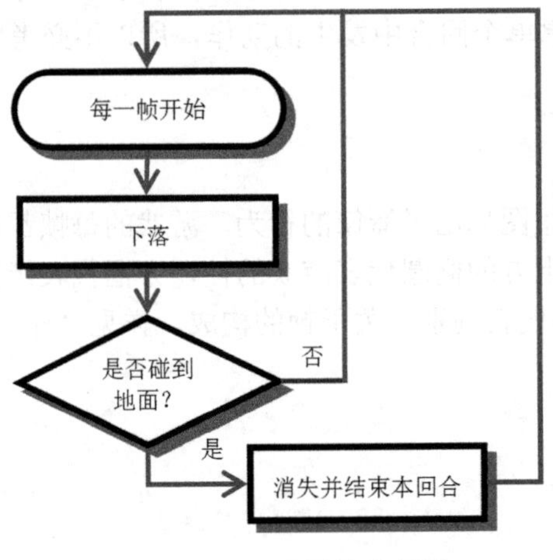

图 15-4 苹果的流程图

苹果树的流程图

苹果树的流程图稍微有些复杂（如图 15-5 所示），因为在每帧中，苹果树都要做出两个选择：

- 是否变化方向
- 是否落下苹果

可以在运动之前或之后确定是否要变化方向。在本章中，两者都可以。

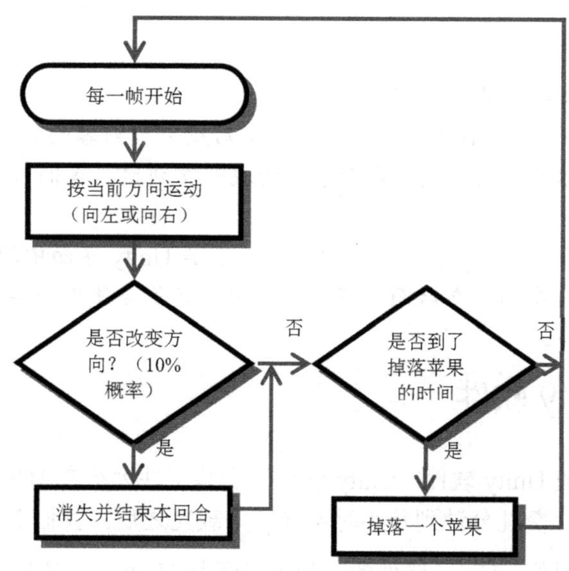

图 15-5　苹果树的流程图

15.4　小结

如上，数字化游戏可以分解为一系列非常简单的选择和命令。这项工作暗含在本书创建模型的过程中，读者在设计和开发自己的游戏项目时也需要进行这项工作。

在第 28 章中，我们会进行详细分析，并演示这些动作列表如何转化为代码，让篮筐运动、让苹果下落、让苹果树像疯狂炸弹投手那样不断掉下苹果。

第 16 章

Unity 开发环境简介

从本章开始，我们将正式开始编程之旅。

本章将介绍如何下载 Unity 软件，即贯穿本书后续章节内容的游戏开发环境。我们还会讨论 Unity 为何堪称游戏设计或开发新手的游戏开发利器，我们为何选择 C#作为学习的目标语言。

本章中，你还会看到 Unity 自带的项目样本，了解 Unity 界面中的各种窗口面板，并把这些面板按逻辑进行布局，在后面章节的样例中，我们会使用同样的布局。

16.1 下载 Unity 软件

首先，我们要下载 Unity 软件。Unity 软件的安装文件大小在 1GB 以上，所以，根据网速快慢，下载可能耗费几分钟到几小时不等。下载完之后，我们继续研究 Unity。

笔者在写本书的时候，Unity 软件的主版本号还是 Unity 4。因为 Unity 版本在不断更新，当前的次版本号大概应该是 4.x.y 这样，其中的 x 和 y 是次版本号。但不管版本号是多少，我们总是可以从下面的官网地址免费下载到它：

http://unity3d.com/unity/download

这个网页提供了与你操作系统相匹配的软件最新版本下载链接（如图 16-1 所示）。Unity 有 Windows 和 OS X 的两种版本，但在这两个平台上几乎没有差别。

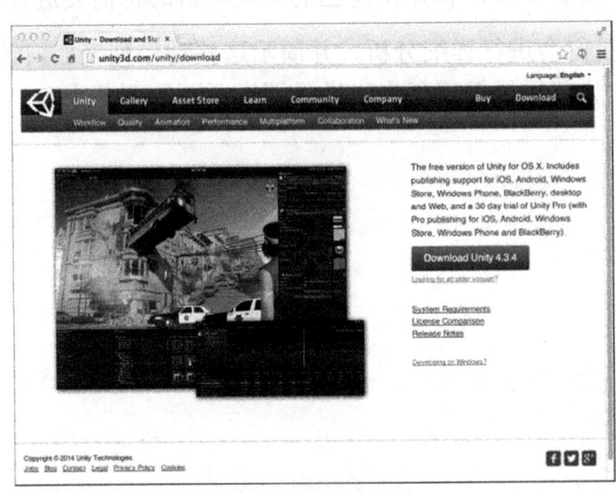

图 16-1 Unity 的下载页面

提示

虽然 Unity 是免费软件，但仍然需要许可才能使用，所以在软件第一次运行时，计算机需要连接到网络。

16.2 开发环境简介

在认真学习原型设计之前，我们需要先熟悉我们所选择的 Unity 开发环境。Unity 本身可以被视作一个组装程序，虽然 Unity 可以把游戏原型中的元素全部组装到一起，但大部分资源是在其他程序中创建的。我们将在 MonoDevelop 中编写代码；在 MAYA、Autodesk、3DS MAX 或 Blender 等三维建模程序中创建模型和材质；在 Photoshop 或 GIMP 等图像编辑软件中制作图像；在 Pro Tools 或 Audacity 等音频编辑软件中编辑声音。因为本书主要是用 C#语言编程和学习编程，所以大部分时间将用来学习 MonoDevelop 软件的教程，但是首要问题仍然是了解 Unity 如何使用，以及 Unity 环境如何有效设置。

选择 Unity 的理由

游戏开发引擎有许多，但出于下面几个理由，我们选择使用 Unity。

- **Unity 是免费的**：我们可以使用 Unity 的免费版本创建和开发兼容 OS X、Windows、Web、Linux、iOS、Android、BlackBerry、Windows Phone、Windows Store 等操作系统的游戏。虽然 Unity 专业版中附加了一些非常实用的功能，但对于学习游戏原型制作的设计者来说，免费版已经够用了。Unity 专业版的价格是 1500 美元（或 75 美元/月），但是对于学生用户，Unity 专业版一年的许可费用可以打 1 折！

提示

学生优惠价 如果你是学生，在购买 1 年的 Unity 专业版教育许可时可以享受巨大的优惠（费用约为 150 美元，而不是 1500 美元）。这种许可不允许你直接发售所开发出的游戏，但是你可以使用 Unity 专业版中强大的游戏开发功能，创建优秀作品。在开发完成后，如果你觉得自己的作品会热销，你可以购买 Unity 专业版的商业版本，然后对外发售你的游戏。Unity 最近还新增了专业版的学生许可，这种许可允许你对外发售游戏，但软件许可的价格要稍高一些。

你可以上网搜索 “Unity educational student pricing”（Unity 教育 学生 定价），以便了解针对学生的最新价格。

- **一次编写，到处部署**：Unity 免费版可以创建兼容 OS X、Windows、Web、Linux、iOS、Android、BlackBerry、Windows Phone、Windows Store 等各种平台的程序，而且使用相同的源代码和源文件。这种灵活性是 Unity 的核心，事实上，这也是 Unity 公司名称和软件名称的起源。Unity 专业版中还有付费插件，供专业人员创建运行于 PlayStation 3、XBox 360 和其他游戏平台的游戏。

- **良好的支持：**除了优良的说明文档外，Unity 还有非常活跃和热心的开发人员社区。全球有几十万名开发人员在使用 Unity，其中很多人在网上各个 Unity 论坛上参与讨论。
- **它非常出色！**笔者和我的学生开玩笑说 Unity 有一个"变出色"按钮。尽管这种说法严格来说不正确，但 Unity 内置了多种卓越的功能，有时只需勾选某个复选框就可以让你的游戏拥有更佳的外观和体验。Unity 的开发人员已经替你解决了很多游戏编程中的难题，其中包括：碰撞检测、物理模拟、寻找路径、粒子系统、绘制调用批处理、着色器、游戏主循环，以及许多其他代码编写中的难题。我们只需充分利用这些功能创建游戏。

选择 C#语言的理由

在 Unity 中，我们可以从 UnityScript、C#、Boo 三种编程语言中选择一种来使用，很少有人真正使用 Boo，所以我们基本上是二选一。

UnityScript：JavaScript 的变体

JavaScript 经常被认为是为初学者准备的语言，它的语法比较宽容和灵活，通常用于网页脚本。JavaScript 最初由网景公司于 20 世纪 90 年代中期开发，被当作 Java 编程语言的"轻量级"版本。它最初充当了网页脚本语言，但是在早期，这也意味着 JavaScript 的各种函数可能会在某种浏览器下运行良好而在另一种浏览器下无法运行。JavaScript 的语法是 HTML 5 的基础，语法也非常接近 Adobe Flash 软件的 ActionScript 3。除此之外，其实是 JavaScript 宽容和灵活的特性使它在本书中退居次席。例如，JavaScript 使用弱类型，也就是说，如果我们创建一个名为 bob 的变量（或容器），我们可以给它赋任何类型的值，包括数值、单词、整本小说的内容，甚至是游戏的主要角色。由于 bob 变量没有变量类型，Unity 永远也不知道 bob 到底代表什么，它的类型随时都可以改变。JavaScript 的这种灵活性使脚本编写更加乏味，也使程序员无法充分利用现代编程语言中一些强大而有趣的特性。

C#

2000 年的时候，微软为对抗 Java 而开发了 C#语言。他们借鉴了 Java 中许多现代编程特性，将其糅合到 C++程序员所熟悉和习惯的语法当中。这意味着 C#具备现代编程语言的全部功能。对于经验丰富的程序员来说，这些功能包括：函数虚拟化和委托、动态绑定、运算符重载、lambda 表达式和强大的 LINQ 查询库等。对于编程初学者来说，你只需要知道，通过 C#入门会把你培养成更合格的程序员和原型制作人员。在南加州大学的原型制作教学课堂上，笔者在不同的学期分别使用了 Unity 和 C#。通过与之前学期中学习 UnityScript 的学生对比，笔者发现学习 C#的学生制作出的游戏原型水平更高，编码习惯更强，对于自己的编程能力也更为自信。

各种语言的运行速度

> 如果你拥有一定的编程经验，你可能会认为 C#代码在 Unity 中会比 JavaScript 或 Boo 运行得更快。这种推测源于 C#是编译型语言而 JavaScript 和 Boo 是解释型语言(编译型语言的代码会被编译器编译成机器语言，而解释型语言是在玩家玩游戏的过程中即时解释的，这会导致解释型语言的代码运行得较慢)。但是在 Unity 中，每次保存 C#、UnityScript 或 Boo 代码文件时，Unity 都会导入这个文件，并将其中的语言代码转换为通用中间语言 CIL（Common Intermediate Language），然后才把 CIL 编译成机器语言。因此，不管使用什么语言创建的 Unity 游戏原型的运行速度都一样。

关于语言学习的艰巨性

毋庸置疑，掌握一门新语言并非是一件易事。你之所以购买本书而不是试图自学成才，笔者相信这也是原因之一。和西班牙语、韩语、汉语、法语等人类语言一样，C#中也会有一些内容让人初学起来感觉毫无头绪，笔者可能会让你写一些你不能马上就弄明白的代码。到特定的时候，你可能会开始感觉有些一知半解，但对语言整体仍是似懂非懂(感觉就像你学了一学期的西班牙语,然后去看 Telemundo 电视台的西班牙语肥皂剧)。笔者几乎所有的学生在学完半个学期的课程之后都会有这种感觉，但在学期结束时，每个人都会对 C#和游戏原型制作更加自信和适应。

请放心，把本书完整地学完之后，你不但会对 C#有足够的理解，而且还能学到几个简单的游戏原型，你可以把它们应用到自己的游戏项目当中。笔者在本书中采用的教学方法，源自于我多年来教育“编程菜鸟”的经验，我教他们学会了如何发掘自身的编程能力，往大了说，我让他们有能力把自己的游戏创意转变为可以运行的成品。你可以从本书中看出，这种教学方法包含三个步骤：

1. **概念介绍**：在要求你编写每个项目的代码之前，笔者会告诉你需要做什么，为什么这样做。在每个教程中，这种关于开发目的的常规概念可以给你提供一个框架，之后再在这个框架上添加这一章中引入的各种代码元素。
2. **引导性的教程**：之后，笔者会一步步地引导你学习教程，用可以运行的游戏来演示上述概念。与其他教学方法不同的是，我们将全程编译和测试，这样你就可以发现和纠正 Bug（即代码中的问题），而不是到最后再统一纠错。另外，笔者甚至会给你制造一些 Bug，这样你就会明白它们会造成什么样的错误，并熟悉这些 Bug。以后你在遇到自己的 Bug 时，处理起来也会更简单。
3. **重复练习**：在很多教程中，都会要求学习者重复练习。例如，在《小蜜蜂》之类的射击游戏中，教程会先引导你先创建一个敌人角色类型，然后再让你自己创建三个其他类型。请不要跳过这一部分！这种重复练习会让你把概念弄清楚，巩固你的理解。

专家提示

90%的 Bug 是手误 笔者花过太多时间帮助学生们纠正 Bug，现在我可以很快地找出代码中的手误。常见的手误包括：

- 拼写错误：即使只打错一个字符，计算机也会无法理解你的代码。
- 大小写错误：对于 C #编译器来说，A 和 a 是两个完全不同的字符，因此 `variable`、`Variable`、`variAble` 是三个完全不同的单词。
- 漏写分号：正如英语中几乎所有句子后面都要有句点一样，C#中几乎所有语句后面都要有分号（；）。如果你漏写了分号，就会在下一行产生一个错误。顺便说一下，C#中使用分号结束语句是因为句号被用作数字中的小数点，也用于变量名称与子变量的点语法（例如：varName.subVarName.SubSubVarName）。

笔者在上文中提到过，我几乎所有的学生在学完半个学期的课程之后都会感到困惑和气馁，而这正是我给他们布置经典游戏项目作业的时期。我要求他们在四周时间内逼真地还原一款经典游戏的游戏机制和体验。这些经典游戏包括《超级马里奥》、《银河战士》、《恶魔城》、《口袋妖怪》，甚至是原版的《泽尔塔传奇》。通过强迫学生自己解决问题、自己规划时间、深挖这些貌似简单的游戏的内部机制，可以让学生对 C#产生更深的认识，这时学习才开始步入正轨。这里最关键的要素是，思维方法需要从“我在学习这本教程”转变为“我想做成这件事情……现在我需要怎么做？”在学完本书后，你会做好准备解决自己游戏项目（或者你自己版本的经典游戏项目）中的问题。本书中的教程可能会成为你创建自己游戏的美妙起点。

16.3 首次运行 Unity 软件

笔者希望在你阅读上面这些内容的同时，Unity 已经在后台下载完成了。恭喜你！你将展开一段充满挑战和收获的旅程。

安装 Unity

根据你的系统设置，Unity 安装文件可能会被下载到硬盘上的某个下载文件夹中。笔者相信你之前下载安装过其他软件，这次你要做的就是找到 Unity 安装文件并运行，全部按照默认设置进行安装。这次安装的软件很大，所以需要花点时间。在安装快完成的时候，可能会感觉安装程序像失去响应一样，但不要担心，等它自己完成就可以了。

首次运行：获取软件许可

第一次运行的时候，Unity 会打开一个内置网页，要求你创建一个许可并注册（如图 16-2 所示），这个过程很容易，不需要花太多时间。你需要决定是选择免费许可还是 Unity 专业版的 30 天试用。在这里，笔者建议你激活 Unity 的免费版，如果你计划慢慢学完本书，就更应该这样做。在创建第 34 章的 *QuickSnap* 游戏原型时，使用专业版效果会很好，所以笔者建议到那个时候再激活 Unity 专业版的 30 天试用。如果你马上就激活 Unity 专业版的 30 天试用，你会看到图 16-4 中漂亮的反射和着色器。

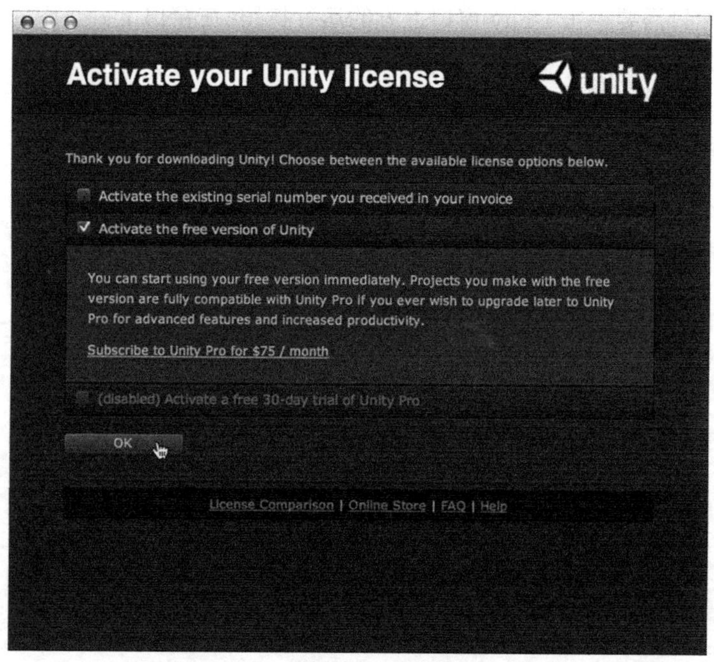

图 16-2　Unity 许可窗口

你随时都可以激活 30 天试用，但是只能激活一次，在试用期结束之后，你会恢复到免费版。如果现在选择使用免费版，你将来随时都可以升级到专业版试用，操作方法是从 OS X 系统的菜单栏中执行 Unity>Manage License 命令（Windows 系统中执行 Help>Manage License 命令）。

单击 OK 按钮之后，会弹出一个创建 Unity 账户的对话框。他们会给你发送一封邮件（所以你需要提供一个有效的邮件地址）。然后，可能会要求你填写一份调查问卷，你可以选择跳过（单击调查问卷下方的相应链接）。

完成上述步骤之后，Unity 会自动打开 *AngryBots* 演示项目。这是一个大型项目，所以加载它需要几秒钟时间。在此期间，Unity 可能看起来被冻结或无响应，但稍等一下，所有内容都会显示出来。

演示项目：*Angry Bots*

在首次运行 Unity 时，它会打开一个演示项目并弹出一个 Welcome to Unity 欢迎窗口。你可以关闭欢迎窗口，如果希望看到更多 Unity 软件介绍，你也可以查看欢迎窗口中的软件介绍视频和其他链接。

通常 Unity 在每次启动时都会打开一个现有项目，除非你禁止软件这样做（方法是在启动时按下 Option/Alt 键）。默认打开的项目是 *AngryBots*（如图 16-3 所示），这个项目由 Unity 团队创建，用于展示这个游戏引擎的能力。如果由于某种原因没有打开默认场景，

你需要双击 *AngryBots* 场景资源去打开它。它应该是窗口下半部分的 Project 面板中的第一个图标。在屏幕上，你会看到 Project 面板和几个其他面板，我在后文会详细解释这些面板，但现在，你只需要单击 Unity 窗口上方的运行按钮（在窗口上方正中的三角形按钮），然后试玩一下这样游戏。你可以查看下面的游戏提示，了解如何控制。

图 16-3　首次运行 Unity 时的窗口外观

专家提示

- 通过 W、A、S、D 键或者方向键控制游戏主角的运动。
- 枪口总是指向鼠标光标的位置。
- 按下鼠标左键开枪。

你需要在非常靠近圆形舱门的位置站立几秒钟才能开门。

有些地方，需要玩家站在电脑前才能打开（让从电脑中延伸出来的红色电线变为绿色）。

在玩这个游戏的时候，需要注意一些事情：

- **着色器：** 着色器是为了使游戏外观更加出色而专门为显卡所写的代码，*AngryBots* 中用到了大量着色器（如图 16-4 所示）。需要重点关注的有：

A．画面景深效果，让画面一些局部清晰，而另一些局部模糊（如图 16-4 所示的字母 A 所标区域）。这种效果只有在 Unity 专业版中才能显示。

B．地板上的反光（特别是激光瞄准器的反光，如图 16-4 所示字母 B 所标区域）。这种效果只有在 Unity 专业版中才能显示。

C．室外地板上动态的雨滴效果（如图 16-4 所示中字母 C 所标区域）。这种效果在 Unity 专业版和免费版中均可显示。

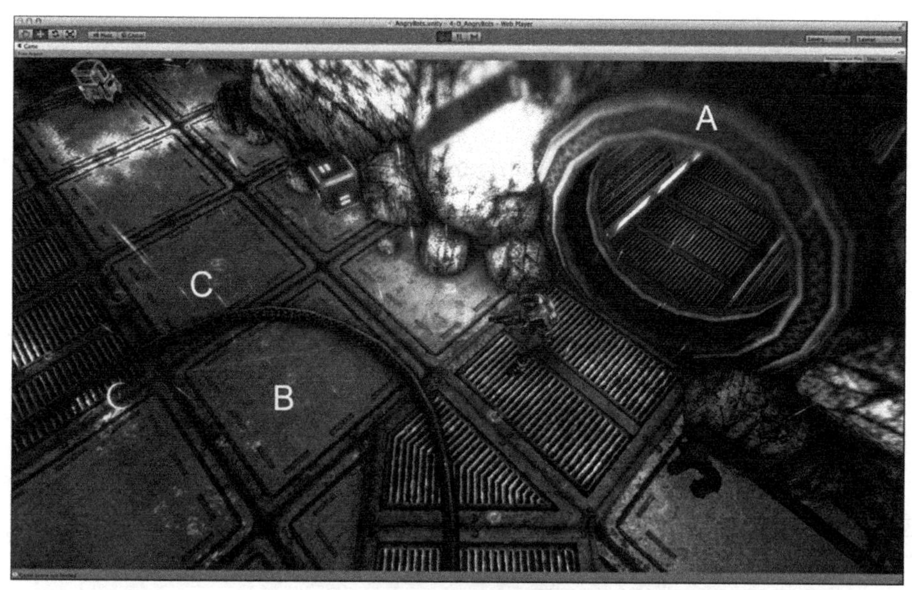

图 16-4 显示各种着色器效果的屏幕画面

就像前文解释过的，如果你选择激活免费许可而不是 Unity 专业版 30 天试用许可，你会看不到多数的高级着色器。这是 Unity 的免费版和专业版之间为数不多的区别之一。

- **角色控制和动画：** Unity 使用了动画合成技术，使玩家角色可以一边向某个方向射击，一边向另一方向移动。
- **人工智能（AI）寻径：** 敌人可以绕过室内的障碍物发现玩家并发起攻击。

请随意探索整张地图，看看自己希望把 *AngryBots* 中的哪些元素借鉴到你自己的游戏项目中。请接着玩，我等你回来。

……

现在，你有什么体会？你是否炸掉了那个基地？是否逃离了这座即将爆炸的空间站？你有没有发现那座白色的博物馆？这个游戏的控制有些特殊，但不管怎样，它很好地展示了 Unity 可以精致到什么程度。

我们接下来要做一件非常酷的工作。

编译 *AngryBots* 游戏并部署到网上

请单击 Unity 窗口上方的蓝色停止按钮（运行按钮旁边的那个方形按钮），然后从菜单栏中执行 File（文件）>Build Settings...（编译设置）命令（表示从 File 菜单中选择 Build Settings...，如图 16-5 所示）。

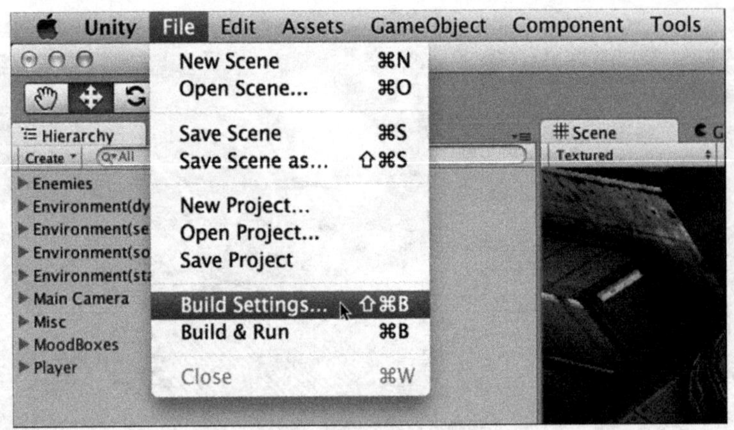

图 16-5 Build Settings...菜单项

这里，你会看到如图 16-6 所示的 Build Settings 对话框。

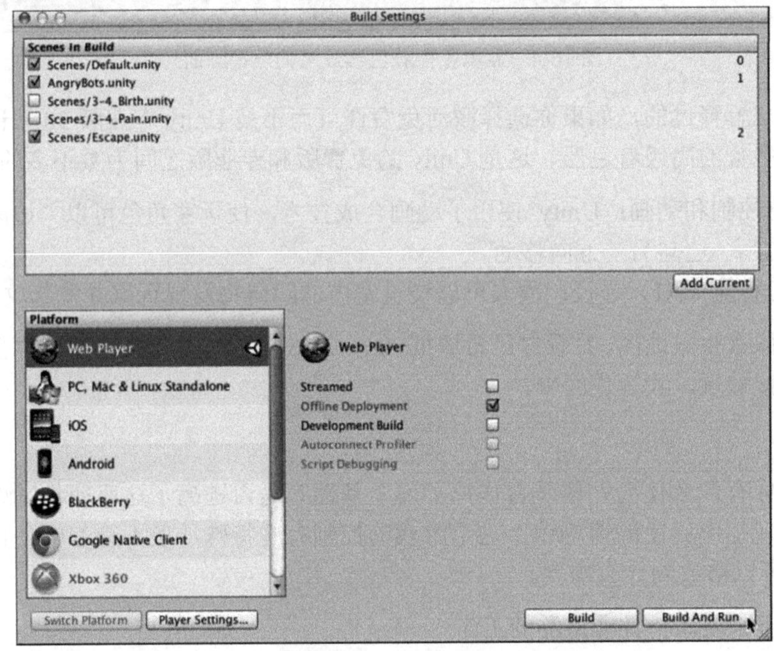

图 16-6 用于网页播放器的 Unity 游戏创建设置

在这个对话框中，请确保单击左侧的 Web Player（网页播放器），然后勾选 Web Player 选项区域中的 Offline Deployment（离线部署），接下来 Unity 会询问你需要将文件保存到什么位置。请输入 AngryBots Web Build 作为文件名，然后单击 Save（保存）。

Unity 会花费一点时间进行处理，为你创建这个游戏的网页版。创建完成后，你的浏览器会自动打开，并跳转到如图 16-7 所示你刚创建的网页。在有些浏览器下，你可能会看到一个是否允许运行 Unity 插件的提示框。

这样就大功造成了。你已经编译出了 *AngryBots* 游戏的网页版。Unity 让这些事变得易如反掌，这样你就可以专心进行游戏设计和开发这样有趣味的工作了。

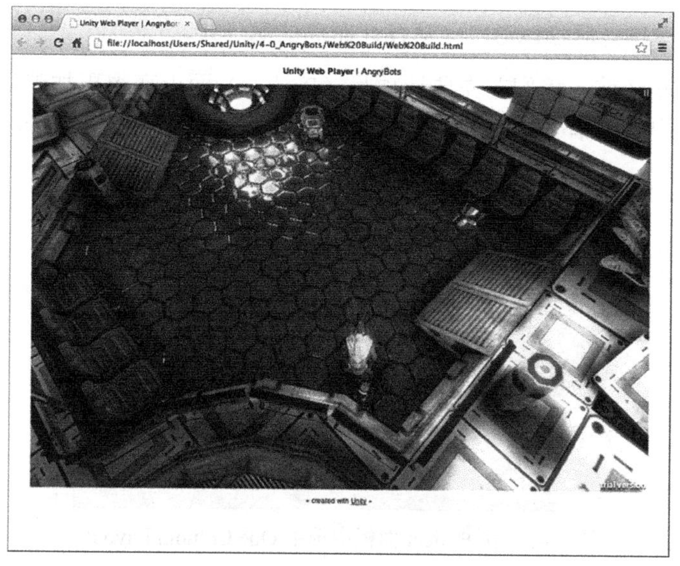

图 16-7　在浏览器窗口中运行 *AngryBots* 游戏

16.4　设置 Unity 的窗口布局

在正式开始使用 Unity 制作游戏之前，我们需要进行的最后一项工作是合理规划工作环境。Unity 非常灵活，比如它允许你按自己的偏好布置窗口面板。从 Unity 窗口右上角的布局（Layout）弹出菜单中选择各种不同选项，你可以看到不同的窗口布局（如图 16-8 所示）。

图 16-8　Layout 弹出菜单的位置，从中选择“2 by 3”

请从弹出菜单中选择 2 by 3，这是设计布局的第一步。

在做其他工作之前，我们首先要让项目（Project）面板变得更加整洁。请在 Project 面板上单击选项弹出菜单（如图 16-9 所示的黑圈）并从中选择一栏式布局（One Column Layout）。

图 16-9　在 Project 面板中选中 One Column Layout

Unity 允许你移动窗口面板或者调整两个面板中间的边框。如图 16-10 所示，你可以拖动面板的选项卡（图中箭头状光标所指控件）来移动面板，也可以拖动两个面板之间的边框（图中水平调整光标所指部位）来调整面板的边框位置。

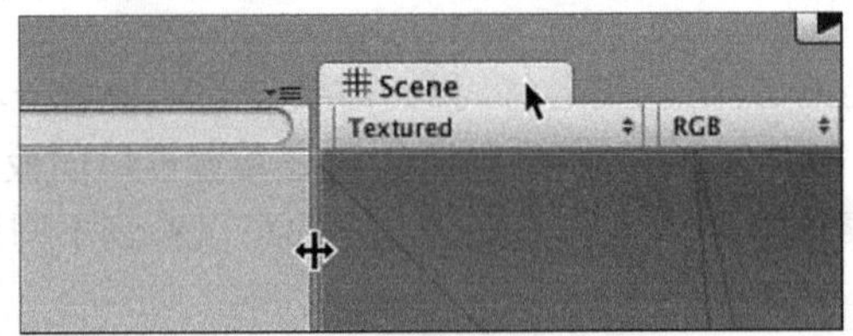

图 16-10　移动和调整 Unity 窗口面板的两种鼠标光标形状

在拖动选项卡移动面板时，在新的位置会预览到虚化的面板形状。在某些位置，面板会停靠。如果发生这种情况，虚化的面板会显示在新位置上（如图 16-11 所示）。

图 16-11　在 Unity 窗口中拖动时，处于虚化状态和停靠状态的面板

请移动窗口面板，直到你的窗口达到如图 16-12 所示的外观。

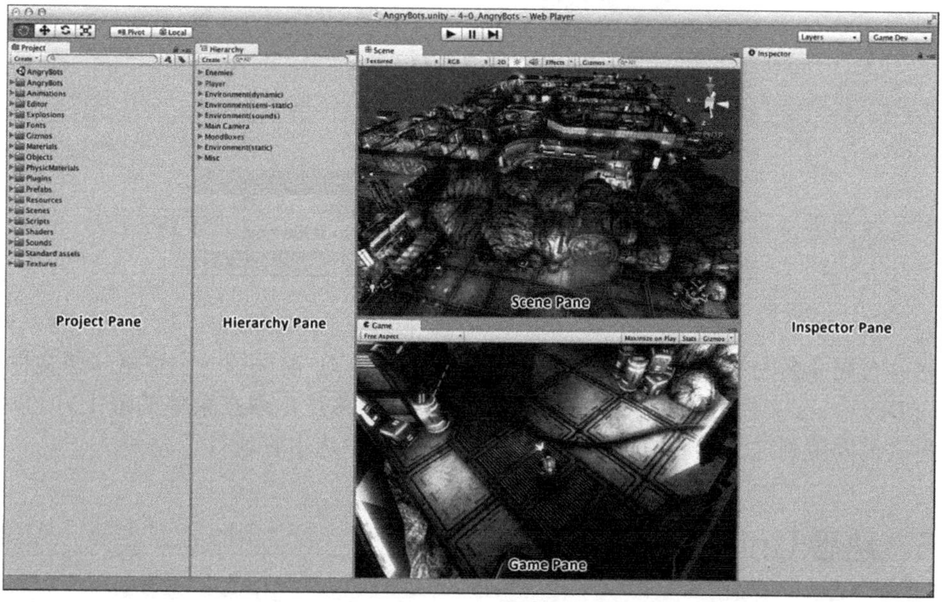

图 16-12　Unity 窗口的合理布局……但仍有所欠缺

最后，我们需要添加控制台（Console）面板。在菜单栏中执行窗口（Window）>控制台（Console）命令。然后把控制台面板拖动到层级（Hierarchy）面板下方。之后，你还需要移动项目（Project）面板，达到如图 16-13 所示的最终布局。

图 16-13　Unity 窗口的最终布局，包含 Console 面板

现在你只需在布局（Layout）弹出菜单中保存当前布局即可，这样下次你就不需要从头再来了。单击布局弹出菜单并从中选择 Save Layout...（保存布局），如图 16-14 所示。

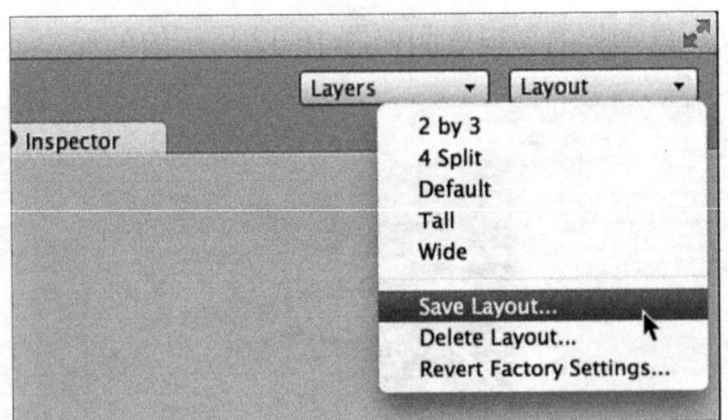

图 16-14　保存布局

将此布局命名为 Game Dev 保存，在第一个字母 G 前保留一个空格（即文件名为“Game Dev”）。在文件名前加空格，可以保证这个布局总是出现在菜单的最上方。以后，当你再次需要用到这个布局的时候，只需从弹出菜单中选中它就行了。

16.5　熟悉 Unity 界面

在我们正式进行代码编写之前，你需要对刚才布置的各个窗口面板有一定了解。接下来在探讨每个面板的时候，你可以参考图 16-13 的内容。

- **场景（Scene）面板**：场景面板为你提供三维场景内容的导航，允许你选择、移动、旋转或缩放场景中的对象。
- **游戏（Game）面板**：你可以在游戏面板中查看游戏运行时的实际画面。在你编译 *AngryBots* 游戏的网页版之前，你是在这个窗口中试玩的游戏。这个面板还用来显示场景中主摄像机的视图。
- **层级（Hierarchy）面板**：层级面板展示当前场景中包含的每个游戏对象（GameObject）。在目前这个阶段，你可以把场景当做游戏的关卡。从摄像机到游戏角色，场景中存在的所有东西都是游戏对象。
- **项目（Project）面板**：项目面板包含了项目中所有的资源（Assets）。每一项资源都是构成项目的一个任何类型的文件，包括图像、三维模型、C#代码、文本文件、音频、字体等文件。项目面板是对 Assets 文件夹的一个映射，该文件夹位于电脑硬盘上 Unity 项目文件夹下。这些资源不一定出现在当前场景中。
- **检视（Inspector）面板**：当在项目面板中选中一项资源，或在场景面板或层级面板中选中一个游戏对象时，你可以在检视面板中查看或编辑它的相关信息。
- **控制台（Console）面板**：你可以在控制台面板中查看 Unity 软件给出的关于错误或代码 Bug 的消息，也可以通过它帮助自己理解代码的内部运行情况[1]。在第 18 章“Hello World：你的首个程序”和第 19 章“变量和组件”中，我们会频繁用到控制台面板。

---

1 Unity 中的 Print()和 Debug.Log()函数可以将消息显示在 Console 面板中。

16.6 小结

关于如何安装文件，到这里就讲完了。接下来，我们会正式开始游戏开发！如本章中所见，Unity 可以创建非常出色的视觉效果和引人入胜的游戏。尽管本书不涉及如何制作漂亮的三维模型和着色器，但重要的是让你了解到 Unity 的图形能力有多强。在下一章中，你将学到更多关于 C#的知识，我们会在游戏开发中使用这种语言。

第 17 章
C#编程语言简介

本章将介绍 C#语言的一些重要特性，并且说明选它作为本书语言的一些重要原因。本章还回顾了 C#语言的基本语法，解释了一些 C#简单句式结构的含义。

通过本意的学习，你将对 C#有更深刻的理解，做好准备深入学习后面的章节。

17.1 理解 C#的特性

如第 15 章“数字化系统中的思维”所讲，编程其实是给计算机发出一系列的简单命令，C#语言正是用来做这个的。目前存在着许多编程语言，这些语言各有所长，也各有所短。C 语言的特性在于它：

- 是编译型语言
- 是托管代码
- 是强类型语言
- 基于函数
- 面向对象

接下来各节将分别说明上述特性，这些特性将会以多种方式给你提供帮助。

C#是一种编译型语言

大部分人在编写计算机程序时，他们所用的语言并不能被计算机所理解。事实上，市面上的每种计算机芯片所能理解的简单命令集都稍有不同，这些指令集一般被称为机器语言。这种语言在芯片上执行起来非常快，但是人类很难读懂。例如，`000000 00001 00010 00110 00000 100000` 这样一行机器语言在某种计算机芯片上肯定有一定的含义，但是对人类来说没什么意义。你可能注意到了，机器代码的字符只有 0 或 1。因为所有更复杂的数据（数字、字母等）都可以分解为单个二进制数据（即 0 或 1）。你或许知道，人们曾经使用穿孔卡进行计算机编程，他们是这样做的：对于某些格式的二进制穿孔卡，在卡片材料上打一个孔则代表 1，而不打孔则代表 0。

为了让人们更容易编写代码，便于人类阅读的编程语言（有时称为编辑语言）便诞生了。你可以把编程语言当作人和计算机之间的一种过渡语言。像 C#这样的编程语言一方面有足够的逻辑性和简单性，让计算机易于编译；另一方面还近似于人类语言，让程序员易于读懂。

编程语言还分为编译型语言和解释型语言两大类，前者包括 BASIC、C++、C#和 Java 等，后者包括 JavaScript、Perl、PHP 和 Python 等（如图 17-1 所示）。

在解释型语言中，编辑和执行代码是两个步骤。程序员先编写游戏代码，然后在玩家每次玩游戏时，代码都是实时由编程语言转化为机器语言。这样做的好处是使代码具有可移植性，因为代码可以专门针对当前计算机进行解释。例如，一个网页上的 JavaScript 几乎可以在所有新款计算机上运行，不管计算机上运行的系统是 OS X、Windows 还是 Linux，甚至连 iOS、Android、Windows Phone 这样的移动操作系统也没问题。但是这种灵活性也会造成代码执行缓慢慢，原因是：在玩家计算机上解释代码会花费时间；编程语言没有专门为运行代码的设备做优化；还有许多其他原因。因为一段解释型代码要在所有设备上运行，所以无法针对某种运行设备做优化。正是因为这种原因，使用 JavaScript 这样的解释型语言创造的三维游戏运行会很慢，即使在同一台计算机上，也会比用编译型语言创建的游戏慢许多。

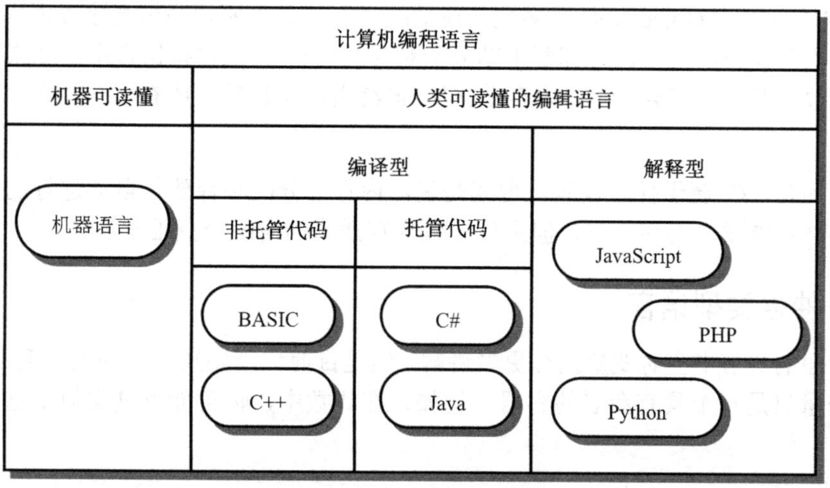

计算机编程语言			
机器可读懂	人类可读懂的编辑语言		
	编译型		解释型
	非托管代码	托管代码	
机器语言	BASIC C++	C# Java	JavaScript PHP Python

图 17-1　编程语言分类图

使用 C#等编译型语言，编程过程分为三个独立的步骤：编辑代码、编译代码、执行编译后的程序。中间多出的编译步骤是把代码从编辑语言转化为可执行文件（即应用程序或 App），该文件无需解释器即可直接在计算机上运行。因为编译器既完全理解该程序又完全理解程序运行的平台，所以它可以在编译过程中进行许多项优化。对于游戏来说，这些优化直接体现为更高的帧率、更细致的画面和更灵敏的游戏。多数高投入的游戏都使用编译型语言开发，正是因为这种优化或速度上的优势，但这也意味着必须针对每种运行平台进行一次编译。

在很多情况下，编译型语言只适用于一种运行平台。例如，Objective C 是苹果计算机独有的编程语言，用于制作 OS X 和 iOS 上的应用程序。这种语言以 C 语言（C++的前身）为基础，但具备了一些 OS X 和 iOS 开发的独有特性。同样，XNA 是微软专门开发的 C#风格语言，让学习者可以为运行 Windows 的个人计算机和 Xbox 360 编写程序。

在第 16 章“Unity 开发环境简介”中说过，Unity 支持使用 C#（同时支持 Boo 和

JavaScript 风格的 UnityScript）创建游戏。这三种语言都可以在额外的一次编译过程中被编译为通用中间语言 CIL，然后通用中间语言会针对任何平台进行编译，其中包括 iOS、Android、Mac、Windows PC 版、Wii 和 Xbox 等游戏控制台，甚至包括 WebGL 这样的解释型语言。这次额外的通用中间语言步骤保证了即使是 UnityScript 或 Boo 编写的程序也可以被编译，但是笔者仍然认为 C#比这两种语言要高级。

"一次编写，到处编译"并非 Unity 所独有，但却是 Unity Technologies 公司为 Unity 软件设定的核心目标，这一思想在 Unity 中的整合程度要好于我见过的任何其他游戏开发软件。但是，作为一名程序设计人员，你仍然需要认识到，在手机上通过触摸方式操控的游戏与个人计算机上通过鼠标和键盘操控的游戏之间，其设计也会存在差异。因此，不同平台上的代码通常会有细微的差异。

C#是托管代码

BASIC、C++、ObjectiveC 等多数传统的编译型语言需要程序员直接管理内存，要求程序员每次创建或销毁变量时都要手动分配和释放内存[1]。在这些语言中，如果程序员没有手动释放内存，程序会发生"内存泄露"，最终占用尽计算机所有内存，导致计算机崩溃。

幸运的是，C#属于托管代码，也就是说，内存的分配和释放是自动进行的。在托管代码中仍然可能发生内存泄露，但意外导致内存泄露的情况会更难发生。

C#是一种强类型语言

在后面的章节中会对变量进行更多讲解，但是目前你需要知道一些关于变量的知识。首先，变量只是一个具有命名的容器。例如，在代数中，你可能见过类似于这样的表达式：

```
x = 5
```

上面这行代码创建了一个名为 x 的变量，并为它指定了一个数值 5。之后，如果想知道 *x* + 2 的值，你肯定可以回答结果是 7，因为你记得 x 中存储的数值是 5。在编程中，变量的作用也正是如此。

在 JavaScript 等多数解释型语言中，单个变量中可以存储任何类型的数据。x 可能现在存储数值 5，过一会儿可能存储一幅图像，之后又可能存储一个音频文件。如果一种编程语言允许变量存储任意类型的数值，我们就称这种语言是弱类型语言。

相反，C#则是一种强类型语言。也就是说，我们在创建变量的同时，会指定它可以存储的数据的类型：

```
int x = 5;
```

1 内存分配是从计算机随机存取存储器（RAM）中划分出特定大小的空间，使其可以容纳一段数据的过程。尽管现在的计算机通常都有数百 GB 的硬盘空间，但其 RAM 大小通常不超过 20GB，RAM 比硬盘要快得多，所以所有程序都把图像、音频等资源从硬盘中读取出来，在 RAM 中分配部分空间，把这些资源存储到 RAM 中，以便快速访问。

在上面这个语句中，我们创建了一个名为 x 的变量，规定它只能存储整型数值（即不带小数的数值），并为它赋值为 5。尽管强类型会使编程变得更困难，但它可以让编译器执行更多优化，也让 Unity 的代码编辑器 MonoDevelop 可以进行实时语法检查（非常类似于 MS Word 的语法检查）。这也强化了 MonoDevelop 的代码自动完成功能，这种技术使它可以预测你将要输入什么单词，并基于已经写出的代码提供有效选项。有了代码自动完成功能，当输入代码的时候发现 MonoDevelop 提供了正确的自动完成建议，你只需按下 Tab 键接受建议。当你习惯这种操作以后，就能每分钟节省数百次的按键动作。

C#是基于函数的语言

在早期的编程中，程序是由一系列命令构成的。这些程序直接从头运行到尾，有点类似于有朋友要开车来你家，你这样给他指路：

1. 从学校出发，沿 Vermont 街向北走。
2. 到 I-10 公路向西拐，走 7.5 英里。
3. 到 I-405 交叉路口，上 I-405 路向南走 2 英里。
4. 从 Venice 大道下公路。
5. 右拐上 Sawtelle 大道。
6. 我家就在 Venice 北头的 Sawtelle 大道边上。

后来，可重复的片段以循环（一段重复执行的代码片段）和子过程（只能以跳入、执行、返回的方式运行的代码片段）的方式加入到程序中。

函数语言允许程序员为一段代码定义名称，同时将特定功能封装（即将一系列的动作组合在一个函数名称下）在里面。例如，如果上文中除了给朋友指路以外，你还要让他顺路帮你买些牛奶过来，他自己知道如果他在路上看到商店，他应该停车、下车、进商店找到牛奶、付款、回到车上、继续上路去你家。因为你的朋友已经知道怎么买牛奶，所以你只需要告诉他“买牛奶”（BuySomeMilk），而不必告诉他那些细枝末节。这个对话差不多应该是这样：

“哥们，路上要是有商店，能帮我 `BuySomeMilk()`吗？”

在这句话中，你把所有跟买牛奶有关的动作封装到一个名为“`BuySomeMilk()`”的函数当中了。在函数语言中，同样也可以这样做。当计算机处理 C#语言代码并遇到一个带圆括号的函数名时，它就会调用这个函数（即执行函数当中封装的所有动作）。你会在第 23 章“函数与参数”中学到更多关于函数的知识。

函数还有另一大妙处，你写完“`BuySomeMilk()`”函数代码之后，将来就不必重新写了。即使你在写另一个全新的程序时，你也可以把“`BuySomeMilk()`”的代码复制过去重复使用，而不必再从头写起。在本书的教程当中，你会写一个名为 `Utils.cs` 的脚本，其中包括很多可重复使用的函数。

C#是面向对象的语言

函数的概念出现以后又过了许多年，人们又发明了面向对象编程（OOC）的思想。在 OOC 中，功能和数据都被封装到对象中，严格点说，其实是封装到类中。在第 25 章“类”中将对它进行全面讨论，这里只做一个类比。

假设有各种动物。每种动物都了解自身的一些特定信息。这些数据可以是物种、年龄、体形尺寸、情绪状态、饥饿程度、当前位置等。每种动物都能做出一些动作：例如进食、移动、呼吸等。上面这些数据类似于代码中的变量，而动作能做出的这些动作类似于函数。

在 OOC 编程出现之前，用代码表示的动物只包含数据信息（即变量），但不能做出任何动作。这些动作是由与这些动物无关的函数来实现的。程序员可以写一个 `Move()` 函数用来移动所有的动物，但他可能必须写好几行代码来确定当前移动的动物是什么。例如，狗需要奔跑，鱼需要游泳，而鸟需要飞翔。程序中每加入一种新的动物，都需要修改 `Move()` 函数以适应这种动物的移动方式，而 `Move()` 函数也会变得越来越庞大，越来越复杂。

面向对象中引入的类和类继承的思想，从而彻底改变了这一状况。类将变量和函数组合在一起，形成一个完整的对象。在 OOC 编程中，你不需要编写一个可处理所有动物运动的大型 `Move()` 函数，而只需为每个动物物种写一个更小、更具体的 `Move()` 函数。这样，每次添加一种新动物时，你不必每次都修改 `Move()` 函数；而是为每个新动物物种编写一个更小的 `Move()` 函数。

面向对象中还包括类继承的概念。它可以允许类拥有更为具体的子类，并且允许每个子类继承或重写父类的函数。通过继承，可创建一个名为 `Animal` 的类，其中包括所有动物共有的数据类型声明。这个类将包含一个 `Move()` 函数，但这个函数并不确定。在 `Animal` 类的子类（例如 `Dog` 和 `Fish`）中，可重写 `Move()` 函数，产生行走或游泳的行为。这是现代游戏编程中的一个关键元素，如果你希望创建一个基本的 `Enemy` 类，之后具体细分为每种需要创建的敌人（`Enemy`）子类，它可以充分满足你的要求。

17.2 阅读和理解 C#语法

与所有其他语言一样，C#遵守自己特定的语法。请阅读下面的汉语示例语句：

- 狗咬松鼠
- 松鼠狗咬
- 狗松鼠咬
- 咬狗松鼠

上面四个句子的文字都一样，但顺序不同，因为你熟悉汉语，所以可以轻松地知道第一句正确，其他三句都是错的。

你也可以用句子成分这样的抽象概念来检查这些句子：

- [主语] [动词] [宾语]
- [宾语] [主语] [动词]
- [主语] [宾语] [动词]
- [动词] [主语] [宾语]

改变句子成分先后顺序的同时，句子的语法也发生了变化，后面三句是不正确，因为其中存在语法错误。

与其他语言一样，C#有自己的语法规则，必须按这些语法规则书写语句。接下来我们以下面这个简单语句为例详细讨论：

```
int x = 5 ;
```

如前文所述，这行语句做了以下几件事：

- 声明了一个名为 x 的 int 变量
  在任何以变量类型开头的语句中，语句的第二个单词都是新声明的该类型变量的名称（见第 19 章“变量和组件”）。这种称为声明一个变量。
- 将 x 的值定义为 5
  等号（=）用于为变量赋值，也称为定义变量。
  这时，等号左侧是变量名称，等号右侧是为变量所赋的数值。
- 以分号（;）结束语句
  C#中的每个简单语句都必须以分号（;）结束，这与英语句子结尾处的句号（.）类似。

提示

C#语句为什么不以英文句点(.)结尾呢？计算机编程语言必须要有明确含义。C#语句不以句号结尾的原因是这个符号已经用作数字中的小数点了（例如 3.14159 中的小数点）。为明确起见，分号在 C#语言中仅用于表示语句结束。

现在，让我们再添加一行简单语句：

```
int x = 5 ;
int y = x * ( 3 + x );
```

你已经了解了第一行语句的含义，接下来看看第二行语句。第二行语句做了以下几件事：

- 声明了一个名为 y 的 int 变量
- 计算 3 + x（即 3 + 5，结果为 8）
  与代数中一样，首先执行圆括号内的运算，即首先计算圆括号中 3 + x 的值。这两个数的和为 8，因为在上一行语句中，x 的值被定义为 5。请参阅附录 B“实用概念”中的“运算符优先级和运算顺序”，详细了解 C#中的运算顺序，但在编程中需要牢记一点，如果你对于运算顺序存在任何疑问，应使用圆括号消除这些疑问（同时提高代码的可读性）。[2]

- 计算 x ×8 的乘积（x 是 5，因此结果是 40）
- 将变量 y 的值定义为 40
- 以分号（;）结束语句

在本章结束之前，我们最后再看两行 C#语句。在本例中，每行语句前面都加上了引号。加上引号以后，可以更容易引用代码中的特定语句，笔者希望，你在自己电脑上输入本书中的代码时，这些引号可以帮你更轻松地阅读和理解这些代码。要记得，你不需要在 MonoDevelop 中输入这些引号。在你编写代码时，MonoDevelop 将自动为代码生成引号：

```
1    string greeting = "Hello World!";
2    print ( greeting );
```

这两行语句处理的不是数字，而是字符串（一系列的字符，例如词语或句子）。在第一行语句中：

- 声明了一个名为 greeting 的 string 类型变量
  string 即字符串，和 int 一样，是一种变量类型。
- 将变量 greeting 的值定义为"Hello World!"
  "Hello World!"两头的双引号告诉 C#其中所包含的字符串应当作原义字符串处理，在编译器解释时不要为添加其他含义。在代码中加入“ x = 10”的原义字符串不会将 x 的值定义为 10，因为编译器知道忽略双引号中的原义字符串。
- 以分号（;）结束语句

在第二行语句中：

- 调用 print() 函数
  如之前所讨论的，函数是命名的动作集合。在函数被调用时，函数会执行其中包含的动作。你可能会想到，print() 函数中包含了将字符串输出到控制台面板的动作。当代码中出现一个单词后面带有一对圆括号时，这行语句不是定义函数，就是调用函数。直接写出函数名称和圆括号，表示调用函数，执行函数中的代码。在下一章中，你会看到定义函数的例子。
- 将变量 greeting 传递给 print() 函数
  有些函数只执行动作，不要求参数，但很多函数要求传入一些内容。在函数后面的圆括号中包含的变量是传递给函数的参数。在本例中，变量 greeting 被传递给函数 print()，在控制台面板中会输出 Hello World!字样。
- 以分号（;）结束语句
  每个简单语句都以分号结束。

---

2 如果不使用圆括号，则按照先乘除，后加减的运算顺序。这样将成为 x ×3 + 5，即 5×3 + 5，结果将是 15 + 5，最终结果是 20。

17.3　小结

你已经了解了一些关于 C#和 Unity 的知识，接下来可以你的首个程序将二者结合使用了。下一章笔者将带领你创建新的 Unity 项目、创建 C#脚本、向脚本中添加代码，操作三维游戏对象。

第 18 章

Hello World：你的首个程序

欢迎进入编程的世界。

在本章结束时，你将完成自己第一个项目的创建，并写出你的首段代码。很长时间以来，Hello World 都是语言学习中的首个程序，本章，我们也以经典的 Hello World 项目开始，然后再学习具有 Unity 特色的其他内容。

18.1 创建新项目

由于我们已经配置好了 Unity 窗口（见上一章），现在我们可以抛开 *AngryBots* 程序，开始创建我们自己的程序。当然，第一步应该是创建新项目。

附录 A“项目创建标准流程”中详细讲解了如何为本书各章创建 Unity 新项目。在本书每个项目开始之前，你会看到类似于下面的注释框，请根据注释框中的指导创建本章所讲的新项目。

为本章创建新项目

按照标准的项目创建流程，在 Unity 中创建一个新项目。标准的项目创建流程，请参阅附录 A。

- 项目名称：Hello World
- 场景名称：（暂无）
- C#脚本名称：（暂无）

你应当参阅附录 A 中的完整流程，但现在，你只需创建新项目。场景和 C#脚本将在本章中创建。

当在 Unity 中创建项目时，你实际上是创建了一个包含所有项目文件的文件夹。如你所见，在 Unity 完成项目创建时，新项目自带一个仅包含一个主摄像机（Main Camera）的空白场景，项目（Project）面板中空无一物。在做其他事之前，你应执行菜单栏中的 File>Save Scene 命令保存场景。Unity 将自动为场景选择正确的保存位置，所以只需将它命名为_Scene_0 并单击 Save 按钮保存[1]。现在，你的场景将出现在项目面板当中。

---

1 场景名称_Scene_0 中的下画线（_）可以让场景永远排列在项目面板的最上方。笔者还经常把主摄像机的名称改为_MainCamera，为的是在 Hierarchy 面板中获得同样的便利。

用鼠标右键单击项目面板，选择 Reveal in Finder（在查看器中显示），如果是 Windows 操作系统，该菜单项文字为 Show in Explorer（在资源管理器中显示），如图 18-1 所示。

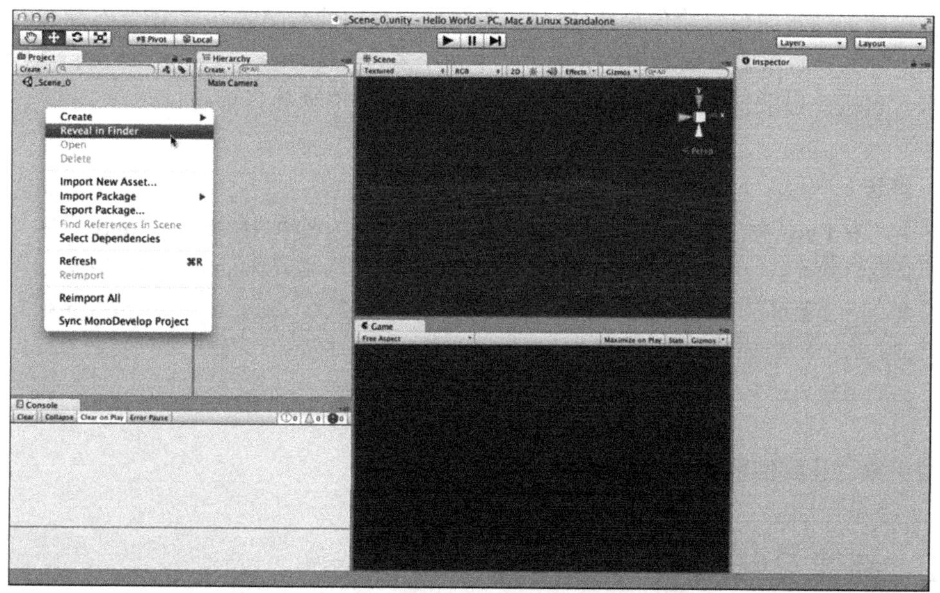

图 18-1　新建 Unity 项目的空白画布（显示项目面板的弹出菜单中的 Reveal in Finder 菜单项）

提示

在 OS X 操作系统鼠标的右键单击　在 OS X 操作系统的鼠标或触控板上进行右键单击操作可能不像在 Windows 操作系统上那样直观。关于如何操作，请查看附录 B“实用概念”中的“在 OS X 操作系统鼠标中的右键单击”。

选择 Reveal in Finder/Show in Explorer 命令后，将在查看器（或者资源管理器）中显示项目的内容（如图 18-2 所示）。

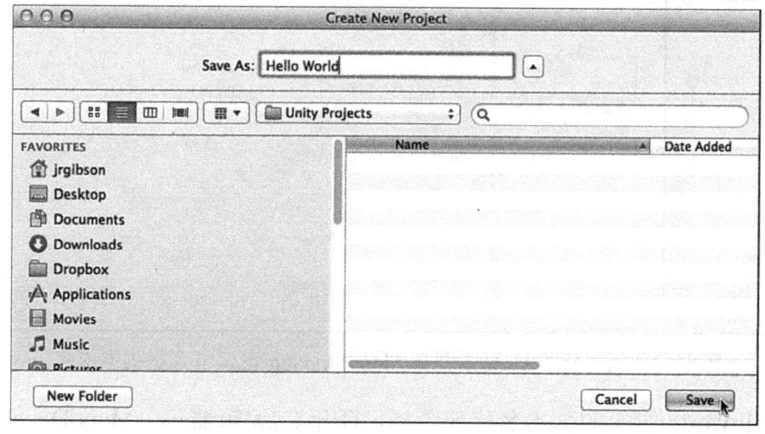

图 18-2　显示在 OS X 操作系统查看器中的 Hello World 项目文件夹

如图 18-2 所示，在 Unity 的项目面板中显示的所有内容都存储在 Assets 文件夹中。

理论上，你可以将 Assets 文件夹和项目面板互换使用（例如，如果你在 Assets 文件夹中添加一个图片文件时，这个图片也会显示在项目面板当中，反过来也是如此），但笔者强烈建议仅使用项目面板，避免操作 Assets 文件夹。直接改动 Assets 文件夹内容有时可产生问题，而项目面板通常更为保险。另外，千万不要改动 Library、ProjectSettings 或 Temp 文件夹。否则，可能使 Unity 出现意外的行为，甚至可能损坏你的项目。

警告

在 Unity 程序运行时，千万不要修改项目文件夹的名称 如果你在 Unity 程序运行时修改了项目文件夹的名称，Unity 程序会崩溃得很难看。Unity 程序在运行时，会在后台做很多文件管理工作，如果此时修改文件夹名称，几乎肯定会造成程序崩溃。如果你希望改变项目文件夹的名称，需要先退出 Unity，再修改文件夹名称，然后重新启动 Unity。

接下来，让我们重新回到 Unity。

18.2 新建 C#脚本

现在已是万事俱备，你可以编写你的首段代码了。我们将在后续章节中以很大篇幅研究 C#，但现在，你只需将在这里看到的代码复制过去。在项目面板中单击创建（Create）按钮，执行 Create>C# Script 命令（如图 18-3 所示）。项目面板中将添加一个新的脚本，脚本名称将自动处于选中状态，以便进行修改。将此脚本命名为 HelloWorld（请确保两个单词之间没有空格）并按下回车键，修改脚本名称。

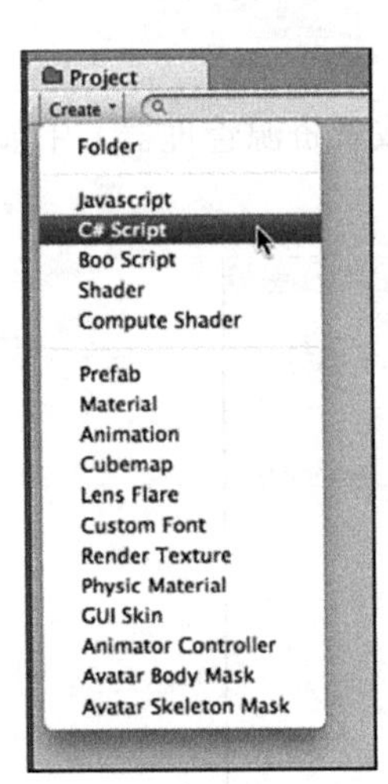

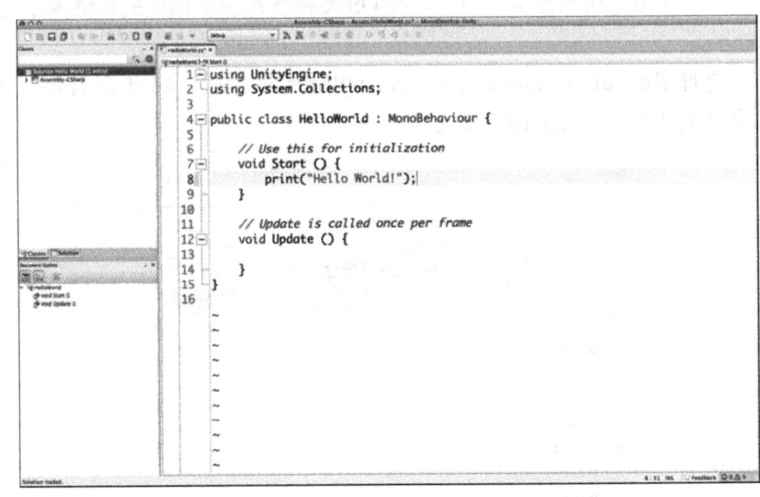

图 18-3 创建新的 C#脚本并在 MonoDevelop 窗口中查看脚本内容

双击 HelloWorld 脚本的脚本名称或图标，打开 C#编辑器——MonoDevelop 程序。除第 8 行稍有不同之外，你的脚本应当与图 18-3 一模一样。在 MonoDevelop 界面中，将光标移到你代码的第 8 行，敲击两次 Tab 键并输入代码 `print ("Hello World");`。请确保单词的拼写和大小写等均正确无误，并且以分号（;）结束本行。你的 HelloWorld 脚本应该和下面的代码片段完全一致。在本书所有的代码片段中，任何新增加的内容将以粗体显示，之前已存在的代码将以正常字体显示。

下列代码语句的每一行之前都有一个行号。如图 18-3 所示，MonoDevelop 将自动显示代码的行号，因此，你不需要自己输入这些行号。书中为使代码片段更加清晰，因此保留了行号。

```
1   using UnityEngine;
2   using System.Collections;
3
4   public class HelloWorld : MonoBehaviour {
5
6       // Start()函数用于初始化
7       void Start () {
8           print("Hello World");
9       }
10
11      // Update()函数每帧调用一次
12      void Update () {
13
14      }
15  }
```

注意

你的 MonoDevelop 版本可能会在代码的某些部分自动加入多余的空格。例如，它会在第 8 行位于 `Start` 函数的 `print` 和“(”之间加入空格。这种现象很正常，你不必过于关注。通常，当编码中的大小写很重要时，空格的使用会更加灵活。另外，连续的多个空格（或者连续多个换行/回车）会被计算机看作是一个，因此，为增强代码的可读性，你可以在一些地方使用多个空格或回车（尽管多余的回车会使你的行号异于代码片段）。

如果你的行号与代码片段所示的行号不同，你也不必感到烦恼。只要代码一样，代码行号不会有任何影响。

现在，执行 MonoDevelop 菜单栏中的 File>Save 命令保存这段脚本并切换回 Unity 程序。

接下来的操作会稍有点复杂，但你很快就会适应，因为这在 Unity 中很常用。在项目面板中的 HelloWorld 脚本上按下鼠标左键别松手，把它拖动到层级（Hierarchy）面板中的主摄像机（Main Camera）之上，然后松开鼠标左键，如图 18-4 所示。在拖动脚本的同时，你会看到 HelloWorld（Monoscript）这几个字在跟随着鼠标移动，当在主摄像机上松开鼠标左键时，HelloWorld（Monoscript）这几个字会消失。

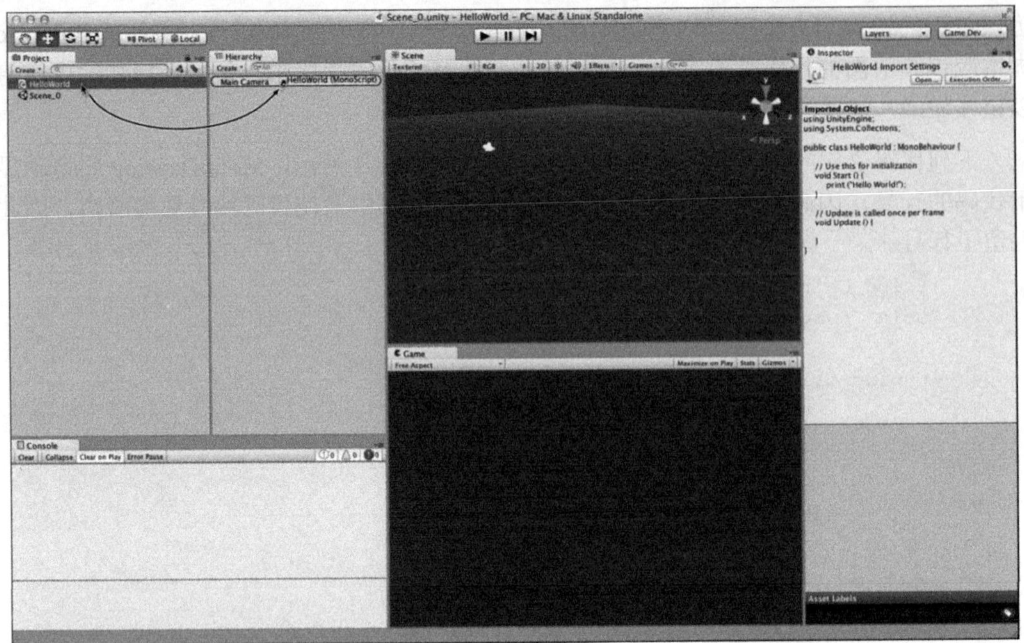

图 18-4　将 HelloWorld C#脚本绑定到层级面板中的主摄像机上。

将 HelloWorld 脚本拖动到主摄像机上，会将脚本绑定到主摄像机上，成为它的一个组件。出现在场景层级面板上的所有对象（例如主摄像机）都是游戏对象，游戏对象是由组件构成的。如果你现在单击层级面板上的主摄像机，你会在检视（Inspector）面板中看到 HelloWorld（脚本）位于主摄像机组件列表之中。如图 18-5 所示，检视面板中显示了主摄像机的各个组件，包括其变换（Transform）、摄像机（Camera）、GUI 图层（GUILayer）、光晕层（Flare Layer）、音频侦听器（Audio Listener）和 Hello World（脚本）。在后续章节中将详细讨论游戏对象和组件。

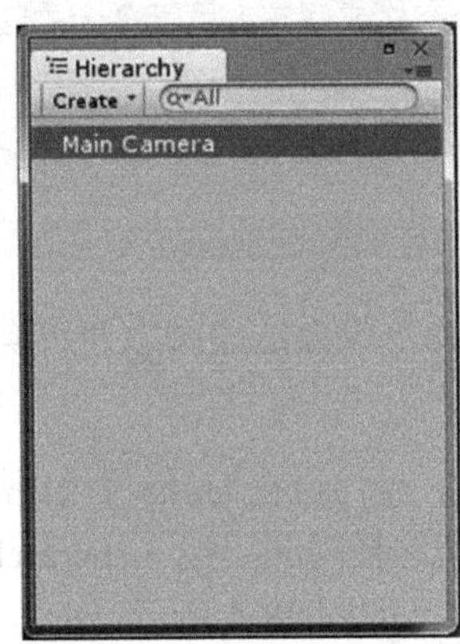

图 18-5　HelloWorld 脚本现在已经显示在主摄像机的检视面板当中。

现在，单击 Unity 窗口上方向右的三角形播放（Play）按钮，看看会发生什么神奇的事情吧！

这段脚本会在控制台（Console）面板上输出“Hello World!”字样，如图 18-6 所示。

你会注意到脚本还将“Hello World!”字样输出到了屏幕左下角灰色的状态栏上。这可能不是你遇到过的最神奇的事，但万事都有开端，这就是我们的开端。你已经迈出了进入一个全新世界的第一步。

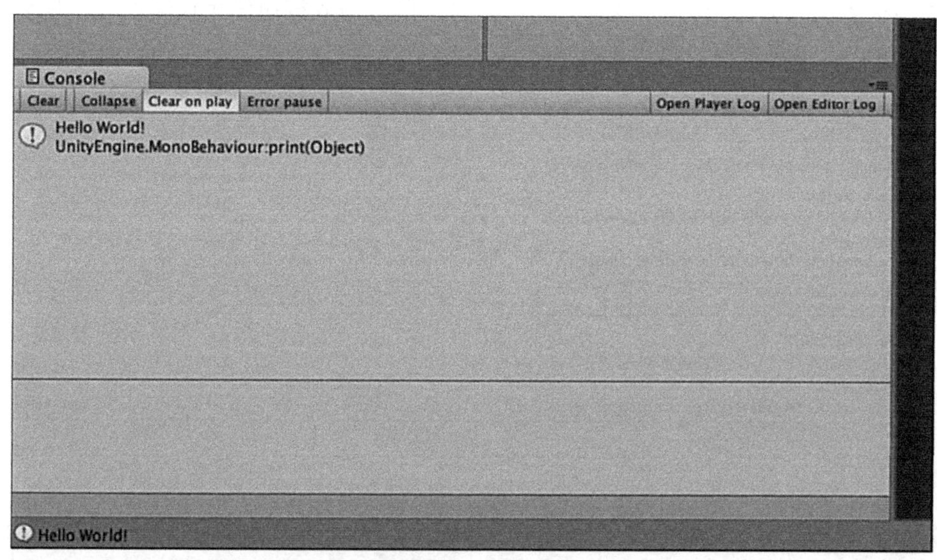

图 18-6　控制台面板中输出的“Hello World!”字样

Start()和 Update()的区别

现在，我们试着把对 `print()` 函数的调用从 `Start()` 移到 `Updata()` 中。回到 MonoDevelop 程序，如下列代码片段所示编辑代码。

在第 8 行前面加上双斜线（//），这会把第 8 行中双斜线后面的部分转变为备注。备注内容会被计算机完全忽略，可以用来使代码失效（如当前对第 8 行的操作）或者用来为阅读代码的其他人留言（如第 6 行和第 11 行所示）。在一行之前添加双斜线（如对第 8 行所做的操作）可以称为注释掉整行代码。在第 13 行的 `Update()` 函数代码中输入 `print("Hello World");`。

```
1   using UnityEngine;
2   using System.Collections;
3
4   public class HelloWorld : MonoBehaviour {
5
6       // Start()函数用于初始化
7       void Start () {
8           //print("Hello World");
9       }
10
11      // Update()函数每帧调用一次
12      void Update () {
13      print("Hello World")
```

```
    }
}
```

保存脚本（覆盖掉原始版本）并再次单击播放按钮。你会看到“Hello World!”会被快速输出很多次（如图 18-7 所示）。你可以再次单击播放按钮停止代码执行，你会看到“Hello World!”消息会停止向外输出。

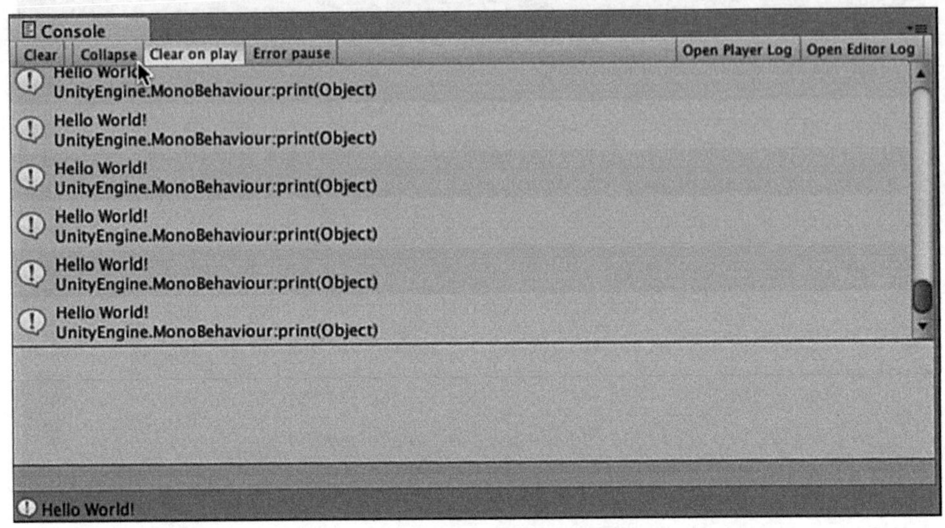

图 18-7 `Update()` 函数会使每帧输出一次“Hello World!”

`Start()` 函数和 `Update()` 都是 Unity 版 C#语言中的特殊函数。`Start()` 函数会在每个项目的第一帧中被调用一次，而 `Update()` 函数会在每一帧中被调用一次，因此，图 18-6 中只显示了一条消息，而图 18-7 中显示了很多条消息。Unity 中有很多这样被调用多次的特殊函数。其中很多函数会在书中后续章节中讲到。

提示

如果你希望相同的消息在重复出现时只显示一次，你可以单击控制台面板上的折叠（Collapse）按钮（见图 18-7 中鼠标箭头所指位置），这会保证各种不同消息内容各只显示一次。

18.3 让事情更有趣

现在，我们将在你的第一个项目中添加更多 Unity 风格的内容。在本示例中，我们将创建并复制很多立方体。每个立方体将各自独立反弹并做出物理反应。这将展示 Unity 运行的速度，并展示在 Unity 中创建内容是如何简单。

我们将从创建新场景开始。在菜单栏中执行 File（文件）>New Scene（新建场景）命令，这时你注意不到界面有任何变化，因为我们只是在场景_Scene_0 的摄像机上加了一段代码，其他什么都没做。但是，当你单击主摄像机时，你会看到上面没有绑定脚本，你还会注意到 Unity 窗口的标题栏文字从_Scene_0.unity-Hello World-PC, Mac, & Linux Standalone 变为 Untitledunity-Hello World-PC, Mac, & Linux Standalone。如往常一样，我们要做的第一件事是保存这个新建场景。在菜单栏中执行 File（文件）>Save Scene（保存场景）命令，把场景命名为_Scene_1。

现在，在菜单栏里执行游戏对象（GameObject）>3D 对象（3D Object）>立方体（Cube）命令，将会在场景面板中放置一个名为 Cube 的游戏对象，它同时还会出现在层级面板中。如果在场景中很难看到这个立方体，请在层级面板中双击它的名字，这样它就会成为屏幕焦点。请查看本章下文中的“改变场景视图”专栏。

如果你在层级面板中单击 Cube，它在场景面板中会变为选中状态，同时在检视面板中可以看到它的组件（如图 18-8 所示）。检视面板的首要目的是使用户可以查看和编辑游戏对象的各个组件。Cube 游戏对象具有 Transform（变换）、Mesh Filter（网格过滤器）、Box Collider（盒碰撞器）和 Mesh Renderer（网格渲染器）组件。

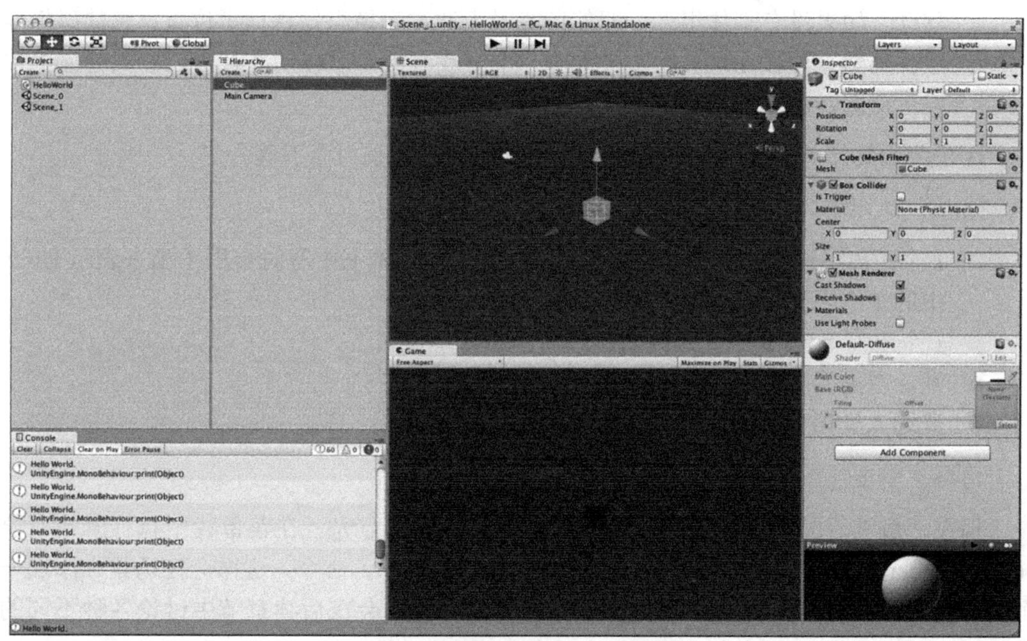

图 18-8 新建一个立方体游戏对象

- **变换（Transform）**：变换组件设置游戏对象的位置、旋转和缩放。这是唯一一个所有游戏对象都必有的组件。
- **Cube（Mesh Filter）**：Mesh Filter 组件为游戏对象提供三维外形，以三角形构成的网格建立模型。游戏中的三维模型通常是中空的，仅具有表面。例如鸡蛋的三维模型将只有模拟蛋壳形状的三角形网格，而不像真正的鸡蛋那样还包含蛋清和蛋黄。网格过滤器在游戏对象上绑定一个三维模型。在立方体中，网格过滤器使用 Unity 中内置的简单三维立方体模型。但你也可以在项目面板中导入复杂的三维模型，在你的游戏中添加更为复杂的网格。
- **盒碰撞器（Box Collider）**：碰撞器组件允许游戏对象在 Unity 的物理模拟系统中

与其他对象发生交互。软件中有几种不同类型的碰撞器，最常用的有：球状、胶囊状、盒状和网格状（按运算复杂度从低到高排序）。具有碰撞器组件的游戏对象（以及非刚体组件）会被当作空间中不可移动的物体，可与其他物体发生碰撞。

- **网格渲染器（Mesh Renderer）**：虽然网格过滤器可以提供游戏对象的实际几何形状，但要使游戏对象显示在屏幕上，要通过网格渲染器。没有渲染器，Unity 中任何物体都无法显示在屏幕上。渲染器与主摄像机一起把网格过滤器的三维几何形状转化为在屏幕上显示的像素。

接下来我们将为游戏对象再添加一个组件：Rigidbody（刚体）。让立方体在层级面板中仍处于选中状态，在菜单栏中执行 Component（组件）>Physics（物理组件）>Rigidbody（刚体）命令，你会在检视面板中看到新添加的刚体组件。

- 刚体（Rigidbody）：刚体组件可以通知 Unity 对这个游戏对象进行物理模拟。其中包括重力、碰撞和拉拽等机械力。刚体可允许具有碰撞器的游戏对象在空间中移动。如果没有刚体组件，即使游戏对象通过变换组件移动了位置，它的碰撞器组件仍然会停在原地。你如果希望一个游戏对象可以移动并且可以和其他碰撞器发生碰撞，就必须为它添加刚体组件。

现在，如果你单击播放按钮，你会看到盒子会因为重力而下落。

Unity 中的所有物理模拟都基于公制单位。也就是说：

- 1 个距离单位=1 米（例如，变换中的位置单位）。本书中有时会用 1 米来表示 Unity 中的 1 个距离单位。
- 1 个质量单位=1 千克（例如，刚体的质量单位）。
- 默认重力为–9.8 =9.8m/s^2，方向向下（y 轴负方向）。
- 普通人类角色的身高约为 2 个长度单位（2 米）。

请再次单击播放按钮结束模拟。

现在，场景看起来会有点暗，所以我们需要给它加点光。在菜单栏中执行游戏对象（GameObject）>光源（Light）>平行光（Directional Light）命令。这样会在场景中添加一个平行光源，让你可以更清楚地观看立方体对象。我们会在后续章节中讨论各种不同的光。

创建预设（Prefab）

现在，我们将把立方体添加到预设当中。预设是指项目中的可重用元素，可以任意次实例化（复制产生）。你可以把预设当成是游戏对象的模子，每个从预设中创建的游戏对象都称为预设的一个实例（所以这个过程被称为实例化）。要创建一个预设，需要在层级面板上单击 Cube，把它拖动到项目面板上之后松开鼠标（如图 18-9 所示）。

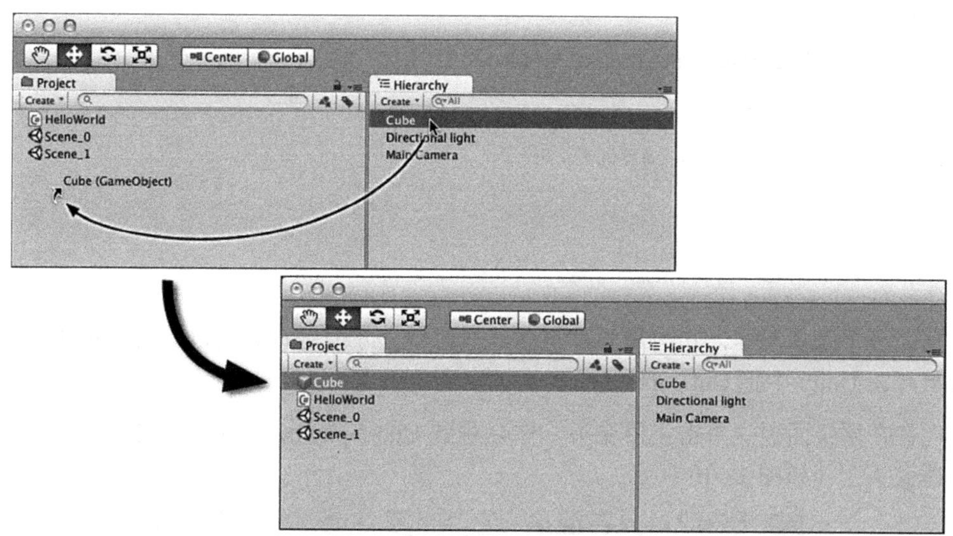

图 18-9　将立方体添加到预设中

你会看到将会发生以下事情：

1. 在项目面板中会创建一个名为 Cube 的预设。你可以通过它旁边的蓝色图标看出它是一个预设（不论预设本身是什么形状，它的图标永远是一个立方体）。

2. 立方体在层级面板中的名称会变成蓝色。如果游戏对象的名称显示为蓝色，说明它是预设的一个实例（从预设模子中产生的副本）。

为让你理解得更明白，我们把项目面板中的 Cube 预设重命名为 Cube Prefab。单击选中 Cube 预设，然后再次单击它（你也可以先选中它，然后按下回车键，或在 Windows 系统中按下 F2 键）就可以为它重命名，将它的名字改为 Cube Prefab。你可以看到层级面板中的实例只是它的一个副本，它的名字同样会变。如果你在层级面板中把实例的名字修改得与预设不同，实例名称不会发生变化。

在创建了预设之后，实际上我们就不再需要场景中的实例了。在层级面板（注意不是项目面板）中单击选中 Cube Prefab。然后从菜单中选择编辑（Edit）>删除（Delete）。

接下来，我们需要着手编一些代码。

在菜单中执行资源（Assets）>创建（Create）>C#脚本（C# Script）命令，并将新创建的脚本命名为 CubeSpawner（确保名称中有两个大写字母，并且不含空格）。

双击 CubeSpawner 脚本打开 MonoDevelop 程序，在其中添加下列粗体字代码，并保存：

```
using UnityEngine;
using System.Collections;

public class CubeSpawner : MonoBehaviour {
    public GameObject   cubePrefabVar;

    // Start()函数用于初始化
```

```
8        void Start () {
9            Instantiate(cubePrefabVar);
10       }
11
12       // Update()函数每帧调用一次
13       void Update () {
14
15       }
16   }
```

和上一个脚本一样，它也需要绑定到其他对象上才能运行。所以，应当按照图 18-4 中所示，在 Unity 中把 CubeSpawner 脚本绑定到主摄像机上。

现在在层级面板中单击主摄像头。你会看到 CubeSpawner（Script）组件已经绑定到了主摄像头上（如图 18-10 所示）。

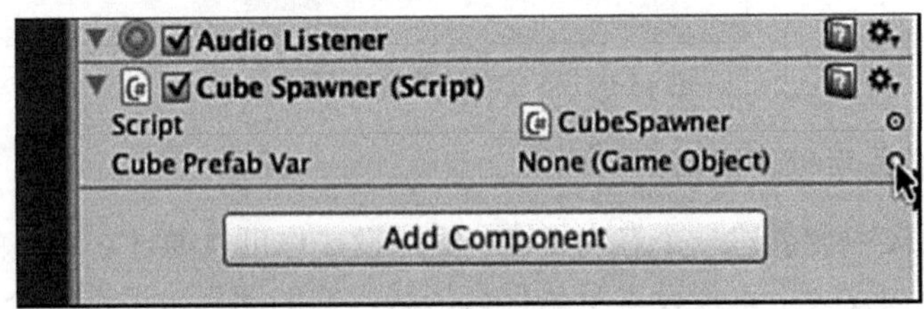

图 18-10　在检视面板中查看绑定到主摄像头上的 Cube Spawner（Script）

你会在组件中看到一个名为 Cube Prefab Var 的变量（但实际上它的名字应该是 cubePrefabVar，如下方警告文本框中所解释）。这个变量来自于你在第 5 行中输入的"`public GameObject cubePrefabVar;`"语句。如果脚本中的变量标识为"`public`"，它会出现在检视面板中。

> **警告**
>
> **变量名在检视面板中会发生变化**　Unity 公司当初认为改变检视面板中的变量大小写并在中间加上空格会更美观。笔者不明白为什么这种情形一直延续到现在的版本，但这意味着 `cubePrefabVar` 这样的变量名称在检视面板中将不能正确显示。注意，你在编程过程中应该使用正确的变量名，请忽视检视面板中看到的怪异大小写和空格。在本书中，笔者在代码中会始终使用变量的正确名称，而不是检视面板中显示的名称。

如检视面板中所示，cubePrefabVar 当前没有赋值。单击 cubePrefabVar 右侧的圆形图标（如图 18-10 中箭头所示），将会弹出 Select GameObject（选择游戏对象）对话框，你可以从中选择一个预设赋给这个变量。请确保资源选项卡被选中（资源选项卡中显示项目面板中的游戏对象，而场景选项卡则显示层级面板中的游戏对象）。双击 Cube Prefab 选中它（如图 18-11 所示）。

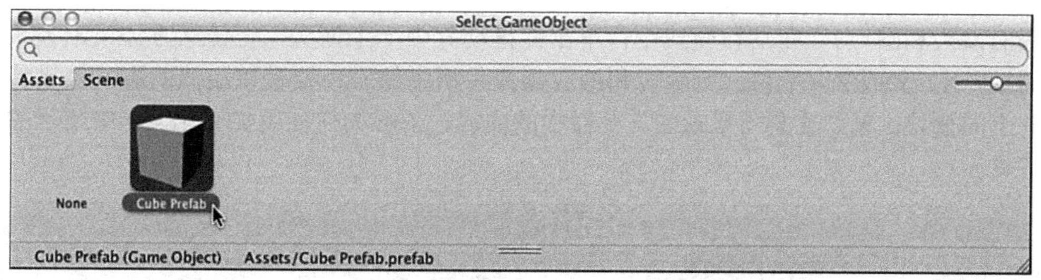

图 18-11 为 CubeSpawner 脚本中的 cubePrefabVar 变量选择 Cube Prefab 游戏对象。

现在，你可以在检视面板中看到 cubePrefabVar 变量的值为项目面板中的 Cube Prefab。为了验证，你可以在检视面板中单击 Cube Prefab，你会看到项目面板中的 Cube Prefab 也会高亮显示。

单击播放按钮。

你会看到在层级面板中实例化了一个 Cube Prefab（Clone）游戏对象。如我们在 Hello World 脚本中所见，`Start()` 函数只被调用一次，它会创建 Cube Prefab 的一个实例（或副本）。现在，切换到 MonoDevelop 界面，注释掉第 9 行位于 `Start()` 函数内部的 `Instantiate()` 函数调用，并在第 14 行 `Update()` 函数内部添加 `Instantiate(cubePrefabVar);` 语句，完整代码如下：

```
1   using UnityEngine;
2   using System.Collections;
3
4   public class CubeSpawner : MonoBehaviour {
5       public GameObject   cubePrefabVar;
6
7       //Use this for initialization
8       void Start () {
9           //Instantiate(cubePrefabVar);
10      }
11
12      // Update is called once per frsme
13      void Update () {
14          Instantiate(cubePrefabVar);
15      }
16  }
```

保存 CubeSpawner 脚本，切换回 Unity，再次单击播放按钮。如图 18-12 所示，这会给你带来大量的立方体。

这是 Unity 功能的一个示例。很快，我们会加快学习进度，制作出非常有趣和炫酷的东西。现在让我们为场景中添加更多与立方体进行交互的对象。

在层级面板中，单击创建（Create）弹出菜单，从中选择立方体（Cube）。将创建出的立方体重命名为 Ground。

当在场景或层级面板中选中一个游戏对象时，你可以按下 W、E 或 R 键分别平移、旋转或缩放这个游戏对象。这会为 Ground 对象显示操作插槽（如图 18-13 中所示 Ground

周围的箭头和圆形）。在平移模式中，单击并拖动其中一个箭头，将使立方体仅沿箭头所示的轴（X、Y 或 Z）平移。而旋转和缩放操作手柄中的彩色要素以相似的方式锁定特定轴向上的变换。见“改变场景视图”专栏中的内容，了解如何使用如图 18-13 中所示的手形工具。

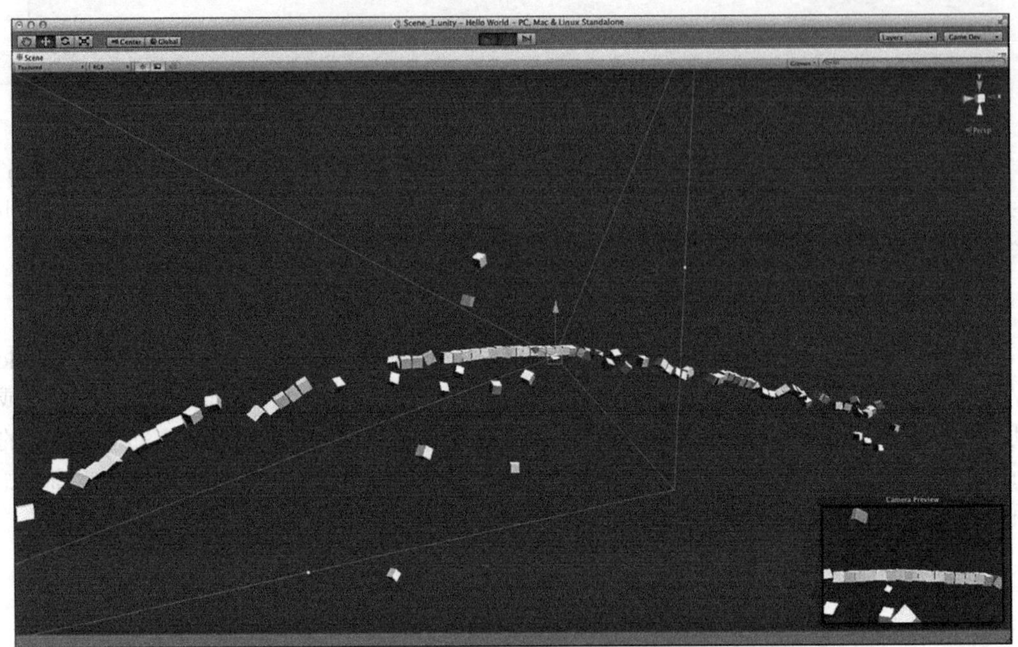

图 18-12　在每次 `Update()` 事件中创建 CubePrefab 的新实例，会很快添加大量立方体

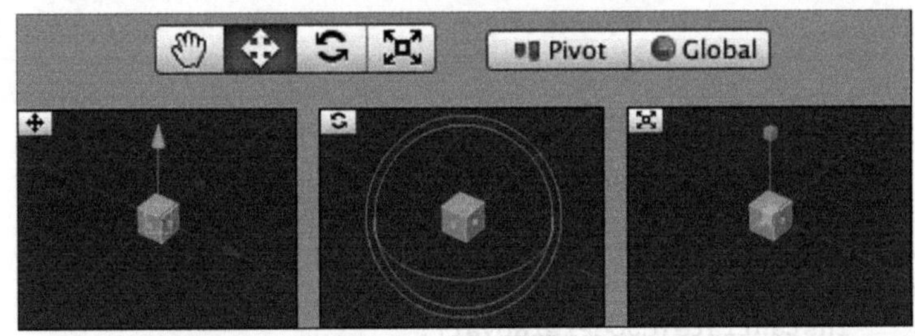

图 18-13　平移（位置）、旋转和缩放操作手柄。工具快捷键分别为 Q、W、E 和 R 键。在当前的 4.6 版本中，Unity 在缩放 1（R）图标后加入了另一个新图标，但这个图标还不为大家所熟悉

改变场景视图

图 18-13 所示工具栏中的第一个图标（称为手形图标）用于操作场景面板中的视图。场景面板有个不可见的场景摄像机（Scene Camera），它有别于层级面板中的主摄像机。手形工具有多个功能。请选择手形工具（可通过鼠标单击或按下键盘上的 Q 键选择），并尝试以下操作：

■ 在场景面板中左键拖动（按下鼠标左键并拖动），将改变场景摄像机的位置，但不影响场景中任何对象的位置。用专业术语就是，在垂直于其镜头朝向的方向（即垂直于摄像机前向矢量）的平面中移动场景摄像机。

■ 在场景面板中用鼠标右键拖动，将使场景摄像机向你所拖动的方向转动。在右键拖动过程中，场景摄像机的位置保持不变。

■ 按下 Option 键（Windows 键盘上的 Alt 键）将使场景面板的鼠标形状从手变为眼睛，若在按下 Option 键的同时进行左键拖动，场景视图将围绕场景视图中的对象转动（称为围绕场景转动摄像头）。当使用 Option 键加鼠标左键拖动时，场景摄像机的位置会改变，但场景摄像机的焦点不变。

■ 滚动鼠标滚轮将使场景摄像机拉近或拉远场景。镜头缩放也可通过在场景视图中使用 Option 加鼠标右键拖动实现。

要找到手形工具的感觉，最好的方法是在场景中反复实验本专栏中提供的方法。在使用一段时间以后，你就能够得心应手了。

请将 Ground 对象的 Y 坐标修改为-4，并把它在 X 和 Z 方向的缩放比例设置为 10。在本书中，笔者会始终建议使用下面的坐标、旋转和缩放比例格式。

```
Ground (Cube)        P:[0,-4,0]      R:[0,0,0]      S:[10,1,10]
```

这里的 Ground 是游戏对象的名称，(Cube）是游戏对象的类型，P:[0,-4,0]是指将 X、Y、Z 坐标分别设计为 0、-4、0；与此类似，R:[0,0,0]是指让 X、Y、Z 轴的旋转保持为 0 不变，S:[10,1,10]是指将 X、Y、Z 方向的缩放比例分别设置为 10、1、10。你可以使用工具和操作手柄实现这些修改，也可以在 Ground 对象检视面板中找到 Transform（变换）组件，在其中直接输入这些数字。

你可以随意试验，也可以添加更多对象。Cube 预设的实例将从你放入场景的静态对象上弹开（如图 18-14 所示）。对于新添加到场景中的形状，只要你未为其添加任何 Rigidbody（刚体），它们就是静态的（即实心且不可移动）。在完成以后，别忘了保存场景。

图 18-14　添加静态形状后的场景

18.4 小结

通过以上内容，你已经从零开始学会了如何创建一个可以运行的 Unity 项目，里面还带有一些编程。当然，这个项目非常小，但笔者希望它可以让你认识到 Unity 可以运行多么快，并且认识到在 Unity 中创建一个项目是多么容易。

下一章将向你介绍变量和游戏对象中可添加的常用组件，让你更深入了解 C#和 Unity。

第 19 章
变量和组件

本章将介绍 Unity 中 C#编程会用到的多种变量和组件类型。在本章结束时，你会学到多种常用的 C#变量类型和一些 Unity 独有的重要变量类型。

本章还将向你介绍 Unity 的游戏对象和组件。Unity 场景中的任何对象都是游戏对象，构成游戏对象的组件可以使游戏对象完成定位、物理模拟、特效、三维屏幕显示、角色动画等各种功能。

19.1 变量

如第 17 章“C#编程语言简介”中所说，变量只是一个名称，可被赋予特定的值。这个概念其实来源于代数。例如，在代数中，你可以这样定义：

```
x = 5
```

这里定义了一个值为 5 的变量 x。换句话说，它为 x 赋予了一个值：5。如果之后你看到另一句定义：

```
y = x + 2
```

你就会知道变量 y 的值是 7（因为 x=5 并且 5+2=7）。x 和 y 被称为变量，是因为它们的值可以随时被重新定义。但是，这些定义发生的先后顺序将产生影响。以下面的定义语句为例（双斜线后面是注释内容，帮助你理解代码的作用）：

```
x = 10          //x 现在等于 10
y = x - 4       //y 现在等于 6，因为 10-4 = 6
x = 12          //x 现在等于 12，但 y 仍然是 6
z = x + 3       //z 现在等于 15，因为 12 + 3 = 15
```

在经过上述定义之后，赋给 x、y、z 的值分别是 12、6、15。如你所见，即使 *x* 的值发生变化，y 也不会受到影响，因为 y 先被赋值为 6，然后 x 才被赋值为 12，y 不会反过来受到影响。

19.2 C#中的强类型变量

C#中的变量是强类型变量，也就是说，变量只能接受指定类型的值，而不能被随意赋值。这种做法很必要，因为计算机需要知道应该为各个变量分别分配多少内存空间。一个大型图片可能占用几 MB 字节甚至是几 GB 字节，而一个布尔型数值（只存储一个 1 或者 0）只需要一个二进制位。而 1GB 字节等于 8,388,608 个二进制位。

C#中变量的声明和定义

在 C#中，变量必须经过声明和定义才能具有可用的值。

声明变量是指创建一个变量并指定一个名称和类型。但是，声明变量时，变量不会被赋值。声明变量举例：

```
bool    bravo;
int     india;
float   foxtrot;
char    charlie;
```

定义变量则指为变量指定一个值。以下是定义以上面声明的变量为例：

```
bravo = true;
india = 8;
foxtrot = 3.14f; // 后缀 f 表示 foxtrot 是一个浮点数，详见下文
charlie = 'c';
```

字面值

当你在代码中书写一个特定值时(例如 `true`、`8` 或者`'c'`)，这个特定值称为字面值。在前面的代码中，`true` 是一个布尔型字面值，`8` 是一个整型字面值，`3.14f` 是一个浮点型字面值，而`'c'`是一个字符型字面值。默认设置下，MonoDevelop 以亮洋红色显示这些字面值，不同变量类型有不同的字面值表示方法。请查看后续小节中关于各种变量类型的更多详情。

先声明，后定义

你必须先声明一个变量，然后才能定义它，但这两个步骤经常会在同一行代码中完成。

```
string sierra = "Mountain";
```

如果你尝试访问（例如读取）一个已声明但未定义的变量，Unity 通常会抛出一个编译时错误。

19.3 重要的 C#变量类型

在 C#中，有些变量类型非常重要。以下是几种经常遇到的重要变量类型。所有这些 C#基础变量类型都以小写字母开头，而 Unity 的数据类型则以大写字母开头。对于每种类型，笔者会列出相关资料以及如何声明和定义变量。

布尔型（bool）：1 个二进制位的真值（true）或假值（false）

bool 是 Boolean 的缩写。本质上，所有变量都是由二进制位所构成的，这些二进制位可以是 true 或 false。布尔型的长度是一个二进制位，是所有变量类型中最短的一个[1]。布尔型在 `if` 语句以及其他条件语句的逻辑运算中非常实用，详见第 20、21 章。在 C# 中，布尔型字面值只有小字关键字 `true` 和 `false`：

```
bool verified = true;
```

整型（int）：32 位整数

int 是 integer 的缩写，整型变量可以存储一个整数值（整数值是不带小数部分的数值，例如 `5`、`2`、`-90`）。整数运算非常精确和快速。在 Unity 中，整型变量可存储一个介于 -2,147,483,648 到 2,147,483,647 之间的数值，其中 1 个二进制位用于存储数值的正负号，剩余 31 个二进制位用于存储数值。一个整形变量可以存储上面两个数之间（包括这两个数在内）的任何整数：

```
int nonFractionalNumber = 12345;
```

浮点型（float）：32 位小数

浮点型数值[2]是 Unity 中最常见的小数形式。它被称为“浮点数”是因为它采用了一套类似于科学计数法的体系。科学计数法以 $a \cdot 10^b$ 的形式表示数值（例如 300 表示为 $3 \cdot 10^2$，12345 表示为 $1.2345 \cdot 10^4$）。浮点数的存储方式类似于 $a \cdot 10^b$。在内存中以这种方式存储数值时，其中 1 个二进制位用于存储正负号，23 个二进制位用于存储数值的有效数字（数字本身和上面的 a 部分），剩余 8 个二进制位用于存储指数（b 部分）。这意味着，对于非常大的数字以及 1 和–1 之间的任何数来说，其精度差异非常巨大。例如，无法用浮点数精确表示 1/3。

多数情况下，浮点数不精确的性质对游戏的影响并不大，但会在碰撞检测等方面造成小错误，所以，如果使你游戏元素的大小介于 1 到数千个单位之间，会使碰撞检测更为精确。浮点字面值必须是一个整数或者是一个带有后缀 f 的小数。因为在 C#中，不带后缀 f 的小数字面值会被当作双精度浮点数（具有双倍精度的浮点数），而非 Unity 中所使用的单精度浮点数。为达到最快的运算速度，Unity 内置函数中使用了浮点数，而不使用双精度浮点数，但这种做法是以牺牲精确度为代价的。

```
float notPreciselyOneThird = 1.0f/3.0f;
```

1 尽管布尔型变量的存储仅需要一个二进制位的长度，但 C#实际上至少使用一个字节（8 个二进制位）存储每个布尔型变量。在 32 位操作系统上，最小的内存块是 32 个二进制位（4 字节），而在 64 位系统上，则为 64 个二进制位（8 字节）。

2 http://en.wikipedia.org/wiki/Floating_point。

> **提示**
>
> 如果你在代码中看到下列编程错误：
>
> ```
> error CS0664: Literal of type double cannot be implicitly converted
> to
> type 'float'. Add suffix 'f' to create a literal of this type
> ```
>
> （错误 CS0664：双精度浮点型字面值不能隐式转换为浮点型。请添加后缀'f'创建浮点型字面值）
>
> 这表示你忘记了在某处浮点型字面值后面添加后缀 f。

字符型（char）：16 位单个字符

字符型变量是以 16 个二进制位表示的单个字符。字符型变量使用 Unicode 值[3]存储字符，可表示 100 多个字符集和语言（例如：包括所有的简化汉字）中的 11 万多个字符。字符型字面值的两边使用单引号：

```
char theLetterA = 'A';
```

字符串（string）：一系列的 16 位字符

字符串既可以表示短到单个字符，也可以表示长到整本书文本的字符。在 C#中，字符串的理论长度上限是 20 亿字符，但在达到这个上限之前，多数计算机会遇到内存分配问题。为了有个参考概念，莎士比亚的《哈姆雷特》完整剧本有 17.5 万多字[4]，其中包含舞台指示、换行等。也就是说，仅一个字符串就可以包含 12000 个《哈姆雷特》完整剧本。字符串字面值的两边使用双引号：

```
string theFirstLineOfHamlet = "Who's there?";
```

还可以通过下标（方括号）访问字符串中的单个字符：

```
char theCharW = theFirstLineOfHamlet[0]; // 字符串中第 0 个字符是 W
char theChart = theFirstLineOfHamlet[6]; // 字符串中第 6 个字符是 t
```

在字符串变量的后面使用带数字的方括号可以返回字符串中该位置的字符（不会影响字符串）。当使用下标访问时，计数是从 0 开始的，所以在上面的代码中 W 是《哈姆雷特》第一句台词的第 0 个字符，t 则是第 6 个字符。在第 22 章“List 和数组”中，你会经常用到下标访问。

> **提示**
>
> 如果你在代码中看到下列编程错误：
>
> ```
> error CS0029: Cannot implicitly convert type 'string' to 'char'
> error CS0029: Cannot implicitly convert type 'char' to 'string'
> error CS1012: Too many characters in character literal
> ```

3 http://en.wikipedia.org/wiki/Unicode。

4 http://shakespeare.mit.edu/hamlet/full.html。

```
error CS1525: Unexpected symbol '<internal>'
```

错误 CS0029：不能将字符串型隐式转换为字符型

错误 CS0029：不能将字符型隐式转换为字符串型

错误 CS1012：字符型字面值中的字符数量过多

错误 CS1525：意外符号'<internal>'

这通常意味着你在代码某处不小心在应该使用表示字符的单引号（' '）的地方使用了表示字符串的双引号（" "）。字符串型字面值总是需要双引号，字符型字面值总是需要单引号。

类：定义新的变量类型

类可以定义新的变量类型，这种变量类型可以当作变量和功能的集合。本章“Unity中的重要变量类型”内容中所列的全部Unity变量类型和组件都是类的示例。第25章“类”中将更加详细地讲解类。

19.4　变量的作用域

除了变量类型之外，变量的另一个重要概念是作用域。变量的作用域是指变量存在并可被计算机理解的代码范围。如果你在代码的某个部分声明了一个变量，它可能在代码的另一部分中毫无意义。这是贯穿本书始终的一个复杂问题。如果你想逐步学习，请按章节顺序阅读。如果你现在就想深入了解变量的作用域，你可以参阅附录 B“实用概念”中的“变量的作用域”内容。

19.5　命名惯例

本书代码在变量、函数、类等命名时遵循一定的规则。尽管这些规则都不是强制性的，但是遵守这些规则会使你的代码更易于阅读，这不但有助于其他人理解你的代码，而且有助于你在经过很长时间以后重新理解和使用这些代码。尽管每个编程人员所遵守的规则之间有细微差异（甚至笔者的私人规则隔几年后也会发生变化），但笔者接下来要介绍的规则对我本人和我的学生都很有帮助，这些规则也兼容笔者在 Unity 中遇到的 C#代码。

1. 在所有名称中都使用骆驼式命名法（见骆驼式命名法专栏）。

骆驼式命名法

骆驼式命名法是编程中书写变量名称的常用方法。这种方法可以让程序员或代码阅读者更容易解析较长的变量名称。使用示例如下：

- aVariableNameStartingWithALowerCaseLetter
- AclassNameStartingWithACapitalLetter

■ aRealLongNameThatIsEasierToReadBecauseOfCamalCase

骆驼式命名法的一个重要特点是它允许将多个单词合并成一个，并且原始单词的首字母都使用大写字母。用这种方式命名的名称看起来有点像骆驼的驼峰，所以被称为骆驼式命名法。

2. 变量名称应使用小写字母开头（例如 someVariableName）。
3. 函数名称应使用大写字母开头（例如 Start()、Update()）。
4. 类名称应使用大写字母开头（例如 GameObject、ScopeExample）。
5. 私有变量名称应以下画线开头（例如 _hiddenVariable）。
6. 静态变量名称应全部使用大写字母，并且使用蛇底式命名法（例如 NUM_INSTANCES）。蛇底式命名法在多个单词之间使用下画线连接。

为了便于你今后参考，在附录 B 的“命名惯例”中将重复讲述上面内容。

类的实例和静态函数

如第 18 章“Hello World：你的首个程序”中所述，类可以有实例。任何类的实例（也被称为类的成员）都是由这个类所定义类型的数据对象。

例如，你可以定义一个 Human（人）类，你认识的每个人都是这个类的一个实例。所有人类都有一些共同的功能（例如 Eat()、Sleep()、Breathe()）。

但正如你有别于身边其他人一样，这个类的每个实例都有别于其他实例。即使两个实例的所有值都一样，它们在计算机内在存储的位置也有区别（如果继续以人类来做类比的话，你可以把这两个实例当作双胞胎）。类的实例不是通过值来传递，而是通过引用。也就是说，当你检查类的两个实例是否相同时，你对比的其实是它们在内在的位置，而不是它们的值（就像一模一样的双胞胎有不同的名字）。

当然，也可以用不同的名称引用同一个类的实例。就像一个人，笔者称她为“女儿”，而笔者的父母则称她为“孙女”，但其实是同一个人，而一个类的实例也可以被赋给任意多个变量名称，但它仍然是同一个数据对象，如下列代码所示：

```
using UnityEngine;
using System.Collections;

// 定义 Human 类
public class Human {
    public string name;
    public Human partner;
}

public class Family : MonoBehaviour {
    public variable declaration
    public Human husband;
    public Human wife;

    void Start() {
```

```
16          // 初始状态
17          husband = new Human();
18          husband.name = "Jeremy Gibson";
19          wife = new Human();
20          wife.name = "Melanie Schuessler";
21
22          // 我和妻子结婚
23          husband.partner = wife;
24          wife.partner = husband;
25
26          // 我们改变自己的姓名
27          husband.name = "Jeremy Gibson Bond";
28          wife.name = "Melanie Schuessler Bond";
29
30          // 因为 wife.partner 与 husband 指向同一个实例，
31          // 所以 wife.partner 的 name 属性也发生了变化
32          print(wife.partner.name);
33          // 上面这句会输出“Jeremy Gibson Bond”
34      }
35  }
```

在 Human 类中也可以创建用于一个或多个类实例的静态函数，如以下静态函数 Marry()，这样可以在一个函数内设置两个 Human 类成为对方的配偶。

```
35  // 用下面几行代码替代上面代码中的第 35 行
36
37      static public void Marry(Human h0, Human h1) {
38          h0.partner = h1;
39          h1.partner = h0;
40      }
41  }
```

有了这个函数，现在就可以用一行代码 Human.Marry(wife, husband)取代原始代码中的第 23 和 24 行。因为 Marry()是一个静态函数，它可以在代码中任意位置使用。在本书后面章节中，你会学到更多关于静态函数的知识。

19.6 Unity 中的重要变量类型

Unity 中有几种变量类型，你可能在几乎每个项目中看到它们。这些变量类型都是类，并且遵循 Unity 中类的命名惯例，即所有类名称都以大写字母开头。对于每种 Unity 变量类型，你可以了解如何创建该类的新实例（详见关于类实例的专栏），以及该数据类型中的重要变量和函数的列表。对于本节中所列的多数 Unity 类来说，其变量和函数可分为两组：

- **实例变量和函数**：这些变量和函数绑定到这种变量类型的单个实例上。如果你查看下面的 Vector3 类型，你会看到 x、y、z 和 magnitude 都是 Vector3 的实例变量，均通过点语法（Dot Syntax，即 Vector3 变量名.实例变量名称）访问，例如 position.x。每个 Vector3 的实例的变量值可能不同。类似地，Normalize() 函数在 Vector3 的单个实例上起作用，把该实例的 magnitude 变量设置为 1。

- **静态类变量和函数**：静态变量绑定到类定义本身上，而不是绑定到单个实例上。这些变量和函数通常用于存储对类的所有实例都统一的信息（例如，color.red 总是同一种红颜色）或者在类的所有实例上都起作用但不对它们产生影响（例如，Vector3.Cross(v3a, v3b) 用于计算两个 Vector3 的向量积并将得到的值作为一个新的 Vector3 返回，但不改变 v3a 或 v3b）。

请查看脚注中的 Unity 帮助文档链接[5]，深入了解这些 Unity 变量类型。

三维向量（Vector3）：三个浮点数的集合

三维向量是三维软件中常见的数据类型，常用于存储对象的三维空间位置。请查看脚注深入了解三维向量。

```
Vector3 position = new Vector3( 0.0f, 3.0f, 4.0f ); // 设置 x、y、z 的值
```

三维向量的实例变量和函数

Vector3 作为一个类，它的每个实例也包含一些实用的内置值和函数。

```
print( position.x ); // 0.0, Vector3 的 x 值
print( position.y ); // 3.0, Vector3 的 y 值
print( position.z ); // 4.0, Vector3 的 z 值
print( position.magnitude ); // 5.0, 三维向量到坐标原点 0,0,0 的距离长度
                             // magnitude 是"长度"的另一种叫法
position.Normalize(); // 设置 position 变量的 Magnitude 属性为 1
                      // position 的 x、y、z 值现在变成了[0.0, 0.6, 0.8]
```

三维向量的静态类变量和函数

此外，三维向量自身还关联了几个静态类变量和函数。

```
print( Vector3.zero ); // (0,0,0), new Vector3(0, 0, 0)的简写
print( Vector3.one ); // (1,1,1), new Vector3(1, 1, 1) 的简写
print( Vector3.right ); // (1,0,0), new Vector3(1, 0, 0) 的简写
print( Vector3.up ); // (0,1,0), new Vector3(0, 1, 0)的简写
print( Vector3.forward ); // (0,0,1), new Vector3(0, 0, 1)的简写
Vector3.Cross( v3a, v3b ); // 计算两个 Vector3 的向量积
Vector3.Dot( v3a, v3b ); //计算两个 Vector3 的标量积
```

以上仅为三维向量相关字段和函数的部分样本。请查看脚注中引用的 Unity 帮助文档来深入了解更多知识。

5 http://docs.unity3d.com/Documentation/ScriptReference/Vector3.html。

颜色（Color）：带有透明度信息的颜色

Color[6]变量类型可以存储关于颜色及其透明度（alpha 值）的信息。电脑上的颜色由光的三原色（红、绿、蓝）混合而成。这有别于你小时候学到的颜料的三原色（红、黄、蓝），因为电脑屏幕上的颜色是通过加色法叠加生成的，而不是减色法。在颜料等减色法颜色系统中，多种不同颜色混合后生成的新颜色更偏向于黑色（或者非常暗的褐色）。而在加色法颜色系统（例如电脑屏幕、舞台灯光设计或网页颜色）中，添加多种颜色后生成的新颜色将越来越亮，最终混合色为白色。C#中的红、绿、蓝颜色成分分别存储为一个 `0.0f` 到 `1.0f` 之间的浮点数，其中 `0.0f` 代表该颜色通道亮度为 0，而 1.0f 代表该颜色通道亮度为最高[7]。

```
// 颜色由红、绿、蓝、alpha 四个通道的数值定义
Color darkGreen = new Color( 0f, 0.25f, 0f);
// 如果未传入 alpha 信息，则默认 alpha 值为 1（完全不透明）
Color darkRedTransparent = new Color( 0.25f, 0f, 0f, 0.5f );
```

如上，定义颜色有两种方式：一种有三个参数（红、绿、蓝），另一种有四个参数（红、绿、蓝、alpha）[8]。alpha 值设置颜色的透明度。alpha 值为 0，表示颜色完全透明，alpha 值为 1，表示颜色完全不透明。

颜色的实例变量和函数

可通过实例变量访问每个颜色通道。

```
print( Color.yellow.r ); // 1，颜色的红色通道值
print( Color.yellow.g ); // 0.92f，颜色的绿色通道值
print( Color.yellow.b ); // 0.016f，颜色的蓝色通道值
print( Color.yellow.a ); // 1，颜色的 alpha 通道值
```

颜色的静态类变量和函数

Unity 中将多种常用颜色预定义为了静态类变量。

```
// 三原色：Red、Green 和 Blue
Color.red = new Color(1, 0, 0, 1);      // red：纯红色
Color.green = new Color(0, 1, 0, 1);   // green：纯绿色
Color.blue = new Color(0, 0, 1, 1);     // blue：纯蓝色
//合成色：Cyan、Magenta 和 Yellow
Color.cyan = new Color(0, 1, 1, 1);     // cyan：青色，亮蓝绿色
Color.magenta = new Color(1, 0, 1, 1); // Magenta：品红，粉紫色
Color.yellow = new Color(1, 0.92f, 0.016f, 1); //Yellow：黄色
```

---

6 http://docs.unity3d.com/Documentation/ScriptReference/Color.html。

7 在 Unity 的拾色器中，颜色的四个通道被定义为 0 到 255 之间的整数。这些数值与网页颜色值相对应，但在 Unity 中会被自动轮换为 0~1 之间的数。

8 `new Color()` 函数可以接受不同数目参数的能力称为函数重载（overloading），请参阅第 23 章“函数和参数”深入了解。

```
// 按常理推想，标准的黄色应该是new Color(1,1,0,1)，但Unity认为，这种黄色更为悦目
// Black、White和Clear
Color.black = new Color(0, 0, 0, 1);            // black: 纯黑色
Color.white = new Color(1, 1, 1, 1);            // white: 纯白色
Color.gray = new Color(0.5f, 0.5f, 0.5f, 1)     // gray: 灰色
Color.grey = new Color(0.5f, 0.5f, 0.5f, 1)     // grey: 灰色（英式拼写）
Color.clear = new Color(0, 0, 0, 0); // clear: 完全透明
```

四元数（Quaternion）：旋转信息

要解释四元数[9]类的内部工作机制会远远超出本书的范围，但你会经常用四元数 GameObject.transform.rotation 设置和调整对象的旋转，它是每个游戏对象的组成部分。四元数定义旋转的方式可避免发生万向节死锁（gimbal lock），万向节死锁是标准的 x，y，z 旋转（或者称为欧拉旋转）的难题，其中有一个轴可能与另一个轴指向相同，从而限制了旋转的自由度。多数情况下，你会将欧拉旋转作为参数传入，使 Unity 可以将其转换成四元数，从而定义一个四元数：

```
Quaternion lookUp45Deg = Quaternion.Euler( -45f, 0f, 0f );
```

在这种情况下，传入 Quaternion.Euler() 函数的三个浮点数是沿 x、y 和 z 轴（在 Unity 中分别以红、绿、蓝色显示）旋转的角度。包括场景主摄像机在内的游戏对象初始都是沿 z 轴正方向偏下的角度。下列代码将使主摄像机沿 x 轴旋转-45°，使它与 z 轴正方向呈 45°角，如果感觉最后这句代码有点难懂，现在也不必过于担心。以后，你可以进入 Unity 尝试在游戏对象的检视面板中修改 x、y、z 的旋转值，查看这样会如何改变对象的方向。

四元数的实例变量和函数

你也可以使用实例变量 eulerAngles 让四元数返回以欧拉角表示的旋转信息：

```
print( lookUp45Deg.eulerAngles ); // ( -45, 0, 0 )，欧拉角
```

数学运算（Mathf）：一个数学函数库

Mathf [10]不算一个真正的数据类型，而是一个非常实用的数学函数库。Mathf 附带的所有变量和函数都是静态的，你不能创建 Mathf 的实例。Mathf 库中有太多实用的函数，在此无法一一列举，但可以列举其中一部分：

```
Mathf.Sin(x);           // 计算x的正弦值
Mathf.Cos(x);           // .Tan()、.Asin()、.Acos()、.Atan()也可调用
Mathf.Atan2( y, x );  // 计算出沿Z轴旋转的角度，使原来朝向x轴正方向的对象转而朝向点x,y。
print(Mathf.PI);        // 3.141593; 圆周率
Mathf.Min( 2, 3, 1 );// 1, 三个数字（浮点数或整数）中的最小值
Mathf.Max( 2, 3, 1 );// 3, 三个数字（浮点数或整数）中的最小值
```

---

9 http://docs.unity3d.com/Documentation/ScriptReference/Quaternion.html。

10 http://docs.unity3d.com/Documentation/ScriptReference/Mathf.html。

```
Mathf.Round( 1.75f ); // 2, 四舍五入到最接近的整数
Mathf.Ceil( 1.75f );  // 2, 向上舍入到最接近的整数
Mathf.Floor( 1.75f ); // 1, 向下舍入到最接近的整数
Mathf.Abs( -25 );     // 25, -25 的绝对值
```

屏幕（Screen）：关于屏幕显示的信息

屏幕[11]是另一个类似于 Mathf 的库，可提供关于 Unity 游戏所使用的特定计算机屏幕的信息。它与设备无关，因此不论你使用的是 Windows、OS X、iOS 设备还是安卓平板，它都可以提供精确的信息。

```
print( Screen.width );     // 以像素为单位输出屏幕宽度
print( Screen.height );    // 以像素为单位输出屏幕宽高度
Screen.showCursor = false;     // 隐藏光标
```

系统信息（SystemInfo）：关于设备的信息

系统信息[12]可以提供关于游戏运行设备的特定信息。它包括关于操作系统、处理器数量、显示硬件等设备的信息。笔者建议你参阅脚注中的网址进行深入了解。

```
print( SystemInfo.operatingSystem ); // 输出操作系统名称, 例如Mac OS X 10.8.5
```

游戏对象（GameObject）：场景中任意对象的类型

GameObject [13]是 Unity 场景中所有实体的基类。你在 Unity 游戏屏幕上看到的所有东西都是游戏对象类的子类。GameObject 可以包含任意数量的不同组件，包括在下一小节"Unity 游戏对象组件"中提到的所有组件。但是，除了下一小节中讨论的内容之外，游戏对象还有其他一些重要变量。

```
GameObject gObj = new GameObject("MyGO"); //创建一个名为 MyGO 的游戏对象
print( gObj.name ); //输出 MyGO, 游戏对象 gObj 的名称
Transform trans = gObj.GetComponent<Transform>(); //定义变量 trans 为 gObj 的变换组件
Transform trans2 = gObj.transform; // 访问同一个变换组件的另一快捷方式
gObj.SetActive(false); // 让 gObj 失去焦点, 变为不可见, 使其不可运行代码
```

这里的 `gObj.Getcomponent<Transform>()` 方法[14]特别重要，因为它可以用来访问游戏对象所绑定的组件。你有时会看到像 `GetComponent<>()` 这样带有尖括号(< >)的方法，我们称之为泛型方法（generic methods），因为它们可用于多种不同的数据类型。在 `GetComponent<Transform>()` 中，数据类型为变换，它通知 `GetComponent<>()` 方法去查找游戏对象的变换组件并返回它。这种方法也可用来获取游戏对象的任何其他

11 http://docs.unity3d.com/Documentation/ScriptReference/Screen.html。

12 http://docs.unity3d.com/Documentation/ScriptReference/SystemInfo.html。

13 http://docs.unity3d.com/Documentation/ScriptReference/GameObject.html。

14 "函数"和"方法"的基本概念相同。唯一的区别是函数用于描述独立的函数，而方法是指从属于类的函数。

组件，只要在尖括号中输入该组件的名称即可。以下是其中几例：

```
Renderer rend = gObj.GetComponent<Renderer>(); // 获取渲染器组件
Collider coll = gObj.GetComponent<Collider>(); // 获取碰撞器组件
HelloWorld hwInstance = gObj.GetComponent<HelloWorld>();
```

如上面第三行代码所示，`GetComponent<>()`也可用于返回绑定在游戏对象上的任何 C#类的实例。

如果 gObj 上面绑定了一个 C#脚本类 HelloWorld 的实例，那么`gObj.Getcomponent<HelloWrold>()`将返回这个实例。在本书中会多次用到这一技巧。

19.7 Unity 游戏对象和组件

如前一小节所述，Unity 中所有显示在屏幕上的元素都是游戏对象，并且所有游戏对象都由组件构成。当你在层级面板或场景面板上选择一个游戏对象时，该游戏对象的组件会显示在检视面板中，如图 19-1 所示。

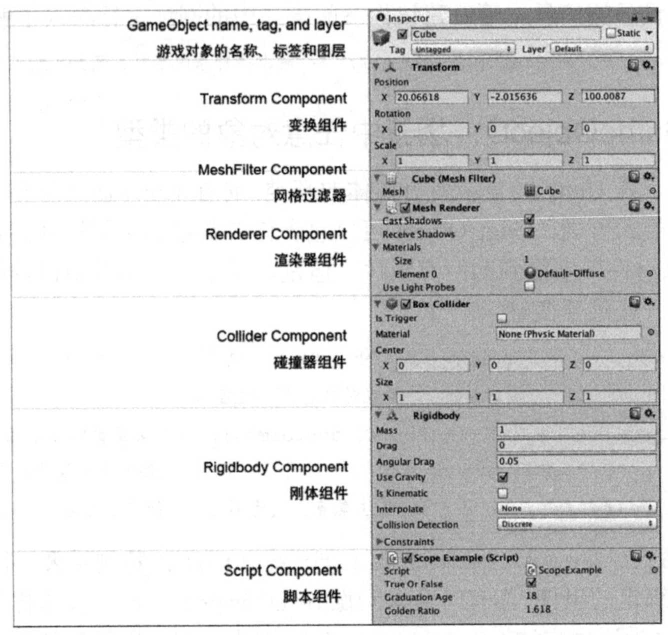

图 19-1　检视面板，其中显示了多种重要组件

变换：定位、旋转和缩放

变换[15]是所有游戏对象中都必然存在的组件。变换组件控制着游戏对象的定位（游戏对象的位置）、旋转（游戏对象的方向）和缩放（游戏对象的尺寸）。尽管在检视面板上不体现，但实际上变换组件还负责着层级面板中的父/子关系。若一个对象是另一对象的

15 http://docs.unity3d.com/Documentation/Components/class-Transform.html。

子对象，它将像附着在父对象一样，随父对象同步移动。

网格过滤器（MeshFilter）：你所看到的模型

网格过滤器[16]组件将项目面板中的 MeshFilter 绑定到游戏对象上。要使模型显示在屏幕上，游戏对象必须有一个网格过滤器（用于处理实际的三维网格数据）和一个网格渲染器（用于将网格与着色器或材质相关联，在屏幕上显示图形）。网格过滤器为游戏对象创建一个皮肤或表面，网格渲染器决定该表面的形状、颜色和纹理。

渲染器：使你能够查看游戏对象

渲染器[17]组件（多数为网格渲染器）允许你从屏幕上查看场景和游戏面板中的游戏对象。网格渲染器要求网格过滤器提供三维网格数据，如果你不希望看到一团丑陋的洋红色，还应至少为网格渲染器提供一种材质（材质决定对象的纹理）。渲染器将网格过滤器、材质和光照组合在一起，将游戏对象呈现在屏幕上。

碰撞器：游戏对象的物理存在

碰撞器组件[18]使游戏对象在游戏世界中产生物理存在，可与其他对象发生碰撞。Unity 中有四种类型的碰撞器组件：

- 球状碰撞器[19]：运算速度最快的碰撞器形状。为球体。
- 胶囊碰撞器[20]：两端为球体，中间部分为圆柱体的碰撞器。运算速度次之。
- 盒状碰撞器[21]：一种长方体。适用于箱子、汽车、人体躯干等。
- 网格碰撞器[22]：由三维网格构成的碰撞器。尽管它实用并且精确，但运算速度比另外三种碰撞器要慢许多。并且，只有凸多面体（Convex）属性设置为 true 的网格碰撞器才可以与其他网格碰撞器发生碰撞。

Unity 中的物理过程和碰撞是通过 NVIDIA PhysX 引擎处理的。尽管它通常不能提供非常快速和精确的碰撞，但要知道所有的物理引擎都有其局限性，即使 PhysX 在处理高速对象或薄墙壁时偶尔也会出现问题。

刚体：物理模拟

刚体组件控制着游戏对象的物理模拟。刚体组件在每次 FixedUpdate（通常每隔 1/50 秒执行一次）函数中模拟加速度和速度，更新变换组件中的定位和旋转。它还使用碰撞

16 http://docs.unity3d.com/Documentation/Components/class-MeshFilter.html。

17 http://docs.unity3d.com/Documentation/Components/class-MeshRenderer.html。

18 http://docs.unity3d.com/Documentation/Components/comp-DynamicsGroup.html。

19 http://docs.unity3d.com/Documentation/Components/class-SphereCollider.html。

20 http://docs.unity3d.com/Documentation/Components/class-CapsuleCollider.html。

21 http://docs.unity3d.com/Documentation/Components/class-BoxCollider.html。

22 http://docs.unity3d.com/Documentation/Components/class-MeshCollider.html。

器组件处理与其他游戏对象的碰撞。刚体组件还可以为重力、拉力、风力、爆炸力等各种力建模。如果你希望直接设置游戏对象的位置，而不使用刚体所提供的物理过程，请将运动学模式（isKinematic）设置为 true。

要使碰撞器随游戏对象移动，游戏对象必须有刚体组件。否则，在 Unity 的 PhysX 物理模拟过程中，碰撞器将原地不动。也就是说，如果未添加刚体组件，游戏对象将在屏幕中移动，但在 PhysX 引擎中，游戏对象的碰撞器组件将保持原样，因此保留在原来位置。

脚本：你编写的 C#脚本

所有 C#脚本也是游戏对象组件。把脚本当作组件处理的好处之一是你可以在每个游戏对象添加多个脚本，我们在本书第III部分的一些教程将利用这一优势。在本书后续部分，你将读到更多关于脚本组件以及如何访问它们的知识。

警告

检视面板中的变量名称会发生变化：在图 19-1 中，你可以看到脚本的名称为 Scope Example (Script)，但这个名称打破了类的命名规则，因为类名称中不允许出现空格。

笔者代码中的真实脚本名称采用的是骆驼式命名法：ScopeExample。笔者不知道具体原因，但在检视面板中，类和变量的名称会与它们在 C#脚本中的拼写不同，变换规则如下：

- 类名 `ScopeExample` 变为 `Scope Example (Script)`
- 变量名 `trueOrFalse` 变为 `True Or False`
- 变量名 `graduationAge` 变为 `Graduation Age`
- 变量名 `goldenRatio` 变为 `Golden Ratio`

这是一个重要差异，它曾经困扰了我的一些学生。尽管检视面板中的名称显示有异，代码中的变量名不会发生变化。

19.8　小结

本章篇幅比较长，包含了很多信息，你可能需要重复阅读或将来拥有更多代码编写经验之后再次查阅本章。但是，在你继续学习本书并开始编写自己的代码时，你会发现本章的内容是无价的。一旦你理解了 Unity 中游戏对象/组件的架构，并掌握了利用 Unity 的检视面板来设置和修改变量的方法，你会发现你的 Unity 代码会运行得更加快速与平滑。

第 20 章

布尔运算和比较运算符

很多人都知道，计算机数据从根本上说是由 1 和 0 构成的，这些二进制位要么为 true，要么为 flase。但是，只有程序员真正了解编程中有多少内容涉及把问题分解为 true 或 false 值，然后分别应对。

在本章中，你将学到逻辑与（AND）、逻辑或（OR）、逻辑非（NOT）等布尔运算，还将学到>、<、==、!=等比较运算符，并了解 if 和 switch 条件语句。在编程时，这些都是编程的核心概念。

20.1 布尔值

如上一章中所讲，布尔值可以存储一个 true 或 false 的值。布尔型变量的名称来自于数学家乔治布尔（George Boole），他专门研究 true 和 false 值以及逻辑运算（也称为“布尔运算”）。尽管计算机在他从事研究的时代还没有出现，但计算机的逻辑运算是基于他的研究成果。

在 C#编程中，布尔值用于存储游戏状态的简单信息（例如，`bool gameOver =false;`）或者通过 if 和 switch 语句（详见本章下文介绍）控制游戏的走向。

布尔运算

布尔运算可以让程序员有机地修改或组合布尔型变量。

逻辑非运算符（!）

!运算符可反转布尔值，使 false 变为 true，或使 true 变为 false。

```
print( !true );        // 输出 false
print( !false ); // 输出 true
print( !(!true) ); // 输出 true（true 经过两次逻辑非运算之后的值仍然是 true）
```

!运算符有时也称为逻辑取反运算符，有别于按位取反运算符（~），附录 B“实用概念”中的“按位布尔运算符和图层蒙板”部分将对后者加以解释。

逻辑与运算符（&&）

只有两个操作数均为 true 时，&&运算符才返回 true。

```
print( false && false );  // false
print( false && true );   // false
print( true && false );   // false
print( true && true );    // true
```

逻辑或运算符（||）

两个操作数中有一个为 true 或均为 true 时，||运算符返回 true。

```
print( false || false );  // false
print( false || true );   // true
print( true || false );   // true
print( true || true );    // true
```

标准的逻辑与和逻辑或（&&和||）是“短路”运算符。也就是说，如果运算符可以根据第一个参数确定返回值，它将不对第二个运算符做判断。反之，非短路运算符（&和|）始终对两个参数做完整判断。下列代码片段中包含的几个示例可以说明二者之间的区别。在代码片段中，代码右侧带有数字的双斜线（例如//1）表示下文中对该行代码有相应的注释。

```
// 函数输出“—true”并返回 true 值
bool printAndReturnTrue() {
    print( "--true" );
    return( true );
}

//函数输出“—false”并返回 false 值
bool printAndReturnFalse() {
    print( "--false" );
    return( false );
}

void ShortingOperatorTest() {
    //本测试代码的前半部分使用短路运算符
    bool tfAnd = ( printAndReturnTrue() && printAndReturnFalse() ); // 1
    print( "tfAnd: "+tfAnd );

    bool tfAnd2 = ( printAndReturnFalse() && printAndReturnTrue()); // 2
    print( "tfAnd2: "+tfAnd2 );

    bool tfOr = ( printAndReturnTrue() || printAndReturnFalse() ); // 3
    print( "tfOr: "+tfOr );

    bool tfOr2 = ( printAndReturnFalse() || printAndReturnTrue() ); // 4
    print( "tfOr2: "+tfOr2 );


    //本测试代码的后半部分使用非短路运算符
    bool tfAnd3 = ( printAndReturnFalse() & printAndReturnTrue() ); // 5
    print( "tfAnd3: "+tfAnd3 );

    bool tfOr3 = (printAndReturnTrue() | printAndReturnFalse() ); // 6
```

```
        print( "tfOr3: "+tfOr3 );

}
```

以下列表中的编号分别对应上述代码中右侧带有//1、//2 等注释的行。

1. 本行代码将输出--true 和--false，并将变量 tfAnd 的值设为 false。因为&&运算符的第一个参数为 true，它必须对第二个参数进行判断，并确定结果为 false。
2. 本行代码将只输出- -false，然后将变量 tfAnd2 的值设为 false。因为短路运算符&&的第一个参数为 false，它将直接返回 false，而不对第二个参数进行判断。在本行中，printAndReturnTrue()函数没有被执行到。
3. 本行只输出- -true，然后就将变量 tfOr 的值设为 true。因为短路运算符||的第一个参数为 true，它会直接返回 true，而不对第二个参数进行判断。
4. 本行输入- -false 和- -true，并将变量 tfOr2 的值设为 true。因为短路运算符||的第一个参数为 false，它必须对第二个参数进行判断，然后才能确定返回 true 还是 false。
5. 不管第一个参数的值是什么，非短路运算符&都将对两个参数都进行判断。因此，本行输入- -false 和- -true，然后才将变量 tfAnd3 的值设为 false。
6. 不管第一个参数的值是什么，非短路运算符|都将对两个参数进行判断。因此，本行输入- -true 和- -false，然后才将变量 tfOr3 的值设为 true。

在编写你自己的代码时，短路运算符和非短路运算符的知识都很有用。短路运算符（&&和||）用得更多，因为它们的效率更高，但当你需要确保对运算符的两个参数都进行判断时，&和|也很实用。

如果你愿意，我希望你能把上述代码输入到 Unity 中并逐步调试一遍，了解具体过程。要了解关于代码调试的更多知识，请参阅第 24 章“代码调试”。

位运算符

|和&有时也被称为“位与”和“位或”运算符，因为它们可以对整数进行位运算。它们在 Unity 中与碰撞检测有关的一些深奥问题上很实用；在附录 B 的“位运算符和图层蒙板”内容中，你可以学到关于这两个运算符的更多知识。

布尔运算符的组合

有时会在一行代码中进行多个布尔运算，这种方式很实用。

```
bool tf = true || false && true;
```

但是，这样做的时候要加倍小心，因为布尔运算符同样有优先级之分。在 C#中，布尔运算符的优先级如下：

```
! - 逻辑非
& - 非短路逻辑与 / 位与
| - 非短路逻辑或 / 位或
```

```
&& - 逻辑与
|| - 逻辑或
```

这就是说，上面那行代码会被编译器解释为：

```
bool tf = true || ( false && true );
```

&&每次都会比||先执行到。

> **提示**
>
> 不管运算符的优先级如何，你应该尽量使用圆括号表示运算次序，以便使代码更清晰。如果你计划和其他人合作（或者如果你自己希望在几个月后重新浏览这些代码），那你代码的可读性就非常重要了。我在编码过程中给自己定了一条规则：如果任何可能产生误解的部分，笔者都会使用圆括号并添加注释，说明笔者在代码中要做的事情以及计算机将如何解读代码。

布尔运算中的逻辑等价式

布尔逻辑的奥妙超出了本书的范围，但笔者想说，可以将多个布尔运算组合起来完成一些非常有趣的事情。在下列示例代码中，a 和 b 是布尔变量，不论 a 和 b 是 true 还是 false，也不论使用的是短路运算符还是非短路运算符，命题都成立。

- (a & b)等价于!(!a | ! b)
- (a | b) 等价于 !(!a & !b)
- 结合律：(a & b) & c 等价于 a & (b & c)
- 交换律：(a & b) 等价于(b & a)
- 逻辑与相对于逻辑或的分配律：a & (b | c) 等价于(a & b) | (a & c)
- 逻辑或相对于逻辑与的分配律：a | (b & c)等价于(a | b) & (a | c)

如果对这些等价公式和它们的用途感兴趣，你可以在网上找到很多关于布尔逻辑的资源。

20.2 比较运算符

比较运算符可以将两个布尔值互相比较，还可以对其他布尔值进行运算，获得一个新的布尔值结果。

==（等于）

等于比较运算符检查两个变量或字面值是否相等。该运算符的结果是一个为 true 或 false 的布尔值。

```
int i0 = 10;
```

```
2    int i1 = 10;
3    int i2 = 20;
4    float f0 = 1.23f;
5    float f1 = 3.14f;
6    float f2 = Mathf.PI;
7
8    print( i0 == i1 ); // 输出: True
9    print( i1 == i2 ); // 输出: False
10   print( i2 == 20 ); // 输出: True
11   print( f0 == f1 ); // 输出:  False
12   print( f0 == 1.23f ); //输出: True
13   print( f1 == f2 ); // 输出: False   //1
```

1．第 13 行中的比较运算得到 false，因为 Math.PI 数值的精确度要远高于 3.14f，而==运算符要求两边的值完全相等才返回 true。

警告

不要混淆=和==　赋值运算符（=）和等于运算符（==）有时容易混淆。赋值运算符（=）用于设置变量的值，而等于运算符（==）用于对比两个值。以下列代码为例：

```
1 bool f = false;
2 bool t = true;
3 print( f == t ); // 输出 False
4 print( f = t ); // 输出 True
```

在第 3 行对变量 f 和 t 进行对比，因为它们并不相等，所以返回 false 并输出。而第 4 行中，变量 f 被赋予变量 t 的值，使变量 f 的值变为 true，所以输出 true。

我们在谈论这两个运算符时也容易造成混乱。为避免混淆，笔者把 `i=5;` 读为"让 i 等于 5"，而把 `i==5;` 读为"i 等于 5"。

关于不同类型变量对于赋值运算符的处理，请参阅"通过值或引用判断相等的测试"专栏。

通过值或引用判断相等的测试

Unity 中的 C#版本在对比简单类型的变量时通过值来对比。也就是说，只要两个变量的值相等，这两个变量就等价。这种方式对于下列变量类型有效。

- 布尔型（bool）
- 整型（int）
- 浮点型（float）
- 字符型（char）
- 字符串（string）
- 三维向量（Vector3）

- 颜色（Color）
- 四元数（Quaternion）

但是，对于游戏对象（GameObject）、材质（Material）、渲染器（Renderer）等更为复杂的变量类型，C#不再检查两个变量的所有值是否相等，而只是检查它们的引用是否相等。换句话说，它检查两个变量是否引用（或指向）计算机内存中的同一个对象（在下列示例中，假设 boxPrefab 是已经存在的变量，指向一个游戏对象预设）。

```
GameObject go0 = Instantiate( boxPrefab ) as GameObject;
GameObject go1 = Instantiate( boxPrefab ) as GameObject;
GameObject go2 = go0;
print( go0 == go1 ); // 输出 false
print( go0 == go2 ); // 输出 true
```

尽管被赋予变量 go0 和 go1 的两个 boxPrefabs 实例具有相同的值（它们的位置、旋转等均完全相同），但==运算符似乎认为它们并不相同，因为它们实际上是两个不同的对象，因此存储在不同的内存位置。变量 go0 和 go2 被==视为相等，因为它们引用了同一个对象。让我们继续上面的代码：

```
go0.transform.position = new Vector3( 10, 20, 30)
print( go0.transform.position); // Output: (10.0, 20.0, 30.0)
print( go1.transform.position); // Output: ( 0.0, 0.0, 0.0)
print( go2.transform.position); // Output: (10.0, 20.0, 30.0)
```

这里改变了 go0 的位置。因为 go1 是另一个游戏对象的实例，因此它的位置保持不变。但是，因为 go2 和 go0 引用了同一个对象的实例，所以，在 go2.transform.position 中也反映出了所发生的变化。

!=（不等于）

和==运算符相反，如果两个值不相等，不等于运算符返回 true，如果两个值相等，不等于运算符则返回 false（为使代码更加简明，在下面的对比中，将使用字面值而不是变量）。

```
print( 10 != 10 );          // 输出 False
print( 10 != 20 );          // 输出 True
print( 1.23f != 3.14f );  // 输出 True
print( 1.23f != 1.23f );  // 输出 False
print( 3.14f != Mathf.PI );    // 输出 True
```

>（大于）和<（小于）

如果运算符左侧值大于右侧值，>运算符将返回 true，否则将返回 false。

```
print( 10 > 10 );          // 输出 False
print( 20 > 10 );          // 输出 True
print( 1.23f > 3.14f );   // 输出 False
print( 1.23f > 1.23f );   // 输出 False
print( 3.14f > 1.23f );   // 输出 True
```

如果运算符左侧值小于右侧值，<运算符将返回 true，否则将返回 false。

```
print( 10 < 10 );          // 输出 False
print( 20 < 10 );          // 输出 True
print( 1.23f < 3.14f );    // 输出 True
print( 1.23f < 1.23f );    // 输出 False
print( 3.14f < 1.23f );    // 输出 False
```

< 和 > 符号有时还会用作尖括号，特别是在 HTML、XML 或 C#的泛型函数中用于标签。但是，在用作比较运算符时，它们的叫法总是“小于”和“大于”。

>=（大于或等于）和<=（小于或等于）

如果运算符左侧值大于或等于右侧值，>=运算符将返回 true，否则将返回 false。

```
print( 10 >= 10 );         // 输出 True
print( 10 >= 20 );         // 输出 False
print( 1.23f >= 3.14f );   // 输出 False
print( 1.23f >= 1.23f );   // 输出 True
print( 3.14f >= 1.23f );   // 输出 True
```

如果运算符左侧值小于或等于右侧值，<=运算符将返回 true，否则将返回 false。

```
print( 10 <= 10 );         // 输出 True
print( 10 <= 20 );         // 输出 True
print( 1.23f <= 3.14f );   // 输出 True
print( 1.23f <= 1.23f );   // 输出 True
print( 3.14f <= 1.23f );   // 输出 False
```

20.3　条件语句

条件语句可结合布尔值和比较运算符使用，用来控制程序的流程。也就是说，条件为 true 值时可以让代码产生一种结果，在条件为 false 时产生另一种结果。if 和 switch 是最常用的两个条件语句。

if 语句

只有圆括号( )中的值为 true 时，if 语句才会执行花括号{ }之间的代码。

```
if (true) {
    print( "第一个 if 语句中的代码被执行" );
}
if (false) {
    print( "第二个 if 语句中的代码被执行" );
}

// 上述代码执行输入的内容将是:
//        第一个 if 语句中的代码被执行
```

可以看到，第一个花括号{ }之间的代码被执行，而第二个花括号之间的代码则没有。

注意

用花括号括起来的语句，在花括号结束之后不需要再加分号。其他语句的末尾都需要使用分号。

```
if (true) {
print( "Hello" ); // 本行需要分号。
print( "World" ); //本行需要分号。
} // 在花括号结束之后，不需要再加分号
```

这个规则同样适用于其他使用花括号的复合语句。

结合比较运算符和布尔运算符使用 if 语句

if 语句可结合布尔运算符使用，对游戏中的不同状况做出反应。

```
bool night = true;
bool fullMoon = false;
if (night) {
    print( "现在是晚上。" );
}
if (!fullMoon) {
    print( "今晚月亮不圆。" );
}
if (night && fullMoon) {
    print( "小心狼人!!! " );
}
if (night && !fullMoon) {
    print( "今晚没有狼人! " );
}
// 上述代码将输出以下内容：
//        现在是晚上。
//        今晚月亮不圆。
//        今晚没有狼人!
```

当然，if 语句也可结合比较运算符使用。

```
if (10 == 10 ) {
    print( "10 等于 10。" );
}
if ( 10 > 20 ) {
    print( "10 大于 20。" );
}
if ( 1.23f <= 3.14f ) {
    print( "1.23 小于或等于 3.14。" );
}
if ( 1.23f >= 1.23f ) {
    print( "1.23 大于或等于 1.23。" );
}
```

```
if ( 3.14f != Mathf.PI ) {
    print( "3.14 不等于"+Mathf.PI+"。" );
    // +号可将字符串与其他数据类型相连接
    // 在这种情况下，其他数据会被转换为字符串。
}
// 上述代码将输出以下内容：
//        10 等于 10。
//        1.23 小于或等于 3.14。
//        1.23 大于或等于 1.23。
//        3.14 不等于 3.141593。
```

警告

避免在任何 if 语句中使用赋值运算符=　如上文中所警告，==是比较运算符，用来判断两个值是否相等，而=是赋值运算符，用于给变量赋值。如果不小心在 if 语句中使用了=，将对变量赋值，而不是比较。

Unity 有时会发现这种错误，向你提示无法将数值隐式转换为布尔值。如果使用下列代码，你会得到一条出错信息：

```
float f0 = 10f;
if ( f0 = 10 ) {
   print( "f0 is equal to 10.");
}
```

而其他时候，Unity 会向你提供一条警告信息，提醒你在 if 语句中使用了=符号，并询问你是否想输入==。

If...else

在很多情况下，你不但需要在条件为 true 时做一件事，还需要在条件为 false 时做另外一件事。这时，需要在 if 语句之后添加一个 else 语句。

```
bool night = false;
if (night) {
    print( "现在是晚上。" );
} else {
    print( "现在是白天，你有什么好担心的？" );
}
// 上述代码将输出以下内容：
//        现在是白天，你有什么好担心的？
```

这里，因为 night 变量的值是 false，所以执行的是 else 中的语句。

If...else if...else

另外，还可以使用 else 语句链。

```
bool night = true;
bool fullMoon = true;
if (!night) {      // 条件 1 (false)
```

```
    print( "现在是白天，你有什么好担心的？" );
} else if (fullMoon) {         // 条件 2 (true)
    print( "小心狼人!!! " );
} else {      // 条件 3（不检查）
    print( "现在是晚上，但月亮不圆。" );
}
// 上述代码将输出以下内容：
//        小心狼人!!!
```

在 if…else if…else 语句链中，一旦有条件为 true，所有后续条件都将不做判断（后续部分会被跳过）。在上面的代码中，条件 1 为 false，所以会检查条件 2；因为条件 2 为 true，计算机会完全跳过条件 3。

if 语句的嵌套

可以在 if 语句中嵌套另一个 if 语句，以便完成更加复杂的行为。

```
bool night = true;
bool fullMoon = false;
if (!night) {
    print( "现在是白天，你有什么好担心的？" );
} else {
    if (fullMoon) {
        print( "小心狼人!!! " );
    } else {
        print( "现在是晚上，但月亮不圆。" );
    }
}
// 上述代码将输出以下内容：
//        现在是晚上，但月亮不圆。
```

switch 语句

一个 switch 语句可代替多个 if…else 语句，但它在使用时受一些严格的限制。

1．switch 语句只能比较是否相等。

2．switch 语句只能比较单个变量。

3．switch 语句只能将变量与字面值相比较（而不能与其他变量比较）。

以下是示例代码：

```
int num = 3;
switch (num) {         // 圆括号中的 num 变量是用于比较的变量
    case (0):          // 每个分支都是一个与 num 变量进行比较的字面值
        print( "数字是 0" );
        break; // 每个分支的末尾都必须加上 break 语句。
    case (1):
        print( "数字是 1" );
```

```
            break;
        case (2):
            print( "数字是 2" );
            break;
        default: // 如果上述分支均不为 true，则执行 default 后的语句
            print( "数字大于 2" );
            break;
    } // switch 语句结束于花括号处
    // 上述代码输出以下内容：
    //          数字大于 2
```

如果任何一个分支中的字面值等于要比较的变量值，该分支中的代码会被执行，一直到遇到 break 语句为止。在遇到 break 语句之后，计算机将退出 switch 语句，不再对后面的分支进行判断。

```
int num = 4;
switch (num) {
    case (0):
        print( "数字是 0" );
        break;
    case (1):
        print( "数字是 1" );
        break;
    case (2):
        print( "数字是 2" );
        break;
    case (3):
    case (4):
    case (5):
        print( "数字是少许" );
        break;
    default:
        print( "数字大于少许" );
        break;
}
//上述代码输出以下内容：
//          数字是少许
```

在上述代码中，如果 num 等于 3、4 或 5，输出结果将是“数字是少许”。

在学会结合条件使用 if 语句之后，你可能会问什么时候会用到 switch 语句，因为它有这么多使用限制。在处理游戏对象的各种可能状态时，switch 语句其实很常用。例如，假如你制作了一个可以让玩家变身为人、鸟、鱼或狼獾的游戏，其中可能会出现类似于下面的代码：

```
string species = "fish";
bool inWater = false;
// 不同物种有不同的运动方式
public function Move() {
    switch (species) {
```

```
            case ("person"):
                Run(); // 运行名为 Run()的函数
                break;
            case ("bird"):
                Fly();
                break;
            case ("fish"):
                if (!inWater) {
                    Swim();
                } else {
                    FlopAroundPainfully();
                }
                break;
            case ("wolverine"):
                Scurry();
                break;
            default:
                print( "未知物种: "+species );
                break;
        }
    }
```

在上面的代码中，玩家（在水中的鱼）的运动方式为游泳 `Swim()`。一定要注意，这里有一个 `default` 分支，用于捕获任何 switch 语句未提前准备好如何处理的物种，它将输出所遇到的意外物种的名称。例如，当 species 变量设置为“`Lion`”时，输出结果将是：

```
未知物种: Lion
```

在上述代码中，你还看到有些函数名未经过定义（例如 `Run()`、`Fly()`、`Swim()`）。在第 23 章“函数和参数”中，将介绍如何创建自定义的函数。

20.4 小结

尽管布尔运算看上去可能有些无趣，但它们在编程核心内容中占有一席之地。计算机程序中有成百上千的分支节点，计算机将根据条件从中选择一个分支执行，这些分支归根结底都是布尔值和比较运算。在阅读本书后续内容时，如果对比较运算有任何疑惑，你可以复习本章内容加以巩固。

第 21 章

循环语句

计算机程序经常会重复某个动作。在标准的游戏循环中，游戏在屏幕上绘制一帧画面，获取玩家输入并进行判断，然后在屏幕上绘制下一帧画面，每秒重复这套行为 30 次以上。

C#代码中的循环语句可以让计算机多次重复某个行为。这个行为可以是任何事，可以是遍历屏幕上的每个敌人并判断每个敌人的人工智能，也可以是检查碰撞等。在学完本章之后，你会了解到关于循环的必学内容，在下一章中，你将学会如何使用循环操作 list 和数组。

21.1 循环语句的种类

C#中只有四类循环语句：while、do...while、for 和 foreach。其中，for 和 foreach 循环最为常用，因为它们更加安全，也更适合解决游戏制作过程中遇到的问题。

- while 循环：最基本的循环类型。在每次循环开始时检查是否符合某个条件，决定是否继续循环。
- do...while 循环：类似于 while 循环，但在每次循环结束时检查是否符合某个条件，决定是否继续循环。
- for 循环：for 循环中包含一条初始化子句，一个随循环次数而递增的变量和一个结束条件。for 循环是最为常用的循环结构。
- foreach 循环：foreach 循环自动遍历一个可枚举对象或集合中的所有元素。本章对 foreach 循环稍作论述，关于 C# List 和数组的内容将在后面章节中进行更详细的介绍。

21.2 创建项目

附录 A“项目创建标准流程”中详细讲解了如何为本书各章创建 Unity 新项目。在本书每个项目开始之前，你会看到类似于下面的注释框，请根据注释框中的指导创建本章所讲的新项目。

为本章创建新项目

按照标准的项目创建流程，在 Unity 中创建一个新项目。标准的项目创建流程，请参阅附录 A。

- 项目名称：Loop Examples
- 场景名称：_Scene_Loops
- C#脚本名称：Loops

将 Loops 脚本绑定到场景主摄像机上。

21.3 while 循环

while 循环是最基本的循环结构。但是，这也意味着它缺乏新式循环所具有的安全性。笔者在编写代码时，几乎不使用 while 循环，因为它有发生“死循环”的风险。

21.4 死循环的危害

在程序进入一个循环后无法退出时，就会发生死循环。我们写一段代码，看看运行后会发生什么。在 MonoDevelop 中打开 Loops 脚本（通过在项目面板中双击），并在其中添加下面的粗体字代码。

```
using UnityEngine;
using System.Collections;

public class Loops : MonoBehaviour {

    void Start () {
        while (true) {
            print( "Loop" );
        }
    }

}
```

从 ModoDevelop 的菜单栏中选择文件（File）>保存（Save）菜单项，保存上述脚本。保存完毕后，切换回 Unity 并单击窗口上方的三角形播放按钮。你会看到什么都不有发生……这种情况会不会一直持续下去呢？事实上，你可能必须强制退出 Unity 了（具体步骤见下文的专栏）。你刚才遇到的就是一个死循环，你可以看到，死循环会让 Unity 彻底失去响应。幸运的是，我们现在的操作系统都是多线程的，若换为旧式的单线程操作系统，死循环不但冻结应用程序，还会冻结整个计算机，需要重启才能恢复。

如何强制退出程序

在 OS X 系统中

通过下列步骤强制退出程序：

1. 按下 Command +Option+Esc 组合键，会弹出“强行结束应用程序”窗口。
2. 找到运行不正常的应用程序，在程序列表中，该程序名称后通常会显示“(无响应)”。
3. 单击选中该应用程序，然后单击“强制结束”按钮，系统可能需要几秒钟时间才能结束程序。

在 Windows 系统中

通过下列步骤强制退出程序：

1. 按下 Shift+Ctrl+Esc 组合键，会弹出“Windows 任务管理器”窗口。
2. 找到运行不正常的程序。
3. 单击选中该应用程序，然后单击“结束程序”，可能需要几秒钟时间才能结束程序。

如果强行结束处于运行状态的 Unity 程序，从上次保存以来所做的修改会丢失。因为 C#脚本必须经常保存，所以脚本不是问题，但你可能需要重复一遍对场景所做的修改。在_Scene_Loops 场景中，如果你将 Loops 脚本绑定到主摄像机上之后未保存场景，结束 Unity 并重启之后，你需要再重新绑定一下。

那么，死循环是怎么造成的呢？要找到答案，需要检查一下 while 循环。

```
7           while (true) {
8               print( "Loop" );
9           }
```

只要 while 后面圆括号中的条件子句为 true，花括号中的代码就将一直被重复执行。在第 7 行中，条件永远是 true，因此代码 print (“Loop”);将被无限次重复执行。

你可能会问，如果这行代码无限次重复执行，为什么没有在控制台面板上看到输出的“Loop”呢？尽管 print() 函数被调用很多次（在你结束 Unity 程序之前，它可能已经被调用了上百万次），但你永远都看不到控制台面板上的输出，因为 Unity 程序已经陷入了 while 死循环，无法再重绘窗口（只有在窗口重绘之后才能看到控制台面板上的变化）。

21.5 更实用的 while 循环

在 MonoDevelop 中打开 Loops 脚本文件，将代码修改为以下内容。

```
using UnityEngine;
using System.Collections;

```

```
4    public class Loops : MonoBehaviour {
5
6        void Start () {
7            int i=0;
8            while ( i<3 ) {
9                print( "Loop: "+i );
10               i++; // 请查看专栏“自增运算符和自减运算符”
11           }
12       }
13
14   }
```

自增运算符和自减运算符

在上述代码的第 10 行中，出现了本书中的首个自增运算符。自增运算符会使变量的值增加 1。所以，如果 i = 5，则 i++;语句将使 i 的值变为 6。

此外还有自减运算符（--）。自减运算符会使变量的值减少 1。

提示

在本章多数示例中，所使用的循环变量都命名为 i。编程人员经常使用 i、j、k 作为循环变量（即循环中的自增变量），因此，这些变量名很少用于其他场合。因为各个循环结构中会频繁地创建和销毁这些变量，所以你通常应当避免将变量名 i、j、k 用于其他用途。

保存代码并切换回 Unity 程序，然后单击播放按钮。这次 Unity 不会再陷入死循环，因为 while 条件子句（i<3）终将会变为 false。控制台面板上的程序输出内容（除去 Unity 程序输出的其他额外内容）将为：

```
Loop: 0
Loop: 1
Loop: 2
```

因为 while 每循环一次，都会调用一次 print(i)。注意在每次循环之前，都会对条件子句做一次判断。

21.6 do...while 循环

Do...while 循环的工作方式与 while 循环相同，唯一的区别是前者在每次循环结束之后才对条件子句进行判断。Do...while 循环会保证循环至少会运行一次。请将代码修改为以下内容。

```
using UnityEngine;
using System.Collections;

public class Loops : MonoBehaviour {

```

```
6        void Start () {
7            int i=10;
8            do {
9                print( "Loop: "+i );
10               i++;
11           } while ( i<3 );
12       }
13
14   }
```

请确保将位于 Start()函数内的第 7 行代码修改为 int i=10;。尽管 while 条件永远都不为 true（10 永远都不会小于 3），但在第 11 行中对条件子句进行判断之前，其中的代码仍然执行了一次。如果像上文的 while 循环中那样将 i 的初始值定为 0，控制台中输出的内容看起来将没有变化，所以我们在第 7 行中让 i=10，用来演示不管 i 值是多少，do...while 循环总是会至少循环一次。如第 11 行所示，在 do...while 循环中，条件子句之后要加上分号（;）。

请保存脚本文件并在 Unity 中进行测试，查看结果。

21.7 for 循环

在 while 和 do...while 循环的示例代码中，我们需要声明和定义变量 i 并使其自增，然后在条件子句中对变量 i 进行判断，这几个动作分别需要单独写一句代码来完成。在 for 循环中，只需要一行代码就可以完成这几个动作。请在 Loops 脚本中写入以下代码并保存，然后在 Unity 中运行。

```
using UnityEngine;
using System.Collections;

public class Loops : MonoBehaviour {

    void Start() {
        for ( int i=0; i<3; i++ ) {
            print( "Loop: "+i );
        }
    }

}
```

本例中的 for 循环与上文中“更实用的 while 循环”中的示例代码输出的内容相同，但代码的行数更少。要使 for 循环的结构有效，其中需要包含一个初始化子句、一个条件子句和一个循环子句。在上述代码中，三条语句分别为：

```
初始化子句：   for ( int i=0;  i <3;  i++ ) {
条件子句：     for ( int i=0;  i <3;  i ++ ) {
循环子句：     for ( int i=0;  i<3;  i ++ ) {
```

初始化子句（int i=0;）在 for 循环开始时执行。它声明并定义一个作用域在 for

循环内的局部变量。也就是说，在 for 循环完成之后，int i 变量将不复存在。关于变量的作用域，请查看附录 B“实用概念”中的“变量的作用域”。

在 for 循环第一次执行之前，会对条件子句（i<3）进行判断（与 while 循环中第一次循环之前会对条件子句进行判断一样）。如果条件子句为 true，就会执行 for 循环花括号中的代码。

花括号中的代码每执行完一次，就会执行一遍循环子句(i++)(即执行完 print(i) 后，会执行 i++)。之后会再次对条件子句进行判断，如果条件子句仍然为 true，花括号中的代码会再重复执行一次，然后再执行循环语句……，如此周而复始，直至条件语句变为 false 之后，for 循环结束。

由于每个 for 循环都要求必须有这三个子句，而且这些子句包含在同一行代码中，所以使用 for 循环更容易避免出现死循环。

警告

不要忘了在 for 语句的三个子句之间加上分号 一定要在初始化子句、条件子句和循环子句之间加上分号，这很重要。原因它们均是独立子句，需要和 C#中其他语句一样用分号结束。C#中多数代码都需要在行末加上分号，同样，for 循环中的每个子句也需要在末尾加上分号。

循环子句不一定必须自增

尽管循环语句通常都是类似 i++这样的自增子句，但这不是强制性的。循环子句中可以使用任何操作。

自减

其他常用循环子句之一是递减而不是递增，可以通过在 for 循环中使用自减运算符来实现。

```
void Start() {
    for ( int i=5; i>2; i-- ) {
        print( "Loop: "+i );
    }
}
```

上述代码将在控制台面板上输出以下内容：

```
Loop: 5
Loop: 4
Loop: 3
```

21.8 foreach 循环

foreach 循环类似于一种可以用于任何可枚举对象的自动 for 循环。在 C#中，多数数据集合都是可枚举的，包括下一章中讲到的 List 和数组，另外，字符串（作为字符的集合）也是可枚举的。请在 Unity 中试验以下代码。

```
1   using UnityEngine;
2   using System.Collections;
3
4   public class Loops : MonoBehaviour {
5
6       void Start() {
7           string str = "Hello";
8           foreach( char chr in str ) {
9               print( chr );
10          }
11      }
12
13  }
```

在每次循环中，控制台中将依次输出 str 字符串中的一个字符，结果为：

```
H
e
l
l
o
```

`foreach` 循环可保证遍历到可枚举对象的所有元素。在本例中，它遍历了字符串`"Hello"`中的所有字符。在下一章中，会结合 List 和数组深入探讨 `foreach` 循环。

21.9 循环中的跳转语句

所谓跳转语句，是指可使代码执行跳转到代码另一处的语句。前文 `switch` 语句的每个分支中出现的 `break` 语句即是其中一例。

`break` 语句

`break` 语句可以用于提前结束任何类型的循环结构。作为示例，请按以下代码修改 `start()` 函数：

```
6   void Start() {
7       for ( int i=0; i<10; i++ ) {
8           print( i );
9           if ( i==3 ) {
10              break;
11          }
12      }
13  }
```

注意，本代码片段中省略了第 1~5 行和仅包含右花括号}的最后一行（之前的第 13 行），因为这些行与前文的代码完全相同。在你的 MonoDevelop 界面中，应该仍然保留这些代码，你只需用本代码中的第 7~12 行替换前文 `foreach` 循环示例代码中的第 7~10 行。

在 Unity 中运行本代码，你会看到如下输出内容：

```
0
1
2
3
```

break 语句会提前退出 for 循环。break 语句也可用在 while、do…while 和 foreach 循环中。

示例代码： **代码输出内容：**

```
7   for ( int i=0; i<10; i++ ) {
8       print( i );
9       if ( i==3 ) {
10          break;
11      }
12  }
```

```
0
1
2
3
```

```
7   int i = 0;
8   while (true) { 0
9       print( i );
10      if ( i > 2 ) break;        // 1
11      i++;
12  }
```

```
1
2
3
```

```
7   int i = 3;
8   do {
9       print( i );
10      i--;
11      if ( i==1 ) break;         // 2
12  } while ( i > 0 );
```

```
3
2
2
```

```
7   foreach (char c in "Hello") {
8       if (c == 'l') {
9           break;
10      }
11      print( c );
12  }
```

```
H
e
```

以下列表中的编号分别对应上述代码中右侧带有//1、//2 等注释的行。

1. 本行显示了单行样式的 if 语句。如果只有一行，则不必使用花括号。
2. 本代码只输出 3 和 2，因为在第二次执行该循环时，i--语句将 i 的值减为 1，这样第 11 行中 if 语句的条件成立，因而跳出循环。

请花点时间参阅上述几段代码，确保自己可以理解为什么上述代码会分别输出上述内容。如果对任何代码有疑问，请在 Unity 中输入该代码并使用调试器运行（在第 24 章“代码调试”中将详细介绍调试器）。

continue 语句

continue 语句用于强行使程序跳过本次循环的剩余部分，并继续执行下次循环。

代码：

```
7    for (int i=0; i<=360; i++) {
8        if (i % 90 != 0) {
9            continue;
10       }
11       print( i );
12   }
```

输出内容：

```
0
90
180
270
360
```

在上述代码中，每当 I % 90 != 0（即 i/90 的余数不为 0）时，continue 语句会使 for 循环执行下次循环，跳过 print (i) 这一行。continue 语句还可用于 while、do...while 和 foreach 循环中。

取余运算符

上述 continue 语句示例代码的第 8 行中出现了本书的第一个取余运算符(%)。取余运算符返回一个数除以另一个数时所得的余数。例如 12%10 的返回值是 2，因为 12 除以 10 的余数是 2。

取余运算符还可用于浮点数，因此 12.4f%1f 将返回 12.4 除以 1 的余数 0.4f。

21.10 小结

要成为一名优秀的程序员，就必须理解循环。但是，在目前阶段来说，理解不透彻也没关系。一旦开始在游戏原型开发实战中使用循环，你就会越来越了解它们。请把每段示例代码输入到 Unity 中并运行，这样会帮助你理解这些内容。

另外不要忘了，在笔者编写代码时，通常会使用 for 和 foreach 循环，很少使用 while 和 do...while 循环，因为它们有造成死循环的危险。

在下一章中，你会学到数组和 List，这是两类可枚举和排序的相似元素的集合，你会看到如何使用循环遍历这些集合。

第 22 章

List 和数组

本章将介绍 C#的两种重要的集合类型。通过这两种集合，你可以将多个对象归为一组进行操作。例如，你可以在每帧中遍历包含多个游戏对象的 List，逐一更新它们的位置和状态。

学完本章之后，你将理解这些集合类型的工作原理，并根据情不同况选择应该使用的集合类型。

22.1 C#中的集合

集合是可通过一个变量引用的一组对象。在日常生活中，集合类似于一个人群、狮群，或鸟群。在 C#中，有两种必须理解的重要集合类型：

- **数组：**数组是最低等但速度最快的集合类型。数组只能存储一种类型的数据，在定义数组时，必须同时确定它的长度。另外还可以创建多维数组或交错数组（由数组构成的数组），在本章下文中将介绍这两种数组。
- **List：**List 是更为灵活的数组，但仍然是强类型（即它们只能存储一种类型的对象）。List 的长度是可以变化的，在不知道其中集合对象的具体数目时，List 会很实用。

因为 List 更为灵活，所以我们先从 List 开始讨论，关于如何根据情况选择适合的集合类型，我们会提供一个易用的指南。

为本章创建新项目

按照标准的项目创建流程，在 Unity 中创建一个新项目。如果你需要温习一下创建项目的标准流程，请参阅附录 A“项目创建标准流程”。

- 项目名称：Collections Project
- 场景名称：_Scene_Collections
- C#脚本名称：ListEx、ArrayEx

将两个脚本均绑定到_Scene_Collections 场景的主摄像机上。

22.2 List

C#头部的第一个 using 语句让脚本可以使用标准的 Unity 对象（见下列代码片段的第 1 行）。第 2 行 using Systeim.Collections 让脚本可以使用 ArrayLists（第三种集合类型，为非强类型）；但是 List 集合类型实际上并不属于我们之前脚本中使用的标准 using 语句所引入的库。List 和其他泛型集合属于 System.Collections.Generic 库，它在下列代码中的第 3 行被引入。泛型集合是一种强类型集合，可存放尖括号中定义的单一数据类型的集合。例如：

- `public List<string>  sList;`　　– 本句声明一个字符串的 List
- `public List<GameObject>  goList;`　　– 本句声明一个游戏对象的 List

System.Collections.Generic 库中还定义了其他一些泛型数据类型，但它们不属于本章的讨论范围。这些泛型数据类型包括字典（Dictionary）和泛型的队列（Queue）和栈（Stack）。这些泛型集合不同于数组，数组的长度是锁定的，而泛型集合的长度可以动态调整。

在项目面板中双击 ListEx 脚本，打开 MonoDevelop 界面，在其中添加下列粗体代码（你不需要添加每行最右侧的//[数字]注释，这些代码注释对应的是代码后面的注释序号）：

```
1   using UnityEngine;                                  // 1
2   using System.Collections;                           // 2
3   using System.Collections.Generic;                   // 3
4
5   public class ListEx : MonoBehaviour {
6       public List<string> sList;                      // 4
7
8       void Start () {
9           sList = new List<string>();                 // 5
10          sList.Add( "Experience" );                  // 6
11          sList.Add( "is" );
12          sList.Add( "what" );
13          sList.Add( "you" );
14          sList.Add( "get" );
15          sList.Add( "when" );
16          sList.Add( "you" );
17          sList.Add( "didn't" );
18          sList.Add( "get" );
19          sList.Add( "what" );
20          sList.Add( "you" );
21          sList.Add( "wanted." );
22          //上面的话出自我的导师Randy Pausch博士 (1960-2008)
23
24          print( "sList Count = "+sList.Count ); // 7
25          print( "第 0 个元素为: "+sList[0] );        // 8
26          print( "第 1 个元素为: "+sList[1] );
27          print( "第 3 个元素为: "+sList[3] );
28          print( "第 8 个元素为: "+sList[8] );
```

```
29
30          string str = "";
31          foreach (string sTemp in sList) {      // 9
32              str += sTemp+" ";
33          }
34          print( str );
35      }
36  }
```

以下列表中的编号分别对应上述代码中右侧带有//[数字]注释的行。

1. UnityEngine 库使程序可以使用 Unity 特有的类和数据类型（例如游戏对象、渲染器、网格等）。在 Unity 的 C#脚本中，这行是必须有的。

2. 所有 C#脚本头部都会出现的 System.Collections 库使程序可以使用 ArrayList 类型（还有一些其他数据类型）。ArrayList 是 C#中的另一种集合类型，它与 List 类似，但 ArrayList 中的元素不局限于一种数据类型。这使 ArrayList 更为灵活，但我发现它与 List 相比缺点多于优点（其中包括显著的性能劣势）。

3. List 集合类型属于 System.Collection.Generic 库，因此必须先导入这个库才能使用 List。除 List 之外，System.Collections.Generic 库中还包含了大量的泛型对象。你可以在线搜索“C# System.Collections.Generic”了解更多知识。

4. 该句声明 `List<string> sList`。所有泛型集合数据类型后面都有包含数据类型名称的尖括号<>。在本例中，这是一个由字符串构成的 List。泛型的好处是它们可以用于任意数据类型。你可以很轻松地创建 `List<int>`、`List<GameObject>`、`List<Transform>`、`List<Vector3>`等。在声明 List 的同时必须指定其数据类型。

5. 第 6 行中声明了 `sList` 变量，使 `sList` 成为一个变量名，表示一个由 string 构成的 List，但在第 9 行定义 sList 变量之前，`sList` 的值为 `null`（即没有任何值）。在定义 `sList` 变量之前，若试图向其中添加元素，就会产生错误。在对 List 进行定义时，必须在 `new` 语句的尖括号中重复说明 List 的类型。新定义的 List 不含任何元素，`Count` 属性为 0。

6. List 的 `Add()` 方法向其中添加一个元素。在本句中，将在 List 的第 0 个元素的位置插入一个字符串字面值`"Experience"`。关于下标从零开始的 List，详见“List 和数组的下标从零开始”专栏。

7. List 的 `Count` 属性返回一个 `int` 型数值，表示 List 中元素的数量。

8. 第 25~28 行演示了使用下标访问 List 元素（例如：`sList[0]`）。下标访问使用方括号[ ]和整数引用 List 或数组中的特定元素。方括号中的数字称为“下标”。

9. `foreach`（在上一章中做过介绍）经常用于 List 和其他集合对象。类似于字符串是字符的集合，`List<string> sList` 是字符串的集合。`sTemp` 字符串变量的作用域为 `foreach` 循环，所以在 `foreach` 循环完成后，它将不复存在。因为 `List` 是强类型（即 C#知道 `sList` 是一个由字符串构成的 `List`），所以 `sList`

中的元素可以被赋给 sTemp 变量，不需进行任何转换。这是 List 集合相对于非强类型 ArrayList 类型的一个重要优势。

上述代码的控制台输出将为：

```
sList Count = 12
第 0 个元素为：Experience
第 1 个元素为：is
第 3 个元素为：you
第 8 个元素为：get
Experience is what you get when you didn't get what you wanted.
```

List 和数组的下标从零开始

List 和数组集合的下标是从零开始的，也就是说，其中的首个元素实际上是元素[0]。在本书中，我将把首个元素称为第 0 个元素。

作为示例，我们在伪代码中假定有一个集合 coll。“伪代码”不是某个特定编程语言的代码，而是为了便于演示某个代码概念而写的代码。

```
coll= [ "A", "B", "C", "D", "E" ]
```

这时，coll 的元素个数（count）或长度（length）为 5，有效下标的值在 0 到 coll.Count-1 的范围内（即 0、1、2、3、4）。

```
print( coll.Count );     // 输出 5

print( coll[0] );        // 输出 A
print( coll[1] );        // 输出 B
print( coll[2] );        // 输出 C
print( coll[3] );        // 输出 D
print( coll[4] );        // 输出 E

print( coll[5] );        // 输出“Index Out of Range Error!!!”
```

如果你试图用下标访问超出范围的下标，你会看到如下运行时的错误提示：

```
IndexOutOfRangeException: Array index is out of range.
```

（IndexOutOfRangeException 异常：数组下标超出范围）

在 C#中使用集合时，要始终警惕避免发生这种情况。

如之前一样，记得在结束代码编辑时通过 MonoDevelop 保存脚本。然后切换到 Unity 窗口，从层级面板中选择主摄像机。你会在检视面板中看到 List<string> sList 出现在 ListEx (Script)组件当中，你可以单击检视面板中 sList 左侧的三角形按钮，查看其中的值（ArrayList 的另一缺点是它不能显示在检视面板中）。

List 的重要属性和方法

List 的属性和方法实在是太多了，但下面是最为常用的。以下所有示例都引用下面的 List <string> sL，并且这些示例的效果不累积，换句话说，每个示例都使用下列三行语句中定义的 List 对象 sL，并且未经其他示例代码修改。

```
List<string> sL = new List<string>();
sL.Add( "A" ); sL.Add( "B" ); sL.Add( "C" ); sL.Add( "D" );
// 生成的 List 为: [ "A", "B", "C", "D" ]
```

属性

- sL[2]（下标访问）：返回由参数(2)所指定的下标位置的 List 元素。因为 C 是 sL 中第 2 个元素，所以这个表达式返回：C。
- sL.Count：返回 List 中当前的元素个数。因为 List 的长度可能随时间发生变化，所以 Count 属性非常重要。List 中最后一个有效下标总是 Count-1。sL.Count 的值是 4，因此最后一个有效下标是 3。

方法

- sL.Add("Hello")：在 sL 的末尾添加元素"Hello"，sL 变为：["A", "B", "C", "D", "Hello"] 。
- sL.Clear()：清除 sL 中现有的全部元素，使其变为空 List。sL 变为空：[ ]。
- sL.IndexOf("A")：查找 sL 中第一个为"A"的元素，并返回该元素的下标。因为"A"是 sL 中的第 0 个元素，所以这个表达式返回 0。如果 List 中不存在括号中的变量，该表达式将返回-1。要确定 List 中是否包含某个元素，这是一种既快速又安全的方法。
- sL.Insert(2, "B.5")：将元素"B.5"插入到 sL 第 2 个元素之前，其后的元素将逐个向后移动。这会使 sL 变为["A", "B", "B.5", "C", "D"]。第一个参数所指定的下标值的有效范围在 0 到 sL.Count 之间。若第一个参数的值超出有效范围，就会产生一个运行时错误。
- sL.Remove("C")：从 List 中移除指定的元素。如果 List 中有两个元素的值都是"C"，则只有第一个被移除。sL 将变为["A", "B", "D"]。
- sL.RemoveAt(0)：移除参数所指定的下标处的元素。因为 List 中第 0 个元素是" A"，因此 sL 变为["B", "C", "D"]

如何将 List 转换为数组

- sL.ToArray()：生成一个包含 sL 所有元素的数组。新数组中的元素类型与原来的 List 相同。返回一个新数组，其中包含的元素为：["A", "B", "C", "D"]。

要继续学习数组，请先确保 Unity 已停止播放，并且从检视面板中取消 ListEx(Script)前面复选框的勾选状态（如图 22-1 所示）。

图 22-1 单击取消 ListEx（Script）组件的复选框。

22.3 数组

数组是最为简单的集合类型，同时也是最快的。使用数组不要求导入任何库（即使用 using 命令），因为它们是 C#中核心的内置对象。另外，数组中包括多维数组和交错数组，二者也非常实用。

基本数组的创建

数组长度是固定的，在定义数组时必须确定下来。请在项目面板中双击 ArrayEx 脚本，用 MonoDevelop 打开，输入以下代码：

```
using UnityEngine;
using System.Collections;

public class ArrayEx : MonoBehaviour {
    public string[] sArray;                           // 1

    void Start () {
        sArray = new string[10];                      // 2

        sArray[0] = "这";                             // 3
        sArray[1] = "是";
        sArray[2] = "几个";
        sArray[3] = "词";

        print( "数组的长度为: "+sArray.Length );      // 4

        string str = "";
        foreach (string sTemp in sArray) {            // 5
            str += "|"+sTemp;
        }
        print( str );
    }

}
```

1. 与 List 不同，C#的数组并非单独的数据类型，它是由任何现有数据类型构成的集合，在定义数组时，数据类型后面要加方括号。在上例中，sArray 并非被声明为字符串，而是由多个字符串构成的集合。注意，尽管 sArray 声明为数组，但并未定义其长度。
2. 在本句中，sArray 被定义为长度为 10 的字符串数组。数组被定义之后，将使用该数组所含数据类型的默认值填充相应的长度。整数或浮点数的默认值为 0。对于字符串和游戏对象等复杂对象，所有元素都被填充为 null（表示未赋予任何值）。

3. 标准数组不能像 List 那样使用 `Add()` 方法添加元素，而只能使用下标访问方式给数组元素赋值或获取数组元素的值。

4. 数组与 C#中其他集合不同，它不使用 Count 属性，而使用 Length 属性。必须注意（从上文代码的输出内容可以看出）Length 返回整个数组的长度，包含已定义元素（例如上文示例代码中的 `sArray[0]` 到 `sArray[3]`）和空元素（即仍为未定义的默认值，例如上文示例代码中的 `sArray[4]` 到 `sArray[9]`）。

5. `foreach` 也可搭配数组使用，与其他 C#集合一样。唯一的区别是数组可能含有空元素或 null 元素，`foreach` 循环仍会遍历到它们。

在运行代码的时候，请确保在层级面板中选中主摄像机。这样，你可以在检视面板中打开 ArrayEX(Script)组件下的 sArray 旁边的三角形按钮，查看 sArray 中的元素。

上述代码输出内容如下：

```
数组的长度为：10
|这|是|几个|词||||||
```

数组中的空元素

数组中间允许存在空元素，这是 List 无法做到的。如果你的游戏中有一个类似计分板的东西，每名玩家在计分板上有一种得分标记，但在标记之间可能有空位的话，数组的这种特性就非常实用了。

请对上文代码做以下修改：

```
sArray[0] = "这";
sArray[1] = "是";
sArray[3] = "几个";
sArray[6] = "词";
```

代码的输出内容将变为：|这|是||几个|||词|||

我们可以看到，在输出的 sArray 中的下标为 2、4、5、7、8、9 的元素为空。只要被赋值的元素下标（例如这里的 0、1、3、6）在有效数字范围内，你就可以使用下标访问方式把值放在数组中的任意位置，`foreach` 循环也会完美地处理数组。

若试图为超出数组定义范围的下标赋值（例如：`sArray[10] = "oops!";` 或 `sArray[99] = "error!";`），将会导致下列运行时错误：

```
IndexOutOfRangeException: Array index is out of range.
(IndexOutOfRangeException 异常：数组下标超出范围)
```

请将代码修改回最初的状态：

```
sArray[0] = "这";
```

```
sArray[1] = "是";
sArray[2] = "几个";
sArray[3] = "词";
```

空数组元素和 foreach

重新播放项目并查看输出内容，它应该还原为之前的状态：

```
|这|是|几个|词||||||
```

str += "|" + sTemp;语句在连接（即添加）每个数组元素之前会先连接一个管道符"|"。尽管 sArray[4]到 sArray[9]仍然是默认值 null，但 foreach 仍将这些元素计算在内并进行循环。在这种情况下适合使用 break 跳转语句。请将代码做以下修改：

```
foreach (string sTemp in sArray) {
    str += "|"+sTemp;
    if (sTemp == null) break;
}
```

修改后的输出内容将变为：|这|是|几个|词|

当 C#循环到 sArray[4]时，它仍然会将"|"+null 连接到 str 的尾部，但检查到 sArray[4]的值为 null 时，会跳出 foreach 循环，不再对数组元素 sArray[5]到 sArray[9]执行循环。作为练习，你可以考虑一下如何使用 continue 跳转语句跳过数组中间的空元素，但并不彻底跳出 foreach 循环。

数组的重要属性和方法

数组也有很多属性和方法，以下是其中最常用的。以下所有示例都引用下面的数组，并且这些示例的效果不累积。

```
string[] sA = new string[] { "A", "B", "C", "D" };
// 生成的数组为: [ "A", "B", "C", "D" ]
```

从上面的代码中可以看到，在数组初始化表达式中可以用一行代码完成数组的声明、定义和数组赋值。注意，在使用数组初始化表达式时，数组的长度表示为花括号中元素的个数，无需另行指定；事实上，若使用花括号定义数组，则不允许再在数组声明的方括号中指定另一个数组长度。

属性

- sA[2]（下标访问）：返回由参数（2）所指定的下标位置的数组元素。因为"C"是数组 sA 的第 2 个元素，因此这个表达式返回："C"。
- 如果下标参数超出了数组下标的有效范围（在本例中，有效范围为 0 到 3），则会产生一个运行时错误。
- sA[1] = "Bravo"（用于赋值的下标访问）：将赋值运算符（=）右侧的值赋给指定位置的数组元素，取代原有的值。sA 将变为：["A", "Bravo", "C", "D"]。

- sA.Length：返回数组的总长度。所有元素都被计算在内，不论其是否已赋值。在本例中返回：4。

静态方法

数组的静态方法属于 System.Array 类，可作用于数组，使其具有 List 的部分功能。

- System.Array.IndexOf (sA, "C")：从数组 sA 中查找第一个值为"C"的元素并返回该元素的下标。因为"C"是数组 sA 的第 2 个元素，此表达式将返回：2。如果数组中不存在要查找的变量，则返回-1。这种方法可用于判断数组中是否包含特定元素。
- System.Array.Resize (ref Sa, 6)：这个 C#方法可以调整数组的长度。第一个参数是对数组的引用（所以需要在前面加上 ref 关键词），第二个参数是为数组指定的新长度。sA 将变为：["A", "B", "C", "D", null, null]。如果第二个参数所指定的长度小于数组原来的长度，多余的元素将被剔除出数组。System.Array.Resize (ref sA, 2)将使数组 sA 变为["A", "B"]。System.Array.Resize()方法对多维数组不起作用。

如何将数组转化为 List

- List<string> sL = new List<string> (sA)：这行代码将创建一个名为 sL 的 List，并复制数组 sA 中的元素。

也可以使用数组初始化表达式在一行中声明、定义数组并填充 List，但代码有点不直白。

```
List<string> sL = new List <string> ( new string[] { "A", "B", "C" } );
```

这句代码声明了一个新的匿名字符串数组并立即传递给 new List<string>()函数。

为了给下一个示例做准备，请在主摄像机检视面板中单击 ArrayEx(Script)脚本旁边的复选框，取消勾选，使脚本失效。

22.4 多维数组

另外，还可以创建具有两个或更多下标的多维数组，这种数组很实用。在多维数组中，方括号中的下标数目不止一个，而是两个或更多。在创建可以容纳其他物体的二维网格时，这种多维数组非常实用。

请创建一个名为 Array2dEx 的 C#脚本，并将其绑定到主摄像机。在 MonoDevelop 中打开 Array2dEX 脚本，输入以下代码：

```
using UnityEngine;
using System.Collections;

public class Array2dEx : MonoBehaviour {

    public string[,] sArray2d;
```

```

        void Start () {
            sArray2d = new string[4,4];

            sArray2d[0,0] = "A";
            sArray2d[0,3] = "B";
            sArray2d[1,2] = "C";
            sArray2d[3,1] = "D";

            print( "数组 sArray2d 的长度为: "+sArray2d.Length );
        }
}
```

上述代码将产生以下输出内容：数组 sArray2d 的长度为 16。

可以看到，即使对于多维数组，Length 长度仍然是一个整形数字。这里的长度是数组中元素的总个数，数组各维的长度需要由代码编写人员负责。

接下来，我们将为数组 sArray2d 生成一个格式化的输出。输出内容如下所示：

```
|A| | |B|
| | |C| |
| | | | |
| |D| | |
```

可以看到，A 是第 0 行、第 0 列（[0, 0]）的元素，B 是第 0 行、第 3 列（[0, 3]）的元素，依此类推。要实现这个效果，请在代码中添加以下用粗体字所示的代码：

```
16  print( "数组 sArray2d 的长度为: "+sArray2d.Length );
17
18  string str = "";
19          for ( int i=0; i<4; i++ ) {                 // 1
20              for ( int j=0; j<4; j++ ) {
21                  if (sArray2d[i,j] != null) {    // 2
22                      str += "|"+sArray2d[i,j];
23                  } else {
24                      str += "|_";
25                  }
26              }
27              str += "|"+"\n";                        // 3
28          }
29          print( str );
30      }
31  }
```

1. 第 19、20 行演示了两个嵌套的 for 循环，用于遍历多维数组。在这种嵌套方式下，代码将这样运行：

   （1）从 i=0 开始。

   （2）从 0 到 3 遍历所有的 j 值。

   （3）i 值递增为 1。

(4) 从 0 到 3 遍历所有的 j 值。

(5) i 值递增为 2。

(6) 从 0 到 3 遍历所有的 j 值。

(7) i 值递增为 3。

(8) 从 0 到 3 遍历所有的 j 值。

这样可以保证代码依次访问多维数组的所有元素。仍然以网格为例，代码将访问第 1 行中所有元素（通过让 j 从 0 递增到 3），然后让 i 值递增，进入到下一行。

2. 第 21~25 行检查数组元素 sArray2d[i, j]的值是否不为 null。如果不为 null，则在字符串 str 末尾添加一个管道符以及 sArray2d[i，j]的值；如果为 null，则在 str 末尾添加一个管道符和一个空格。管道符通常位于键盘上的[Return]（或[Enter]）键上方，按下[Shift]+[\]（反斜线）组合键得到。

3. 本行代码在遍历全部 j 值之后，i 值还未递增之时执行。这行代码的效果是在 str 的末尾添加一个管道符和一个回车（即换行），为每个 i 值单独输出一行，使输出格式更为美观。\n 表示另起新行。

本代码生成下列输出内容，但你只能在 Unity 的控制台面板中看到前面几行内容：

```
数组 sArray2d 的长度为：16
|A| | |B|
| | |C| |
| | | | |
| |D| | |
```

在 Unity 的控制台面板中，你只能看到前两行输出。但是，如果你单击控制台面板上的这行输出内容，你会在面板的下半部分看到更多数据（如图 22-2 所示）。

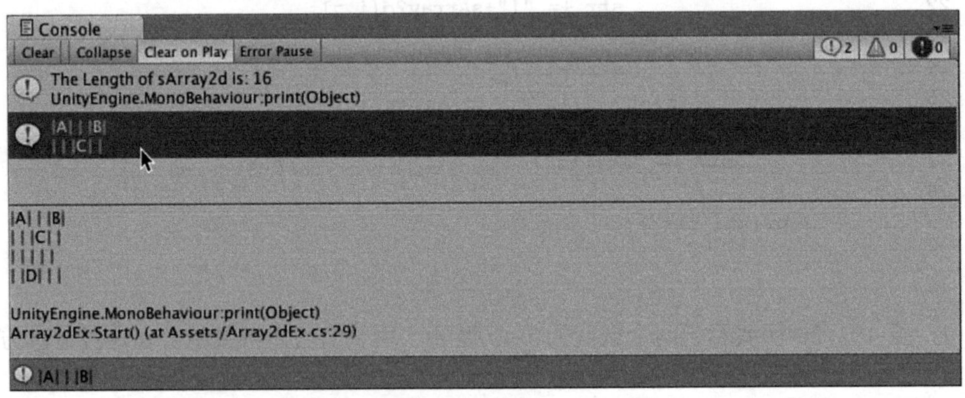

图 22-2　在控制台中单击输出的消息，会使下方出现扩展内容
（请注意，最新的一行控制台消息还会出现在 Unity 窗口的左下角）

从图中可以看到，我们格式化的字符串在控制台面板中显示得并不整齐，因为控制台使用的字体为非等宽字体（即在该字体中，i 的宽度与 m 并不相等，而在等宽字体中，

字母 i 和 m 具有相等的宽度)。你可以单击控制台面板中的任何一行，在菜单栏中执行编辑（Edit）>复制（Copy）命令复制该数据，然后粘贴到其他程序当中。我经常这样做，我通常会粘贴到一个文本编辑软件中（在 Mac 系统中，笔者倾向于使用 TextWrangler；在 Windows 系统中，笔者更喜欢 EditPad Pro，这两个软件的功能都非常强大）。

还应该注意，在 Unity 的检视面板中不显示多维数组。事实上，如果检视面板不知道如何正确显示一个变量，它会彻底忽略这个变量，所以在检视面板中连多维数组的变量名也根本不显示。

请再次单击播放按钮（使其由蓝变灰）停止 Unity 的执行，然后在主摄像机的检视面板中使 Array2dEx(Script)组件失效。

22.5 交错数组

交错数组是由数组构成的数组，它与多维数组有些类似，但它允许其中的子数组具有不同的长度。我们将创建一个交错数组容纳下列数据。

```
| A | B | C | D |
| E | F | G |
| H | I |
| J |   |   | K |
```

可以看到，第 0 行和第 3 行各含 4 个元素，但第 1 行和第 2 行分别有 3 个和 2 个元素。注意，如第 3 行所示，其中仍然允许存在 null 元素。事实上，它还允许整行元素为 null（但那样会在下列代码的第 32 行产生一个错误，因为在该代码的设计意图中不包括对 null 行进行处理）。

请创建一个名为 JaggedArrayEx 的脚本，并将其绑定到主摄像机上。在 MonoDevelop 中打开 JaggedArrayEx 脚本，在其中输入以下代码。

```
1   using UnityEngine;
2   using System.Collections;
3
4   public class JaggedArrayEx : MonoBehaviour {
5       public string[][] jArray;                                   // 1
6
7       void Start () {
8           jArray = new string[4][];                               // 2
9
10          jArray[0] = new string[4];                              // 3
11          jArray[0][0] = "A";
12          jArray[0][1] = "B";
13          jArray[0][2] = "C";
14          jArray[0][3] = "D";
15
16          // 以下用用单行方式完成数组的初始化                          // 4
17          jArray[1] = new string[] { "E", "F", "G" };
18          jArray[2] = new string[] { "H", "I" };
```

```
19
20          jArray[3] = new string[4];                              // 5
21          jArray[3][0] = "J";
22          jArray[3][3] = "K";
23
24          print( " jArray 的长度是: "+jArray.Length );              // 6
25          // 输出: jArray 的长度是: 4
26
27          print( " jArray[1]的长度是: "+jArray[1].Length );         // 7
28          // 输出: jArray[1]的长度是: 3
29
30          string str = "";
31          foreach (string[] sArray in jArray) {                   // 8
32              foreach( string sTemp in sArray ) {
33                  if (sTemp != null) {
34                      str += " | "+sTemp;                         // 9
35                  } else {
36                      str += " |  ";                              //10
37                  }
38              }
39              str += " | \n";
40          }
41
42          print( str );
43      }
44  }
```

1. 第 5 行将变量 `jArray` 声明为交错数组（即由数组构成的数组）。其中 `string[]` 是一个字符串集合，而 `string[][]` 是一个由字符串数组（或 `string[]`）构成的集合。

2. 第 8 行将变量 `jArray` 定义为长度为 4 的交错数组。注意第 2 个方括号为空，表示子数组可为任意长度。

3. 第 10 行将 `jArray` 的第 0 个元素定义为一个长度为 4 的字符串数组。

4. 第 17、18 行中使用了单行代码定义数组的方式。因为数组元素已在花括号中定义，因此无需明确指定数组的长度（因此 `new string[]` 中方括号为空）。

5. 第 20~22 行将 `jArray` 的第 3 个元素定义为一个长度为 4 的字符串数组，并只为第 0 个和第 3 个元素赋了值，使第 1 个和第 2 个元素仍保持为 `null`。

6. 第 24 行将输出“`jArray` 的长度是：4”。因为 `jArray` 是一个由数组构成的数组（并非多维数组），`jArray.Length` 只计算可通过第一对方括号访问到的元素个数。

7. 第 27 行输出“`jArray[1]`的长度是：3”，因为 `jArray` 是由数组构成的数组，因此很容易确定子数组的长度。

8. 在交错数组中，`foreach` 对数组和子数组的作用是相互独立的。对 `jArray` 数组使用 foreach 语句会遍历四个 jArray 中包含的 string[]（字符串数组）元素。而对各个子数组使用 foreach 语句则遍历每个字符串数组中包含的字符串。注意 sArray 是一个字符串数组，而 sTemp 是一个字符串。

如之前所说，如果 jArray 中某一行元素为 null，则第 32 行将抛出一个 null 引用错误，如果在第 32 行对一个 null 变量使用 foreach 语句，将会导致 null 引用，null 引用是指试图引用一个为 null 的元素。foreach 语句会尝试访问 sArray 中的数据，例如 sArray.Length 和 sArray[0]。因为 null 数据中不包含数据或数值，因此访问 null.Length 这样的对象会导致错误。

9. 第 34 行双引号中的字符串字面值为：空格 管道符 空格。

10. 第 36 行双引号中的字符串字面值为：空格 管道符 空格 空格。

上述代码将在控制台面板上输出以下内容：

```
jArray 的长度是：4
jArray[1]的长度是：3
| A | B | C | D |
| E | F | G |
| H | I |
| J |  |  | K |
```

在交错数组中使用 for 循环替代 foreach 循环

另外，也可利用数组和子数组的 Length 属性使用 for 循环。可以用下列代码代替前文示例代码的 foreach 循环。

```
31        string str = "";
32        for (int i=0; i<jArray.Length; i++) {
33            for (int j=0; j<jArray[i].Length; j++) {
34                str += " | "+jArray[i][j];
35            }
36            str += " | \n";
37        }
```

本代码与前文示例代码产生完全相同的输出。你可以根据实际情况选择使用 for 或者 foreach。

交错 List

最后还有一类交错集合，即交错 List。可以用 List<List<string>>语句声明一个交错的二维字符串 List。和交错数组一样，每个子 List 一开始均为 null，你必须初始化这些子 List，如下文代码所示。与其他 List 一样，交错 List 也不允许空元素。请创建一个名为 JaggedListTest 的 C#脚本并绑定到主摄像机上，在其中输入以下代码。

```
using UnityEngine;
using System.Collections.Generic;                                    // 1

public class JaggedListTest : MonoBehaviour {

```

```
6          public List<List<string>> jaggedList;
7
8          // 用于初始化
9          void Start () {
10             jaggedList = new List<List<string>>();
11
12             // 向 jaggedList 中添加两个 List<string>
13             jaggedList.Add( new List<string>() );
14             jaggedList.Add( new List<string>() );
15
16             // 向 jaggedList[0] 中添加两个字符串
17             jaggedList[0].Add ("Hello");
18             jaggedList[0].Add ("World");
19
20             // 向 jaggedList 中添加第三个 List<string>，其中包含数据
21             jagged List.Add ( new List<string>( new string[]
    ➥{"complex","initialization"} ) );                                    // 2
22
23             string str = "";
24             foreach (List<string> sL in jaggedList) {
25                 foreach (string sTemp in sL) {
26                     if (sTemp != null) {
27                         str += " | "+sTemp;
28                     } else {
29                         str += " | ";
30                     }
31                 }
32                 str += " | \n";
33             }
34             print( str );
35         }
36
37 }
```

1. 尽管在所有的 Unity C#脚本中默认都包含了 `using System.Collections;` 语句，但实际上这句并非必要（但 List 需要 `System.Collections.Generic` 库）。

2. 这是本书首次出现续行符➥。在本书中，若一行代码的长度超出了页面的宽度，则会用到➥。在程序中请不要输入这个➥，它只是告诉你上下两行其实属于同一行代码。若没有前面的缩进，第 21 行应该是这个样子：

```
jaggedList.Add( new List<string>( new string[] {"complex","initialization"} ) );
```

上述代码将在控制台面板上输出以下内容：

```
| Hello | World |
|
| complex | initialization |
```

22.6 应该使用数组还是 List

数组和 List 集合类型的区别主要在于以下几个方面：

- List 具有可变的长度，而数组的长度不太容易改变。
- 数组速度稍快，但多数情况下感觉不出来。
- 数组允许有多维下标。
- 数组允许在集合中存在空元素。

因为 List 更容易使用，不需要事先筹划太多（因为它们的长度可以改变），我个人常倾向于使用 List，而不是数组。在制作游戏原型时，这种倾向更为明显，因为原型需要很大的灵活性。

22.7 小结

学会了 List 和数组的用法，你就可以在编写游戏时操作大量的对象了。例如，你可以回到第 18 章“Hello World：你的首个程序”，在 CubeSpawner 代码中添加一个 `List<GameObject>`，在初始化每个新立方体时，把它放到这个 List 中。这样你就可以引用每个立方体，在立方体创建之后对它进行操作。

练习

在本练习中，我们将回到第 18 章“Hello World：你的首个程序”，写一个脚本，将每个新创建的立方体都添加到一个名为 `gameObjectList` 的 `List<GameObject>`中。在每一帧中，使立方体缩小为上一帧的 95%大小。一旦立方体的尺寸缩小到 0.1 以下，就将它从场景以及 `gameObjectList` 中删除。

然而，当我们删除 `gameObjectList` 中的一个元素而 `foreach` 循环仍然要遍历到它时，将会产生一个错误。为避免这种情况，需要被删除的立方体将被临时存放在另一个名为 `removeList` 的 List 中，之后对这个 List 进行遍历，从 `gameObjectList` 中删除其中的元素（你会从代码中看到我要表达的意思）。

打开你的 Hello World 项目，创建一个新的场景（从菜单栏中执行 File>Scene 菜单项命令）。将场景保存为_Scene_3。创建一个名为 CubeSpawner3 的新脚本，并将其绑定到场景主摄像机上。然后在 MonoDevelop 软件中打开 CubeSpawner3 并输入以下代码。

```
using UnityEngine;
using System.Collections;
using System.Collections.Generic;

public class CubeSpawner3 : MonoBehaviour {
    public GameObject cubePrefabVar;
    public List<GameObject> gameObjectList;    // 用于存储所有的立方体
    public float scalingFactor = 0.95f;
    // ^ Amount that each cube will shrink each frame
```

```
    public int numCubes = 0;                          // 已初始化的立方体数目

    // Start()用于初始化
    void Start() {
            // 本句用于初始化 List<GameObject>
            gameObjectList = new List<GameObject>();
    }

    //每帧都会调用一次 Update()
    void Update () {
        numCubes++;  // 使立方体数目增加 1                          // 1

        GameObject gObj = Instantiate( cubePrefabVar ) as GameObject;
// 2

        // 以下几行代码将设置新建立方体的一些属性值
        gObj.name = "Cube "+numCubes;                              // 3
        Color c = new Color(Random.value, Random.value, Random.value);
// 4
        gObj.renderer.material.color = c;
        // 为立方体随机指定一个颜色
        gObj.transform.position = Random.insideUnitSphere;        // 5

        gameObjectList.Add (gObj); // Add gObj to the List of Cubes

        List<GameObject> removeList = new List<GameObject>();    // 6
        //需要从 gameObjectList 中删除的立方体的信息
        //将存储在这个 removeList 中

        //遍历 gameObjectList 中的每个立方体
        foreach (GameObject goTemp in gameObjectList) {          // 7

            // 获取立方体的大小
            float scale = goTemp.transform.localScale.x;         // 8
            scale *= scalingFactor; // Shrink it by the scalingFactor
            goTemp.transform.localScale = Vector3.one * scale;

            if (scale <= 0.1f) {        //如果尺寸小于 0.1f……     // 9
                removeList.Add (goTemp);//…则加到 removeList 中
            }
        }

        foreach (GameObject goTemp in removeList) {              // 7
            gameObjectList.Remove (goTemp);                      //10
            // ^ 从 gameObjectList 中删除这个立方体
            Destroy (goTemp); // 销毁立方体游戏对象
        }

    }
```

```
57 }
```

1. 自增运算符（++）用于使 numCubes 变量增加 1，这个变量表示已创建立方体的数目。

2. 初始化 cubePrefabVar 的一个实例。"as GameObject"必须要有，因为 Instantiate() 可用于任何类型的对象（也就是说 C#无法知道 Instantiate() 会返回一个什么类型的数据）。"as GameObject"通知 C#这个对象应当作游戏对象（GameObject）来处理。

3. numCubes 变量用于为每个立方体指定一个专有的名称。第一个立方体将被命名为 Cube 1，第二个立方体被命名为 Cube 2，依此类推。

4. 第 26、27 行为每个立方体指定一个随机的颜色。颜色需要通过绑定到游戏对象渲染器上的材质来访问，如第 27 行所示。

5. Random.insideUnitSphere 返回一个半径为 1 的球体（球心位于坐标[0,0,0]）内的随机一个位置。这个代码使立方体随机分布在[0,0,0]附近，而不是出现在同一点上。

6. 如代码注释中所说，removeList 将存储需要从 gameObjectList 中删除的立方体。这个变量很有必要，因为 C#不允许在正在遍历该 List 的 foreach 循环中删除 List 中的元素（也就是说，在第 38~48 行中，正在遍历 gameObject List 的 foreach 循环中不允许调用 gameObject.Remove()）。

7. foreach 循环会遍历 gameObjectList 中所有的立方体。注意在 foreach 中创建的临时变量 goTemp。在第 50 行处的 foreach 循环中也使用了 goTemp 变量，因此，第 38 和 50 行都对 goTemp 变量进行了声明。因为这两处 goTemp 的作用域都只是在各自的 foreach 代码中，所以在同一个 Update() 函数中声明两次同名变量并不会产生冲突。详见附录 B“实用概念”中的“变量的作用域”。

8. 第 41~43 行获得每个立方体当前的尺寸（通过其 transform.localScale 属性的 x），将其乘以 95%，然后将新产生的数值赋给 transform.localScale。若一个 Vector3 对象与一个浮点数相乘（如第 43 行所示），则每个维度的长度都会乘以相同的数值，因此[2,4,6]*0.5f 会得到[1,2,3]。

9. 如代码注释中所说，如果新产生的尺寸小于 0.1f，则该立方体会被添加到 removeList 中。

10. 第 50~54 行的 foreach 循环遍历 removeList 并将 removeList 中所有的立方体都从 gameObjectList 中删除。因为 foreach 循环遍历的是 removeList，所以从 gameObjectList 中删除元素不会有任何问题。在调用 Destroy 命令之前，已删除的立方体游戏对象仍然会显示在屏幕上。即使到这个时候，它们仍然存在于内存中，因为它们仍然是 removeList 的元素。但是，因为 removeList 是 Update() 函数中的局部变量，一旦 Update() 函数运行完毕，removeList 变量将不复存在，任何只存在于 removeList 中的元素都会随之从内存中删除。

保存你的脚本并切换回 Unity。如果你想真正初始化任何立方体，你必须在项目面板中将 Cube Prefab 赋给主摄像机 CubeSpawner3(Script)组件中的 cubePrefabVar 变量。

完成上述操作之后，按下 Unity 的播放按钮，你会看到一些立方体开始出现，和前一版本的 Hello World 一样。但是，它们有不同的颜色，它们会随时间逐渐缩小，并且最终会被销毁（而不是像上一版本中那样一直存在）。

因为 CubeSpawner3 代码将跟踪 gameObjectList 中的每个立方体，它可以在每帧中修改每个立方体的尺寸，并在其尺寸小于 0.1f 时将其销毁。当 scalingFactor 为 0.95 时，每个立方体需要 45 帧才能缩小到 0.1f 以下，所以 gameObjectList 中的第 0 个立方体总会因尺寸过小而被删除和销毁，而 gameObjectList 的数目会保持在 45。

在下一章中，你会学到如何创建和命名除 Start()和 Update()之外的函数。

第 23 章

函数与参数

本章将讲述如何充分利用强大的函数。你可以编写自定义函数，这些函数可以接受任意类型的变量作为参数，并返回一个值作为函数的结果。我们还会探讨一些特殊的函数参数案例，例如函数重载、可选参数和 `params` 关键字，这些案例将有助于你写出更加高效、模块化、可重用、灵活的代码。

23.1 创建函数示例的项目

附录 A“项目创建标准流程”中详细讲解了如何为本书各章创建 Unity 新项目。在本书每个项目开始之前，你会看到类似于下面的注释框，请根据注释框中的指导创建本章所讲的新项目。

为本章创建新项目

按照标准的项目创建流程，在 Unity 中创建一个新项目。项目创建标准流程，请参阅附录 A。

- 项目名称：Function Examples
- 场景名称：_Scene_Functions
- C#脚本名称：CodeExample

将 CodeExample 脚本绑定到场景主摄像机上。

23.2 函数的定义

实际上，在编写首个 Hello World 程序时，你已经写过函数了，但是至今为止，你只是往 Unity 内置的 MonoBehaviour 类中的 `Awake()`、`Start()` 和 `Update` 等函数中添加内容。从现在开始，你将可以编写自定义的函数。

我们可以把函数当作可以执行某些工作的代码片段。例如，如果要知道 `Updata` 函数被调用了多少次，你可以新建一个 C#脚本并在其中输入以下代码（你需要把加粗的几行代码添加进去）：

```
1   using UnityEngine;
2   using System.Collections;
3
4   public class CodeExample : MonoBehaviour {
5
6       public int numTimesCalled = 0;                                    // 1
7
8       void Update() {
9           numTimesCalled++;                                             // 2
10          CountUpdates();                                               // 3
11      }
12
13      void CountUpdates() {                                             // 4
14          string outputMessage = "Update 次数: "+numTimesCalled;        // 5
15          print( outputMessage ); //输出内容示例 "Update 次数: 1"        // 6
16      }
17
18  }
```

1. 声明一个名为 numTimesCalled 的全局变量，并将变量初始值定义为 0。因为 numTimesCalled 是在 CodeExample 类中被声明为全局变量，并且在所有函数外部，所以它的作用域是整个 CodeExample 类模块，CodeExample 类中的所有函数都可以访问这些变量。
2. numTimesCalled 变量自增 1（其值加 1）。
3. 第 10 行调用 CountUpdataes() 函数。当在代码中调用函数时，这个函数就执行一次。后面很快会做详细介绍。
4. 第 13 行声明了一个 CountUpdates() 函数。声明函数与声明变量类似。void 是函数的返回类型（本章下文会讲到），第 13~16 行对函数进行了定义。第 13 行的左花括号和第 16 行的右花括号之间所有的代码都用来对 CountUpdates() 函数进行定义。
   请注意，函数在类中声明的先后顺序并不重要。
   只要 CountUpdates() 和 Update() 两个函数都在 CodeExample 类的花括号内部，哪个函数定义在先都没有关系。在运行任何代码之前，C#会检查类中所有的定义。所以，即使在第 10 行中调用 CountUpdates() 函数，而在第 13 行中才声明这个函数，也毫无问题，因为 CountUpdates() 和 Update() 函数都声明在 CodeExample 类中。
5. 第 13 行定义了一个名为 outputMessage 的字符串型局部变量。因为 outputMessage 是在 CountUpdate() 函数中声明的，它的作用域仅限于 CountUpdate() 函数内部，也就是说，outputMessage 在 CountUpdate() 函数之外是没有值的。关于变量的作用域，详见附录 B 中的“变量的作用域”小节。
   第 14 行还将 outputMessage 的值定义为字符串"Updates 次数:"和 numTimesCalled 变量组合起来所构成的字符串。

6. Unity 内置的 `print()` 函数在调用时以 `outputMessage` 作为唯一的参数。这将会把 `outputMessage` 的值输出到 Unity 的控制台面板上。本章后续部分会讲到函数的参数。

在现实中，`CountUpdate()` 函数的功能并没有什么大用，但这个示例确实演示了本章中的两个重要概念。

- **函数封装操作：**我们可以把函数当作被命名的一系列代码行。每次调用函数时，就会运行这些代码行。在本例以及第 17 章的 `BuySomeMilk()` 代码示例中都演示过封装操作。
- **函数也有其作用域：**从附录 B 中“变量的作用域”小节中可以了解到，变量是有其作用域的。因此，上述代码第 14 行中声明的 `outputMessage` 变量的作用域仅限于 `CountUpdates()` 函数内部。我们可以说“`outputMessage` 的作用域为 `CountUpdate()` 函数”，也可以说“`outputMessage` 是 `CoutUpdate()` 函数的内部变量”。

  全局变量 `numTimesCalled` 与 `outputMessage` 变量不同，它的作用域是整个 `CodeExample` 类，在 `CodeExample` 的任何函数中都可以访问它。

如果你在 Unity 中运行这段代码，你会看到，每运行一帧，就会运行一次 `CountUpdate()` 函数，将 `numTimesCalled` 的值输出到控制台面板上，`numTimesCalled` 的值也会增加 1。调用函数会使函数运行，当函数运行完之后，程序会返回到调用函数的那个位置。因此，在 `CodeExample` 类中，每帧都会执行一遍以下操作：

1. 每帧开始时，Unity 引擎都会调用 `Update()` 函数（第 8 行）。
2. 然后在第 9 行中，`numTimesCalled` 会自增 1。
3. 第 10 行调用 `CountUpdate()` 函数。
4. 程序会跳到第 13 行 `CountUpdate()` 函数的开头执行代码。
5. 第 14、15 行的代码会被执行。
6. 当 Unity 运行到第 16 行 `CountUpdate()` 函数末尾的花括号时，程序会返回第 10 行（即调用函数的位置）。
7. 程序会继续执行第 11 行。

本章后续部分既有函数的简单应用，也有复杂应用，这里只是对复杂概念做一下介绍。随着后面的学习，你会更深入地了解函数如何工作，并且会学到更多关于编写自定义函数的窍门。所以，如果你在第一遍学习本章中遇到任何难以理解的东西，都没有关系，你可以学完本书更多内容后返回来再学习。

在 Unity 中使用本章示例代码

本章的第一个示例代码包含了 CodeExample 类的所有代码，但后面的代码就不写这么完整了。如果你想在 Unity 中运行本章中后面的代码，你需要将这些代码写到一个类中。第 25 章“类”中将详细讲解类的用法，但目前，你只需要把本章后面的示例代码添加到以下代码中以粗体代码之间即可。

```
1 using UnityEngine;
2 using System.Collections;
3
4 public class CodeExample : MonoBehaviour {
5
// 用实际代码取代本行注释
6
7 }
```

例如，如果没有粗体部分，本章第一个示例代码将是这个样子：

```
6   public int numTimesCalled = 0;
7
8   void Update() {
9       CountUpdates();
10  }
11
12  void CountUpdates() {
13      numTimesCalled++;
14      print( "Updates: "+numTimesCalled ); // e.g., "Update 次数: 5"
15  }
```

如果你希望试验第 6~15 行的这些代码，你需要在代码的前后添加上文的粗体代码。最终在 Monodevelop 中使用的代码将与本章第一个示例代码完全相同。

本章后面的示例代码将直接从第 6 行开始，表示前后需要有其他代码行才能构成完整的 C#脚本。

23.3 函数的形式参数和实际参数

有些函数在调用时后面跟一个空的括号（例如第一个示例代码中的 CountUpdates()），而有些函数需要在括号之间传递数据（例如，下面代码中的 Say(“Hello”)）。当函数需要像这样通过括号接收外部数据时，这些外部数据的类型通过一个或多个形式参数加以指定，这些参数将创建特定类型的变量来存放这些数据。在下面代码的第 10 行中，void Say(string sayThis)声明了一个名为 sayThis 的字符串变量参数。之后可以在 Say()函数中把 sayThis 当作局部变量使用。

通过参数向函数发送数据称为向函数传递数据。传递给函数的数据称为实际参数（简称“实参”）。在下面代码的第 7 行中，调用 Say()函数时使用了“Hello”作为实际参数。也可以说“Hello”被传递给了 Say()函数。传递给函数的实际参数的变量类型必须与形式参数相吻合，否则就会产生错误。

```
6   void Awake() {
7       Say("Hello");                                   // 2
8   }
9
10  void Say( string sayThis ) {                        // 1
11      print(sayThis);
12  }
```

1. 字符串 sayThis 被声明为 Say() 函数的形式参数变量。

2. 第 7 行中调用 Say() 函数时，字符串字面值“Hello”作为实际参数被传递给 Say() 函数，因此在第 10 行中会将 sayThis 的值设为“Hello”。

在上面示例代码的 Say() 函数中，我们添加了一个名为 sayThis 的形式参数。和其他变量的声明一样，第一个单词（string）表示变量类型，第二个单词（sayThis）表示变量名。

和其他局部变量一样，函数的形式参数变量也会在函数结束运行之后从内存中消失。如果在 Awake() 函数中使用 sayThis 变量，就会产生一个编译器错误，因为 sayThis 在 Say() 函数外部是未定义变量。

在第 7 行中，传递给函数的实际参数是字符串字面值“Hello”，但实际上，只要与函数形式参数的变量类型相吻合，可以向函数传递任何变量或字面值（例如在以下示例代码的第 7 行中，将 this.gameObject 作为实际参数传递给了 PrintGameObjectName() 函数）。如果函数有多个形式参数，实际参数应以逗号隔开（如以下代码第 8 行所示）。

```
6   void Awake() {
7       PrintGameObjectName( this.gameObject );
8       SetColor( Color.red, this.gameObject );
9   }
10
11  void PrintGameObjectName( GameObject go ) {
12      print( go.name );
13  }
14
15  void SetColor( Color c, GameObject go ) {
16      Renderer r = go.renderer;
17      r.material.color = c;
18  }
```

23.4 函数的返回值

函数除了可以通过形式参数接收数据之外，还可以返回一个值，称为函数结果，如下列代码第 13 行所示。

```
6   void Awake() {
7       int num = Add( 2, 5 );
8       print( num ); // 在控制台面板上输出数字 7
```

```
}

int Add( int numA, int numB ) {
    nt sum = numA + numB;
    return( sum );
}
```

在本例中，Add()函数有两个形式参数，分别是整型变量 numA 和 numB。在 Add()函数被调用时，它会计算传递进来的两个整形参数的和，并作为结果返回。在 Add()函数定义语句前面的 int 声明函数将返回一个整型结果。和必须先声明类型才能使用变量一样，函数也需要先声明返回值的类型，才能在代码其他位置调用这个函数。

返回 void

我们目前所写的函数多数都返回 void 类型，这表示函数没有返回值。尽管这些函数不返回特定的值，但是有时候你可能需要在函数内部调用 return 语句。

函数内部只要使用了 return 语句，它就会在此退出函数执行并返回到函数被调用的位置，如果你有一个超过 100,000 游戏对象的 List（例如以下代码中的 reallyLongList），并且希望将其中名为 Phil 的游戏对象移动到坐标原点（Vector3.zero），但是不用关心其他对象，你可以使用下列代码：

```
6   public List<GameObject> reallyLongList; //在 Unity Editor 中定义   // 1
7
8   void Awake() {
9       MoveToOrigin("Phil");                                          // 2
10  }
11
12  void MoveToOrigin(string theName) {                                // 3
13      foreach (GameObject go in reallyLongList) {
14          if (go.name == theName) {                                  // 4
15              go.transform.position = Vector3.zero;                  // 5
16              return;                                                // 6
17          }
18      }
19  }
```

1. List<GameObject> reallyLongList 是一个非常大的游戏对象 List，我们假设已经在 Unity 的检视面板中预先进行了定义。因为在本例中假定已经预先定义了这个 List，所以仅把代码复制到 Unity 中是不行的，你必须还要自己对 reallyLongList 进行定义。
2. 调用 MoveToOrigin()函数时，实际参数是字符串字面值"Phil"。
3. 用 foreach 语句遍历 rellyLongList。
4. 如果找到名称是“Phil”的游戏对象。
5. 就把它移动到坐标原点，即坐标[0,0,0]。
6. 第 16 行将返回到第 9 行。避免遍历其余的 List 元素。

在 MoveToOrigin()函数中，在找到名为 Phil 的游戏对象之后，你不用再检查其他的游戏对象，所以最好是直接结束函数并返回，免得浪费计算机资源。如果 Phil 是 List 中的最后一个元素，你节省不了时间，但如果 Phil 是第一个元素，你能节省不少时间。

注意，在返回 void 的函数中使用 return 时，后面不需要加括号。

23.5　使用合适的函数名称

前面说过，变量名需要能够表明其含义，以小写字母开头，使用骆驼式命名法（每个单词第一个字母大写）。例如：

```
int     numEnemies;
float   radiusOfPlanet;
Color   colorAlert;
string  playerName;
```

函数名也一样，但是函数名应该以大写字母开头，这样便于和变量名区分开来。下面是良好的函数名称命名方法：

```
void ColorAGameObject( GameObject go, Color c ) {……}
void AlignX( GameObject go0, GameObject go1, GameObject go2 ) {……}
void AlignListX( List<GameObject> goList ) {……}
void SetX( GameObject go, float eX ) {……}
```

23.6　什么情况下应该使用函数

函数是封装代码和功能，以便重用代码的最优方法。在通常情况下，如果你需要多次使用同样的代码，这时最好的做法是定义一个函数。我们以下面这段代码为例，其中包含了几段重复的代码。

下列代码中的 AlignX()函数接收三个游戏对象作为参数，取其 X 方向的平均值，并将平均值设置为三个游戏对象的 X 方向的位置。

```
void AlignX( GameObject go0, GameObject go1, GameObject go2 ) {
    float avgX = go0.transform.position.x;
    avgX += go1.transform.position.x;
    avgX += go2.transform.position.x;
    avgX = avgX/3.0f;
    Vector3 tempPos;
    tempPos = go0.transform.position;                        // 1
    tempPos.x = avgX;                                        // 1
    go0.transform.position = tempPos;                        // 1
    tempPos = go1.transform.position;
    tempPos.x = avgX;
    go1.transform.position = tempPos;
    tempPos = go2.transform.position;
    tempPos.x = avgX;
    go2.transform.position = tempPos;
}
```

1. Unity 不允许直接修改变换组件的 position.x 值，通过第 12~14 行，你可以了解我们如何解决这一限制。我们必须先把当前位置赋给另一个变量（例如 Vector3 tempPos），然后修改这个变量的 x 值，最后把整个 Vector3 复制给 transofmr.position。这个代码重复写起来很烦琐（如第 12~20 行所示），所以我们应该使用一个 SetX()函数来替代它，详见以下代码。下列代码中的 SetX()函数可以用一行代码（即 SetX(this.gameObject, 25.0f)）修改变换组件的 X 位置。

因为不能直接修改 transform.position 的 x、y、z 值，所以在 AlignX()函数的第 12~20 行之间有很多重复代码。输入这些代码会很枯燥乏味，如果将来要修改什么东西，就要同时修改三处。这是使用函数的首要原因。下面的示例代码用新定义的 SetX()函数取代了重复代码。对之前代码的改动部分用粗体字表示。

```
6    void AlignX( GameObject go0, GameObject go1, GameObject go2 ) {
7        float avgX = go0.transform.position.x;
8        avgX += go1.transform.position.x;
9        avgX += go2.transform.position.x;
10       avgX = avgX/3.0f;
11       SetX ( go0, avgX );
12       SetX ( go1, avgX );
13       SetX ( go2, avgX );
14   }
15
16   void SetX( GameObject go, float eX ) {
17       Vector3 tempPos = go.transform.position;
18       tempPos.x = eX;
19       go.transform.position = tempPos;
20   }
```

在这段改良后的代码中，原来从 11 到 20 行的十行代码已经替换为新定义的 SetX()函数，第 16~20 行为函数定义。如果设置 x 值的方式需要改变，只需在 SetX()函数中修改一次就可以，不必像前面代码中那样修改三次。我希望这个简单的示例可以通过展示函数为程序员们提供的强大功能。

本章后面部分将讲述更为复杂和有趣的 C#函数编写方法。

23.7 函数重载

C#函数可以根据所传递参数的类型和数量做出不同操作，这种功能称为函数重载，这是一个很奇妙的术语。

```
void Awake() {
    print( Add( 1.0f, 2.5f ) );
    // 输出："3.5"
    print( Add( new Vector3(1, 0, 0), new Vector3(0, 1, 0) ) );
    // 输出："(1.0, 1.0, 0.0)"
    Color colorA = new Color( 0.5f, 1, 0, 1);
```

```
        Color colorB = new Color( 0.25f, 0.33f, 0, 1);
        print( Add( colorA, colorB ) );
        // 输出: "RGBA(0.750, 1.000, 0.000, 1.000)"
    }

    float Add( float f0, float f1 ) {                                    // 1
        return( f0 + f1 );
    }

    Vector3 Add( Vector3 v0, Vector3 v1 ) {                              // 1
        return( v0 + v1 );
    }

    Color Add( Color c0, Color c1 ) {                                    // 1
        float r, g, b, a;
        r = Mathf.Min( c0.r + c1.r, 1.0f );                              // 2
        g = Mathf.Min( c0.g + c1.g, 1.0f );                              // 2
        b = Mathf.Min( c0.b + c1.b, 1.0f );                              // 2
        a = Mathf.Min( c0.a + c1.a, 1.0f );                              // 2
        return( new Color( r, g, b, a ) );
    }
```

1. 在这段代码中，有三个不同版本的 Add() 函数，在 Awake() 函数中，根据各行代码传递的参数调用不同的 Add() 函数。当传递的是两个浮点型数字时，调用对浮点数进行操作的 Add() 函数；当传递的是两个 Vector3 变量时，调用对 Vector3 进行操作的 Add() 函数；当传递的是两个颜色时，调用对颜色进行操作的 Add() 函数。

2. 在对颜色进行操作的 Add() 函数中，需要注意不要让 r、g、b 的值大于 1，因为红、绿、蓝、透明度四个颜色通道的值仅限于 0 到 1 之间，这里采用 Mathf.Min() 函数解决这一问题。Mathf.Min() 可以接收任意数量的参数，并返回其中最小的值，在上述代码中，红色通道数值的和是 0.75f，返回的红色通道值为 0.75f；绿色通道数值的和大于 1.0f，则返回的绿色通道值为 1.0f。

23.8 可选参数

有时候，你会希望可以选择函数的参数数量，根据情况传递或省略这些参数：

```
    void Awake() {
        SetX( this.gameObject, 25 );                                 // 2
        print( this.gameObject.transform.position.x ); //输出"25"
        SetX( this.gameObject );                                     // 3
        print( this.gameObject.transform.position.x ); //输出"0"
    }

    void SetX( GameObject go, float eX=0.0f ) {                      // 1
        Vector3 tempPos = go.transform.position;
        tempPos.x = eX;
```

```
16        go.transform.position = tempPos;
17        }
```

1. 定义浮点型可选参数 eX，默认值为 0.0f。

2. 因为浮点数可以存储任何整数值[1]，所以把整数值传给浮点型变量不会有问题。（例如第 7 行中的整型字面值 25 被传递给第 13 行中的浮点型变量 eX）。

3. 因为 eX 是可选参数，所以调用函数时可以不用提供这个参数的值，如第 9 行所示。

在这个版本的 SetX() 函数中，浮点型变量 eX 是可选参数。如果在定义函数时为某个参数设置了默认值，那么编译器就会把它当作可选参数（例如，第 13 行中将变量 eX 的默认值设置为 0.0f）。

Awake() 函数中首次调用了这个函数，eX 参数被设置为 25.0f，这个值会覆盖之前的默认值 0.0f。但是在第二次调用函数时省略了 eX 参数，使 eX 变成了默认值 0.0f。

在定义函数时，可选参数必须出现在其他必须参数之后。

23.9 params 关键字

使用 params 关键字，可以让函数接收任意数量的同类型参数。这些参数会被转化为该类型的数组。

```
void Awake() {
    print( Add( 1 ) ); // Outputs: "1"
    print( Add( 1, 2 ) ); // Outputs: "3"
    print( Add( 1, 2, 3 ) ); // Outputs: "6"
    print( Add( 1, 2, 3, 4 ) ); // Outputs: "10"
}

int Add( params int[] ints ) {
    int sum = 0;
    foreach (int i in ints) {
        sum += i;
    }
    return( sum );
}
```

Add() 函数现在可以接收任意数量的整形值并返回这个数字之和了。与可选参数一样，在定义函数时，params 列表同样需要放在函数其他参数之后（在 params 之前可以放其他必须参数）。

1 严格来说，浮点型数字可以存储大部分整数值。如第 19 章“变量和组件”中所说，在数字很大或很小时，浮点型数字会变得不太精确，非常大的数字会被舍入为浮点型所表达的或接近的数值。根据笔者在 Unity 中进行的实验，浮点型数字可以精确表达 16777217 以内的所有整数，大于这个值后，数字可能失去精度。

这样，我们可以重写之前的 AlignX()函数，使它可以接收任意数量的游戏对象，代码如下：

```
6   void AlignX( params GameObject[] goArray ) {                 // 1
7       float sumX = 0;
8       foreach (GameObject go in goArray) {                     // 2
9           sumX += go.transform.position.x;                     // 3
10      }
11      float avgX = sumX / goArray.Length;                      // 4
12
13      foreach (GameObject go in goArray) {                     // 5
14          SetX ( go, avgX );
15      }
16  }
17
18  void SetX( GameObject go, float eX ) {
19      Vector3 tempPos = go.transform.position;
20      tempPos.x = eX;
21      go.transform.position = tempPos;
22  }
```

1. 通过 parmas 关键字，使用传递进来的多个游戏对象创建一个游戏对象数组。
2. foreach 可以遍历 goArray 中的每个游戏对象。变量 GameObject go 的作用域在 foreach 循环内，因此与第 13~15 行之间的的 GameObject go 并不冲突。
3. 将当前游戏对象的 X 坐标值累计到 sumX 中。
4. 把所有游戏对象的 X 坐标值之和除以游戏对象的个数，得到所有游戏对象 X 坐标的平均值。
5. 通过另一个 foreach 循环再次遍历 goArray 数组中的每个游戏对象，将其作为参数传递给 SetX() 函数。

23.10　递归函数

有时一个函数需要重复调用自身，我们称之为递归函数。其中一个简单的示例是求数字的阶乘。

在数学中，5!（5 的阶乘）是所有小于或等于 5 的自然数之积（自然数是大于 0 的整数）。

5！=5×4×3×2×1

0!=1 是阶乘中的一个特例，在这里，让负数的阶乘返回 0：

0!=1

我们可以编写下面的递归函数计算任意整数的阶乘：

```
void Awake() {
```

```
7        print( Fac(-1) ); // 输出："0"
8        print( Fac(0) ); // 输出："1"
9        print( Fac(5) ); // 输出："120"
10   }
11
12   int Fac( int n ) {
13       if (n < 0) { //如果n<0，则返回0
14           return( 0 );
15       }
16       if (n == 0) { //这里是"递归终点"
17           return( 1 );
18       }
19       int result = n * Fac( n-1 ) ;
20       return( result );
21   }
```

当在第 9 行中调用 Fac(5) 时并运行到第 19 行时，Fac() 函数再次被调用，这次的参数是 n-1（也就是 4），这种过程称为递归。这种递归会进行 4 次，直至调用到 Fac(0)。因为 n 等于 0，所以会到达第 16 行的递归终点，得到的函数结果为 1。代码会返回到第 19 行把这个结果回传给前一层递归调用并乘以 n，得到的结果又会被回传给上一层递归调用，直至所有的递归函数 Fac() 完成，最终把数值 120 返回到第 9 行输出。Fac() 函数的递归调用是以下这样运行的：

```
Fac(5)
= 5 * Fac(4)
= 5 * 4 * Fac(3)
= 5 * 4 * 3 * Fac(2)
= 5 * 4 * 3 * 2 * Fac(1)
= 5 * 4 * 3 * 2 * 1 * Fac(0)
= 5 * 4 * 3 * 2 * 1 * 1
= 5 * 4 * 3 * 2 * 1
= 5 * 4 * 3 * 2
= 5 * 4 * 6
= 5 * 24
= 120
```

要了解递归函数中发生了哪些事情，最好的办法是使用调试器进行观察，调试器是 MonoDevelop 中的一个功能，可以让你观察程序每一步执行的过程，并且查看代码中的各个变量是如何变化的。关于调试过程，我们将下一章中进行介绍。

23.11 小结

在本章中，我们学习了函数的强大功能和它的几种用法。函数是现代编程语言的基础，编程经验越丰富，越能体会到函数的强大和不可或缺。

第 24 章"代码调试"将教你如何在 Unity 中使用调试工具。这些工具用于帮你找出代码中的错误，但也有助于你理解代码如何工作。在下一章中学完调试之后，笔者建议你再次返回本章仔细检查 Fac() 函数。当然，你也可以利用调试器研究本书各章节中的其他函数。

第 24 章

代码调试

对于外行人来说，代码调试有点像妖术。事实恰好相反，调试是程序开发人员必备的技能，虽然笔者很少教初学者如何调试，但我认为不学调试会错过很多东西。所有的编程初学者都会犯错，如果知道如何调试，你就能找到这些错误并加以纠正，这比逐行查看代码来希望错误自己献身可要快捷得多。

学完本章之后，你会理解编译时错误和运行时错误的区别，学会如何在代码中设置断点，以及如何逐行运行程序，以便找出难以察觉的错误。

24.1 如何开始调试

要学习如何找错，我们首先要制造几处错误。在本章中，我们先以第 18 章“Hello World：你的首个程序”中的项目为例。如果你手头没有这个项目的文件，你可以从下面这个网址下载：

http://book.prototools.net/

在开始本章学习之前，请从这个网站上找到第 24 章“Debugging”的链接，并单击下载项目文件。

在本章中，笔者会要求你故意制造几处错误。这似乎有点奇怪，但笔者的目的是让你体验一下如何发现并纠正各种不同的错误，在使用 Unity 的过程中，你几乎肯定会犯这些错误。在示例样本中的这几种错误将来都会给你带来麻烦，这些样本有助于你在遇到错误时查找并纠正错误。

> **注意**
>
> 在本章中，笔者会用行号表示所发生的错误。有时候，这些行号与你看到的并不一定完全相同，有时候它会偏上或偏下几行。如果你的行号和笔者的不一样，请不要担心，你只要在这个行号附近查找相关的代码内容即可。

编译时错误

编译时错误是 Unity 在对 C#代码进行编译（编译是指对 C#代码进行解析并将其转换为通用中间语言，然后将通用中间语言转换为可在计算机上运行的机器语言）时发现的错误。在 Unity 中打开 Hello World 项目之后，请按下列步骤故意制造几个运行时错误，研究这些错误的原理：

1. 复制现有的_Scene_1。复制的操作步骤是：在项目面板上选中场景_Scene_1，然后在菜单栏中执行编辑（Edit）>复制（Duplicate）命令。Unity 会自动将新场景的名称更名为_Scene_2。

2. 双击_Scene_2，在层级面板和场景面板中打开它。打开场景后，Unity 窗口的标题栏会变为_Scene_2.unity-Hello World-PC, Mac, Linux Standalone。当按下播放按钮时，你会看到它的表现与_Scene_1 完全相同。

3. 现在我们将编写另一个 CubeSpawner 类，这样做不会破坏_Scene_1 中的这个类。在项目面板中选中 CubeSpawner 脚本，然后在菜单栏中执行编辑（Edit）>复制（Duplicate）命令。这样会创建一个名为 CubeSpawner1 的脚本文件，同时控制台面板上马上会显示一条出错消息（如图 24-1 所示）。单击这条出错消息可以看到更多信息。

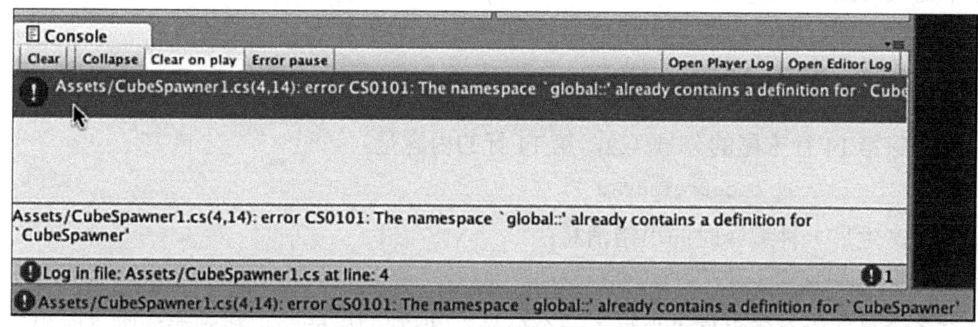

图 24-1　你的第一条错误：由 Unity 捕获到的一条编译时错误

在这条出错消息中包含了大量的信息，让我们一点点分析。

Assets/CubeSpawner1.cs(4,14):

在 Unity 的每条出错消息中都包含该错误发生的位置。这条消息告诉我们错误发生在项目的 Assets 文件夹下的 CubeSpawner1.cs 脚本文件中，位于第 4 行的第 14 个字符。

error CS0101:

消息的第二段是错误的类型。如果不了解这是什么错误，你可以用“Unity error”和错误代码作为关键词在网上搜索相关信息。在本例中，应该在网上搜索“Unity error CS0101”。通过这种方法，几乎能查到关于该描述的帖子或其他文章。根据笔者的经验，在 http://forum.unity3d.com 和 http://answers.unity3d.com 上都能得到非常好的答案，另外一些最佳答案则出自 http://stackoverflow.com。

The namespace 'global::' already contains a definition for 'CubeSpawner'

消息最后一段以浅显的英语解释了该错误。在本例中，这句话告诉我们在代码中已经存在 CubeSpawner 了，事实确实如此。这个时候，两个脚本文件 CubeSpawner 和 CubeSpawner1 都在试图定义 `CubeSpawner` 类。

以下是该错误的修复方法：

1. 双击 CubeSpawner1，在 MonoDevelop 中打开它（你也可以双击控制台面板中的出错消息，这样会打开脚本并定位到出错的代码行）。
2. 在 CubeSpawner1 脚本文件中，将第 4 行代码（即对 CubeSpwner 进行定义的那一行）修改为：

   ```
   Public class CubeSpawner2 : MonoBehaviour {
   ```

   这里我故意将 `CubeSpawner2` 的类名修改得与脚本文件名不一样，这样我们过一会儿会看到另一条错误。
3. 保存文件并返回到 Unity 窗口，你会看到控制台面板上的出错消息消失了。

每当你保存脚本文件时，Unity 都重新编译该脚本，以保证其中没产生错误。如果 Unity 遇到错误，我们就会看到类似于前面的出错消息。这些错误是最容易修改的，因为 Unity 知道错误发生的具体位置，并且把这些信息提供给了你。现在因为 CubeSpawner 脚本中定义的是 `CubeSpawner` 类，而 CuberSpawner1 脚本定义的是 `CuberSpawner2` 类，二者名称不冲突，所以前面的出错消息就会消失。

由于缺少分号产生的编译时错误

请删除第 14 行末尾的分号（;），第 14 行的内容是：

```
14 Instantiate( cubePrefabVar );
```

这会产生另一种编译时的出错消息：

```
Assets/CubeSpawner1.cs(15,9): error CS1525: Unexpected symbol '}'
```

这条消息并没有告诉你“少写了一个分号”，但它的确能帮你找到编译脚本时出错的位置（第 15 行第 9 个字符）。这条消息还告诉你，它遇到了不应该在此处出现的右花括号（}）。根据这条消息，你应该能在这段代码附近发现缺少的分号。

请在第 14 行末尾加上分号并保存文件，这时 Unity 应该不会再提示错误。出错消息所提示的行号一般要么是代码出错的行，要么是后面一行。在本例中，第 14 行缺少分号，但错误出现在第 15 行。

24.2 绑定或移除脚本时出现的错误

返回到 Unity 界面并把 CubeSpawner1 脚本拖放到层级面板中的主摄像机上。这时，你会看到如图 24-2 所示的错误。

Unity 发出这条提示，是因为脚本名称 CubeSpawner1 与其中定义的类名 CubeSpawner2 不一致。在 Unity 中，如果你创建的类是由 MonoBehavior 类派生而来的（例如：`CubeSpawner2 : Monobehavior`），则定义这个类的文件名必须与类名一致。

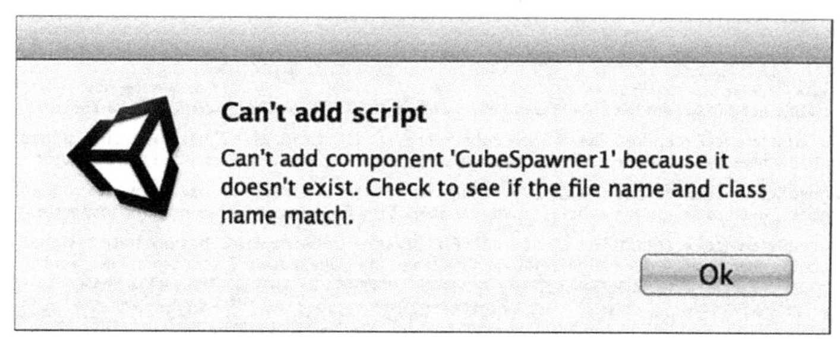

图 24-2　有些错误只在为游戏对象绑定时发生

要解决这个问题，只需确保两个名称一致即可。在项目面板中单击选中 CubeSpawner1，然后再次单击将其重命名（在 Mac 系统中按下回车键或在 Windows 系统中按下 F2 键也可以重命名脚本文件）。请将文件名修改为 CubeSpawner2，然后再尝试将其绑定到主摄像机上。这次应该不会再有问题。

在层级面板上单击主摄像机。在检视面板中，你会看到主摄像机上同时绑定了 CubeSpawner 和 CubeSpawner2 两个脚本。在检视面板中单击 Cube Spawer(Script)右侧的小齿轮图标，然后从下拉菜单中选择移除组件（Remove Component），如图 24-3 所示。

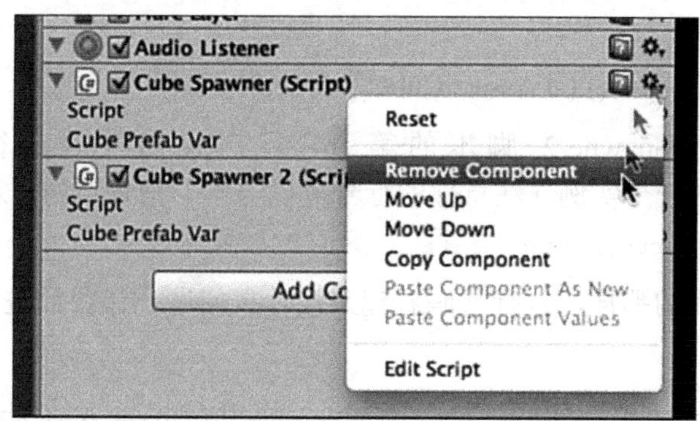

图 24-3　移除多余的 CubeSpawner 脚本组件。

这样，就不会有两个不同的脚本同时摆放立方体组件了。在后续的几章中，每个游戏对象上将只绑定一个脚本。

运行时错误

现在单击播放按钮，你会遇到另一类型的错误（如图 24-4 所示）。单击暂停按钮（即播放按钮右侧带有两条竖线的按钮）暂停播放，研究一下这个错误。

这是一个运行时错误，也就是说只有当 Unity 尝试播放项目时才会出现的错误。当编译器认为代码中不存在语法错误，但程序在真正运行的时候出错，就会出现运行时错误。

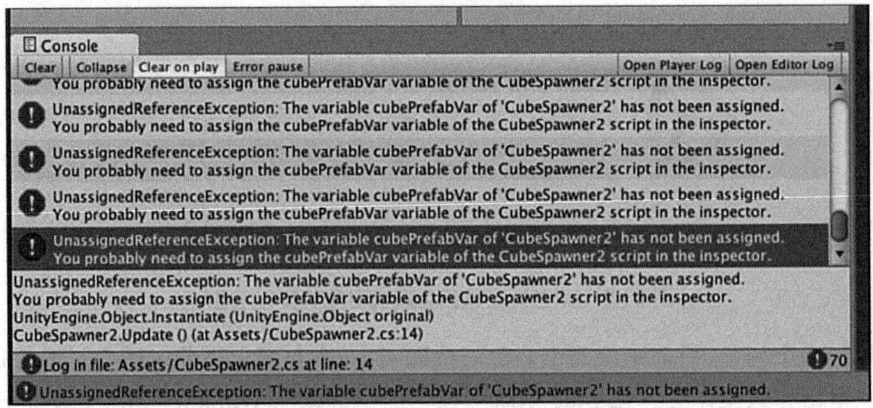

图 24-4 对同一运行时错误的重复提示

你会看到这里的出错消息与之前遇到的不一样。一是每条出错消息的开头不再包含错误发生的位置，但是单击出错消息后，控制台底部会出现关于此错误的更多信息。在出现运行时错误时，最后一行告诉你 Unity 发现错误的位置。有时是这个位置上出现错误，有时是之后一行出现错误。这条出错消息要求你在 CubeSpawner2.cs 文件的第 14 行附近查找错误。

CubeSpawner2.Update () (at Assets/CubeSpawner2.cs:14)

通过查看 CubeSpawner2 脚本的第 14 行，我们发现这行代码是初始化 `cubePrefabVar` 的一个实例（注意你的行号可以与本书稍有不同，这样也没关系）。

```
14  Instantiate( cubePrefabVar );
```

正如编译器认为的那样，这行代码看起来没什么问题。让我们进一步分析一下出错消息。

UnassignedReferenceException: The variable cubePrefabVar of 'CubeSpawner2' has not been assigned. You probably need to assign the cubePrefabVar variable of the CubeSpawner2 script in the inspector. UnityEngine.Object.Instantiate (UnityEngine.Object original) CubeSpawner2.Update () (at Assets/CubeSpawner2.cs:14)

这条消息告诉我们还未将 `CubePrefabVar` 变量引用设置到对象的实例，如果你在检视面板中查看主摄像机的 *CubeSpawner2(Script)*组件，你会发现确实如此。所以，请按照我们在前面章节中所做的那样，在检视面板中单击 CubePrefabVar 右侧的圆圈形图标，从资源列表中选择 Cube Prefab 实例。现在，你应该可以在检视面板中看到它被设置给了 CubePrefabVar。

再次单击暂停按钮，继续播放。你会看到场景中的立方体开始不停地出现。

再次单击播放按钮停止播放。然后重新单击播放按钮从头开始播放。看看发生了什么？这条出错消息又出现了！请单击播放按钮停止播放。

你看到了什么？同样的出错消息又出现了！再次单击播放按钮停止播放。

警告

在播放期间所做的修改不会被保留！将来你会频繁遇到这个问题。Unity 这样做有自己的道理，但对于新手来说，遇到这种情况会疑惑不解。在 Unity 播放或暂停期间，你所做的任何修改（例如刚才你对 `cubePrefabVar` 所做的修改）都会被重置回播放之前的状态。如果你希望所做的修改能保留，在进行修改之前，请确保 Unity 没有在运行。

现在 Unity 已经停止播放，请在检视面板中将主摄像机的 Cube Prefab 实例重新设置 `cubePrefabVar` 变量。

24.3　使用调试器逐语句运行代码

除了前面讨论的自动代码检查工具之外，Unity 和 MonoDevelop 还允许我们逐句运行代码，这有助于我们理解代码是如何工作的。请把下列示例代码中的粗体字内容（即第 13 行和 16~26 行）添加到你的 CubeSpawner2 脚本中。如果需要在脚本中添加空行，只需按下回车键即可。如图 24-5 中所示了下列代码：

```
1   using UnityEngine;
2   using System.Collections;
3
4   public class CubeSpawner2 : MonoBehaviour {
5       public GameObject cubePrefabVar;
6
7       // Start()函数用于初始化
8       void Start () {
9       }
10
11      // Update()函数每帧调用一次
12      void Update () {
13          SpellItOut();                                   // 1
14          Instantiate( cubePrefabVar );
15      }
16
17      public void SpellItOut () {                         // 2
18          string sA = "Hello World!";
19          string sB = "";
20
21          for (int i=0; i<sA.Length; i++) {               // 3
22              sB += sA[i];                                // 4
23          }
24
25          print(sB);
26      }
27  }
```

1. 第 13 行调用了 `SpellItOut()` 函数。

2. 第 17~26 行是对 SpellItOut()函数的声明和定义。这个函数会将字符串 sA 中的字符逐个复制到字符串 sB 中。

3. 这个 for 循环遍历 sA。因为字符串“Hello World”中包含 11 个字符，所以这个循环会重复 11 次。

4. 第 22 行取出字符串 sA 中的第 i 个字符，将它添加到字符串 sB 的末尾。

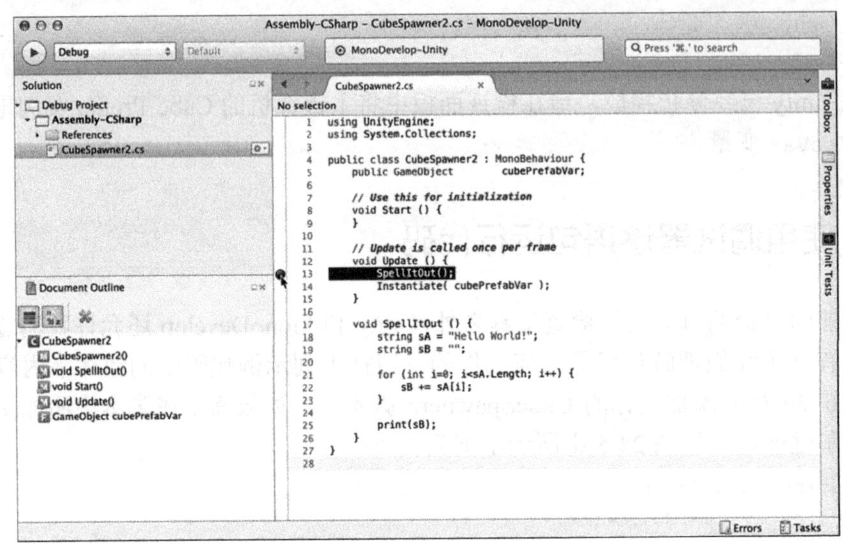

图 24-5　SpellItOut()函数，在第 13 行有个断点

我们在这里创建了一个名为 SpellItOut()的函数，它会将字符串 sA 的内容逐字复制到字符串 sB 中。如果用于字符串复制，它的效率低得可怕，但用于演示调试器如何工作还是很不错的。

请将上述代码全部输入到你的代码中并且仔细检查，然后在第 13 行单击左侧边框处（如图 24-5 所示）。这样会在第 13 行创建一个断点，显示为一个红色圆圈。

当在 MonoDevelop 中设置完断点并对 Unity 进行调试时，每当 Unity 运行到断点处时，就会暂停执行。接下来我们就试验一下。

警告

在 OS X 系统中，若在 Unity 项目开始播放之前附加调试器，有时会导致程序崩溃！在本书完稿之时，在 OS X 系统中如果先附加 MonoDevelop 调试器，再在 Unity 中按下播放按钮，Unity 和 MonoDevelop 调试器仍然会不时地出现问题。Unity 公司已经获知这一问题，所以你在阅读本书时，这一问题有望得到解决，但万一这个问题仍然存在，你应该在 Unity 已经开始播放时附加调试器，如果你希望停止运行并重新播放，则应该断开调试器并重新附加。如果你是在 Windows 系统上（或者你想在 OS X 系统中碰碰运气），你可以在 Unity 中单击播放按钮之前附加调试器，这样也不会有问题。对于本书第Ⅱ部分的小项目来说，在 OS X 系统中也不是什么大问题，但笔者曾在几个大项目中时常遇到这个故障。

如果你遇到这个问题，Unity 窗口会被冻结，MonoDevelop 窗口也会失去响应。要解决这种情况，你需要强制退出 Unity，详见“如何强制退出程序”专栏。

如何强制退出程序

在 OS X 系统中

通过下列步骤强制退出程序：

1. 按下 Command+Option+Esc 组合键，会弹出“强行结束应用程序”窗口。
2. 找到运行不正常的应用程序，在程序列表中，该程序名称后通常会显示“(无响应)”。
3. 单击选中该应用程序，然后单击“强制结束”按钮。

在 Windows 系统中

通过下列步骤强制退出程序：

1. 按下 Shift+Ctrl+Esc 组合键，会弹出“Windows 任务管理器”窗口。
2. 找到运行不正常的程序。
3. 单击选中该应用程序，然后单击“结束程序”。

如果强行结束处于运行状态的 Unity 程序，从上次保存以来所做的修改会丢失。因为 C#脚本必须经常保存，所以脚本不是问题，但你可能需要重做一遍对场景所做的修改。

为了让 MonoDevelop 在 Unity 运行时可以调试其内容，你需要将其附加到 Unity 进程当中。在将 MonoDevelop 调试器附加到 Unity 中之后，它就可以深入查看 C#中发生了什么，并且可以在断点处（例如在上文第 13 行设置的断点）中止代码运行。

因为在 Unity/MonoDevelop 中存在上述潜在错误，最好先让 Unity 开始播放，然后再附加调试器。以下是详细操作步骤：

1. 在 Unity 中单击暂停按钮（这个按钮位于窗口上方播放按钮旁边）。
2. 单击播放按钮。在单击播放按钮之前先单击暂停按钮，这样会确保 Unity 会运行播放前的设置步骤，但会停在程序的第一帧。现在播放和暂停按钮都是蓝色。
3. 切换到 MonoDevelop 开始调试，有两种方法：一种是单击 MonoDevelop 窗口左上角的 Play 按钮（如图 24-6 所示），另一种是在 ModoDevelop 的菜单栏中执行运行（Run）>附加到进程（Attach to Process）命令。

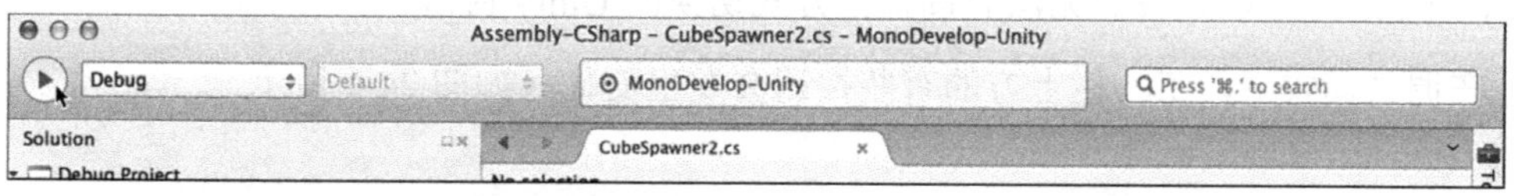

图 24-6　单击此按钮，将调试器附加到 Unity 编辑器进程

这时会出现如图 24-7 所示的的弹出窗口，你可以从中选择要调试的进程（在 Windows

计算机上，一般不会出现 null(mono)进程）。列表中的进程在计算机上运行的 MonoDevelop 能够连接和调试进程。Unity 和 MonoDevelop 是两个独立的程序（即进程），通过这个接口，Unity 允许 MonoDevelop 附加到其进程当中并控制其执行。

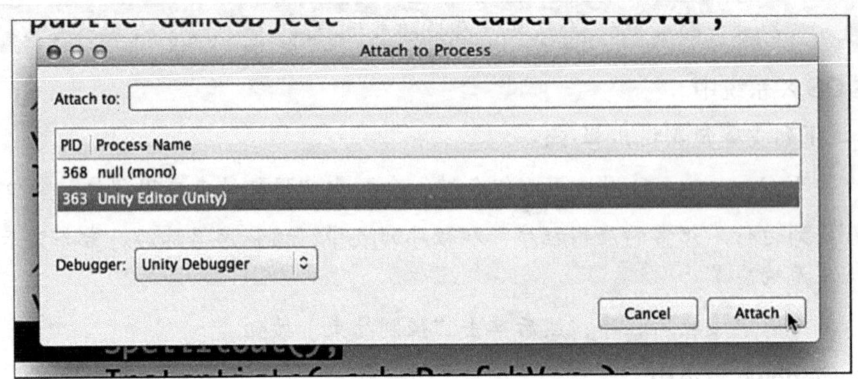

图 24-7 选择要调试的 Unity 编辑器进程

4. 单击选中 Unity Editor(Unity)进程，然后单击附加（Attach）按钮。这会使 MonoDevelop 进入调试模式，允许我们进行调试。这个过程可能要花上几秒钟时间，所以如果程序窗口短暂冻结的话也不要担心。在切换完毕之后，你会注意到 MonoDevelop 窗口已经发生了变化（如图 24-8 所示）。左上角的播放按钮变成了停止播放图标，MonoDevelop 窗口下方出现了几个新面板，窗口上方出现了几个调试器控制按钮（如图 24-9 所示）。

注意

图 24-8 中所示的 MonoDevelop 界面可能与你在自己计算机上看到的不一致，MonoDevelop 和 Unity 一样，允许你随意移动窗口面板的位置。笔者移动了自己的面板，以便向你展示本书中的示例，但是这也会导致我们屏幕上的界面不一致。你的界面上应该也会有这些面板，但布局可能会稍有不同。

5. 现在调试器已经设置、附加完毕，请切换到 Unity 中并再次单击暂停按钮结束暂停状态。Unity 窗口会立即冻结，MonoDevelop 窗口会立即弹出来。在 Windows 系统中，MonoDevelop 窗口有可能不会自动弹出来，但 Unity 窗口会冻结。你只需手动切换到 MonoDevelop 窗口，然后会看到如图 24-8 所示的界面。

`Update()`函数会在第 13 行断点处中断执行。左侧边框上的黄色箭头表示代码运行到的位置。当调试器中代码执行处于中断状态时，Unity 窗口会彻底冻结。也就是说，在 Unity 恢复运行之前，我们无法通过正常方式切换回 Unity 窗口。

在调试模式下，工具栏上方的有些按钮会发生变化（如图 24-9 所示）。

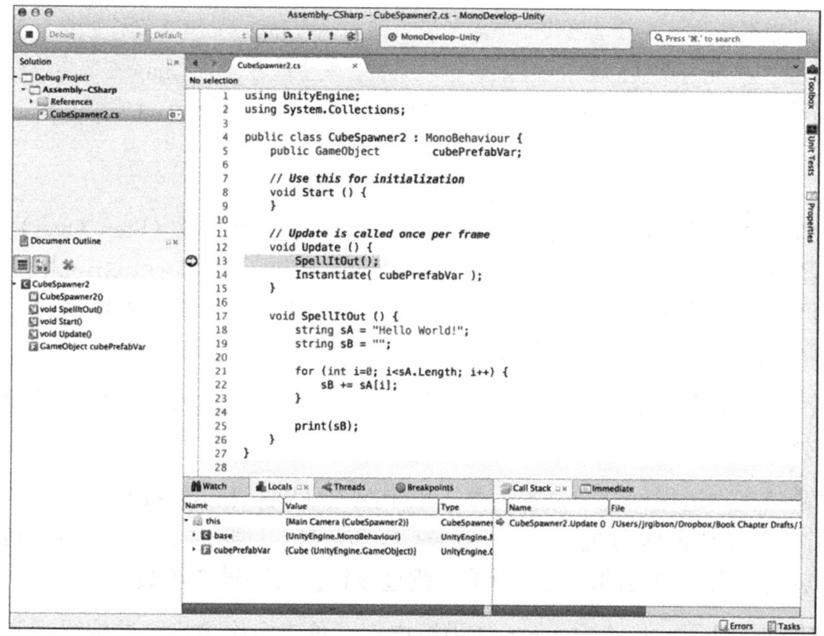

图 24-8　在调试器中，代码执行中断于第 13 行

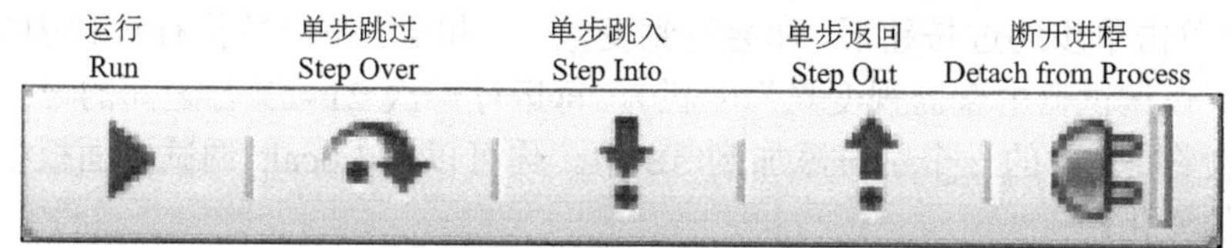

图 24-9　调试器控制按钮

下列操作步骤会向你展示这些调试器控制按钮的功能。在进行这些操作之前，笔者建议先你阅读后面的“在调试器中监视变量”专栏。

1. 在 MonoDevelop 中单击调试器的运行按钮（如图 24-9 所示）。这会让 Unity 继续执行脚本。当遇到第 13 行那样的断点时，Unity 会中断执行，在继续运行之前，Unity 窗口会被完全冻结。

   当单击运行按钮时，Unity 会继续运行，直至运行至下一个断点。当你单击运行时，Unity 会完成游戏循环，并开始另一帧，然后在第 13 行会再次中断（当 `Update()` 函数被调用时）。

> **提示**
>
> 在有些类型的计算机上，你需要先切换回 Unity 进程（即 Unity 程序），然后 Unity 才会真正继续执行下一帧。在有些计算机上，即使当前窗口仍然是 MonoDevelop，Unity 也会继续执行到下一帧，而在另一些计算机上则不这样。在你单击运行按钮之后，如果黄色箭头没有回到调试器的断点处，你需要切换回 Unity 进程，这样它应该会开始下一帧，然后在断点处中断执行。

如之前所述，在调试器代码中断之后（即当你看到如图 24-8 所示的黄色箭头之后），你将无法切换回 Unity 进程。这很正常，发生的原因是 Unity 在等待你查看调试器中的代码之时，它的窗口会完全冻结。当你退出调试之后，Unity 会恢复正常功能。

2. 当黄色执行箭头再次停留在第 13 行时，请单击单步跳过（Step Over）按钮。黄色箭头会单步跳过 SpellItOut() 函数而直接进入第 14 行。SpellItOut() 函数仍然被调用并运行，但调试器会跳过它。如果你不希望查看所调用的函数内部如何运行，就可以使用单步跳过按钮。

3. 再次单击运行按钮。Unity 会前进到下一帧，黄色箭头会再次停留在第 13 行的断点处。

4. 这是第三次运行到这个位置，单击单步跳入（Step Into）按钮。黄色箭头会从第 13 行跳入到第 18 行的 SpellItOut() 函数处。只要你单击单步跳入按钮，调试器就会进入所调用的函数，而单步跳过按钮则会跳过该函数。

5. 现在你正处于 SpellItOut() 函数内部，单击多次单步跳过按钮，使代码逐句执行完 SpellItOut() 函数。

6. 在你单击单步跳过按钮后，你会看到变量 sA 和 sB 在函数执行过程中的变化（详见“在调试器中查监视变量”专栏）。每运行一次 21~23 行之间的 for 循环体，都会将 sA 中的一个字符添加到 sB 中。你可以在 Locals 调试器面板中查看变量值的变化。

在调试器中监视变量

所有调试器都有一个非常实用的功能，那就是随时监视某个变量的值。在 MonoDevelop 调试器中有三种方法查看变量的值。在尝试下列方法之前，请确保你按照本章所讲的步骤进入了调试过程，并且当前黄色箭头停留在调试器的一行代码中。

第一种方法最为简单，即在 MonoDevelop 代码窗口中把鼠标光标悬停在你要查看的任何变量之上。如果鼠标光标处是一个变量名，鼠标光标悬停大约 1 秒钟之后会出现一个提示文本框，里面显示了变量的值。但需要注意的是，所显示的变量值是黄箭头处该变量的值，而非鼠标光标所指的代码处该变量的值。例如，sB 变量在 SpellItOut() 函数中重复出现多次，无论鼠标悬停在哪个位置的变量 sB 上，所显示的变量值都是 sB 的当前值。

第二种方法是在调试器的 Locals 面板中查找变量。要查看这个面板，请在 MonoDevelop 的菜单栏中执行视图（View）>调试器窗口（Debug Windows）>局部变量面板（Locals）命令，这会将 Locals 变量监视面板前置。在这里，你会看到当前调试器可以访问的所有局部变量的列表。如果你按照本章指引单步跳入 SpellItOut() 函数，你会看到其中列出了三个局部变量：this、sA 和 sB。变量 sA 和 sB 初始值为 null，但当在第 18 行和第 19 行中分别给它们赋值之后，变量值会马上显示在局部变量面板中。当你在调试器中多次单步跳过几次并运行到第 21 行时，你会看到在该行声明并定义了变量 `i`。变量 `this` 引用的是 CubeSpawner2 脚本的当前实例。单击 `this` 旁边的三角形按钮，可以查看 `this` 下的全局字段 `cubePrefabVar`，以及一个名为 `base` 的变量。单击 `base` 旁边的三角形按钮，可以查看到与 CubeSpawner2 的基类 MonoBehavior 相关联的所有变量。MonoBehaviour 这样的基类（也称超类或父类）会在第 25 章中加以讲解。

第三种监视变量的方法是将它输入到监视面板中。要将这个面板前置，可在菜单栏中执行视图（View）>调试器窗口（Debug Windows）>监视面板（Watch）命令。在监视面板中，单击其中一个空白行（带有“Click here to add a new watch”字样的行），在其中输入要监视的变量名称，MonoDevelop 就会尝试显示这个变量的值。例如，在其中输入 `this.gameObject.name` 并按下回车键，就会显示“Main Camera”，即脚本所绑定的游戏对象的名称。如果变量值过长，在监视面板中显示不全，你可以单击变量值旁边的放大镜图标查看完整内容；这在处理大字符串时会用到。

7. 如果黄色执行箭头仍然在 `SpellItOut()` 函数内部，请跳至第 8 步，但如果你按下单步返回的次数足够多，已退出 `SpellItOut()` 函数的话，请单击运行按钮，然后单击单步跳入按钮使黄色箭头回到 `SpellItOut()` 函数内部。

8. 在 `SpellItOut()` 函数内，单击单步跳出按钮。这会让调试器跳出 `SpellItOut()` 函数，然后继续执行第 14 行（`SpellItOut()` 函数调用完成之后的第一行）代码。这不同于 `return` 语句，因为 `SpellItOut()` 函数后面的代码仍然被执行到，你只是没有在调试器中查看代码的执行过程而已。当你需要退出当前函数但不希望通过单击运行按钮全速运行代码时，这个功能会很管用。

最后，图 24-9 所示的“断开进程”按钮会将 MonoDevelop 调试器从 Unity 进程中断开，终止调试，使 Unity 返回正常执行状态。[2]

要使调试器从 Unity 进程中断开并终止调试，你也可以单击 MonoDevelop 窗口左上角的停止播放按钮。

笔者强烈推荐使用调试器查看第 23 章末尾所讲的 `Fac()` 函数的执行过程。这个函数可以用来演示如何借助调试器更好地理解代码。

24.4 小结

关于调试就介绍到这里。尽管我们在这里没借助调试工具查找出错误，但你可以看到它如何帮你更好地理解代码。记住：无论何时在代码中遇到不解之处，你都可以使用调试器逐语执行代码。

2 如果你遇到本节开头所说的程序崩溃问题，每次停止 Unity 中的游戏之后，你需要断开 MonoDevelop 调试器并重新附加。否则，如果调试器仍然附加在 Unity 进程中，下次在 Unity 中按下播放按钮时可能会导致程序崩溃。

尽管笔者指导你产生了这么多错误，这可能会让你有挫败感，但笔者衷心希望这有助于你体会和理解这些错误并学会如何查找并纠正它们。要记得，你可以通过从网上搜索错误提示内容（至少是错误编号）来发现解决它的线索。如笔者在本章开头所说，高超的调试技巧是成为既合格又自信的程序员的要素之一。

第 25 章

类

学完本章之后，你会理解如何使用类。类把变量和函数集合到单个 C#对象当中。类是现代游戏和面向对象编程的基本构件。

25.1 理解类

类是功能和数据的结合。另一个说法是，类是由函数和变量构成的，类中使用的函数和变量分别称为方法和字段。类通常用于代表游戏项目中的对象。例如，在标准的角色扮演游戏中，一个角色应该有以下字段（或称变量）：

```
string   name;              // 角色的名称
float    health;            // 角色的生命值
float    healthMax;         // 角色的最大生命值
List<Item>   inventory;     // 角色所有物品的列表
List<Item>   equipped;      //角色目前已装备的物品列表
```

角色扮演游戏中的任何角色都有这些字段。因为角色应该有生命值、物品和名称。另外，角色还应该有一些方法（函数）可以使用（下列代码中的省略号“…”代表使函数正常工作所需的代码）。

```
void Move(Vector3 newLocation) {…}         // 让角色可以移动
void Attack(Character target) {…}          // 攻击目标角色
void TakeDamage(float damageAmt) {…}       // 降低角色的生命值
void Equip(Item newItem) {…}               // 向物品列表中添加新物品
```

显然，真实游戏中的角色不止需要上面这些字段和方法，还有更多，但关键是你编写的 RPG 游戏中必须有这些变量的函数。

> **提示**
>
> 虽然前面没有明确指出，但其实你已经使用过类了！截至目前为止，你在本书中所学到的全部代码都是写在类中的，在通常情况下，你可以把创建的每个 C#文件本身当作是一个类。

剖析类（以及 C#脚本）的结构

如图 25-1 所示了几种大多数类都拥有的重要构成元素。这些元素并非每个类中必有的，但它们极其常见。

- **引用（Include）**让 C#可以使用由其他人创建的类。引用通过 `using` 语句实现，这里显示的引用可以允许在代码中使用所有的 Unity 标准元素以及 List 之类的泛型集合。这是脚本文件的第一部分。
- **类声明（Class Declaration）**指定了类的名称，并确定它是哪个类的派生类（派生类的概念将会在本章“类的继承”中讲到）。在本例中，`Enemy` 是 `MonoBehaviour` 的派生类。
- **字段（Field）**是类的局部变量，也就是说类中的所有函数都可以通过名称访问这些字段。另外，标记为 public 的变量可以被其他实体访问（详见附录 B“实用概念”下的“变量的作用域”。）
- **方法(Method)**是类所包含的函数。它们可以访问类的所有局部字段(例如 `Move()` 函数中的三维向量 `tempPos`)。类能完成一些功能，依靠的就是方法。虚函数是一类特殊的方法，将会在本章“类的继承”中讲到。
- **属性（Property）**可以当作通过 `get` 和 `set` 存取器伪装成字段的方法。我们将在本章下文中加以讨论。

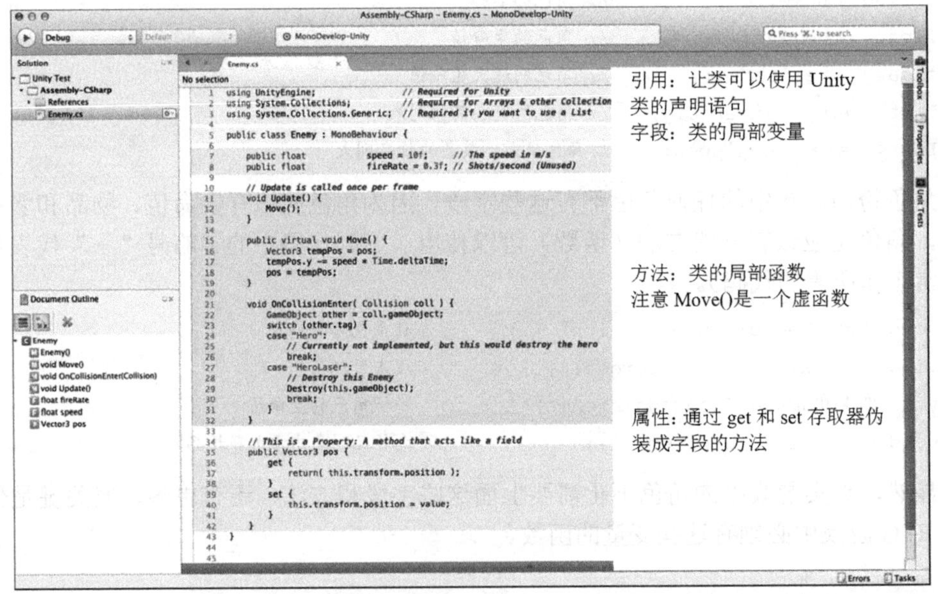

图 25-1　图中显示了类中一些重要元素

在深入研究这些元素之前，请先创建一个项目，你可以在其中试验代码。

25.2　创建 `Enemy` 类示例的项目

附录 A“项目创建标准流程”中包含有如何为本书各章创建 Unity 新项目。请根据注释框中的指导创建本章所讲的新项目。

为本章创建新项目

按照标准的项目创建流程，在 Unity 中创建一个新项目。标准的项目创建流程，请参阅附录 A。

- 项目名称：Enemy Class Sample Project
- 场景名称：_Scene_0（场景名称以下画线开头，可以保证它在项目面板中排列在最上方）
- C#脚本名称：暂无

你无须在场景主摄像机上绑定脚本。在本项目中，主摄像机上没有脚本。

请按照附录 A 中的指导创建新项目，新建一个名为_Scene_0 的场景并保存，执行层级面板上的创建（Create）>球体（Sphere）菜单命令创建一个球体，如图 25-2 所示。

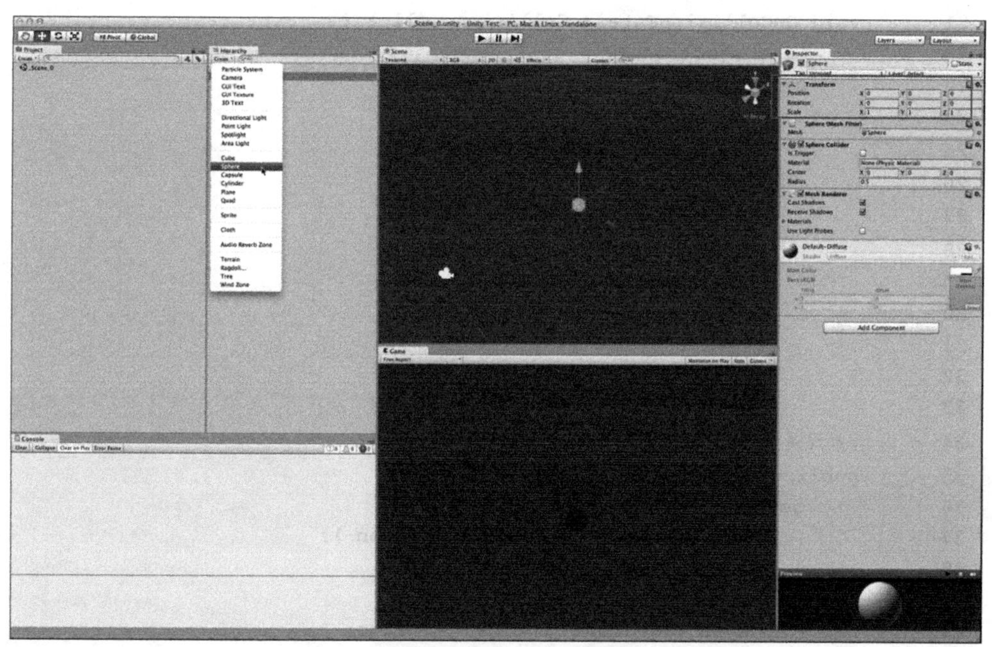

图 25-2　在场景_Scene_0 中创建一个球体

在层级面板中单击球体的名称，选中它。然后使用变换（Transform）组件（如图 25-2 中方框标记部分所示）将球体位置设置到坐标原点[0,0,0]，即 x=0，y=0，z=0。

在项目面板中，执行创建(Create)>C#脚本(C# Script)命令，并将脚本命名为 Enemy。双击该脚本，在 MonoDevelop 中打开，然后输入以下代码(与图 25-1 中的代码完全相同)。下列代码中的粗体部分是需要添加的代码。

```
using UnityEngine;              // Unity 必需
using System.Collections;       // 由 Unity 自动引用
using System.Collections.Generic; // 要使用 List，必须添加这行代码
```

```
4
5   public class Enemy : MonoBehaviour {
6
7       public float speed = 10f;      // 移动速度，单位为米/秒
8       public float fireRate = 0.3f; // 射击次数/秒（未使用）
9
10      // Update()函数每帧调用一次
11      void Update() {
12          Move();
13      }
14
15      public virtual void Move() {
16          Vector3 tempPos = pos;
17          tempPos.y -= speed * Time.deltaTime;
18          pos = tempPos;
19      }
20
21      void OnCollisionEnter( Collision coll ) {
22          GameObject other = coll.gameObject;
23          switch (other.tag) {
24              case "Hero":
25              //暂未实现，但这用于消灭游戏主角
26                  break;
27              case "HeroLaser":
28              // 敌人被消灭
29                  Destroy(this.gameObject);
30                  break;
31          }
32      }
33
34      // 这是一种属性，它是一种方法，但行为与字段相似
35      public Vector3 pos {
36          get {
37              return( this.transform.position );
38          }
39          set {
40              this.transform.position = value;
41          }
42      }
43  }
```

这些代码很直观，除了属性和虚函数的部分，你应该很熟悉其他代码。本章我们会讲解属性和虚函数。

属性

上面的示例代码第 16 和 18 行的 Move()函数中，pos 属性被当作变量使用。这是通过 get{}和 set{}存取器实现的，这两个存取器可以让你在读取或设置属性值时运行代码。每当读取 pos 属性时，就会执行 get{}存取器内的代码，get{}存取器必须返回

一个与属性类型相同的值，在这里是三维向量（Vectors）类型。每当设置 pos 属性时，就会执行 set{}存取器内的代码，其中的 value 关键字为隐式变量，其中存储的是要设置的新值。换句话说，代码在第 18 行中将 pos 属性的值设置为 tempPos，这样会运行第 40 行 set{}存取器中的代码，其中，被赋给 this.transform.position 的 value 变量中的值其实是 tempPos。隐式变量是不需要程序员明确声明即可存在的变量。所有属性的 set{}语句中都有一个隐式变量 vlaue。创建属性时可只包含一个 get{}或 set{}存取器，这样创建是只读或只写属性。

在 pos 属性示例中，pos 只是为了便于访问 this.transform.position。但下面的示例代码更为有趣。请创建一个名为 CountItHigher 的 C#脚本，将其绑定到场景中的球体上，然后输入以下代码：

```
1   using UnityEngine;
2   using System.Collections;
3
4   class CountItHigher : MonoBehaviour {
5       [SerializeField]
6       private int _num = 0;                                    // 1
7
8       void Update() {
9           print( nextNum );
10      }
11
12      public int nextNum {                                     // 2
13          get {
14              _num++; // Increase the value of _num by 1
15              return( _num ); // Return the new value of _num
16          }
17      }
18
19      public int currentNum {                                  // 3
20          get { return( _num ); }                              // 4
21          set { _num = value; }                                // 4
22      }
23
24  }
```

1. _num 是私有变量，所以只有在 CountItHigher 类的实例内部才可以访问。其他类和该类的其他实例根本访问不到。前一行的[SerializeField]语句允许在检视面板中查看和编辑这个私有变量。

2. nextNum 是只读属性。因为其中没有 set{}语句，所以只能读取（例如 int X = nextNum;），不能设置（例如 nextNum=5;会导致错误）。

3. currentNum 属性既可读又可写。int x=currentNum;和 currentNum =5; 都可以用。

4. get{}和 set{}语句也可以分别只写一行。注意如果采用单行格式，分号要写在右花括号之前，如第 21 行所示。

在按下播放按钮之后，你会看到每运行一帧就会调用一次 update() 函数，每帧 print(nextNum) 输出的数字都会递增。前 5 帧的输出结果如下：

```
1
2
3
4
5
```

每当读取 nextNum 属性时（在 print(nextNum);语句中），_num 私有字段的值就会增加，然后将新值返回（如示例代码第 14、15 行）。虽然这个示例很小，但只要普通方法能做到的，get 和 set 存取器同样可以做到，它们甚至可以调用其他方法或函数。

currentNum 属性与之类似，可以读取或设置_num 的值。因为_num 是私有字段，所以应该让 currentNum 变为公有。

类实例是游戏对象组件

在前面的章节中我们可以看到，当把 C#脚本拖放到游戏对象上面时，脚本会成为游戏对象的组件，与你在 Unity 检视面板中看到的游戏对象的变换（Transform）、刚体（Regidbody）等其他组件一样。也就是说，你可以把类的类型放到 gameObject.GetComponent< >() 语句的尖括号之间，用这种方法引用绑定到游戏对象上的任何类（如下列示例代码的第 6 行）。

请创建一个名为 MoveAlong 的 C#脚本，把它绑定到同一个球体对象上，然后在脚本中输入以下代码：

```
1    using UnityEngine;
2    using System.Collections;

3    class MoveAlong : MonoBehaviour {
4
5        void LateUpdate() {                                              // 1
6            CountItHigher cih=this.gameObject.GetComponent<CountItHigher>();
     // 2
7            if ( cih != null ) {                                         // 3
8                float tX = cih.currentNum/10f;                           // 4
9                Vector3 tempLoc = pos;                                   // 5
10               tempLoc.x = tX;
11               pos = tempLoc;
12           }
13       }
14
15       public Vector3 pos {                                             // 6
16           get { return( this.transform.position ); }
17           set { this.transform.position = value; }
18       }
19
20   }
```

1. LateUpdate() 是 Unity 中另一个每帧都会调用的内置函数。在每帧中，Unity

首先调用绑定到游戏对象上的所有类的 `Update()` 函数，在所有 `Update()` 都执行完毕后，Unity 会调用所有对象上的 `LateUpdate()` 函数。这里使用 `LateUpdate()` 函数，是为了保证 `CountItHigher` 类中的 `Update()` 函数早于 `MoveAlong` 类中的 `LateUpdate()` 函数运行。

2. `cih` 是一个局部变量，类型是 `CountItHigher`，可以引用前面绑定到球体上的 `CountItHigher` 类的那个实例。`GetComponent<CountItHigher>()` 会找到绑定到球体上的 CountItHigher(Script)组件。

3. 如果使用 `GectComponent< >()` 方法时，要获取的组件并未绑定到游戏对象上，`GetComponent< >()` 会返回一个 `null`（空值）。在使用 `cih` 之前，一定要检查它是否为空值。

4. 虽然 `cih.currentNum` 是一个整数，但在与浮点数进行数学运算（例如 `cih.currentNum/10f`）或赋值给浮点数（如第 9 行所示）时，Unity 会自动把它当作浮点数处理。

5. 第 10、12 行使用了第 16~19 行定义的 `pos` 属性。

6. 这与 `Enemy` 类中的 `pos` 属性基本等效，但 `get{}` 和 `set{}` 只使用了一行代码。

每次调用 `LateUpdate` 函数时，这段代码就会查找该游戏对象的 `CountItHigher` 脚本组件，并从中获取 `currentNum`。然后脚本会把 `currentNum` 除以 10，得到的结果会设为游戏对象的 X 坐标（通过 `pos` 属性）。因为 `CountItHigher._num` 的值每帧都会递增，所以游戏对象会沿 X 轴移动。请在 Unity 中按下播放按钮查看运行结果。在进入到下一章之前，请保存场景（在菜单栏中执行 File>Save Scene 菜单命令）。

> **警告**
>
> 要特别小心竞态条件（**Race Conditions**）！竞态条件是指两件事务之间存在依赖关系，但你不确定哪件事务发生在前。在本例中使用 `LateUpdate()` 函数正是出于这个原因。如果 `MoveAlong` 类中也使用 `Update()` 函数，就无法确定 Unity 会先调用哪个函数中的 `Update()` 函数，所以游戏对象有可能在 `_num` 数值增加之前移动，也有可能在 `_num` 数值增加之后移动，这取决于哪个 `Update()` 函数先被调用到。如果使用 `LateUpdate()`，我们就能确保场景中的各个 `Update()` 函数会先被调用到，然后才是 `LateUpdate()` 函数。

25.3 类的继承

类可以派生自（或基于）其他类。在本章第一个示例代码中，与你目前所看到的所有类一样，`Enemy` 类也派生自 `MonoBehaviour` 类。请按下列指示操作，使 `Enemy` 类在你的游戏中起作用，然后我们将进行深入研究。

实现 Enemy 类的示例项目

请完成以下操作步骤：

1. 新建一个场景（在菜单栏中执行 File > New Scene 菜单命令），将新场景保存为 _Scene_1，在场景中新建一个球体（执行 GameObject > 3D Object > Sphere 命令）并将其命名为 EnemyGO（GO 是游戏对象 GameObject 的缩写）。这个新球体与场景_Scene_0 中的球体没有任何关系（例如，它没有绑定前面的两个脚本）。
2. 在检视面板中将 EnemyGO 的 tranform.position 设置为[0,4,0]。
3. 把之前所写的 Enemy 脚本从项目面板拖放到_Scene_1 场景层级面板上的 EnemyGo 上。这时你会看到 EnemyGO 游戏对象的组件中显示有 Enemy(Script)。
4. 把 EnemyGO 从层级面板拖放到项目面板中，创建一个名为 EnemyGO 的预设。如之前章节中所说的，项目面板中会出现一个名为 EnemyGO 的蓝色盒子状图标，表示已经成功创建了预设。同时，在层级面板中的 EnemyGO 游戏对象的名称也会变为蓝色，表示它是 EnemyGO 预设的一个实例。
5. 从层级面板中选择执行（Create） > 光源（Light）>平行光（Directional Light）命令，在场景中添加一个平行光源。
6. 从层级面板中选择主摄像机，按照如图 25-3 所示修改它的位置的摄像机设置。

- 把它的位置设置为[0,-15,-10]。
- 把摄像机投影方式（Projection）设置为正投影（Orthographic）。
- 把摄像机大小（Size）设置为 20。

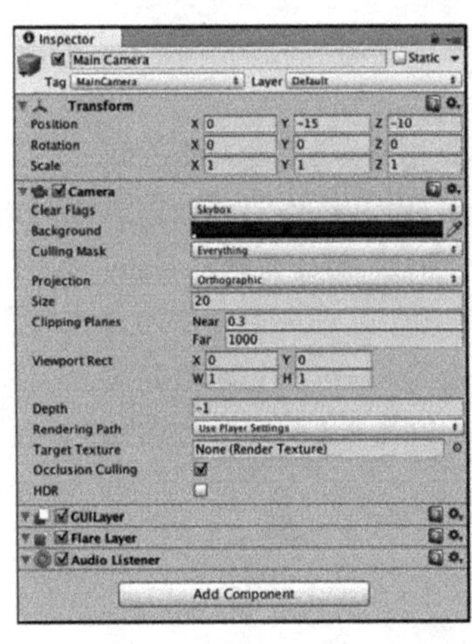

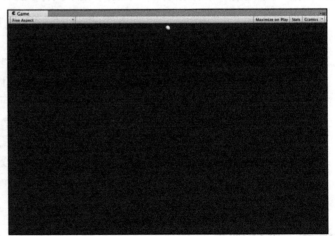

图 25-3　场景_Scene_1 中的摄像机设置和游戏面板最后的效果

图 25-3 右侧部分所示的游戏面板为你通过摄像机看到的场景。

单击播放按钮，你会看到 Enemy 实例会在场景中匀速下落。

父类和子类

存在继承关系的两个类分别被称为父类和子类。在示例中，Enemy 类继承自 MonoBehaviour 类，也就是说，Enemy 类不但包含 Enemy 脚本中定义的字段和方法，还包含其父类（即 MonoBehaviour）以及其父类所继承的类中所有的字段和方法。正因为如此，我们在C#脚本中编写的所有代码都可以直接访问 gameObject、Transform、rigidbody 等字段，或者调用 GetComponent<>() 等方法。

另外，我们也可以创建 Enemy 的子类。

1. 在项目面板中创建一个新脚本，命名为 EnemyZig。然后打开这个脚本，把它的父类由 MonoBehaviour 改为 Enemy。

```
using UnityEngine;
using System.Collections;

public class EnemyZig : Enemy {

}
```

2. 然后在层级面板中执行 Create>Cube 命令创建一个立方体。把立方体位置设置到坐标原点[0,0,0]，并重命名为 EnemyZigGO。把 EnemyZig 脚本播放到层级面板上的 EnemyZigGO 游戏对象上，并把 EnemyZigGO 从层级面板拖放到项目面板上，创建一个名为 EnemyZigGO 的预设。

3. 设置 EnemyZigGO 实例的位置为[-4,0,0]，然后单击播放按钮。查看到立方体 EnemyZigGO 与球体 Enemy 是否以完全相同的速度下落？这是因为 EnemyZig 类已经继承了 Enemy 类的所有行为！现在把下面的代码加入到 EnemyZig 脚本中，新加的行以粗体字显示：

```
using UnityEngine;
using System.Collections;

public class EnemyZig : Enemy {

    public override void Move () {
        Vector3 tempPos = pos;
        tempPos.x = Mathf.Sin(Time.time * Mathf.PI*2) * 4;
        pos = tempPos;          // 使用父类中定义的 pos 属性
        base.Move();       // 调用父类中的 Move()方法
    }

}
```

在本示例中，我们重写（override）了父类 Enemy 中的虚函数 Move()，用 EnemyZig.Move()取代。要在子类中重写父类的函数，必须在父类中将函数声明为虚函数（如 Enemy 类脚本第 15 行所示）。

这个重写的 Move()函数会使立方体在下落过程中左右摇摆，绘制出一条正弦波形。正弦和余弦函数在这样的周期性运动中很有用。在本代码中，游戏对象位置的 X 坐标被设置为关于当前时间（按下播放按钮之后经过的秒数）乘以 2π 的正弦函数，每秒为一个完整的正弦周期。这个数值乘以 4，使 X 位置的范围在-4 到 4 之间。

对 base.Move()函数的调用会让 EnemyZig 调用父类（或基类）中的 Move()。因此，EnemyZig.Move()会处理左右运动，而 Enemy.Move()会使立方体与球体一样以匀速下落。

本例中的游戏对象被命名为 Enemy，是因为在第 30 章中会使用类似的类层级体系表现敌人的行为。

25.4 小结

类可以把数据与功能相结合，让开发人员可以使用面向对象编程的思维，下一章中会介绍什么是面向对象。面向对象编程可以让程序员把类当作可以自行思考和移动的对象，这种思维可与 Unity 中基于游戏对象的架构完美结合，让游戏开发变得更快、更容易。

第 26 章

面向对象思维

本章介绍面向对象编程（OOP）的思维，面向对象编程是对类的逻辑扩展。

学完本章之后，你不但能理解如何以面向对象的方式进行思维，而且还能学会如何针对 Unity 开发环境设计特定的项目架构。

26.1 面向对象的比喻

要描述面向对象，简单的方法是用比喻。你可以想象一大群鸟中的所有个体。鸟群中有成百上千只鸟的个体，在跟随整个鸟群移动的时候，每只鸟都需要躲避障碍物和其他鸟。鸟群总体呈一种协调的行为，在很长一段时期里，人类都无法模拟这种行为。

以整体方式模拟鸟群

在面向对象编程（OOP）出现之前，程序基本上是一个巨大的函数，所有事务都在其中处理。[1]这个函数控制了所有的数据，移动所有的物体，处理从键盘操作、游戏逻辑到图形显示的所有事务。这种方法现在被称为单模块编程（monolithic programming），这是一种把所有工作都放在一个巨大函数中处理的方式。

要使用单块式程序模拟鸟群，似乎可以存储一个包括每只鸟在内的大数组，然后尝试为鸟群生成一种群体行为。这个程序将在每帧中移动每只鸟的位置，并在数组保存所有鸟的数据。

这样的单块式程序会非常庞大、笨拙、难以调试。幸好，现在有了另一种更好的方式。

面向对象编程是另外一种思路，它尝试模拟每只鸟类个体及其知觉和行为（这些都在其本身内部）。这正是上一章中用到的两个 Enemy 类所展示的。相比较而言，若是使用单块式程序，代码大概会是这样：

```
using UnityEngine;
using System.Collections;
using System.Collections.Generic;

public class MonolithicEnemyController : MonoBehaviour {
```

1 当然，这种说法虽过于简化，但也能够说明问题。

```
6        // 所有Enemy实例的List列表，在Unity检视面板中填充成员
7        public List<GameObject> enemies;                             // 1
8        public float speed = 10f;
9
10       void Update () {
11           Vector3 tempPos;
12
13           foreach ( GameObject enemy in enemies ) {                // 2
14               tempPos = enemy.transform.position;
15
16               switch ( enemy.name ) {                              // 3
17                   case "EnemyGO":
18                       tempPos.y -= speed * Time.deltaTime;
19                       break;
20                   case "EnemyZigGO":
21                       tempPos.x = 4*Mathf.Sin(Time.time * Mathf.PI*2);
22                       tempPos.y -= speed * Time.deltaTime;
23                       break;
24               }
25
26               enemy.transform.position = tempPos;
27               }
28       }
29   }
```

1. 这个游戏对象的 List 用于存储所有的 Enemy 对象。在所有 Enemy 对象中都不包含任何代码。
2. 第 13 行的 `foreach` 循环遍历 Enemy List 中的所有游戏对象。
3. 因为在所有 Enemy 对象中都不包含任何代码，这个 `switch` 语句中需要存放 Eneny 对象所有可能的运动方式。

在这个简单的示例中，代码较短，而且并不是完全的“单模块”，但它的确欠缺第 25 章中示例代码的优雅和可扩展性。如果要使用这种单模块方式编写一个包含 20 种 Enemy 的游戏，这个 `Update()` 函数的行数很容易达到几百行。然而，同样是增加 20 种敌人，使用第 25 章中面向对象的子类化方法，只需要生成 20 个小类（例如 EnemyZig 类），每个小类的代码都很短，易于理解和调试。

使用面向对象编程和 Boids 算法模拟鸟群

在 1987 年之前，人们已经尝试过几种使用单模块编程模拟鸟群或鱼群行为的方法。当时通常认为要生成一个群体复杂而又协调的行为，需要一个函数管理模拟过程中的所有数据。

在 1987 年，Craig W. Reynolds 发表了一篇名为《鸟群、牧群、鱼群：分布式行为模

式》的论文[2]，这种观念观念随之被打破。在这篇论文中，Reynolds 描述了一种非常简单的以面向对象思维模拟群体类行为的方法，他称之为 Boids。从底层来说，Boids 只使用了三个简单的规则：

- 排斥性：避免与群体内邻近个体发生碰撞
- 同向性：趋向与邻近的个体采用相同的速度和方向
- 凝聚向心性：向邻近个体的平均位置靠近

26.2 面向对象的 Boids 实现方法

在本节中，你将实现 Reynolds 的 Boids 对象，借此展示简单的面向对象代码在创建复杂的自然行为方面的强大之处。首先，请按照下列步骤创建一个新工程。

创建 Boids 项目

按照标准的项目创建流程，在 Unity 中创建一个新项目。标准的项目创建流程，请参阅附录 A“项目创建标准流程”。

- **项目名称：** Boids
- **场景名称：** _Scene_0

随着本章的进展，我们会创建一些其他内容。

创建一个简化的 Boid 模型

要创建一个 Boid 的演示图形，我们可以把几个变形的立方体组合。完成之后的 Boid 预设如图 26-4 所示。

1. 在菜单栏中执行游戏对象（GameObject）>创建空白对象（Create Empty）命令。
2. 将游戏对象的名称改为 Boid。
3. 在菜单栏中执行游戏对象（GameObject）>创建空白对象（Create Empty）命令。将游戏对象的名称改为 Fuselage，在层级面板上将其拖放到 Boid 之上，如图 26-1 所示。这会使 Fuselage 成为 Boid 的子对象。这时 Boid 旁边会出现一个三角形展开按钮，点开后可以查看 Boid 的子对象。如图 26-1 中右下角的图片是 Boid 展开之后层级面板的外观。
4. 在菜单栏中执行游戏对象（GameObject）>3D 对象(3D Object)>Cube（立方体）命令。在层级面板上将 Cube 拖放到 Fuselage 之上，使其成为 Fuselage 的子对象。按照如图 26-2 所示修改 Fuselage 和 Cube 的变换组件。父对象 Fuselage 的拉伸和旋转会使 Cube 子对象发生斜切变形，形状变得更加优美。

---

2 C. W. Reynolds, "Flocks, Herds, and Schools: A Distributed Behavioral Model," *Computer Graphics, 21 (4)*, July 1987 (acm SIGGRAPH '87 Proceedings), 25~34。

5. 选中 Fuselage 下的 Cube 对象。在检视面板上单击鼠标右键盒碰撞器（Box Collider）组件，从弹出菜单中选择移除组件（Remove Component）。这会移除 Cube 对象的盒碰撞器组件，使其他对象可以穿过它而不被撞上。移除盒碰撞器还有另外一个原因，那就是碰撞器组件不会随 Cube 发生变形，所以 Cube 的视觉边界与它的盒碰撞器并不吻合。

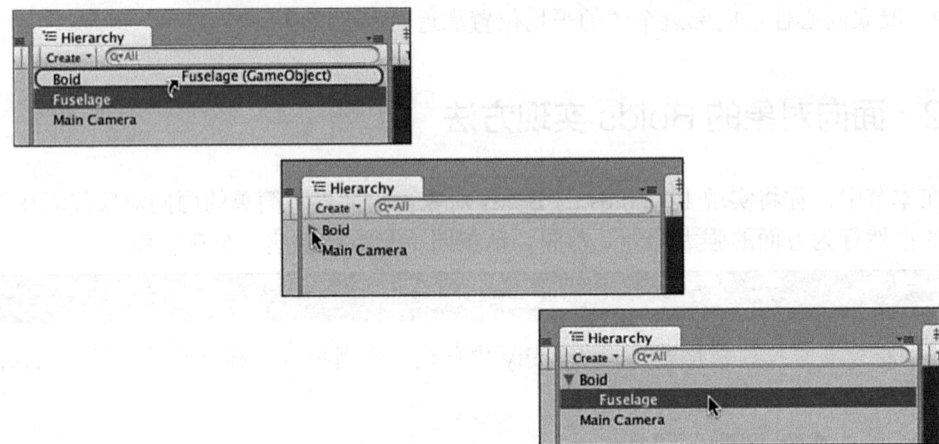

图 26-1　在层级面板中嵌套游戏对象

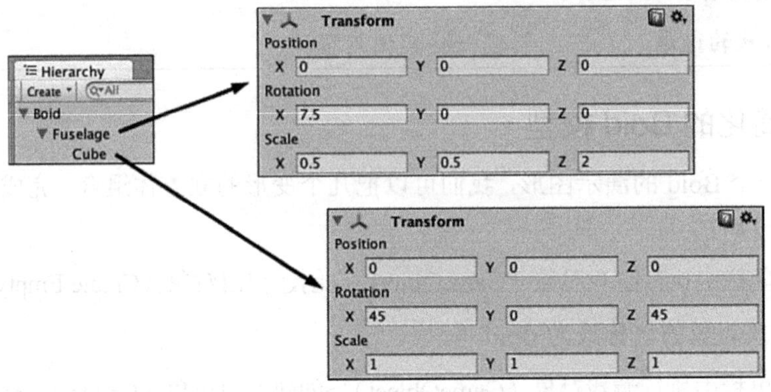

图 26-2　Fuselage 及其子对象 Cube 的变换组件设置

6. 选中 Fuselage，然后在菜单栏中执行编辑（Edit）>复制（Duplicate）命令。这时层级面板中的 Boid 下会出现第二个 Fuselage。将第二 Fuselage 重命名为 Wing。按照图 26-3 所示设置 Wing 和 Main Camera 的变换组件。这会使摄像机变为俯视。

7. 在层级面板中单击 Boid 使其处于选中状态。在菜单栏中执行组件（Component）>效果（Effects）>拖尾渲染器（TrailRenderer）命令，为 Boid 添加一个拖尾渲染器组件。

8. 在检视面板的拖尾渲染器下，单击材质（Material）旁边的三角形展开按钮。然后单击 Element 0 None（Material）旁边的小圆圈，从弹出的材质列表中选择 Defualt-Particle（Material）。设置拖尾渲染器（Trail Renderer）的 Time 值为 0.5，设置 End Width 值为 0.25。

9. 在场景窗口中使用播放工具拖动 Boid 时会在后面留下轨迹。

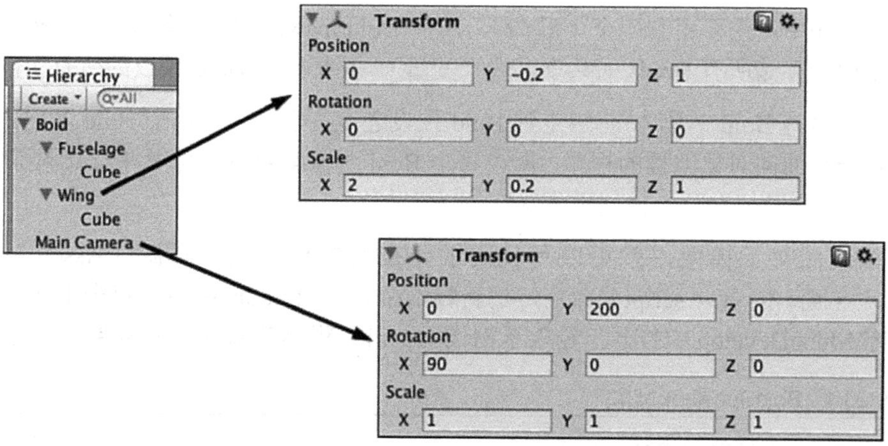

图 26-3　Wing 和主摄像机的变换组件设置

10. 把 Boid 从层级面板拖放到项目面板中，这样会创建一个名为 Boid 的预设（prefab）。完成后的 Boid 模型外观如图 26-4 所示。

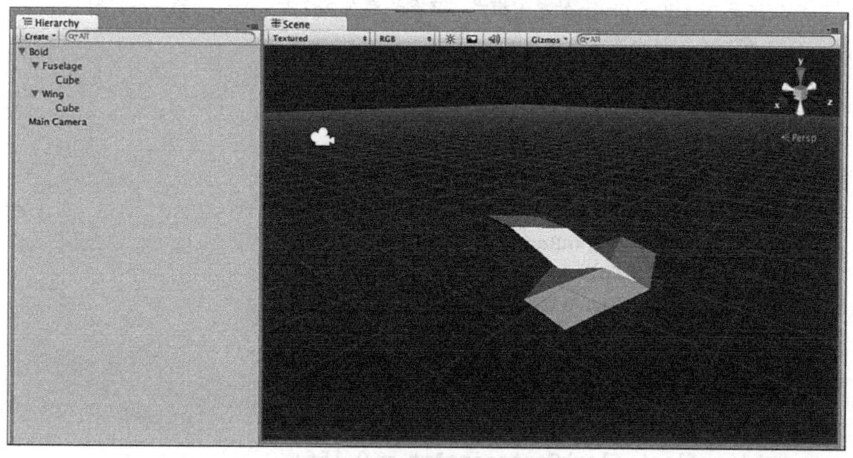

图 26-4　完成后的 Boid 模型

11. 把主摄像机的名称更改为_MainCamera。这样当程序开始运行后，它会出现在层级面板的最上方。

12. 在菜单栏中执行游戏对象（GameObject）>创建空白对象（Create Empty）命令。把新创建的游戏对象重命名为 Boids。这个空白的 Boids 游戏对象将作为添加到场景中的所有 Boid 的父对象实例，使层级面板尽量简洁。

13. 在菜单栏中执行游戏对象（GameObject）>光源(Light)>平行光（Directional Light）命令，为场景添加平行光。

14. 最后，从层级面板中删除蓝色的 Boid 实例。现在既然有了 Boid 预设，层级面板中的 Boid 就没必要了。

C#脚本

在本程序中，需要用到两个 C#脚本。其中 BoidSpawner 脚本将绑定到主摄像机上。这个脚本用于存储所有 Boids 的共享字段（变量），并初始化 Boid 预设的所有实例。

另一个名为 Boid 的脚本[3]将绑定到 Boid 预设之上，它将处理单个 Boid 实例的运动。因为这是一个面向对象编程的程序，所以每个 Boid 对象都会自主思考并对其周围的世界做出反应。

现在既然有了模型，就可以写代码了。在菜单栏中执行资源（Assets）>创建（Create）>C#脚本（C# script）命令，把新脚本命名为 BoidSpawner。双击 BoidSpawner 脚本，在 MonoDevelop 中打开，输入示例代码 26.1。粗体字部分是你需要添加的代码。

示例代码 26.1 BoidSpawner 脚本

```
using UnityEngine;
using System.Collections;

public class BoidSpawner : MonoBehaviour {

    //这是 BoidSpawner 的单例模式。只允许存在 BoidSpawner 的一个实例
    // 所以我们把它存放在静态变量 S 中
    static public BoidSpawner S;                                    // 1

    // 以下字段可以调整全体 Boid 对象的行为
    public int numBoids = 100;
    public GameObject boidPrefab;                                   // 2
    public float spawnRadius = 100f;
    public float spawnVelocity = 10f;
    public float minVelocity = 0f;
    public float maxVelocity = 30f;
    public float nearDist = 30f;
    public float collisionDist = 5f;
    public float velocityMatchingAmt = 0.01f;
    public float flockCenteringAmt = 0.15f;
    public float collisionAvoidanceAmt = -0.5f;
    public float mouseAttractionAmt = 0.01f;
    public float mouseAvoidanceAmt = 0.75f;
    public float mouseAvoidanceDist = 15f;
    public float velocityLerpAmt = 0.25f;

    public bool ____________;                                       // 3

    public Vector3 mousePos;

    void Start () {
```

3 本章中的 Boid 脚本是以 Conrad Parker 的伪代码为基础编写的。Conrad Parker《Boids 伪代码》，http://www.vergenet.net/~conrad/boids/pseudocode.html，2014 年 3 月 1 日访问。

```
32          //设置单例变量 S 为 BoidSpawner 的当前实例
33          S = this;                                                   // 4
34          //初始化 NumBoids（当前值为 100）个 Boids
35          for (int i=0; i<numBoids; i++) {
36              Instantiate(boidPrefab);
37          }
38      }
39
40      void LateUpdate() {                                             // 5
41          //追踪鼠标位置，适用于所有 Boid。
42          Vector3 mousePos2d = new Vector3( Input.mousePosition.x,
            ➥Input.mousePosition.y, this.transform.position.y );
        // 6
43          mousePos = this.camera.ScreenToWorldPoint( mousePos2d );
44      }
45
46  }
```

1. 字段 S 是单例模式。你可以阅读附录 B 中的“软件设计模式”小节了解更多相关内容。当仅需要某个特定类的一个实例时，需要用它的单例模式。因为 BoidSpawner 类的实例只需要一个，所以它可以存储在一个静态字段 S 中。若一个字段是为静态，它的作用域就是类本身，而非类的任何实例。所以，我们可以在任何地方使用 BoidSpawner.S 引用这个单例模式实例。
2. 要使脚本正常工作，需要在检视面板中将 Boid 预设赋给脚本的 boidPrefab 字段。
3. 这个名为"_______________"的布尔变量在检视面板中显示为一条横线，将需要在检视面板中修改的字段和运行时修改的字段隔开。在脚本中，三维向量 mousePos 是唯一需要在游戏运行时由 Unity 动态设置的变量。
4. 在第 33 行中，BoidSpawner 的实例被赋值给单例模式变量 S。
5. 在 Unity 中每帧都会调用 LateUpdate()函数。它有别于 Update()函数，因为它只在所有游戏对象的 Update()函数都调用完毕后才开始调用。如果你希望某个事件在所有对象都更新完毕后再发生，请使用 LateUpdate()。
6. 注意第 42 行是使用续行符➥连接的单行代码。在输入代码时不要输入续行符。

把修改完的 BoidSpawner 脚本拖放到主摄像机_MainCamera 上。完成之后，你还需要在检视面板中设置主摄像机的 boidPrefab 变量。做法是：首先在层级面板上选中_MainCamera，然后在检视面板中的 BoidSpawner(Script)组件下找到 boidPrefab 变量，单击 BoidPrefab 变量旁边的小圆圈，然后从资源（Assets）选项卡中选择 Boid。

Boid 类本身有些复杂，这是我们本书中迄今为止出现过的最长的代码，但相对于其产生的复杂行为来说，这个脚本相对来说并不长。在菜单栏中执行资源（Assets）>创建（Create）>C#脚本（C# Script）命令，将新建的脚本命名为 Boid。双击 Boid 脚本，在 MonoDevelop 中打开，然后输入以下代码。

示例代码 26.2　Boid 脚本

```
using UnityEngine;
using System.Collections;
using System.Collections.Generic; // 要使用 List 必须添加这一行代码

public class Boid : MonoBehaviour {
    //这个静态 List 变量 boids 用于存放所有 Boid 实例，并被所有 Boid 实例所共享
    static public List<Boid> boids;

    // 注意：本段代码并没有使用刚体，由代码直接处理速度
    public Vector3 velocity;            // 当前的速度
    public Vector3 newVelocity;         // 在下一帧中的速度
    public Vector3 newPosition;         // 在下一帧中的位置

    public List<Boid> neighbors;        // 附近的所有 Boid
    public List<Boid> collisionRisks;  // 距离过近的所有 Boid
    public Boid closest;                // 最近的 Boid

    // 在 Awake()函数中初始化 Boid
    void Awake () {                                                    // 1
        // 如果 List 变量 boids 未定义，则对其进行定义
        if (boids == null) {                                           // 2
            boids = new List<Boid>();
        }
        // 向 boids List 中添加 Boid
        boids.Add(this);

        // 为当前 Boid 实例提供一个随机的位置和速度
        Vector3 randPos = Random.insideUnitSphere *
            BoidSpawner.S.spawnRadius;
        randPos.y = 0;        //让 Boid 只在 XZ 平面上移动
        this.transform.position = randPos;
        velocity = Random.onUnitSphere;
        velocity *= BoidSpawner.S.spawnVelocity;

        // 初始化两个 List
        neighbors = new List<Boid>();                                  // 3
        collisionRisks = new List<Boid>();

        // 让 this.transform 成为 Boid 游戏对象的子对象
        this.transform.parent = GameObject.Find("Boids").transform;
                                                                   // 4

        // 给 Boid 对象一个随机颜色，但确保颜色不要过暗
        Color randColor = Color.black;
        while ( randColor.r + randColor.g + randColor.b < 1.0f ) {
            randColor = new Color(Random.value, Random.value,
```

```
Random.value);
        }
        Renderer[] rends = gameObject.GetComponentsInChildren<Renderer>();
        foreach ( Renderer r in rends ) {
            r.material.color = randColor;
        }

    }

    // 每帧调用一次 Update()函数
    void Update () {                                                  // 5

        // 获取附近所有的 Boids（当前 Boid 的邻近 Boid 对象）
        List<Boid> neighbors = GetNeighbors(this);                    // 6

        //使用当前位置和速度初始化新位置和新速度
        newVelocity = velocity;
        newPosition = this.transform.position;

        // 速度匹配：
        // 使当前 Boid 的速度接近其邻近 Boid 对象的平均速度
        Vector3 neighborVel = GetAverageVelocity( neighbors );
        // 使用 BoidSpawner.S 中设置的字段
        newVelocity += neighborVel * BoidSpawner.S.velocityMatchingAmt;

        // 凝聚向心性：向邻近 Boid 对象的中心移动
        Vector3 neighborCenterOffset = GetAveragePosition(neighbors)
                          ➥-this.transform.position;
        newVelocity +=
neighborCenterOffset*BoidSpawner.S.flockCenteringAmt;

        // 排斥性：避免撞到邻近的 Boid
        Vector3 dist;
        if (collisionRisks.Count > 0) {
            Vector3
collisionAveragePos=GetAveragePosition(collisionRisks);
            dist = collisionAveragePos - this.transform.position;
            newVelocity += dist * BoidSpawner.S.collisionAvoidanceAmt;
        }

        // 跟随鼠标光标：不论距离多远都向鼠标光标移动。
        dist = BoidSpawner.S.mousePos - this.transform.position;
        if (dist.magnitude > BoidSpawner.S.mouseAvoidanceDist) {
            newVelocity += dist * BoidSpawner.S.mouseAttractionAmt;
        } else {
            // 如果距离鼠标光标过近，则快速离开!
            newVelocity -=
dist.normalized*BoidSpawner.S.mouseAvoidanceDist
                      ➥*BoidSpawner.S.mouseAvoidanceAmt;
        }
```

```

            // 新速度和新位置已经确定，但要在 LateUpdate()函数中才应用到 Boid 上
            // 这样避免有些 Boid 位置已经发生移动
            // 而其他 Boid 还没有计算新速度、位置值
    }

    // 让所有 Boid 先运行 Update()函数再发生移动
    // 这样可以避免竞态条件的发生，在竞态条件下，可能一部分 Boid 先发生移动，
    // 而另一部分 Boid 还未确定向何处移动。
    void LateUpdate() {                                              // 7
        // 使用线性插值法（详见附件 B“实用概念”）
        // 基于计算出的新速度修改当前速度
        velocity = (1-BoidSpawner.S.velocityLerpAmt)*velocity +
            BoidSpawner.S.velocityLerpAmt*newVelocity;

        // 确保速度值在上下限范围内
        if (velocity.magnitude > BoidSpawner.S.maxVelocity) {
            velocity = velocity.normalized * BoidSpawner.S.maxVelocity;
        }
        if (velocity.magnitude < BoidSpawner.S.minVelocity) {
            velocity = velocity.normalized * BoidSpawner.S.minVelocity;
        }

        // 确定新位置
        newPosition = this.transform.position + velocity * Time.deltaTime;
        // 将所有对象限制在 XZ 平面上

        // 从原有位置看向新位置，确定 Boid 的朝向
        this.transform.LookAt(newPosition);
        // 真正移到新位置
        this.transform.position = newPosition;
    }

    // 查找哪些 Boid 距离当前 Boid 距离足够近，可以被当作附近对象
    // boi 是 BoidOfInterest 的缩写，即我们正处理的 Boid 对象
    public List<Boid> GetNeighbors(Boid boi) {
// 8
        float closestDist = float.MaxValue;          //浮点数可以表达的最大值
        Vector3 delta;
        float dist;
        neighbors.Clear();
        collisionRisks.Clear();

        foreach ( Boid b in boids ) {
            if (b == boi) continue;
            delta = b.transform.position - boi.transform.position;
            dist = delta.magnitude;
            if ( dist < closestDist ) {
```

```
                    closestDist = dist;
                    closest = b;
                }
                if ( dist < BoidSpawner.S.nearDist ) {
                    neighbors.Add( b );
                }
                if ( dist < BoidSpawner.S.collisionDist ) {
                    collisionRisks.Add( b );
                }
            }
            if (neighbors.Count == 0) {
                neighbors.Add( closest );
            }
            return( neighbors );
        }

        // 获取一个List<Boid>当中所有Boid的平均位置
        public Vector3 GetAveragePosition( List<Boid> someBoids ) {
    // 9
            Vector3 sum = Vector3.zero;
            foreach (Boid b in someBoids) {
                sum += b.transform.position;
            }
            Vector3 center = sum / someBoids.Count;
            return( center );
        }

        // 获取一个List<Boid>当中所有Boid的平均速度
        public Vector3 GetAverageVelocity( List<Boid> someBoids ) {
    // 10
                Vector3 sum = Vector3.zero;
                foreach (Boid b in someBoids) {
                    sum += b.velocity;
                }
                Vector3 avg = sum / someBoids.Count;
                return( avg );
            }
        }
```

1. 在当前游戏对象实例化时，Unity 会调用 `Awake()` 函数。这个函数在 `Start()` 之前调用。

2. `Boid` 类的所有实例都可以访问共享静态变量 `List<Boid>`。创建第一个 Boid 时，会初始化一个新的 `List<Boid>`，之后其他 Boid 会把自身添加到该 List 当中。

3. 每个 Boid 都使用两个 List 分别管理自己附近的 Boid 和有碰撞风险的 Boid 列表。这些附近的 Boid 是指距离小于 BoidSpawner.S.nearDist 值（默认为 30f）的其他 Boid。具有碰撞风险的 Boid 是指距离小于 BoidSpawner.S.collisionDist 值（默认为 5f）的其他 Boid。

4. 使所有 boid 成为同一游戏对象的子对象，可以保持层级面板的条理。这里把所有 Boid 放到 Boids 父对象中。如果你希望在层级面板中看到它们，你需要单击父对象旁边的三角形展开按钮。
5. 每次调用 Update()函数时，每个 Boid 都需要查找自己附近的 Boid，并根据排斥性、同向性和向心凝聚性原则对其位置做出反应。
6. GetNeighbors()函数在后面的代码中定义。它用于找到附近的其他 Boid 对象。
7. 在每个对象的 Update()都执行完毕后才会调用 LateUpdate()函数。
8. GetNeighbors()函数将查找 boi 附近的其他 Boid。
9. GetAveragePosition()函数将返回一组 Boid 对象的平均位置。
10. GetAverageVelocity()函数将返回一组 Boid 对象的三维向量平均速度。

请将完成的 C#代码拖放到项目面板中的 Boid 预设上。

单击播放按钮。你可以使用鼠标与 Boid 对象互动，观察它们所展示出的复杂行为。

26.3 小结

在本章中，你学到了面向对象编程的概念，在本书后续章节中，这个概念会贯穿始终。由于 Unity 的游戏对象和组件的结构，Unity 非常适合使用面向对象编程。

面向对象编程的另一个有趣元素是模块化。从很多方面来说，模块化代码都与单模块编程相反。模块化代码趋向于制作小型、可重用、只做一种用途的函数和类。由于模块化的类和函数都比较小（通常小于 500 行代码），所以更易于调试和理解。模块化代码的结构使它具有可重用性。在你进入本书第三部分的学习之后，你会看到，通过 Utils 类的形式，可以在一个项目中使用另一项目的代码。

下一章我们将稍微远离一下代码编写的工作。在第 27 章中，你会学到一种管理小型开发项目的方法，笔者发现这种方法适于个人和小型团队。这部分内容对于一本游戏设计和开发书籍来说可能有些枯燥，但笔者发现它对于小型团队按进度开发游戏有非常大的帮助。

第 27 章

敏捷思维

在本章中，你会学到如何从敏捷原型开发者的角度考虑项目，以及在项目之初如何对各种选项加以权衡。本章会向你介绍敏捷开发思维和 Scrum（迭代式增量开发）方法论。我们还会看到很多的燃尽图（Burndown Chart），笔者建议你在将来的项目中使用这种图表。

学完本章之后，你会更好地理解如何处理自己的项目，如何把项目分解成可以在确定时间内完成的 Sprint（冲刺任务），如何处理这些 Sprint 之间的优先级。

27.1 敏捷软件开发宣言

多年以来，包括游戏在内的很多软件趋向于使用一种称为“瀑布式”的开发方法。在瀑布式开发方法中，由一个预开发团队使用一套庞大的游戏设计文件定义整个项目。严格遵循瀑布式方法，经常会导致游戏直到接近完成之时才进行测试，这些开发团队的成员会感觉更像是一台庞大机器中的小齿轮，而非真正的游戏开发者。

通过你从本书的纸面和数字化原型中获得的经验，你肯定马上能发现这种方式中的问题。2001 年，一些开发人员也看到了这些问题，他们成立了“敏捷联盟”(Agile Alliance)，发布了《敏捷软件开发宣言》[1]，内容如下：

我们正在通过亲身实践以及帮助他人实践，来揭示更好的软件开发方法。通过这项工作，我们认为：

- **个体和交互** 胜过 过程和工具
- **按要求运行的软件** 胜过 详尽的文档
- **客户合作** 胜过 合同谈判
- **响应变化** 胜过 遵循计划

虽然右项具有价值，但我们更注重左项。

透过这四种核心价值，你可以看到笔者在本书中始终想表达的一些原则：

- 跟随你个人的设计感觉，不断提出问题，与遵守预定的规则或使用特定的开发框架相比，建立起对流程思维的理解更为重要。

1 Kent Beck 等，《敏捷软件开发宣言》，敏捷联盟（2001）。

- 先建立起一个可以运行的简单原型，再反复修改至它变得有趣味，这比花费数月建立一个完美的游戏想法或解决方案更为成功。
- 在一个积极、合作的环境中对其他人的创意发表看法，比纠结谁对此拥有知识产权更为重要。
- 听取游戏试玩人员的反馈并做出反应，比遵循原始的设计更为重要。你必须让你的游戏不断改进。

笔者在课堂上介绍敏捷开发方法论之前，学生们经常会在开发自己的游戏时大幅落后于进度。事实上，他们经常不清楚自己落后了多少进度，因为他们缺少管理项目进程的工具。这也意味着只有在项目很晚的阶段才能进行试玩。

在课堂上介绍完敏捷开发以及相关的工具和方法论之后，笔者观察到了以下变化：

- 学生们对于项目进程有了更深的理解，更能遵守进度。
- 学生们开发出的游戏有了明显的进步，很大程度上源于学生始终注重可玩的游戏版本，这让他们可以更早、更频繁地试玩。
- 随着学生们的技能提升，他们对于 C#和 Unity 的理解也随之加深。

在上述三点中，前两点是意料之中的，而第三点则是意外发现的，但笔者现在发现我教过敏捷开发的每个班级都是如此。因此，笔者一直在我所有的课堂上和游戏开发实践中都持续使用敏捷开发，甚至在编写本书时也用了这种方法。笔者希望你也能够用到。

27.2 Scrum 方法论

在 2001 年以后，很多人都开发了帮助开发团队更轻松地接受敏捷开发思维的工具和方法论。我最喜欢的一种是 Scrum 方法论。

实际上，Scrum 开发的出现比敏捷软件开发宣言还要早上几年，由不同的人共同发展而来，但它与敏捷开发的关联是由 Ken Schwaber 和 Mike Beedle 在 2001 年出版了《Scrum 敏捷软件开发》一书之后才巩固下来的。在该书中，两位作者描述了 Scrum 方法论的很多常见要素，在书籍出版之后的几年中非常流行。

Scrum 方法论的目标与敏捷方法论相似，都是尽快推出可运行的产品或游戏，让产品设计可以灵活接受试玩人员和设计团队成员的反馈。本章其余的内容将介绍 Scrum 方法论中的一些术语和实践，并展示如何使用基于表格的燃尽图，这些图是笔者为课堂授课和本书而设计的。

Scrum 团队

游戏原型开发中的 Scrum 团队是由一名产品所有者、一名 Scrum 主管和一个由 10 名以下人员构成的跨学科开发团队，组员分别为编程、游戏设计、建模、材质贴图、音频等相关领域的技术人员。

- **产品负责人：**代表客户或未来游戏玩家。产品负责人需要确保所有有趣的功能都能在游戏中实现，还负责对游戏完整观感的理解。

- **Scrum 主管：**代表理性思维。Scrum 主管主持每日的 Scrum 会议，并确保每个人都在执行任务而且没有过度劳累。Scrum 主管扮演产品负责人助手的角色，以务实的态度监督项目剩余的工作量，以及开发团队人员的进度。如果项目落后于进度或者需要放弃某些功能时，将由 Scrum 主管负责督促完成。
- **开发团队：**一线工作人员。开发团队由参与项目的全体人员构成，产品负责人在每日的 Scrum 会议上向开发团队成员分配任务，并且靠这些成员在下一次会议之前完成这些任务。在 Scrum 开发中，团队成员获得的权限远高于其他开发方式下的自主性，但这种自主性伴随着每天向团队其他成员做汇报的义务。

产品 Backlog（功能列表）

开始一个Scrum项目时，要有一个Backlog（称为待完成任务列表，也称为功能列表），其中列出了团队希望在最终的游戏产品中实现的所有功能、机制、技巧等。其中有些在最初不太明确，随着项目的进展，必须细化为更加具体的子功能。

发布和 Sprint（冲刺任务）

将产品细化为几次发布和 Sprint。你可以把发布想象为向其他人展示游戏成果的时间（例如与投资者举行的会议、公开测试或正式试玩），而 Spint 是发布之前的各个阶段。在每个 Sprint 开始前创建一个 Sprint 任务列表，其中包括应在 Sprint 结束时应实现的功能。一次 Sprint 通常耗时 1~4 周，不论你承担哪项工作，你都需要确保在 Sprint 结束时，能有一个可以运行的游戏（或游戏的一个部分）。事实上，在理想情况下，从你完成第一个可以运行的游戏原型之后，你就应该确保每天在结束工作时，游戏都处于可以运行的状态（尽管有时这很难做到）。

Scrum 会议

Scrum 会议是每天举行的一个 15 分钟站立会议（每位参会成员都始终站立参加会议），旨在保证整个团队处于正常轨道。会议由 Scrum 主管主持，在会议上，每名成员需回答三个问题：

1. 你从昨天至今完成了哪些工作？
2. 你今天计划完成哪些工作？
3. 你可能会遇到哪些难题？

就这些，Scrum 会议旨在使每名成员快速达成一致。问题 1、2 的回答会与燃尽图做对比，以便查看项目进展如何。由问题 3 带来的任何问题都加以标记，在会后进行讨论。作为 Scrum 主管，如果在会上有问题被提到，笔者会寻找一名自愿帮助解决问题的志愿者，但问题本身会在会后再进行讨论。Scrum 主管应尽量保证会议越简短越好，这样有创造力的人会在团队全体会议上节省时间。

燃尽图

笔者发现，在游戏开发和授课过程中，燃尽图是一个极为实用的工具。燃尽图的初始内容是 Sprint 中的待完成任务以及预计完成每项任务所需时间（周、日、小时等）的列表。在项目进行过程中，始终通过燃尽图跟踪每名团队成员完成其预定目标的进度，将之转化为图表，该图表不但跟踪项目完成所需工时，还跟踪团队的燃尽速度（即平均每天完成的工时）。将燃尽速度与剩余工时相对比，可以轻易地看出团队是否能够按时完成目标。

在本书网站上，有一个 OpenOffice Calc 表格（.ods）格式的燃尽图模板，你可以用于为自己的项目创建燃尽图。你可以打开 http://book.prototools.net，在第 27 章“敏捷思维”下找到该模板。

OpenOffice 是一款开源的免费软件，可取代微软 Office 套件，本书第 11 章曾介绍过这款软件。如果你没安装这款软件，你可以从 http://openoffice.org 网站上下载。我发现 OpenOffice Calc 程序可与微软的 Excel 相媲美，但二者又有些区别，详见第 11 章。

在燃尽图中用到的表格函数超出了本书内容的范围，这里不再讲解，你可以阅读本书第 11 章，了解表格的基本知识以及如何用它平衡游戏。

燃尽图示例

你可以从本书配套网站 http://book.prototools.net 下载燃尽图示例表格（Burndown Chart Example）。在随后几页内容中，我们将多次引用这个表格，所以请现在就下载。为保证软件界面与本章一致，我建议你下载 OpenOffice 格式的表格。

燃尽图示例：Setup 工作表

现代电子表格可以包含多个工作表，你可以通过窗口下方的选项卡（如图 27-1 所示的 Setup 和 Data 标签）选中其中一个工作表。表格下载完之后，请打开并单击最左侧的工作表标签（名为 Setup）。

你可以在 Setup 工作表中输入重要数据内容，所有可以修改的数据都在蓝色背景的单元格中。你可以在左上角的单元格中输入 Sprint 的开始和结束日期。示例项目中的 Sprint 被设置为当前日期的一周之前开始，用 31 天完成。根据你打开示例工作表的日期不同，你可能还有 21 天或 23 天的时间完成 Sprint（因为示例团队在周末不工作）。当然，你可以根据 Sprint 实际的开始和结束日期进行修改。

在开始和结束日期下面，是计算出的工作日天数，再往下是任务列表（也称为 Sprint Backlog）。在这里，你可以看到该 Sprint 下的一些示例任务以及预计的完成每项任务所需工时。

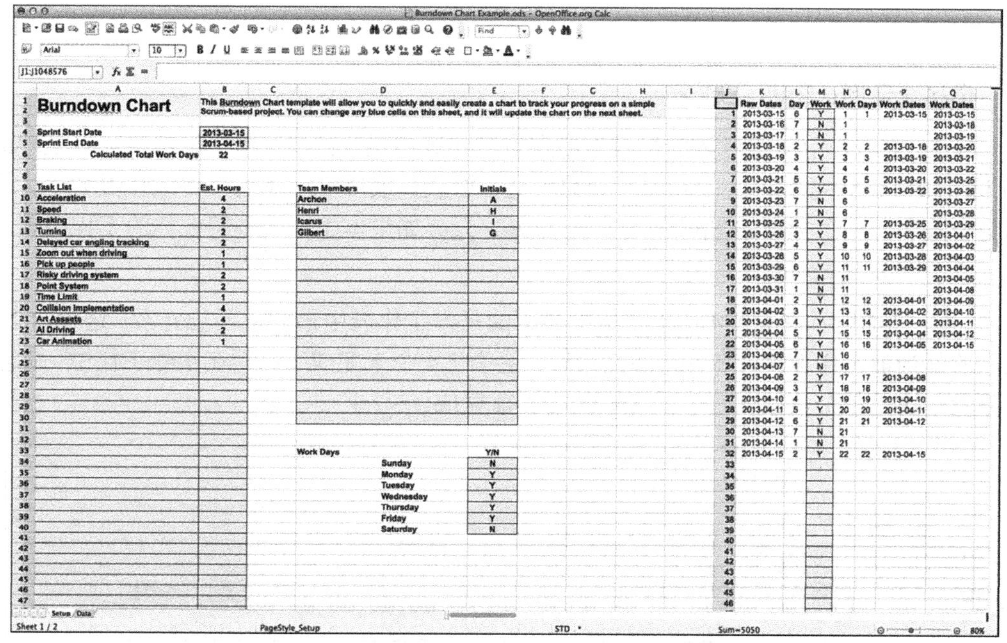

图 27-1　Setup 工作表

提示

估算工时　对程序员和其他创意人员来说，估算完成一项任务所需的时间是一件很困难的事。除了有一两件任务可能你估计需要花费 20 个小时才能完成，但实际只需要 2 个小时之外，通常任务所花费的时间会比你预计得要长。你目前要做的就是根据一些简单估算方法尽可能地估算出一个最为靠谱的时长，一个基本事实是，任务规模越大，你估算的精确度越低。如果你预计一项任务需要 4 到 8 个小时，只需把它舍入为 8。

- 如果以小时为单位，把数字定为 1、2、4、8 个小时。
- 如果以天为单位，把数字定为 1、2、3、5 天。
- 如果以周为单位，把数字定为 1、2、4、8 周。

但是，如果任何任务的时间需要以周计，你需要把它细化为更小的任务。

在任务的右侧是参与这次 Sprint 的团队成员列表，以及他们名字的首字母缩写，用于在下一个工作表中分配任务。再往下是周日期列表，以及各个日期是否为工作日，Y 代表工作日，N 代表休息日。

再往右侧（J 列及右侧的列）是基于左侧的周日期列表计算出的该月份中各日期是否为工作日的列表。如果将 E39 单元格设置为 N（使周五成为休息日），则右侧的单元格中立即会体现出来，这会同时减少开始日期和结束日期之间的工作日总天数（显示在单元格 B6 中）。如果 Sprint 中的某个周一是节假日，你也可以直接在 M 列中把这个日期设置为休息日，而其他周一仍然是工作日。

把 E39 单元格改回 Y，然后单击窗口下方的 Data 工作表选项卡，切换到 Data 工作表。

燃尽图示例：Data 工作表

Setup 工作表中所有任务的每日进展在本工作表中进行跟踪。这个工作表可以处理的 Sprint Backlog 任务数可达 100 项，天数可达 100 天。实际 Sprint 的项目数和天数远达不到这个数字。一个标准的 Sprint 通常持续 2~3 天。如果本工作表不符合你的工程要求，你可以考虑商业 Sprint 跟踪软件。

如图 27-2 所示高亮的 D5 单元格中显示的是本工作表中最为重要的元素。这里的 2.4 显示的是当前工作速度，在 Sprint 结束时，会有 2.4 个未完成工时。在实际工作中，你会希望看到这里是个负数，它表示 Sprint 将提前完成。

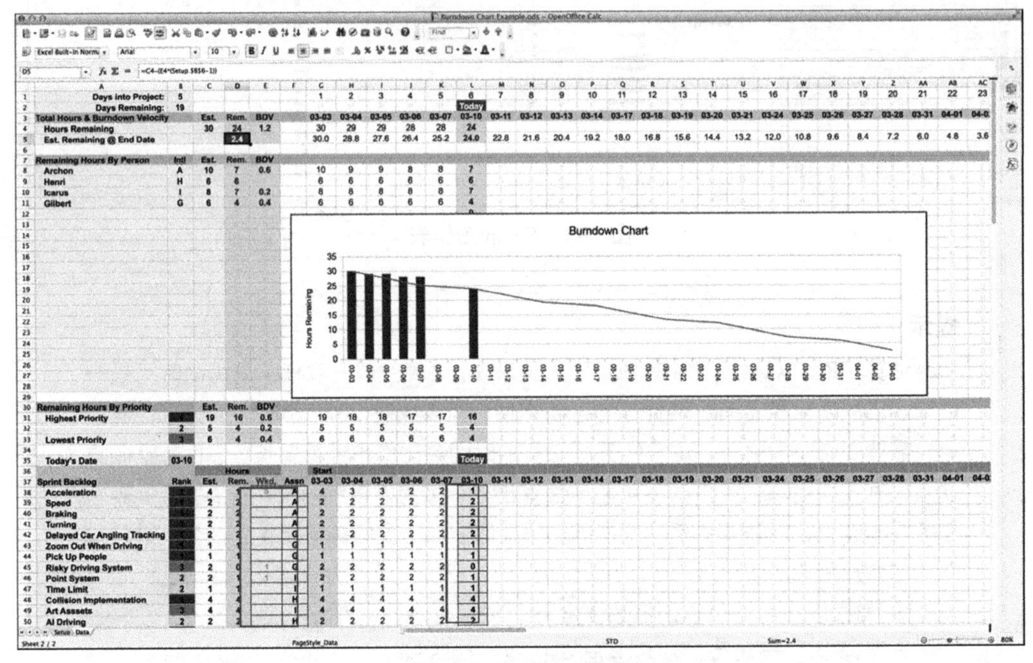

图 27-2 Data 工作表

本工作表和上一个工作表一样，你只能修改其中的如图框中的单元格。其中包括：

- **Assn（F38:F138，即从 F38 到 F138 之间的单元格区域）：**你可以在这里输入 Setup 工作表中定义的姓名缩写把任务分配给各团队成员。
- **Hours Rem（L38:L138）：**这里显示的是当前每项任务的剩余工时。随着项目的进行，`Today` 标签和下方的蓝色单元格区域也会向右移动。只要你在蓝色单元格中修改一项任务的剩余工时，你所修改的日期就是正确的当前日期。
- **Hours Wks.（E38:E138）：**这个可选列中允许你累计一个项目的实际完成的工时，它只是提供过去的项目信息，并不用于计算。

估算工时 vs 实际工时

估算工时和实际工时的区别是燃尽图中的重要概念之一。在估算完一项任务所需的工时之后，你在这项任务上所花的时间并不是以实际工时计算，而是以任务完成的百分比计算的。以下面图表中的 Acceleration 任务为例（如图 27-3 所示）。

	A	B	C	D	E	F	G	H	I	J	K	L
35	Today's Date	03-23										Today
36			Hours				Start					
37	Sprint Backlog	Rnk	Est.	Rem.	Wkd.	Assn	03-18	03-19	03-20	03-21	03-22	03-25
38	Acceleration	1	4	1	5	A	4	3	3	2	2	1
39	Speed	1	2	2		A	2	2	2	2	2	2
40	Braking	1	2	2		A	2	2	2	2	2	2
41	Turning	1	2	2		A	2	2	2	2	2	2
42	Delayed Car Angling Tracking	1	2	2		G	2	2	2	2	2	2
43	Zoom Out When Driving	1	1	1		G	1	1	1	1	1	1
44	Pick Up People	1	1	1		G	1	1	1	1	1	1
45	Risky Driving System	3	2	0	1	G	2	2	2	2	2	0
46	Point System	2	2	1	1	I	2	2	2	2	2	1

图 27-3　显示项目前 5 天任务进展的 Data 工作表局部特写

Acceleraton 任务的初始估算工时为 4，这个数字引用自 Setup 工作表。

- **03-19（3 月 19 日）：**Archon（缩写为 A）在 Acceleration 任务上工作了 2 小时，但只完成了任务的 25%。任务还有 75%待完成，因为一个 4 工时任务的 75%是 3 工时，所以他在工作表的 H38 单元格中输入了 3。他还在 Wkd.栏中输入了 2，记录他实际工作了 2 个小时。
- **03-21：**他又工作了 2 个小时，使任务进展到 50%，最初估算的 4 个工时现在只剩下了 2 个工时，因此，他在 3-21 列（J38 单元格）中输入了 2，把 Wkd.一栏修改为 4.
- **03-25（今天）：**一个小时的工作又完成了任务的 25%（他现在工作进展更快了），到今天为止，他还有 Acceleration 任务的 25%，或 1 个工时未完成。他在 03~25 列（L38 单元格）中输入 1，把 Wkd.一栏修改为 5。

可以看到，最重要的数据是以预计剩余工时表示的任务待完成比例。但是 rchon 还在 wkd.一栏（E 列）中记录了他在 Acceleration 项目中投入的 5 个工时，帮助他在将来更好地估算任务工时。

在图 27-4 中，可以看到 Gilbert（缩写为 G）为 Risky Driving System 任务估算的时长为 2 个工时，但有能力在 03~25 日花 1 个小时 100%完成任务。Icarus（缩写为 I）在 03~25 日花 1 个小时完成了 Point System 任务的 50%，与估算时间一致。

燃尽速度和燃尽图

Data 工作表的上半部分显示的是实际燃尽速度的数据（如图 27-4 所示）。

这里的当前日期为 Today，每项任务的剩余工时用于确定燃尽速度（BDV），即当前项目已完成内容的平均速度。在示例的 D4 单元格中，你可以看到，当前 Sprint 的 30 个工时中目前还有 24 个未完成工时。把已完成的 6 个工时除以团队已花费的 5 天时间，得到燃尽速度为 1.2 工时/天（显示在 E4 单元格中），即团队在项目上工作一天，会燃尽 1.2 个估算工时。如果今后剩余的 23 个工作日按照这个燃尽速度进行，可完成 27.6 个工时，剩下 2.4 个未完成工时（显示在 D5 单元格中）。这对于团队是一个大问题，因为他们将不能按时完成 Sprint。如本章前文所说，这是燃尽图可以提供的关键信息。你的团队可以快速检查自己是否落后于进度，并及时找出明智的处理办法。

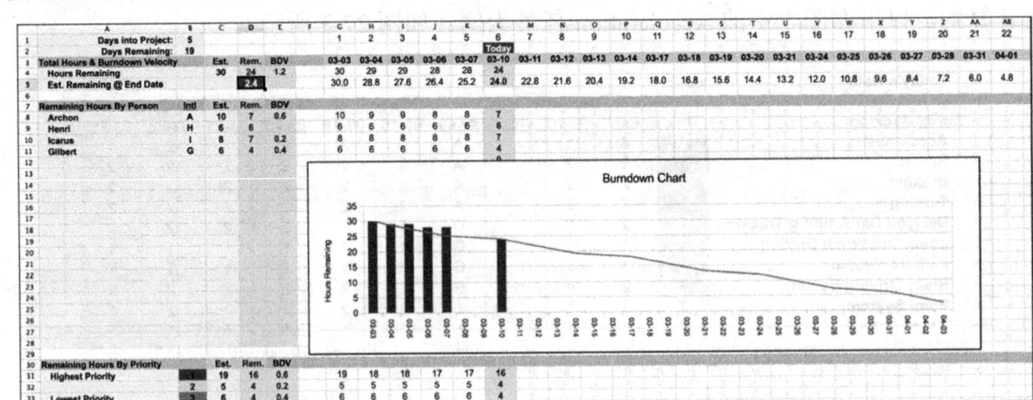

图 27-4 Data 工作表中的燃尽速度（BDV）和实际燃尽图

我们也可以从燃尽图的中部看到这一信息。竖列代表的要完成 Sprint 任务每天所需完成的工时，折线表示根据项目历史数据得出的未来数天内的预计进度，折线和竖列在当前日期总是一致的，对于项目待完成部分，折线代表了预计的完整速度。

在燃尽图上方，还可以看到每个团队成员个人的燃尽速度报告，报告基于分配给其个人的任务进度得出。

确定优先级和分配任务

Data 数据表的 Rnk 栏（从 B38 单元格开始）存放了任务优先级信息。任务以数字 1、2、3 表示，其中 1 表示最高优先级。不同的任务优先级以不同的颜色表示。便于在 Data 工作表中跟踪 Remaining Hours By Priority（各优先级任务的待完成工时，在第 30~33 行）。这部分跟踪每个任务级别的待完成工时。在通常情况下，你会希望首先燃尽 1 级任务，而不会先在 2、3 级任务上花费太多时间。

Data 工作表中的 Assn 栏（从 F38 单元格开始）显示的是任务被分配给了哪位团队成员。分配任务时使用的是在 Setup 工作表中定义的人名首字母缩写（示例中使用的是一个字母，但也可以使用更多字母）。任务被分配给特定成员之后，会被累计到 Data 工作表中 Remaining Hours By Person（按人员累计剩余工时）栏下（第 8~28 行）。这样，就可以跟踪每名团队成员的进度，如果分配给某成员的任务过于繁重，也可加以调节。

燃尽图中的潜在陷阱

如之前所说，燃尽图在过去几年中为笔者的工作提供了宝贵的帮助。但是笔者也遇到过几次燃尽图得出误导信息的特殊状况，如图 27-5 所示。

在图 27-5（A）中，团队最初的燃尽速度（BDV）非常慢，但在最近三天，他们的进度大幅提升。因为燃尽速度是基于项目开始以来的总工作量/总时间计算的，所以燃尽速度不能体现团队提高效率以来的工作速度，所以尽管团队可能按当前速度提前完成任务（如图中虚线所示），但根据燃尽图的预测，项目仍然会延迟交付。

图 27-5（B）显示了更为严重的问题。在图 B 中，团队最初工作速度很快，但最近三天的速度大幅下降。现在燃尽速度体现的仍是前期的工作，所以从图上看似乎团队仍能按时完成项目，但如果他们继续以最近三天的速度工作，项目会推迟（如图中虚线所示）。

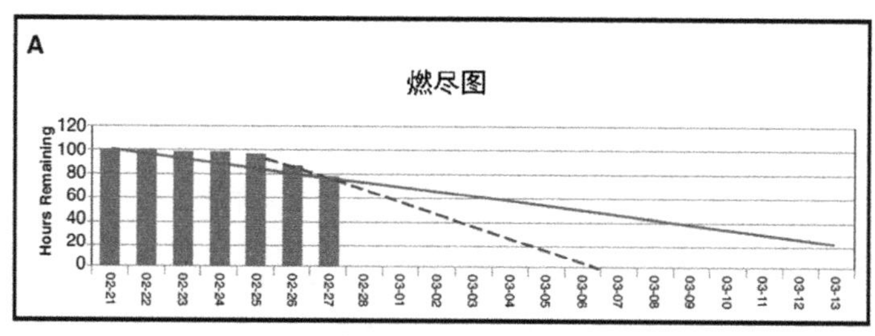

燃尽图误报延迟交付

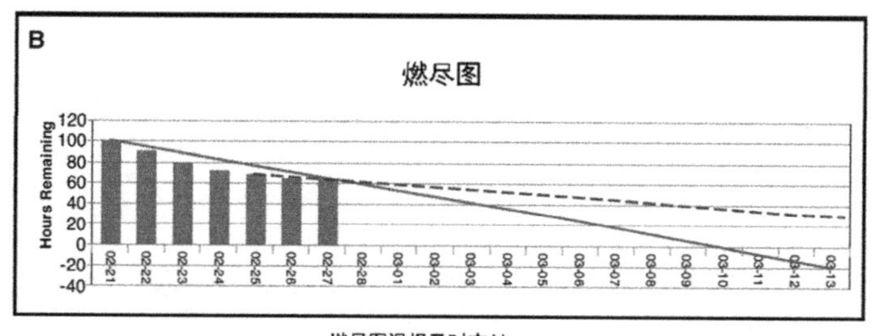

燃尽图误报及时交付

图 27-5　两种特殊的燃尽图误报情况

只有团队工作速度发生大幅变化时才会出现这两种特殊情况，但仍然需要预防这种情况的发生，你不但需要考虑自项目开始以来的燃尽速度，还要考虑最近几天的进展速度。在专业团队的多数项目中，这两个速度通常会非常接近，因为团队的生产力不会发生太大变化。

27.3　小结

在设计和开发你自己的游戏时，你可能很难保证项目按计划进行。在笔者多年的开发和教学工作中，我发现敏捷思维和 Scrum 方法论是最好的两种工具。当然，笔者不敢断言你一定能像我和我的学生们从这些工具中获得同样的帮助，但我仍强烈推荐。最后，不论 Scrum 和敏捷开发对你来说是否有效，重要的是你要找到适合你的工具，并利用这些工具在游戏开发中保持你的激情和创作力。

在下一章中，本书的内容会发生重大变化。后面的每个章节都是一个游戏原型的独立教程。笔者建议你按照章节顺序学习，因为后面的章节是以之前章节为基础的，不过如何学习最终还是由你来定。每个教程都会教你思考一种特定类型的游戏应如何开发，在此基础上，你可以开发自己的游戏。

图 27.5（B）显示了更为严重的问题。在图 B 中，团队提前了作业速度，但最近三天的速度大幅下降。[illegible]的工作，[illegible]团队将[illegible]按时完成项目，[illegible]但如果他们能一[illegible]天的速度工作，项目会推迟（[illegible]中是[illegible]天）。

图 27.5 [illegible]

只有[illegible]，[illegible]才会出现[illegible]，[illegible]但也需要[illegible]。[illegible]，[illegible]。[illegible]。

27.3 小结

[illegible] Scrum [illegible]。[illegible] Scrum [illegible]，[illegible]。

[illegible]。[illegible]，[illegible]。[illegible]的游戏。

第 III 部分

游戏原型实例和教程

第 28 章

游戏原型 1：《拾苹果》

是时候了！今天，你将开始制作你的第一个数字化游戏原型。

因为这是你的第一个游戏原型，所以比较简单。随着你深入学习后面的数字原型制作内容，项目会越来越复杂，用到的 Unity 功能也越来越多。

学完本章之后，你将拥有一个可运行的简单电子游戏。

28.1 数字化原型的目的

在着手创建《拾苹果》游戏的原型之前，我们可能需要花点时间考虑一下数字化原型的目的。本书第 I 部分花了大量篇幅讨论纸面原型和它们为何具有实用性。纸面游戏原型可以帮你完成下列工作：

- 快速试验、否定或修改游戏机制与规则。
- 探索游戏的动态行为，理解可能由规则自然产生的可能结果。
- 确保规则和游戏元素易于被玩家理解。
- 了解玩家对游戏的情绪反应。

数字化游戏原型中增加了游戏体验的功能。实际上，这才是它的基本目的。你可能会花费大量时间向别人详细介绍游戏机制，但让他们试玩这个游戏并亲身体验可能更为有效（以及有趣）。Steve Swink 的书籍 *Game feel* 深入讨论了这个问题。[2]

在本章中，你将创建一个可玩的游戏，最终成品可以展示给你的好友和同事。在他们玩过之后，你可以问问游戏难度是过于简单、困难，还是刚刚好。使用反馈的信息调整游戏中的参数，为他们定制另一种难度级别。

接下来让我们开始制作这个《拾苹果》游戏。

---

2 Steve Swink：*Game Feel: A Game Designer's Guide to Virtual Sensation*，波士顿，Elsevier 出版社，2009。

为本章创建新项目

按照标准的项目创建流程，在 Unity 中创建一个新项目。如果你需要复习创建项目的标准流程，请参阅附录 A 的“创建项目标准流程”。

- **项目名称**：Apple Picker Prototype
- **场景名称**：_Scene_0（名称前面的下画线是为了让它排在项目面板的最上方）
- **C#脚本名称**：ApplePicker、Apple、AppleTree、Basket。

把 ApplePicker 脚本绑定到场景_Scene_0 的主摄像机上。不要把 Apple、AppleTree 和 Basket 脚本绑定到任何对象上。

28.2 准备工作

在第 15 章中，你已经为这个游戏原型做了不少准备工作。在那一章中，我们分析了《拾苹果》游戏和经典的《炸弹人》游戏，《拾苹果》的游戏机制与《炸弹人》一样。作为游戏设计者，理解经典游戏及其工作原理会很有用，用这个游戏作为学习的开端是个很不错的选择。

请花点时间浏览一下第 15 章，确信你已经理解了其中的流程图和三个元素：苹果树、苹果和篮筐。

28.3 开始工作：绘图资源

作为一个原型，这个游戏并不需要漂亮的绘图，它只需能够运行即可。我们在本书中所用到的图片通常称为程序员绘图，它只是程序员制作出来用于临时充数的，最终会由美工绘制出来的正规游戏绘图所取代。与游戏原型中的其他资源一样，这种绘图是为了让你尽快把概念实现为一个可以运行的程序。如果你的程序员的绘图看起来不是很糟糕，就算不错了。

苹果树

在菜单栏中执行游戏对象（GameObject）> 3D 对象(3D Object) > 圆柱体（Cylinder）命令。我们把这个圆柱体当作苹果树的树干。在层级面板中选中圆柱体并单击检视面板上方的名称，把它重命名为 Trunk。按如图 28-1 所示设置 Trunk 的变换（Transform）组件。

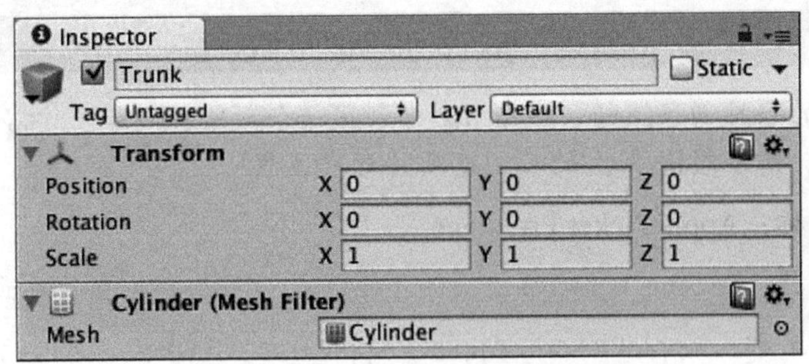

图 28-1　圆柱体 Trunk 的变换组件

在本书各节教程中，笔者会使用下列格式教你设置游戏对象的变换组件：

Trunk(Cylinder)　`P:[0,0,0]`　`R:[0,0,0]`　`S:[1,1,1]`

这一行表示这样设置游戏对象 Trunk 的位置：位置（P）x=0, y=0, z=0；旋转（R）x=0, y=0, z=0；缩放（S）x=1, y=1, z=1。括号中的 Cylinder 是游戏对象的类型（圆柱体）。有时候你会在段落中间看到这样的写法：P:[0,0,0] R:[0,0,0] S:[1,1,1]。

现在执行游戏对象（GameObject）> 3D 对象(3D Object) > 球体（Sphere）命令。按下列数字设置其变换组件：

Sphere(Sphere)　`P:[0,0.5,0]`　`R:[0,0,0]`　`S:[3,2,3]`

这个球体和圆柱体结合在一起看起来有点像一棵树，但它们实际上是两个独立的对象。你需要创建一个空白游戏对象作为容器把这两个对象结合在一起。

在菜单栏中执行游戏对象（GameObject）> 创建空白对象（Create Empty）命令。这样会创建一个空白对象，把它的变换组件设置为：

GameObject (Empty)　`P:[0,0,0]`　`R:[0,0,0]`　`S:[1,1,1]`

空白游戏对象只包含一个变换组件，所以是容纳其他游戏对象的既简单又实用的容器。

在层级面板中，首先把这个游戏对象重命名为 AppleTree。重命名的操作步骤是：单击游戏对象的名称，等待一秒种，然后按下回车键（在 Windows 系统中则是按下[F2]键）或者再次单击游戏对象的名称，然后就可以输入新名称了。接下来，分别把 Trunk 和 Sphere 拖放到 AppleTree 上（与把 C#脚本绑定到对象上的操作方法类似），在层级面板中，它们会出现在 AppleTree 下。你可以单击 AppleTree 旁边的三角形展开按钮查看这两个子对象。完成上述操作之后，你的 AppleTree 游戏对象应该与图 28-2 差不多。

现在 Trunk 和 Sphere 游戏对象都成为了 AppleTree 的子对象，当你移动、缩放或旋转 AppleTree 时，Trunk 和 Sphere 也会随之移动、缩放或旋转。请试着修改 AppleTree 的变换组件看看效果。在试验结束后，请按以下数值设置 AppleTree 的变换组件。

AppleTree　`P:[0,0,0]`　`R:[0,0,0]`　`S:[2,2,2]`

这个设置会把 AppleTree 移动到坐标原点，使其尺寸变为最初的 2 倍。

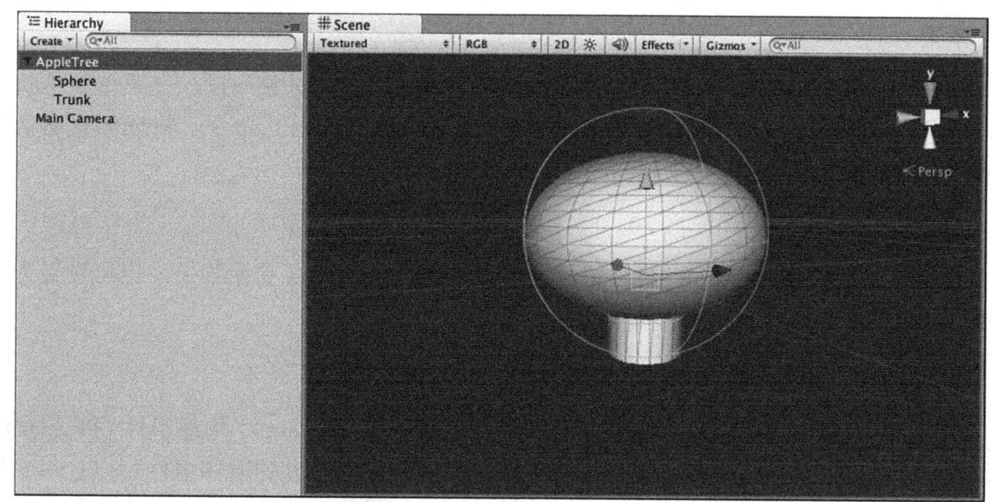

图 28-2　层级面板和场景中显示的 AppleTree 游戏对象

用于 AppleTree 的简单材质贴图

虽然这只是一个程序员绘图，但它也不能是一个没有色彩的白色物体。下面将为场景添加颜色。

在菜单栏中执行资源（Assets）>创建（Create）>材质（Material）命令，在项目面板中创建一个新的材质。将这个材质重命名为 Mat_Wood。在检视面板中将 Mat_Wood 的主色（main color）设置为你喜欢的一种棕色，然后把 Mat_Wood 材质拖放到场景或层级面板中的 Trunk 对象上。

用同样的方法创建一个名为 Mat_Leaves 的材质，设置为绿色，然后拖放到层级面板或场景中的 Sphere 对象上。

做完这些之后，把 AppleTree 从层级面板拖放到项目面板中，用它创建一个预设。与前面章节中一样，这样会在项目面板中创建一个名为 AppleTree 的预设，并且层级面板中的 AppleTree 会变为蓝色字体。

在菜单栏中执行游戏对象（GameObject）>光源(Light)>平行光（Directional Light）命令，在场景中添加光源。按以下数值设置光源的位置、旋转和缩放：

Directional Light　　P:[0,10,0] R:[50,-30,0] S:[1,1,1]

这会在场景中添加一束斜向穿过场景的平行光。注意，这里平行光源的位置并不重要（因为不论平行光源位置在哪里，它都会照在所有物体上），但笔者把它设置为 [0,10,0]，是为了把它移出场景中心位置，否则它的图标会出现在场景中心。

现在，请把 AppleTree 向上移一点。在层级面板中选中 AppleTree 并把它的位置修改为：

AppleTree　　P:[0,4,0] R:[0,0,0] S:[2,2,2]

这会把它移出场景面板的视野，但你可以把鼠标光标放在场景面板上，然后滚动鼠标滚轮拉远镜头，这样就可以看到 AppleTree 了。

苹果

现在苹果树已经做好了，你需要为下落的苹果制作游戏对象预设。在菜单栏中执行游戏对象（GameObject）>3D 对象(3D Object)>球体（Sphere）命令。将球体重命名为 Apple，将变换组件数值按如下设置：

```
Apple (Sphere)        P:[0,0,0] R:[0,0,0] S:[1,1,1]
```

创建一个名为 Mat_Apple 的材质，设置为红色（如果你喜欢绿苹果，也可设置为浅绿色），将它应用到 Apple 上。

为苹果添加物理组件

在层级面板中选中 Apple。在菜单栏中执行组件（Component）>物理组件（Physics）>刚体（Rigidbody）命令。你也许能回忆起我们在第 16 章中说过的刚体组件可以让对象做出物理反应（例如下落、与其他对象发生碰撞等）。如果你现在按下播放按钮，你会看到苹果会因重力作用下落到屏幕之外。

为苹果添加"Apple"标签

最后，我们会希望快速获得屏幕上所有 Apple 游戏对象的一个数组，这可以通过为这些 Apple 对象添加 Apple 标签来实现。在层级面板中选中 Apple，单击检视面板上的 Tag 旁边的弹出菜单，从中选择添加标签（Add Tag）菜单项，如图 28-3 左图所示。这会在检视面板中显示 Unity 的标签和图层管理器（Tag and Layers Manager）。单击 Tags 旁边的三角形展开按钮，在 Element 0 中输入 Apple，如图 28-3 右图所示。

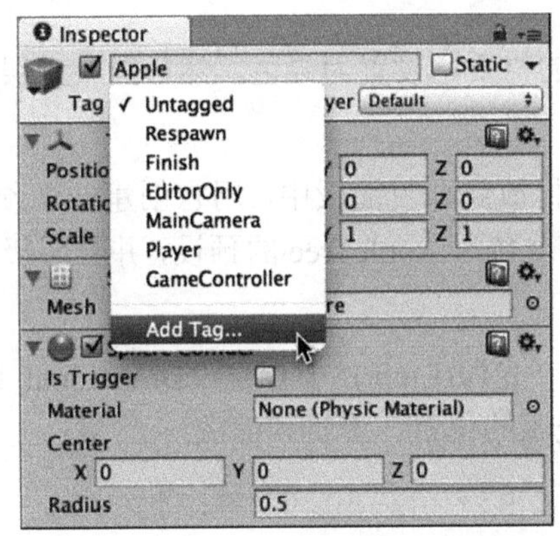

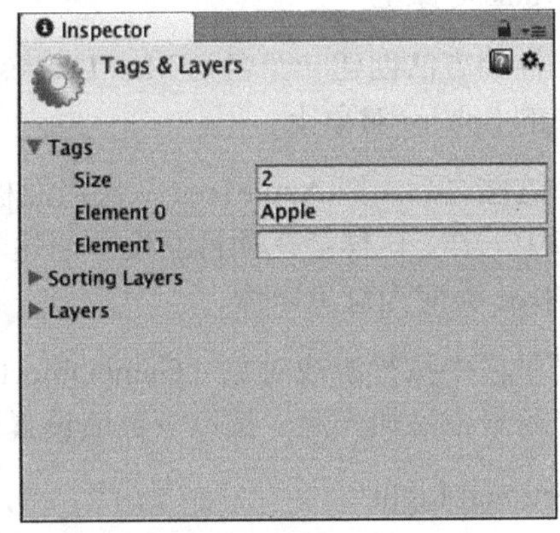

图 28-3　在标签列表中添加 Apple 标签

现在，再次在层级面板中单击 Apple，回到 Apple 对象的检视面板。这时单击 Tag 弹出菜单，可以看到 Tag 列表中多了一个 Apple。从列表中选择 Apple。现在所有的苹果都会有一个 Apple 标签，这样就更容易查找和选择它们了。

创建 Apple 预设

最后，把 Apple 从层级面板拖放到项目面板中，为它创建一个预设。当确认项目面板中存在 Apple 预设之后，就可以从层级面板中选中 Apple 的实例然后删除它了（方法是在右键菜单中选择 Delete 或按下[Command]+[Delete]组合键，在 Windows 系统中只需按下[Delete]键）。因为在游戏中我们会使用项目面板中的 Apple 预设生成它的实例，所以不必在场景一开始就有一个实例。

篮筐

与其他绘图资源一样，篮筐也非常简单。在菜单栏中执行游戏对象（GameObject）>3D 对象(3D Object)>立方体（Cube）命令。将新创建的立方体重命名为 Basket，并按如下数值设置它的变换组件：

Basket (Cube)　　`P:[0,0,0] R:[0,0,0] S:[4,1,4]`

这会生成一个又扁又宽的长方体。现在新建一个名为 *Mat_Basket* 的材质，将它的颜色设置为一种低饱和度的浅黄色（类似于稻草颜色），并应用到 Basket 上。把 Basket 从层级面板拖放到项目面板中，为其创建预设，然后从层级面板中删除 Basket 的实例。然后一定要记得保存场景。

你的项目面板和层级面板应如图 28-4 所示。

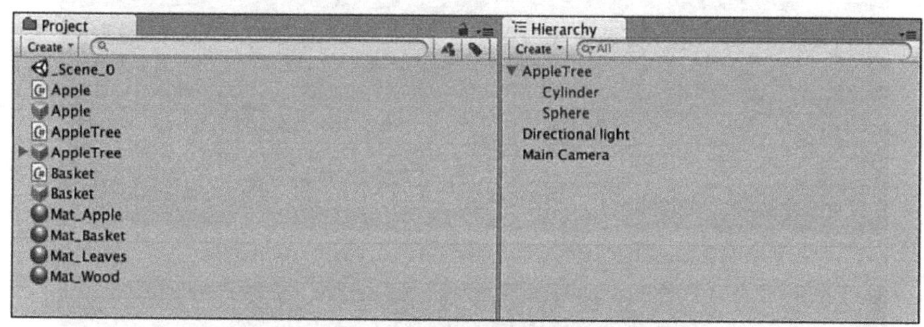

图 28-4　此时项目面板和层级面板的截图

摄像机设置

摄像机位置是游戏中最不能出错的内容之一。对于《拾苹果》游戏来说，我们希望摄像机显示一个适当大小的游戏区域。因为这个游戏的玩法完全是二维的，所以我们需要一个正投影（Orthographic）摄像机，而不是透视投影（Perspective）摄像机。关于这两种摄像机的投影方式，详见下面专栏。

正投影摄像机和透视投影摄像机的对比

透视投影摄像机类似于人的眼睛；因为光线经过透镜成像，所以靠近摄像机的物体显得较大，而远离摄像机的物体显得较小。这给透视投影摄像机一个平截头四棱锥体（像一个削去尖顶的四棱金字塔）的视野（也称投影）。要查看这种效果，请单击层级面板中的主摄像机，在场景面板中拉远镜头，从摄像机延伸出的金字塔状网格线的就是平截头体视野，表示摄像机的可视范围。

对于正投影摄像机，物体与摄像机的距离不会影响它的大小。正投影摄像机的投影是一个长方体，而非平截头体。要查看这种效果，请在层级面板中选中摄像机，在检视面板中找到 Camera 组件，将 Projection 属性从 Perspective 改为 Orthogonal。现在，灰色的视野范围将是一个三维矩形，而非金字塔形。

有时候，需要将场景面板设置为正投影而非透视投影。做法是：单击场景面板右上角坐标轴手柄下方的<*Persp* 字样（见图 28-5）。单击坐标轴手柄下方的<*Psersp* 字样会在透视和等轴（缩写为 *Iso* ）场景视图间切换，等轴是正投影的同义词。

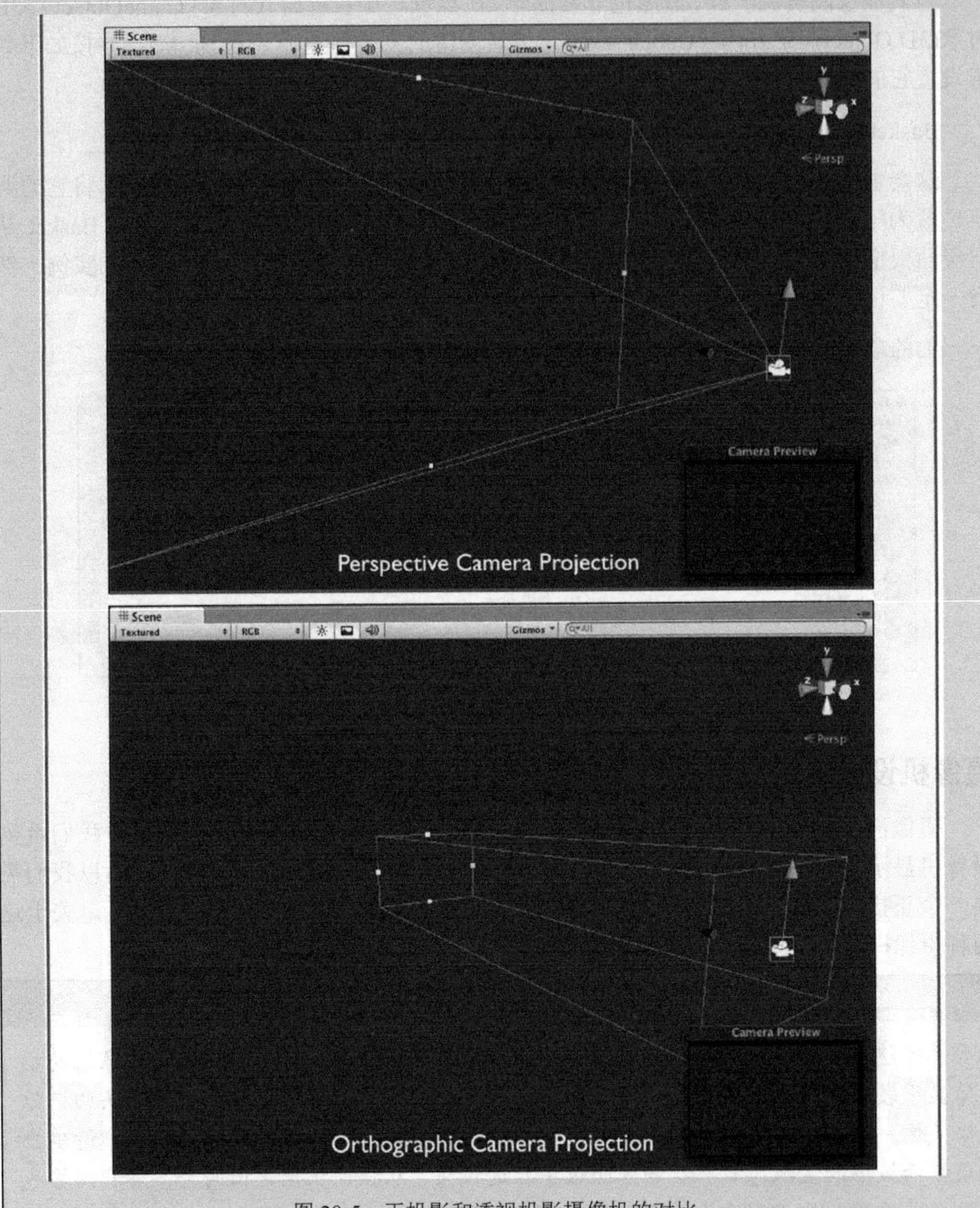

图 28-5　正投影和透视投影摄像机的对比

《拾苹果》游戏中的摄像机设置

在层级面板中执行主摄像机（Main Camera）。在检视面板中，将 Camera 组件的

Projection 属性改为 Orthographic。现在，将 *size* 属性设置为 16。这会使苹果树显示为合适大小，并为玩家抓住下落的苹果留出空间。通常，你需要大致猜测一下摄像机设置等数值，然后在试玩游戏的过程中做精细调整。和游戏开发的其他工作一样，要找到最佳的摄像机设置，是一个重复的过程。现在，笔者建议使用以下数值：

Main Camera (Camera)　　`P:[0,0,-10]　R:[0,0,0] S:[1,1,1]`

这会使摄像机的视角下降 1 米（Unity 中的一个单位等于 1 米的长度），正好位于高度为 0 的位置。因为 Unity 的单位等于米，在本书中，笔者有时会使用单位代替米。最终，主摄像机的检视面板如图 28-6 所示。

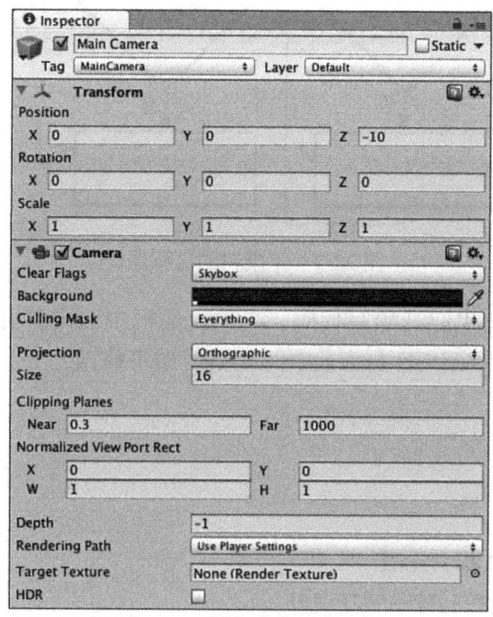

图 28-6　主摄像机检视面板设置

28.4　编写《拾苹果》游戏原型的代码

现在到了编写代码使游戏原型可以运行的时间。如图 28-7 所示为第 15 章中的苹果树对象的动作流程图。

我们需要为苹果树编写的代码如下：

1. 每帧都以一定的速度移动。
2. 当碰到游戏区域的边界时改变方向。
3. 随机改变方向。
4. 每秒落下一个苹果。

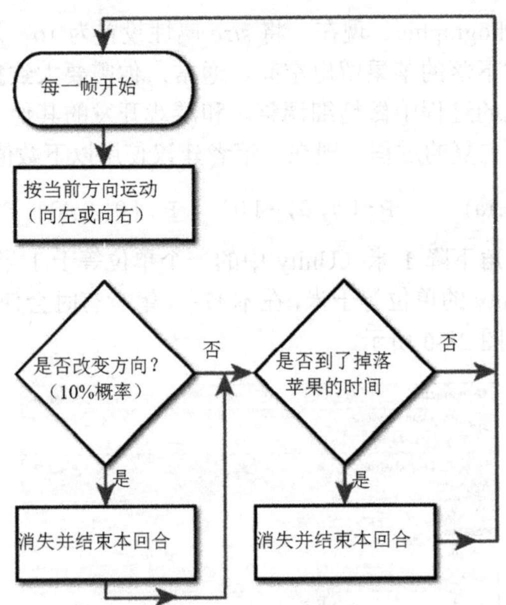

图 28-7 苹果树的流程图

就这么简单！接下来我们开始写代码。在项目面板中双击打开 AppleTree 脚本。我们需要一些设置变量，所以应该把 AppleTree 类做如下修改：

```
using UnityEngine;
using System.Collections;

public class AppleTree : MonoBehaviour {

    // 用来初始化苹果实例的预设
    public GameObject applePrefab;

    // 苹果树移动的速度，单位：米/秒
    public float speed = 1f;

    //苹果树的活动区域，到达边界时则改变方向
    public float leftAndRightEdge = 10f;

    // 苹果树改变方向的概率
    public float chanceToChangeDirections = 0.1f;

    // 苹果出现的时间间隔
    public float secondsBetweenAppleDrops = 1f;

    void Start () {
        // 每秒掉落一个苹果
    }

    void Update () {
        // 基本运动
```

```
            // 改变方向
        }
    }
```

你可能会注意到，这段示例代码不再像前面的章节那样带行号。本书第III部分的示例代码通常都不会带行号，因为笔者需要你的代码与示例代码尽可能适合。

要真正看到这段代码如何运行，你需要把它绑定到 AppleTree 游戏对象上。把项目面板中的 AppleTree 脚本拖放到同样位于项目面板的 AppleTree 预设之上，然后单击层级面板中的 AppleTree 实例，你会看到脚本不但添加到了 AppleTree 预设中，也添加到了层级面板中 AppleTree 预设的实例之中。

在层级面板中选中 AppleTree 实例，你会看到前面代码中的所有变量都出现在了检视面板中 AppleTree(Script)组件之下。

请尝试修改检视面板变换组件下的 *X* 和 *Y* 值，在场景中移动 AppleTree 的位置，找到苹果树的最佳垂直位置（position.y）和左右移动的边界。在笔者的计算机上，position.y 的最佳位置是 12，苹果树的水平位置在-20 和 20 之间时仍能显示在屏幕上。请在检视面板中设置 AppleTree 的位置为`[0,12,0]`，并设置 `leftAndRightEdge` 变量值。

Unity 引擎脚本参考

在深入学习本项目之前，如果你对上述代码有任何问题，最好查看一下 Unity 脚本参考。查看脚本参考有两种方法：

1. 在 Unity 菜单栏中执行帮助（Help）>脚本参考（Scripting Reference）命令。这会弹出存放在计算机上的本地脚本参考，即使计算机没有联网也能查看。你可以在搜索框中输入任何函数名或类名查看详细信息。
   在搜索框中输入 `MonoBehaviour` 并按回车键，然后单击第一个搜索结果，查看每个 `MonoBehaviour` 脚本的所有内置方法（这些方法，也是你绑定到 Unity 游戏对象上的所有 `MonoBehaviour` 派生类的内置方法）。美国读者要注意，`Behaviour` 是英式拼写。
2. 在使用 MonoDevelop 时，选择你想深入了解其含义的任何文本，然后在菜单栏中执行帮助（Help）>Unity API 参考（Unity Api Reference）命令，这样会弹出一个联机的 Unity 脚本参考，它只能联网查看，但它的内容与第一种方法看到的本地参考是一模一样的。

不幸的是，脚本参考中的所有示例都以 Javascript 为默认脚本语言，但可以通过弹出菜单或 C#按钮（取决于帮助文档的版本）将代码切换为 C#语言。相信笔者，这只是使用更高级语言的一个小小代价。

基本运动

目前，脚本中并未包含使 AppleTree 运动的实际代码，而只是包含了代码注释（以//开头的行），用来描述即将加入代码的动作。笔者都是先在代码注释中列出代码要实现的动作，然后再逐步添加功能代码，我发现这种方法非常实用。这就像写文章先写提纲一样，有助于让你有清晰的思路。

现在请在 AppleTree 脚本的 `Update` 方法中做如下修改，修改内容以粗体字标出：

```
void Update () {
    // 基本运动
    Vector3 pos = transform.position;
    pos.x += speed * Time.deltaTime;
    transform.position = pos;
    // 改变方向
}
```

第一行加粗的代码定义了一个三维向量变量 `pos`，使其等于 AppleTree 的当前位置，然后让 `pos` 的 x 组件增加 `speed` 和 `Time.deltaTime` 的乘积(后者是从上一帧到现在的秒数)。这样使 AppleTree 基于时间运动，这在游戏编程中是一个重要概念（见“让游戏中的运动基于时间”专栏）。第三行将这个修改后的 `pos` 赋值给 `transform.position`（使 AppleTree 移动到新的位置）。

让游戏中的运动基于时间

让游戏中的运动基于时间，是指不管游戏的帧速率是多少，运动都保持恒定的速度。通过 `Time.deltaTime` 可以实现这一点，因为它能告诉我们从上一帧到现在经历了多少时间。`Time.deltaTime` 通常非常小。对于 25fps（帧/秒）的游戏来说，`Time.deltaTime` 为 0.04f，即每帧的时间为 4/100 秒。如果这行代码以 25fps 的速度运行，结果将解析为：

```
pos.x += speed * Time.deltaTime;
pos.x += 1.0f * 0.04f;
pos.x += 0.04f;
```

因此，在 1/25 秒的时间内，`pos.x` 将递增 0.04 米。在 1 秒钟内，`pos.x` 将增加 0.04 米/帧 *25 帧，即 1 米/秒。这相当于将运动速度设置为 1 米/秒。

如果游戏以 100fps 的帧速率运行，该行代码将解析为：

```
pos.x += speed * Time.deltaTime;
pos.x += 1.0f * 0.01f;
pos.x += 0.01f;
```

所以，在 1/100 秒时间里，`pos.x` 每帧将递增 0.01f 米。在 1 秒钟的时间里，`pos.x` 的增量为 0.01 米/秒 *100 帧，合计 1 米/秒。

不管游戏的帧速率如何，基于时间的运动都可以保证游戏元素以恒定速度运动，这样可以保证游戏在最新配置和老配置的计算机上都可以玩。基于时间的编程在编写移动设备上运行的游戏时非常重要，因为移动设备的配置变化得非常快。

你可能会困惑为什么要使用三行代码完成这一功能，而不是一行。为什么代码不能这样写：

```
transform.position.x += speed * Time.deltaTime;
```

答案是 transform.position 是一个属性，即通过 get{}和 set{}存取器伪装成字段的方法。尽管可以读取属性子部件的值，但是不能直接设置属性的子部件。换句话说，transform.position.x 可读，但不可直接写。所以必须创建一个过渡的三维向量 pos，对这个变量做出修改，然后赋值给 transform.position。

当按下播放按钮时，你会看到 AppleTree 开始慢慢移动。你可以在检视面板中为 speed 设置几个不同的值，看看哪个速度感觉更舒服。笔者个人将它设置为 10，使它以 10 米/秒的速度运动。

改变方向

现在 AppleTree 能够以适当的速度运动了，但它很快就会跑出了屏幕。我们需要让它在达到 leftAndReightEdge 值时改变方向。请将 AppleTree 脚本做如下修改：

```
void Update () {
    // 基本运动
    Vector3 pos = transform.position;
    pos.x += speed * Time.deltaTime;
    transform.position = pos;
    // 改变方向
    if ( pos.x < -leftAndRightEdge ) {
        speed = Mathf.Abs(speed); // 向右运动
    } else if ( pos.x > leftAndRightEdge ) {
        speed = -Mathf.Abs(speed); // 向左运动
    }
}
```

请按下播放按钮查看效果。//Changing Direction 之后的第一行代码检查上一行中新设置的 pos.x 是否小于 leftAndRightEdge 设置的边界。如果 pos.x 太小，则将 speed 设置为 Mathf.Abs(spped)，即 speed 的绝对值，确保它是一个正数，速度为正表示向右运动。如果 pos.x 大于 leftAndRightEdge，则将 speed 设置为 Mathf.Abs(spped)，确保 AppleTree 向左运动。

随机改变方向

下面的粗体字代码将加入随机改变方向的功能：

```
// 改变方向
if ( pos.x < -leftAndRightEdge ) {
    speed = Mathf.Abs(speed); // 向右移动
} else if ( pos.x > leftAndRightEdge ) {
    speed = -Mathf.Abs(speed); // 向左移动
} else if ( Random.value < chanceToChangeDirections ) {
    speed *= -1; //改变方向
}
```

Random.value 是随机类 Random 的一个静态属性，它返回一个 0 到 1 之间的浮点数（包括 0 和 1，即结果有可能是 0 或者 1）。如果这个随机数小于

ChanceToChangeDirections（这个变量代表方向发生改变的概率），苹果树的运动速度会变为它的相反数。单击播放按钮，你会看到在 ChanceToChangeDirections 为 0.1f 时，方向改变得太过频繁。在检视面板中，将 ChanceToChangeDirections 改为 0.02，感觉会好很多。注意，在检视面板中不要在浮点数的末尾加 f。

我们需要继续探讨基于时间的游戏，这里运动发生改变的概率其实并非是基于时间的。每一帧中，苹果树都有 2%的概率改变方向。在较快的计算机上，有可能每秒运行 200 帧（导致平均每秒改变 4 次方向），而在较慢的电脑上，每秒可能只运行 30 帧（导致平均每秒改变 0.6 次方向）。要解决这一问题，需要把改变方向的代码从 Update() 函数中移到 FixedUpdate() 函数中，前者的调用频率与计算机渲染画面帧的速度一致，而后者不论计算机快慢，每秒均运行 50 次。

```
void Update () {
    // 基本运动
    Vector3 pos = transform.position;
    pos.x += speed * Time.deltaTime;
    transform.position = pos;
    // 改变方向
    if ( pos.x < -leftAndRightEdge ) {
        speed = Mathf.Abs(speed); // 向右运动
    } else if ( pos.x > leftAndRightEdge ) {
        speed = -Mathf.Abs(speed); // 向左运动
    }
}
void FixedUpdate() {
    // 随机改变运动方向
    if ( Random.value < chanceToChangeDirections ) {
        speed *= -1; // 改变方向
    }
}
```

这将导致 AppleTree 平均每秒随机改变 1 次方向（每秒 50 次 FixedUpdate×0.02 的随机几率=每秒 1 次）。还应该注意，在 AppleTree 类代码中 *chanceToChangeDirections* 的值仍然为 0.1f。然而，因为 *chanceToChangeDirections* 是一个公共字段，由 Unity 来序列化，这样该字段在检查器中可见，并允许检查器中的值 0.02 进行覆盖。如果更改脚本中此字段的值，不会看到游戏行为的任何更改，因为检查器的值将始终覆盖任何序列化字段脚本中的值。

掉落苹果

在层级面板中选中 AppleTree，然后在检视面板中查看 Apple Tree(Script)组件。现在，applePrefab 字段值 None (Game Object)，即暂未设置（括号里的 GameObject 是让我们知道 applePrefab 字段的类型是游戏对象）。这个值应设置为项目面板中的 Apple 预设。可以通过下面两种操作方法实现：单击 Apple Prefab None (Game Object) 右侧的小圆圈，然后从资源选项卡中选择 Apple；或者把项目面板中的 Apple 预设拖放到检视面板中的 Apple Prefab 中。

返回 MonoDevelop 窗口，将下面以粗体字表示的代码添加到 AppleTree 类中：

```
void Start () {
        // 每秒掉落一个苹果
        InvokeRepeating( "DropApple", 2f, secondsBetweenAppleDrops );
    }
    void DropApple() {
        GameObject apple = Instantiate( applePrefab ) as GameObject;
        apple.transform.position = transform.position;
    }
```

InvokeRepeating 函数能够反复调用另一个命名函数。在本例中，函数的第一个参数代表要调用的新函数 DropApple()。第二个参数 2f 通知 InvokeRepeat 在第一次运行 DropApple() 函数之前先等待 2 秒。第三个参数则表示之后每隔 secondsBetweenAppleDrops 秒调用一次 DropApple 函数（在本例中，根据检视面板中的设置，每隔 1 秒调用一次）。然后单击播放按钮查看效果。

你能预见到苹果会往旁边掉落吗？记不记得在 Hello World 示例中，所有的立方体都四处乱飞？两个示例是同样的问题。苹果与苹果树发生了碰撞，使苹果向两边掉落，而非垂直下落。要解决这个问题，你需要把苹果放在与苹果树不会发生碰撞的图层（Layer）中。图层是指对象的分组，我们可以规定各组对象之间是否会发生碰撞。如果苹果树和苹果放在两个不同的图层中，并在图层管理器中规定两个图层不发生碰撞，这样苹果和苹果树也不会再撞到一起了。

设置游戏对象图层

首先，你需要创建几个新图层。在层级面板中单击 AppleTree，然后在检视面板中“Layer”旁边的下拉菜单中选择添加图层（Add Layer）。这将在检视面板中打开标签和图层管理器（Tags and Layers Manager），你可以从中设置 Layers 标签下图层的名字（要看清楚，不要编辑 *Tags* 或者 *Sorting Layers* 标签下的内容）。可以看到，从 Layer 0 到 Layer 7 是内置图层，显示为不可编辑的灰色。但你可以编辑 Layer 8 到 Layer 31 之间的图层。请将 Layer 8 命名为 *AppleTree*，Layer 9 命名为 *Apple*，Layer 10 命名为 *Basket*。如图 28-8 所示。

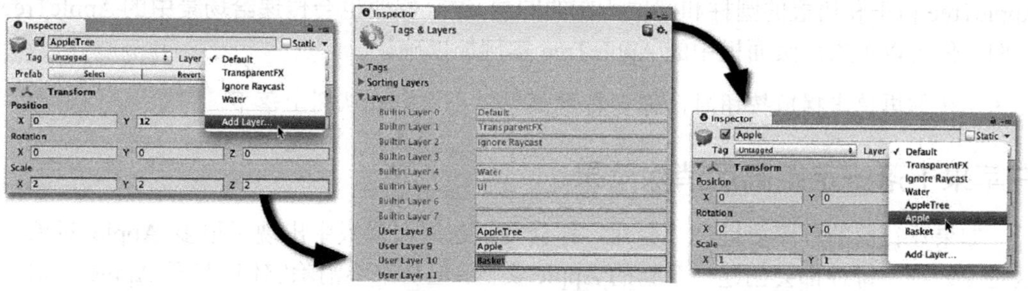

图 28-8　创建物理图层以及为对象分配图层的操作步骤

现在在菜单栏中执行编辑（Edit）>项目设置（Project Settings）>物理（Physics）命令，在检视面板中显示物理管理器（Physics Manager）。物理管理器下方由复选框构成的图层碰撞矩阵表可以设置哪些图层可以互相碰撞（以及同一图层中的对象是否可以互相碰撞）。我们希望苹果与苹果树或其他苹果都不发生碰撞，但仍然需要与篮筐碰撞，所以图层碰撞矩阵表设置应该如 28-9 所示。

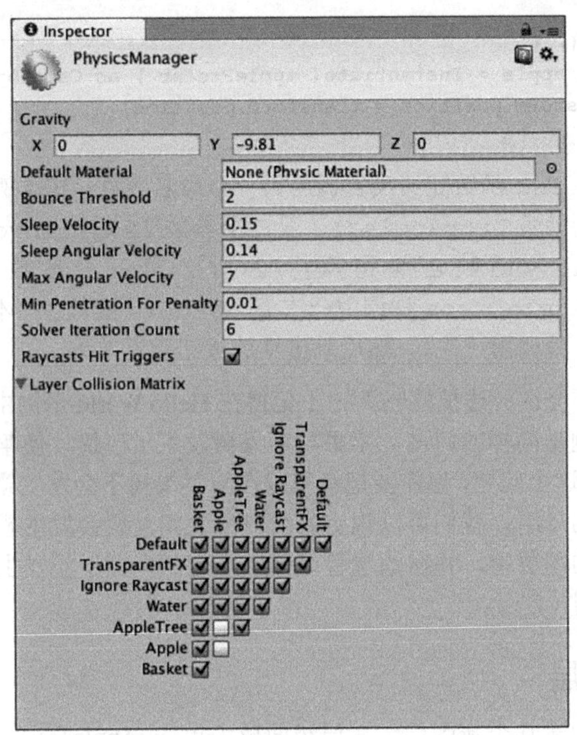

图 28-9　在物理管理器中，应按图中所示设置图层碰撞矩阵表

正确设置完图层碰撞矩阵表之后，需要将游戏中的重要对象分配到图层之中。在项目面板中单击选中 Apple 预设。然后在检视面板上部从 Layer 旁边的下拉菜单中选择 Apple 图层。在项目面板中选中 Basket，将其图层设置为 Basket。然后在项目面板中选中 AppleTree，将其图层设置为 AppleTree。当选择 AppleTree 的图层时，Unity 会提示是否同时修改 AppleTree 和其子对象的图层，这里肯定要选择 Yes，因为你需要修改构成 AppleTree 树干和树冠的圆柱和圆球所在的图层。这一修改也会传递给场景中的 AppleTree 实例。你可以单击层级面板中的 AppleTree 实例加以确认。

现在你再单击播放按钮时，你会看到苹果以正常方式从树上落下。

在苹果下落一定距离后消除苹果

如果让目前的程序多运动一会儿，你会发现在层级面板中出现了很多 Apple 对象。这是因为程序每秒都会创建一个新的 Apple 实例，但从来不消除它们。打开 Apple 脚本，在其中添加下列代码，使苹果在下落超过一定距离之后（`transform.position.y ==-20`，到达这个距离时，肯定已落出屏幕之外了）即被消除。以下是实现代码：

```
using UnityEngine;
using System.Collections;

public class Apple : MonoBehaviour {
    public static float bottomY = -20f;

    void Update () {
        if ( transform.position.y < bottomY ) {
            Destroy( this.gameObject );
        }
    }
}
```

要运行这个 Apple 脚本，需要将它绑定到项目面板中的 Apple 预设之上，操作方法是把脚本拖放到预设上方，然后松开鼠标。现在单击 Unity 的播放按钮，你会看到苹果会下落一段距离，一旦 y 值小于-20，苹果就会消失。

`public static float` 这一行粗体字代码声明和定义了一个名为 `bottomY` 的静态变量。如第 25 章中所讲，静态变量会被类的所有实例所共享，因此所有 Apple 实例中都会有相同的 `bottomY` 值。如果修改一个实例中的 `bottomY` 变量值，所有实例中的该变量值都会同时改变。但需要指出的是，像 `bottomY` 这样的静态字段不会出现在检视面板中。

`Destroy()` 函数可以销毁游戏传递给它的参数，可用于销毁组件和游戏对象。在这里，必须使用 `Destroy(this.gameObject)`，因为使用 `Destroy(this)` 只能销毁 Apple 游戏对象实例的 Apple(Script)组件。在任何脚本中，`this` 都代表调用该语句的 C# 类的当前实例（在本例中为 `Apple` 类），而非整个游戏对象。如果要从绑定的组件类代码中销毁整个游戏对象，必须要调用 `Destroy(this.gameObject)`。

实例化篮筐

要使篮筐对象工作，我们需要介绍一个概念，这个概念会在本书教程中反复出现。尽管面向对象的思维鼓励我们为每个游戏对象单独创建一个类（如 AppleTree 和 Apple），但有时也需要在一个脚本中控制整个游戏的运行。在菜单栏中执行资源（Assets）>创建（Create）>C#脚本（C# Script）命令，并把新建脚本命名为 ApplePicker。把 ApplePicker 绑定到层级面板中的主摄像机上。笔者经常把这类游戏管理脚本绑定到主摄像机上，因为我确信每个场景都有一个主摄像机。在 MonoDevelop 中打开 ApplePicker 脚本，输入以下代码：

```
using UnityEngine;
using System.Collections;

public class ApplePicker : MonoBehaviour {

    public GameObject basketPrefab;
    public int numBaskets = 3;
    public float basketBottomY = -14f;
    public float basketSpacingY = 2f;
```

```
    void Start () {
        for (int i=0; i<numBaskets; i++) {
            GameObject tBasketGO = Instantiate( basketPrefab ) as GameObject;
            Vector3 pos = Vector3.zero;
            pos.y = basketBottomY + ( basketSpacingY * i );
            tBasketGO.transform.position = pos;
        }
    }
}
```

在层级面板中单击主摄像机，在检视面板中将 basketPrefab 设置为之前创建的 Basket 游戏对象预设，然后单击播放按钮。你会看到这段代码在屏幕底部创建了三个篮筐。

让篮筐跟随鼠标移动

在 MonoDevelop 中打开 Basket 脚本，输入以下代码：

```
using UnityEngine;
using System.Collections;

public class Basket : MonoBehaviour {

    void Update () {
        // 从 Input 中获取鼠标在屏幕中的当前位置
        Vector3 mousePos2D = Input.mousePosition;                        // 1

        // 摄像机的 z 坐标决定在三维空间中将鼠标沿 z 轴向前移动多远
        mousePos2D.z = -Camera.main.transform.position.z;                // 2

        // 将该点从二维屏幕空间转换为三维游戏世界空间
        Vector3 mousePos3D = Camera.main.ScreenToWorldPoint( mousePos2D );
                                                                         // 3

        // 将篮筐的 x 位置移动到鼠标处的 x 位置处
        Vector3 pos = this.transform.position;
        pos.x = mousePos3D.x;
        this.transform.position = pos;
    }
}
```

1. 将 `Input.mousePosition` 赋值给 `mousePos2D`。这个值为屏幕坐标，即鼠标到屏幕左上角的像素数。`Input.mousePosition` 的 *z* 坐标始终默认为 0，因为它本质上是一个二维测量结果。

2. 本行代码将 `mousePos2D` 的 *z* 坐标设置为主摄像机 *z* 坐标的相反数。在游戏中，主摄像的 *z* 坐标为-10，所以 `mousePose2D.z` 为 10。这会让后面出现的 `ScreenToWorldPoint` 函数知道让 `mousePose3D` 在三维空间中向前移动多远。

3. `ScreenToWorldPoint()` 将 `mousePoint2D` 转换为屏幕三维空间中的一个位置。如果 `mousePos2D.z` 为 0，结果得到的 `mousePos3D` 的 *z* 坐标将在 *z*=-10

处（与主摄像机 z 坐标相等）。将 mousePos2D.z 设置为 10 后，mousePos3D 会被影射到 3 维空间中 z 坐标距离主摄像机 10 米处，使 mousePose3D.z 为 0。使用正投影摄像机时，这不会改变游戏中 x 或 y 的结果值，但在使用透视投影摄像机的游戏中，影响会很大。如果你对这个问题有疑惑，笔者建议你在 Unity 脚本参考中查看 Camera.ScreenToWorldPoint。

现在篮筐可以移动了，你可以使用篮筐碰到苹果，但还不能真正接住苹果，苹果只会落在篮筐上。

接住苹果

在 Basket 脚本中添加以下代码：

```
public class Basket : MonoBehaviour {
    void Update () {
        …                                                          // 1
    }
    void OnCollisionEnter( Collision coll ) {                      // 2
        // 检查与篮筐碰撞的是什么对象
        GameObject collidedWith = coll.gameObject;                 // 3
        if ( collidedWith.tag == "Apple" ) {                       // 4
            Destroy( collidedWith );
        }
    }
}
```

1. 在本书所有教程中，笔者都会使用省略号（…）表示省略的示例代码。如果不省略的话，后面章节中的有些代码会长得离谱。若是看到省略号，请你不要修改之前已经写过的任何代码，只需注意新增加的代码（为明确起见，新增代码均以粗体字表示）。本示例代码中 Update() 函数不需要做任何修改，所以我使用省略号跳过了它。

2. 只要有其他游戏对象撞到篮筐，就会调用 OnCollissionEnter 方法，并传递进来一个 Collision 参数，其中包含了全部碰撞信息，包括对撞到 Basket 碰撞器的游戏对象的一个引用。

3. 本行代码将撞到的游戏对象赋值给临时变量 collidedWith。

4. 检查 collidedWith 是否带有 Apple 标签，从而确定其是否为 Apple 对象。如果 collidedWith 是一个 Apple 对象，就将其销毁。现在当苹果碰到篮筐后就会消失。

到目前为止，游戏运行已经非常像我们要模仿的《炸弹人》游戏了，但它还缺少图形用户界面（graphical user interface，简称 GUI）元素，例如得分或剩余生命数量。但即使没有这些元素，Apple Picker 以目前状态也算是一个成功的原型游戏了。因为游戏原型可以让你进行调整以便达到合适的难度。

请保存场景，然后在项目面板中单击_Scene_0。按下 Command+D 组合键（在 Windows

系统中为 Ctrl+D 组合键）复制场景，这会复制出一个名为_Scene_1 的新场景。双击打开_Scene_1，由于它是_Scene_0 的副本，所以游戏在这个场景中也会正常运行。你可以在这个场景中调整变量值，而不必担心会影响到场景_Scene_0，因为每个场景会在 C#脚本的序列化公有字段中存储各自的检视面板数值。你可以用增加 AppleTree 的速度值、增加苹果树改变方向的随机概率、让苹果掉落得更加频繁等方法提高游戏难度。当在_Scene_1 中得到合适的难度时，请保存场景并重新打开_Scene_0。如果想确认当前打开的场景，你可以查看 Unity 窗口顶部的标题栏，其中总会有当前场景的名称。

28.5 图形用户界面（GUI）和游戏管理

游戏的最后一件工作是 GUI 和游戏管理，使其更像是一个真正的游戏。我们要添加的 GUI 元素是一个计数器，要添加的游戏管理元素则是各个回合以及让玩家在失去所有篮筐后可以重启游戏。

计分器

计分器可以让玩家知道自己在游戏中获得的成就级别。

在项目面板中双击打开_Scene_0，然后在菜单栏中执行游戏对象（GameObject）>创建空白对象（Create Empty）命令，使新建空白对象处于选中状态，在菜单栏中执行组件（Component）>Rendering（渲染）>GUI 文本（GUI Text）命令。这会在屏幕中放置一个 GUI 文本。请将游戏对象 GameObject 更名为 ScoreCounter（计分器），并将 GUIText 组件下的 Text 中填写 GUI Text。你可以尝试修改 ScoreCounter 的 *x*、*y* 坐标，然后就会发现 GUIText 的坐标完全不同于其他游戏对象，因为 GUIText 的坐标是相对于屏幕的，而非游戏中的三维世界空间。当 *x* 为 0 和 1 时分别表示屏幕的左边界和右边界；当 *y* 为 0 和 1 时分别表示屏幕的下边界和上边界（注意这有别于 Input.mousePosition 的屏幕坐标体系，后者中 *y*=0 表示屏幕的上边界）。

请按照如图 28-10 左侧所示图片设置 ScoreCounter 对象的变换组件和 GUIText。

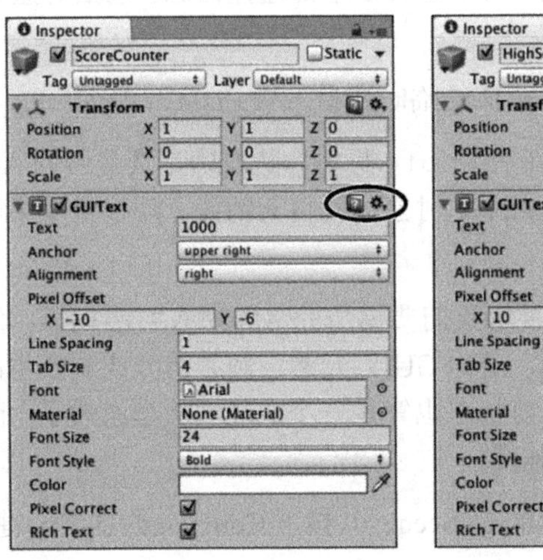

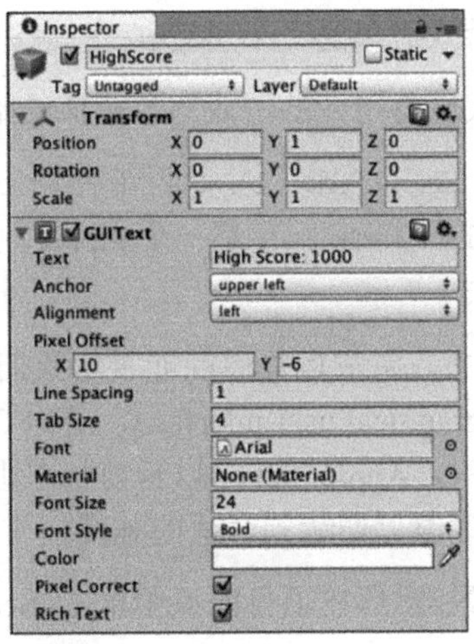

图 28-10　ScoreCounter 和 HighScore 的变换组件及 GUIText 组件设置

要想深入了解 GUIText 组件，请单击 GUIText 组件右上角的帮助图标（图 28-10 中黑圈中的图标）。你可以使用这类帮助图标查看任何组件的资料。

每次接住苹果时为玩家加分

当苹果碰撞到篮筐时，Apple 和 Basket 脚本都会收到消息。在本游戏中，Basket 脚本中已经有了一个 OnCollisionEnter()方法，所以我们会修改这部分代码，让玩家每接到一个苹果就获得一定分数。每个苹果 100 分感觉是个合适的分数（尽管笔者个人总认为在分数后面多加几个零有点可笑）。在 MonoDevelop 中打开 Basket 脚本，加入下面以粗体字显示的代码：

```
using UnityEngine;
using System.Collections;

public class Basket : MonoBehaviour {

    public GUIText scoreGT;                                          // 1

    void Update () {
        ......
    }

    void Start() {
        // 查找 ScoreCounter 游戏对象
        GameObject scoreGO = GameObject.Find("ScoreCounter");        // 2
        // 获取该游戏对象的 GUIText 组件
        scoreGT = scoreGO.GetComponent<GUIText>();                   // 3
        // 将初始分数设置为 0
        scoreGT.text = "0";
    }
    void OnCollisionEnter( Collision coll ) {
        // 检查与篮筐碰撞的是什么对象
        GameObject collidedWith = coll.gameObject;
        if ( collidedWith.tag == "Apple" ) {
            Destroy( collidedWith );
        }

        // 将 scoreGT 转换为整数值
        int score = int.Parse( scoreGT.text );                       // 4
        // 每次接住苹果就为玩家加分
        score += 100;
        // 将分数转换为字符串显示在屏幕上
        scoreGT.text = score.ToString();
    }
}
```

1. 请确保你没有忽略这行代码。这行在代码中比较靠前。

2. GameObject.Find("ScoreCounter")方法在全部游戏对象中查找名为"ScoreCounter"的对象，并把它赋给局部变量 scoreGO。
3. scoreGO.Getcomponent<GUIText>()方法查找 scoreGO 游戏对象的 GUIText 组件，并赋给全局字段 scoreGT。在下一行中，通过这个字段将初始分数设置为 0。
4. int.Parse(scoreGT.text)获得 ScoreCounter 中的文字内容并转换为整数赋值给整型变量 score，让 score 的数值增加 100 后使用 score.ToString()转换为字符串设置为 scoreGT 的文本内容。

未接住苹果时通知 Apple Picker 脚本

在未接住苹果时结束本回合并消除篮筐，可以让《拾苹果》感觉更像一个真正的游戏。这时，由 Apple 对象负责销毁自身，这没有问题，但是 Apple 需要以某种方式将该事件通知 ApplePicker 脚本，以便让 Apple Picker 可以结束本回合并销毁其余的苹果。这涉及脚本间的相互调用。首先，请在 Apple 脚本中做如下修改：

```
using UnityEngine;
using System.Collections;

public class Apple : MonoBehaviour {
    public static float bottomY = -20f;

    void Update () {
        if ( transform.position.y < bottomY ) {
            Destroy( this.gameObject );

            // 获取对主摄像机的 ApplePicker 组件的引用
            ApplePicker apScript = Camera.main.GetComponent<ApplePicker>();
                                                                    // 1

            // 调用 apScript 的 AppleDestroyed 方法
            apScript.AppleDestroyed();                              // 2
        }
    }
}
```

1. 获取对主摄像机的 ApplePicker（Script）组件的引用。因为 Camera 类有一个内置的静态变量 Camera.main 来引用主摄像机，所以不必使用 GameObject.Find("Main Camera")语句来获取对主摄像机的引用。GetComponent<applePicker>()用于获取对主摄像机的 ApplePicker(Script)组件的引用，并将其赋给 apScript。然后，就可以访问绑定到主摄像机上的 ApplePicker 实例中的全局变量和方法了。
2. 调用 Apple 实例的 AppleDestroyed()方法，目前这个方法还不存在。

目前 ApplePicker 脚本中还不存在全局方法 AppleDestroyed()，你需要在 MonoDevelop 中打开 ApplePicker 脚本，在其中加入以下粗体字代码：

```
using UnityEngine;
using System.Collections;

public class ApplePicker : MonoBehaviour {
    public GameObject basketPrefab;
    …                                                               // 1
    public float basketSpacingY = 2f;

    void Start () {
        …
}

    public void AppleDestroyed() {                                  // 2
        // 消除所有下落中的苹果
        GameObject[] tAppleArray=GameObject.FindGameObjectsWithTag("Apple");
                                                                // 3
        foreach ( GameObject tGO in tAppleArray ) {
            Destroy( tGO );
        }
    }
}
```

1. 这里是省略号（…）在示例代码中的另一种用法。在这里，省略号前后两行之间的代码被省略。同样，这也表示你不需要修改这两行代码之间的内容。

2. `AppleDestroyed()`方法必须声明为`public`，这样其他类（例如 Apple）才能够调用。在默认情况下，方法为私有，不能被其他类所调用或者查看。

3. `GameObject.FindGameObjectsWithTag("Apple")`返回一个数组，其中包含了当前已经存在的所有 Apple 对象。

当未接住苹果时，消除一个篮筐。

本场景的最后一部分代码负责在未接住苹果时消除一个篮筐，并在所有篮筐都被消除时，停止游戏运行。请在 ApplePicker 脚本中做以下修改：

```
using UnityEngine;
using System.Collections;
using System.Collections.Generic;                                   // 1

public class ApplePicker : MonoBehaviour {

    …                                                               // 2
    public float basketSpacingY = 2f;
    public List<GameObject> basketList;

    void Start () {
        basketList = new List<GameObject>();
        for (int i=0; i<numBaskets; i++) {
            GameObject tBasketGO = Instantiate( basketPrefab ) as GameObject;
            Vector3 pos = Vector3.zero;
            pos.y = basketBottomY + ( basketSpacingY * i );
```

```
            tBasketGO.transform.position = pos;
            basketList.Add( tBasketGO );                                   // 3
        }
    }

    public void AppleDestroyed() {
        // 消除所有下落中的苹果
        GameObject[] tAppleArray = GameObject.FindGameObjectsWithTag( "Apple" );
        foreach ( GameObject tGO in tAppleArray ) {
            Destroy( tGO );
        }
        // 消除一个篮筐
        // 获取basketList中最后一个篮筐的序号
        int basketIndex = basketList.Count-1;
        // 取得对该篮筐的引用
        GameObject tBasketGO = basketList[basketIndex];
        // 从列表中清除该篮筐并销毁该游戏对象
        basketList.RemoveAt( basketIndex );
        Destroy( tBasketGO );
    }
}
```

1. 我们会把所有 Basket 游戏对象存储在一个 List 中，所以需要引用 System.Collections.Generic代码库(请参考第22章中关于List的说明)。public List<GameObject> basketList 在类的头部进行声明，在 Start() 函数中定义并初始化。

2. 这里，省略号省略了 public float basketSacingY = 2f;前面的所有代码行。

3. 在 for 循环的尾部新增加了一行代码，将 basket 添加到 basketList 中。basket 添加到 basketList 中的顺序与其创建顺序相同，即从下往上依次添加。

在 AppleDestroyed() 方法中新增加了一段代码，用于消除一个篮筐。因为篮筐的添加顺序是从下往上，所以要保证先消除 List 中的最后一个篮筐（篮筐的消除顺序是从上向下）。

添加最高得分纪录

在场景中创建一个 GUIText，创建方法与计分器 ScoreCounter 相同。按照图 28-10 右侧图片设置它的变换组件和 GUIText 组件。

接下来，新建一个名为 HighScore 的 C#脚本，将其绑定到层级面板中的 HighScore 游戏对象上，在其中写入以下代码：

```
using UnityEngine;
using System.Collections;

public class HighScore : MonoBehaviour {
    static public int score = 1000;
```

```
    void Update () {
        GUIText gt = this.GetComponent<GUIText>();
        gt.text = "High Score: "+score;
    }
}
```

Update()中的代码只是用于显示 GUIText 组件中的得分。这里不需要调用 score 的 ToString()方法，因为使用+号把一个字符串与另一种数据类型的变量（这里是整型变量 score）相连接时，会隐式调用（自动调用）ToString()方法。

把整形变量声明为全局静态变量，我们就可以在任何脚本中使用 HighScore.score 访问它。这是静态变量的优势，我们会在本书其他游戏原型中经常利用到。请打开 Basket 脚本，加入以下代码，学习全局静态变量的用法：

```
void OnCollisionEnter( Collision coll ) {
    …
    // 把 score 转换为字符串并显示
    scoreGT.text = score.ToString();
    // 监视最高分
    if (score > HighScore.score) {
        HighScore.score = score;
    }
}
```

现在，每当目前得分超出 HighScore.score，就会重新设置 HighScore.score。

最后，打开 ApplePicker 脚本，加入下列代码，在玩家失去所有篮筐后结束游戏：

```
public void AppleDestroyed() {
    …
    // 消除一个篮筐
    …
    basketList.RemoveAt( basketIndex );
    Destroy( tBasketGO );

    // 重新开始游戏，HighScore.score 不会受到影响
    if ( basketList.Count == 0 ) {
        Application.LoadLevel( "_Scene_0" );
    }
}
```

Application.LoadLevel("_Scene_0")会重新加载场景_Scene_0。这会完全将游戏恢复到初始状态，但是因为 HighScore.score 是一个静态变量，所以不会在重新开始游戏时被重置。也就是说，在进入下一回合游戏时，最高得分纪录不会改变。然而，当你第二次按下播放按钮结束游戏时，HighScore.score 会恢复为初始值。要解决这一问题，需要用到 Unity 的 PlayerPrefs。PlayerPrefs 可以将 Unity 脚本中的信息保存到计算机上，以供将来调用，并且即使游戏结束后也不会被销毁。请在 HighScore 脚本中加入下列以粗体字的代码：

```
using UnityEngine;
using System.Collections;
```

```
public class HighScore : MonoBehaviour {
    static public int score = 1000;

    void Awake() {                                                    // 1
        // 如果ApplePickerHighScore已经存在，则读取其值
        if (PlayerPrefs.HasKey("ApplePickerHighScore")) {             // 2
            score = PlayerPrefs.GetInt("ApplePickerHighScore");
        }
        // 将最高得分赋给ApplePickerHighScore
        PlayerPrefs.SetInt("ApplePickerHighScore", score);            // 3
    }

    void Update () {
        GUIText gt = this.GetComponent<GUIText>();
        gt.text = "High Score: "+score;
        // 如有必要，则更新PlayerPrefs中的Update ApplePickerHighScore
        if (score > PlayerPrefs.GetInt("ApplePickerHighScore")) {    // 4
            PlayerPrefs.SetInt("ApplePickerHighScore", score);
        }
    }
}
```

1. Awake()是Unity的内置方法（类似于Start()或Update()），在首次创建HighScore实例时运行（因此Awake()总在Start()之前发生）。

2. PlayerPrefs是一个关键字和数值的字典，可以通过关键字（即独一无二的字符串）引用值。在本例中，第一行检查PlayerPrefs中是否已经存在ApplePickerHighScore，如果存在，就读取它的值。

3. Awake()中的最后一行将score的当前值赋给PlayerPrefs中的ApplePicker- High Score关键字。如果ApplePickerHighScore已经存在，该语句会将数值写入ApplePickerHighScore；如果ApplePickerHighScore不存在，该语句会创建ApplePickerHighScore。

4. 添加上述代码之后，Update()每帧都会检查当前的HighScore.score是否高于PlayerPrefs中存储的最高得分，如果确实如此，则更新PlayerPrefs。

使用PlayerPrefs可以在本计算机上Apple Picker的最高得分，即使结束游戏运行，退出Unity，甚至重启计算机后，最高得分也能留存。

28.6 小结

现在，你拥有了一个类似于Activision公司的《炸弹人》游戏的游戏原型。尽管本游戏仍然缺少一些元素（例如持续增加游戏难度、游戏界面宽度变化等），但有了足够的编程经验后，你可以自己在游戏中添加这些元素。

后续工作

将来你可以在游戏原型中添加一些元素，以下是相关说明：

- **欢迎界面**：你可以增加一个欢迎界面。你可以在单独的场景中创建欢迎界面，添加一个启动画面和一个开始按钮。由开始按钮调用 `Application.LoadLevel("_Scene_0")`来开始游戏。
- **Game Over 界面**：你可以增加一个 Game Over 界面。可以在 Game Over 界面中展示玩家的最终得分，并让玩家知道自己是否打破了原来的最高得分纪录。Game Over 界面中还应该有一个"重新开始"的按钮，用它调用 `Application.LoadLevel("_Scene_0")`重新开始游戏。
- **变化的难度**：后面几个游戏原型中会涉及难度级别的变化，如果你希望增加这个游戏的难度，可以把不同难度等级对应的 AppleTree 的各个字段值（例如 speed、chanceToChangeDirections、secondsBetweenAppleDrops 等）存储到一个数组或 List 中。使 List 中的每个元素对应不同难度级别下的各变量值，让第 0 个元素对应难度最小的级别，最后一个元素对应难度最大的级别。用变量 level 代表难度等级，在玩家玩游戏的过程中，隔一段时间就让 level 增加 1，同时使用这个变量作为 List 的索引值，这样当 level=0 时，则使用 List 中第 0 个元素的各个变量。

第 29 章

游戏原型 2：《爆破任务》

物理游戏很受大家欢迎，这也是《愤怒的小鸟》等游戏家喻户晓的原因。本章中，你将创建自己的物理游戏，该游戏借鉴了《愤怒的小鸟》以及更早的 *Crossbows* 和 *Catapults*。

本章包含以下内容：物理、碰撞、鼠标交互、难度级别和游戏状态管理。

29.1 准备工作：原型 2

因为这已经是第二个游戏原型，你已经拥有了一些开发经验，所以对于已经学习过的内容，本章进度会加快一些。但对于新内容，仍会进行细致讲解。

为本章创建新项目

按照标准的项目创建流程，在 Unity 中创建一个新项目。如果你需要复习创建项目的标准流程，请参阅附录 A“项目创建标准流程”。

- 项目名称：Mission Demolition Prototype
- 场景名称：_Scene_0

C#脚本名称：暂无

29.2 游戏原型概念

在本游戏中，玩家将使用弹弓把弹丸发射到一座城堡中，目标是炸掉城堡。每座城堡会有一个目标区域，弹丸需要碰到这些区域才能进入下一关。

以下是我们希望看到的事件顺序：

1. 当玩家的鼠标光标处于弹弓附近的特定区域内时，弹弓会发光。
2. 玩家在弹弓发光时按下鼠标左键（Unity 中的 button 0），会在鼠标光标位置出现一发弹丸。
3. 玩家按下鼠标并拖动时，弹丸会随鼠标移动，但会保持在弹弓的球状碰撞器内。
4. 在弹弓架的两个分叉到弹丸之间会出现两条白线，增加真实感。

5. 玩家松开鼠标左键时，弹弓会把弹丸发射出去。

6. 城堡位于几米之外，玩家的目标是让城堡倒下并砸到其中的特定区域。

7. 玩家要达到目标，可发射任意数量的弹丸。每发弹丸会留下一条轨迹，玩家可以在下一次发射时作为参考。

这些事件会涉及力学，唯有第 4 步仅涉及美学。所有其他用到绘图的元素都是出于游戏的力学，但第 4 步只是为了让游戏更为好看，所以绘图在本原型中并不十分重要。当你在纸上列出本游戏的概念时，要记得这一点。这并不是说你在原型中不需要美学的元素，你只需注意优先安排那些对游戏力学有直接影响的元素即可。

29.3 绘图资源

为进行后面的代码编写，需要先创建几个绘图资源。

地面

请按照以下步骤创建地面：

1. 打开场景_Scene_0，创建一个立方体（在菜单栏中执行 GameObject>3D Object>Cube 命令）。将立方体重命名为 Ground。要使立方体在 *X* 轴方向上非常宽，请按以下数值设置它的变换组件。

   Ground (Cube)　　`P:[0,-10,0]  R[0,0,0]  S[100,1,1]`

2. 新建一个材质（在菜单栏中执行 Assets>Create>Material 命令），将其命名为 Mat_Ground。将材质设置为棕色并绑定到层级面板中的 Ground 对象上（上一章中详细说明了操作方法）。

3. 保存场景。

平行光

接下来，你需要在场景中旋转一个平行光源，操作如下：

1. 在菜单栏中执行 GameObject > Light > Directional Ligh 命令。平行光有一个特点，即它的位置变化对场景没有影响；这里只需要考虑平行光的方向。鉴于这个特点，我们可以按下列数值设置平行光源，把它移出去。

   Directional Light　　`P:[-10,0,0]  R:[50,-30,0]  S:[1,1,1]`

2. 保存场景。

摄像机设置

摄像机设置如下：

1. 从层级面板中选择主摄像机（Main Camera），将其重命名为_Main Camera，以便在层级面板中排在最上方。然后按以下数值设置其变换组件。

   _Main Camera　　P:[0,0,-10]　R:[0,0,0]　　S:[1,1,1]

2. 然后将_Main Camera 的投影方式 Projection 更改为 Orthographic，设置 Size 为 10。选择一种看起来更像蓝天的亮背景色。最终设置如图 29-1 所示。

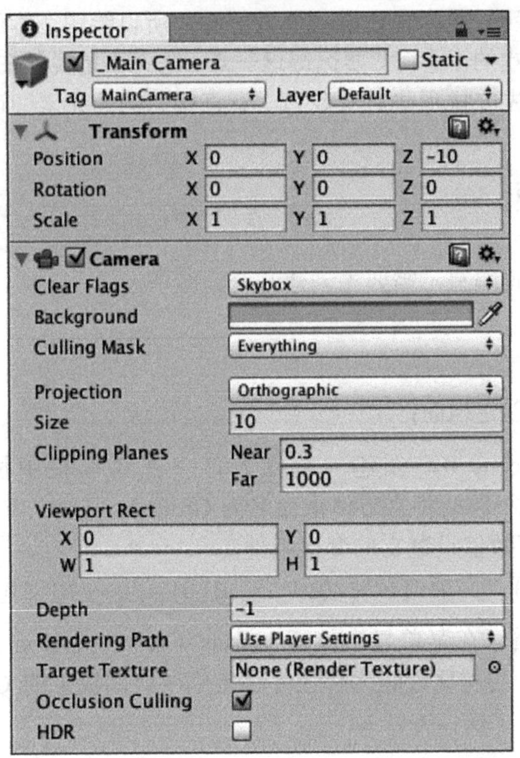

图 29-1　_Main Camera 的 Transform 和 Camera 组件设置

3. 虽然我们前面已经使用过正投影摄像机，但未讨论过它的 Size 组件的含义。在正投影中，Size 用于设置摄像机视野中心到底部的距离，所以 Size 是摄像机视野高度的一半。你可以参考下面的场景面板图解。Ground 位于 y=10 处，正好被游戏窗口的底边平分。请尝试通过如图 29-2 所示中高亮显示的弹出菜单设置游戏面板的宽高比，你会发现不论选择哪种宽高比，立方体 Ground 的中心都正好位于游戏面板底边之上。在试验几次之后，先选择 16:9 的宽高比。

4. 保存场景（始终要记得保存场景）。

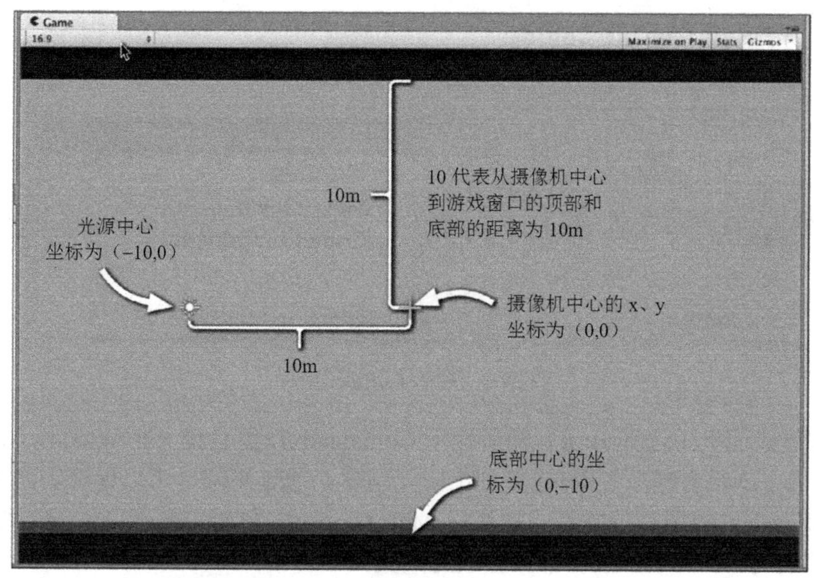

图 29-2 正投影摄像机 Size 值的含义

弹弓

接下来，我们会使用三个圆柱体做一个简单的弹弓：

1. 首先创建一个空白游戏对象（执行 GameObject>CrateEmpty 命令），命名为 Slingshot，并按以下数值设置变换组件。

   Slingshot (Empty) `P:[0,0,0]` `R:[0,0,0]` `S:[1,1,1]`

2. 新建一个圆柱体（执行 GameObject>3D Object>Cylinder 命令），命名为 Base，并将其拖放到层级面板中的 Slingshot 下，变为 Slingshot 的子对象。单击 Slingshot 旁边的三角形展开按钮，再次选中 Base，按以下数值设置其变换组件。

   Base (Cylinder) `P:[0,1,0]` `R:[0,0,0]` `S:[0.5,1,0.5]`

   如果一个游戏对象（例如 Base）是其他游戏对象的子对象，当修改它的变换组件时，使用的是局部坐标，即设置 Base 相对于其父对象 Slingshot 的相对位置，而不是 Base 在游戏全局世界坐标中的位置。

3. 选中 Base，单击检视面板中 Capsule Collider（胶囊碰撞器）组件旁边的齿轮图标，选择 Remove Component（移除组件），如图 29-3 所示。这会移除 Base 的 Collider 组件。

4. 创建一个名为 Mat_Slingshot 的材质，将其设置为浅黄色（或你喜欢的任何颜色）。把 Mat_Slingshot 拖放到 Base 上，应用该材质。

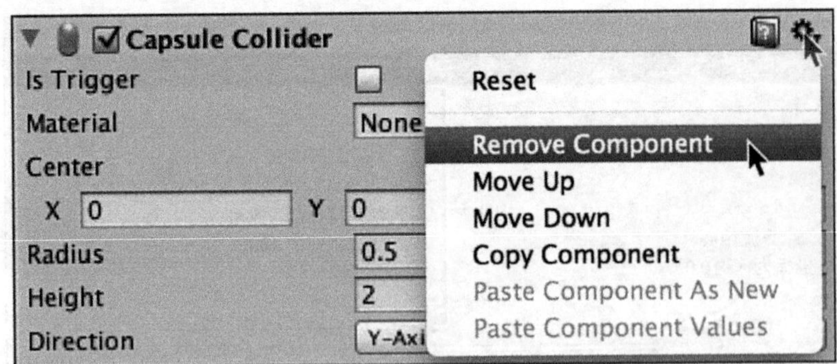

图 29-3　移除 Collider 组件

5. 在层级面板中选择 Base，然后按下 Command+D 组合键（在 Windows 系统下为 Ctrl +D 组合键）为 Base 复制出一个副本。通过复制，可以保证新副本同样是 Slingshot 的子对象并且同样使用 Mat_Slingshot 材质。把新副本的名称从 Base 改名为 LeftArm，按以下数值设置其变换组件。

   LeftArm (Cylinder) `P:[0,3,1] R:[45,0,0]    S:[0.5,1.414,0.5]`

   这样就做好了弹弓的一个分叉。

6. 在层级面板中选择 LeftArm 并复制（按 Command+D 或 Ctrl+D 组合键）。将这个实例命名为 RightArm，按以下数值设置 RightArm 的变换组件。

   RightArm (Cylinder) `P:[0,3,-1]  R:[-45,0,0] S[0.5,1.414,0.5]`

7. 在层级面板中选择 Slingshot，为它添加一个球状碰撞器（执行 Component>Physics>Sphere Collider 命令），并按如图 29-4 所示设置 Sphere Collider 组件。

8. 请确保 Is Trigger 设置为 true（已勾选）。当碰撞器的 Is Trigger 为 true 时，它被称作触发器。在 Unity 中，触发器是物理模拟的构件之一，当其他碰撞器或触发器穿过时，触发器可以发出通知消息。但是，其他对象不会被触发器弹开，这一点有别于普通的碰撞器。我们将使用这个触发器处理弹弓的鼠标交互。

9. 请按以下数值设置弹弓的变换组件。

   Slingshot (Empty) `P:[-9,-10,0] R:[0,15,0]    S:[1,1,1]`

   这样会把弹弓放在窗口左侧，即使在正投影摄像机下，加上 15°的旋转也能使它产生一定的立体感。

10. 最后，你需要在弹弓上指定一个发射点，弹丸将从该位置发射出去。请创建一个空白对象（执行 GameObject > Create > Empty 命令）并命名为 LaunchPoint。在层级面板中将 LaunchPoint 拖放到 Slingshot 下，成为后者的子对象，按以下数值设置 LaunchPoint 的变换组件。

    LaunchPoint (Empty)　`P:[0,4,0] R:[0,-15,0] S:[1,1,1]`

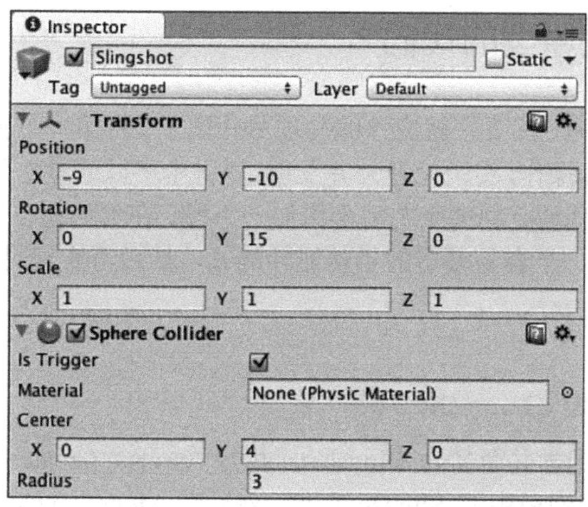

图 29-4　Slingshot 对象 Sphere Collider 组件的设置

Y 轴上-15°的旋转会使 LaunchPoin 与全局坐标的 *xyz* 坐标轴对齐（即抵消掉 Slingshot 上 15°的旋转）。

11．保存场景。

弹丸

接下来是弹丸的设置。

1．创建一个名为 Projectile 的球体。在层级面板中选中 Projectile，添加一个刚体（Rigidbody）组件（执行 Component > Physics > Rigidbody 命令）。这个刚体组件可以物理模拟真实弹丸，与《拾苹果》游戏中的苹果类似。

2．新建一个名为 Mat_Projectile 的材质，为其选择一个暗灰色并应用到 Projectile 上。

3．把 Projectile 从层级面板拖放到项目面板中，创建一个预设。然后删除层级面板中的 Projectile。

最终，项目面板和层级面板如图 29-5 所示。

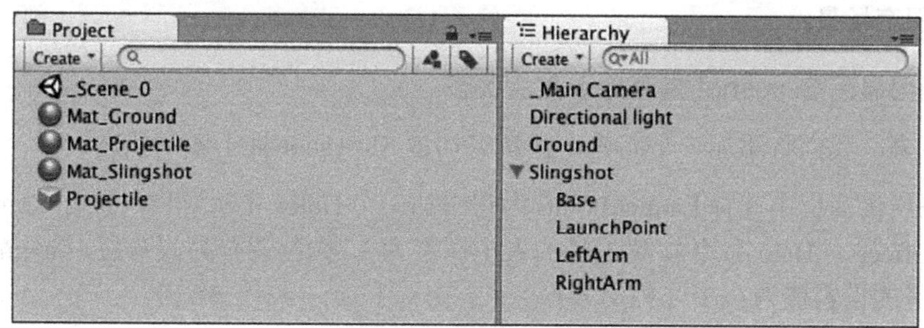

图 29-5　编写代码之前的项目面板和层级面板

4．保存场景。

29.4　编写游戏原型的代码

准备好了绘图资源，接下来就应该编写项目代码了。将第一个脚本添加到 Slingshot 上，使它可以响应鼠标操作，实例化弹丸并发射。该脚本可以通过迭代累积的方式完成，即每次只增加一小段代码，测试完之后再增加一小段。在你创建自己的代码时，这是一个很好的方式：实现一个容易编写的小功能并测试，然后再实现另一个小功能。

Slingshot 类

请按以下步骤创建 Slingshot 类。

1. 创建一个 C#脚本并命名为 Slingshot（执行 Assets > Create> C# Script 命令），把它绑定到层级面板中的 Slingshot 上，然后在 MonoDevelop 中打开脚本，输入以下代码：

```
using UnityEngine;
using System.Collections;

public class Slingshot : MonoBehaviour {

    void OnMouseEnter() {
        print("Slingshot:OnMouseEnter()");
    }

    void OnMouseExit() {
        print("Slingshot:OnMouseExit()");
    }
}
```

2. 单击播放按钮，然后让鼠标光标划过游戏面板中的弹弓。你会看到，当鼠标光标移入弹弓的球状碰撞器时，会在控制台面板中输出"Slingshot:OnMouseEnter()"字样；当鼠标移出弹弓的球状碰撞器时，会在控制台面板中输出"Slingshot:OnMouseExit()"字样。

   这只是我们编写 Slingshot 脚本的第一步，但重要的是一小步一小步逐渐进行。

3. 保存场景。

用画面显示 Slingshot 是否处于激活状态

接下来，我们将添加一个高光，让玩家知道 Slingshot 处于激活状态。

1. 在层级面板中选择 LaunchPoint，为它添加一个 Halo（光晕）组件（执行 Component > Effects > Halo 命令）。将光晕的大小调整为 1，颜色调整为浅灰色，确保醒目（笔者的设置值为[r: 191, g: 191, b: 191, a: 255]）。

2. 然后在 Slingshot 脚本中添加以下代码。可以看出，现在应该注释出上次试验代码用的 print()语句：

```
public class Slingshot : MonoBehaviour {
```

```
    public GameObject launchPoint;

    void Awake() {
        Transform launchPointTrans = transform.Find("LaunchPoint");
        launchPoint = launchPointTrans.gameObject;
        launchPoint.SetActive( false );
    }

    void OnMouseEnter() {
        // print("Slingshot:OnMouseEnter()");
        launchPoint.SetActive( true );
    }

    void OnMouseExit() {
        // print("Slingshot:OnMouseExit()");
        launchPoint.SetActive( false );
    }
}
```

现在如果按下播放按钮，你会看到当玩家与弹弓交互时，光晕会变亮，否则就不显示光晕。

游戏对象的 `SetActive()` 方法可以让游戏渲染或忽视该游戏对象。如果游戏对象的 active 属性设置为 false，它就不会显示在屏幕上，也不会接受 `Update()` 或 `OnCollisionEnter()` 等任何函数调用。这时，游戏对象并没有销毁，它只是未激活。在游戏对象的检视面板中，顶部游戏对象名称左侧的复选框代表了游戏的激活状态（如图 29-6 所示）。

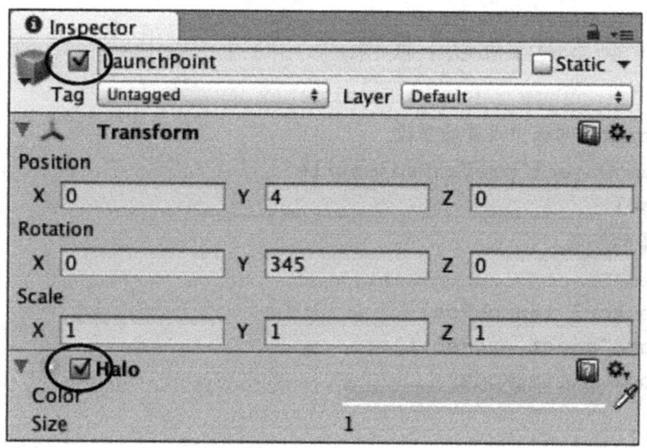

图 29-6　游戏对象的激活复选框和组件的启用复选框

游戏对象的组件也有类似的复选框，它表示该组件是否已启用。对于大多数组件（例如渲染器 Rederer 和碰撞器 Collider），可以通过代码设置其是否启用（例如 `Renderer.Enabled=false`），但出于某种原因，Halo 组件在 Unity 中不可访问，也就是说，我们不能通过 C#脚本操作 Halo 组件。在 Unity 中，你会时不时地遇到这类问题，你需要换一种方法解决。在这里，我们不能禁用 Halo，所以我们转而停用包含该组件的游戏对象。

3．保存场景。

实例化一个弹丸

接下来，当按下鼠标左键时，实例化一个弹丸对象。

警告

不要修改 **OnMouseEnter()**或 **OnMouseExit()**下的代码！在上一章中我们已经讲过这一问题，但这里再重复一遍，以防万一。

在后面的 Slingshot 类代码中，OnMouseEnter()和 OnMouseExit()下的代码只有花括号和省略号{...}。随着我们的游戏越来越复杂，脚本也会越来越长。只要你看到之前已经写好的函数名称后面是{...}，这就代表花括号中的原有代码未做修改。在本例中，OnMouseEnter()和 OnMouseExit()中的代码应该仍然是：

```
void OnMouseEnter() {
     //print("Slingshot:OnMouseEnter()");
  launchPoint.SetActive( true );
}
void OnMouseExit() {
     //print("Slingshot:OnMouseExit()");
     launchPoint.SetActive( false );
}
```

请注意这一问题，如果代码中出现省略号，它是为了缩短本书中的示例代码长度，省略掉之前已经输入过的代码内容。{...}并非实际的 C#代码。

1．在 Slingshot 脚本中添加以下代码：

```
public class Slingshot : MonoBehaviour {
    // 在Unity检视面板中设置的字段
    public GameObject prefabProjectile;
    public bool ______________________________;
    // 动态设置的字段
    public GameObject launchPoint;
    public Vector3 launchPos;
    public GameObject projectile;
    public bool aimingMode;

    void Awake() {
        Transform launchPointTrans = transform.FindChild("LaunchPoint");
        launchPoint = launchPointTrans.gameObject;
        launchPoint.SetActive( false );
        launchPos = launchPointTrans.position;
    }

    void OnMouseEnter() {...} // Do not change OnMouseEnter()

    void OnMouseExit() {...} // Do not change OnMouseExit()
```

```
    void OnMouseDown() {
        // 玩家在鼠标光标悬停在弹弓上方时按下了鼠标左键
        aimingMode = true;
        // 实例化一个弹丸
        projectile = Instantiate( prefabProjectile ) as GameObject;
        // 该实例的初始位置位于 launchPoint 处
        projectile.transform.position = launchPos;
        // 设置当前的 isKinematic 属性
        projectile.rigidbody.isKinematic = true;
    }
}
```

这里首先要注意的是 Slingshot 类代码最上方的附加字段（即变量）。有个全局布尔型变量看起来特别奇怪：_____________________________。这个变量用于一种非常特殊的目的：在检视面板中，它是 Slingshot 脚本组件的分隔线，它的上方是需要在检视面板中设置的变量，下方是在游戏运行时通过代码动态设置的变量。本例中，在运行游戏之前，必须先在检视面板中设置 prefabProjectile（指向用于创建所有弹丸实例的预设），而其他变量应当用代码动态设置。因为在 Unity 检视面板中，序列化的全局变量是按其声明顺序排列的，所以在检视面板中，由下画线构成的布尔型变量可以充当预先设置变量和动态设置变量的分隔线。

其他新字段则较为直观，LaunchPos 变量用于存储 launchPoint 的三维世界坐标位置，Projectile 变量则用于引用已创建的 Projectile 实例。mouseActive 正常情况下为 false，但当在弹弓上按下鼠标左键时，就会将它的值设置为 true。这是一个状态变量，可以让其余代码做出相应动作。在下一节中，我们会为 Slingshot 的 Update() 方法编写 mouseActive==true 时的代码。

在 Awake() 中，我们添加一行代码设置 launchPos 的值。

本段示例的大部分代码都包含在 OnMouseDown() 方法中。只有当玩家在 Slingshot 游戏对象的 Collider 组件区域内按下鼠标键时，才会调用 OnMouseDown()，所以只有当鼠标位于有效的初始位置时，才会调用这个方法。这时，会使用 prefabProjectile 创建一个实例，并且赋给 projectitle 变量。然后 projectile 会被放置在 launchPos 所指示的位置。最后，会把 Projectile 对象的 Rigidbody 组件的 isKinematic 设置为 true。当 Rigidbody 为运动学刚体（即 isKinematic==true）时，对象的运动不会自动遵循物理原理，但仍然属于物理模拟的构成部分（即刚体的运动不会受到碰撞和重力的影响，但仍然会影响其他非运动学刚体的运动）。

2. 在按下播放按钮之前，请在层级面板中选中 Slingshot，将 prefabProjectile 设置为项目面板中的 projectile 预设（方法是在检视面板中单击 prefabProjectile 右侧的小圆圈图标并在弹出窗口中选择，或者直接把项目面板中的 Projectile 预设拖放到检视面板中的 prefabProjectile 之上）。

3．单击播放按钮，在弹弓的激活区域移动鼠标并单击，你将看到鼠标位置处会出现弹丸的实例。

4．现在，我们要让它实现更多的功能。请在 Slingshot 类中加入以下字段以及 Update()方法：

```
public GameObject prefabProjectile;
public float velocityMult = 4f;
public bool ______________________;

... // 省略号表示这里的代码被省略

void Update() {
    // 如果弹弓未处于瞄准模式（aimingMode），则跳过以下代码
    if (!aimingMode) return;
        // 获取鼠标光标在二维窗口中的当前坐标
        Vector3 mousePos2D = Input.mousePosition;
        //将鼠标光标位置转换为三维世界坐标
        mousePos2D.z = -Camera.main.transform.position.z;
        Vector3 mousePos3D = Camera.main.ScreenToWorldPoint( mousePos2D );
        // 计算 launchPos 到 mousePos3D 两点之间的坐标差
        Vector3 mouseDelta = mousePos3D-launchPos;
        //将 mouseDelta 坐标差限制在弹弓的球状碰撞器半径范围内
        float maxMagnitude = this.GetComponent<SphereCollider>().radius;
        if (mouseDelta.magnitude > maxMagnitude) {
        mouseDelta.Normalize();
        mouseDelta *= maxMagnitude;
    }
    // 将 projectitle 移动到新位置
    Vector3 projPos = launchPos + mouseDelta;
    projectile.transform.position = projPos;
    if ( Input.GetMouseButtonUp(0) ) {
        // 如果已经松开鼠标
        aimingMode = false;
        projectile.rigidbody.isKinematic = false;
        projectile.rigidbody.velocity = -mouseDelta * velocityMult;
        projectile = null;
    }
}
```

在行间注释中已经对大部分代码做了解释，但这里需要对向量运算做一些说明（如图 29-7 所示）。

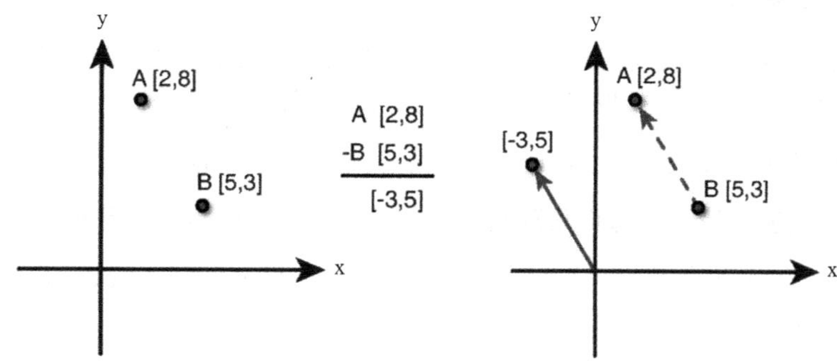

图 29-7　二维向量减法

如图 29-7 所示，向量加减运算是将各分量分别相加减。图中以二维向量为例，但三维向量也适用同样的方法。向量 A 和 B 的 *x*、*y* 分量分别相减，得到一个新的二维向量(2-5,8-3)，即(-3, 5)。图中演示的 A-B 得到的是 A 和 B 之间的向量距离，同时也是从点 B 移动到点 A 所移动的方向和距离。为方便记忆，可缩写为 AMBLAA（A Minus B Looks At A，即向量 A-B 的方向为指向 A 点）。

这在 `Update()` 方法中非常重要，因为弹丸需要位于从 `launchPos` 出发指向当前鼠标光标位置的向量之上，这一向量称作 `mouseDelta`。但是，Projecttile 在 `mouseDelta` 上移动的距离不能大于 `maxMagnitude`，即 Slingshot 的球状碰撞器的半径（当前在检视面板中的 Collider 组件下将该数值设置为 3 米）。

如果 `MouseDelta` 大于 `maxMagnitude`，则它的长度被限定为 `maxMagnitude`。这可以通过调用 `mouseDelta.Normalize()` 方法（在保持 MouseDelta 方向不变的前提下将它的长度变为 1），然后让其乘以 `maxMagnitude` 来实现。

弹丸会被移动到计算得出的位置。如果你试着玩这个游戏，你会看到弹丸会随鼠标移动，但会被限制在特定的半径之内。

只有在松开鼠标后的第一帧中，`Input.GetMouseButtonUp(0)` 才会返回 true。也就是说 `Update()` 最后的 `if` 语句是在松开鼠标的帧中执行的。在该帧中，代码将 `aimingMode` 设置为 false，并将弹丸的刚体组件设置为 nonkinematic(非运动学)，使它可以受重力影响。另外，代码还给弹丸赋予了一个初速度，速度大小与其到 `launchPos` 的距离成正比，最后，将 `projectile` 变量设置为 `null`。这不会删除已创建的弹丸实例，只是让 `projectile` 字段留空，以便在下次弹弓发射时可以在其中存储另一个实例。

5. 单击播放按钮，体验一下游戏中的弹弓。弹丸实例发射的速度是否合适？请在检视面板中调整 `velocityMult` 的值，体验一下哪个值最合适。我最终选择的是 10。

6. 保存场景。

自动跟踪摄像机

在弹丸发射以后，我们需要让主摄像机（_Main Camera）跟踪它，但是摄像机的行为还要更为复杂一些。对摄像机行为的完整描述如下：

1. 弹弓处于瞄准状态时（aimingMode==true），摄像机固定于初始位置。
2. 弹丸发射之后，摄像机跟踪它（加一些平滑效果使画面更流畅）。
3. 摄像机随弹丸移到空中之后，要增加 Camera.orthographiceSize，使地面（Ground）始终保持在画面底部。
4. 当弹丸停止运动之后，摄像机停止跟踪并返回到初始位置。

具体实现步骤如下：

1. 创建一个名为 FollowCam 的脚本（执行 Assets > Create > C# Script 命令）。把 FollowCam 脚本拖放到_Main Camera 检视面板中，成为_Main Camera 的组件。
2. 双击打开 FollowCam 脚本，并输入以下代码：

```
using UnityEngine;
using System.Collections;

public class FollowCam : MonoBehaviour {
    static public FollowCam S;      //FollowCam的单例对象

    // 在Unity检视面板中设置的字段
    public bool ______________________________;

    // 动态设置的字段
    public GameObject poi;          // 兴趣点(poi)
    public float camZ;          // 摄像机的Z坐标

    void Awake() {
        S = this;
        camZ = this.transform.position.z;
    }

    void Update () {
        // 如果if后面只有一行代码，可以不用花括号
        if (poi == null) return; // 如果兴趣点不存在，则返回

        // 获取兴趣点的位置
        Vector3 destination = poi.transform.position;
        // 保持destination.z的值为camZ
        destination.z = camZ;
        // 将摄像机位置设置到destination
        transform.position = destination;
    }
}
```

首先，你会注意到在 FollowCam 代码的最上方是单例对象 S。如附录 B 的“软件设计模式”中所说：“单例模式是一种设计模式，用于游戏中只存在唯一实例的类。”因为 Mission Demolition 游戏中只有一个摄像机，所以很适合使用单例模式。作为一个全局静态变量，单例对象 S 可以在代码任何位置通过 FollowCam.S 访问，这样我们可以随时通过 FollowCam.S.poi 设置全局字段 poi。

另外，你会注意到这个类不需要在检视面板中设置任何字段，不过这种情况很快就会发生变化。

剩下两个字段为 poi（摄像机要跟随的对象）和 camZ（摄像机的初始 z 坐标）。

在 Update() 中，摄像机与 poi 的 x,y 坐标一致，唯有 z 坐标不同（这可以避免摄像机距离 poi 过近而使其不可见）。

3．打开 SlingShot 脚本，在代码最后两行之间按照下列示例代码中加入相应的粗体字代码：

```
projectile.rigidbody.velocity = -mouseDelta * velocityMult;
FollowCam.S.poi = projectile;
projectile = null;
```

本行代码使用 FollowCam.S 单例对象设置摄像机的兴趣点。新的兴趣点将是新发射的弹丸。请按下播放按钮查看游戏。

你可能会注意到下面一些问题：

A．如果把场景面板拉得足够远，你会看到弹丸实际上已经飞出了地面的尽头。

B．如果朝向地面发射，你会看到弹丸在撞到地面以后既不反弹也不停下来。如果你在发射后按下暂停键，在层级面板中选中 Projectile，然后结束暂停，你会看到它在撞到地面上后会无休止地向前滚动。

C．当弹丸刚发射时，摄像机会跳到 Projectile 的位置，看起来有些突兀。

D．弹丸达到一定高度之后，画面上只能看到天空，很难看出它的高度。

我们会逐一解决这些问题，步骤如下（通常是按照由易到难的顺序解决）：

1．首先，要解决问题 A，可以把 Ground 的变换组件修改为 P:[100,-10,0] R:[0,0,0] S:[400,1,1]。

2．要解决问题 B，需要为弹丸添加刚体约束和物理材质（Physic Material）。请在项目面板中选中 Projectile 预设，单击 Rigidbody 组件左侧的三角形展开按钮，勾选 Freeze Position（冻结位置）z 和 Freeze Rotation（冻结旋转民）x, y, z。Freeze Position z 可以冻结弹丸的 z 坐标，使它不会朝向摄像机移动或远离摄像机（使它与地面以及将来要添加的城堡处于相同的 z 深度）。

这里，你还需要从 Collision Detection（碰撞检测）下拉菜单中选择 Continuous（连续）。若想深入了解碰撞检测的类型，你可以单击 Rigidbody 组件右上角的帮助图标查看帮助文件。简而言之，连续碰撞检测比 Discrete（非连续）更加耗费 CPU 资源，但能够更精确地处理快速移动的物体，例如这里的 Projectile。请单击播放按钮并再次尝试发射弹丸。

3. 这些刚体组件设置可以防止弹丸无休止地滚动下去，但是感觉仍然不真实。你生活中一直在体验物理运动，你可以从中直观地感受到哪些行为更像自然、真实世界的物理运动。对于玩家来说，同样如此。也就是说，尽管物理是一个需要大量数学建模的复杂系统，但如果你能让游戏中的物理符合玩家的习惯，你就不必向他们解释太多数学原理。

   为你的物理模拟对象添加一种物理材质，可以让它感觉更为真实。请在菜单栏中执行资源（Assets）> 创建（Create）>物理材质（Physic Material）命令。将该材质命名为 PMat_Projectile。单击选中 PMat_Projectile，在检视面板中将 bounciness 设置为 1，然后把 PMat_Projectile 拖放到 Projectile 预设（同样在项目面板中）之上，将其应用到 Projectile.SphereCollider。选中 Projectile 预设，就能在检视面板中看到 PMat_projectile 已经赋给了球状碰撞器的材质。现在再单击播放按钮，你会看到弹丸在触地后会反弹起来，而不再是向前滑动。

4. 问题 C 可以通过两种方法共同解决：通过插值使画面更平滑，并对摄像机位置加以限制。首先将实现平滑，请加入以下粗体字代码：

```
//在 Unity 检视面板中设置的字段
public float easing = 0.05f;
public bool ______________________________;
…
Vector3 destination = poi.transform.position;
// 在摄像机当前位置和目标位置之间增添插值
destination = Vector3.Lerp(transform.position, destination, easing);
// 保持 destination.z 的值为 camZ
```

   Vector3.Lerp()方法返回两点之间的一个线性插值位置，取两点位置的加权平均值。如果第三个参数 easing 的值为 0，Lerp()会返回第一个参数（transform.position）的位置；如果 easing 值为 1，Lerp()将返回第二个参数（destination）的位置；如果 easing 值在 0 到 1 之间，则 Lerp()返回值将位于两点之间（当 easing 为 0.5 时，返回两点的中点）。这里让 easing=0.05，告诉 Unity 让摄像机从当前位置将向兴趣点位置移动，每帧移动 5%的距离。因为兴趣点的位置在持续移动，所以我们会得到一个平滑的摄像机跟踪运动。请尝试使用不同的 easing 值，看看该值如何影响摄像机运动。这是一种非常简单的线性插值方法，并非是基于时间的。请阅读附录 B 中的相关内容，了解关于线性插值的更多知识。

5. 即使有了上述平滑措施，你可能仍然感觉摄像机的运动有些卡顿和不稳定。这是因为物理模拟的更新频率是 50fps，而 Update()则是以计算机能够达到的最高帧率调用的。在运行速度很快的计算机上，摄像机位置的更新频率远大于物理模拟，这样一来，每次在弹丸的位置改变之前，摄像机的位置已经更新了数次。要解决这一问题，将 Update()方法的名称改为 FixUpdate()。Update()中的代码每帧都会运行一次，而 FixedUpdate()中的代码则是每个物理模拟帧运行一次（50fps），不论计算机速度如何。修改完毕之后，跟踪摄像机的卡顿现象将会得到解决。

6. 现在，我们为跟踪摄像机的位置添加一些限制：

```
// 在Unity检视面板中设置的字段
public float easing = 0.05f;
public Vector2 minXY;
public bool _____________________________;
…
    Vector3 destination = poi.transform.position;
    // 限定x和y的最小值
    destination.x = Mathf.Max( minXY.x, destination.x );
    destination.y = Mathf.Max( minXY.y, destination.y );
    //在摄像机当前位置和目标位置之间增添插值
```

二维向量 minXY 的默认值是[0,0]，这个值正好满足我们的需要。Mathf.Max()取传入的两个参数当中的最大值。当弹丸刚发射时，它的 x 和 y 坐标值均为负值，所以 Mathf.Max()可以保证摄像机不会移动到 x 或 y 轴的负方向上。这也可以避免当弹丸落地时摄像机拍摄到地面以下的画面。

7. 问题 D 可以通过动态调整摄像机的 orthographicSize 来解决。请在 FollowCam 脚本中添加以下粗体字代码：

```
    transform.position = destination;
    // 设置摄像机的orthographicSize，使地面始终处于画面之中
    this.camera.orthographicSize = destination.y + 10;
}
```

这个代码可以解决问题，因为我们知道 destination.y 永远不会小于 0，所以 orthographicSize 的最小值是 10，随着 destination.y 增大，摄像机的 orthographicSize 同样会增大，使得地面始终处于画面之中。在层级面板中双击 Ground，使它在场景面板中完全显示，然后选中_Main Camera，单击播放按钮，并发射弹丸。在场景面板中，你会看到摄像机的视野会随着弹丸的飞行而平滑缩放。

8. 保存场景。

相对运动错觉和速度感

跟踪摄像机现在已经可以完美工作了，但仍然很难感觉出弹丸的运动快慢，当它在空中飞行的时候更是如此。要解决这一问题，我们需要利用到相对运动错觉的概念。相对运动错觉是由于周围物体快速经过而造成运动感，在二维游戏中的视差滚动就是基于这一原理。在二维游戏中，视差滚动为使前景物体快速经过，而让背景物体以更慢的速度相对于主摄像机移动。关于视差滚动系统的完整介绍超出了本教程的范围，但这里至少可以创建一些云朵并随机布置在天空上，从而制造一种简单的相对运动错觉。

绘制云朵

要完成这一工作，你需要制造一些简单云朵：

1. 首先新建一个球体（执行 GameObject > 3D Object > Sphere 命令）。将你的鼠标光标移动到检视面板中的 Sphere Collider 组件之上，单击鼠标右键并从弹出菜单中选择 Remove Component 移除球状碰撞器。设置球体对象 Sphere 的变换组件为`[0,0,0]`，让它在游戏面板和场景面板中均可见，将球体重命名为 CloudSphere。

2. 新建一个材质（执行 Asset > Create > Material 命令），并命名为 Mat_Clound。将 Mat_Cloud 拖放到 CloudSphere 上并在项目面板中选中 Mat_Cloud，从检视面板 Shader（着色器）组件旁边的下拉菜单中执行 Self-Illiumin（自发光）> Diffuse（漫射光）命令。这个着色器是自发光的（它自身会发光），同时也会响应场景中的平行光。单击检视面板中的色块，使用 Unity 的拾色器为 Mat_Clound 设置一种 65%的灰色（即 RGBA 为`[166,166,166,255]`），这样游戏面板中的 CloundSphere 左下角会稍呈灰色，看起来有点像阳光下的云朵。

3. 将 CloudSphere 从层级面板拖放到项目面板中，创建一个预设，然后往层级面板中拖放几个 CloudSphere 的实例，并修改它们的大小和位置，使对象更像云朵。然后创建一个空白对象（执行 GameObject > Create Empty 命令），将其重命名为 Cloud_0，设置变换组件为`P:[0,0,0]`，`R:[0,0,0]`，`S:[1,1,1]`。让 Cloud_0 成为几个 CloudSphere 实例的父对象（操作方法是在层级面板中将所有 CloudSphere 拖放到 Cloud_0 下）。请确保所有 CloudSphere 都分组到 Cloud_0 下。每个 CloudSphere 在检视面板中的 *x,y,z* 坐标均应该在-2 到 2 之间。将 Cloud_0 拖放到项目面板中生成一个预设，然后删除层级面板中的 Cloud_0 实例。

4. 单击选中项目面板中的 Cloud_0 预设，按下[Command]+[D]组合键（在 Windows 系统下为[Ctrl]+[D]组合键）复制。复制出的新预设会自动命名为 Cloud_1。把 Cloud_1 拖放到层级面板中生成一个实例。为 Cloud_1 下面的每个 CloudSphere 选择一个缩放比例并重新摆放位置，让云朵换一个外观。对 Cloud_1 外观感到满意之后，在层级面板中选中它，单击 Apply（应用）按钮（位于检视面板上部“Prefab”字样的右侧）。这会使已做的修改应用于 Cloud_1 预设上。

5. 重复上述复制、修改、应用步骤，总共创建 5 个不同的云朵预设，名称分别为 Cloud_0 到 Cloud_4。你可以创建任意数量的云朵，但这里 5 个云朵已经够用了。完成之后，如果你向层级面板中添加了云朵的实例，最终结果如图 29-8 所示。

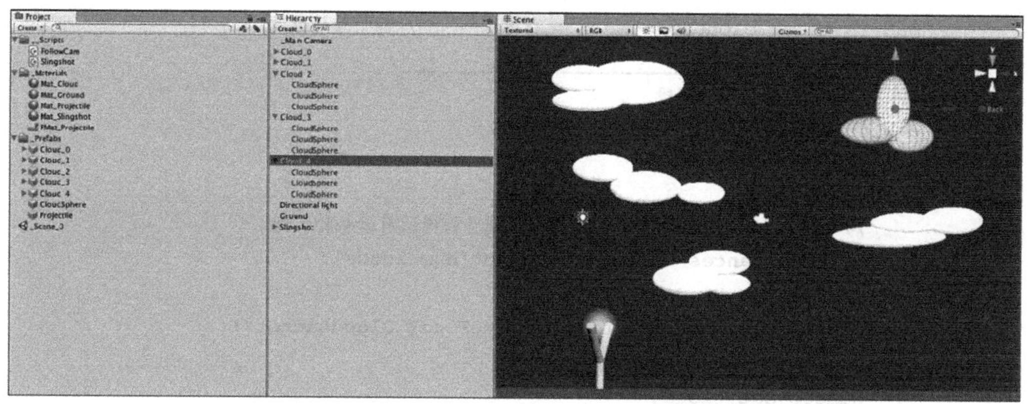

图 29-8　由 CloudSphere 构成的 Cloud_[数字]层级对象图形示例。

6. 如图 29-8 所示，为了让项目面板更有条理，我在其中添加了几个文件夹。通常我会在每个项目初期就创建文件夹，但是为了让你感觉到区别，所以等到现在才创建。在菜单栏中执行资源（Assets）>创建（Create）>文件夹（Folder），可以创建一个文件夹。笔者把创建的文件夹分别命名为__Scripts、_Materials 和 _Prefabs。文件名之前的下画线可以让文件夹在项目面板中排在其他资源之前，__Script 文件夹名称前面的双下画线可让它排在最上面。创建这些文件夹之后，将项目面板中的各种资源分别拖放到相应的文件夹下。这样操作同时会在计算机硬盘的 Assets 文件夹下创建子文件夹，所以项目面板和 Assets 文件夹都会变得有条理。

7. 现在请删除层级面板中的 Cloud_[数字]实例。然后创建一个名为 CloudAnchor 的空白游戏对象（执行 GameObject > Create Empty 命令），这个游戏对象将作为所有 Cloud_[数字]的父对象，使层级面板在游戏运行时可以保持整洁。

8. 新建一个名为 CloudCrafter 的脚本，将它拖放到__Scripts 文件夹中并拖放到 _Main Camera 上。这会为_Main Camera 添加第二个脚本组件，在 Unity 中，只要两个脚本不互相冲突（例如，不会在每一帧中设置同一游戏对象的位置），这样做没有任何问题。因为 FollowCam 脚本负责移动摄像机，而 CloudCrafter 脚本负责在空中摆放云朵，二者不会发生任何冲突。请在 CloudCrafter 脚本中输入以下代码：

```
using UnityEngine;
using System.Collections;

public class CloudCrafter : MonoBehaviour {
    // 在Unity检视面板设置的字段
    public int numClouds = 40;          // 要创建云朵的数量
    public GameObject[] cloudPrefabs;  // 云朵预设的数组
    public Vector3 cloudPosMin;         // 云朵位置的下限
    public Vector3 cloudPosMax;         // 云朵位置的上限
    public float cloudScaleMin = 1;         // 云朵的最小缩放比例
    public float cloudScaleMax = 5;         // 云朵的最大缩放比例
```

```
    public float cloudSpeedMult = 0.5f;    // 调整云朵速度
    public bool ______________________;
    // 在代码中动态设置的字段
    public GameObject[] cloudInstances;

    void Awake() {
        //创建一个cloudInstances数组，用于存储所有云朵的实例
        cloudInstances = new GameObject[numClouds];
        // 查找CloudAnchor父对象
        GameObject anchor = GameObject.Find("CloudAnchor");
        // 遍历Cloud_[数字]并创建实例
        GameObject cloud;
        for (int i=0; i<numClouds; i++) {
            // 在0到cloudPrefabs.Length-1之间选择一个整数
            // Random.Range返回值中不包含范围上限
            int prefabNum = Random.Range(0,cloudPrefabs.Length);
            // 创建一个实例
            cloud = Instantiate( cloudPrefabs[prefabNum] ) as GameObject;
            // 设置云朵位置
            Vector3 cPos = Vector3.zero;
            cPos.x = Random.Range( cloudPosMin.x, cloudPosMax.x );
            cPos.y = Random.Range( cloudPosMin.y, cloudPosMax.y );
            // 设置云朵缩放比例
            float scaleU = Random.value;
            float scaleVal = Mathf.Lerp( cloudScaleMin, cloudScaleMax,
scaleU );
            // 较小的云朵（即scaleU值较小）离地面较近
            cPos.y = Mathf.Lerp( cloudPosMin.y, cPos.y, scaleU );
            // 较小的云朵距离较远
            cPos.z = 100 - 90*scaleU;
            // 将上述变换数值应用到云朵
            cloud.transform.position = cPos;
            cloud.transform.localScale = Vector3.one * scaleVal;
            // 使云朵成为CloudAnchor的子对象
            cloud.transform.parent = anchor.transform;
            // 将云朵添加到CloudInstances数组中
            cloudInstances[i] = cloud;
        }
    }
    void Update() {
        // 遍历所有已创建的云朵
        foreach (GameObject cloud in cloudInstances) {
            // 获取云朵的缩放比例和位置
            float scaleVal = cloud.transform.localScale.x;
            Vector3 cPos = cloud.transform.position;
            // 云朵越大，移动速度越快
            cPos.x -= scaleVal * Time.deltaTime * cloudSpeedMult;
            // 如果云朵已经位于画面左侧较远位置
```

```
            if (cPos.x <= cloudPosMin.x) {
                // 则将它放置到最右侧
                cPos.x = cloudPosMax.x;
            }
            // 将新位置应用到云朵上
            cloud.transform.position = cPos;
        }
    }
}
```

有几个字段需要在检视面板中设置，它们的设置值如图 29-9 所示。要设置 CloudPrefabs，需要先单击 `Cloud Prefabs` 变量名旁边的三角形展开按钮，在 Size 中输入 5。然后把每个 Cloud_预设从项目面板拖放到 `CloudPrefabs` 下的五个空白栏中。

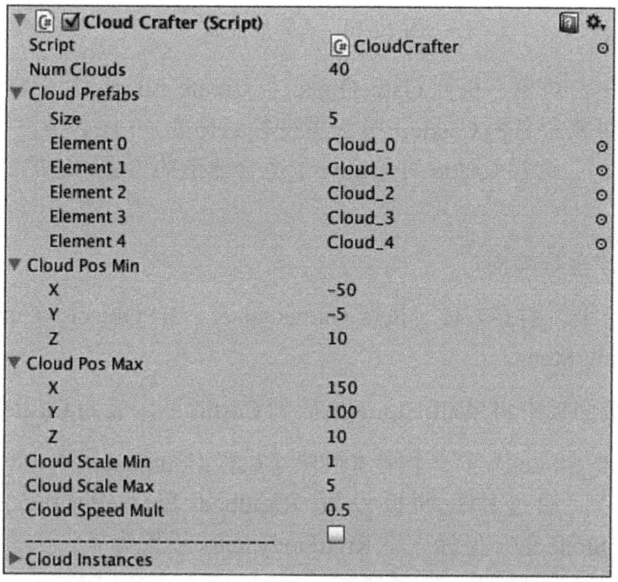

Cloud Crafter (Script)	
Script	CloudCrafter
Num Clouds	40
Cloud Prefabs	
Size	5
Element 0	Cloud_0
Element 1	Cloud_1
Element 2	Cloud_2
Element 3	Cloud_3
Element 4	Cloud_4
Cloud Pos Min	
X	-50
Y	-5
Z	10
Cloud Pos Max	
X	150
Y	100
Z	10
Cloud Scale Min	1
Cloud Scale Max	5
Cloud Speed Mult	0.5

Cloud Instances	

图 29-9　CloudCrafter 脚本组件的设置

9．保存场景。

在 `CloudCrafter` 类中，`Awake()` 方法创建所有云朵并设置它们的位置。`Udate()` 方法每帧将每个云朵向左移动一点距离。当云朵向左移动到水平位置小于 cloudPosMin.x 时，它就会移动到最右边的 cloudPosMax.x 处。你可以在场景面板中拉远镜头，查看云朵飘过。现在再次发射弹丸的时候，飘过的云朵造成的视差错觉会让人感觉到弹丸真的在运动。

创建城堡

《爆破任务》游戏需要爆破的目标，所以我们需要创建一座城堡。如图 29-11 所示了城堡成品的外观。

1. 单击坐标轴小手柄 z 轴反方向的箭头，使场景面板切换到正投影视图的后视图（如图 29-10 所示）。
2. 然后在层级面板中双击_Main Camera，使场景面板视图缩放到合适大小以便创建城堡。

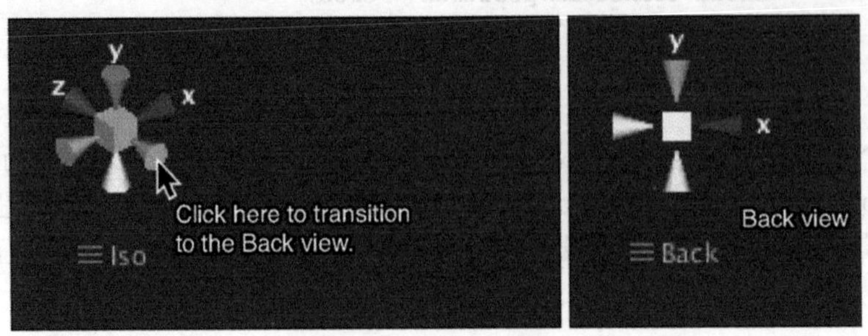

图 29-10　选择后视图

3. 新建一个空白对象（执行 GameObject > Create Empty 命令），作为城堡的根节点，将该对象命名为 Castle，并设置变换组件为 `P:[0,-9.5,0] R:[0,0,0] S:[1,1,1]`。这样 Castle 对象会处于适合建造的位置，它的底边正好与地面重合。
4. 为城堡创建垂直墙面：

   4.1 创建一个新的立方体（执行 GameObject > 3D Object > Cube 命令），并命名为 Wall_Stone。

   4.2 在层级面板中将 Wall_Stone 拖放到 Castle 下，成为 Castle 的子对象。

   4.3 为 Wall_Stone 添加一个刚体组件（执行 Component > Physics > Rigidbody 命令）。通过检视面板设置 Rigidbody.FreezePosition.z 为 true，限制 Wall_Stone 的 z 坐标。将 Rigidbody.mass 设置为 4。

   4.4 设置 Wall_Stone 的变换组件为 `P:[-2,2,0] R:[0,0,0] S:[1,4,1]`。

   4.5 把 Wall_Stone 拖放到项目面板上，创建一个预设（将它放在_Prefabs 文件夹下）。

   4.6 在层级面板中为 Wall_Stone 创建三个副本，将 x 位置分别设置为-6、2 和 6，这样在城堡的一层共创建了 4 面垂直墙面。
5. 创建水平墙面，构成城堡第一层的天花板。

   5.1 创建另一个立方体，将其命名为 Wall_Stone_H（H 代表 Horizontal，即水平方向）。

   5.2 使 Wall_Stone_H 成为 Castle 的子对象，并将其变换组件设置为 `P:[0,4.25,0] R:[0,0,0] S:[4,0.5,1]`。

   5.3 为 Wall_Stone_H 添加一个刚体组件（执行 Component > Physics > Rigidbody

命令）。将 Rigidbody.FreezePosition.z 设置为 true，限制 Wall_Stone_H 的 z 坐标，将 Rigidbody.mass 设置为 4。

5.4 创建一个 Wall_Stone_H 预设，将其放在_Prefabs 文件夹下。

5.5 为 Wall_Stone_H 创建两个副本，将 x 坐标分别设置为-4 和 4。

6. 要建造城堡的第二层，使用鼠标选择第一层中三个相邻的垂直墙面和其上方的两个水平墙面，然后按 Command+D 或 Ctrl+D 组合键复制，并将副本移动到第一层的上方。你需要微调它们的位置，最终的位置应为如下数值：

Wall_Stone	`P:[-4,6.5,0]`
Wall_Stone	`P:[0,6.5,0]`
Wall_Stone	`P:[4,6.5,0]`
Wall_Stone_H	`P:[-2,8.75,0]`
Wall_Stone_H	`P:[2,8.75,0]`

7. 继续按照上面的技巧复制出三个垂直墙面和一个水平墙面：

Wall_Stone	`P:[-2,11,0]`
Wall_Stone	`P:[2,11,0]`
Wall_Stone	`P:[0,15.5,0]`
Wall_Stone_H	`P:[0,13.25,0]`

8. 城堡的最后一个游戏对象是一个供玩家用弹丸打击的目标（Goal）。

8.1 创建一个立方体，命名为 Goal，使其成为 Castle 的子对象，将它的变换组件设置为 `P:[0,2,0] R:[0,0,0] S:[3,4,4]`。

8.2 新建一个名为 Mat_Goal 的材质。将 Mat_Goal 拖放到 Goal 上应用。在项目面板中选中 Mat_Goal，执行 Transparent > Diffuse 着色器命令。然后设置颜色为浅绿色，透明度为 25%（在 Unity 拾色器中设置 RGBA 值为 `[0,255,0,64]`）。

8.3 在层级面板中选中 Goal，设置 BoxCollider.isTrigger 为 true。

8.4 把 Goal 拖放到项目面板的_Prefabs 文件夹上，创建一个预设。

9. 使用预设创建城堡的一大优势是修改所有 Wall_Stone_H 会更为容易。在项目面板中选中 Wall_Stone_H 预设，在检视面板中将 scale.x 设置为 3.5，这样城堡的每个水平墙面都会体现出这一修改。最终完成的城堡应如图 29-11 所示。

10. 将 Castle 的位置设置为 `P:[50,-9.5,0]`。单击播放按钮，你可能需要重启游戏很多次，但最终你将能够用弹丸击中城堡。

如果你喜欢，你还可以为城堡的墙面添加一些材质，取代纯白色。

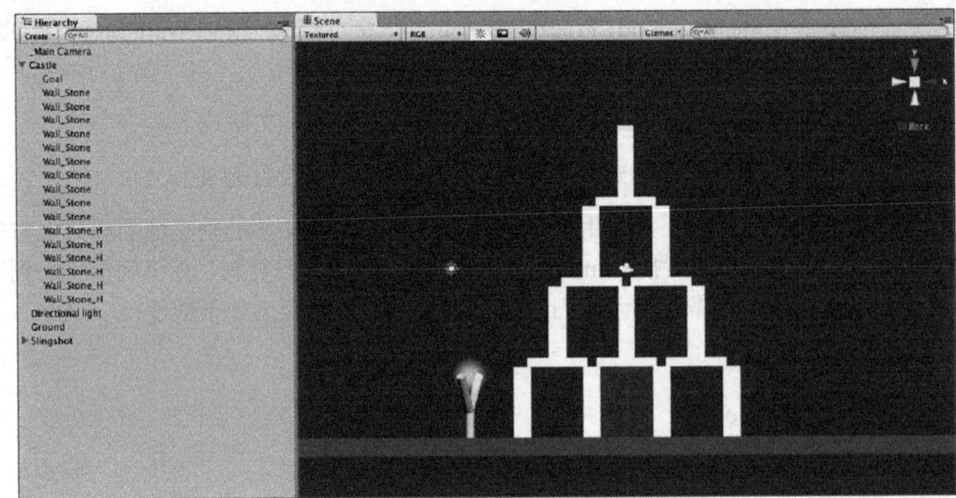

图 29-11　完成后的城堡

11．保存场景。

返回弹弓画面进行另一次发射

有了要击倒的城堡，现在需要增加更多游戏逻辑。当弹丸静止之后，摄像机应返回到弹弓的位置：

1．首先，应该为 Projectile 预设添加一个 Projectile 标签。在项目面板中选中 Projectile 预设，在检视面板中，点开 Tag 旁边的下拉菜单并选择 Add Tag（添加标签）。单击 Tags 旁边的三角形展开按钮，在 Element 0 中输入 Projectile。再次在项目面板中单击 Projectile 预设，从检视面板中更新后的 Tag 列表中选中 Projectile，为它添加标签。

2．打开 FollowCam 脚本，修改以下代码行：

```
void FixedUpdate () {
    Vector3 destination;
    // 如果兴趣点（poi）不存在，返回到 P:[0,0,0]
    if (poi == null) {
        destination = Vector3.zero;
    } else {
        // 获取兴趣点的位置
        destination = poi.transform.position;
        // 如果兴趣点是一个 Projectile 实例，检查它是否已经静止
        if (poi.tag == "Projectile") {
            // 如果它处于 sleeping 状态（即未移动）
            if ( poi.rigidbody.IsSleeping() ) {
                // 返回到默认视图
                poi = null;
                // 在下一次更新时
                return;
```

```
                }
            }
        }
        // 将X、Y限定为最小值
        …
        this.camera.orthographicSize = destination.y + 10;
    }
```

现在，一旦 Projectile 停止运动（这样会使 `Rigidbody.IsSleeping()`的值为 true），FollowCam 脚本会使 `poi` 变量值为 null，将摄像机设置回默认位置。

3. 保存场景。

为弹丸添加轨迹

尽管 Unity 中确实有自带的轨迹渲染器（Trail Renderer）效果，但它不能达到我们所要实现的目标，因为我们需要对轨迹进行更多控制。这里，我们将在 Line Renderer（线渲染器）组件的基础之上建立轨迹渲染器：

1. 首先创建一个空白游戏对象（执行 GameObjection > Create Empty 命令），将其命名为 ProjectileLine，为其添加一个轨迹渲染器组件（执行 Components > Effects >Line Renderer 命令）。在 ProjectileLine 检视检视面板 Line Renderer 组件下，单击 Materials 和 Parameters 旁边的三角形展开按钮，按如图 29-12 所示进行设置。

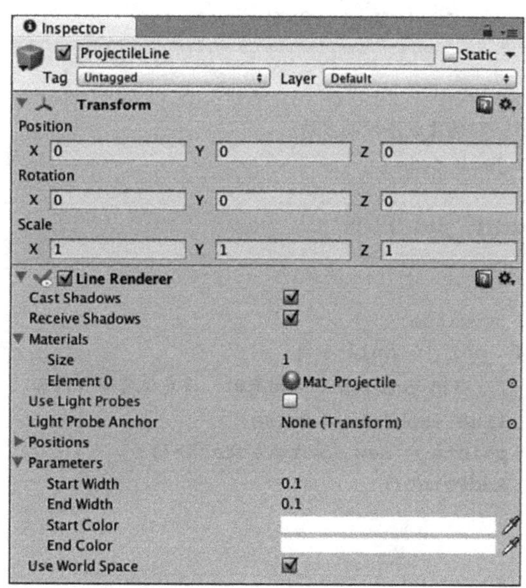

图 29-12　ProjectileLine 的设置

2. 创建一个 C#脚本（执行 Assets > Create > C# Script 命令），将其命名为 ProjectileLine 并绑定到 ProjectileLine 游戏对象上。在 MonoDevelop 中打开脚本并写入以下代码：

```
using UnityEngine;
using System.Collections;
// 别忘了使用 List 时需要加入下面一行代码
using System.Collections.Generic;

public class ProjectileLine : MonoBehaviour {
    static public ProjectileLine S;          //单例对象
    // 在 Unity 检视面板中设置的字段
    public float            minDist = 0.1f;

    public bool             ____________________;

    // 在代码中动态设置的字段
    public LineRenderer        line;
    private GameObject         _poi;
    public List<Vector3>       points;

    void Awake() {
        S = this;   // 设置单例对象
        // 获取对线渲染器（LineRenderer）的引用
        line = GetComponent<LineRenderer>();
        // 在需要使用 LineRenderer 之前，将其禁用
        line.enabled = false;
        // 初始化三维向量点的 List
        points = new List<Vector3>();
    }

    // 这是一个属性，即伪装成字段的方法
    public GameObject poi {
        get {
            return( _poi );
        }
        set {
            _poi = value;
            if ( _poi != null ) {
                // 当把_poi 设置为新对象时，将复位其所有内容
                line.enabled = false;
                points = new List<Vector3>();
                AddPoint();
            }
        }
    }

    // 这个函数用于直接清除线条
    public void Clear() {
        _poi = null;
        line.enabled = false;
        points = new List<Vector3>();
    }
```

```
public void AddPoint() {
    // 用于在线条上添加一个点
    Vector3 pt = _poi.transform.position;
    if ( points.Count > 0 && (pt - lastPoint).magnitude < minDist ) {
        // 如果该点与上一个点的位置不够远，则返回
        return;
    }
    if ( points.Count == 0 ) {
        // 如果当前是发射点
        Vector3 launchPos = Slingshot.S.launchPoint.transform.position;
        Vector3 launchPosDiff = pt - launchPos;
        // ……则添加一根线条，帮助之后瞄准
        points.Add( pt + launchPosDiff );
        points.Add(pt);
        line.SetVertexCount(2);
        // 设置前两个点
        line.SetPosition(0, points[0] );
        line.SetPosition(1, points[1] );
        // 启用线渲染器
        line.enabled = true;
    } else {
        // 正常添加点的操作
        points.Add( pt );
        line.SetVertexCount( points.Count );
        line.SetPosition( points.Count-1, lastPoint );
        line.enabled = true;
    }
}

// 返回最近添加的点的位置
public Vector3 lastPoint {
    get {
        if (points == null) {
            // 如果当前还没有点，返回Vector3.zero
            return( Vector3.zero );
        }
        return( points[points.Count-1] );
    }
}

void FixedUpdate () {
    if ( poi == null ) {
        // 如果兴趣点不存在，则找出一个
        if (FollowCam.S.poi != null) {
            if (FollowCam.S.poi.tag == "Projectile") {
                poi = FollowCam.S.poi;
            } else {
                return; // 如果未找到兴趣点，则返回
```

```
                }
            } else {
                return; // 如果未找到兴趣点，则返回
            }
        }
        // 如果存在兴趣点，则在 FixedUpdate 中在其位置上增加一个点
        AddPoint();
        if ( poi.rigidbody.IsSleeping() ) {
            // 当兴趣点静止时，将其清空（设置为 null）
            poi = null;
        }
    }
}
```

3. 你还需要在 Slingshot 脚本上添加一个单例对象，以便让 AddPoint()引用 Slingshot 的 LaunchPoint 的位置。

```
public class Slingshot : MonoBehaviour {
    static public Slingshot     S;

    // 在 Unity 检视面板中设置的变量
    …
    void Awake() {
        // 设置 Slingshot 的单例对象 S
        S = this;

        Transform launchPointTrans = transform.FindChild("LaunchPoint");
```

现在再玩这个游戏，随着弹丸的运动，你会看到它后面会留下一条漂亮的灰色轨迹。之后每发射一次，都会由最新的轨迹取代旧轨迹。

4. 保存场景。

击中目标

被弹丸击中后，城堡的目标需要做出响应：

1. 创建一个名为 Goal 的脚本，将其绑定到 Goal 预设上。在 Goal 脚本中输入以下代码：

```
using UnityEngine;
using System.Collections;

public class Goal : MonoBehaviour {
    // 可在代码任意位置访问的静态字段
    static public bool goalMet = false;

    void OnTriggerEnter( Collider other ) {
        // 当其他物体撞到触发器时
        // 检查是否是弹丸
        if ( other.gameObject.tag == "Projectile" ) {
```

```
                // 如果是弹丸、设置 goalMet 为 true
                Goal.goalMet = true;
                // 同时将颜色的不透明度设置得更高
                Color c = renderer.material.color;
                c.a = 1;
                renderer.material.color = c;
            }
        }
}
```

现在，当你发射的弹丸撞到目标时，它会变为浅绿色。

2. 保存场景。

添加更多难度级别和游戏逻辑

目前，在只有一个城堡的情况下，代码已经可以成功运行了，现在我们将添加更多城堡。

1. 将 Castle 重命名为 Castle_0，并将其拖放到项目面板中创建一个预设。
2. 创建 Castle_0 的副本（它会自动命名为 Castle_1）。
3. 将 Castle_1 放置到场景中，并修改它的布局。当删除其中一面墙时，你很可能会看到“lose the prefab”的提示，不过完全不用担心，这完全没关系。只需按照自己的构想重新布置 Castle_1 预设，然后删除项目面板中的 Castle_1 预设，然后将层级面板中的 Castle 实例重新拖放到项目面板中创建预设即可。
4. 重复上述流程，创建各种各样的城堡。如图 29-13 所示为笔者创建的一些其他城堡。

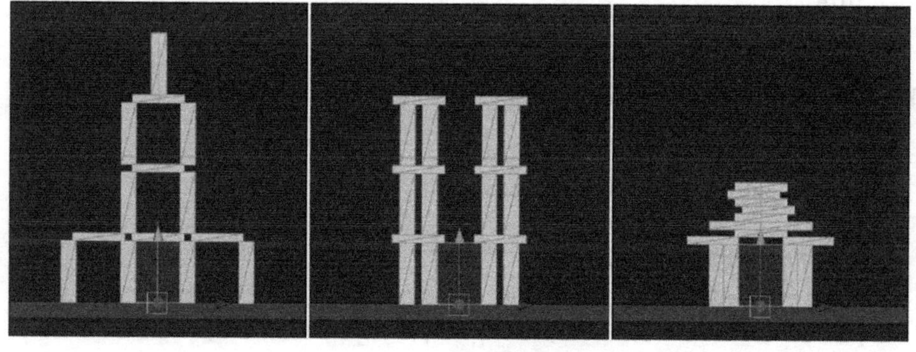

图 29-13　**更多城堡样式**

5. 保存场景。
6. 在场景中添加一个 GUIText 对象（执行 GameObject > UI > GUIText 命令）并命名为 GT_Level，再创建第二个 GUIText 对象并命名为 GT_Score，然后按照如图 29-14 所示进行设置：

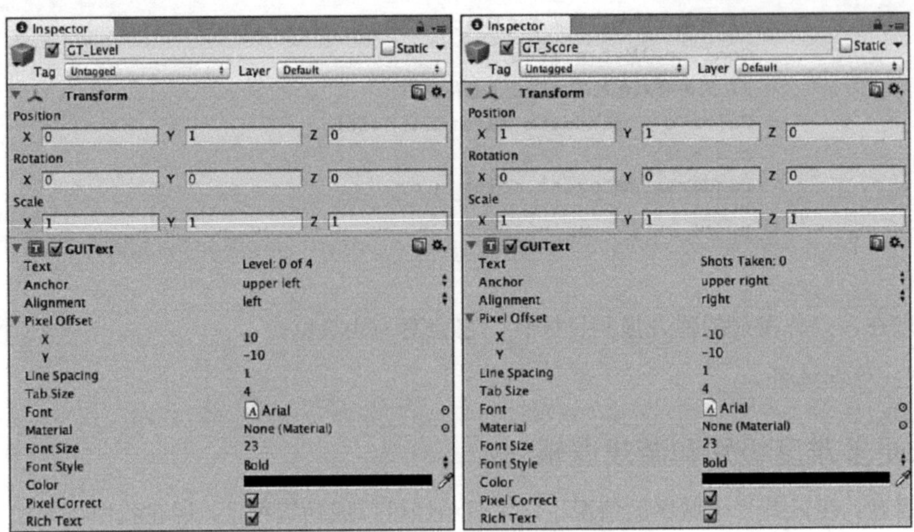

图 29-14　GT_Level 和 GT_Score 的设置

7. 创建一个新的空白对象（执行 GameObject > Create Empty 命令）并命名为 ViewBoth。设置 ViewBoth 的变换组件为 `P:[25,25,0]` `R:[0,0,0]` `S:[1,1,1]`。当我们需要同时查看城堡和弹弓时，它会充当摄像机的兴趣点。

8. 新建一个名为 MissionDemolition 的脚本，将其绑定到_Main Camera 上。这个脚本将用来管理游戏状态。打开脚本并输入以下代码：

```
using UnityEngine;
using System.Collections;

public enum GameMode {
    idle,
    playing,
    levelEnd
}

public class MissionDemolition : MonoBehaviour {
    static public MissionDemolition        S;  // 单例对象

    //在 Unity 检视面板中设置的字段
    public GameObject[]   castles;      // 存储所有城堡对象的数组
    public GUIText        gtLevel;      // GT_Level 界面文字
    public GUIText        gtScore;      // GT_Score 界面文字
    public Vector3        castlePos;    // 放置城堡的位置

    public bool           ________________________;

    // 在代码中动态设置的变量
    public int          level;        // 当前级别
    public int          levelMax;     // 级别的数量
```

```
    public int        shotsTaken;
    public GameObject     castle;      // 当前城堡
    public GameMode   mode = GameMode.idle;
    public string         showing = "Slingshot";    // 摄像机的模式

    void Start() {
        S = this;              // 定义单例对象
        level = 0;
        levelMax = castles.Length;
        StartLevel();
    }

    void StartLevel() {
        // 如果已经有城堡存在，则清除原有的城堡
        if (castle != null) {
            Destroy( castle );
        }
        // 清除原有的弹丸
        GameObject[] gos = GameObject.FindGameObjectsWithTag("Projectile");
        foreach (GameObject pTemp in gos) {
            Destroy( pTemp );
        }
        // 实例化新城堡
        castle = Instantiate( castles[level] ) as GameObject;
        castle.transform.position = castlePos;
        shotsTaken = 0;
        // 重置摄像机位置
        SwitchView("Both");
        ProjectileLine.S.Clear();
        // 重置目标状态
        Goal.goalMet = false;
        ShowGT();
        mode = GameMode.playing;
    }

    void ShowGT() {
        // 设置界面文字
        gtLevel.text = "Level: "+(level+1)+" of "+levelMax;
        gtScore.text = "Shots Taken: "+shotsTaken;
    }

    void Update() {
        ShowGT();
        // 检查是否已完成该级别
        if (mode == GameMode.playing && Goal.goalMet) {
            // 当完成级别时，改变 mode，停止检查
            mode = GameMode.levelEnd;
            // 缩小画面比例
```

```
            SwitchView("Both");
            // 在 2 秒后开始下一级别
            Invoke("NextLevel", 2f);
        }
    }

    void NextLevel() {
        level++;
        if (level == levelMax) {
            level = 0;
        }
        StartLevel();
    }

    void OnGUI() {
        // 在屏幕顶端绘制用户界面按钮，用于切换视图
        Rect buttonRect = new Rect( (Screen.width/2)-50, 10, 100, 24 );
        switch(showing) {
        case "Slingshot":
            if ( GUI.Button( buttonRect, "查看城堡" ) ) {
                SwitchView("Castle");
            }
            break;
        case "Castle":
            if ( GUI.Button( buttonRect, "查看全部" ) ) {
                SwitchView("Both");
            }
            break;
        case "Both":
            if ( GUI.Button( buttonRect, "查看弹弓" ) ) {
                SwitchView( "Slingshot" );
            }
            break;
        }
    }

    // 允许在代码任意位置切换视图的静态方法
    static public void SwitchView( string eView ) {
        S.showing = eView;
        switch (S.showing) {
        case "Slingshot":
            FollowCam.S.poi = null;
            break;
        case "Castle":
            FollowCam.S.poi = S.castle;
            break;
        case "Both":
            FollowCam.S.poi = GameObject.Find("ViewBoth");
            break;
        }
```

```
    }
    // 允许在代码任意位置增加发射次数的代码。
    public static void ShotFired() {
        S.shotsTaken++;
    }
}
```

9. MissionDemolition 类中有了静态方法 ShotFired()，我们就可以在 Slingshot 类中调用它。请在 Slingshot 脚本中添加以下粗体字代码：

```
public class Slingshot : MonoBehaviour {
    …
    void Update() {
        …
        if ( Input.GetMouseButtonUp(0) ) {
            …
            projectile = null;
            MissionDemolition.ShotFired();
        }
    }
}
```

由于 MissionDemolition 中的 ShotFired()是一个静态方法，所以可以通过 MissionDemolition 类直接访问，而不必通过 MissionDemolition 类的实例。当 Slingshot 调用 MissionDemolition.ShotFired()时，它会使 MissionDemolition. S.shotsTaken 变量递增。

10. 切换回 Unity 窗口，在层级面板中选中_Main Camera，在检视面板的 MissionDemolition(Script)组件中，需要对几个变量进行设置，具体如下：

    10.1 首先，将 CastlePos 设置为[50,-9.5,0]，这将会把城堡旋转在一个与弹弓距离适中的位置。

    10.2 要设置 gtLevel，在检视面板中单击 gtLevel 右侧的小圆圈，并从弹出对话框的 Scene 选项卡中选择 GT_Level。

    10.3 在检视面板中单击 gtScore 右侧的小圆圈，从弹出对话框的 Scene 选项卡中选择 GT_Score。

    10.4 接下来，单击 castles 左侧的三角形展开按钮，在 Size 一栏中填写你之前创建的城堡预设的数量（如图 29-15 所示填写的是 4，因为笔者之前创建了四个城堡）。

    10.5 把你所创建的各个城堡预设分别拖放到 castles 数组的各元素中，请尽量按照从低到高的难度顺序排列。

    10.6 保存场景并按下播放按钮。现在，游戏会按照难度级别依次运行，并且能够记录已经发射的弹丸数量。

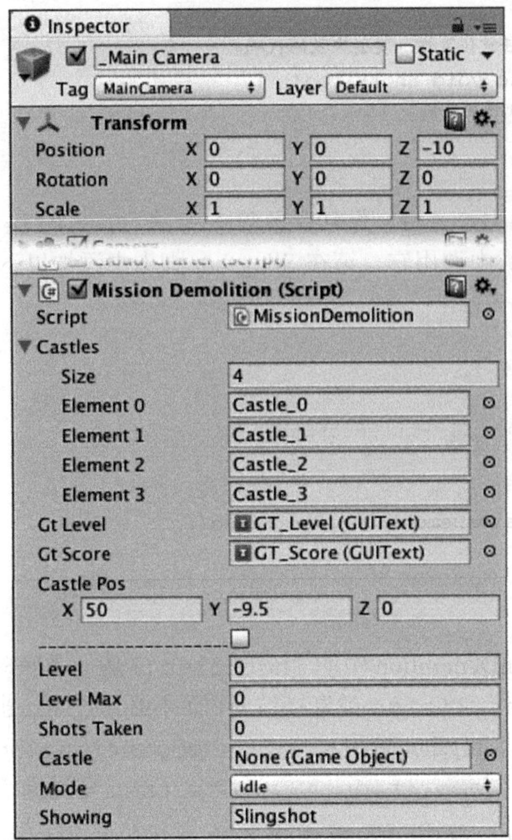

图 29-15 _Main Camera:Mission Demolition 脚本组件的最终设置（包括 Castles 数组）

29.5 小结

《爆破任务》游戏原型到这里就讲完了。仅仅通过一章的学习，你就制作完成了一个类似于《愤怒的小鸟》的游戏，你可以在此基础上继续完善和扩展。本章以及后面的教程的目的都是搭建起一个框架，你可以在这些框架的基础上构建你自己的游戏，你能够添加的功能特色有很多，其中包括：

1. 像在《拾苹果》游戏中那样，通过 PlayerPref 保存每关的最佳分数。
2. 使用不同的材质创建城堡部件，其中一些部件的质量可以调高或调低。如果撞击足够猛烈，有些材料甚至会被撞坏。
3. 显示多条轨迹，而非只显示最近一条。
4. 使用 LineRenderer 绘制弹弓的橡皮筋。
5. 让背景云朵实现真正的视差滚动，添加更多背景元素，例如山丘和建筑物。
6. 限制发射次数，例如，当玩家发射了 3 发弹丸后仍未击中目标，则输掉游戏。在游戏中加入这些风险，可以增加游戏的紧张程度和兴奋感。

7．其他功能，你可以任意发挥！

在学完其他游戏原型之后，你可以返回这一章，并思考你还能为游戏添加哪些内容。创造你自己的设计，展示给别人，不断改进游戏。记得，设计是一个重复改进的过程。如果你对自己的某项修改并不满意，也不要灰心，你可以把它当作一种经验记录下来，并接着做其他尝试。

第 30 章

游戏原型 3：《太空射击》

《太空射击》（*Space SHMUP*）是一类射击游戏，还包括 20 世纪 80 年代经典的《小蜜蜂》和现代的知名游戏《斑鸠》。

在本章中，你将使用几种编程技术创建自己的射击游戏，这些技术包括类继承、枚举类型（enum）、静态字段和方法以及单例模式，在你的编程和原型制作生涯中，这些技术会派上用场。

30.1 准备工作：原型 3

在本项目中，你将创建一个经济的《太空射击》游戏原型。如图 30-1 所示了两个完成后的游戏原型截图。在两幅图片中，玩家已经升级了武器并且已经消灭了几架敌机（留下几个标记着 B、O、S 的升级道具）。在左侧的图中，玩家使用的是高爆弹武器；在右侧的图中，玩家使用的是霰弹武器。

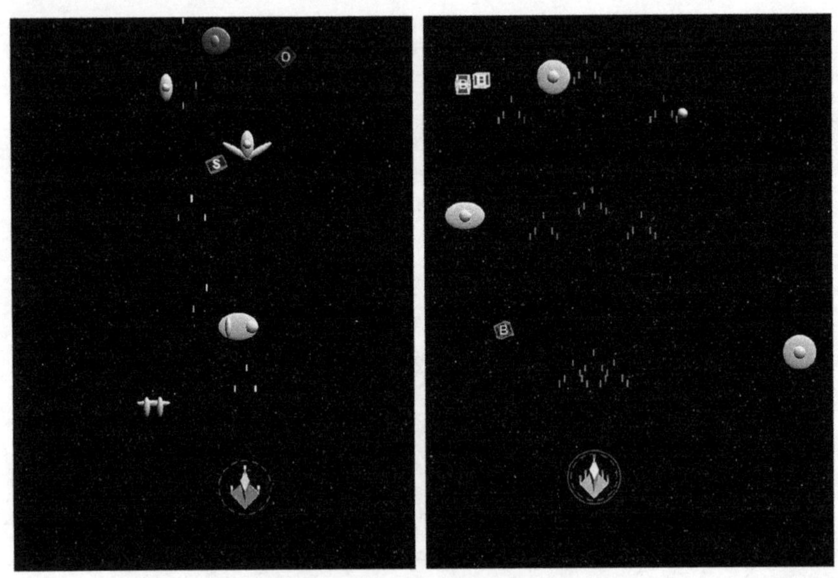

图 30-1 《太空射击》游戏原型的两幅截图

导入 Unity 资源包

在设置本原型时，你需要下载并导入一个自定义的 Unity 资源包。如何创建复杂造型和绘图，不在本书讨论范围之内，但笔者创建了一个资源包，其中包含了一些用于创建游戏视觉效果所需的简单资源。当然，如本书之前多次提及到的，当你制作游戏原型时，它的玩法和体验要比外观重要，但我们要理解游戏如何运作，仍然需要用到绘图资源。

为本章创建新项目

按照标准的项目创建流程，在 Unity 中创建一个新项目。如果你需要复习创建项目的标准流程，请参阅附录 A“项目创建标准流程”。

- 项目名称：Space SHMUP Prototype
- 场景名称：_Scene_0
- 项目文件夹：__Scripts、_Materials、_Prefabs
- 下载并导入资源包：打开 http://book.prototools.net，从 Chapter 30 页面上下载
- C#脚本名称：（暂无）

重命名：将 Main Camera 重命名为 _MainCamera

要下载并安装“为本章创建新项目”注释栏中所说的资源包，首先需要打开网址 http://book.prototools.net 并找到本章，然后下载 Chapter30.unitypackage，下载的文件通常会保存到 Downloads 文件夹中。在 Unity 中打开项目并在菜单栏中执行资源（Assets）> 导入资源包（Import Package）> 自定义资源（Custom Package）命令，在 Downloads 文件夹中找到 Chapter30.unitypackage 并双击打开，这样会打开如图 30-2 所示的对话框。

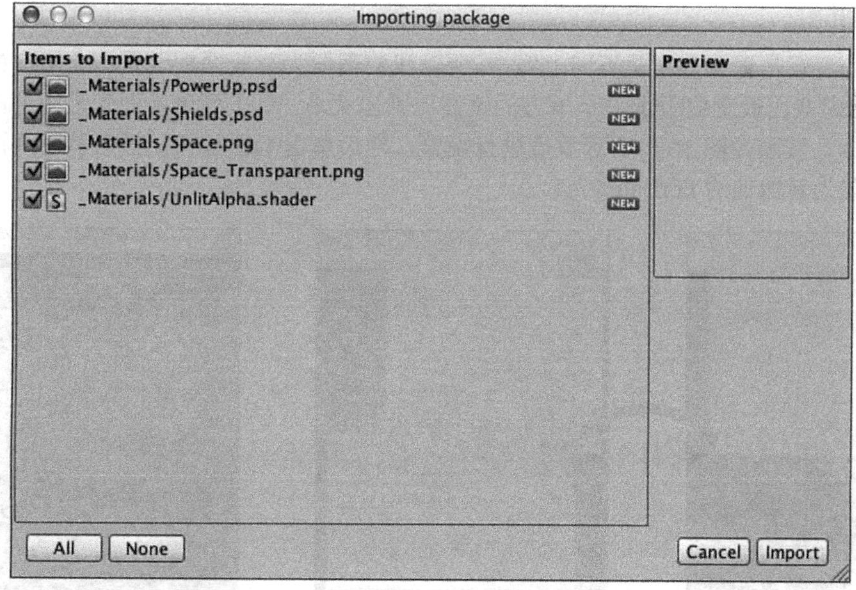

图 30-2 导入 unitypackage 资源包文件对话框

选中图 30-2 中的所有文件，单击 Import 按钮，_Materials 文件夹中将多出四个新材质和一个新着色器。关于如何创建材质，不在本书讨论范围之内，但有很多相关书籍和在线教程。Adobe Photoshop 可能是最常用的图像编辑工具，但这个软件很昂贵，你可以使用免费的开源软件 Gimp（http://www.gimp.org）。

着色器的创建也不在本书讨论范围内。着色器是让计算机知道如何在游戏对象上渲染材质的程序，可以让场景看起来更有真实感或卡通感，或者产生其他感觉，着色器是现代游戏图形的一个重要部分。Unity 使用自己独有的着色器语言 ShaderLab。如果想深入了解，可以查看 Unity 着色器参考文档（http://docs.unity3d.com/ Documentation/ Components/SL- Reference.html）。

资源包中的着色器比较简单，它精简了很多着色器的功能，只是把一个有颜色无光照形状绘制到屏幕上。如果你希望某个屏幕元素具有特定的亮颜色，刚导入的 UnlitAlpha.shader 就很好用。UnlitAlpha 还允许不透明度混合和透明度，这在显示升级道具时很有用。

30.2　设置场景

在场景中添加一个平行光源（在菜单栏中执行 GameObject > Light > Directional Light 命令），将变换组件设置为 P:[0,20,0] R:[50,330,0] S:[1,1,1]。

选中 _MainCamera 并将其变换组件设置为：P:[0,0,-10] R:[0,0,0] S:[1,1,1]。在 Camera 组件中，将 Background color 设置为黑色，Projection 设置为 orthographic，Size 设置为 40，并将 Clipping Plain 的 Near 和 Far 值分别设置为 0.3 和 100。

因为游戏是垂直方向从下向上射击，所以我们需要为游戏面板设置一个纵向的宽高比。单击游戏面板上位于选项卡下方的宽高比弹出菜单，单击菜单项列表最下方的加号（+）图标，按照如图 30-3 所示数值进行设置，然后单击 OK 按钮。然后将游戏面板宽高比设置为新增加的 Portrait（3:4）。

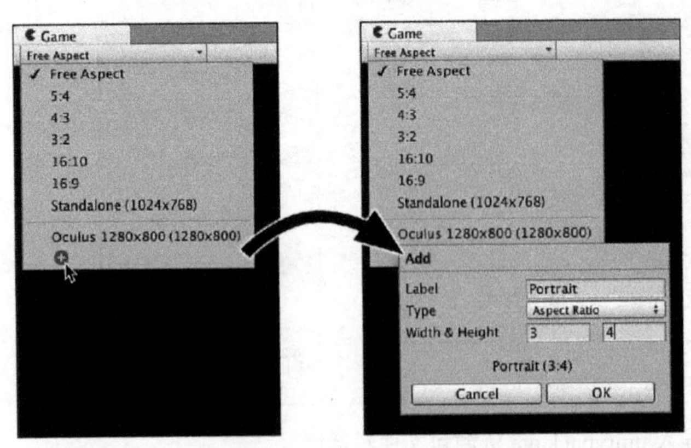

图 30-3　为游戏面板新增一个宽高比设置

30.3　创建主角飞船

在本章中，我们会一边创建图形一边写代码，而不是提前创建出所有的图形。要创建主角飞船，请按如下步骤操作：

1. 创建一个空白游戏对象（执行 GameObject > Create Empty 命令），并命名为 _Hero，将其变换组件设置为 `P:[0,0,0] R:[0,0,0] S:[1,1,1]`。
2. 创建一个立方体（执行 GameObject > 3D Object > Cube 命令）并拖放到层级面板中的_Hero 上，使其成为_Hero 的子对象。
3. 创建一个空白游戏对象，命名为 Cockpit 并使它成为_Hero 的子对象。
4. 创建一个立方体并使它成为 Cockpit 的子对象。将立方体的变换组件设置为 `P:[0,0,0] R:[315,0,45] S:[1,1,1]`。
5. 将 Cockpit 的变换组件设置为 `P:[0,0,0] R:[0,0,180] S:[1,3,1]`。这里在快速创建具有棱角的飞船时，使用的方法与第 26 章"面向对象思维"中相同。
6. 新建（在菜单栏中执行 Asset > Create > C# Script 命令）一个名为 Hero 的脚本。请把该脚本放在__Script 文件夹下。然后把 Hero 脚本拖放到_Hero 游戏对象上进行绑定。
7. 在层级面板中选中_Hero，然后在菜单栏中执行 Component > Physics > Rigidbody 命令，为_Hero 对象添加一个刚体组件。把 Use Gravity 设置为 false（取消勾选），把 isKinematic 设置为 true。打开 Constraints 旁边的三角形展开按钮，冻结 *z* 轴位置以及 *x*、*y*、*z* 轴旋转。

将来还要为_Hero 添加更多组件，但目前已经足够了。

保存场景！记得每次修改之后要保存场景。笔者在后面会考验你。

Hero.Update()

在下面的示例代码中，`Update()` 方法首先从 InputManager（详见"Input.GetAxis()"和"InputManager"专栏）中读取水平和竖直轴，为 `xAxis` 和 `yAxis` 设置一个-1 到 1 之间的值。`Update()` 代码中的第二段代码根据 `speed` 设置以一种基于时间的方式移动飞船。

最后一行（行末有 `//2` 标记）基于玩家输入旋转飞船。尽管之前冻结了飞船刚体组件的旋转，但如果 isKinematic 设置为 true，我们仍然可以手动设置刚体的旋转角度（如前一章节所说，isKinematic=true 表示刚体会被物理系统跟踪，但由于 Rigidbody.velocity 的关系，它不会自动移动）。这种旋转角度可以使飞船的运动更具动感和表现力，或者说更为鲜活。

在 MonoDevelop 中打开 Hero 脚本，输入以下代码：

```
using UnityEngine;
```

```
using System.Collections;

public class Hero : MonoBehaviour {
    static public Hero    S;          // 单例对象
    // 以下字段用来控制飞船的运动
    public float      speed = 30;
    public float      rollMult = -45;
    public float      pitchMult = 30;
    // 飞船状态信息
    public float      shieldLevel = 1;

    public bool       ____________________;

    void Awake() {
        S = this;    // 设置单例对象
    }

    void Update () {
        // 从 Input（用户输入）类中获取信息
        float xAxis = Input.GetAxis("Horizontal");
            // 1
        float yAxis = Input.GetAxis("Vertical");                    // 1
        // 基于获取的水平轴和竖直轴信息修改 transform.position
        Vector3 pos = transform.position;
        pos.x += xAxis * speed * Time.deltaTime;
        pos.y += yAxis * speed * Time.deltaTime;
        transform.position = pos;
        // 让飞船旋转一个角度，使它更具动感                          // 2
        transform.rotation=Quaternion.Euler(yAxis*pitchMult,xAxis*rollMult,0);
    }
}
```

1. 这两行代码中使用了 Unity 的 `Input` 类从 Unity InputManager 中获取信息。请查看下面的专栏了解更多相关内容。

2. 注释行之后的 `Transform.rotation`...这一行代码根据飞船的移动速度使它发生一定的旋转，这样可以让人感觉飞船的响应更丰富，更为鲜活。

`Input.GetAxis()` 和输入管理器（InputManager）

你可能对 `Hero.Update()` 中的大部分代码感到熟悉，但这里的 `Input.GetAxis()` 方法在本书中是第一次出现。Unity 的输入管理器中可以设置多个输入轴，`Input.GetAxis()` 可用于读取这些轴，要查看默认的输入轴列表，请在菜单栏中执行编辑（Edit）>项目设置（Project Setting）> 输入（Input）命令。

在如图 30-4 所示的设置中，需要注意有些轴出现了两次（例如 Horizontal、Vertical、Jump）。从图中展开后的 Horizontal 轴可以看到，这样既可以通过键盘按钮控制 Horizontal 轴（如图 30-4 中左侧图形所示），也可以通过游戏手柄的摇杆控制（如图 30-4 中右侧图形所示）。可以通过多种不同的输入设置控制同一个输入轴，这是使用输入轴的最大优势之一。因此，你的游戏只需要一行代码读取输入轴的内容，而不必分别使用一行代码处理游戏手柄、键盘上的各个方向键和 A、D 按键。

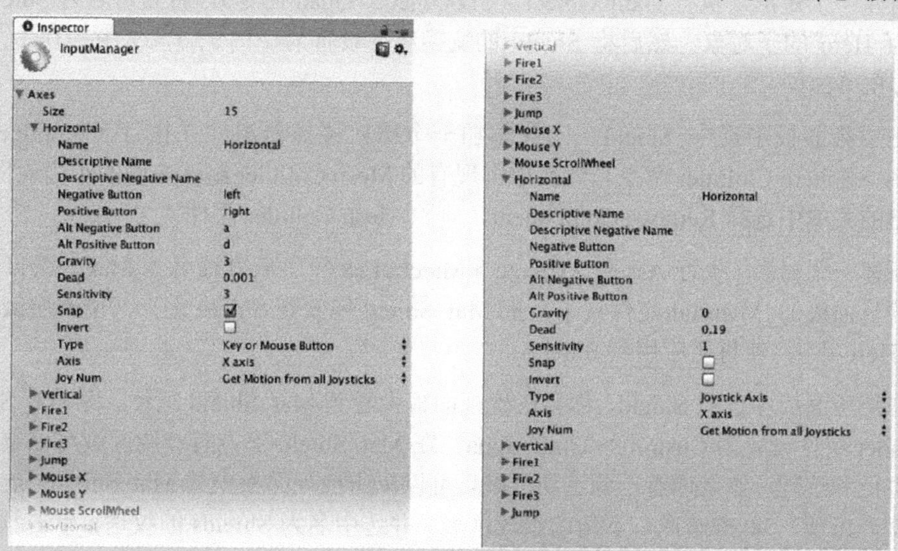

图 30-4　Unity 的输入管理器默认设置截图（分为两段显示）

每次调用 `Input.GetAxis()` 都会返回一个-1 到 1 之间的浮点数值（默认值为 0）。输入管理器中的每个轴还包括了灵敏度（Sensitivity）和重力（Gravity）的数值，但这两个值只适用于键盘和鼠标输入（如图 30-4 左侧部分）。灵敏度和重力可以在按下或松开按键时平滑插值（即在每次使用键盘或鼠标操作时，轴的数值不是立即跳到最终数值，而是从当前数值平滑过渡到最终数值）。在图中所示的 Horizontal 轴灵敏度为 3，表示当按下右方向键时，数值从 0 平滑过渡到 1 要经过 1/3 秒的时间；重力值为 3 则表示当松开右方向键时，数值平滑归 0 需要经过 1/3 秒的时间。灵敏度或重力数值越高，平滑过渡所需的时间越短。

与 Unity 中其他很多功能一样，你可以单击帮助按钮（外观像一本带有问号的书，位于检视面板上部 InputManager 字样和齿轮图标之间），查看关于输入管理器的更多内容。

请试玩这个游戏，仔细体会飞船的感觉。`speed`、`rollMult` 和 `PitchMult` 的数值对笔者来说很合适，但在你自己的游戏中，你应该设置为自己感觉合适的数值。如有必要，需在检视面板中修改_Hero 的设置。

_Hero 飞船让人感觉舒服的原因是飞船具有惯性。当松开控制键时，飞船会隔一小段时间才会减速停止；与之类似，当按下控制键时，飞船需要隔小一小段时间才会提升速度。这种明显的运动惯性是由上述专栏中所说的灵敏度和重力设置产生的。在输入管理器中修改这些设置将影响_Hero 的运动和可操作性。

主角飞船的护盾

_Hero 的护盾由透明度、带贴图的正方形（产生图像）和球状碰撞器（用于处理碰撞）组合而成。

新建一个矩形（执行 GameObject > 3D Object >Quad 命令），将其命名为 Shield 并设置为_Hero 的子对象。然后将 Shield 的变换组件设置为 P:[0,0,0] R:[0,0,0], S:[8,8,8]。

在层级面板中选中 Shield，为其添加一个球状碰撞器组件（执行 Component > Physics > Sphere Clollider 命令）。然后单击现有的 Mesh Collider 组件右侧的小齿轮图标，从弹出的菜单中选择 Remove Component，删除 Mesh Collider 组件。

新建一个材质（执行 Assets > Create > Material 命令），将其命名为 Mat_Shield 并放置在项目面板的_Material 文件夹下。把 Mat_Shield 拖放到 Shield 之上（位于层级面板中的_Hero 下），使材质应用到 Shield。

在层级面板中选中 Shield，你会在检视面板中看到 Mat_Shield 组件。将 Mat_Shield 的 Shader 组件设置为 Custom > UnlitAlpha。在 Mat_Shield 下方有一块区域可以选择材质的主色和纹理（如果你看不到这块区域，可以单击检视面板中的 Mat_Shield，这样它应该就会出现）。单击选择右下角的纹理区域，并选中名为 Shields 的纹理。单击颜色选取块，选择一种浅绿色（RGBA: [0,255,0,255]），然后将 Tiling.x 设置为 0.2，Offset.x 设置为 0.4，前者使 Mat_Shield 在水平方向上只使用 Shield 纹理的 1/5，后者则指定是哪 1/5。请尝试选择 0、0.2、0.4、0.6、0.8 查看不同护盾等级的效果。

Tiling.y 应保持 1.0 不变，Offset.y 应保持 0 不变。这是因为纹理在水平方向上分为五部分，但竖直方向上只有一部分。

创建一个名为 Shield 的 C#脚本（执行 Asset > Create > C# Script 命令）。将其放置在项目面板的__Script 文件夹下，并拖放到层级面板的 Shield 上成为 Shiled 游戏对象的脚本组件。在 MonoDevelop 中打开该脚本并输入以下代码：

```
using UnityEngine;
using System.Collections;

public class Shield : MonoBehaviour {
    public float rotationsPerSecond = 0.1f;
    public bool ________________;
    public int levelShown = 0;

    void Update () {
        // 读取 Hero 单例对象的当前护盾等级
        int currLevel = Mathf.FloorToInt( Hero.S.shieldLevel );       // 1
        // 如果当前护盾等级与显示的等级不符……
        if (levelShown != currLevel) {
            levelShown = currLevel;
            Material mat = this.renderer.material;
            // 则调整纹理偏移量，呈现正确的护盾画面
            mat.mainTextureOffset = new Vector2( 0.2f*levelShown, 0 );// 2
        }
        // 每秒钟将护盾旋转一定角度
```

```
            float rZ = (rotationsPerSecond*Time.time*360) % 360f;          // 3
            transform.rotation = Quaternion.Euler( 0, 0, rZ );
        }
}
```

1. 将当前 Hero.S.shieldLevel 浮点数值向下取整设置给 currLevel 变量。通过让 shiledLevel 向下取整，可以确保 shield 纹理的水平偏移量为单幅纹理宽度的倍数，而不会偏移到两幅纹理图像之间。
2. 本行调整 Mat_Shield 的水平偏移量到合适位置，以显示正确的护盾等级。
3. 本行以及下面一行使 Shield 游戏对象缓慢绕 *z* 轴旋转。

将_Hero 限制在屏幕内

截至目前，_Hero 的动作感觉良好，缓慢旋转的护盾看起来很漂亮，但现在你很容易把飞船移出屏幕边界。这比我们之前所做的工作更为复杂，你现在将编写一段用于将飞船限制在屏幕内的可重用代码。

Bounds（边界框）

渲染器和碰撞器都有边界框（Bounds）类型的 `bounds` 字段。边界框是由一个中心点（center）和一个尺寸（size）定义的，二者均为三维向量类型。如图 30-5 所示是二维图解，但在 Unity 中 *z* 方向上原理相同。

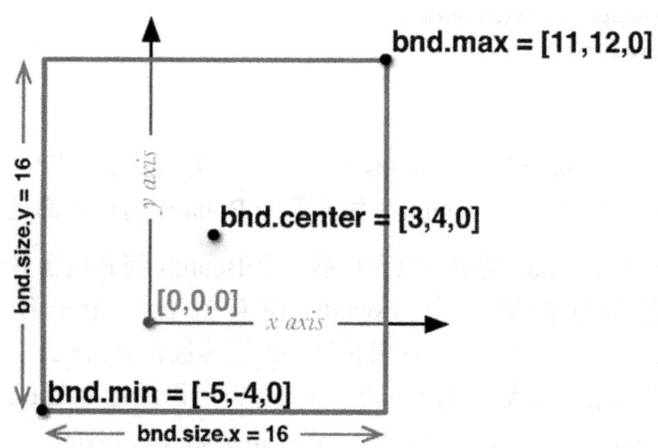

图 30-5　Bounds 类型变量 bnd 的示意图，bnd 变量定义为

```
Bounds Bnd = new Bounds( new Vector3 (3,4,0), new Vector3 (16,16,0) );
```

构建复杂游戏对象的边界框

_Hero 是一个由多个子对象构成的复杂游戏对象，但_Hero 本身没有碰撞器。要找到_Hero 的碰撞边界，需要找到每个子对象的边界框，然后创建一个将所有子对象包含在内的大边界框。Unity 中未内置任何用于扩展一个边界框来包含另一边界框的函数，所以我们需要自己编写一个名为 `BoundsUnion` 的函数来实现这一功能（这个函数之所以这样名称，是因为它将返回两个边界框的数学并集）。在今后的游戏中，这个功能似乎会很实用，所以我们将这部分代码写进 Utils 类中，这个类中全是可重用的游戏代

码。Utils 类几乎全部是由静态函数构成的，这样可以在游戏代码的任意位置调用这些函数。

创建一个名为 Utils 的 C#脚本并将它保存在__Scripts 文件夹下。在 MonoDevelop 中打开 Utils 脚本并输入以下代码：

```
using UnityEngine;
using System.Collections;
using System.Collections.Generic;

public class Utils : MonoBehaviour {
    //============================ Bounds 函数=============================\\
    // 接受两个 Bounds 类型变量，并返回包含这两个 Bounds 的新 Bounds
    public static Bounds BoundsUnion( Bounds b0, Bounds b1 ) {
        // 如果其中一个 Bounds 的 size 为 0，则忽略它
        if ( b0.size == Vector3.zero && b1.size != Vector3.zero ) { // 1
            return( b1 );
        } else if ( b0.size != Vector3.zero && b1.size == Vector3.zero ) {
            return( b0 );
        } else if ( b0.size == Vector3.zero && b1.size == Vector3.zero ) {
            return( b0 );
        }
        // 扩展b0，使其可以包含 b1.min 和 b1.max
        b0.Encapsulate(b1.min);                                          // 2
        b0.Encapsulate(b1.max);
        return( b0 );
    }
}
```

1. 本行的 if 语句保证两个 Bounds 的尺寸均不为 0。如果其中一个 Bounds 的尺寸为 0，则返回另一个 Bounds。如果两个 Bounds 的尺寸都是 0，则返回 b0。
2. 虽然 Unity 的 Bounds 类中不包含扩展一个 Bounds 使其包含另一个 Bounds 的函数，但它却有扩展一个 Bounds 使其包含一个三维向量的函数。b0.Encapsulate(b1.min)将扩展 b0 使其包含 b1.min，如果 b1.min 和 b1.max 都包含在扩展后的 b0 内，则 b1 肯定已经包含在 b0 内。

请在 Utils 类中 BoundUnion()之后加入以下粗体字代码：

```
public class Utils : MonoBehaviour {
    //============================ Bounds 函数=============================\\
    //接受两个 Bounds 类型变量，并返回包含这两个 Bounds 的新 Bounds.
    public static Bounds BoundsUnion( Bounds b0, Bounds b1 ) {
    …
}

public static Bounds CombineBoundsOfChildren(GameObject go) {
        // 创建一个空白 Bounds 变量 b
        Bounds b = new Bounds(Vector3.zero, Vector3.zero);
        // 如果游戏对象具有渲染器组件……
```

```
            if (go.renderer != null) {
                // 扩展b使其包含渲染器的边界框
                b = BoundsUnion(b, go.renderer.bounds);
            }
            // 如果游戏对象具有碰撞器组件……
            if (go.collider != null) {
                //扩展b使其包含碰撞器的边界框
                b = BoundsUnion(b, go.collider.bounds);
            }
            // 递归遍历游戏对象Transform组件的每个子对象
            foreach( Transform t in go.transform ) {                    // 1
                // 扩展b将这些子对象的边界框也包含在内
                b = BoundsUnion( b, CombineBoundsOfChildren( t.gameObject ) ); // 2
            }
            return( b );
        }

}
```

1. Transform 类支持枚举器（通过实现 IEnumerable 接口），使它可以通过 foreach 循环遍历 Transform 的每个子对象。
2. 因为 CombineBoundsOfChildren() 函数调用了自身（实际上是函数自身的另一个实例），所以它也是递归函数的一个示例（在第 23 章中讲过递归函数）。

通过把游戏对象传递给 CombineBoundsOfChildren() 方法，我们现在就可以获取到任何游戏对象及其子对象边界框了。请在 Hero 脚本中添加下列粗体字代码，获取_Hero 实例的组合边界框：

```
public bool ______________________________;

public Bounds bounds;

void Awake() {
    S = this; // 设置单例对象
    bounds = Utils.CombineBoundsOfChildren(this.gameObject);
}
```

将 CombineBoundsOfChildren() 声明为 Utils 类的静态方法，使它可以在代码中随处调用。对于一个拥有众多子对象的游戏对象，调用 Utils.CombineBoundsOfChildren() 有可能会消耗大量计算和时间，所以只调用一次。以后我们会逐帧修改边界框的中心，使它随着飞船而移动。

查找镜头范围的边界框

要保持_Hero 始终显示在画面中，必须要知道镜头视野的边界框。对于透视投影摄像机来说，这项工作较为复杂，而对于正投影摄像机，只要摄像机未经旋转，这项工作就简单许多。要找到镜头范围的边界框，我们需要创建两个三维向量（boundTLN 和 boundBRF，分别代表近端左上角和远端右下角）。通过将镜头的左上角及右下角坐标分别传给 Camera.ScreenToWorldPoint 可以得到两个三维向量变量 boundTLN 和 boundBRF，然后将这两个三维向量的 *z* 坐标值分别设置为摄像机的近剪切平面和远剪切平面的 *z* 坐标值，由此定义这两个变量。

在 MonoDevelop 中打开 Utils 脚本，在静态方法 CombineBoundsOfChildren() 之后添加以下粗体字代码：

```
public class Utils : MonoBehaviour {
    //============================ Bounds 函数============================\\
    // 接受两个 Bounds 类型变量，并返回包含这两个 Bounds 的新 Bounds.
    public static Bounds BoundsUnion( Bounds b0, Bounds b1 ) {
        …
    }

    public static Bounds CombineBoundsOfChildren(GameObject go) {
        …
    }

    // 创建一个静态只读全局属性 camBounds
    static public Bounds camBounds {                                        // 1
        get {
            // 如果未设置_camBounds 变量
            if (_camBounds.size == Vector3.zero) {
                // 使用默认摄像机设置调用 SetCameraBounds()
                SetCameraBounds();
            }
            return( _camBounds );
        }
    }

    // 这是一个局部静态字段，在 camBounds 属性定义中使用
    static private Bounds _camBounds;                                       // 2

    // 本函数用于 camBounds 属性，可设置_camBounds 变量值，也可直接调用
    public static void SetCameraBounds(Camera cam=null) {                   // 3
        // 如果未传入任何摄像机作为参数，则使用主摄像机
        if (cam == null) cam = Camera.main;
        // 这里对摄像机做一些重要假设：
        // 1. 摄像机为正投影摄像机
        // 2. 摄像机的旋转为 R:[0,0,0]
        // 根据屏幕左上角和右下角坐标创建两个三维向量
        Vector3 topLeft = new Vector3( 0, 0, 0 );
        Vector3 bottomRight = new Vector3( Screen.width, Screen.height, 0 );
        // 将两个坐标转化为世界坐标
        Vector3 boundTLN = cam.ScreenToWorldPoint( topLeft );
        Vector3 boundBRF = cam.ScreenToWorldPoint( bottomRight );
        // 将两个三维向量的 z 坐标值分别设置为摄像机远剪切平面和近剪切平面的 z 坐标
        boundTLN.z += cam.nearClipPlane;
```

```
            boundBRF.z += cam.farClipPlane;
            // 查找边界框的中心
            Vector3 center = (boundTLN + boundBRF)/2f;
            _camBounds = new Bounds( center, Vector3.zero );
            // 扩展_camBounds，使其具有尺寸
            _camBounds.Encapsulate( boundTLN );
            _camBounds.Encapsulate( boundBRF );
        }
}
```

1. Utils.camBounds 是一个全局静态只读属性。作为一个属性，访问它时就会运行 get{ }语句。如果未设置局部静态字段_camBounds，get{}语句会先调用 Utils.SetCameraBounds()设置_camBounds，然后再返回。使用这个技巧可以确保能够及时设置_camBounds，供 camBounds 访问，同时也可以确保只需调用一次 Utils.setCameraBounds()。
2. 注意，在 C#中，camBounds 属性和_camBounds 变量的声明次序并不重要。编译器在解析任何代码之前会先读取所有已声明的内容。
3. 静态全局方法 SetCameraBounds()的参数 Cameracam 的默认值为 null。如果调用 SetCameraBounds()时未传入任何摄像机作为参数，程序将用 Camera.main（场景中的主摄像机，在本场景中是_MainCamera）取代 cam 变量中的 null 值。如果程序员希望使用其他摄像机，而非主摄像机，可以直接调用 Utils.SetCameraBounds()。

测试两个边界框是否交叠并作出响应

要使_Hero 保持在屏幕内部，我们最后还要测试两个边界是否交叠。以下代码会用到枚举类型（enum），下面的“枚举”专栏中有详细介绍。

首先，在 Utils 脚本中 Utils 类模块之前加入下面的粗体字代码：

```
using UnityEngine;
using System.Collections;
using System.Collections.Generic;

// 这部分代码实现上位于 Utils 类模块之外
public enum BoundsTest {
    center,      // 游戏对象的中心是否位于屏幕中?
    onScreen,    // 游戏对象是否完全位于屏幕之中?
    offScreen    // 游戏对象是否完全位于屏幕之外?
}

public class Utils : MonoBehaviour {
…
}
```

枚举

枚举（enum）在 C#中是定义特定数字并为其命名一种方式。Utils 脚本顶部的枚举定义声明了一个名为 BoundsTest 的枚举类型，有三个值：center、onScreen 和 offScreen。定义完枚举之后，使用枚举中定义的数值，就可以将变量场景设为这种类型。

```
public BoundsTest testMode = BoundsTest.center;
```

上面一行代码创建了一个名为 testMode 的 BoundsTest 类型变量，其值为 BoundsTest.center。

如果变量的取值选项有限，为了让人更容易看懂这些选项的含义，经常会使用枚举类型。其实，也可以使用字符串作为边界框测试的结果（例如："center"，"onScreen" 或" offScreen"），但使用枚举类型更为整洁，不容易出现拼写错误，还可以在输入时使用自动完成功能。

要深入了解枚举类型，请查看附录 B "实用概念"。

然后，请在 Utils 类模块中添加下面的粗体字代码。注意 BoundsTest 枚举类型在 switch 语句中的用法。在下面的代码中，多次用到了续行符（➥）。要记得这些符号只表示延续之前一行代码（只不过因为代码太长，无法在本书中显示在同一行中）。

```
public class Utils : MonoBehaviour {

    //============================= Bounds 函数 ===============================\\

    …

    public static void SetCameraBounds(Camera cam=null) {
        …
    }

    // 检查边界框bnd是否位于镜头边界框 camBounds 之内
    public static Vector3 ScreenBoundsCheck(Bounds bnd, BoundsTest test = 
BoundsTest.center) {
        return( BoundsInBoundsCheck( camBounds, bnd, test ) );
    }

    // 检查边界框 lilB 是否位于边界框 bigB 之内
    public static Vector3 BoundsInBoundsCheck( Bounds bigB, Bounds lilB,
        ➥ BoundsTest test = BoundsTest.onScreen ) {

        // 根据所选的 BoundsTest，本函数的行为也会有所不同

        // 获取边界框 lilB 的中心
        Vector3 pos = lilB.center;

        // Initialize the offset at [0,0,0]
        Vector3 off = Vector3.zero;
```

```
switch (test) {
// 当 test 参数值为 center 时，函数将确定要将 lilB 的中心平移到 bigB 之内，
// 需要平移的方向和距离，用三维向量 off 表示
case BoundsTest.center:
    if ( bigB.Contains( pos ) ) {
        return( Vector3.zero );
    }

    if (pos.x > bigB.max.x) {
        off.x = pos.x - bigB.max.x;
    } else if (pos.x < bigB.min.x) {
        off.x = pos.x - bigB.min.x;
    }
    if (pos.y > bigB.max.y) {
        off.y = pos.y - bigB.max.y;
    } else if (pos.y < bigB.min.y) {
        off.y = pos.y - bigB.min.y;
    }
    if (pos.z > bigB.max.z) {
        off.z = pos.z - bigB.max.z;
    } else if (pos.z < bigB.min.z) {
        off.z = pos.z - bigB.min.z;
    }
    return( off );

// 当 test 参数值为 onScreen 时，函数将确定要将 lilB 整体平移到 bigB 之内，
// 需要平移的方向和距离，用三维向量 off 表示
case BoundsTest.onScreen:
    if ( bigB.Contains( lilB.min ) && bigB.Contains( lilB.max ) ) {
        return( Vector3.zero );
    }

    if (lilB.max.x > bigB.max.x) {
        off.x = lilB.max.x - bigB.max.x;
    } else if (lilB.min.x < bigB.min.x) {
        off.x = lilB.min.x - bigB.min.x;
    }
    if (lilB.max.y > bigB.max.y) {
        off.y = lilB.max.y - bigB.max.y;
    } else if (lilB.min.y < bigB.min.y) {
        off.y = lilB.min.y - bigB.min.y;
    }
    if (lilB.max.z > bigB.max.z) {
        off.z = lilB.max.z - bigB.max.z;
    } else if (lilB.min.z < bigB.min.z) {
        off.z = lilB.min.z - bigB.min.z;
    }
    return( off );
```

```
        // 当 test 参数值为 offScreen 时，函数将确定要将 lilB 的任意一部分
        // 平移到 bigB 之内需要平移的方向和距离，用三维向量 off 表示
        case BoundsTest.offScreen:
            bool cMin = bigB.Contains( lilB.min );
            bool cMax = bigB.Contains( lilB.max );
            if ( cMin || cMax ) {
                return( Vector3.zero );
            }

            if (lilB.min.x > bigB.max.x) {
                off.x = lilB.min.x - bigB.max.x;
            } else if (lilB.max.x < bigB.min.x) {
                off.x = lilB.max.x - bigB.min.x;
            }
            if (lilB.min.y > bigB.max.y) {
                off.y = lilB.min.y - bigB.max.y;
            } else if (lilB.max.y < bigB.min.y) {
                off.y = lilB.max.y - bigB.min.y;
            }
            if (lilB.min.z > bigB.max.z) {
                off.z = lilB.min.z - bigB.max.z;
            } else if (lilB.max.z < bigB.min.z) {
                off.z = lilB.max.z - bigB.min.z;
            }
            return( off );
        }
        return( Vector3.zero );
    }
}
```

上述两个函数可以返回一个三维向量值，这个值代表了边界框 lilB 距离边界框 bigB（或摄像机边界）的平移值（根据传给 BoundsTest 变量 test 值不同而不同）。

请在 Hero 类中添加以下粗体字代码，查看脚本的效果：

```
public class Hero : MonoBehaviour {
    …

    void Update () {
        …
        transform.position = pos;

        bounds.center = transform.position;                              // 1

        // 使飞船保持在屏幕边界内
        Vector3 off = Utils.ScreenBoundsCheck(bounds, BoundsTest.onScreen);
                                                                         // 2
        if ( off != Vector3.zero ) {                                     // 3
            pos -= off;
            transform.position = pos;
        }
```

```
        // 让飞船旋转一个角度，使它更具动感
        transform.rotation=Quaternion.Euler(yAxis*pitchMult,xAxis*rollMult,0);
    }
}
```

1. 本行代码移动边界框的中心，使其对齐被 `Update()` 方法移动的_Hero。

2. 本行代码使用 `Utils.ScreenBoundsCheck()` 确定飞船是否飞出了屏幕。

3. 如果飞船相对屏幕的平移位置（off）不为 0，则将_Hero 移回屏幕。

请尝试修改带有`//2` 注释的代码，使用其他的 BoundsTest 值（BoundsTest.center 和 BoundsTest.offScreen），查看这些值如何修改 `ScreenBoundsCheck()` 的行为。如果使用 BoundsTest.center，飞船将只有一半船体飞出屏幕。如果使用 BoundsTest.offScreen，飞船将飞出屏幕，在屏幕边缘只留下一丁点护盾。

30.4　添加敌机

在第 25 章中有一部分内容与本游戏中的敌机有关。在第 25 章中，你学到了如何为所有敌机设置一个超类，再用子类对其加以扩展。在本游戏中，我们会延伸这部分内容，但首先，我们需要创建敌机的图形。

敌机图形

因为主角飞船的特征是具有棱角的，所以敌机将用球体构建而成，如图 30-6 所示。

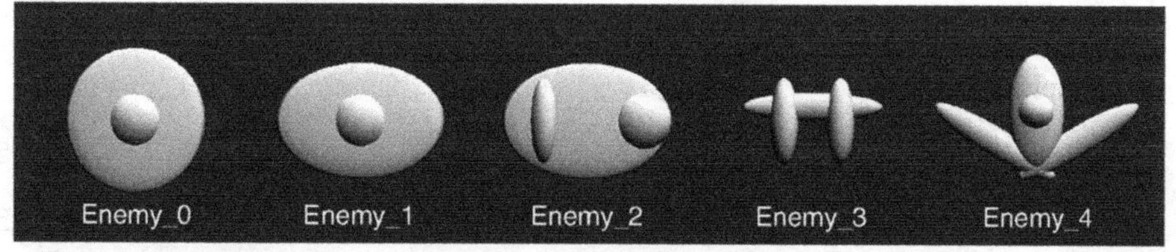

图 30-6　敌机的各种类型

Enemy_0

首先，创建一个空白游戏对象并命名为 Enemy_0，然后创建一个名为 Cockpit 的球体，使其成为 Enemy_0 的子对象，并将变换组件设置为 `P:[0,0,0] R:[0,0,0] S:[2,2,1]`，再创建第二个球体，命名为 Wing，使其同样成为 Enemy_0 的子对象，将其变换组件设置为 `P:[0,0,0] R:[0,0,0] S:[ 5,5,0.5]`。上述步骤可以用另一种方式表示为：

Enemy_0 (Empty)	`P:[0,0,0] R:[0,0,0] S:[1,1,1]`
Cockpit (Sphere)	`P:[0,0,0] R:[0,0,0] S:[2,2,1]`
Wing (Sphere)	`P:[0,0,0] R:[0,0,0] S:[5,5,0.5]`

按照这种格式创建其他 4 类敌机。完成之后的敌机外形应与图 30-6 一致。

Enemy_1

Enemy_1 (Empty) P:[0,0,0] R:[0,0,0] S:[1,1,1]

Cockpit (Sphere) P:[0,0,0] R:[0,0,0] S:[2,2,1]

Wing (Sphere) P:[0,0,0] R:[0,0,0] S:[6,4,0.5]

Enemy_2

Enemy_2 (Empty) P:[0,0,0] R:[0,0,0] S:[1,1,1]

Cockpit (Sphere) P:[-1.5,0,0] R:[0,0,0] S:[1,3,1]

Sphere P:[2,0,0] R:[0,0,0] S:[2,2,1]

Wing (Sphere) P:[0,0,0] R:[0,0,0] S:[6,4,0.5]

Enemy_3

Enemy_3 (Empty) P:[0,0,0] R:[0,0,0] S:[1,1,1]

CockpitL (Sphere) P:[-1,0,0] R:[0,0,0] S:[1,3,1]

CockpitR (Sphere) P:[1,0,0] R:[0,0,0] S:[1,3,1]

Wing (Sphere) P:[0,0.5,0] R:[0,0,0] S:[5,1,0.5]

Enemy_4

Enemy_4 (Empty) P:[0,0,0] R:[0,0,0] S:[1,1,1]

Cockpit (Sphere) P:[0,1,0] R:[0,0,0] S:[1.5,1.5,1.5]

Fuselage (Sphere) P:[0,1,0] R:[0,0,0] S:[2,4,1]

Wing_L (Sphere) P:[-1.5,0,0] R:[0,0,-30] S:[5,1,0.5]

Wing_R (Sphere) P:[1.5,0,0] R:[0,0,30] S:[5,1,0.5]

你需要为每架敌机（即 Enemy_0、Enemy_1、Enemy_2、Enemy_3、Enemy_4）对象添加一个刚体。添加刚体的步骤如下：

1. 在层级面板中选中每架敌机，在菜单栏中执行组件（Component） > 物理（Physics） > 刚体（Rigidbody）命令。
2. 在敌机的刚体组件中，将 *Use Gravity* 设置为 false。
3. 将 isKinematic 设置为 true。
4. 打开 Constraints 旁边的三角形展开按钮，冻结 z 轴的坐标和 x、y、z 轴的旋转。

请确保对 5 类敌机都进行了上述操作。如果一个移动的游戏对象不具有刚体组件，那么游戏对象的碰撞器就不会随游戏对象移动，而具有刚体组件的游戏对象在移动时，它本身以及它的所有子对象的碰撞器将逐帧更新(所以你无须为敌机的每个子对象添加刚体组件)。

将每架敌机拖动到项目面板中的_Prefabs 文件夹中，分别为其创建预设，然后在层级面板中只保留 Enemy_0，删除其余敌机的所有实例。

Enemy 脚本

新建一个名为 Enemy 的 C#脚本。在项目面板中，将 Enemy 脚本拖放到 Enemy_0 之上。然后，如果单击项目面板或层级面板中的 Enemy_0，你会从检视面板中看到它已经绑定了 Enemy(Script)脚本组件。在 MonoDevelop 中打开 Enemy 脚本，输入以下代码：

```
using UnityEngine;         // 用于Unity程序
using System.Collections;      // 用于数组和其他集合

public class Enemy : MonoBehaviour {
    public float speed = 10f;      // 运动速度，以m/s为单位
    public float fireRate = 0.3f;      //  发射频率（暂未使用）
    public float health = 10;
    public int   score = 100;      // 玩家击毁该敌机将得到的分数

    public bool ________________;

    public Bounds    bounds;            // 本对象及其子对象的边界框
    public Vector3   boundsCenterOffset;  // 边界中心（bounds.center）到
position的距离

    // Update每帧调用一次
    void Update() {
        Move();
    }

    public virtual void Move() {
        Vector3 tempPos = pos;
        tempPos.y -= speed * Time.deltaTime;
        pos = tempPos;
    }

    // pos是一个属性：即行为表现与字段相似的方法
    public Vector3 pos {
        get {
            return( this.transform.position );
        }
        set {
            this.transform.position = value;
        }
    }
}
```

单击播放按钮，Enemy_0 的实例将向屏幕底部移动。但是，这个实例有移出屏幕之后仍然会不断向下移动，在游戏结束之前，它会一直存在。我们需要让敌机在完全移

出屏幕之后销毁自身。这里我们又会用到 Utils.ScreenBoundsTest()。

在下面的代码中，Awake()方法中的代码行创建了对 CheckOffscreen()方法的重复调用。InvokeRepeating()是 Unity 内置的一个函数，用于对同一函数进行重复调用。函数的第一个参数是一个字符串，表示要调用的函数名称，第二个参数设置首次调用该函数的时间间隔，最后一个参数是之后调用该函数的时间间隔。在 Awake()函数中，首先在敌机被初始化之后立即调用一次 CheckOffScreen()函数，之后在对象被销毁之前每隔 2 秒钟调用一次。

CheckOffscreen()方法首先检查边界框的大小(bounds.size)是否为[0,0,0]。因为边界框是一种值类型（并非引用类型），所以它的初始默认值不是 null，而是 center:[0,0,0] size:[0,0,0]，所以要检查是否对边界框进行了设置，需要检查其大小是否为默认值[0,0,0]。如果边界框的大小还未设置，则调用 Utils.CombineBoundsofChildren()进行设置。敌机与_Hero 有所不同，它们的边界框中心很可能偏离游戏对象的中心，所以将三维向量 boundsCenterOffset 的值设置为边界框中心和游戏对象中心之间的偏移量（在前面定义的各类敌机中，这一步骤对于 Enemy_4 是必需的）。

请在 Enemy 脚本中添加以下粗体字代码：

```
public class Enemy : MonoBehaviour {
    …
    public Vector3 boundsCenterOffset;      //边界中心(bounds.center)到position
的距离

    void Awake() {
        InvokeRepeating( "CheckOffscreen", 0f, 2f );
    }

    …

    // pos 一个属性：即行为表现与字段相似的方法
    public Vector3 pos {
        …
    }

    void CheckOffscreen() {
        // 如果边界框为默认初始值……
        if (bounds.size == Vector3.zero) {
            // 则对其进行设置
            bounds = Utils.CombineBoundsOfChildren(this.gameObject);
            // 同时检查 bounds.center 和 transform.postion 之间的偏移
            boundsCenterOffset = bounds.center - transform.position;
        }
        // 每次根据当前位置更新边界框
        bounds.center = transform.position + boundsCenterOffset;
        // 检查边界框是否完全位于屏幕之外
        Vector3 off = Utils.ScreenBoundsCheck( bounds, BoundsTest.offScreen );
```

```
        if ( off != Vector3.zero ) {
            // 如果敌机超出屏幕底边界
            if (off.y < 0) {
                // 则销毁
                Destroy( this.gameObject );
            }
        }
    }
}
```

现在，在试玩本场景时，你会看到 Enemy_0 敌机会在屏幕中向下飞出屏幕，在离开屏幕两秒后即被销毁。

30.5　随机生成敌机

做完上述准备工作之后，我们就可以开始随机实例化一些 Enemy_0 了。创建一个名为 Main 的 C#脚本，将其绑定到_MainCamera 上，输入以下代码：

```
using UnityEngine;                  // 用于 Unity 程序
using System.Collections;           // 用于数组和其他集合
using System.Collections.Generic; // 用于 List 和字典

public class Main : MonoBehaviour {
    static   public   Main    S;
    public   GameObject[] prefabEnemies;
    public   float        enemySpawnPerSecond = 0.5f;   // 每秒钟产生的敌机数量
    public   float        enemySpawnPadding = 1.5f;     // Padding for
position

    public bool ________________;

    public   float        enemySpawnRate;               // 生成敌机的时间间隔

    void Awake() {
        S = this;
        // 设置 Utils.camBounds
        Utils.SetCameraBounds(this.camera);
        // 每秒钟产生 0.5 个敌人，即 enemySpawnRate 为 2
        enemySpawnRate = 1f/enemySpawnPerSecond;        // 1
        // 每延迟 2 秒调用一次 SpawnEnemy()
        Invoke( "SpawnEnemy", enemySpawnRate );         // 2
    }

    public void SpawnEnemy() {
        // 随机选取一架敌机预设并实例化
        int ndx = Random.Range(0, prefabEnemies.Length);
        GameObject go = Instantiate( prefabEnemies[ ndx ] ) as GameObject;
        // 将敌机置于屏幕上方，x 坐标随机
```

```
        Vector3 pos = Vector3.zero;
        float xMin = Utils.camBounds.min.x+enemySpawnPadding;
        float xMax = Utils.camBounds.max.x-enemySpawnPadding;
        pos.x = Random.Range( xMin, xMax );
        pos.y = Utils.camBounds.max.y + enemySpawnPadding;
        go.transform.position = pos;
        // 隔两秒钟后再次调用 SpawnEnemy()
        Invoke( "SpawnEnemy", enemySpawnRate );
        // 3
    }
}
```

1. `enemySpawnPerSecond` 全局字段用于设置敌机的生成频率，存储每秒钟生成敌机的数字。它的默认值为 0.5f（即每秒钟生成 0.5 架敌机）。这里的斜线（/）将这个值转换为每两架敌机之间的时间差异（这里为 2 秒），并将结果赋值给 `enemySpawnRate` 变量。
2. `Invoke()` 函数与 `InvokeRepeating()` 的工作方式差不多，但它只调用一次被调用函数。
3. 这里使用 `Invoke()` 而不是 `InvokeRepeating()` 的原因是我们希望动态调整生成敌机的时间差。当使用 `InvokeRepeating()` 时，被调用函数的调用频率是固定的。在 `SpawnEnemy()` 函数尾部添加 `Invode()` 语句可以让游戏在运行期间动态调整 `enemySpawnRate`，并影响其后 `SpawnEnemy()` 函数被调用的频率。

在输入上述代码并保存之后，请返回 Unity 界面并进行下列步骤：

1. 从层级面板中删除 Enemy_0（当然，项目面板中的 Enemy_0 预设要保留）。
2. 在层级面板中选中_MainCamera。
3. 在_MainCamera 的 *Main(Script)*组件下点开 `prefabEnemies` 左侧的三角形展开按钮，设置 `prefabEnemies` 的 Size 为 1。
4. 将 Enemy_0 从项目面板中拖放到 `prefabEnemies` 数组的 Element 0 中。
5. 保存场景！你还记得吧？如果你在创建完这些敌机之后还未保存，那你确实应该保存了。有很多超出你控制的问题会导致 Unity 程序崩溃，你不会愿意把所有工作都从头再做一遍吧。作为一名开发人员，养成经常保存场景的好习惯可以帮你节省很多不必要浪费的时间和精力。

单击播放按钮，你会看到每两秒钟生成一个 Enemy_0，它们会向屏幕下部移动，然后移出屏幕底部，并在两秒后消失。

但现在当_Hero 和敌机相撞时，什么都不会发生。我们需要修正这一问题，首先，我们要检查一下图层。

30.6 设置标签、图层和物理规则

如第 28 章中所演示，Unity 中的图层可以控制对象之间是否会发生碰撞。首先，我们要思考一下《太空射击》游戏原型。在本游戏中，存在不同类型的游戏对象，它们需要放置在不同图层中，并与其他对象发生不同的交互：

- 主角飞船（Hero）：主角飞船应该会与敌机、敌机炮弹、升级道具相碰撞，但不会与主角战舰的炮弹相碰撞。
- 主角飞船的炮弹（ProjectileHero）：主角飞船发射出的炮弹只与敌机相碰撞。
- 敌机（Enemy）：敌机只与主角飞船以及主角飞船的炮弹相碰撞。
- 敌机的炮弹（ProjectileEnemy）：敌机发射出的炮弹只与主角飞船相碰撞。
- 升级道具（PowerUp）：升级道具只与主角飞船相碰撞。

要创建这五个图层，请按以下步骤操作：

1. 打开标签和图层管理器（执行 Edit > Project Settings > Tags and Layers 命令）。标签和图层并不相同，但二者都可以在标签和图层管理器中设置。

2. 打开 Tags 左侧的三角形展开按钮。设置 Tags 的 Size 为 7，并按照如图 30-7 所示左侧部分输入标签名称。注意在输入第 5 项标签 PowerUpBox 时，你可能会收到一条控制台消息“Default GameObject Tag: PowerUp already registered”，你完全可以置之不理。

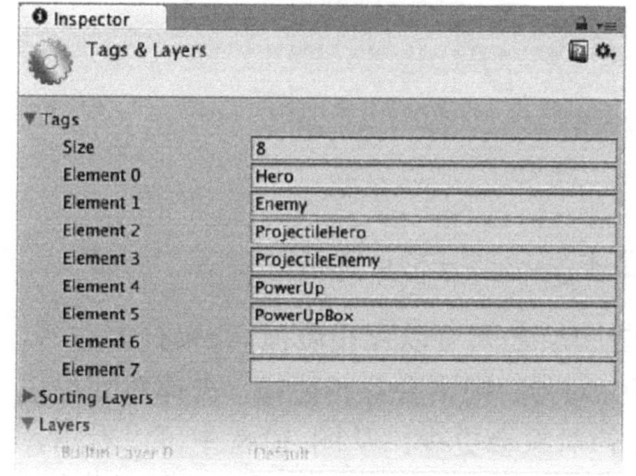

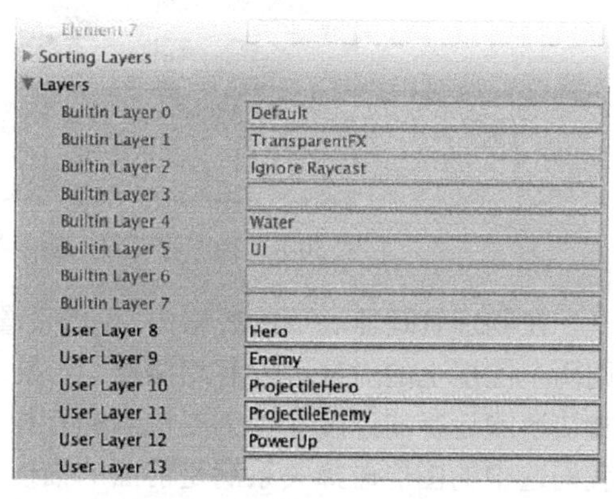

图 30-7　标签和图层管理器，图中显示了本游戏原型中所用的标签名称和图层名称

3. 打开 Layers 旁边的三角形展开按钮。从第 User Layer 8 开始，依次输入图 30-7 中显示的图层名称。内置图层 0~7 由 Unity 保留，但你可以修改用户图层 8~31 的名称。

4. 打开物理管理器（执行 Edit > Project Settings >Physics 命令），按照如图 30-8 所示进行设置。

注意

在 Unity 4.3 中，菜单中有 Physics 和 Physics2D。在本章中，你设置的应该是 Physics（标准的三维 PhysX 物理库），而不是 Physics2D。

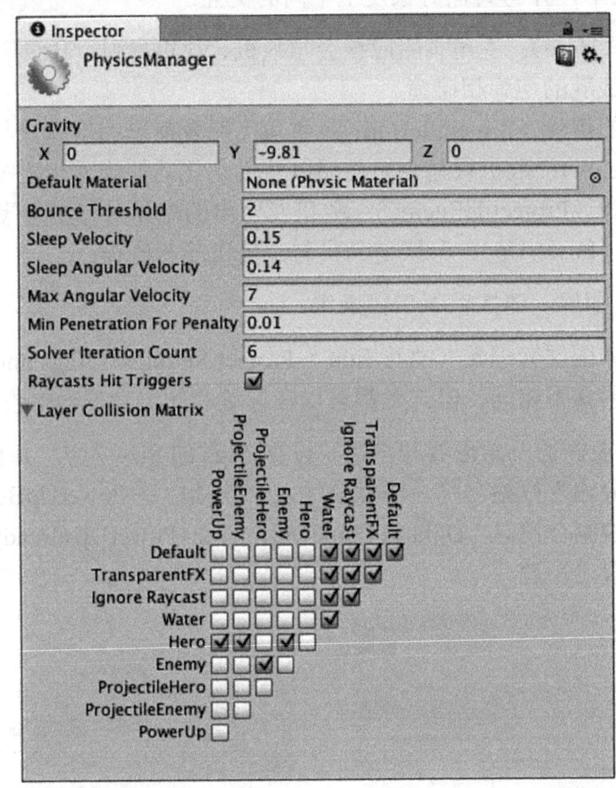

图 30-8　物理管理器，图中显示了本游戏原型中的正确设置

在物理管理器底部的表格中，可以设置哪些图层之间可以互相碰撞。如果打上对号，则两个图层上的对象可以互相碰撞；如果未打上对号，则不会互相碰撞。去掉对勾可以加快游戏运行的速度，因为要检测的互相碰撞的对象会更少。从图 30-8 中可以看出，我们选中的图层碰撞关系满足前面的描述。

为游戏对象指定合适的图层

定义好图层之后，你必须为游戏对象指定正确的图层，具体如下：

1. 在层级面板中选中_Hero，然后在检视面板中从 Layer 下拉菜单中选择 Hero。Unity 会提示是否将_Hero 的子对象也指定到该图层上，选择 Yes, change children（是，修改子对象的图层）。
2. 在检视面板中，在 Tag 下拉菜单中选择 Hero，为_Hero 设置标签。你不需要修改_Hero 子对象的标签。

3．从项目面板中选择每个敌机预设，设置图层为 Enemy。如果提示，同样选择修改子对象的图层。

4．设置每个敌机预设的标签为 Enemy。你不需要修改它们子对象的标签。

30.7 使敌机可以消灭主角飞船

现在敌机和主角飞船可以相互碰撞了，我们需要让它们对碰撞事件做出反应。

在层级面板中打开_Hero 旁边的三角形展开按钮，选中它的护盾（Shield）子对象。在检视面板中，设置护盾的球状碰撞器为触发器（钩选 Is Trigger 旁边的复选框），因为我们不需要物体从护盾上弹开，只需要知道它们是否相撞。

在 Hero 脚本中添加以下粗体字代码：

```
public class Hero : MonoBehaviour {
    …
    void Update() {
        …
    }

    void OnTriggerEnter(Collider other) {
        print("触发碰撞事件: " + other.gameObject.name);
    }
}
```

播放场景并尝试撞击敌机，你会看到敌机子对象（例如 Cockpit 或 Wing）触发了碰撞事件，但并非敌机本身。在 `Utils` 类中加入以下方法可以让你沿着 transform.parent 对象树找到带有标签的父对象（在本例中应该是敌机）：

```
public class Utils : MonoBehaviour {
    //============================ 边界框函数============================\\
    …
        // 检查边界框 lilB 是否处于边界框 bigB 内部
        public static Vector3 BoundsInBoundsCheck( Bounds bigB, Bounds lilB,
          ➥BoundsTest test = BoundsTest.onScreen ) {
        …
    }

    //============================ 变换函数 ============================\\
    // 本函数将采用递归方法查找 transform.parent 树
    // 直至找到具有自定义标签的对象（tag!= "Untagged"）或者没有父对象为止
    public static GameObject FindTaggedParent(GameObject go) {          // 1
        // 如果当前游戏对象具有自定义标签
        if (go.tag != "Untagged") {                                     // 2
            // 当返回当前游戏对象
            return(go);
        }
```

```
        // 如果当前的 Transform 没有父对象 If there is no parent of this Transform
        if (go.transform.parent == null) {                               // 3
            // 我们到达了对象树的最顶层仍未找到所需的对象
            // 所以返回 null
            return( null );
        }
        // 否则，继续使用递归方法沿对象树向上查找
        return( FindTaggedParent( go.transform.parent.gameObject ) ); // 4
    }

    // 这个版本的 FindTaggedParent()函数以 Transform 为参数
    public static GameObject FindTaggedParent(Transform t) {            // 5
        return( FindTaggedParent( t.gameObject ) );
    }
}
```

1. FindTaggedParent()函数用于查找在 GameObject go 的 transform 层级树上查找一个具有自定义标签（即它的标签并非默认的 Untagged 标签）的游戏对象。

2. 如果 GameObject go 具有自定义标签，则返回 go。

3. 如果 go.transform.parent 为 null，说明 GameObject go 没有父对象。也就是说，最初的游戏对象和它的任何父对象都没有自定义标签，因此返回 null。

4. 因为 go.transform.parent 非 null，所以以 go 的父对象作为参数递归调用 Utils.FindTaggedParent()函数。

5. 这是对 FindTaggedParent()函数的重载，以 transform 为初始参数，而不是像另一个版本的 FindTaggedParent()函数那样以游戏对象作为参数。

接下来，请按以下代码修改 Hero 脚本中的 OnTriggerEnter()方法，其中利用到了 Utils.FindTaggedParent()方法：

```
public class Hero : MonoBehaviour {
    …
    void Update() {
        …
    }

    void OnTriggerEnter(Collider other) {
        // 查找 other.gameObject 或其父对象的标签
        GameObject go = Utils.FindTaggedParent(other.gameObject);
        // 如果存在具有自定义标签的父对象
        if (go != null) {
            // 则声明其名称
            print("触发碰撞事件: "+go.name);
        } else {
            // 否则，则声明 other.gameObject 的名称
```

```
            print("触发碰撞事件: "+other.gameObject.name);      // 将代码移到这里!
        }
    }
}
```

现在当播放场景并用主角飞船撞击敌机时，你会看到 `OnTriggerEnter()` 会声明它碰撞到 `Enemy_0(Clone)`，这是 Enemy_0 的一个实例。

提示

迭代式代码开发：当制作你自己的游戏模型时，你可以经常使用这种声明式的测试代码测试你的代码是否正常运行。笔者发现，与其连续编写几个小时代码但最后才发现代码存在错误，不如用这种方法一点一滴地修改、测试更有效率。迭代式开发可以使调试变得更加简单，因为你每次只在上次可以正常运行的代码基础上做细微修改，所以更容易找出产生错误的代码位置。

这种开发方法的另一关键元素是调试器的用法，在编写本书期间，只要我发现代码的运行不符合预期，我就会使用调试器检查发生了什么事情。如果你不记得如何使用 MonoDevelop 调试器，笔者强烈建议你重新阅读第 24 章。

有效地利用调试器，可以让你解决代码问题，而不是无谓地盯着代码看上几个小时。请尝试在 `OnTriggerEnter()` 方法中设置一个调试断点，修改并监视代码如何调用，以及变量值如何变化。`Utils.FindTaggedParent()` 的递归调用尤为有趣。

迭代式代码开发与迭代式设计过程有着同样的优点，它是第 27 章中撰述的敏捷开发的关键方法论。

接下来，请修改 `Hero` 类的 `OnTriggerEnter()` 方法，使玩家飞船的护盾在撞到敌机之后下降一个等级，并消灭敌机。另外，重要的是，不能让同一父级游戏对象连续两次触发护盾碰撞器（如果对象移动速度较快，并且它的两个子对象的碰撞器在同一帧中撞到了护盾的触发器，就会发生这种情况）。

```
public class Hero : MonoBehaviour {
    …
    void Update() {
        …
    }

    // 此变量用于存储最后一次触发护盾碰撞器的游戏对象
    public GameObject lastTriggerGo = null;                          // 1

    void OnTriggerEnter(Collider other) {
        …
        if (go != null) {
            // 确保此次触发碰撞事件的对象与上次不同
            if (go == lastTriggerGo) {                               // 2
                return;
            }
```

```
                lastTriggerGo = go;                                    // 3

                if (go.tag == "Enemy") {
                    // 如果护盾被敌机触发
                    // 则让护盾下降一个等级
                    shieldLevel--;
                    // 消灭敌机
                    Destroy(go);                                       // 4
                } else {
                    print("触发碰撞事件: "+go.name);        // 将代码移到这里!
                }
            } else {
                …
            }
```

1. 此字段用于存储最后一次触发护盾碰撞器的游戏对象。它的初始值为 null。尽管我们习惯在类模块的前部声明字段，但其实它们可以在类模块中的任意位置声明，本行即是一例。

2. 如果 `lastTriggerGo` 与 `go`（当前触发碰撞事件的对象）是同一对象，则将此次碰撞当作重复事件忽略，当同一架敌机的两个子对象同时(即在同一帧中)碰撞到护盾的碰撞器时，就会发生这种事情。

3. 将 `go` 赋值给 `lastTriggerGo`，更新后供下一次 `OnTriggerEnter()` 事件使用。

4. 撞击到护盾之后，`go`（敌机）即被消灭。因为我们检测到的游戏对象是通过 `Utils.FindTaggedParent()` 方法查找到的敌机对象，所以这行代码将消灭整架敌机，而不是与护盾发生碰撞的敌机子对象。

请播放场景并尝试撞击敌机。在撞击几架之后，你会发现护盾有一个奇怪的现象：当护盾从满级降到零之后，又会回到满级状态。你觉得这是什么原因呢？请在播放过程中选中层级面板中的_Hero，在检视面板中查看 `shieldLevel` 字段如何变化。

因为 `shieldLevel` 没有数值下限，所以它会递减至负数。Shield 脚本会将 `shieldLevel` 解释为 Mat_Shield 的 *x* 偏移值为负数，因为材质的纹理被设置为循环，所以护盾看起来像是恢复到了满级的状态。

要解决这一问题，我们将把 `shieldLevel` 字段改为属性，让它对局部字段 `_shieldLevel` 的值加以隔离和限制。`shieldLevel` 属性将监视 `_shieldLevel` 字段的值，确保 `_shieldLevel` 字段值永远不大于 4，并且当 `_shieldLevel` 字段值小于 0 时消灭主角飞船。`_shieldLevel` 这样的字段应设置为局部字段，因为不需要在其他类中访问它的值；但在 Unity 中，局部字段不能在检视面板中查看。要解决这一问题，需要在 `_shieldLevel` 的声明语句前添加 `[SerializeField]`，通知 Unity 在检视面板中显示它，即使它属于局部字段。属性永远不会显示在检视面板中，即使全局属性也不例外。

首先，将 Hero 类代码顶部的全局变量 shieldLevel 修改为局部字段 _shieldLevel，并在前面添加一行[SerializeField]:

```
// Ship status information
[SerializeField]
private float         _shieldLevel = 1;        // 在变量名之前添加下划线
```

然后，在 Hero 代码后部添加 shieldLevel 属性的代码:

```
public class Hero : MonoBehaviour {
    …
    void OnTriggerEnter(Collider other) {
        …
    }
    public float shieldLevel {
        get {
            return( _shieldLevel );                              // 1
        }
        set {
            _shieldLevel = Mathf.Min( value, 4 );                // 2
            // 如果护盾等级小于 0
            if (value < 0) {                                     // 3
                Destroy(this.gameObject);
            }
        }
    }
}
```

1. get{}语句只返回_shieldLevel 的值。

2. Mathf.Min()可以确保_shieldLevel 的值永远不大于 4。

3. 如果传入 set{}语句的_shieldLevel 值小于 0，则消灭_Hero。

30.8 重新开始游戏

从测试结果中，你可以看到一旦主角飞船被消灭，游戏会变得非常无聊。我们现在需要同时修改 Hero 和 Main 类，在_Hero 被消灭 2 秒之后重新开始游戏。

首先，在 Hero 类的顶部添加一个 gameRestartDelay 的字段:

```
static  public  Hero          S;          // 单例对象
public  float                 gameRestartDelay = 2f;
// 以下字段用来控制飞船的运动
```

然后在 Hero 类的 shieldLevel 属性定义中添加以下粗体字代码:

```
if (value < 0) {
    Destroy(this.gameObject);
    // 通知 Main.S 延时重新开始游戏
    Main.S.DelayedRestart( gameRestartDelay );
}
```

最后，在 Main 类中添加下列方法使代码可以工作：

```
public class Main : MonoBehaviour {
    …
    public void SpawnEnemy() {
        …
    }

    public void DelayedRestart( float delay ) {
        // 延时调用restart()方法，延时秒数为delay变量的值
        Invoke("Restart", delay);
    }
    public void Restart() {
        // 重新加载场景_Scene_0，重新开始游戏
        Application.LoadLevel("_Scene_0");
    }
}
```

现在，只要玩家飞船被消灭，游戏将等待几秒钟并重新开始。

30.9 射击

敌机可以损坏玩家飞船了，现在应该让玩家飞船有方法还击。

图形

创建一个空白游戏对象，命名为Weapon（武器），然后为其添加以下组件和子对象：

```
Weapon (Empty)      P:[0,0,0]   R:[0,0,0]  S:[1,1,1]
    Barrel (Cube)   P:[0,0.5,0] R:[0,0,0]  S:[0.25,1,0.1]
    Collar (Cube)   P:[0,1,0]   R:[0,0,0]  S:[0.375,0.5,0.2]
```

首先移除 Barrel 和 Collar 的碰撞器组件，方法是分别选中它们，然后在检视面板中用鼠标右键单击它们的 Box Collider 组件，并从弹出菜单中选择 Remove Component。你也可以单击 Box Collider 右侧的小齿轮图标，这样会弹出同样的菜单。

然后，创建一个名为 MatCollar 的新材质。将材质拖放到 Collar 上应用。在检视面板中，从 Shader（着色器）下拉菜单中执行 Custom > UnlitAlpha 命令。现在 Collar 应该呈现为一种浅白色（如图 30-9 所示）。

接下来，新建一个名为 Weapon 的 C#脚本并把它拖放到层级面板中的 Weapon 游戏对象上。然后把 Weapon 拖放到项目面板中的_Prefabs 文件夹中，创建一个预设。让层级面板中的 Weapon 对象成为_Hero 的子对象，将将它的位置设置为[0,2,0]。这会使 Weapon 位于_Hero 飞船的头部，如图 30-9 所示。

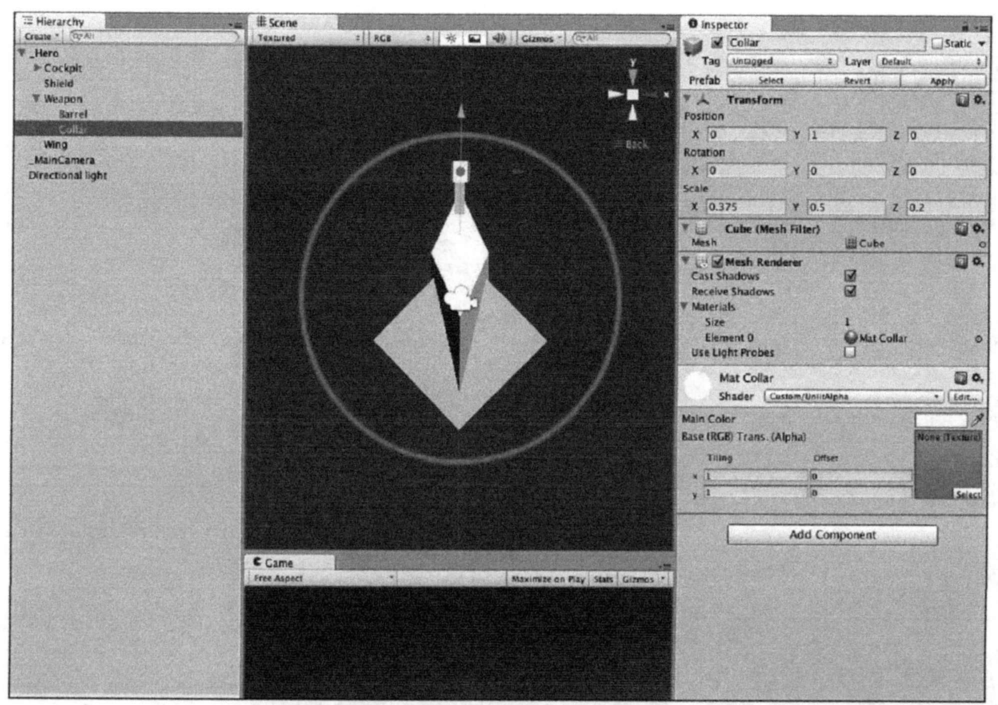

图 30-9　飞船武器，当前选中 Collar 子对象，并在检视面板中显示了材质和着色器的正确设置

保存场景！你是否记得要时常保存场景？

接下来，请创建一个名为 ProjectileHero 的立方体，作为主角飞船的炮弹，设置如下：

ProjectileHero (Cube)　`P:[10,0,0]`　R:`[0,0,0]` `S:[0.25,1,0.5]`

将 `ProjectileHero` 的标签和图层均设置为 `ProjectileHero`。创建一个名为 Mat_Projectile 的新材质，将着色器指定为 Custom > UnlitAlpha，并将材质应用到 ProjectileHero 游戏对象上。为 ProjectileHero 游戏对象添加一个刚体组件，设置如图 30-10 所示（ProjectileHero 的变换组件并不重要，因为它将成为一个预设，通过代码设置位置）。新建一个名为 `Projectile` 的 C#脚本并将它拖放到 ProjectileHero 上。我们稍后将编辑该代码。

在 ProjectileHero 游戏对象的盒碰撞器组件中，设置 Size.z 为 10，这会使炮弹可以撞击到 z=0 平面附近的任何物体。

保存场景。

把 ProjectileHero 拖放到项目面板中的_Prefabs 文件夹下，创建一个预设，并删除层级面板中的 ProjectileHero 实例。

保存场景。就像笔者之前所说的，你应该随时保存场景。

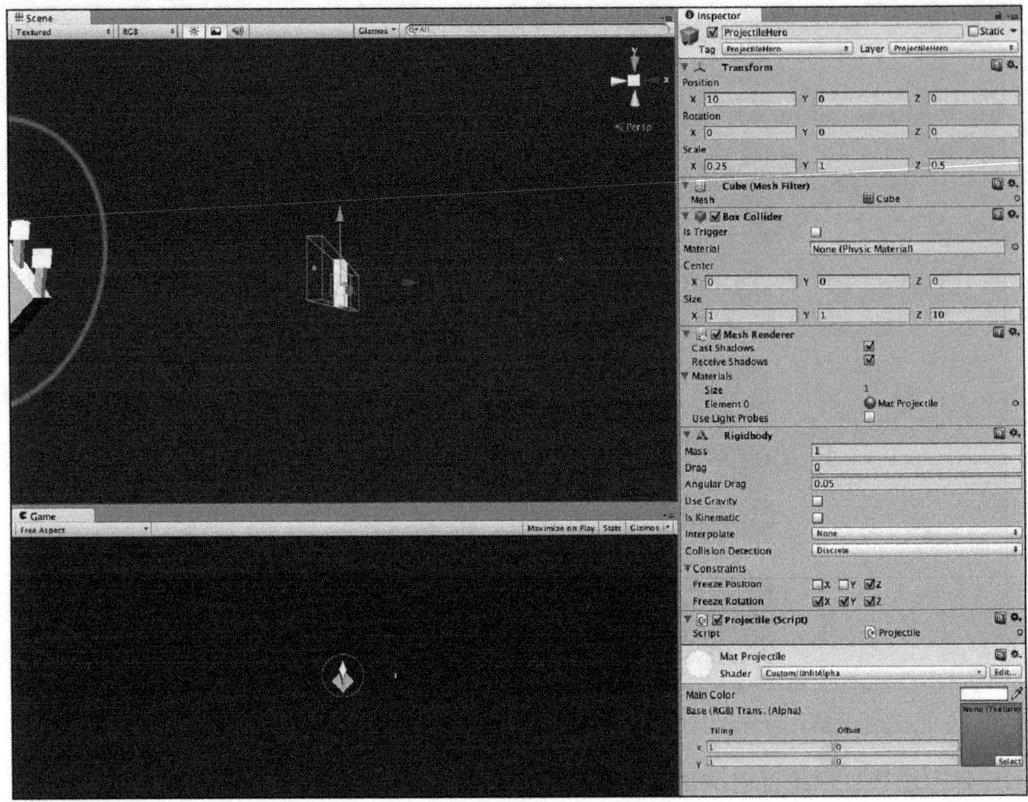

图 30-10　ProjectileHero，图中显示了盒碰撞器 Size.z 的正确设置

可序列化的 WeaponDefinition 类

请在 MonoDevelop 中打开 Weapon 脚本，并输入以下代码：

```
using UnityEngine;
using System.Collections;

// 这个枚举类型中定义了所有可能出现的武器类型
// 其中也包含了可以用于升级护盾的“shield”类型
// 标记[NI]的项目表示在本书中未实现
public enum WeaponType {
    none,        // 默认/无武器
    blaster,     // 简单的高爆弹武器
    spread,      // 同时发射两发炮弹
    phaser,      // 沿波形前进 [NI]
    missile,         // 制导导弹 [NI]
    laser,       // 按时间造成伤害 [NI]
    shield       // 提高护盾等级
}

// WeaponDefinition 类可以让你在检视面板中设置特定武器属性
```

```
//Main 脚本中有一个 WeaponDefinition 的数组，可以在其中进行设置
// [System.Serializable]通知 Unity 在检视面板中查看 WeaponDefinition
// 它并不适用于所有类，但对于这里的简单类起作用
[System.Serializable]
public class WeaponDefinition {
    public  WeaponType  type         = WeaponType.none;
    public  string      letter;      // 升级道具中显示的字母
    public  Color       color        = Color.white; // Collar &升级道具的颜色
    public  GameObject  projectilePrefab; // 炮弹的预设
    public  Color       projectileColor  = Color.white;
    public  float       damageOnHit  = 0;      // 造成的伤害点数
    public  float       continuousDamage = 0;      // 每秒伤害点数（Laser）
    public  float       delayBetweenShots = 0;
    public  float       velocity = 20;         //炮弹的速度
}

// 注意：武器预设、颜色等将在 Main 类中进行设置

public class Weapon : MonoBehaviour {
    // Weapon 类代码将来将填写在这里
}
```

如代码注释中所说，WeaponType 枚举类型定义了所有可能的武器和升级道具类型。WeaponDefinition 是一个由 WeaponType 和其他几个字段构成的类，可用于定义每种武器。请在 Main 类中添加以下粗体字代码：

```
public class Main : MonoBehaviour {
    ……
    public  float              enemySpawnPadding = 1.5f; // 敌机位置间隔
    public  WeaponDefinition[]  weaponDefinitions;

    public  bool               ________________;

    public  WeaponType[]       activeWeaponTypes;
    public  float              enemySpawnRate;          // 生成敌机的时间间隔

    void Awake() {…}

    void Start() {
        activeWeaponTypes = new WeaponType[weaponDefinitions.Length];
        for ( int i=0; i<weaponDefinitions.Length; i++ ) {
            activeWeaponTypes[i] = weaponDefinitions[i].type;
        }
    }
    ……
}
```

保存脚本并从层级面板中选择_MainCamera，现在你会在检视面板中看到 Main(Script)组件下的 weaponDefinitions 数组。单击它旁边的三角形展开按钮，将

数组的 Size 设为 3。按照如图 30-11 所示输入三种 WeaponDefinition 的值。颜色可以不必完全一致，但每种颜色的透明度应设置为完全不透明（图中显示为颜色选取块下方的白条）。

警告

有些情况下颜色默认为透明：当创建一个类似于 `WeaponDefinition` 这样包含颜色字段的可序列化类时，这些颜色的默认 alpha 值为 0（即颜色不可见）。要解决这一问题，请确保每个颜色定义下方的白条都是以白色填充（并非黑色）。如果你单击颜色选取块，你会看到颜色由 R、G、B、A 四个值所定义，请确保 A 值为 255，即完全不透明。

如果你使用 OS X 操作系统并选择在 Unity 中使用 OS X 系统的拾色器，而非默认拾色器，则透明度值由拾色器窗口下方的透明度滑块设置（这时应设置为 100%）。

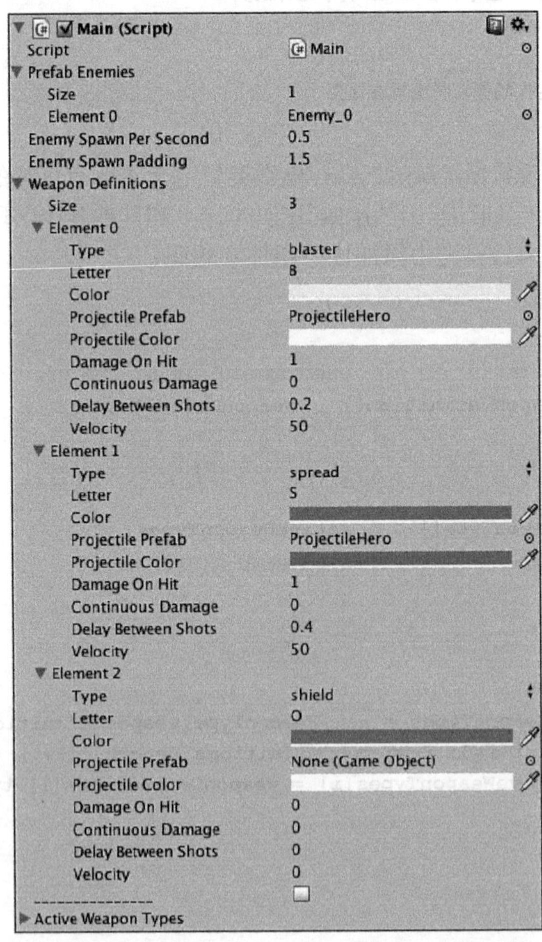

图 30-11　Main 脚本组件中 blaster、spread 和 shield 的 WeaponDefinition 设置

用于 WeaponDefinition 的泛型字典

现在，在 MonoDevelop 中打开 Main 脚本，输入下面的粗体字代码。这段代码使用了字典（Dictionary），它类似于 List，也是一种泛型集合。字典里包括关键字（key）和值（value），关键字用于返回值。这里字典使用枚举类型 `WeaponType` 作为关键字，使用 `WeaponDefinition` 类作为值。我们将会创建一个静态全局字典 `W_DEFS`，用于存储我们刚才在 Main(Script)检视面板中输入的数组。遗憾的是，字典不能显示在检视面板中，要不然我们前面一开始就使用字典了。实际上，W_DEFS 字典先是在 Main 脚本的 `Awake()`方法中进行定义，然后在静态函数 `Main.GetWeaponDefinition()` 中使用。

```
public class Main : MonoBehaviour {
    static public Main S;
    static public Dictionary<WeaponType, WeaponDefinition> W_DEFS;
    …
    void Awake() {
        …
            Invoke( "SpawnEnemy", enemySpawnRate );
        // A generic Dictionary with WeaponType as the key
        W_DEFS = new Dictionary<WeaponType, WeaponDefinition>();
        foreach( WeaponDefinition def in weaponDefinitions ) {
            W_DEFS[def.type] = def;
        }
    }
    static public WeaponDefinition GetWeaponDefinition( WeaponType wt ) {
        // Check to make sure that the key exists in the Dictionary
        // Attempting to retrieve a key that didn't exist, would throw an error,
        // so the following if statement is important.
        if (W_DEFS.ContainsKey(wt)) {
            return( W_DEFS[wt]);
        }
        // This will return a definition for WeaponType.none,
        // which means it has failed to find the WeaponDefinition
        return( new WeaponDefinition() );
    }
    void Start() {…}
}
```

现在，在 MonoDevelop 中打开 `Projectile` 类脚本，输入以下代码：

```
using UnityEngine;
using System.Collections;
public class Projectile : MonoBehaviour {
    [SerializeField]
    private WeaponType _type;
    // 这个全局属性屏蔽了_type 字段，并在设置_type 字段时运行一段代码
    public WeaponType type {
        get {
            return( _type );
        }
        set {
```

```
                SetType( value );
            }
        }
        void Awake() {
            // 每隔 2 秒钟检测一次，查看本对象是否出了屏幕范围
            InvokeRepeating( "CheckOffscreen", 2f, 2f );
        }
        public void SetType( WeaponType eType ) {
            // 设置 _type
            _type = eType;
            WeaponDefinition def = Main.GetWeaponDefinition( _type );
            renderer.material.color = def.projectileColor;
        }
        void CheckOffscreen() {
            if ( Utils.ScreenBoundsCheck( collider.bounds,
BoundsTest.offScreen ) !=
                ➥ Vector3.zero ) {
                 Destroy( this.gameObject );
            }
        }
    }
```

无论何时设置炮弹的 `type` 时，都会调用 `SetType()`函数，这样将根据 Main 中的 WeaponDefinition 自动设置炮弹的颜色。

使用函数委托进行射击

在继续学习后面内容之前，请阅读附录 B 中的“函数委托”部分。

在本游戏原型中，`Hero` 类将包括一个 `fireDelegate` 委托，用于发射所有武器，每个绑定在这个委托之上的武器将拥有各自的 `Fire()`方法。

请在 `Hero` 类中添加以下粗体字代码：

```
public class Hero : MonoBehaviour {
    …
        public Bounds bounds;
    // 声明一个新的委托类型 WeaponFireDelegate
    public delegate void WeaponFireDelegate();
    // 创建一个名为 fireDelegate 的 WeaponFireDelegate 类型字段
    public WeaponFireDelegate fireDelegate;
    void Awake() {
        …
    }
    void Update () {
        …
        // 让飞船旋转一个角度，使它更具动感
        transform.rotation =
Quaternion.Euler(yAxis*pitchMult,xAxis*rollMult,0);
        // 使用 fireDelegate 委托发射武器
        // 首先，确认玩家按下了 Axis("Jump")按钮
```

```
        // 然后确认 fireDelegate 不为 null，避免产生错误
        if (Input.GetAxis("Jump") == 1 && fireDelegate != null) { // 1
            fireDelegate();
        }
    }
    …
}
```

1. 如果没有为 fireDelegate 指定一个方法就进行调用，会抛出一个错误。要避免错误发生，需要在调用之前先通过 fireDelegate !=null，确保它不为 null。

在 MonoDevelop 中打开 Weapon 脚本并添加下列代码：

```
…
public class Weapon : MonoBehaviour {
    static public Transform PROJECTILE_ANCHOR;

    public bool ____________________;
    [SerializeField]
    private WeaponType          _type = WeaponType.blaster;
    public WeaponDefinition     def;
    public GameObject           collar;
    public float            lastShot; // Time last shot was fired

    void Start() {
        collar = transform.Find("Collar").gameObject;
        //调用 SetType()，正确设置默认武器类型_type
        SetType( _type );
        if (PROJECTILE_ANCHOR == null) {
            GameObject go = new GameObject("_Projectile_Anchor");
            PROJECTILE_ANCHOR = go.transform;
        }
        // 查找父对象的 fireDelegate

        GameObject parentGO = transform.parent.gameObject;
        if (parentGO.tag == "Hero") {
            Hero.S.fireDelegate += Fire;
        }
    }
    public WeaponType type {
        get { return( _type ); }
        set { SetType( value ); }
    }
    public void SetType( WeaponType wt ) {
        _type = wt;
        if (type == WeaponType.none) {
            this.gameObject.SetActive(false);
            return;
        } else {
            this.gameObject.SetActive(true);
```

```
        }
        def = Main.GetWeaponDefinition(_type);
        collar.renderer.material.color = def.color;
        lastShot = 0; // You can always fire immediately after _type is set.
    }
    public void Fire() {
        // 如果this.gameObject处于未激活状态，则返回
        if (!gameObject.activeInHierarchy) return;
        // 如果距离上次发射的时间间隔不足最小间隔，则返回
        if (Time.time - lastShot < def.delayBetweenShots) {
            return;
        }
        Projectile p;
        switch (type) {
        case WeaponType.blaster:
            p = MakeProjectile();
            p.rigidbody.velocity = Vector3.up * def.velocity;
            break;
        case WeaponType.spread:
            p = MakeProjectile();
            p.rigidbody.velocity = Vector3.up * def.velocity;
            p = MakeProjectile();
            p.rigidbody.velocity = new Vector3( -.2f, 0.9f, 0 ) * def.velocity;
            p = MakeProjectile();
            p.rigidbody.velocity = new Vector3( .2f, 0.9f, 0 ) * def.velocity;
            break;
        }
    }
    public Projectile MakeProjectile() {
        GameObject go = Instantiate( def.projectilePrefab ) as GameObject;
        if ( transform.parent.gameObject.tag == "Hero" ) {
            go.tag = "ProjectileHero";
            go.layer = LayerMask.NameToLayer("ProjectileHero");
        } else {
            go.tag = "ProjectileEnemy";
            go.layer = LayerMask.NameToLayer("ProjectileEnemy");
        }
        go.transform.position = collar.transform.position;
        go.transform.parent = PROJECTILE_ANCHOR;
        Projectile p = go.GetComponent<Projectile>();
        p.type = type;
        lastShot = Time.time;
        return( p );
    }
}
```

你应该可以大致读懂上面代码。注意，各种炮弹和武器类型是在`Fire()`方法中的switch中处理的。

现在，重要的是要让炮弹可以真正地消灭敌机。请在MonoDevelop中打开Enemy脚本，添加下面的`OnCollisionEnter()`方法：

```
public class Enemy : MonoBehaviour {
    …
    void CheckOffscreen() {
        …
    }
    void OnCollisionEnter( Collision coll ) {
        GameObject other = coll.gameObject;
        switch (other.tag) {
        case "ProjectileHero":
            Projectile p = other.GetComponent<Projectile>();
            // 在进入屏幕之前，敌机不会受到伤害
            // 这可以避免玩家射击到屏幕外看不到的敌机
            bounds.center = transform.position + boundsCenterOffset;
            if (bounds.extents == Vector3.zero ||
            ➥Utils.ScreenBoundsCheck(bounds, BoundsTest.offScreen)!=
Vector3.zero) {
                Destroy(other);
                break;
            }
            // 给这架敌机造成伤害
            // 根据 Projectile.type 和 Main.W_DEFS 得出伤害值
            health -= Main.W_DEFS[p.type].damageOnHit;
            if (health <= 0) {
                // 消灭该敌机
                Destroy(this.gameObject);
            }
            Destroy(other);
            break;
        }
    }
}
```

现在当你试玩游戏时，就可以消灭敌机了，但每架敌机需要 10 发炮弹才能消灭，而且看不出它们是否受到伤害。我们将添加代码使敌机在每次受到伤害时闪烁几帧红色，但要实现这种效果，我们需要访问每架敌机所有子对象的所有材质。这种功能似乎会在今后的原型中经常用到，所以我们将把它添加到 Utils 脚本中。请在 MonoDevelop 中打开 Utils 脚本，添加以下静态方式实现这一功能：

```
public class Utils : MonoBehaviour {
    //============================ 边界框函数 ==============================\\
    …
    //============================变换函数============================\\
    …
    public static GameObject FindTaggedParent(Transform t) {
        return( FindTaggedParent( t.gameObject ) );
    }
    //============================ 材质函数 ============================\\
    // 用一个 List 返回游戏对象或其子对象的所有材质
    static public Material[] GetAllMaterials( GameObject go ) {
        List<Material> mats = new List<Material>();
```

```
        if (go.renderer != null) {
            mats.Add(go.renderer.material);
        }
        foreach( Transform t in go.transform ) {
            mats.AddRange( GetAllMaterials( t.gameObject ) );
        }
        return( mats.ToArray() );
    }
}
```

然后，请在 Enemy 脚本中添加以下粗体字代码：

```
public class Enemy : MonoBehaviour {
    …
    public int          score = 100;              // 击毁本架敌机将获得的点数
    public int          showDamageForFrames = 2;  // 显示伤害效果的帧数

    public bool         ________________;

    public Color[]          originalColors;
    public Material[]       materials;                 // 本对象及其子对象的所有材质
    public int          remainingDamageFrames = 0; // 剩余的伤害效果帧数
    public Bounds           bounds;                // 本对象及其子对象的边界框

    void Awake() {
        materials = Utils.GetAllMaterials( gameObject );
        originalColors = new Color[materials.Length];
        for (int i=0; i<materials.Length; i++) {
            originalColors[i] = materials[i].color;
        }
        InvokeRepeating( "CheckOffscreen", 0f, 2f );
    }

    // Update()函数每帧调用一次
    void Update() {
        Move();
        if (remainingDamageFrames>0) {
            remainingDamageFrames--;
            if (remainingDamageFrames == 0) {
                UnShowDamage();
            }
        }
    }

    void OnCollisionEnter( Collision coll ) {
        GameObject other = coll.gameObject;
        switch (other.tag) {
        case "ProjectileHero":
            …
            // 给这架敌机造成伤害
            ShowDamage();
```

```
                // 根据 Projectile.type 和 Main.W_DEFS 得出伤害值
                …
                    break;
            }
        }

        void ShowDamage() {
            foreach (Material m in materials) {
                m.color = Color.red;
            }
            remainingDamageFrames = showDamageForFrames;
        }

        void UnShowDamage() {
            for ( int i=0; i<materials.Length; i++ ) {
                materials[i].color = originalColors[i];
            }
        }
    }
```

现在，当敌机被主角飞船的炮弹击中时，其所有材质就会在 showDamageForFrames 所定义的帧数内变红，使整架敌机变红。每次更新时，如果 remainingDamageFrames 大于 0，它的值就会减少，直到减少到 0，然后整架敌机恢复为正常颜色。

这样就可以看到玩家是否击中敌机了，但仍然需要很多发炮弹才能消灭一架敌机。接下来，让我们制作一些升级道具，增加玩家武器的攻击力和数量。

30.10　添加升级道具

这里，将为游戏添加三种升级道具：

- **高爆弹道具[B]**：如果玩家的武器不是高爆弹，则武器将切换为高爆弹，并重置为 1 个炮筒。如果玩家的武器已经是高爆弹，则增加炮筒数量。
- **散弹武器[S]**：如果玩家的武器不是散弹，则武器将切换为散弹，并重置为 1 个炮筒；如果玩家的武器已经是散弹，则增加炮筒数量。
- **护盾[O]**：使玩家护盾增加一个等级。

升级道具图形

升级道具由一个使用三维文字渲染的字母和一个旋转的立方体构成(本章最开始的图 30-1 中有几个升级道具)。请按下列步骤操作，制作升级道具：

1. 创建一个三维文字对象（在菜单栏执行 GameObject > Create Empty 命令创建一个空白对象，然后执行 Component > Mesh > Text Mesh 命令），将其命名为 PowerUp，并使用下列设置：

PowerUp (3D Text)　　P:[10,0,0]　　R:[0,0,0]　　S:[1,1,1]

Cube (Cube)　　P:[0,0,0]　　R:[0,0,0]　　S:[2,2,2]

2．创建一个立方体使它成为 PowerUp 的子对象，设置如上。

3．选中 PowerUp。

4．按照如图 30-12 所示设置 PowerUp 对象的 Text Mesh 组件。

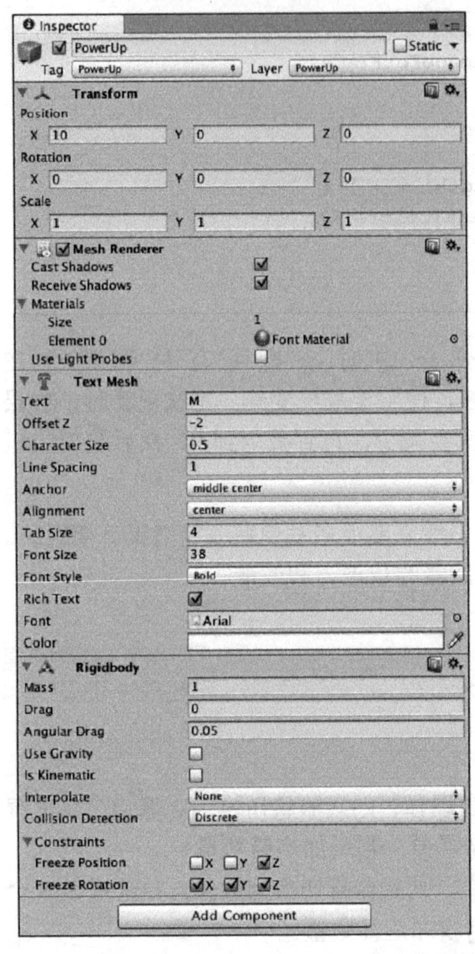

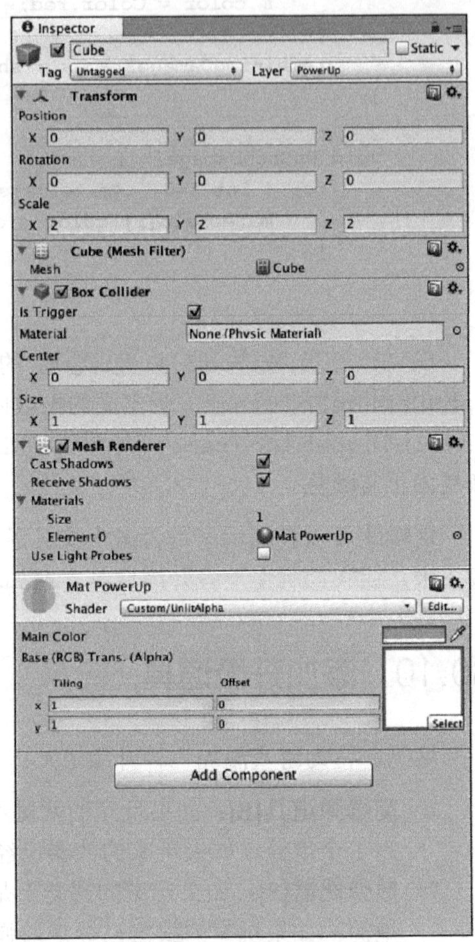

图 30-12　PowerUp 及其立方体子对象的设置（暂未绑定任何脚本）

5．为 PowerUp 对象添加一个刚体组件（执行 Component > Physics > Rigidbody 命令），并按照图 30-12 进行设置。

6．将 PowerUp 的标签和图层均设置为 *PowrUp*，在弹出提示窗口时，选择“Yes, change children”。

接下来，你需要为升级道具的立方体创建一个自定义材质，操作如下：

1．新建一个名为 *Mat PowerUp* 的材质。

2．将 Mat PowerUp 材质拖放到 PowerUp 的 Cube 子对象上。

3. 选中 PowerUp 的 Cube 子对象。
4. 将 Mat PowerUp 的着色器（shader）设置为“Custom>UnlitAlpha”。
5. 单击选择 Mat PowerUp 纹理右下角的“Select”按钮，从 Assets 选项卡中选择名为 *PowerUp* 的纹理。
6. 设置 Mat PowerUp 的颜色为蓝绿色（RGBA 值为`[0,255,255,255]`的浅蓝色），为 PowerUp 设置一个颜色之后，它会变得可见。
7. 将 Cube 的盒碰撞器设置为触发器（勾选 *Is Trigger* 旁边的复选框）。

仔细检查 PowerUp 及其立方体子对象的设置，确保其与图 30-12 一致。

升级道具的脚本代码

现在，创建一个名为 PowerUp 的 C#脚本，并将其绑定到层级面板中的 PowerUp 游戏对象上。在 MonoDevelop 中打开 PowerUp 脚本，输入以下代码：

```
using UnityEngine;
using System.Collections;

public class PowerUp : MonoBehaviour {
    //使用二维向量 Vector 的 x 存储 Random.Ranger 最小值,
    //用 y 值存储最大值是一种不常见但很方便的用法
    public Vector2      rotMinMax = new Vector2(15,90);
    public Vector2      driftMinMax = new Vector2(.25f,2);
    public float     lifeTime = 6f;        // 升级道具存在的时间长度
    public float     fadeTime = 4f;        // 升级道具渐隐所用的时间

    public bool      ________________;

    public WeaponType     type;            // 升级道具的类型
    public GameObject     cube;            // 对立方体子对象的引用
    public TextMesh       letter;          // 对文本网格的引用
    public Vector3        rotPerSecond;       // 欧拉旋转的速度
    public float     birthTime;

    void Awake() {
        // 设置对立方体的引用
        cube = transform.Find("Cube").gameObject;
        // 设置对文本网格的引用
        letter = GetComponent<TextMesh>();
        // 设置一个随机速度
        Vector3 vel = Random.onUnitSphere; // 获取一个随机的 XYZ 速度
        // 使用 Random.onUnitSphere, 可以获得一个以原点为球心、
        //1 米为半径的球体表面上的一个点
        vel.z = 0;                   // 使速度方向处于 XY 平面上
        vel.Normalize();                // 使速度大小变为 1
```

```
        // 三维向量的Normalize方法将使它的长度变为1
        vel *= Random.Range(driftMinMax.x, driftMinMax.y);
        // 上述代码将速度设置为driftMinMax的x、y值之间的一个值
        rigidbody.velocity = vel;
        // 将本游戏对象的旋转设置为[0,0,0]
        transform.rotation = Quaternion.identity;
        // Quaternion.identity的旋转为0
        // 使用rotMinMax的x、y值设置立方体子对象每秒旋转圈数rotPerSecond
        rotPerSecond = new Vector3( Random.Range(rotMinMax.x,rotMinMax.y),
                                    Random.Range(rotMinMax.x,rotMinMax.y),
                                    Random.Range(rotMinMax.x,rotMinMax.y) );
        // 每隔两秒调用一次CheckOffscreen() 检查是否处于屏幕之外
        InvokeRepeating( "CheckOffscreen", 2f, 2f );
        birthTime = Time.time;
    }

    void Update () {
        // 每帧的Update()函数中旋转Cube子对象
        // 将它的旋转角度设置为旋转速度乘以Time.time，使它基于时间旋转
        cube.transform.rotation = Quaternion.Euler( rotPerSecond*Time.time );
        // 隔一定时间后，让升级道具渐隐
        // 根据默认值，升级道具可以存在10秒钟
        // 然后在4秒钟内渐隐
        Float u= (Time.time - (birthTime+lifeTime)) / fadeTime;
        // 在lifeTime时长内，变量u将<= 0，然后经过fadeTime时长后变为1
        // 如果 u >= 1，消除升级道具
        if (u >= 1) {
            Destroy( this.gameObject );
            return;
        }
        // 使用变量u确定立方体和文字的不透明度
        if (u>0) {
            Color c = cube.renderer.material.color;
            c.a = 1f-u;
            cube.renderer.material.color = c;
            // 让字母也渐隐，只不过程度不一样
            c = letter.color;
            c.a = 1f - (u*0.5f);
              letter.color = c;
        }
    }

    // 这个SetType()与Weapon和Projectile脚本中的SetType()有所不同
    public void SetType( WeaponType wt ) {
        // 从Main脚本中获取WeaponDefinition值
        WeaponDefinition def = Main.GetWeaponDefinition( wt );
        // 设置立方体子对象的颜色
        cube.renderer.material.color = def.color;
```

```
        //letter.color = def.color;   // 我们也可以给字母上色
        letter.text = def.letter;          // 设置显示的颜色
        type = wt;            // 最后设置升级道具的类型
    }

    public void AbsorbedBy( GameObject target ) {
        // Hero 类在收集到道具之后调用本函数
        // 我们可以让升级道具逐渐缩小，吸收到目标对象中
        // 但现在，简单消除 this.gameObject 即可
        Destroy( this.gameObject );
    }

    void CheckOffscreen() {
        // 如果升级道具完全漂出屏幕……
        if ( Utils.ScreenBoundsCheck( cube.collider.bounds,
BoundsTest.offScreen
                                    ➥ ) != Vector3.zero ) {
            // …then destroy this GameObject
            Destroy( this.gameObject );
        }
    }
}
```

现在按下播放按钮，你应该会看到升级道具边旋转边漂移。如果让主角飞船_Hero 撞到升级道具，控制台会显示消息："触发碰撞事件：Cube"，这样你能知道升级道具的触发器是否正常工作。

将层级面板中的 PowerUp 游戏对象播放到项目面板中的_Prefabs 文件夹下，创建一个预设，然后从层级面板中删除 PowerUp 实例。

现在，在 Hero 脚本中进行以下修改，使主角飞船可以收集升级道具：

```
public class Hero : MonoBehaviour {
    …
        private float         _shieldLevel = 1;
    // Weapon（武器）字段
    public Weapon[]        weapons;
    public bool            ________________________;

    void Awake() {
        S = this; // 设置单例对象
        bounds = Utils.CombineBoundsOfChildren(this.gameObject);

        // 重置武器，让主角飞船从 1 个高爆弹武器开始
        ClearWeapons();
        weapons[0].SetType(WeaponType.blaster);
    }
    void OnTriggerEnter(Collider other) {
        …
        if (go != null) {
            …
```

```
            if (go.tag == "Enemy") {
                // 如果护盾被敌机触发
                // 则让护盾下降一个等级
                shieldLevel--;
                // 消灭敌机
                Destroy(go);
            } else if (go.tag == "PowerUp") {
                // 如果护盾被升级道具触发
                AbsorbPowerUp(go);
            } else {
                print("触发碰撞事件：  "+go.name); // Move this line here!
            }
        }
        …
    }

    public void AbsorbPowerUp( GameObject go ) {
        PowerUp pu = go.GetComponent<PowerUp>();
        switch (pu.type) {
        case WeaponType.shield: // If it's the shield
            shieldLevel++;
            break;
        default:            // 如果是任何一种武器升级道具
            // 检查当前武器类型
            if (pu.type == weapons[0].type) {
                // 增加该类型武器的数量
                Weapon w = GetEmptyWeaponSlot();  // 找到一个空白武器位置
                if (w != null) {
                    // 将其赋给 pu.type
                    w.SetType(pu.type);
                }
            } else {
                // 如果武器类型不一样
                ClearWeapons();
                weapons[0].SetType(pu.type);
            }
            break;
        }
        pu.AbsorbedBy( this.gameObject );
    }
    Weapon GetEmptyWeaponSlot() {
        for (int i=0; i<weapons.Length; i++) {
            if ( weapons[i].type == WeaponType.none ) {
                return( weapons[i] );
            }
        }
        return( null );
    }
    void ClearWeapons() {
```

```
            foreach (Weapon w in weapons) {
                w.SetType(WeaponType.none);
            }
        }
    }
```

修改完代码之后，你需要在 Unity 中对_Hero 做一些修改。在层级面板中，单击_Hero 游戏对象旁边的三角形展开按钮，选择_Hero 的子对象 `Weapon`。按四次 Command +D 组合键（在 Windows 系统下是 Ctrl+D），复制四个 `Weapon`。复制出的对象应该仍然是_Hero 的子对象。将这五个武器分别命名为Weapon_0 到 Weapon_4，并设置为以下数值：

Hero	P:[0,0,0]	R:[0,0,0]	S:[1,1,1]
Weapon_0	P:[0,2,0]	R:[0,0,0]	S:[1,1,1]
Weapon_1	P:[-2,-1,0]	R:[0,0,0]	S:[1,1,1]
Weapon_2	P:[2,-1,0]	R:[0,0,0]	S:[1,1,1]
Weapon_3	P:[-1.25,-0.25,0]	R:[0,0,0]	S:[1,1,1]
Weapon_4	P:[1.25,-0.25,0]	R:[0,0,0]	S:[1,1,1]

然后，选择_Hero，并在检视面板中单击 Hero(Script)脚本下 Weapons 字段旁边的三角形展开按钮。将 weapons 的 Size 值设为 5，并将 Weapon_0 到 Weapon_4 分别赋值给五个武器栏（可以从检视面板中拖放过来，也可以单击武器栏右侧的小圆圈，从 Scene 选项卡下选择 Weapon_#）。设置完成后的界面如图 30-13 所示。

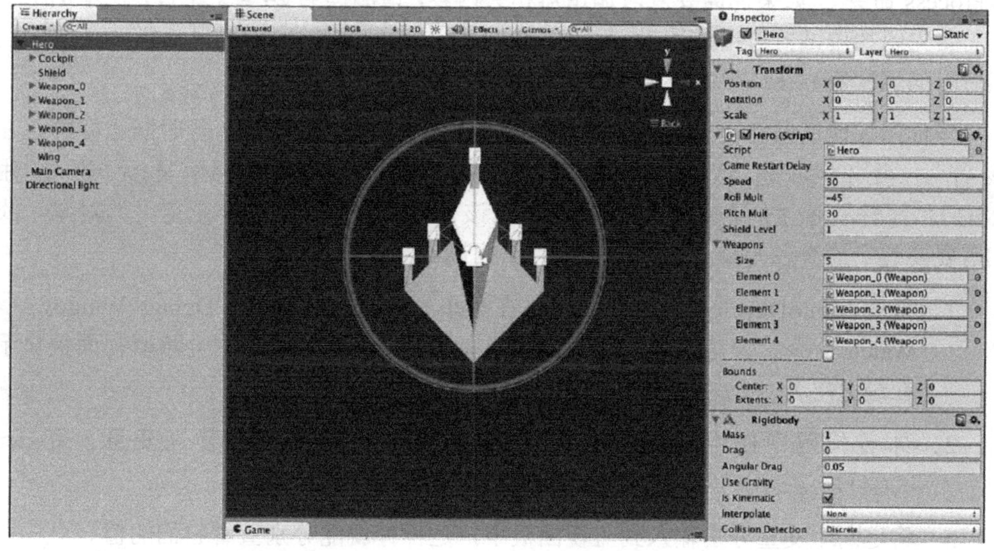

图 30-13　带有五个武器子对象（在 Weapons 字段中进行设置）的主角飞船

30.11　解决代码中的竞态条件

当你刚才创建的播放场景时，你可能会在控制台面板中看到一条出错消息。你可能看不到这个错误。在本代码中，笔者故意制造了一个竞态条件，以便演示如何解决。当一段代码必须先于另一行代码执行，而它们的执行顺序可能颠倒时，就会出现竞态条件。这两段代码最终会争先运行。竞态条件的问题是它们的结果不可预料，所以你可能不会遇到我制造的错误。但不管怎样，请仔细阅读本节。竞态条件是你需要理解的一种重要错误类型。你可能遇到的错误如下：

`NullReferenceException`：Object reference not set to an instance of an object

Main.GetWeaponDefinition (WeaponType wt) (at Assets/__Scripts/Main.cs:38)

Weapon.SetType (WeaponType wt) (at Assets/__Scripts/Weapon.cs:77) Hero.Awake ()

(at Assets/__Scripts/Hero.cs:35)

如果你双击此出错消息，就会跳转到 Main.cs 的第 38 行代码处（你的代码等号可能稍有差异）。第 38 行的代码如下：

```
if (W_DEFS.ContainsKey(wt)) {
```

接下来，我们将使用调试器深入了解出错原因（即使没遇到这条错误，你也应该进行这一步）。在 Main 脚本的此行代码处添加一个断点，并附加一个调试器（单击 MonoDevelop 窗口左上角的播放图标，或在 MonoDevelop 的菜单栏中执行 Run > Attach to Process 命令）。如果你需要复习调试器相关内容，请阅读第 24 章。不过，在本例中，你需要先附加调试器再播放场景，所以你第 24 章中讲到的技巧（首先开始游戏并暂停，然后附加调试器）在这里并不适用。

当你附加调试器并在 Unity 中播放项目时，它会在执行到第 38 行时断点并停止在该行。我们知道这行代码有问题，鉴于问题描述是无效引用（`NullReferenceException`），我们知道该行代码试图访问一个未定义的对象。我们需要要逐个检查各变量，了解发生了什么问题。

1. 打开 MonoDevelop 的监视面板（在菜单栏中执行 View > Debug Windows > Watch 命令，该菜单项右侧应该已经有了一个对勾，单击它会将监视面板显示在最上层）。
2. 本行代码中使用了两个变量：`W_DEFS`（Main 类中的静态变量）和 `wt`（`GetWeaponDefinition()`方法中的局部变量）。
3. 将这两个变量分别输入到监视面板中，这样你就能分别查看它们的值。
4. 如我们所料，`W_DEFS` 变量未定义，其值为 null（这意味着你遇到了一个竞态条件）。但我们知道在 `Main.Awake()`中正确定义过 `W_DEFS`。定义 `W_DEFS` 变量值的代码就在前面几行。造成 `W_DEFS` 未定义的唯一可能就是 `Main.Awake()`还未运行。

这就是竞态条件。Main.Awake()中定义了 W_DEFS 变量，Hero.Awke()中需要调用这个变量的值。我们知道在生成每个游戏对象之后即会运行一次它的 Awake()函数，但各个 Awake()函数运行的先后次序并不明确。我认为它可能是按照层级列表中的次序运行的，但不是十分确定。有可能各个 Awake()函数在你那里的运行次序跟我这里并不相同。

这是竞态条件的主要问题。两个 Awake()函数在互相争先运行。当其中一个先运行时，代码运行正常，但当另一个先运行时，程序就崩溃了。不管你的代码是否正常运行，你都需要解决这一问题，因为即使在同一台计算机上，两个 Awake()函数的运行次序可能也会发生变化。

所以，Unity 中既有 Awake()又有 Start()函数。Awake()是在游戏对象初始化完成之后立即运行的，而 Start()是在第一次 Update()之前运行。这两个函数之间可能相差几毫秒，对于计算机程序来说，这个时间已经很长了。如果场景中有几个对象，你可以确保所有对象的 Awake()函数都早于任何一个 Start()函数。Awake()总是在 Start()之前运行。

了解了这一点，我们回过头来再看看解决前面的问题。如果查看 MonoDevelop 的调用堆栈(Call Stack)面板(在菜单栏中执行 View > Debug Windows > Call Stack 命令)，你会看到第 35 行的 Hero.Awake()调用了 Weapon.SetType()，后者又调用了 Main.GetWeaponDefinition()。要解决这一问题，我们需要把 Hero.Awake()中的代码移动到 Hero.Start()中，延迟代码的运行。请在 Hero 脚本中进行以下修改。你应该先单击 MonoDevelop 调试器中的停止图标(或在菜单栏中执行 Run > Stop 命令)，并在 Unity 中停止播放，然后再修改 Hero 脚本中的代码：

```
public class Hero : MonoBehaviour {
    …

    void Awake() {
        S = this; // 设置单例对象
        bounds = Utils.CombineBoundsOfChildren(this.gameObject);
    }

    void Start() {
        // 重置武器，让主角飞船从 1 个高爆弹炮武器开始
        ClearWeapons();
        weapons[0].SetType(WeaponType.blaster);
    }
    …
}
```

但是，完成上述工作之后再播放项目，又会带来另一个竞态条件！

UnassignedReferenceException : The variable collar of Weapon has not been assigned.

You probably need to assign the collar variable of the Weapon script in the Inspector.

Weapon.SetType (WeaponType wt) (at Assets/__Scripts/Weapon.cs:78) Hero.Start () (at Assets/__Scripts/Hero.cs:38)

请重新将 MonoDevelop 调试器附加到 Unity 进程上，获取关于此错误的更多信息。在 Weapon.cs 的第 78 行设置断点，然后在 Unity 中按下播放按钮。因为各个 Start() 函数调用时间不同，我有时会看到代码首先中断在 Hero 脚本的第 38 行（上一次调试的断点仍未清除），而有时代码会中断在 Weapon 脚本的第 78 行。这是因为 Hero.Start() 和 Weapon.Start() 都调用了 Weapon.SetType()。如果 Weapon.Start() 早于 Hero.Start() 运行，就没有问题，而如果 Hero.Start() 先运行，我们就会因为竞态条件而遇到错误。这里，问题的原因是所有的 Weapon 都需要在运行 Hero.Start() 之前先定义 Weapon.collar。要解决这一问题，请把 Weapon 脚本中对 collar 的定义从 Start() 方法移动到 Awake() 方法中。

```
void Awake() {
    collar = transform.Find("Collar").gameObject;
}

void Start() {
    //调用 SetType()，正确设置默认武器类型_type
    SetType( _type );
    …
}
```

现在，竞态问题最终得以解决。在调用 Weapon.Start() 和 Hero.Start() 之前，Weapon.Awake() 会先定义 collar。同样，在调用 Hero.Start() 之前，Main.Awake() 会先设置变量 Main.W_DEFS 的值。对于游戏开发新手来说，竞态条件是一类很容易犯的错误，当你遇到这类问题时，要能够发现它们，这很重要。因此，笔者故意制造了两个竞态条件并向你了演示如何发现和解决问题。

30.12　让敌机可以掉落升级道具

回到升级道具的话题。我们使敌机被消灭时有一定概率掉落升级道具。这可以让游戏玩家更乐于消灭敌机，而非尝试避开敌机，这也可以让玩家有办法升级飞船。

请在 Enemy 和 Main 脚本中添加以下代码：

```
public class Enemy : MonoBehaviour {
    …
    public int   showDamageForFrames = 2;        // 显示伤害效果的帧数
    public float powerUpDropChance = 1f;         // 掉落升级道具的概率
    public bool  ________________;
    …
    void OnCollisionEnter( Collision coll ) {
        …
        case "ProjectileHero":
```

```
            …
            if (health <= 0) {
                // 通知Main单例对象敌机已经被消灭
                Main.S.ShipDestroyed( this );
                // 消灭敌机
                Destroy(this.gameObject);
            }
            …
        }
    }
    …
}

public class Main : MonoBehaviour {
    …
    public WeaponDefinition[]     weaponDefinitions;
    public GameObject        prefabPowerUp;
    public WeaponType[]          powerUpFrequency = new WeaponType[] {
                             WeaponType.blaster, WeaponType.blaster,
                             WeaponType.spread,
                             WeaponType.shield                };
    public bool              ________________;
    …
    public void ShipDestroyed( Enemy e ) {
        // 掉落升级道具的概率
        if (Random.value <= e.powerUpDropChance) {
            // Random.value 生成一个 0 到 1 之间的数字(但不包括 1)
            // 如果 e.powerUpDropChance 的值为 0.50f，则有 50%的概率
            // 产生升级道具。在测试时，这个值被设置为 1f。
            // 选择要挑选哪个升级道具
            // 从 powerUpFrequence 中选取其中一种可能
            int ndx = Random.Range(0,powerUpFrequency.Length);
            WeaponType puType = powerUpFrequency[ndx];
            // 生成升级道具
            GameObject go = Instantiate( prefabPowerUp ) as GameObject;
            PowerUp pu = go.GetComponent<PowerUp>();
            // 将其设置为正确的武器类型
            pu.SetType( puType );
            // 将其摆放在被敌机被消灭时的位置
            pu.transform.position = e.transform.position;
        }
    }
}
```

要让这段代码正常工作，你需要先在 Unity 层级面板中选中_MainCamera，在 Main(Script)组件的 prefabPowerUp 字段中填入项目面板_Prefabs 文件夹下的 PowerUp 预设。检视面板中应该已经设置好了 powerUpFrequency 字段，但以防万一，如图 30-14 显示了正确的设置。注意枚举类型在 Unity 检视面板中所示为弹出菜单。

现在，播放场景并消灭几架敌机，它们就会掉落几个升级道具，这些道具应该可以升级你的飞船了。

试玩游戏一段时间后你会发现高爆弹升级道具[B]比霰弹[S]和护盾[O]更为常见。这是因为 `powerUpFrequency` 中有两个高爆弹升级道具，而只有一个散弹道具和一个护盾道具。通过调整 `powerUpFrequency` 中每种道具的相对数量，你可以确定每种道具相对于其他道具出现的概率。我们也可以使用这种技巧设置 `prefabEnemies` 各类敌机的比例，从而控制各种类型敌机出现的概率。

Prefab Power Up	PowerUp
▼ Power Up Frequency	
Size	4
Element 0	blaster
Element 1	blaster
Element 2	spread
Element 3	shield

图 30-14　MainCamera 检视面板 Main(Script)组件下的 prefabPowerUp 和 powerUpFrequency 设置。

30.13　为其他敌机编程

游戏的核心元素已经都可以正常运行了，现在就可以扩展敌机的行为。请创建 4 个名为 Enemy_1、Enemy_2、Enemy_3 和 Enemy_4 的 C#脚本，并将它们分别绑定到项目面板中相应的 Enemy_#预设之上。

Enemy_1

在 MonoDevelop 中打开 Enemy_1 脚本并输入以下代码：

```
using UnityEngine;
using System.Collections;
// Enemy_1 是 Enemy 的派生类
public class Enemy_1 : Enemy {
    // 因为 Enemy_1 是 Enemy 的派生类，______布尔变量不会                // 1
    // 像之前那样在检视面板中起作用
    // 完成一个完整的正弦曲线周期所需的时间
    public float waveFrequency = 2;
    // 正弦曲线的宽度，以米为单位
    public float waveWidth = 4;
    public float waveRotY = 45;
    private float x0 = -12345;     // 初始位置的 x 坐标
    private float birthTime;
    void Start() {
        // 将 x0 设置为 Enemy_1 的初始 x 坐标
        // 这句代码可以正常工作 ，因为 Start()之前的 Main.SpawnEnemy()
        // 已经完成了对位置的设置
        // （但如果在 Awake()中使用这句代码就会过早！）
```

```
        // 这句代码可以正常工作的另外一个原因是 Enemy 脚本中没有 Start() 方法
        x0 = pos.x;
        birthTime = Time.time;
    }
    // 重写 Enemy 的 Move 函数
    public override void Move() {                                    // 2
        // 因为 pos 是一种属性，不能直接设置 pos.x
        // 所以将 pos 赋给一个可以修改的三维向量变量
        Vector3 tempPos = pos;
        // 基于时间调整 theta 值
        float age = Time.time - birthTime;
        float theta = Mathf.PI * 2 * age / waveFrequency;
        float sin = Mathf.Sin(theta);
        tempPos.x = x0 + waveWidth * sin;
        pos = tempPos;
        // 让对象绕 y 轴稍作旋转
        Vector3 rot = new Vector3(0, sin*waveRotY, 0);
        this.transform.rotation = Quaternion.Euler(rot);
        // 对象在 y 方向上的运动仍由 base.Move() 函数处理
        base.Move();                                                 // 3
    }
}
```

1. 在之前的示例代码中，布尔值________用来分隔在检视面板中和在代码中进行设置的变量，但在 Enemy 的子类中，这种方法将不起作用，因为在检视面板中查看这些子类时，父类的全局字段总是显示在子类全局字段之前。因此 `waveFrequency`、`waveWidth` 和 `waveRotY` 会处于横线之下，但你仍然可以在检视面板中对它们进行操作。

2. 因为 `Move()` 方法在父类 Enemy 中被标记为虚函数，我们可以在子类中重写该函数并使用另一函数取代它。

3. `base.Move()` 调用了父类 Enemy 中的 `Move()` 函数。

返回到 Unity 窗口，在层级面板中选中_MainCamera，在 Main(Script)组件下将 `prefab Enemies` 中的 Element 0 由 Enemy_0 修改为 Enemy_1（即项目面板中的 Enemy_1 预设）。然后按下播放按钮，这时敌机将由 Enemy_0 变为 Enemy_1，并且它的运动轨迹是一条正统波的形状。

> **提示**
>
> **球状碰撞器只能整体缩放**　你可能已经注意到了，炮弹还未接触到 Enemy_1 的机翼，就已经触发了碰撞事件。如果你在项目面板中选中 Enemy_1 并将它拖放到场景之中，你会看到 Enemy_1 周围绿色的球状碰撞器与机翼的扁平椭圆形态并不一致。这不是个大问题，但你要知道这一点。球状碰撞器的直径将取变换组件中三个维度的最大值（在本例中，因为机翼的 Scale.x 为 6，因此球状碰撞器将放大到这个值）。

你也可以尝试其他类型的碰撞器，看看有没有哪种碰撞器可以与机翼形状相吻合。盒状碰撞器可以不整体缩放。当一个维度的长度远大于其他维度时，你也可以使用胶囊状碰撞器。网格碰撞器可以与物体轮廓相吻合，但运行速度比其他碰撞器要慢很多。在现代的高性能计算机上这可能不是什么问题，但在 iOS 或 Android 等移动平台上，网格碰撞器的速度通常会很慢。

如果为 Enemy_1 选择一个盒状碰撞器或网格碰撞器，当它沿 y 轴旋转时，机翼边缘会离开 XY 平面（平面 z==0），所以我们前面将 ProjectileHero 预设的 Size.z 设置为 10，即使机翼末端离开 XY 平面，也能保证炮弹会打中它。

编写其他敌机脚本的准备工作

其余敌机用到了线性插值，这是编程开发中的一个重要概念，附录 B 中做了一些讲解。我们在第 29 章“游戏原型 2:《爆破任务》”中用到了一个非常简单的插值方法，但本章中的插值将更为有趣。在解决其他敌机的脚本之前，请花点时间阅读附录 B 的“插值法”部分。

Enemy_2

Enemy_2 的运动采用了通过正弦曲线加以平滑的线性插值。它将从屏幕一侧快速飞入、减速、改变方向、然后沿初始线路飞出屏幕。在该插值法中，只使用了两个点，但 u 值使用正弦函数做了大幅修改。对于 Enemy_2 来说，u 值的平滑函数为下列曲线：

$$u = u + 0.6 * \text{Sin}(2\pi * u)$$

附录 B 的“插值法”部分对这个平滑函数做了讲解。

请打开 Enemy_2 脚本并输入以下代码。在代码正常运行之后，你可以调整平滑曲线的形状，并观察对运动造成的影响。

```
using UnityEngine;
using System.Collections;

public class Enemy_2 : Enemy {
    // Enemy_2 使用正弦波形修正两点插值
    public Vector3[] points;
    public float birthTime;
    public float lifeTime = 10;
    // 确定正弦波形对运动的影响程度
    public float sinEccentricity = 0.6f;

    void Start () {
        // 初始化节点数组
        points = new Vector3[2];

        // 找到摄像机边界框 Utils.camBounds
        Vector3 cbMin = Utils.camBounds.min;
        Vector3 cbMax = Utils.camBounds.max;
```

```
        Vector3 v = Vector3.zero;
        // 从屏幕左侧随意选取一点
        v.x = cbMin.x - Main.S.enemySpawnPadding;
        v.y = Random.Range( cbMin.y, cbMax.y );
        points[0] = v;

        // 从屏幕右侧随意选取一点
        v = Vector3.zero;
        v.x = cbMax.x + Main.S.enemySpawnPadding;
        v.y = Random.Range( cbMin.y, cbMax.y );
        points[1] = v;

        // 有一半可能会换边
        if (Random.value < 0.5f) {
            // 将每个点的.x 值设为它的相反数,
            //可以将这个点移动到屏幕的另一侧
            points[0].x *= -1;
            points[1].x *= -1;
        }

        // 设置出生时间 birthTime 为当前时间
        birthTime = Time.time;
    }

    public override void Move() {
        // 贝塞尔曲线的形成基于一个 0 到 1 之间的 u 值
        float u = (Time.time - birthTime) / lifeTime;

        // 如果 u>1，则表示自 birthTime 到当前的时间间隔已经大于生命周期（lifeTime）
        if (u > 1) {
            // 所以当前的 Enemy_2 实例将终结自己
            Destroy( this.gameObject );
            return;
        }

        // 通过叠加一个基于正弦曲线的平滑曲线调整 u 值
        u = u + sinEccentricity*(Mathf.Sin(u*Mathf.PI*2));

        // 在两点之间进行插值
        pos = (1-u)*points[0] + u*points[1];
    }
}
```

在_MainCamera 的检视面板中，将 Main.S.prefabEnemies 下的 Element 0 设置为用 Enemy_2 预设，然后按下播放按钮。你可以看到 Enemy_2 在屏幕两侧之间的摇摆运动变得非常平滑。

Enemy_3

Enemy_3 将使用贝塞尔曲线从上向下俯冲、减速并飞回屏幕顶端。在本例中，我们将使用一种非常简单的三点贝塞尔曲线函数。你可以查看附录B的“插值法”部分，了解如何使用递归实现任意节点数量（而不仅为三点）的贝塞尔曲线函数。

请打开Enemy_3脚本并输入以下代码：

```
using UnityEngine;
using System.Collections;

// Enemy_3 是 Enemy 的派生类
public class Enemy_3 : Enemy {
    // Enemy_3 将沿贝塞尔曲线运动，
    // 贝塞尔曲线由两点之间的线性插值点构成
    public Vector3[] points;
    public float     birthTime;
    public float     lifeTime = 10;

    // Again, Start works well because it is not used by Enemy
    void Start () {
        points = new Vector3[3];      // 初始化节点数组

        // 初始位置已经在 Main.SpawnEnemy() 中进行过设置
        points[0] = pos;

        // xMin 和 xMax 值的设置方法与 Main.SpawnEnemy() 中相同
        float xMin = Utils.camBounds.min.x+Main.S.enemySpawnPadding;
        float xMax = Utils.camBounds.max.x-Main.S.enemySpawnPadding;

        Vector3 v;
        // 在屏幕下部随机选取一个点作为中间节点
        v = Vector3.zero;
        v.x = Random.Range( xMin, xMax );
        v.y = Random.Range( Utils.camBounds.min.y, 0 );
        points[1] = v;

        // 在屏幕上部随机选取一个点作为终点
        v = Vector3.zero;
        v.y = pos.y;
        v.x = Random.Range( xMin, xMax );
        points[2] = v;

        //设置出生时间 birthTime 为当前时间
        birthTime = Time.time;
    }

    public override void Move() {
        // 贝塞尔曲线的形成基于一个 0 到 1 之间的 u 值
        float u = (Time.time - birthTime) / lifeTime;
```

```
            if (u > 1) {
                // 当前的 Enemy_3 实例将终结自己
                Destroy( this.gameObject );
                return;
            }

            // 在三点贝塞尔曲线上插值
            Vector3 p01, p12;
            p01 = (1-u)*points[0] + u*points[1];
            p12 = (1-u)*points[1] + u*points[2];
            pos = (1-u)*p01 + u*p12;
        }
    }
```

在_MainCamera 的检视面板中，将 prefabEnemies 下的 Element 0 设置为用 Enemy_3 预设。它的运动方式不同于前面讲过的敌机。在播放一段时间之后，你会发现贝塞尔曲线的一些特性：

1. 尽管运动的中间节点在屏幕下部或下方，但 Enemy_3 的实例不会真正下降到那么低的位置，因为对于贝塞尔曲线，始点和终点都在曲线上，而中间节点只会影响曲线形状，不一定位于曲线之上。
2. Enemy_3 在曲线的中部运动速度会下降很多，这也是贝塞尔曲线的一个特征。如果你想纠正这一问题，可以在 Enemy_3 脚本的 Move() 方法中进行在插值之前添加下面的粗体字代码。这会使 Enemy_3 的运动更为平滑，使它在曲线中部的运动更为平稳：

```
Vector3 p01, p12;
u = u - 0.2f*Mathf.Sin(u*Mathf.PI*2);
p01 = (1-u)*points[0] + u*points[1];
```

Enemy_4

作为一种 Boss 类型的敌机，Enemy_4 将比其他敌机拥有更高的生命值，并且具有分离式组件（不是所有组件同时被消灭）。它也会停留在屏幕上，从一点移向另一点，直至被玩家消灭。

对碰撞器的修改

在编写代码之前，你需要先修改 Enemy_4 的碰撞器，请在场景中放入一个 Enemy_4 的实例，并使它远离场景中的其他对象。

打开层级面板中 Enemy_4 旁边的三角形展开按钮，选中 Enemy_4.Fuselage（敌机的机身）。将它的球状碰撞器替换为胶囊状碰撞器组件（在菜单栏中执行 Component > Physics >Capsule Collider 命令）。如果 Unity 提示你是否使用胶囊状碰撞器替换球状碰撞器，请选择是；如果 Unity 不提示，你需要手动移除球状碰撞器组件。然后按以下数值在 Fuselage 的检视面板中设置胶囊状碰撞器：

```
Center          [0,0,0]
Radius          0.5
Height          1
Direction           Y-Axis
```

你可以随意修改上面这些值，看看它们会对游戏产生何种影响。你会看到，对于机身来说，胶囊状碰撞器比球状碰撞器更为贴合它的形状。

现在，在层级面板中选中左机翼 Wing_L，同样用胶囊状碰撞器替换它的球状碰撞器，碰撞器设置如下：

```
Center          [0,0,0]
Radius          0.1
Height          5
Direction       X-Axis
```

Direction 设置决定胶囊较长的方向沿哪个坐标轴的方向。它由局部坐标决定，因此，胶囊状碰撞器沿 x 轴的长度 5 对应其变换组件中 x 轴的长度 5。Radius 为 0.1，表示它的直径为长度的 1/10（5 * 1/10=0.5，即它在 z 轴上的长度）。可以看到，胶囊状碰撞器并非完全贴合机翼的形状，但比球状碰撞器要好得多。

选中右机翼 Wing_R，同样用胶囊状碰撞器替换球状碰撞器，并为胶囊状碰撞器设置与 Wing_L 同样的数值。完成上述修改之后，单击检视面板上方的 Prefab > Apply 按钮将修改应用到项目面板中的 Enemy_4 预设。要检查工作是否成功完成，可以在层级面板中放入第二个 Enemy_4，并确保所有的碰撞器设置都正确无误。完成之后，从层级面板中删除 Enemy_4 的两个实例。

如果你愿意，也可以将 Enemy_3 中的球状碰撞器替换为胶囊状碰撞器。

Enemy_4 的运动

Enemy_4 将出现在屏幕上方，在屏幕内随机选取一个点，然后利用线性插值法运动到该点。每次 Enemy_4 运动到插值终点之后，它会在屏幕内随机选取另一个点作为终点并开始向该点移动。打开 Enemy_4 脚本并输入以下代码：

```
using UnityEngine;
using System.Collections;

public class Enemy_4 : Enemy {
    // Enemy_4 最开始将出现在屏幕之外，
    // 然后在屏幕内随机选取一个运动终点，
    // 到达终点之后，它会在屏幕内随机选取另外一个运动终点，直至被玩家消灭
    public Vector3[] points;                  // 存储插值的 p0 和 p1
    public float timeStart;                   // Enemy_4 的出生时间
    public float duration = 4;                // Enemy_4 每段运动的时间长度

    void Start () {
        points = new Vector3[2];
```

```
        // Main.SpawnEnemy()中已经选定了一个初始位置
        // 所以把这个点作为初始的 p0 和 p1
        points[0] = pos;
        points[1] = pos;

        InitMovement();
    }

    void InitMovement() {
        // 在屏幕上选取一个点作为运动终点
        Vector3 p1 = Vector3.zero;
        float esp = Main.S.enemySpawnPadding;
        Bounds cBounds = Utils.camBounds;
        p1.x = Random.Range(cBounds.min.x + esp, cBounds.max.x - esp);
        p1.y = Random.Range(cBounds.min.y + esp, cBounds.max.y - esp);

        points[0] = points[1];         // 将 points[1]变为 points[0]
        points[1] = p1;          // 将 p1 作为 points[1]

        // 重置时间
        timeStart = Time.time;
    }

    public override void Move () {
        // 这个函数使用线性插值法彻底重写了 Enemy.Move()

        float u = (Time.time-timeStart)/duration;
        if (u>=1) {              // 如果 u >=1……
            InitMovement();  // ……则选择一个新的终点，并初始化运动
            u=0;
        }

        u = 1 - Mathf.Pow( 1-u, 2 );        // u 值使用慢速结束的平滑过渡

        pos = (1-u)*points[0] + u*points[1];   // 简单线性插值
    }
}
```

在_MainCamera 的检视面板中，将 Main.S.prefabEnemies 下的 Element 0 设置为用 Enemy_4 预设，并保存场景。在修改完碰撞器之后，你是否记得进行保存？

单击播放按钮。你会看到生成的各个 Enemy_4 实例将一直停留在屏幕内部，直至你将它们消灭。但是，目前它们跟其他敌机一样容易被消灭。现在，我们将把 Enemy_4 拆分为 4 部分，由其他部件保护中间的座舱 Cockpit。

打开 Enemy_4 脚本，在脚本上部添加一个名为 `Part` 的可序列化类。确保在 Enemy_4 类中添加一个名为 `parts` 的 `Part` 类型数组。

```
using UnityEngine;
using System.Collections;

// Part另一个可序列化的数据存储类，与WeaponDefinition类似
[System.Serializable]
public class Part {
    // 下面三个字段需要在检视面板中进行定义
    public string name;          // 组件的名称
    public float health;         // 组件的生命值
    public string[] protectedBy; // 保护该组件的其他组件

    // 这两个字段将在Start()代码中自动设置
    // 像这样的缓存变量可以让程序更快，并且更容易访问
    public GameObject go;           // 组件的游戏对象引用
    public Material mat;         // 显示伤害的材质
}
public class Enemy_4 : Enemy {
    …
    public float duration = 4;          // 运动的时长

    public Part[] parts; // 存储敌机各部件的数组

    void Start() {
        …
    }
    …
}
```

Part 类将用于存储 Enemy_4 的四个组件（Cockpit、Fuselage、Wing_L 和 Wing_R）的各种信息。

然后，切换到 Unity 窗口并进行以下操作：

1. 在项目面板中选中 Enemy_4 预设。
2. 在检视面板的Enemy_4(Script)组件下，单击打开 Parts 旁边的三角形展开按钮。
3. 按照如图 30-15 所示进行设置。每个组件的游戏对象 go 和材质 mat 将由代码自动设置。

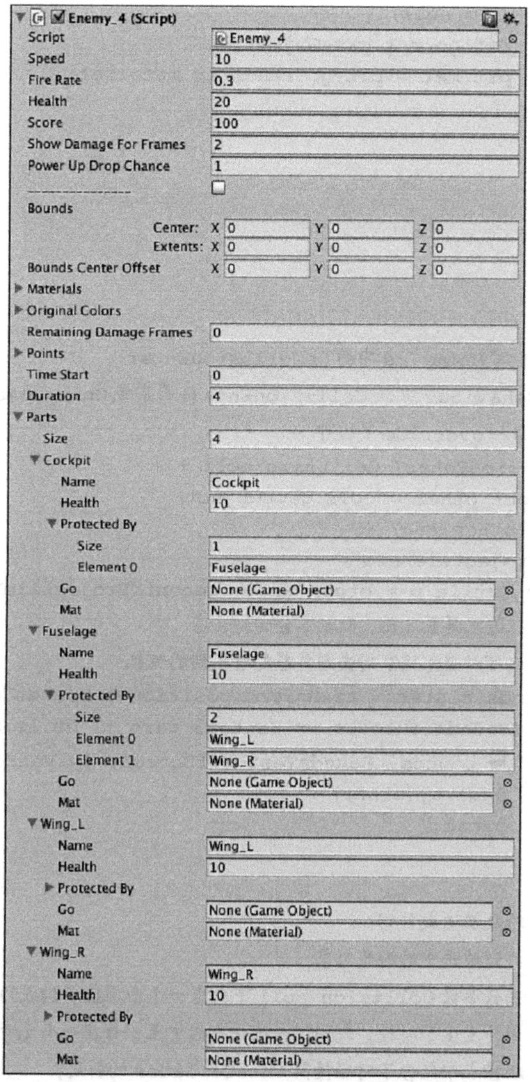

图 30-15　Enemy_4 的 Parts 数组内容设置

如图 30-15 所示，每个组件有 10 点生命值，组件之间构成一种树状的保护关系。Cockpit（座舱）由 Fuselage（机身）保护，机身由左右机翼 Wing_L 和 Wing_R 保护。切换到 MonoDevelop 窗口并在 Enemy_4 脚本中添加以下代码，使保护功能可以起作用：

```
public class Enemy_4 : Enemy {
    …
    void Start () {
        …
        InitMovement();

        // 在 parts 数组中缓存每个组件的游戏对象和材质
        Transform t;
        foreach(Part prt in parts) {
            t = transform.Find(prt.name);
```

```
            if (t != null) {
                prt.go = t.gameObject;
                prt.mat = prt.go.renderer.material;
            }
        }
    }
    …
    public override void Move() {
        …
    }

    // 这个函数将重写 Enemy.cs 中的 OnCollisionEnter
    // 对于 MonoBehaviour 中 OnCollisionEnte()等常规 Unity 函数,
    // 这里不需要添加 override 关键字
    void OnCollisionEnter( Collision coll ) {
        GameObject other = coll.gameObject;
        switch (other.tag) {
        case "ProjectileHero":
            Projectile p = other.GetComponent<Projectile>();
            // 在进入屏幕之前，敌机不会受到伤害
            // 这可以避免玩家射击到屏幕外看不到的敌机
            bounds.center = transform.position + boundsCenterOffset;
            if (bounds.extents == Vector3.zero || Utils.ScreenBoundsCheck(
                ➥ bounds, BoundsTest.offScreen) != Vector3.zero) {
                Destroy(other);
                break;
            }

            // 给敌机造成伤害
            // 找到被击中的游戏对象
            // 函数参数 Collision coll 中包含一个由碰撞点构成的数组 contacts[]
            // 因为发生了碰撞，我们可以确信数组中至少存在一个元素 contacts[0]
            // 碰撞点中包含了对碰撞器 thisCollider 的引用,
            // 该碰撞器为 Enemy_4 被击中组件的碰撞器
            GameObject goHit = coll.contacts[0].thisCollider.gameObject;
            Part prtHit = FindPart(goHit);
            if (prtHit == null) {     // 如果未找到被击中的组件 prtHit
                // 通常是因为 contact[0]中的 thisCollider 不是敌机的组件
                // 而是 ProjectileHero
                // 这时，只需查看参与碰撞的另一个碰撞器 otherCollider
                goHit = coll.contacts[0].otherCollider.gameObject;
                prtHit = FindPart(goHit);
            }
            // 检查该组件是否受到保护
            if (prtHit.protectedBy != null) {
                foreach( string s in prtHit.protectedBy ) {
                    // 如果保护它的组件还未被摧毁……
                    if (!Destroyed(s)) {
```

```
                    // 则暂时不对该组件造成伤害
                    Destroy(other); // 消除炮弹 ProjectileHero
                    return; // 在造成伤害之前返回
                }
            }
        }
        // 如果它未被保护，则会受到伤害
        // 根据炮弹类型 Projectile.type 和字典 Main.W_DEFS 得到伤害值
        prtHit.health -= Main.W_DEFS[p.type].damageOnHit;
        // 在该组件上显示伤害效果
        ShowLocalizedDamage(prtHit.mat);
        if (prtHit.health <= 0) {
            // 禁用被伤害的组件，而不是消灭整架敌机
            prtHit.go.SetActive(false);
        }
        // 查看是否整架敌机已被消灭
        bool allDestroyed = true;          // 假设它已经被消灭
        foreach( Part prt in parts ) {
            if (!Destroyed(prt)) {  // 如果有一个组件仍然存在
                allDestroyed = false; //则将 allDestroyed 设置为 false
                break; // 并跳出 foreach 循环
            }
        }
        if (allDestroyed) {  // 如果它确实已经完全被消灭
            // 通知 Main 单例对象该敌机已经被消灭
            Main.S.ShipDestroyed( this );
            // 消灭该敌机
            Destroy(this.gameObject);
        }
        Destroy(other);  // 消除炮弹 ProjectileHero
        break;
    }
}

// 下面两个函数在 this.parts 中按名称或游戏对象查找某个组件
Part FindPart(string n) {
    foreach( Part prt in parts ) {
        if (prt.name == n) {
            return( prt );
        }
    }
    return( null );
}

Part FindPart(GameObject go) {
    foreach( Part prt in parts ) {
        if (prt.go == go) {
            return( prt );
```

```
            }
        }
        return( null );
    }

    // 下面的函数判断组件是否被摧毁，是则返回 true，否则返回 false
    bool Destroyed(GameObject go) {
        return( Destroyed( FindPart(go) ) );
    }

    bool Destroyed(string n) {
        return( Destroyed( FindPart(n) ) );
    }

    bool Destroyed(Part prt) {
        if (prt == null) { // 如果传入的参数不是真正的组件
            return(true);     // 返回 true（表示它确实已被摧毁）
        }
        // 返回 prt.health <= 0 的比较结果
        // 如果组件的生命值 prt.health 小于或等于 0，则返回 true（表示它确实已被摧毁）
        return (prt.health <= 0);
    }
    // 这个函数将改变组件的颜色，而非整架敌机的颜色
    void ShowLocalizedDamage(Material m) {
        m.color = Color.red;
        remainingDamageFrames = showDamageForFrames;
    }
}
```

现在当你播放场景时，出现的敌机 Enemy_4 会让你难以招架，每架敌机都由两个机翼保护机身，而机身保护座舱。如果你想要更高的存活机会，可以在_MainCamera 的检视面板中调小 Main(Script)组件下的 `enemySpawnPerSecond` 变量值，加大生成 Enemy_4 的时间间隔。

30.14 添加粒子效果和背景

在完成上面的全部代码之后，你还可以做一些其他工作使游戏看起来更漂亮。

星空背景

我们要创建一个分为两层的星空背景，让游戏看起来更像外太空。

先创建一个矩形（执行 Game Object > 3D Object > Quad 命令），将其命名为 StarfieldBG，并设置如下：

StarfieldBG (Quad)　　P:[0,0,10]　　R:[0,0,0]　S:[80,80,1]

这样会把 StarfieldBG 放在摄像机视野中心并填满摄像机视野。接下来，新建一个

名为 *Mat Starfield* 的材质，把它的着色器（shader）设置为 Custom>UnlitAlpha。将 Mat Starfield 的纹理设置为我们本章之初导入的 Space 二维纹理。然后把 Mat Starfield 拖放到 StarfieldBG 上，你会看到主角飞船背后现在有了一个星空背景。

在项目面板中选中 Mat Sartfield 材质并复制（在 Mac 系统中按下[Command] + [D] 组合键，在 Windows 系统中按下 Ctrl+D 组合键）。将新材质命名为 *Mat Startfield Transparent*。为该材质选择 Space_Transparent 作为纹理。

在层级面板中选中矩形 StarfieldBG 并复制，将新复制的矩形命名为 *StarfieldFG_0*。将 Mat Startfield Transparent 材质拖放到 StarfieldFG_0 上，并将其变换组件设置为：

StarfieldFG_0　　`P:[0,0,5] R:[0,0,0] S:[160,160,1]`

现在，如果你四处拖动 StarfieldFG_0，就能看到背景中的星星位置固定，而前景中的星星在移动。接下来，我们将创建一种漂亮的视差运动效果。复制 Starfield_FG_0，创建一个名为 *Starfield_FG_1* 的副本，要制造我们将要采用的滚动效果，我们需要两个前景画面。

接下来，新建一个名为 Paralleax 的 C#脚本，并在 MonoDevelop 中输入以下代码：

```
using UnityEngine;
using System.Collections;

public class Parallax : MonoBehaviour {
    public GameObject     poi;          // 主角飞船
    public GameObject[]   panels;       // 滚动的前景画面
    public float        scrollSpeed = -30f;
    // motionMult 变量控制前景画面对玩家运动的反馈程度
    public float        motionMult = 0.25f;

    private float         panelHt;      // 每个前景画面的高度
    private float         depth;        // 前景画面的深度 （即 pos.z）

    // Start()函数用于做一些初始化工作
    void Start () {
        panelHt = panels[0].transform.localScale.y;
        depth = panels[0].transform.position.z;
        // 设置前面画面的初始位置
        panels[0].transform.position = new Vector3(0,0,depth);
        panels[1].transform.position = new Vector3(0,panelHt,depth);
    }
    // 每帧游戏会调用一次 Update()
    void Update () {
        float tY, tX=0;
        tY= Time.time * scrollSpeed % panelHt + (panelHt*0.5f);
        if (poi != null) {
            tX = -poi.transform.position.x * motionMult;
        }
        // 设置panels[0]的位置
```

```
            panels[0].transform.position = new Vector3(tX, tY, depth);
            // 在必要的时候设置 Panel [1]的位置，使星空背景连续
            if (tY >= 0) {
                panels[1].transform.position = new Vector3(tX, tY-panelHt, depth);
            } else {
                panels[1].transform.position = new Vector3(tX, tY+panelHt, depth);
            }
        }
    }
```

保存脚本，返回到 Unity 窗口，然后将该脚本绑定到_MainCamera 上。在层级面板中选中_MainCamera 并在检视面板中找到 Parallax(Script)脚本组件，将其中的 poi 设置为_Hero，并将 StarfieldFG_0 和 StarfieldFG_1 添加到 panels 数组中。现在按下播放按钮，你会看到星空会随主角飞船移动而向相反方向运动。

当然，要记得保存场景。

30.15 小结

这个章节较长，但其中介绍了很多重要概念，笔者希望这些概念会为你将来编写自己的游戏项目提供帮助。多年以来，笔者大量使用了线性托付法和贝塞尔曲线，使游戏及其他项目中的运动更为平滑和精细。只需一个简单的平滑函数就可以使对象的运动变得或优雅、或活跃、或笨拙，在你调整一个游戏的感觉时，这会非常实用。

在下一章中，我们会讲解另一类游戏：单人纸牌游戏《矿工接龙》（实际上这是笔者最为喜欢的纸牌游戏）。下一章将演示如何从 XML 文件中读取信息，使用很少的图形资源建立一套完整的扑克牌，以及如何使用 XML 文件设置游戏本身的布局。最后，你将写出一个非常有趣的纸牌游戏。

后续工作

从前面教程的学习经历中，你已经理解了如何做下面的一些工作。如果你希望继续完善本章的游戏原型，下面是建议你做的一些工作。

调整变量

你已经在纸面和数字游戏中学到，一些数字的调整非常重要，对游戏体验有很大影响。下面是一些你可以考虑调整的变量列表，借此改变游戏的体验。

- 主角飞船_Hero：改变运动体验
  - 调整速度 speed。
  - 在输入管理器 InputManager 中调整横向和纵向轴的 Gravity 和 Sensitivity。
- 武器（Weapons）：使武器更为差异化
  - 霰弹武器（Spread）：让霰弹武器可以一次发射五发炮弹，但同时增加发射时间间隔 delayBetweenShots。

- 高爆弹武器（Blaster）：高爆弹武器可以发射更快（让 delayBetweenShots 的值更小），但每发炮弹的伤害更小（减少 demageOnHit 值）。

■ 升级道具（PowerUp）：调整掉落概率

- 每类敌机有一个 pwerUpDropChance 字段，可以设置一个 0（从不掉落升级道具）到 1 之间的数值（总是掉落升级道具）。教程中出于测试目的，将数值设置为 1，但你可以自行设置。
- 按照目前的代码，如果一帧中有多发炮弹击中敌机，并且敌机生命值在这一帧中降至 0，则有可能同时掉落多个升级道具。你可以尝试修改代码杜绝这种情况的发生。

添加额外元素

尽管目前本游戏原型中已经具备了五类敌机和两类武器，但敌机和武器类型仍然有无数种其他可能，：

■ **武器（Weapons）**：添加更多武器

- 相位武器（Phaser）：发射两发沿正弦曲线前进的炮弹（运动方式类似于 Enemy_1）。
- 激光武器（Laser）：并非造成一次性伤害，而是根据时间制造伤害。
- 导弹（Missile）：导弹可以拥有锁定机制，发射速度非常慢，但可以跟踪敌机，每发必中。或许可以让导弹作为另一类的武器，使它只有有限的发射次数，使用另外一个按钮（即不用空格键）发射。
- 转向武器（Swivel Gun）：类似于散弹，但是可以转向最近的敌人。但是这种武器伤害非常低。

■ **敌机**：添加其他类型的敌机。对于本游戏来说，可以添加无数种敌机的类型。

- 使敌机拥有其他能力
  - 允许敌机射击。
  - 部分敌机可以跟踪并追击玩家，类似于射向玩家的导弹。
- 添加关卡进度
  - 不让敌机无休止地随机生成，而是让它们一轮一轮的攻击。这可以通过使用一个[System.Serializable] Wave 类来实现，其定义如下：

```
[System.Serializable]
public class Wave {
    float delayBeforeWave=1;        // 与上一轮攻击的时间间隔
    GameObject[] ships;         // 参与此轮攻击的敌机数组
    // 是否在本轮敌机完全被消灭之后再发动下一轮攻击?
    bool delayNextWaveUntilThisWaveIsDead=false;
}
```

  - 添加一个 Level 类表示游戏的关卡，其中包含 Wave[]数组：

```
[System.Serializable]
public class Level {
    Wave[] waves;               // Wave 类的容器
```

```
    float timeLimit=-1;        // 如果值为-1，表示没有时间限制
    string name = "";          // 如果关卡名称为空（即为""）
    // 则关卡名称显示为"Level #1"
}
```

但是，这会造成一个问题，因为即使 `Level` 类可序列化，`Wave[]`数组也不会在检视面板中正确显示，因为 Unity 的检视面板中不允许嵌套的可序列化类，这意味着你可能需要使用 XML 文档之类的东西来定义关卡和攻击轮次，从文档中读入 `Level` 和 `Wave` 类的数据。关于 XML 的相关知识，详见附录 B 中的“XML”部分，下一章的游戏原型中，我们将用到 XML。

- 添加更多游戏架构和 GUI（图形用户界面）元素：
  — 给玩家一个分数和一定的生命数量(这两方面内容都在第 29 章中讲解过)。
  — 添加难度设置。
  — 记录最高得分（在《拾苹果》游戏和《爆破任务》游戏中讲解过）。
  — 为游戏创建一个欢迎界面，允许玩家选择难度等级。这个界面也可以用来显示最高分数。

第 31 章

游戏原型 4：《矿工接龙》

在本章中，你将创建自己的第一个纸牌游戏《矿工接龙》（*Prospector*）。本游戏是经典的《三峰接龙》（*Tri-Peaks Solitaire*）游戏的一个变种，后者已经有了电子版本。

本章中包括几种新技术，例如使用 XML 配置文件、设计移动设备上的游戏，你还会初次接触 Unity 4.3 及更高版本中的 Sprite 工具。

学完本章之后，你不但可获得一个可以正常运行的纸牌游戏，而且还能获得一个纸牌游戏框架，在将来的其他纸牌游戏中使用。

31.1 准备工作：原型 4

与原型 3 一样，首先你需要为本游戏项目下载一个 Unity 资源包并导入。我们使用的图形资源来自于 Chris Aguilar 的公开矢量纸牌图形库[1]1.3 版本。

需要重点注意的是本项目只能在 Unity 4.3 及更高版本下运行。在本章中，我们会大量使用 Unity 4.3 版本中新增的二维工具。

为本章创建新项目

按照标准的项目创建流程，在 Unity 中创建一个新项目。如果你需要复习创建项目的标准流程，请参阅附录 A“项目创建标准流程”。在创建项目时，你会看到一个提示框，问你希望默认为 2D 还是 3D，在本项目中，应该选 2D。

- 项目名称：Prospector
- 场景名称：_Prospector_Scene_0
- 项目文件夹：__Scripts、_Prefabs、_Sprites。
- 下载并导入资源包：打开 http://book.prototools.net，从 Chapter 31 页面上下载
- C#脚本名称：（暂无）

重命名：将 Main Camera 重命名为_MainCamera

导入 Unity 资源包文件的同时，应该会正确设置_MainCamera，万一不行，请按以

1 Chris Aguilar, “Vectorized Playing Cards 1.3,” http://code.google.com/p/vectorized-playingcards, 版权所有——Chris Aguilar。根据 LGPL3 协议（www.gnu.org/copyleft/lesser.html）授权使用。

下正确值进行设置：

_MainCamera (Camera)　　P:[0,0,-40]　R:[0,0,0] S:[1,1,1]

Projection: Orthographic

Size: 10

注意此 Unity 资源包中包含了一个 Utils 工具脚本，其具有上一章中的 Utils 脚本不具备的新功能。

31.2 项目 Build 设置

这将是你设计的第一个可编译为在移动设备上运行的程序。作为示例，笔者在这里把项目设置为在 Apple iPad 上运行，但你也可以设置为 Android、Black Berry、Windows 8 Phone 甚至是网页播放器上运行，完全没有问题。尽管本项目设计用于移动设备，但移动设备程序的实际 Build 过程超出了本书的讨论范围（另外不同设备之间有很大的差异），你可以在 Unity 网站上找到很多相关信息。iOS 开发的链接是 http://docs.unity3d.com/Documentation/Manual/iphone-GettingStarted.html。在本章末尾也介绍了更多关于编译移动设备程序的相关信息。

1．双击打开项目面板中的_Prospector_Scene_0 场景。

2．在菜单栏中执行 File > Build Setting 命令，然后会弹出如图 31-1 所示的窗口。

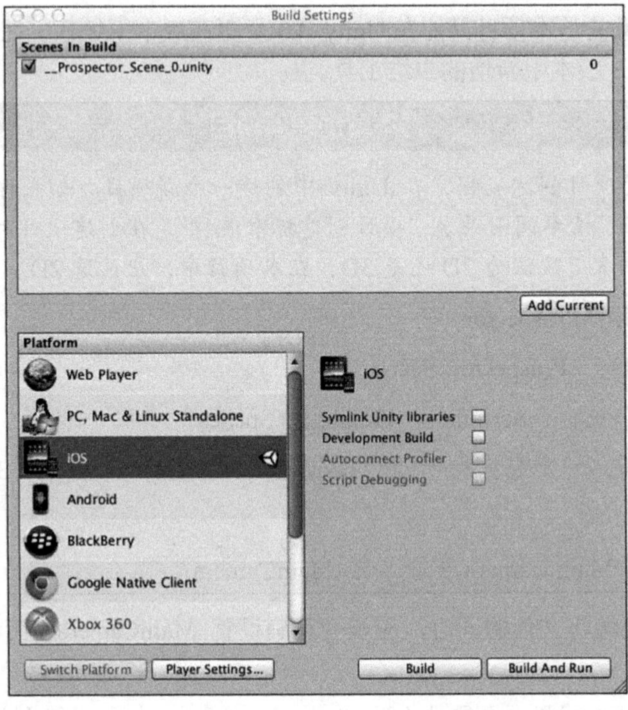

图 31-1　Build（编译发布）设置窗口

3．单击 Add Current（添加当前场景）按钮，将_Prospector_Scene_0 添加到 Build 文件当中。

4．从平台列表中选择 iOS 并单击 Switch Platform（切换平台）按钮。Unity 将重新导入所有图片，适配默认的 iOS 设置。切换完成后，Switch Platform 按钮将变为灰色。在设置你的 Build 与图 31-1 一致之后，即可关闭这个窗口（暂时不要单击 Build 按钮，那是游戏完成之后的工作）。

31.3　将图片导入为 Sprite

接下来，我们需要正确导入用作 Sprite 的图片。Sprite 是可以在屏幕上移动和旋转的二维图片，在二维游戏中很常见。

1．打开项目面板中的_Sprites 文件夹，选择其中所有的图片（先单击选中_Sprite 文件夹中最上方的一幅图片，然后在按下[Shift]键的同时单击最下面的图片）。在检视面板的预览窗口中，你会看到当前所有图片都导入为不带透明背景矩形图片。我们将做一些修改，使图片变为 Sprite。

2．在检视面板的 21 Texture 2Ds Import Settings（21 张纹理图片导入设置）部分，将 Texture Type（纹理类型）设置为 Sprite，然后单击 Apply（应用）按钮，Unity 会按照合适的比例重新导入所有图片；但是你会在控制台中看到"Only Square Texutres can be compressed to PVRTC format"（只有矩形纹理可以被压缩为 PVRTC 格式）的警告，这时需要在检视面板中把 Format 由 Compressed（压缩格式）更改为 TrueColor（真彩色）并单击 Apply 按钮，清除警告信息。然后，你的图像就可以当作 Sprite 使用了。如图 31-2 所示为最终的导入设置。

3．现在查看项目面板，你会看到每幅图片旁边都有一个三角形展开按钮。如果点开这些三角形，你会发现每幅图片下面有一个与图片同名的 Sprite 图片。

4．在项目面板中选中图片 Letters。对于大多数已导入的图片来说，Sprite Mode 应该设置为 Single，因为每幅图片就是一个 Sprite。但是 Letters 图片实际上是一个图集（在同一幅图片中保存的一系列 Sprite），因此需要另行设置。在 Letters 检视面板的 Letters Import Settings 下，将 Sprite Mode（Sprite 模式）设置为 Multiple（多图）并单击 Apply 按钮应用，这样会在 Pixels to Unites 字段下出现一个新的 Sprite Editor 按钮。单击该按钮，打开 Sprite 编辑器窗口。你会在这个窗口中看到 Letters 图片边上带有一个蓝色边框，这个边框是 Letters Sprite 的边界。单击 Spirte 编辑器窗口上方的彩虹状或字母 A 按钮（如图 31-3 所示中圆圈标出部分），可以在实际图像与 alpha 通道之间切换视图。因为 Letters 是透明背景上的白色文字，所以 alpha 通道视图看起来更为清晰。

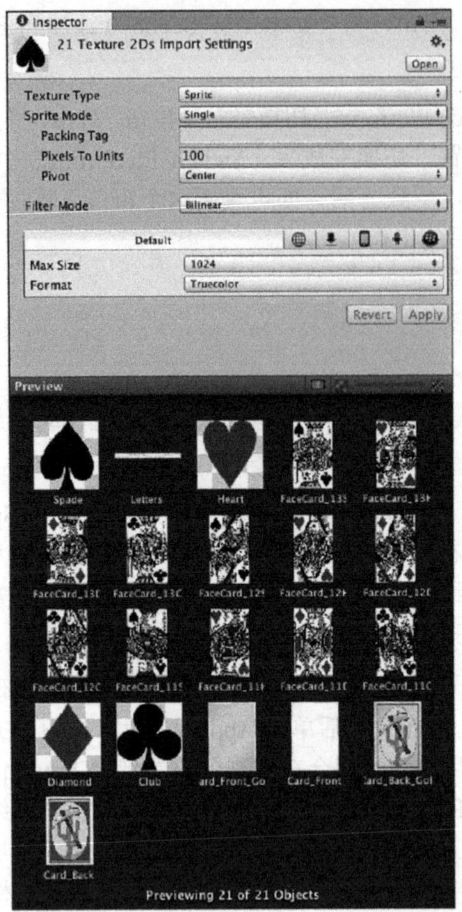

图 31-2　用作 Sprite 的二维纹理的导入设置

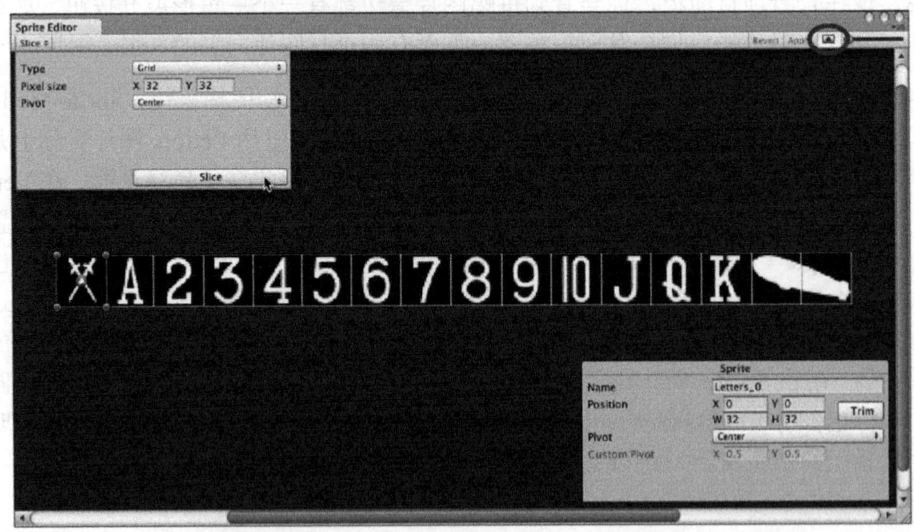

图 31-3　Sprite 编辑器截图，演示切割 Letters 图片时的正确设置

（右上角圆圈中的按钮用于切换色彩通道和 alpha 通道）

5. 现在，单击 Sprite 编辑器左上角的 Slice（切片）下拉菜单，将 Type（类型）从 Automatic 修改为 Grid（见图 31-3）。将 Pixel size 设置为 X: 32 Y:32，然后单击 Slice 按钮。这会把 Letters 图片切割为 16 张 32×32 像素的 Sprite。单击 Sprite 编辑器右上角 Apply 按钮，在项目面板中生成这些 Sprite。这样，在 Letters 下会有 16 张 Sprite 图片，名称从 Letter_0 到 Letter_15。在本游戏中，你将用到图片 Letter_1 到 Letter_13，代表纸牌中从 A 到 K 的 13 个点数。到此为止，所有的 Sprite 就已经完成，可以使用了。

6. 保存场景。到目前为止，你还没有对场景做出正式修改，但时刻牢记保存场景是一种好习惯，你应该养成做出任意修改后都进行保存的习惯。

31.4　用 Sprite 制作纸牌

我们将使用导入的 21 张图片逐步制作整副纸牌，这是本项目的重要特色之一。这样，最终编译出来的移动版应用会更小，而且你还有机会学习 XML 的工作原理。

如图 31-4 所示是制作其中一张纸牌的示例。图中的黑桃 10 是由 Card_Front、12 个黑桃和两个数字 10 的 Sprite 构成的。

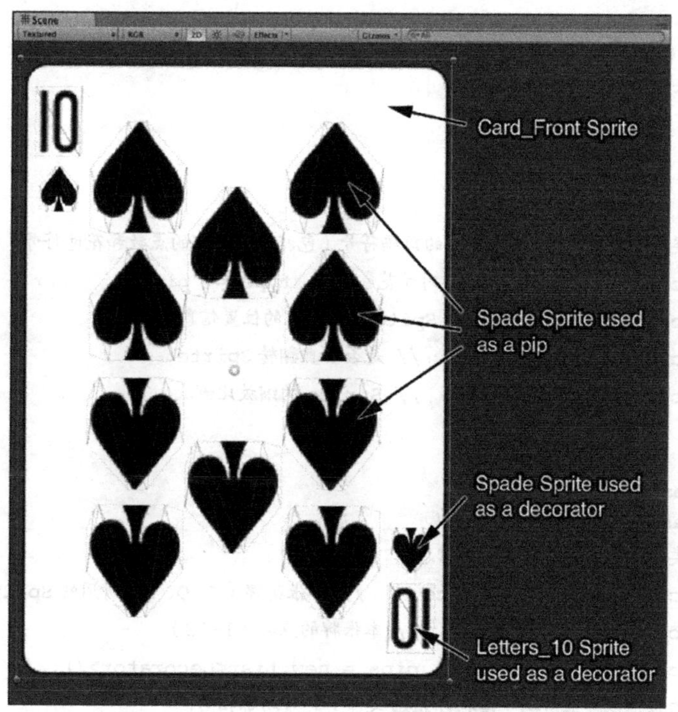

图 31-4　由多个 Sprite 构成的黑桃 10，每个 Sprite 的边上都有自动生成的轮廓，本张牌的可见部分由 15 个 Sprite 构成（12 个黑桃图案、两个数字“10”和一个正面背景图片）

这张牌的布局是用 XML 文件定义的。请查看附录 B“实用概念”中的“XML”部分深入了解 XML 以及如何使用资源包中导入的 PT_XMLReader 读取 XML 内容。附录 B 的该部分中还展示了本项目中使用的 DeckXML.xml 文件内容。

通过代码使用 XML

作为本项目的第一步，请创建三个 C#脚本文件，分别命名为 Card、Deck 和 Prospector。

- `Card`：用于定义整副纸牌中每张牌的类。`Card` 类中还包含了 `CardDefinition` 类（用于存储不同点数的纸牌上各个 Sprite 的位置信息）和 `Decorator` 类（用于存储 XML 文件中定义的角码和花色符号的位置信息）。
- `Deck`：`Deck` 类解析 DeckXML.xml 中的信息，并使用这些信息创建整副纸牌。
- `Prospector`：`Prospector` 类管理整个游戏。`Deck` 用于创建纸牌，`Prospector` 则将这些纸牌变成一个游戏。`Prospector` 将纸牌归入不同的牌堆中（例如储备牌和弃牌），并管理游戏逻辑。

1. 我们首先创建 Card 脚本并在 Monodevelop 中打开它，在其中输入以下代码：

```
using UnityEngine;
using System.Collections;
using System.Collections.Generic;

public class Card : MonoBehaviour {
    // 此类将在稍后进行定义
}

[System.Serializable]
public class Decorator {
    // 此类用于存储来自 DeckXML 的角码符号（包括纸牌角部的点数和花色符号）的信息
    public string type;   // 对于花色符号，type = "pip"
    public Vector3 loc;   // Spite 在纸片上的位置信息
    public bool flip = false; // 是否垂直翻转 Spirte
    public float scale = 1f;  // Sprite 的缩放比例
}

[System.Serializable]
public class CardDefinition {
    // 此类用于存储各点数的牌面信息
    public string        face;    // 各张花牌（J、Q、K）所用的 Sprite 名称
    public int       rank;    // 本张牌的点数（1-13）
    public List<Decorator>    pips = new List<Decorator>(); // 用到的花色符号
    // 因为每张纸牌上角码（读取自 XML 文件）的布局都相同，
    // 所以 pips 列表中只存储数字牌上花色符号的信息
}
```

2. 当 Deck 脚本读取 XML 文件内容时，所创建的信息将存储在 Card.cs 中的这些小类中。请在 MonoDevelop 中打开 Deck 脚本，并输入以下代码：

```
using UnityEngine;
using System.Collections;
using System.Collections.Generic;

public class Deck : MonoBehaviour {
    public bool        _______________;

    public PT_XMLReader   xmlr;

    // 当 Prospector 脚本运行时，将调用这里的 InitDeck 函数
    public void InitDeck(string deckXMLText) {
        ReadDeck(deckXMLText);
    }

    // ReadDeck 函数将传入的 XML 文件解析为 CardDefinition 类的实例
    public void ReadDeck(string deckXMLText) {
        xmlr = new PT_XMLReader();      // 新建一个 XML 读取器 PT_XMLReader
        xmlr.Parse(deckXMLText);  // 使用这个 PT_XMLReader 解析 DeckXML 文件
        // 这里将输出一条测试语句，演示 xmlr 如何使用
        // 请阅读附录 B“实用概念”中的“XML”部分了解更多相关内容
        string s = "xml[0] decorator[0] ";
        s += "type="+xmlr.xml["xml"][0]["decorator"][0].att("type");
        s += " x="+xmlr.xml["xml"][0]["decorator"][0].att("x");
        s += " y="+xmlr.xml["xml"][0]["decorator"][0].att("y");
        s += " scale="+xmlr.xml["xml"][0]["decorator"][0].att("scale");
        print(s);
    }
}
```

从解析后的 XML 提取的数据刚开始可能看起来很怪。Xmlr 是 PT_XMLReader 的实例，而 xmlr.xml 是解析后的 XML。然后使用括号以嵌套方式研究和理解 XML。xmlr.xml["xml"]获取 XML 文件中顶层<xml>元素的集合。接着继续挖掘 XML 文件的各种变量，得到角码的属性（如 att("type")）。

3. 接下来，打开 Prospector 脚本，并输入以下代码：

```
using UnityEngine;
using System.Collections;
using System.Collections.Generic;

public class Prospector : MonoBehaviour {
    static public Prospector  S;
    public Deck         deck;
    public TextAsset deckXML;

    void Awake() {
        S = this;                // 为 Prospector 类创建一个单例对象
    }
```

```
    void Start () {
        deck = GetComponent<Deck>();  // 获取 Deck 脚本组件
        deck.InitDeck(deckXML.text);  // 将 DeckXML 传递给 Deck 脚本
    }
}
```

4. 代码准备好之后，请返回到 Unity 并将 Prospector 和 Deck 脚本都绑定到主摄像机_MainCamera 上（将两个脚本分别从项目面板拖放到层级面板上的_MainCamera 中）。然后，在层级面板中选中_MainCamera，你会看到两个脚本都已经绑定为_MainCamera 的组件。将项目面板中 Resources 文件夹下的 DeckXML 拖放到检视面板中的 Prospector(Script)组件下的 deckXML 变量文本框中。

5. 保存场景并按下播放按钮，你会在控制台面板上看到下列输出内容：

```
xml[0] decorator[0] type=letter x=-1.05 y=1.42 scale=1.25
```

这行输出内容来自于 Deck:ReadDeck() 函数中的测试代码，结果显示 ReadDeck()从 XML 文件中正确读取出了第 0 个 xml 标签的第 0 个角码的 type、x、y 和 scale 属性，如 DeckXML.xml 文件的下列代码所示（你可以在 Resources 文件夹中双击 DeckXML，用 MonoDevelop 中打开并查看整个文件）。

```
<xml>
<decorator type="letter" x="-1.05" y="1.42" z="0" flip="0" scale="1.25"/>
…
</xml>
```

现在，我们将使用这些内容做出真正的纸牌图像。

1. 修改 Deck 类，添加下列粗体字代码：

```
public class Deck : MonoBehaviour {

    public bool                    ___________;

    public PT_XMLReader            xmlr;
    public List<string>            cardNames;
    public List<Card>              cards;
    public List<Decorator>         decorators;
    public List<CardDefinition>    cardDefs;
    public Transform               deckAnchor;
    public Dictionary<string,Sprite>   dictSuits;

    // 当 Prospector 脚本运行时，将调用这里的 InitDeck 函数
    public void InitDeck(string deckXMLText) {
        ReadDeck(deckXMLText);
    }


    // ReadDeck 函数将传入的 XML 文件解析为 CardDefinition 类的实例
    public void ReadDeck(string deckXMLText) {
```

```
xmlr = new PT_XMLReader();      // 新建一个XML读取器PT_XMLReader
xmlr.Parse(deckXMLText);  // 使用这个PT_XMLReader解析DeckXML文件

// 这里将输出一条测试语句，演示xmlr如何使用
// 请阅读附录B“实用概念”中的“XML”部分了解更多相关内容
string s = "xml[0] decorator[0] ";
s + = "type=" + xmlr.xml["xml"][0]["decorator"][0].att("type");
s + = " x=" + xmlr.xml["xml"][0]["decorator"][0].att("x");
s + = " y=" + xmlr.xml["xml"][0]["decorator"][0].att("y");
s + = " scale=" + xmlr.xml["xml"][0]["decorator"][0].att("scale");
//print(s);  //注释掉这一行，因为我们已经完成了测试

// 读取所有纸牌的角码(Decorator)
decorators = new List<Decorator>();     //初始化一个Decorator对象列表
// 从XML文件中获取所有<decorator>标签，构成一个PT_XMLHashList列表
PT_XMLHashList xDecos = xmlr.xml["xml"][0]["decorator"];
Decorator deco;
for (int i=0; i<xDecos.Count; i++) {
    // 对于XML中的每一个<decorator>
    deco = new Decorator(); // 创建一个新的Decorator对象
    // 将<decorator>标签中的所有属性复制给该Decorator对象
    deco.type = xDecos[i].att("type");
    // 根据<decorator>标签的flip的属性是否为“1”，设置Decorator对象
    // 的flip属性"1"。这种方法比较特殊但很管用。
    // 使用 == 比较运算符返回一个true或false值，赋给deco.flip
    deco.flip = ( xDecos[i].att ("flip") == "1" );
    // 浮点数需要从属性字符串中解析出来
    deco.scale = float.Parse( xDecos[i].att ("scale") );
    // 三维向量loc已初始化为[0,0,0]，我们只需要修改其值
    deco.loc.x = float.Parse( xDecos[i].att ("x") );
    deco.loc.y = float.Parse( xDecos[i].att ("y") );
    deco.loc.z = float.Parse( xDecos[i].att ("z") );
    // 将临时变量deco添加到由角码构成的List
    decorators.Add (deco);
}

// 读取每种点数对应的花色符号位置
cardDefs = new List<CardDefinition>(); // 初始化由CardDefinition构成的
List
// 从XML文件中获取所有<card>标签，构成一个PT_XMLHashList列表
PT_XMLHashList xCardDefs = xmlr.xml["xml"][0]["card"];
for (int i=0; i<xCardDefs.Count; i++) {
    // 对于每个 <card>标签
    // 创建一个新的CardDefinition变量cDef
    CardDefinition cDef = new CardDefinition();
    // 解析其属性值并添加到cDef中
    cDef.rank = int.Parse( xCardDefs[i].att ("rank") );
```

```
                //获取当前<card>标签中所有的<pip>标签，构成一个 PT_XMLHashList 列表
                PT_XMLHashList xPips = xCardDefs[i]["pip"];
                if (xPips != null) {
                    for (int j=0; j<xPips.Count; j++) {
                        //遍历所有的 <pip>标签
                        deco = new Decorator();
                        //通过 Decorator 类处理 <card>中的<pip>标签
                        deco.type = "pip";
                        deco.flip = ( xPips[j].att ("flip") == "1" );
                        deco.loc.x = float.Parse( xPips[j].att ("x") );
                        deco.loc.y = float.Parse( xPips[j].att ("y") );
                        deco.loc.z = float.Parse( xPips[j].att ("z") );
                        if ( xPips[j].HasAtt("scale") ) {
                            deco.scale = float.Parse( xPips[j].att ("scale") );
                        }
                        cDef.pips.Add(deco);
                    }
                }
                // 花牌（J、Q、K）包含一个 face 属性
                // cDef.face 是花牌 Sprite 的基本名称
                // 例如，J 的基本名称是 FaceCard_11
                // 而梅花 J 的名称是 FaceCard_11C，红桃 J 的名称是 FaceCard_11H 等
                if (xCardDefs[i].HasAtt("face")) {
                    cDef.face = xCardDefs[i].att ("face");
                }
                cardDefs.Add(cDef);
            }
        }
}
```

2．现在，`ReadDeck()`方法将会解析 XML 文件并转化为一个由 Decorator（纸牌角上的花色和点数符号）和 CardDefinition（包含了从 A 到 K 的每个点数纸牌信息的类）构成的 List。请切回 Unity 窗口并按下播放按钮，然后单击选中 _MainCamera 并在检视面板中查看 Deck(Script)组件。因为 Decorator 和 CardDefinition 都是序列化的类，所以可以在 Unity 的检视面板中查看，如图 31.5 所示（注意，这是 Unity 4.3 版本中出现的改进）。

3．停止播放并保存场景。

利用 Sprite 制作纸牌

XML 可以正确读取并解释为有用的 List 之后，我们接下来就应该制作真正的纸牌了。第一步是获取对之前制作的所有 Spirte 的引用。

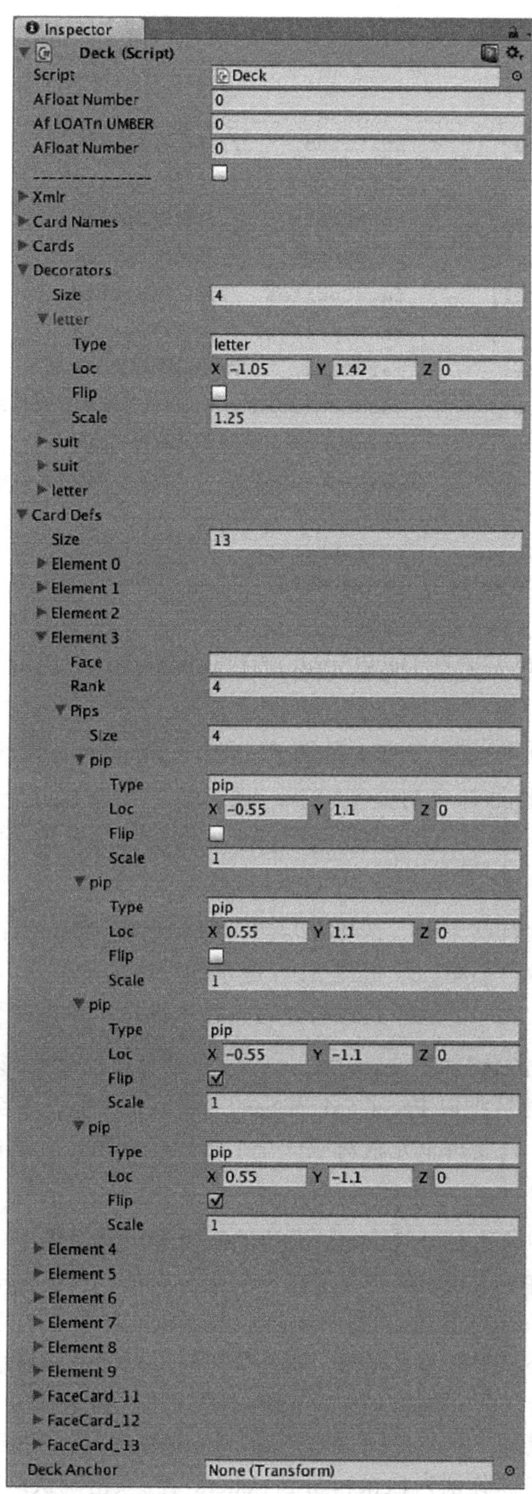

图 31-5　主摄像机 Deck(Script)组件的检视面板，
其中显示了从 DeckXML.xml 文件中得到的 Decorator 和 Card Def 元素

1. 在Deck类脚本的顶部添加以下变量，用于存储上述Sprite：

```
public class Deck : MonoBehaviour {
    // 花色
    public Sprite          suitClub;     //梅花的Sprite
    public Sprite          suitDiamond;  //方片的Sprite
    public Sprite          suitHeart;    //红桃的Sprite
    public Sprite          suitSpade;    //黑桃的Sprite
    public Sprite[]        faceSprites;  //花牌的Sprite
    public Sprite[]        rankSprites;  //点数的Sprite
    public Sprite          cardBack;     //普通绝牌背面的Sprite
    public Sprite          cardBackGold;     //金色纸牌背面的Sprite
    public Sprite          cardFront;    //普通纸牌正面的背景Sprite
    public Sprite          cardFrontGold;    //金色纸牌正面的背景Sprite
    // 预设
    public GameObject      prefabSprite;
    public GameObject      prefabCard;
    public bool ________________;
```

当切换回Unity后，在Deck(Sprite)的检视面板中，会出现很多需要定义的全局变量。

2. 将项目面板中_Sprites文件夹下的Club、Diamon、Heart、Spade的纹理分别拖放到Deck下面对应的变量（suitClub、suitDiamon、suitHeart和suitSpade）中。Unity会自动把Sprite图形赋给变量（而不是把二维纹理图形赋给变量）。

3. 接下来的步骤有些复杂。请先在层级面板中选中_MainCamera，然后单击检视面板上方的锁状小图标（如图31-6所示的圆圈内的图标），锁定检视面板。检视面板锁定之后，再选择其他对象时，检视面板不会发生变化。

4. 单击Deck(Script)组件下faceSprites变量旁边的三角形展开按钮，并将Size设置为12，然后把以FaceCard_开头的二维纹理分别拖放到faceSprites下的各元素中。只要每个元素对应一个二维纹理即可，元素的顺序并不重要（如图31-6所示）。

5. 在项目面板中单击打开Letters旁边的三角形，然后选中Letters_0，然后按住Shift的同时单击Letters_15，现在你应该选中了16个Sprite。将这组Sprite拖放到Deck(Script)组件下的rankSprites变量上，当鼠标指针拖放到rankSprites变量名上方时，你会看到鼠标指针旁边显示<multiple>字样，并且有一个加号（+）图标（在Windows系统上，可能只会看到一个加号图标）。这时请松开鼠标，如果前面操作正确，rankSprite列表中现在应该有16个字母Sprite，名称分别为Letters_0到Letters_15。双击确认这些字母的顺序正确，如果顺序不正确，你需要逐个添加这些字母。

6. 把项目面板中的Card_Back、Card_Back_Gold、Card_Front和Card_Front_Gold

分别拖放到检视面板中 Deck(Script)组件下的对应变量中。

7. 单击检视面板右上角的锁状小图标（如图 31-6 的圆圈中所示）解除锁定。检视面板中的 Deck(Script)组件应与图中所示一致。

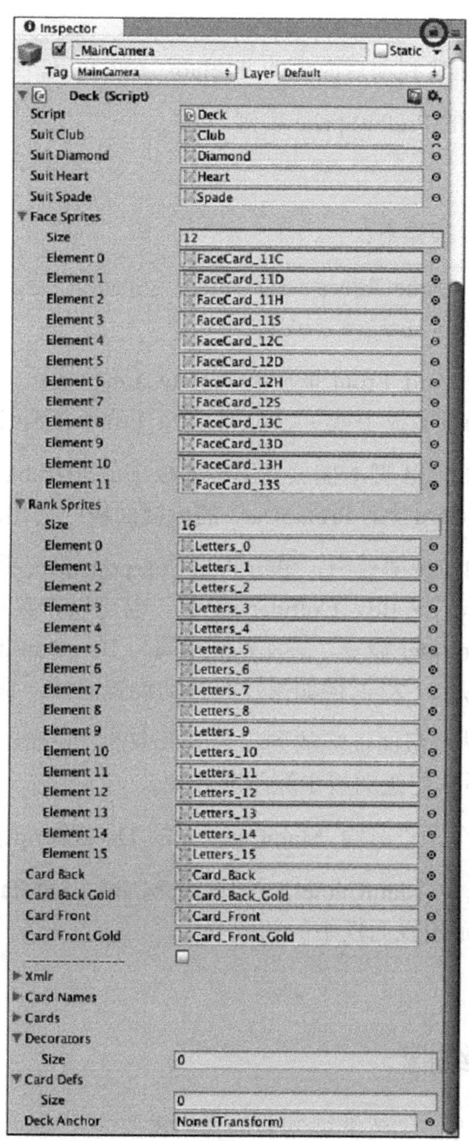

图 31-6　_MainCamera 的 Deck(Script)在检视面板中的设置，
其中显示了为每个 Sprite 变量正确设置的 Sprite

为 Sprite 和纸牌创建游戏对象预设

与屏幕上的其他元素一样，Sprite 也需要被包含在游戏对象当中。在本项目中，你需要创建两个预设：一个泛型的 *PrefabSprite*，用于所有的角码和花色符号；还有一个 PrefabCard，作为一副牌中各张纸牌的基础。

PrefabSprite

PrefabSprite 的创建步骤如下：

1. 在菜单栏中执行 GameObject > 2D Object > Sprite 命令，创建一个 Sprite 游戏对象并命名为 `PrefabSprite`。
2. 将 PrefabSprite 拖放到项目面板的_Prefabs 文件夹下，创建为预设。
3. 删除层级面板中的 PrefabSprite 实例。

PrefabCard

PrefabCard 的创建步骤如下：

1. 在菜单栏中执行 GameObject > 2D Object > Sprite 命令，创建一个 Sprite 游戏对象并命名为 *PrefabCard* 。
2. 将项目面板中的 Card_Front 拖放到 PrefabCard 检视面板中的 Sprite Renderer 变量中，这样在场景面板中就可以看到 Card_Front 的 Sprite 图形。
3. 把项目面板中的 Card 脚本拖放到层级面板中的 PrefabCard 上，这会把 Card 脚本绑定到 PrefabCard 上，PrefabCard 的检视面板中会出现 Card(Script)组件。
4. 在 PrefabCard 的检视面板中，单击 Add Component 按钮添加组件，从弹出的菜单中执行 Physics > Box Collider 命令（也可以在菜单中执行 Component > Physics > Box Collider 命令，二者效果相同）。Box Collider 的尺寸会自动设置为 `[2.56, 3.56, 0.2]`，但如果没有自动设置尺寸，请按上述数值设置。
5. 将 PrefabCard 从层级面板拖放到项目面板中的_Prefabs 文件夹下，使用它创建一个预设，然后从层级面板中删除其实例。

现在你需要把这两个预设赋给_MainCamera 的 Deck(Script)组件下相应的全局变量。

1. 在层级面板中选中_MainCamera，把 PrefabCard 和 PrefabSprite 从项目面板中拖放到 Deck(Script)检视面板中的相应变量。
2. 保存场景。

在代码中创建纸牌

在 `Deck` 类中添加方法创建纸牌之前，我们需要先在 `Card` 脚本中添加一些变量，具体如下：

1. 在 Card 脚本中添加下列代码：

```
public class Card : MonoBehaviour {
    public string         suit;                // 牌的花色（红桃、黑桃、方片或梅花）
    public int        rank;             // 牌的点数（1-13）
    public Color      color = Color.black;  // 花色符号的颜色
    public string         colS = "Black";        // 颜色的名称,值为"Black"或"Red"
```

```
    // 以下 List 存储所有的 Decorator 游戏对象
    public List<GameObject> decoGOs = new List<GameObject>();
    // 以下 List 存储所有的 Pip 游戏对象
    public List<GameObject> pipGOs = new List<GameObject>();

    public GameObject    back;            // 纸牌背面图像的游戏对象

    public CardDefinition    def;              // 该变量的值解析自 DeckXML.xml
}
```

2. 然后在 Deck 脚本中添加以下代码：

```
public class Deck : MonoBehaviour {
    …
    // 当 Prospector 脚本运行时，将调用这里的 InitDeck 函数
    public void InitDeck(string deckXMLText) {
        // 以下语句为层级面板中的所有 Card 游戏对象创建一个锚点
        if (GameObject.Find("_Deck") == null) {
            GameObject anchorGO = new GameObject("_Deck");
            deckAnchor = anchorGO.transform;
        }
        // 使用所有必需的 Sprite 初始化 SuitSprites 字典
        dictSuits = new Dictionary<string, Sprite>() {
            { "C", suitClub },
            { "D", suitDiamond },
            { "H", suitHeart },
            { "S", suitSpade }
        };
        ReadDeck(deckXMLText);
        MakeCards();
    }

    // ReadDeck 函数将传入的 XML 文件解析为 CardDefinition 类的实例
    public void ReadDeck(string deckXMLText) {
        …
    }
    // 根据点数（1-13 分别代表绝牌的 A-K）获取对应的 CardDefinition（牌面布局定义）
    public CardDefinition GetCardDefinitionByRank(int rnk) {
        // 搜索所有的 CardDefinition
        foreach (CardDefinition cd in cardDefs) {
            // 如果点数正确，返回相应的定义
            if (cd.rank == rnk) {
                return( cd );
            }
        }
        return( null );
    }
    // 创建 Card 游戏对象
    public void MakeCards() {
        // List 型变量 cardNames 中是要创建的纸牌的名称
```

```
// 每种花色均包含 1 到 13 的点数（例如黑桃为 C1 到 C13）
cardNames = new List<string>();
string[] letters = new string[] {"C","D","H","S"};
foreach (string s in letters) {
    for (int i=0; i<13; i++) {
        cardNames.Add(s+(i+1));
    }
}
// 创建一个 List，用于存储所有的纸牌
cards = new List<Card>();
// 有些变量会重复使用多次
Sprite tS = null;
GameObject tGO = null;
SpriteRenderer tSR = null;
// 遍历前面得到的所有纸牌名称
for (int i=0; i<cardNames.Count; i++) {
    // 创建一个新的 Card 游戏对象
    GameObject cgo = Instantiate(prefabCard) as GameObject;
    // 将 transform.parent 设置为锚点
    cgo.transform.parent = deckAnchor;
    Card card = cgo.GetComponent<Card>(); // 获取 Card 组件
    // 以下语句用于排列纸牌，使其整齐摆放
    cgo.transform.localPosition = new Vector3( (i%13)*3, i/13*4, 0 );
    // 设置纸牌的基本属性值
    card.name = cardNames[i];
    card.suit = card.name[0].ToString();
    card.rank = int.Parse( card.name.Substring(1) );
    if (card.suit == "D" || card.suit == "H") {
        card.colS = "Red";
        card.color = Color.red;
    }
    // 提取本张纸牌的定义
    card.def = GetCardDefinitionByRank(card.rank);
    // 添加角码
    foreach( Decorator deco in decorators ) {
        if (deco.type == "suit") {
            //初始化一个 Sprite 游戏对象
            tGO = Instantiate( prefabSprite ) as GameObject;
            // 获取 SpriteRenderer 组件
            tSR = tGO.GetComponent<SpriteRenderer>();
            // 将 Sprite 设置为正确的花色
            tSR.sprite = dictSuits[card.suit];
        } else { //如果不是花色符号，那就是点数
            tGO = Instantiate( prefabSprite ) as GameObject;
            tSR = tGO.GetComponent<SpriteRenderer>();
            // 获取正确的 Sprite 来显示该点数
            tS = rankSprites[ card.rank ];
            // 将表示点数的 Sprite 赋给 SpriteRender
```

```
                    tSR.sprite = tS;
                    // 使点数符号的颜色与纸牌的花色相符
                    tSR.color = card.color;
                }
                // 使表示角码的 Sprite 显示在纸牌之上
                tSR.sortingOrder = 1;
                // 使表示角码的 Sprite 成为纸牌的子对象
                tGO.transform.parent = cgo.transform;
                // 根据 DeckXML 中的位置设置 localPosition
                tGO.transform.localPosition = deco.loc;
                // 如果有必要，则翻转角码
                if (deco.flip) {
                    // 让角码沿 z 轴进行 180°的欧拉旋转，即会使它翻转
                    tGO.transform.rotation = Quaternion.Euler(0,0,180);
                }
                // 设置角码的缩放比例，以免其尺寸过大
                if (deco.scale != 1) {
                    tGO.transform.localScale = Vector3.one * deco.scale;
                }
                // 为游戏对象指定名称，使其易于查找
                tGO.name = deco.type;
                // 将这个 deco 游戏对象添加到 card.decoGos 列表 List 中
                card.decoGOs.Add(tGO);
            }
            // 将这张纸牌添加到整副牌中
            cards.Add (card);
        }
    }
}
```

3. 单击播放按钮，你会看到 52 张纸牌整齐排列。纸牌上还没有中间的花色符号，但纸牌确实可以正确显示，并且上面带有正确的角码和颜色。接下来，我们将添加显示中间的花色符号和花牌的代码。请在 Deck 类的 MakeCards() 方法下添加以下代码：

```
// 创建 Card 游戏对象
public void MakeCards() {
    …

    //遍历前面得到的所有纸牌名称
    for (int i=0; i<cardNames.Count; i++) {
        …

        // 添加角码
        foreach( Decorator deco in decorators ) {
            …
        }

        // 添加中间的花色符号
```

```
        // 对于定义内容中的每个花色符号
        foreach( Decorator pip in card.def.pips ) {
            // 初始化一个 Sprite 游戏对象
            tGO = Instantiate( prefabSprite ) as GameObject;
            // 将 Card 设置为它的父对象
            tGO.transform.parent = cgo.transform;
            // 按照 XML 内容设置其位置
            tGO.transform.localPosition = pip.loc;
            // 必要时进行翻转
            if (pip.flip) {
                tGO.transform.rotation = Quaternion.Euler(0,0,180);
            }
            // 必要时进行缩放（只适用于点数为 A 的情况）
            if (pip.scale != 1) {
                tGO.transform.localScale = Vector3.one * pip.scale;
            }
            // 为游戏对象指定名称
            tGO.name = "pip";
            // 获取它的 SpriteRenderer 组件
            tSR = tGO.GetComponent<SpriteRenderer>();
            // 将 Spirte 设置为正确的花色符号
            tSR.sprite = dictSuits[card.suit];
            // 设置 sortingOrder，使花色符号显示在纸牌背景 Card_Front 之上
            tSR.sortingOrder = 1;
            // 将 Add this to the Card's list of pips
            card.pipGOs.Add(tGO);
        }

        // 处理花牌（J、Q、K）
        if (card.def.face != "") { // 如果 card.def 的 face 字段不为空（表示纸牌有牌
面图案）
            tGO = Instantiate( prefabSprite ) as GameObject;
            tSR = tGO.GetComponent<SpriteRenderer>();
            // 生成正确的名称并传递给 GetFace()
            tS = GetFace( card.def.face+card.suit );
            tSR.sprite = tS; // 将这个 Sprite 赋给 tSR 变量
            tSR.sortingOrder = 1; // 设置 sortingOrder
            tGO.transform.parent = card.transform;
            tGO.transform.localPosition = Vector3.zero;
            tGO.name = "face";
        }

        // 将这张纸牌添加到整副牌中
        cards.Add (card);
    }
} // 这是 MakeCards() 方法的右侧花括号

// 查找正确的花牌 Sprite
```

```
public Sprite GetFace(string faceS) {
    foreach (Sprite tS in faceSprites) {
        //如果 Sprite 名称正确……
        if (tS.name == faceS) {
            //则返回这个 Sprite
            return( tS );
        }
    }
    // 如果查找不到，则返回 null
    return( null );
}
```

4. 再次按下播放按钮，你会看到所有的 52 张纸牌都整齐排列，并且拥有正确的花色符号和花牌图案。接下来要做的是为纸牌添加背面图案，并使背面图案的排序高于纸牌的所有其他元素，当纸牌背面朝上时，让背面图案可见；而当纸牌正面朝上时，则让背面图案不可见。

要完成可见性的切换，需要为 Card 类添加 faceUp 属性。作为一个属性，faceUp 拥有伪装成字段的两个函数（即 get 和 set）：

```
public class Card : MonoBehaviour {
    …

    public CardDefinition def; // 解析自 DeckXML.xml
    public bool faceUp {
        get {
            return( !back.activeSelf );
        }
        set {
            back.SetActive(!value);
        }
    }
}
```

5. 然后，可在 MakeCards() 方法中为纸牌添加背景。请在 Deck 类的 MakeCard() 方法中添加以下代码：

```
// 创建 Card 游戏对象
public void MakeCards() {
    …
    //遍历前面得到的所有纸牌名称
    for (int i=0; i<cardNames.Count; i++) {
        …

        //处理花牌
        if (card.def.face != "") {     // 如果 card.def 的 face 字段不为空(表示纸牌
有牌面图案)
            …
        }

        // 添加纸牌背景
```

```
            // Card_Back 将覆盖纸牌上的所有其他元素
            tGO = Instantiate( prefabSprite ) as GameObject;
            tSR = tGO.GetComponent<SpriteRenderer>();
            tSR.sprite = cardBack;
            tGO.transform.parent = card.transform;
            tGO.transform.localPosition = Vector3.zero;
            // 它的 sortingOrder 值高于纸牌上的所有其他元素
            tSR.sortingOrder = 2;
            tGO.name = "back";
            card.back = tGO;

            // face-up 的默认值
            card.faceUp = false; // 使用 Card 的 faceUp 属性

            // 将这张纸牌添加到整副纸牌中
            cards.Add (card);
        }
    }
```

6. 单击播放按钮，你会看到所有的纸牌都变为背面朝上。如果你把添加的代码中的最后一行修改为 card.faceUp=true;，所有纸牌都为变为正面朝上。

洗牌

所有纸牌都创建完毕并可以在屏幕上显示之后，我们下一步需要 Deck 类具有洗牌的功能。

1. 在 Deck 类代码的尾部添加以下 Shuffle() 方法：

```
public class Deck : MonoBehaviour {
    …

    // 为 Deck.cards 中的纸牌洗牌
    static public void Shuffle(ref List<Card> oCards) {
                    // 1
        // 创建一个临时 List，用于存储洗牌后纸牌的新顺序
        List<Card> tCards = new List<Card>();
        int ndx;      //这个变量将存储要移动的纸牌的索引
        tCards = new List<Card>();     //初始化临时 List

        // 只要原始 List 中还有纸牌，就一直循环
        while (oCards.Count > 0) {
            // 随机抽取一张牌，并得到它的索引
            ndx = Random.Range(0,oCards.Count);
            // 把这张纸牌加入到临时 List 中
            tCards.Add (oCards[ndx]);
            // 同时把它从原始 List 中删除
            oCards.RemoveAt(ndx);
        }
```

```
            // 用新的临时 List 取代原始 List
            oCards = tCards;
            // 因为 oCards 是一个引用型变量，所以传入的原始 List 也会被修改
        }
}
```

在标注有//1 的一行代码中使用了 ref 关键字，确保传递给 List<Card> Ocards 的 List<Card>是通过引用进行传递的，而不是复制到 oCards 中。即对 oCards 所做的任何修改都会同样发生在传递进来的变量上。换句话说，如果一副纸牌通过引用传递进来，这些纸牌不需返回变量即会被洗牌。

2. 在 Prospector 脚本中加入以下代码，查看上述代码的效果：

```
public class Prospector : MonoBehaviour {
    static public Prospector S;

    public Deck deck;
    public TextAsset deckXML;

    void Awake() {
        S = this; // Set up a Singleton for Prospector
    }

    void Start () {
        deck = GetComponent<Deck>();  // 获取 Deck 脚本组件
        deck.InitDeck(deckXML.text);  // 将 DeckXML 传递给 Deck 脚本
        Deck.Shuffle(ref deck.cards); // 本行代码执行洗牌任务
        // ref 关键字向 deck.cards 传递一个引用，
        //使 deck.Shuffle()可以对 deck.cards 进行操作
    }
}
```

3. 如果现在播放场景，在层级面板中选中_MainCamera 并查看 Deck.cards 变量，你会看到整副牌的顺序已经洗过了。

现在 Deck 类具有了洗牌功能，你就拥有了一个创建任何纸牌游戏的基本工具。在本原型中，你要创建的游戏称为《矿工接龙》。

31.5 《矿工接龙》游戏

到目前为止，所写的代码只是创建任何纸牌类游戏的基本工具。接下来，将专门讨论我们要制作的游戏。

《矿工接龙》基于经典的接龙游戏 *Tri-Peaks*，二者的规则相同，只有以下区别：

1. 《矿工接龙》游戏的理念是玩家向下挖黄金，而 *Tri-Peaks* 游戏则是玩家攀登三座山峰。

2. *Tri-Peaks* 游戏的目标是清除所有的纸牌；而《矿工接龙》游戏的目标是，在从储备牌堆中翻牌之前的一个回合中，通过更长的连续接龙获取更多的积分，在一个回合中获得的金色纸牌可使本回合的积分翻倍。

《矿工接龙》游戏的规则

要进行试验，请拿出一副普通纸牌（不是我们刚才创建的虚拟纸牌，而是真实的纸牌）。从中去掉王牌，对剩下的 52 张牌洗牌。

1. 按照如图 31-7 所示摆放其中的 28 张纸牌。下面三排纸牌应该正面朝下摆放，最上面一排纸牌则正面朝上。纸牌的边缘不必互相接触，但上一排纸牌应该盖住下一排。这样会用纸牌布置出一个“矿井”形状的初始场景，之后由矿工采掘。

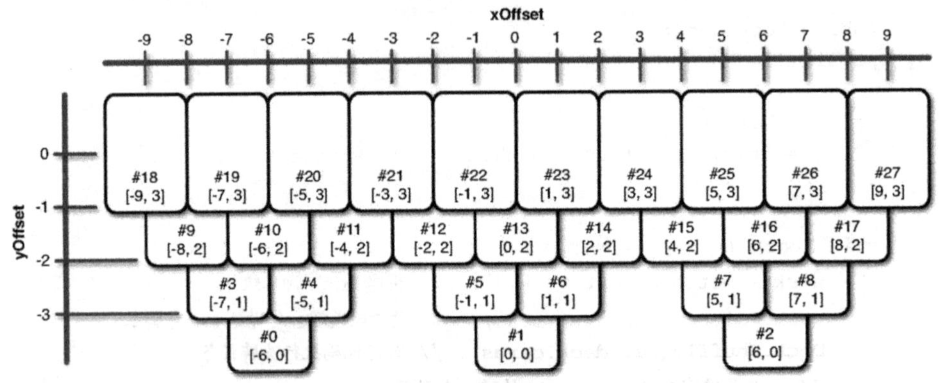

图 31-7 《矿工接龙》游戏的初始场景

2. 剩余的纸牌将归到储备牌中。这些纸牌将正面朝下放在右上方。
3. 从储备牌中摸出最上面的一张，将它正面朝上放在正上方，作为目标牌。
4. 场景中点数比目标牌大 1 点或小 1 点的任何牌都可以旋转到目标牌上，成为新的目标牌。A 牌和 K 牌可以互相接龙，即 A 牌可以放置到 K 牌之上，反过来也是如此。
5. 如果正面朝下的纸牌之上没有其他纸牌，就可以把它翻过来。
6. 如果所有正面朝上的纸牌都不能放到目标牌上，可以从储备牌中再摸一张作为新的目标牌。
7. 如果能够清除场景中的所有纸牌，则获胜（在数字版游戏中，将保存得分和金色纸牌数目）！

游戏示例

如图 31-8 所示为《矿工接龙》游戏的一个开局示例。在图中所示的局面下，玩家可以把梅花 9 或者黑桃 7 放到目标牌红桃 8 上。

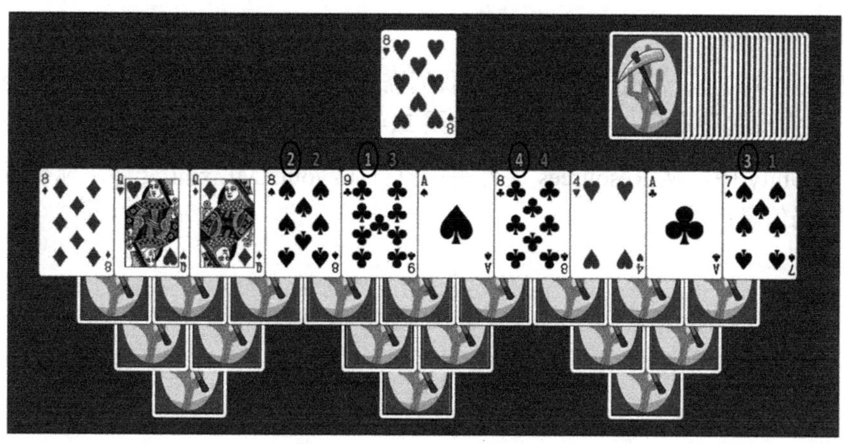

图 31-8　《矿工接龙》开局场景示例

图中加圆圈和不加圆圈的数字显示了两种出牌次序。按照加圆圈的次序，梅花 9 将成为新的目标牌，之后可以选择方片 8、黑桃 8 或梅花 8。玩家应该出黑桃 8，因为这样可以翻开梅花 9 和黑桃 8 之下的那张牌。然后按照加圆圈数字标识的出牌次序，接下来会出黑桃 7 和方片 8，最终得到如图 31-9 所示的局面。

现在，因为场景中任何一张正面朝上的纸牌都不能进行接龙，玩家必须从储备牌中再摸出一张牌作为目标牌，第一回合结束。

请试玩几局该游戏，找到一些感觉。

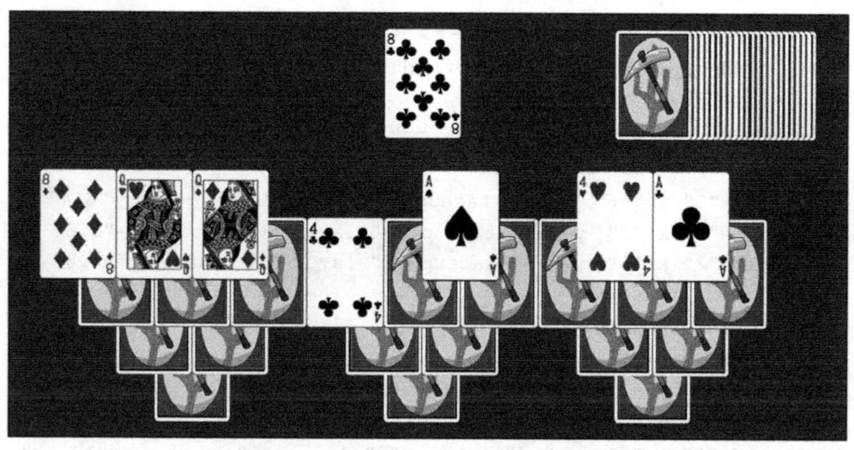

图 31-9　第一回合结束时的矿工接龙游戏示例

31.6　在代码中实现《矿工接龙》游戏

玩过的人都知道，《矿工接龙》是一个非常简单的游戏，但趣味十足。后面我们可以添加漂亮的视觉效果和得分提示来增加游戏趣味性，但这里先从最基础的工作开始。

矿井场景布局

在数字版本的《矿工接龙》游戏中，我们需要使用与刚才的纸质版本游戏相同的场景布局。要实现这种布局，我们需要根据图31-7中的布局生成一些XML代码。

1. 在Unity中，从Resources文件夹中打开LayoutXML.xml文件，你会看到下列布局信息：

```
<xml>
    <!-- This file holds info for laying out the Prospector card game. -->
    <!--本文件用于存储《矿工接龙》纸牌游戏中的布局信息-->

    <!-- The multiplier is multiplied by the x and y attributes below. -->
    <!-- This determines how loose or tight the layout is. -->
    <!-- 下面的multiplier是系数，与后面的x、y属性属性值相乘 -->
    <!-- 这两个数字决定了布局紧凑或松散的程度-->
    <multiplier x="1.25" y="1.5" />

    <!-- In the XML below, id is the number of the card -->
    <!-- x and y set position -->
    <!-- faceup is 1 if the card is face-up -->
    <!-- layer sets the depth layer so cards overlap properly -->
    <!-- hiddenby is the ids of cards that keep a card face-down -->
    <!-- 在下面的XML代码中，id代表纸牌的编号 -->
    <!-- x和y值分别设置水平和垂直方向位置 -->
    <!-- 如果faceup属性值为1，则纸牌正面朝上 -->
    <!-- layer属性设置了各排的上下层位置，使纸牌正确交叠-->
    <!-- hiddenby是该纸牌上方的两张牌的id -->

    <!-- Layer0, the deepest cards. -->
    <!-- 第0排，位于最下面一层的纸牌 -->
    <slot id="0" x="-6" y="-5" faceup="0" layer="0" hiddenby="3,4" />
    <slot id="1" x="0"  y="-5" faceup="0" layer="0" hiddenby="5,6" />
    <slot id="2" x="6"  y="-5" faceup="0" layer="0" hiddenby="7,8" />

    <!-- Layer1, the next level. -->
    <!--第1排，往上一层-->
    <slot id="3" x="-7" y="-4" faceup="0" layer="1" hiddenby="9,10" />
    <slot id="4" x="-5" y="-4" faceup="0" layer="1" hiddenby="10,11" />
    <slot id="5" x="-1" y="-4" faceup="0" layer="1" hiddenby="12,13" />
    <slot id="6" x="1"  y="-4" faceup="0" layer="1" hiddenby="13,14" />
    <slot id="7" x="5"  y="-4" faceup="0" layer="1" hiddenby="15,16" />
    <slot id="8" x="7"  y="-4" faceup="0" layer="1" hiddenby="16,17" />


    <!-- Layer2, the next level. -->
    <!--第2排，再往上一层-->
    <slot id="9"  x="-8" y="-3" faceup="0" layer="2" hiddenby="18,19" />
    <slot id="10" x="-6" y="-3" faceup="0" layer="2" hiddenby="19,20" />
    <slot id="11" x="-4" y="-3" faceup="0" layer="2" hiddenby="20,21" />
```

```
    <slot id="12" x="-2" y="-3" faceup="0" layer="2" hiddenby="21,22" />
    <slot id="13" x="0"  y="-3" faceup="0" layer="2" hiddenby="22,23" />
    <slot id="14" x="2"  y="-3" faceup="0" layer="2" hiddenby="23,24" />
    <slot id="15" x="4"  y="-3" faceup="0" layer="2" hiddenby="24,25" />
    <slot id="16" x="6"  y="-3" faceup="0" layer="2" hiddenby="25,26" />
    <slot id="17" x="8"  y="-3" faceup="0" layer="2" hiddenby="26,27" />


    <!-- Layer3, the top level. -->
    <!--第 3 排，最上面一层-->
    <slot id="18" x="-9" y="-2" faceup="1" layer="3" />
    <slot id="19" x="-7" y="-2" faceup="1" layer="3" />
    <slot id="20" x="-5" y="-2" faceup="1" layer="3" />
    <slot id="21" x="-3" y="-2" faceup="1" layer="3" />
    <slot id="22" x="-1" y="-2" faceup="1" layer="3" />
    <slot id="23" x="1"  y="-2" faceup="1" layer="3" />
    <slot id="24" x="3"  y="-2" faceup="1" layer="3" />
    <slot id="25" x="5"  y="-2" faceup="1" layer="3" />
    <slot id="26" x="7"  y="-2" faceup="1" layer="3" />
    <slot id="27" x="9"  y="-2" faceup="1" layer="3" />

    <!-- This positions the draw pile and staggers it -->
    <!--以下代码设置储备牌的位置并使其摊开摆放 -->
    <slot type="drawpile" x="6" y="4" xstagger="0.15" layer="4"/>

    <!-- This positions the discard pile and target card -->
    <!--以下代码设置弃牌和目标牌的位置-->
    <slot type="discardpile" x="0" y="1" layer="5"/>

</xml>
```

如你所见，这里有场景中的每张牌（以不带 type 属性值的<slot>标签表示）以及两个特殊牌堆（即弃牌和目标牌，用带有 type 属性值的<slot>标签表示）的位置。

2. 现在，我们将编写代码，将 LayoutXML 文件解析为有用的信息。请创建一个名为 Layout 的类，并输入以下代码：

```
using UnityEngine;
using System.Collections;
using System.Collections.Generic;

// SlotDef 类并非 MonoBehaviour 的子类，因此不需要单独创建一个 C#文件

[System.Serializable] // 本行代码使 SlotDefs 在 Unity 检视面板中可见
public class SlotDef {
    public float x;
    public float y;
    public bool faceUp=false;
    public string layerName="Default";
    public int layerID = 0;
    public int id;
```

```
    public List<int> hiddenBy = new List<int>();
    public string type="slot";
    public Vector2 stagger;
}

public class Layout : MonoBehaviour {
    public PT_XMLReader xmlr; // 与 Deck 类一样，本类中也有一个 PT_XMLReader
    public PT_XMLHashtable xml; // 定义本变量是为了便于访问 xml
    public Vector2 multiplier; // 设置场景中牌的距离
    // SlotDef 引用
    public List<SlotDef> slotDefs; // 该 List 存储了从第 0 排到第 3 排中所有纸牌的
SlotDefs
    public SlotDef drawPile;
    public SlotDef discardPile;
    // 以下字符串数组存储了根据 LayerID 确定的所有图层名称
    public string[] sortingLayerNames = new string[] { "Row0", "Row1", "Row2",
"Row3", "Discard", "Draw" };

    // 以下函数将被调用来读取 LayoutXML.xml 文件内容
    public void ReadLayout(string xmlText) {
        xmlr = new PT_XMLReader();
        xmlr.Parse(xmlText); // 对 XML 格式字符串进行解析
        xml = xmlr.xml["xml"][0]; // 将 xml 设置为访问 XML 内容的 快捷方式

        // 读取用于设置纸牌间距的系数
        multiplier.x = float.Parse(xml["multiplier"][0].att("x"));
        multiplier.y = float.Parse(xml["multiplier"][0].att("y"));
        // 读入牌的位置
        SlotDef tSD;
        // slotsX 是读取所有的<slot>的快捷方式
        PT_XMLHashList slotsX = xml["slot"];

        for (int i=0; i<slotsX.Count; i++) {
            tSD = new SlotDef(); // 新建一个 SlotDef 实例
            if (slotsX[i].HasAtt("type")) {
                // 如果<slot>标签中有 type 属性，则解析其内容
                tSD.type = slotsX[i].att("type");
            } else {
                // 如果没有 type 属性，则将 type 设置为"slot"，表示场景中的纸牌
                tSD.type = "slot";
            }
            // 各种属性均被解析为数值
            tSD.x = float.Parse( slotsX[i].att("x") );
            tSD.y = float.Parse( slotsX[i].att("y") );
            tSD.layerID = int.Parse( slotsX[i].att("layer") );
            // This converts the number of the layerID into a text layerName
            tSD.layerName = sortingLayerNames[ tSD.layerID ];
            // The layers are used to make sure that the correct cards are
            // on top of the others. In Unity 2D, all of our assets are
```

```
            // effectively at the same Z depth, so the layer is used
            // to differentiate between them.

            switch (tSD.type) {
                // pull additional attributes based on the type of this <slot>
            case "slot":
                tSD.faceUp = (slotsX[i].att("faceup") == "1");
                tSD.id = int.Parse( slotsX[i].att("id") );
                if (slotsX[i].HasAtt("hiddenby")) {
                    string[] hiding = slotsX[i].att("hiddenby").Split(',');
                    foreach( string s in hiding ) {
                        tSD.hiddenBy.Add ( int.Parse(s) );
                    }
                }
                slotDefs.Add(tSD);
                break;

            case "drawpile":
                tSD.stagger.x = float.Parse( slotsX[i].att("xstagger") );
                drawPile = tSD;
                break;

            case "discardpile":
                discardPile = tSD;
                break;
            }
        }
    }
}
```

此时看，读者应该对大部分语法都比较熟悉了。SlotDef 类以更可行的方式用于存储从 XML <slot>s 读取的信息。接着定义 Layout 类和 ReadLayout() 函数，以 XML 格式的字符串作为输入并将其转换为一系列 SlotDef。

3．打开 Prospector 类并添加如下粗体代码：

```
public class Prospector : MonoBehaviour {
    static public Prospector S;

    public Deck deck;
    public TextAsset deckXML;

    public Layout layout;
    public TextAsset layoutXML;

    void Awake() {
        S = this; // 为 Prospector 创建一个单例
    }

    void Start () {
        deck = GetComponent<Deck>(); //获取 Deck 脚本组件
        deck.InitDeck(deckXML.text); //将 DeckXML 传递给 Deck 脚本
```

```
            Deck.Shuffle(ref deck.cards); //本行代码执行洗牌任务
            // ref 关键字向 deck.cards 传递一个引用，
            //使 deck.Shuffle()可以对 deck.cards 进行操作

            layout = GetComponent<Layout>(); // Get the Layout
            layout.ReadLayout(layoutXML.text); // Pass LayoutXML to it
        }
    }
```

4. 完成后，需要在 Unity 中设置一些内容。切换到 Unity 并在层级面板中选择_MainCamera。在菜单栏执行 Component > Scripts > Layout 命令，将 Layout 脚本添加到_MainCamera（这是另一种将脚本添加到 GameObject 的方式）。现在应该能够向下滚动检视窗格并在底部看到 Layout（Script）组件了。
5. 找到_MainCamera 的 Prospector（Script）组件。此时会看到已经有了公有变量 `layout` 和 `layoutXML`。单击 `layoutXML` 旁边的 target，从 Assets 标签选择 LayoutXML。（或者单击出现在窗口顶部的 Assets 按钮。）
6. 保存场景。
7. 现在按 Play 按钮播放。如果在层级面板中选择_MainCamera 并向下滚动到 Layout（脚本）组件，应该能够打开 `slots` 旁边的三角形展开按钮并看到解析出了 XML 中所有的`<slot>`。

使用 Card 的子类 CardProspector

在场景中放置纸牌之前，需要为 `Card` 类添加一些特性是《矿工接龙》游戏所特有的。因为 `Card` 和 `Deck` 需要在其他卡牌游戏中重用，我们将创建一个 `CardProspector` 类作为 `Card` 类的一个子类，而不是直接修改 `Card`。新建一个名为 CardProspector 的 C #脚本并输入如下代码：

```
using UnityEngine;
using System.Collections;
using System.Collections.Generic;

//这个枚举定义的变量类型为只具有特定名称值。CardState 变量类型的值为以下 4 种之一：
// drawpile, tableau, target & discard
public enum CardState {
    drawpile,
    tableau,
    target,
    discard
}

public class CardProspector : Card { // 确保 CardProspector 从 Card 继承
    // 枚举 CardState 的使用方式
    public CardState state = CardState.drawpile;
    // hiddenBy 列表保存了使当前纸牌朝下的其他纸牌
    public List<CardProspector> hiddenBy = new List<CardProspector>();
```

```
        // LayoutID 对当前纸牌和 Layout XML id 进行匹配，判断是否为场景纸牌
        public int layoutID;
        // The SlotDef 存储从 LayoutXML <slot>导入的信息
        public SlotDef slotDef;
    }
```

对 Card 的这些扩展将用于支持诸如在布局中可以将纸牌放置在 4 种类型的位置（drawpile、tableau [矿井中初始的 28 张纸牌之一]、discard 或 target [弃牌堆顶部的有效牌]），存储布局信息（slotDef），以及定义纸牌应朝上或朝下的信息（hiddenBy 和 layoutID）。

这个子类可用后，有必要将纸牌从 Cards 转换为 CardProspectors。为 Prospector 类添加以下代码：

```
    public class Prospector : MonoBehaviour {
        …

        public List<CardProspector> drawPile;

        void Start () {
            deck = GetComponent<Deck>(); //获取 Deck 脚本组件
            deck.InitDeck(deckXML.text); //将 DeckXML 传递给 Deck 脚本

            layout = GetComponent<Layout>(); //获取 Layout 脚本组件
            layout.ReadLayout(layoutXML.text); //将 LayoutXML 传递给 Layout 脚本
            drawPile = ConvertListCardsToListCardProspectors( deck.cards );
        }

        List<CardProspector> ConvertListCardsToListCardProspectors(List<Card> lCD) {
            List<CardProspector> lCP = new List<CardProspector>();
            CardProspector tCP;
            foreach( Card tCD in lCD ) {
                tCP = tCD as CardProspector; // 1
                lCP.Add( tCP );
            }
            return( lCP );
        }
    }
```

有了这段代码后，尝试运行它，然后在检视面板查看 drawPile。此时注意到 drawPile 中所有的纸牌都为 null（在前面代码中标注为/ / 1 的那行放置一个断点也可以看到这样的情况）。当我们试图把 Card tCD 作为 CardProspector 时，as 返回 null，而不是转换后的 Card。这是基于面向对象编码在 C #中的工作原理（参见“关于父类和子类”专栏）。

关于父类和子类

当然，通过第 25 章“类”的介绍我们已经很熟悉超类和子类了。然而，读者可能想知道为什么不能将一个父类强制转换为一个子类。

在 Prospector 中，Card 是父类，CardProspector 是子类。可以简单地认为就像父类 Animal 和子类 Scorpion。所有的 Scorpions 都是 Animals，但并非所有的 Animals 都是 Scorpions。可以总是将 Scorpion 作为“某个 Animal”，但不能将任何 Animal 作为 Scorpion。同样的思路，Scorpion 可能有 Sting() 函数，但 Cow 可能没有。这就是为什么不能将任何 Animal 看作 Scorpion，因为试图在任何其他 Animal 上调用 Sting() 可能会导致错误发生。

在 Prospector 中，我们想用 Deck 脚本创建一堆纸牌，类似 CardProspectors。这就像有一类 Animals 被当作 Scorpions（但是已经讲过这是不可能的）。然而，将 Scorpion 作为 Animal 总是可行的，所以我们在 Prospector 中使用的解决方案是让 PrefabCard 包含 CardProspector（Script）组件而不只是一个 Card（Script）组件。如果一开始只创建 Scorpions，然后通过几个函数把他们作为 Animal 处理（这是可以做到的，因为 Scorpion 是 Animal 的一个子类），当后面调用 Scorpion s = Animal as Scorpion;时，代码能很好地运行，因为 Animal 总是默认生成 Scorpion。

这种情况下的解决方案是确保 CardProspector 总是为 CardProspector 并且伪装为 Card 用于 Deck 类的所有代码。在项目面板选择 PrefabCard，你会发现它出现在检视面板并带有一个 Card（脚本）组件。如果单击 Script 变量（当前设置为 Card）旁边的目标，则可以为这个组件选择另一个脚本。选择 CardProspector，此时 PrefabCard 将用 CardProspector（脚本）组件替代单一的 Card。如果从层级面板选择_MainCamera 并播放场景，你会看到 drawPile 中的所有对象现在全用 CardProspectors 替换 null。

当 Deck 脚本实例化为 PrefabCard 和获得 Card 组件时，代码仍然正常运行，因为 CardPrefab 总是可以被当作 Card。当 ConvertListCardsToListCardProspectors() 函数试图调用 tCP = tCD as CardProspector;时，一切运转正常。

保存场景。

在场景中定位纸牌

现在一切准备就绪，是时候为 Prospector 添加一些代码来实际布局游戏：

```
public class Prospector : MonoBehaviour {
    …
    public Layout layout;
    public TextAsset layoutXML;
    public Vector3 layoutCenter;
    public float xOffset = 3;
    public float yOffset = -2.5f;
    public Transform layoutAnchor;

    public CardProspector target;
    public List<CardProspector> tableau;
    public List<CardProspector> discardPile;

    public List<CardProspector> drawPile;
```

```
    void Start () {
        …
        drawPile = ConvertListCardsToListCardProspectors( deck.cards );
        LayoutGame();
    }

    // Draw 将从 drawPile 取出一张纸牌并返回
    CardProspector Draw() {
        CardProspector cd = drawPile[0]; // 取出 0 号 CardProspector
        drawPile.RemoveAt(0); // 然后从 List<> drawPile 删除它
        return(cd); //最后返回它
    }

    // LayoutGame()定位纸牌的初始场景, a.k.a. "矿井"
    void LayoutGame() {
        // 创建一个空的游戏对象作为场景//1 的锚点
        if (layoutAnchor == null) {
            GameObject tGO = new GameObject("_LayoutAnchor");
            // ^在层级结构中创建一个空的名为_LayoutAnchor 的游戏对象
            layoutAnchor = tGO.transform; // 获取 Transform
            layoutAnchor.transform.position = layoutCenter; //定位
        }

        CardProspector cp;
        // 按照布局
        foreach (SlotDef tSD in layout.slotDefs) {
            // ^遍历 layout.slotDefs 中为 tSD 的 所有 SlotDefs
            cp = Draw(); // 从 drawPile 的顶部(开始)取一张纸牌
            cp.faceUp = tSD.faceUp; // 设置该张纸牌的 faceUp 为 SlotDef 中的值
            cp.transform.parent = layoutAnchor; //设置它的父元素为 layoutAnchor
            // 替代先前的父元素 deck.deckAnchor, 即场景播放时出现在层级结构中的_Deck
            cp.transform.localPosition = new Vector3(
                layout.multiplier.x * tSD.x,
                layout.multiplier.y * tSD.y,
                -tSD.layerID );
            // ^ 根据 slotDef 设置纸牌的 localPosition
            cp.layoutID = tSD.id;
            cp.slotDef = tSD;
            cp.state = CardState.tableau;
            // 画面中的 CardProspectors 具有 CardState.tableau 状态

            tableau.Add(cp); // Add this CardProspector to the List<> tableau
        }
    }
}
```

此时开始游戏，你会发现纸牌确实按照 LayoutXML.xml 的描述放在矿井画面布局，并且右边的分别是朝上和朝下的，但排序层还有问题（如图 31-10 所示）。

图 3-10　纸牌已放置好，但有几个关于排序层的问题（初始网格布局剩余的纸牌之前已经有了）

按住 Option/Alt 键，并在场景窗口中使用鼠标左键环视四周，你会发现当使用 Unity 的 2D 工具时，2D 对象和相机的距离与对象的深度排序无关（即那些对象是呈现在彼此的顶部）。其实对于纸牌的创建还是有点运气的，因为我们是从后到前生成的纸牌，所有点数和花色都显示在纸牌正面。但是这里实际上更需要注意的是游戏布局，以避免出现图 31-10 所示的问题。

Unity 2D 有两种处理深度排序的方法：

- 排序层：排序层用于 2D 对象组。所有在较低排序层的对象都在较高排序层对象的后面。每个 SpriteRenderer 组件有一个 `sortingLayerName` 字符串变量，可设置一个排序层的名称。
- 排序次序：每个 SpriteRenderer 组件也有一个可设置的 `sortingOrder` 变量。用于定位每个排序层中的元素与其他层的相对位置。

没有排序层和排序次序时，sprites 常常按照被创建时的顺序从后到前呈现，但这根本是不可靠的。

设置排序层

在菜单栏执行 Edit > Project Settings > Tags and Layers 命令。之前已经为物理层和标签使用了标签和层，但还没有接触排序层。单击 Sorting Layers 旁边的三角展开标志，并按如图 31-11 所示输入各层。通过单击列表右下角的+按钮添加新的排序层。

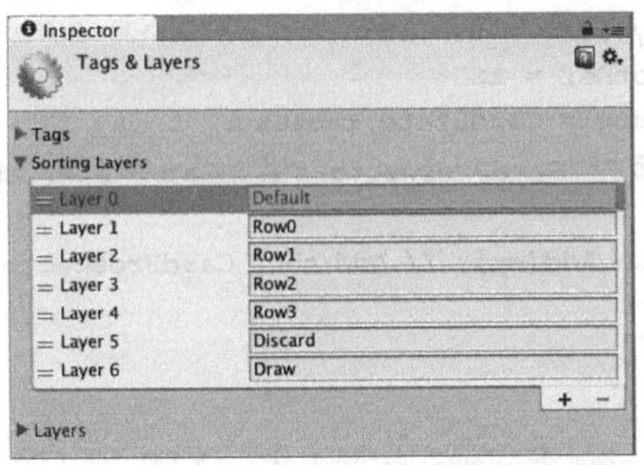

图 31-11　用于 Prospector 的排序层

因为 SpriteRenderers 和深度排序是使用我们的代码库构建任何纸牌游戏所必需的，所以处理深度排序的代码应该添加到 Card 类。打开 Card 脚本并添加下面的代码：

```
public class Card : MonoBehaviour {
    …
    public CardDefinition def; // 解析 DeckXML.xml

    //当前游戏对象的 SpriteRenderer 组件列表及其子类
    public SpriteRenderer[] spriteRenderers;

    void Start() {
        SetSortOrder(0); // 保证纸牌开始于正确的深度排序
    }

    public bool faceUp {
        …
    }

    //如果未定义 spriteRenderers，使用该函数定义
    public void PopulateSpriteRenderers() {
        //如果 spriteRenderers 为 null 或 empty
        if (spriteRenderers == null || spriteRenderers.Length == 0) {
            //获取当前游戏对象的 SpriteRenderer 组件及其子类
            spriteRenderers = GetComponentsInChildren<SpriteRenderer>();
        }
    }

    // 设置所有 SpriteRenderer 组件的 sortingLayerName
    public void SetSortingLayerName(string tSLN) {
        PopulateSpriteRenderers();
        foreach (SpriteRenderer tSR in spriteRenderers) {
            tSR.sortingLayerName = tSLN;
        }
    }

    // Sets the sortingOrder of all SpriteRenderer Components
    public void SetSortOrder(int sOrd) {
        PopulateSpriteRenderers();

        // 白色背景的纸牌在底部（sOrd）
        // On top of that are all the pips, decorators, face, etc. (sOrd+1)
        // The back is on top so that when visible, it covers the rest (sOrd+2)

        // 遍历所有为 tSR 的 spriteRenderers
        foreach (SpriteRenderer tSR in spriteRenderers) {
            if (tSR.gameObject == this.gameObject) {
                //如果 gameObject 为 this.gameObject，则为背景
                tSR.sortingOrder = sOrd; // 设置顺序为 sOrd
                continue; // 继续遍历下一个循环
```

```
                }
                // GameObject 的每一个孩子都根据 names 变换名称
                switch (tSR.gameObject.name) {
                case "back": // if the name is "back"
                    tSR.sortingOrder = sOrd+2;
                    // ^ 设置为最高层覆盖所有
                    break;
                case "face": //名字为“face”
                default: // 或其他
                    tSR.sortingOrder = sOrd+1;
                    // ^ 设置为中层置于背景之上
                    break;
                }
            }
        }
}
```

现在，游戏需要补充一行代码来确保初始矿井布局中的纸牌放置在适当的分类层。在 Prospector.LayoutGame() 末尾添加以下这行代码：

```
public class Prospector : MonoBehaviour {
    …
    // LayoutGame()定位纸牌初始画面，即“矿井”
    void LayoutGame() {
        …
        foreach (SlotDef tSD in layout.slotDefs) {
            …
            cp.state = CardState.tableau;
            // 画面中的 CardProspectors 具有 CardState.tableau 状态

            cp.SetSortingLayerName(tSD.layerName); // 设置排序层

            tableau.Add(cp); // 将 CardProspector 添加到 List<> tableau
        }
    }
}
```

现在运行场景，会看到纸牌一张叠一张地堆放在矿井中。

实现绘制，丢弃和游戏逻辑

在我们移动纸牌到储备牌之前，先来规定可能发生在游戏中的行为：

1. 如果目标纸牌被任何其他纸牌所取代，将被取代的目标纸牌移动到弃牌堆。
2. 纸牌可以从储备牌堆移动到目标纸牌。
3. 矿井画面里的纸牌比那些可移动成为目标的纸牌具有高或低的分值。
4. 如果一张朝下的纸牌下面没有更多的牌了，那么它将朝上。

5. 矿井为空（赢）或储备牌为空且无法再继续玩（输）时，游戏结束。

这里的行动项 2 和 3 是可能的行为，当纸牌是物理移动的，则行动项 1、4 和 5 是被动行为，作为 2 或 3 的后续结果。

使纸牌可点击

因为所有行为都是通过点击一张纸牌触发的，我们首先需要做的是使得纸牌可点击。这是每一个纸牌游戏必备的基础条件，所以为 Card 类添加以下方法：

```
public class Card : MonoBehaviour {
    …

    //通过在子类函数中使用相同名字可以重写虚函数
    virtual public void OnMouseUpAsButton() {
    print (name); // 单击时，输出纸牌名
    }
}
```

现在按 Play 键，可以点击场景中任何一张纸牌，将显示它的名字。而在《矿井接龙》游戏中，需要通过点击纸牌实现更多的动作，所以在 CardProspector 类末尾添加如下方法：

```
public class CardProspector : Card {
    …

    // 使得纸牌可以响应单击动作
    override public void OnMouseUpAsButton() {
        //调用 Prospector 单例的 CardClicked 方法
        Prospector.S.CardClicked(this);
        // 同时调用基础类（Card.cs）的当前方法
        base.OnMouseUpAsButton();
    }
}
```

现在，必须在 Prospector 脚本中编写 CardClicked 方法。先来解决将纸牌从储备牌移动到目标牌堆吧（清单中行动项 2）：

```
public class Prospector : MonoBehaviour {
    …

    // 游戏中任何时刻单击纸牌都会调用 CardClicked
    public void CardClicked(CardProspector cd) {
        //根据被单击纸牌的状态进行响应
        switch (cd.state) {
        case CardState.target:
            //单击目标纸牌无响应
            break;
        case CardState.drawpile:
            //单击任何储牌堆将抽出下一张牌
```

```
                MoveToDiscard(target); // 移动目标牌到弃牌堆
                MoveToTarget(Draw()); // 将抽出的牌移动为目标牌
                UpdateDrawPile(); // 重洗储备牌
                break;
            case CardState.tableau:
                //单击画面中的纸牌将检查是否为有效
                break;
        }
    }
}
```

当然，还需要为 Prospector 类添加 MoveToDiscard()，MoveToTarget() 和 UpdateDrawPile()方法，以及在 Prospector.LayoutGame()末尾抽出初始目标纸牌并洗好储备牌：

```
public class Prospector : MonoBehaviour {
    …

    // LayoutGame()定位纸牌初始画面，即“矿井”
    void LayoutGame() {
        …
        foreach (SlotDef tSD in layout.slotDefs) {
            …
        }

        //设置初始目标纸牌
        MoveToTarget(Draw ());

        // 设置储备牌
        UpdateDrawPile();
    }

    //游戏中任何时刻单击纸牌都会调用 CardClicked
    public void CardClicked(CardProspector cd) {
        …
    }

    // 移动当前目标纸牌到弃牌堆
    void MoveToDiscard(CardProspector cd) {
        //设置纸牌状态为丢弃
        cd.state = CardState.discard;
        discardPile.Add(cd); // 添加到 discardPile List<>
        cd.transform.parent = layoutAnchor; // 更新 transform 父元素
        cd.transform.localPosition = new Vector3(
            layout.multiplier.x * layout.discardPile.x,
            layout.multiplier.y * layout.discardPile.y,
            -layout.discardPile.layerID+0.5f );
        // 定位到弃牌堆
```

```
        cd.faceUp = true;
        //放到牌堆顶部用于深度排序
        cd.SetSortingLayerName(layout.discardPile.layerName);
        cd.SetSortOrder(-100+discardPile.Count);
    }

    //使 cd 成为新的目标牌
    void MoveToTarget(CardProspector cd) {
        //如果当前已有目标牌，则将它移动到弃牌堆
        if (target != null) MoveToDiscard(target);
        target = cd; // cd 成为新的目标牌
        cd.state = CardState.target;
        cd.transform.parent = layoutAnchor;
        //移动到目标位置
        cd.transform.localPosition = new Vector3(
            layout.multiplier.x * layout.discardPile.x,
            layout.multiplier.y * layout.discardPile.y,
            -layout.discardPile.layerID );
        cd.faceUp = true; // 纸牌正面朝上
        // 设置深度排序
        cd.SetSortingLayerName(layout.discardPile.layerName);
        cd.SetSortOrder(0);
    }

    //排开所有储备牌显示剩余张数
    void UpdateDrawPile() {
        CardProspector cd;
        //遍历所有储备牌
        for (int i=0; i<drawPile.Count; i++) {
            cd = drawPile[i];
            cd.transform.parent = layoutAnchor;
            //使用 layout.drawPile.stagger 精确定位
            Vector2 dpStagger = layout.drawPile.stagger;
            cd.transform.localPosition = new Vector3(
                layout.multiplier.x * (layout.drawPile.x + i*dpStagger.x),
                layout.multiplier.y * (layout.drawPile.y + i*dpStagger.y),
                -layout.drawPile.layerID+0.1f*i );
            cd.faceUp = false; // 使所有牌朝下
            cd.state = CardState.drawpile;
            // 设置深度排序
            cd.SetSortingLayerName(layout.drawPile.layerName);
            cd.SetSortOrder(-10*i);
        }
    }
}
```

现在播放场景，会看到点击储备牌后会抽出一张新的目标牌。我们快要完成一个完整的游戏了！

从矿井匹配纸牌

为了使矿井中的纸牌有效，需要几行代码检查以确保被点击纸牌是高于或低于目标纸牌的（当然也包括花色 A 和 K）。为 Prospector 脚本添加如下粗体代码：

```
public class Prospector : MonoBehaviour {
    …

    //游戏中任何时间点击纸牌都会调用 CardClicked
    public void CardClicked(CardProspector cd) {
        //根据被点击纸牌的状态进行响应
        switch (cd.state) {
        …
        case CardState.tableau:
            //点击画面中的纸牌将检查是否为有效
            bool validMatch = true;
            if (!cd.faceUp) {
                //如果纸牌朝下则无效
                validMatch = false;
            }
            if (!AdjacentRank(cd, target)) {
                //如果不为相邻点数则无效
                validMatch = false;
            }
            if (!validMatch) return; // 无效则返回
            // 耶! 这是一张有效牌
            tableau.Remove(cd); //从 tableau List 移除
            MoveToTarget(cd); //使之成为目标牌
            break;
        }
    }

    …

    // 如果 2 张牌为相邻点数则返回 true（包括 A & K）
    public bool AdjacentRank(CardProspector c0, CardProspector c1) {
        //如果有纸牌朝下，则不相邻
        if (!c0.faceUp || !c1.faceUp) return(false);

        // 如果只差 1 个点数，则相邻
        if (Mathf.Abs(c0.rank - c1.rank) == 1) {
            return(true);
        }
        //如果一个为 A 一个为 K，则相邻
        if (c0.rank == 1 && c1.rank == 13) return(true);
        if (c0.rank == 13 && c1.rank == 1) return(true);

        //否则返回 false
```

```
            return(false);
        }
    }
```

现在进行游戏并可以正确操作顶层纸牌了。然而，随着游戏的继续，你会注意到朝下的纸牌永远不会翻转朝上。这就是 `List<CardProspector> CardProspector.hiddenBy` 变量的作用。`List<int> SlotDef.hiddenBy` 中保存了关于那些纸牌下面隐藏了其他纸牌的信息，但是需要能够从 `SlotDef.hiddenBy` 的整型 ID 转换为实际具有这个 ID 的 CardProspectors。在 `Prospector` 中添加如下代码完成：

```
public class Prospector : MonoBehaviour {
    …

    CardProspector Draw() {
        …
    }

    // 将整型 layoutID 转换为具有该 ID 的 CardProspector
    CardProspector FindCardByLayoutID(int layoutID) {
        foreach (CardProspector tCP in tableau) {
            // 遍历 tableau List<>中所有纸牌
            if (tCP.layoutID == layoutID) {
                //如果纸牌具有相同 ID，返回它
                return( tCP );
            }
        }
        //如果没找到，返回 null
        return( null );
    }

    // LayoutGame()定位纸牌初始画面，即“矿井”
    void LayoutGame() {
        …
        // 根据布局
        foreach (SlotDef tSD in layout.slotDefs) {
            …
        }

        // 设置纸牌间如何覆盖隐藏
        foreach (CardProspector tCP in tableau) {
            foreach( int hid in tCP.slotDef.hiddenBy ) {
                cp = FindCardByLayoutID(hid);
                tCP.hiddenBy.Add(cp);
            }
        }

        // 设置目标纸牌
        MoveToTarget(Draw ());
```

```
        ...
    }

    //游戏中任何时间点击纸牌都会调用 CardClicked
    public void CardClicked(CardProspector cd) {
        //根据被点击纸牌的状态进行响应
        switch (cd.state) {
        ...
        case CardState.tableau:
            ...
            MoveToTarget(cd); // 使之成为目标纸牌
            SetTableauFaces(); // 更新朝上纸牌
            break;
        }
    }

    ...

    //纸牌变为朝上或朝下
    void SetTableauFaces() {
        foreach( CardProspector cd in tableau ) {
            bool fup = true; //假设纸牌将朝上
            foreach( CardProspector cover in cd.hiddenBy ) {
                //如果画面中有被盖住的纸牌
                if (cover.state == CardState.tableau) {
                    fup = false; //那这张纸牌朝下
                }
            }
            cd.faceUp = fup; // 设置纸牌分数
        }
    }
}
```

现在，整个游戏都可以玩了！下一步是使游戏知道何时结束。只需要在玩家每次单击纸牌时检查一次是否结束就行，所以检查代码将在 Prospector.CardClicked() 后面进行。为 Prospector 类添加以下代码：

```
public class Prospector : MonoBehaviour {
    ...

    //游戏中任何时用点击纸牌都会调用 CardClicked
    public void CardClicked(CardProspector cd) {
        //根据被点击纸牌的状态进行响应
        switch (cd.state) {
            ...
        }
        // 检查游戏是否结束
        CheckForGameOver();
```

```
    }

    …

    //检查游戏是否结束
    void CheckForGameOver() {
        //如果画面为空，则游戏结束
        if (tableau.Count==0) {
            // 调用 GameOver()并且结果为赢
            GameOver(true);
            return;
        }
        //如果储备堆中仍有牌，则游戏未结束
        if (drawPile.Count>0) {
            return;
        }
        //检查剩余有效可玩纸牌
        foreach ( CardProspector cd in tableau ) {
            if (AdjacentRank(cd, target)) {
                // 如果有可玩纸牌，则游戏未结束
                return;
            }
        }
        //没有可玩纸牌，则游戏结束
        // 调用 GameOver 并且结果为输
        GameOver (false);
    }

    // 游戏结束时调用。仅用于此处，但可扩展
    void GameOver(bool won) {
        if (won) {
            print ("Game Over. You won! :)");
        } else {
            print ("Game Over. You Lost. :(");
        }
        // 重新加载场景，重置游戏
        Application.LoadLevel("__Prospector_Scene_0");
    }
}
```

现在游戏可以玩了并且能反复进行，也知道什么时候是赢或输。下一步添加得分机制。

31.7 为游戏添加得分机制

早期的《矿工接龙》游戏（或鼻祖游戏 *Tri-Peaks*），无论玩家赢或输都没有得分机制。但作为一个数字游戏，使用分数肯定是有帮助的，高的得分使玩家有理由继续游戏

（不断超越最高分）。

在游戏中赚取分数的方法

我们将在游戏中实施以下几种获得分数的方法：

1. 将纸牌从矿井移动到目标纸牌获得 1 分。
2. 每一张从矿井移除的且还没从储备牌堆抽出的纸牌将增加 1 分，所以一个回合删除五张没有抽过的纸牌将分别获得 1、2、3、4、5 分，总分为 15（1 + 2 + 3 + 4 + 5 = 15）。
3. 如果玩家赢得本轮回合，他的得分将带到下一轮。无论哪一轮输了，也是计算其所有回合的总得分，并与最高分数进行比较。
4. 玩家在某轮中得到一张特殊金纸牌的话，该轮获得的分数将增加一倍。如果游戏示例中从# 2 获得的 2 张纸牌为金色，则该轮分数是 60（15×2×2 = 60）。

Prospector 类将处理得分，因为它知道所有得分的条件。我们还将创建一个名为 Scoreboard 的脚本来处理所有显示玩家得分的视觉元素。

在本章中我们将完成第 1 到 3 项，留下第 4 项等读者以后自己来实现。

运行回合分数

现在，对 Prospector 稍作修改来跟踪得分。因为启用了游戏回合并最终将通过黄金纸牌的使用使得回合分数增加一倍，因此有必要单独存储每个回合得分，然后所有回合结束时（从储备牌堆抽牌）计算该轮的总分数。将下面的代码添加到 Prospector：

```
using UnityEngine;
using System.Collections;
using System.Collections.Generic;

// 用于处理所有可能的得分事件的枚举
public enum ScoreEvent {
    draw,
    mine,
    mineGold,
    gameWin,
    gameLoss
}

public class Prospector : MonoBehaviour {
    static public Prospector S;
    static public int SCORE_FROM_PREV_ROUND = 0;
    static public int HIGH_SCORE = 0;

    …
    public List<CardProspector> drawPile;
```

```
// 记录得分信息的变量
public int chain = 0; // 当前回合的纸牌
public int scoreRun = 0;
public int score = 0;

void Awake() {
    S = this; // 设置 Prospector 单例
    // 确认 PlayerPrefs 中的高分值
    if (PlayerPrefs.HasKey ("ProspectorHighScore")) {
        HIGH_SCORE = PlayerPrefs.GetInt("ProspectorHighScore");
    }
    //将分数添加到上一轮，如果赢的话分数>0
    score += SCORE_FROM_PREV_ROUND;
    // 并且重置 SCORE_FROM_PREV_ROUND
    SCORE_FROM_PREV_ROUND = 0;
}

…

// CardClicked is called any time a card in the game is clicked
public void CardClicked(CardProspector cd) {
    // The reaction is determined by the state of the clicked card
    switch (cd.state) {
    …
    case CardState.drawpile:
        …
        ScoreManager(ScoreEvent.draw);
        break;
    case CardState.tableau:
        …
        ScoreManager(ScoreEvent.mine);
        break;
    }
    …
}

…

//游戏结束时调用。仅用于此处，但可扩展
void GameOver(bool won) {
    if (won) {
        ScoreManager(ScoreEvent.gameWin); // 替代之前代码
    } else {
        ScoreManager(ScoreEvent.gameLoss); //替代之前代码
    }
    //重新加载场景，重置游戏
    Application.LoadLevel("__Prospector_Scene_0");
}
```

```
        // ScoreManager 处理所有得分
        void ScoreManager(ScoreEvent sEvt) {
            switch (sEvt) {
            //无论是抽牌、赢或输，需要有对应动作
            case ScoreEvent.draw: // 抽一张牌
            case ScoreEvent.gameWin: // 赢得本轮
            case ScoreEvent.gameLoss: // 本轮输了
                chain = 0; //重置分数变量 chain
                score += scoreRun; //将 scoreRun 加入总得分
                scoreRun = 0; // 重置 scoreRun
                break;
            case ScoreEvent.mine: //删除一张矿井纸牌
                chain++; //分数变量 chain 自加
                scoreRun += chain; // 添加当前纸牌的分数到这回合
                break;
            }

            // 第二个 switch 语句处理本轮的输赢
            switch (sEvt) {
            case ScoreEvent.gameWin:
                // 赢的话，将分数添加到下一轮
                // 基于 Application.LoadLevel()，无需重置静态变量
                Prospector.SCORE_FROM_PREV_ROUND = score;
                print ("You won this round! Round score: "+score);
                break;
            case ScoreEvent.gameLoss:
                //输的话，与最高分进行比较
                if (Prospector.HIGH_SCORE <= score) {
                    print("You got the high score! High score: "+score);
                    Prospector.HIGH_SCORE = score;
                    PlayerPrefs.SetInt("ProspectorHighScore", score);
                } else {
                    print ("Your final score for the game was: "+score);
                }
                break;
            default:
                print ("score: "+score+" scoreRun:"+scoreRun+" chain:"+chain);
                break;
            }
        }
    }
```

现在播放游戏，会在控制台窗格中看到提示分数的信息。这样可以很好地通过测试，但可以让游戏玩家从视觉上看起来更好一些。

向玩家展示得分

在本游戏中，我们将创建几个可重复使用的组件用于显示得分。其中一个是 Scoreboard 类，管理所有的分数显示。另一个是屏幕数字 FloatingScore，可以自己在屏幕上滚动。我们还将使用 Unity 的 SendMessage()函数，可以通过名称和一个参数在任何游戏对象上调用方法：

1. 创建新的 C#脚本，命名为 FloatingScore，并输入如下代码：

```
using UnityEngine;
using System.Collections;
using System.Collections.Generic;

// 用于记录 FloatingScore 所有状态的枚举
public enum FSState {
    idle,
    pre,
    active,
    post
}

//FloatingScore 可以在屏幕上沿着贝塞尔曲线移动
public class FloatingScore : MonoBehaviour {
    public FSState state = FSState.idle;
    [Serialize Field]
    private int _score = 0; //分数变量
    public string scoreString;

    // score 属性页可设置 scoreString
    public int score {
        get {
            return(_score);
        }
        set {
            _score = value;
            scoreString = Utils.AddCommasToNumber(_score);
            GetComponent<GUIText>().text = scoreString;
        }
    }

    public List<Vector3> bezierPts; // 用于移动的 Bezier 坐标
    public List<float> fontSizes; //用于字体缩放的 Bezier 坐标
    public float timeStart = -1f;
    public float timeDuration = 1f;
    public string easingCuve = Easing.InOut; //使用 Utils.cs 的 Easing

    // 移动完成时游戏对象将接收 SendMessage
    public GameObject reportFinishTo = null;
```

```
// 设置 FloatingScore 和移动
// Note the use of parameter defaults for eTimeS & eTimeD
public void Init(List<Vector3> ePts, float eTimeS = 0, float eTimeD = 1) {
    bezierPts = new List<Vector3>(ePts);

    if (ePts.Count == 1) { //如果只有一个坐标
        // 只运行至此
        transform.position = ePts[0];
        return;
    }

    //如果 eTimeS 为缺省值，就从当前时间开始
    if (eTimeS == 0) eTimeS = Time.time;
    timeStart = eTimeS;
    timeDuration = eTimeD;

    state = FSState.pre; //设置为 pre state，准备好开始移动
}

public void FSCallback(FloatingScore fs) {
    // 当 SendMessage 调用这个 callback 时，从参数 FloatingScore 获得要加的分数
    score += fs.score;
}

// 每个结构调用 Update
void Update () {
    //如果没有移动，则返回
    if (state == FSState.idle) return;

    //从当前时间和持续时间计算 u，u 范围为 0 到 1 （通常）
    float u = (Time.time - timeStart)/timeDuration;
    //使用 Utils 的 Easing 类描绘 u 值曲线图
    float uC = Easing.Ease (u, easingCurve);
    if (u<0) { //如果 u<0，那么还不能移动
        state = FSState.pre;
        // 移动到初始坐标
        transform.position = bezierPts[0];
    } else {
        if (u>=1) { //如果 u>=1，已完成移动
            uC = 1; //设置 uC=1 避免越界溢出
            state = FSState.post;
            if (reportFinishTo != null) { //如果有回调 GameObject
                //使用 SendMessage 调用 FSCallback 方法，并带 this 参数
                reportFinishTo.SendMessage("FSCallback", this);
                // 消息发送后，销毁当前 gameObject
                Destroy (gameObject);
            } else { //如果没有回调
                //不销毁当前对象，仅保持
```

```
                    state = FSState.idle;
                }
            } else {
                // 0<=u<1 代表当前对象有效且正在移动
                state = FSState.active;
            }
            //使用 Bezier 曲线将当前对象移动到正确坐标
            Vector3 pos = Utils.Bezier(uC, bezierPts);
            transform.position = pos;
            if (fontSizes != null && fontSizes.Count>0) {
                //如果 fontSizes 有值
                    //那么调整 GUIText 的 fontSize
                int size = Mathf.RoundToInt( Utils.Bezier(uC, fontSizes) );
                GetComponent<GUIText>().fontSize = size;
            }
        }
    }
}
```

2. 创建一个新的 C#脚本，命名为 Scoreboard，并输入下面代码：

```
using UnityEngine;
using System.Collections;
using System.Collections.Generic;

// Scoreboard 类管理向玩家展示的分数
public class Scoreboard : MonoBehaviour {
    public static Scoreboard S; // Scoreboard 单例

    public GameObject prefabFloatingScore;

    public bool _______________;
     [Serialize Field]
    private int _score = 0;
    public string _scoreString;

    // score 属性也可以设置 scoreString
    public int score {
        get {
            return(_score);
        }
        set {
            _score = value;
            scoreString = Utils.AddCommasToNumber(_score);
        }
    }

    // scoreString 属性也可以设置 GUIText.text
    public string scoreString {
        get {
            return(_scoreString);
```

```
            }
            set {
                _scoreString = value;
                GetComponent<GUIText>().text = _scoreString;
            }
        }

        void Awake() {
            S = this;
        }

        //当被SendMessage调用时，将fs.score加到this.score上
        public void FSCallback(FloatingScore fs) {
            score += fs.score;
        }

        //实例化一个新的FloatingScore游戏对象并初始化。它返回一个FloatingScore创建的
        //指针，这样调用函数可以完成更多功能（如设置fontSizes等）
        public FloatingScore CreateFloatingScore(int amt, List<Vector3> pts) {
            GameObject go = Instantiate(prefabFloatingScore) as GameObject;
            FloatingScore fs = go.GetComponent<FloatingScore>();
            fs.score = amt;
            fs.reportFinishTo = this.gameObject; //设置fs为回调的当前对象
            fs.Init(pts);
            return(fs);
        }

}
```

3. 现在，需要为 Scoreboard 和 FloatingScore 创建游戏对象。在菜单栏执行 GameObject > Create Other > GUIText 命令。GUIText 重命名为 PrefabFloatingScore，并按如图 31-12 所示进行设置。

4. 将脚本 FloatingScore 添加到游戏对象 PrefabFloatingScore（在层级面板中拖动脚本到 FloatingScore 上）。然后在项目面板中，将 PrefabFloatingScore 从层级面板拖动到_Prefabs 文件夹，把它转换为预设。最后，删除保留在层级面板中的 PrefabFloatingScore 实例。

5. 生成 Scoreboard 需要在场景中创建另一个 GUIText 游戏对象（执行 GameObject > Create Other > GUIText 命令）。此 GUIText 游戏对象重命名为_Scoreboard。（名称开头的下画线使得它可以排序在层级面板的顶部）。将 C # 脚本 Scoreboard 添加到_Scoreboard 游戏对象并按照如图 31-13 所示设置_Scoreboard。包括将 PrefabFloatingScore 预设拖动到 Scoreboard（Script）组件的公有变量 prefabFloatingScore。

Inspector
PrefabFloatingScore
Static
Tag Untagged
Layer Default
Transform
Position X 0.5 Y 0.5 Z 0
Rotation X 0 Y 0 Z 0
Scale X 1 Y 1 Z 1
GUIText
Text 0
Anchor middle center
Alignment center
Pixel Offset X 0 Y 0
Line Spacing 1
Tab Size 4
Font Arial
Material None (Material)
Font Size 28
Font Style Bold
Color
Pixel Correct
Rich Text

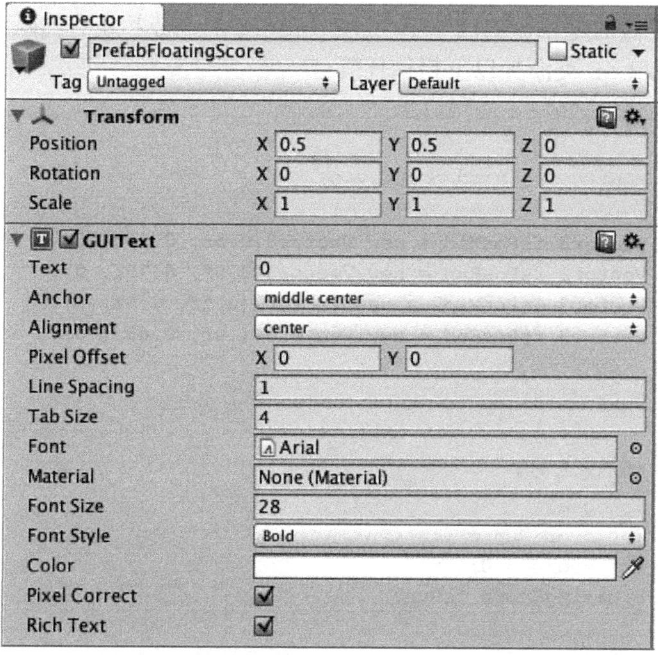

图 31-12　PrefabFloatingScore 设置项

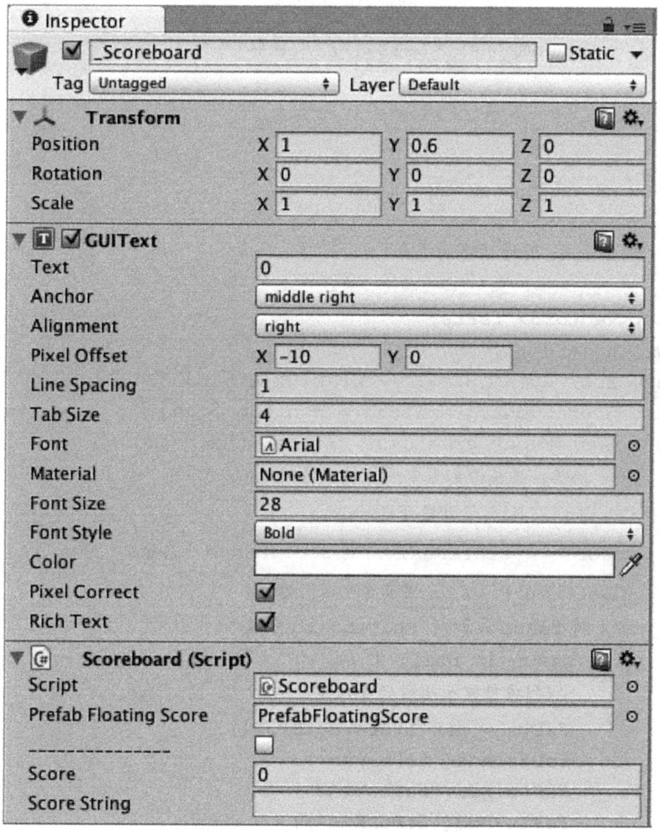

Inspector
_Scoreboard
Static
Tag Untagged
Layer Default
Transform
Position X 1 Y 0.6 Z 0
Rotation X 0 Y 0 Z 0
Scale X 1 Y 1 Z 1
GUIText
Text 0
Anchor middle right
Alignment right
Pixel Offset X -10 Y 0
Line Spacing 1
Tab Size 4
Font Arial
Material None (Material)
Font Size 28
Font Style Bold
Color
Pixel Correct
Rich Text
Scoreboard (Script)
Script Scoreboard
Prefab Floating Score PrefabFloatingScore

Score 0
Score String

图 31-13　_Scoreboard 设置项

6. 现在需要做的是稍微修改一下 Prospector 类，合并新的代码和游戏对象。为 Prospector 类添加以下粗体代码：

```
public class Prospector : MonoBehaviour {
    ...
    static public int HIGH_SCORE = 0;

    public Vector3 fsPosMid = new Vector3(0.5f, 0.90f, 0);
    public Vector3 fsPosRun = new Vector3(0.5f, 0.75f, 0);
    public Vector3 fsPosMid2 = new Vector3(0.5f, 0.5f, 0);
    public Vector3 fsPosEnd = new Vector3(1.0f, 0.65f, 0);

    public Deck deck;
    ...
    // 记录分数信息的变量
    public int chain = 0;
    public int scoreRun = 0;
    public int score = 0;
    public FloatingScore fsRun;

    void Start () {
        Scoreboard.S.score = score;

        deck = GetComponent<Deck>(); //获取 Deck
        ...
    }

    ...

    // ScoreManager 处理所有的得分
    void ScoreManager(ScoreEvent sEvt) {
        List<Vector3> fsPts;
        switch (sEvt) {
        case ScoreEvent.draw: // Drawing a card
        case ScoreEvent.gameWin: // Won the round
        case ScoreEvent.gameLoss: // Lost the round
        //无论是抽牌、赢或输都需要响应相同的动作
            chain = 0; //重置分数 chain
            score += scoreRun; //将 scoreRun 加到总分上
            scoreRun = 0; //重置 scoreRun
            // 将 fsRun 添加到_Scoreboard 分数
            if (fsRun != null) {
                //创建贝塞尔曲线的坐标点
                fsPts = new List<Vector3>();
                fsPts.Add( fsPosRun );
                fsPts.Add( fsPosMid2 );
                fsPts.Add( fsPosEnd );
                fsRun.reportFinishTo = Scoreboard.S.gameObject;
                fsRun.Init(fsPts, 0, 1);
```

```
                    //同时调整 fontSize
                    fsRun.fontSizes = new List<float>(new float[] {28,36,4});
                    fsRun = null; //清除 fsRun 以再次创建
                }
                break;
            case ScoreEvent.mine: // 移除矿井纸牌
                chain++; // chain 自加
                scoreRun += chain; // 为回合添加纸牌分数
                // 为当前分数创建 FloatingScore
                FloatingScore fs;
                //从 mousePosition 移动到 fsPosRun
                Vector3 p0 = Input.mousePosition;
                p0.x /= Screen.width;
                p0.y /= Screen.height;
                fsPts = new List<Vector3>();
                fsPts.Add( p0 );
                fsPts.Add( fsPosMid );
                fsPts.Add( fsPosRun );
                fs = Scoreboard.S.CreateFloatingScore(chain,fsPts);
                fs.fontSizes = new List<float>(new float[] {4,50,28});
                if (fsRun == null) {
                    fsRun = fs;
                    fsRun.reportFinishTo = null;
                } else {
                    fs.reportFinishTo = fsRun.gameObject;
                }
                break;
            }
            ...
        }
    }
```

现在进行游戏时，应该能看到分数在屏幕环绕。这确实非常重要，因为它有助于让玩家了解得分来自哪，并展示游戏原理来帮助玩家通关(而不是让玩家阅读烦琐的说明)。

为游戏添加一些设计

通过增加背景让我们为游戏添加一些设计吧。保存了各种纸牌元素的_Sprites 文件夹是一个名为 ProspectorBackground 的 PNG 和名为 ProspectorBackground Mat 的素材。这些都已经设置好，并且在前面的章节中我们已经学习了如何使用它们。

在 Unity 中，为场景添加一个象限(执行 GameObject > Create Other > Quad 命令)。把 ProspectorBackground Mat 拖动到象限上。重命名 ProspectorBackground 象限并按照如下将其转换:

```
ProspectorBackground  (Quad)  P:[0,0,0]  R:[0,0,0]  S:[26.667,20,1]
```

因为_MainCamera 的投影大小是 10，这意味着屏幕中心和最近边缘之间（本例中是顶部和底部）的距离是 10 个单位，屏幕上可见的总高度为 20 个单位。因此 ProspectorBackground 象限为 20 单位高（Y 轴）。而且，因为屏幕的横纵比为 4:3，我们需要设置背景的宽度（X 轴）为 20 / 3 * 4 = 26.667 单位。

此时的游戏应该看起来如图 31-14 所示。

图 31-14　带背景的《矿工接龙》游戏

提示回合的开始和结束

相信读者已经注意到，游戏回合结束得很突然，让我们优化一下这部分。首先，使用 Invoke()函数延迟实际的层级加载。为 Prospector 添加以下粗体代码：

```
public class Prospector : MonoBehaviour {
    static public Prospector S;
    static public int SCORE_FROM_PREV_ROUND = 0;
    static public int HIGH_SCORE = 0;

    public float reloadDelay = 1f; // The delay between rounds

    public Vector3 fsPosMid = new Vector3(0.50f, 0.90f, 0);
    ...

    // 游戏结束时调用。仅用于此处，但可扩展
    void GameOver(bool won) {
        if (won) {
            ScoreManager(ScoreEvent.gameWin);
        } else {
            ScoreManager(ScoreEvent.gameLoss);
        }
        // 在 reloadDelay 时间内重新加载场景
```

```
        //定义分数环绕屏幕的时刻
        Invoke ("ReloadLevel", reloadDelay); //1
        // Application.LoadLevel("__Prospector_Scene_0"); // 注释掉
    }

    void ReloadLevel() {
        //重新加载场景，重置游戏
        Application.LoadLevel("__Prospector_Scene_0");
    }
    ...
}
```

1. `Invoke()`标注为//1 的代码在 reloadDelay 秒内调用一个名为 ReloadLevel 的函数。跟 SendMessage()的原理很相似，但它具有一个延迟。现在进行游戏，直到最后一轮的得分移动到_Scoreboard 后才会重新加载游戏。

向玩家反馈得分

我们还想在每一轮结束时告知玩家成绩如何。为场景增加了两个新的 GUIText，分别命名为 GameOver 和 RoundResult。按照如图 31-15 所示对它们进行设置。

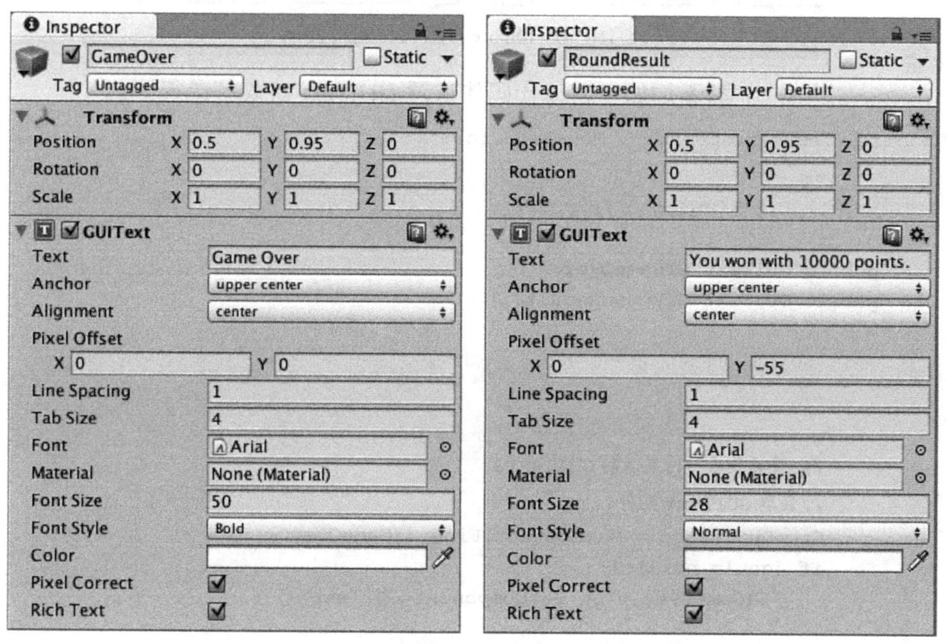

图 31-15　GameOver 和 RoundResult GUIText 的设置项

接下来还应该添加另一个 GUIText，命名为 HighScore，用于向玩家显示高分信息。如图 31-16 所示为 HighScore 的设置。

这些设置项中的数字是根据以往的试验和错误确定的，根据实际情况可自由调整。

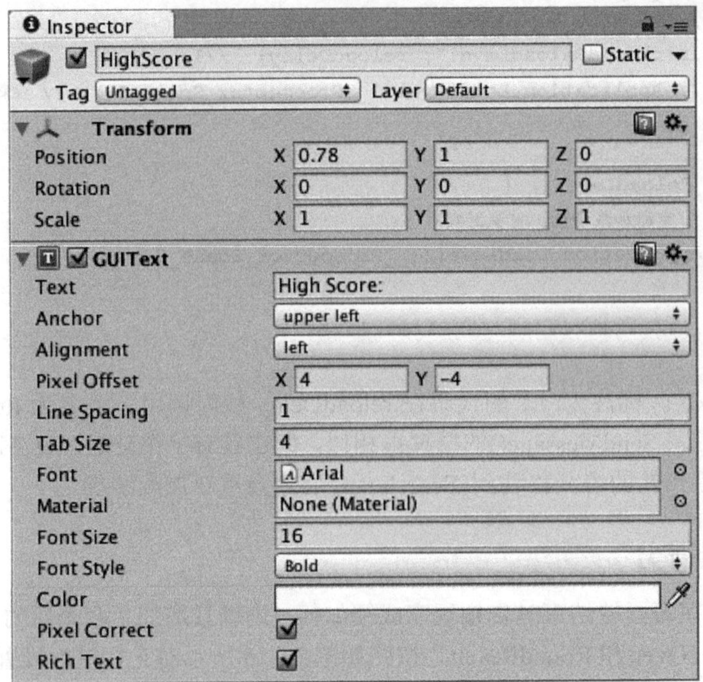

图 31-16 HighScore GUIText 的设置项

在 Prospector 类添加如下粗体代码使这项 GUIText 对象可运行：

```
public class Prospector : MonoBehaviour {
    …
    public FloatingScore fsRun;

    public GUIText GTGameOver;
    public GUIText GTRoundResult;

    void Awake() {
        …

        // 设置最后一轮显示的 GUITexts
        //获取 GUIText 组件
        GameObject go = GameObject.Find ("GameOver");
        if (go != null) {
            GTGameOver = go.GetComponent<GUIText>();
        }
        go = GameObject.Find ("RoundResult");
        if (go != null) {
            GTRoundResult = go.GetComponent<GUIText>();
        }
        // 使之不可见
        ShowResultGTs(false);

        go = GameObject.Find("HighScore");
        string hScore = "High Score: "+Utils.AddCommasToNumber(HIGH_SCORE);
```

```
        go.GetComponent<GUIText>().text = hScore;
    }

    void ShowResultGTs(bool show) {
        GTGameOver.gameObject.SetActive(show);
        GTRoundResult.gameObject.SetActive(show);
    }

    ...

    // ScoreManager 处理所有得分
    void ScoreManager(ScoreEvent sEvt) {
        ...

        // 第二个 switch 语句处理每轮的输赢
        switch (sEvt) {
        case ScoreEvent.gameWin:
            GTGameOver.text = "Round Over";
            // 赢的话，将分数加到下一轮
            // Application.LoadLevel()不会重置静态变量
            Prospector.SCORE_FROM_PREV_ROUND = score;
            print ("You won this round! Round score: "+score);
            GTRoundResult.text = "You won this round!\nRound Score: "+score;
            ShowResultGTs(true);
            break;
        case ScoreEvent.gameLoss:
            GTGameOver.text = "Game Over";
            //输的话，与最高分进行比较
                if (Prospector.HIGH_SCORE <= score) {
                print("You got the high score! High score: "+score);
                string sRR = "You got the high score!\nHigh score: "+score;
                GTRoundResult.text = sRR;
                Prospector.HIGH_SCORE = score;
                PlayerPrefs.SetInt("ProspectorHighScore", score);
            } else {
                print ("Your final score for the game was: "+score);
                GTRoundResult.text = "Your final score was: "+score;
            }
            ShowResultGTs(true);
            break;

        ...
        }
    }
}
```

到此，当结束一轮或游戏结束时，应该可以看到如图 31-17 所示的信息。

图 31-17 游戏结束信息示例

31.8 小结

本章中创建了一个完整的纸牌游戏，从 XML 文件开始构建，并且包含得分、背景图片和主题。本书讲解实例教程的目的之一是提供一个框架，让读者构建属于自己的游戏，在下一章中我们就会这样做。笔者会引导读者基于本书第 1 章内容完成 *Bartok* 游戏的制作。

第 32 章

游戏原型 5：*Bartok*

与其他章节有所不同，本章不是创建一个全新的项目，而是告诉你如何基于某个已经构建好的原型项目构建另一个不同的游戏。

开始这个项目之前，建议首先完成本书第 31 章“游戏原型 4：《矿工接龙》”，从而可以了解纸牌游戏框架的内部运作。

在本书的第 1 章已经提到过 *Bartok* 这个游戏，下面你将独立把它制作出来。

32.1 准备工作：原型 5

这一次，需要把原型 4 的项目文件夹整个复制，而不是像之前那样下载一个 Unity 资源包（也可以从 http://book.prototools.net 的 Chapter 32 中下载）。同样，我们使用的图形资源来自于 Chris Aguilar 的公开矢量纸牌图形库 1.3 版本。

请注意，这个项目只适用于 Unity 4.3 及更高版本。

认识 *Bartok*

关于 *Bartok* 的描述以及操作方式的说明，请参见本书第 1 章，它被广泛用作设计实践。总之，*Bartok* 和商业游戏 *Uno* 非常相似，其不同之处在于商业游戏 *Uno* 是玩一副标准的扑克牌，而在传统的 *Bartok* 纸牌游戏里，每一轮的获胜者可以添加一个游戏规则。在第 1 章的案例中，提到了三个不同的规则，但是这些将不会在本章创建，而是留给你以后完成。

如果想玩 *Bartok* 游戏的在线版本，请访问 http://book.prototools.net，在 Chapter 1 中查看。

创建新场景

与很多此类项目类似，我们将要使用的场景也基于 Prospector 的场景。在 Project 面板中单击__Prospector_Scene_0，然后在菜单栏执行 Edit > Duplicate 命令。这将创建一个名为__Prospector_Scene_1 的新场景，重命名为__Bartok_Scene_0 并双击打开。Unity 窗口的标题栏会改变以反映新的场景名称，自此新场景被打开。

清理场景

让我们删除一些不需要的东西。在 Hierarchy 面板中选择_Scoreboard 和 High Score 并删除（在菜单栏中执行 Edit > Delete 命令）。该游戏不计分，所以不需要这些。

同样，从场景中同时删除 GameOver 和 Round Result。稍后需要使用它们时，从__prospector_scene_0 抓取备份以供使用。

选中_MainCamera 并删除 Prospector (Script)和 Layout (Script)组件（鼠标右键单击每个项目名称，或单击每个项目右侧的齿轮图标，然后选择 Remove Component）。最后保留的_MainCamera 应该正确设置了 Transform 和 Camera，并且仍然含有 Deck (Script) 组件。

最后，修改背景。首先在 Hierarchy 面板（不是 Texture2D ProjectPane）选择 ProspectorBackground GameObject，并将其重命名为 BartokBackground。然后在_Sprites 文件夹创建一个新的 Material（在菜单栏中执行 Assets > Create > Material 命令），然后命名为 BartokBackground Mat。拖动这种新材质到 BartokBackground，你会发现这种材质让 Game 面板变得很暗（这是因为新的材质具有 Diffuse 渲染，而此前的材质使用的是 UnlitAlpha 渲染）。为了解决这个问题，在场景里增加一个定向光（执行 GameObject > Create Other > Directional Light 命令）。BartokBackground 和定向光变换应如下所示：

```
BartokBackground (Quad)   P:[0,0,1]    R:[0,0,0]      S:[26.667,20,1]
Directional Light         P:[0,0,0]    R:[50,-30,0]   S:[1,1,1]
```

这样就正确设置了场景。

添加纸牌动画的重要性

这将是一个单人游戏，但 *Bartok* 需要四名玩家，因此其中三名玩家将是 AI（Artificial Intelligences，人工智能）。因为 *Bartok* 是一个简单的游戏，不需要多高级的 AI，它们只需要配合玩牌。另一件事是我们必须让玩家知道轮到谁了，以及其他玩家正在做什么。为了让游戏正常运作，我们将在游戏的各场景中不停地制作纸牌动画。但在 Prospector 里就不需要，因为玩家自己就可以完成所有动作，而且结果对他来说是显而易见的。因为对于 *Bartok* 的这名玩家，其他三名玩家的牌是扣着的，这个动画可以用作一个传递信息的重要方式，传递出 AI 玩家正在采取怎样的行动。

在制作本案例的过程中，我们所面临的大部分挑战就是制作精良的动画，以及在每一个动画结束前并跳转到下一个动画的过程中确保游戏正常等待。正因为如此，我们将会看到在这个项目中使用了 `SendMessage( )` 和 `Invoke( )` 函数，而且使用更具体的回调消息比 `SendMessage( )` 函数更合适。相反，当对象完成移动，我们的目的在于传递一个 C#类实例对象，然后调用实例的回调函数，这样即使没有使用 `SendMessage( )` 函数灵活，但是更快、更明确，同时也可用于非扩展 `MonoBehaviour` 的 C#类。

32.2　编译设置

由于最后一个项目被设计成一个移动端 App，这将是一个适用于 Mac 或 PC 的独立应用程序，所以编译设置需要改变。在菜单栏中执行 File > Build Settings 命令，弹出如图 32-1 所示的窗口。

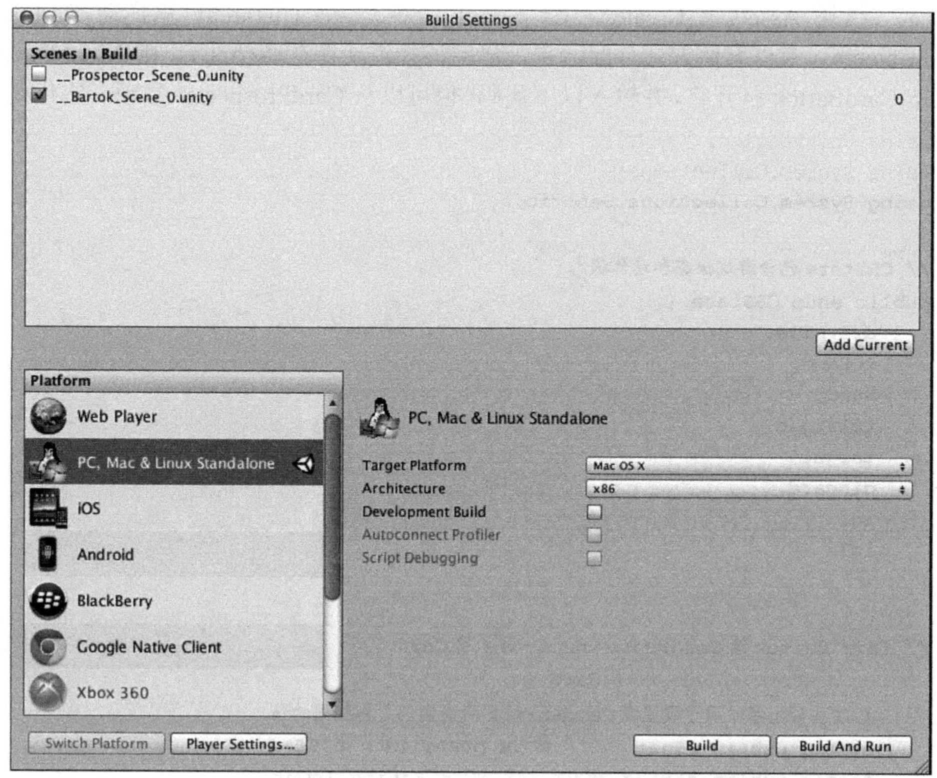

图 32-1　Build Settings 窗口

在当前的 Scenes In Build 列表中会看到__Prospector_Scene_0，但__Bartok_Scene_0 不在列表中。单击 Add Current 按钮，将__Bartok_Scene_0 添加到该场景的列表中。取消勾选__Prospector_Scene_0 将其从场景列表中删除。接下来在 Platform 列表框中选中 PC, Mac & Linux Standalone 选项，并单击 Switch Platform 按钮。切换完成后，Switch Platform 按钮就会变成灰色。这可能需要一秒钟，但是相当快。进行以上步骤时，需要仔细检查，以确保目标平台设置与你的机型匹配（例如，如果程序要在 OS X 上运行，平台应设置为 Mac OS X；如果在 PC 上运行，则平台应设置为 Windows）。所有其他的设置都应如此。

编译设置完成后（如图 32-1 所示），关闭该窗口（不要单击 Build 按钮，在后续实际创建游戏时再进行此操作）。

关闭窗口后，检查一下 Game 面板标题栏下的弹出式菜单，将长宽比选项设置为 Standalone (1024×768)。这样可以确保游戏的长宽比看起来和在本书中看到的案例一样。

32.3 *Bartok*编程

正如我们有一个 Prospector 类来管理游戏，而且有一个 CardProspector: Card 类扩展 Card 以及添加特定游戏功能，我们在本游戏中需要 Bartok 和 CardBartok 类。在 Project 面板中的__Scripts 文件夹中创建一个 Bartok 和 CardBartok C#脚本（执行 Assets > Create > C# Script 命令）。在 Hierarchy 里拖动 Bartok 到_MainCamera（或以其他方式分配给它，你应该知道现在在做什么）。在 MonoDevelop 中双击 CardBartok 打开它，并输入以下代码(也可以从 CardProspector 复制一些代码)。

```
using UnityEngine;
using System.Collections;
using System.Collections.Generic;

// CBState 包含游戏状态和动作状态
public enum CBState {
    drawpile,
    toHand,
    hand,
    toTarget,
    target,
    discard,
    to,
    idle
}

// Card Bartok 像 CardProspector 一样扩展 Card
public class CardBartok : Card {
    //这些静态字段用于设置在 CardBartok 所有实例中都相同的值
    static public float       MOVE_DURATION = 0.5f;
    static public string MOVE_EASING = Easing.InOut;
    static public float       CARD_HEIGHT = 3.5f;
    static public float       CARD_WIDTH = 2f;

    public CBState         state = CBState.drawpile;

    //存储纸牌移动和旋转信息的字段
    public List<Vector3> bezierPts;
    public List<Quaternion> bezierRots;
    public float           timeStart, timeDuration; // 声明两个字段

    //当纸牌完成移动，将调用 reportFinish To.SendMessage( )
    public GameObject    reportFinishTo = null;

    //MoveTo 告知纸牌去插入到一个新的位置并旋转
    public void MoveTo(Vector3 ePos, Quaternion eRot) {
        //为纸牌做新的插值表
        //位置和旋转将各有两个值
        bezierPts = new List<Vector3>();
```

```
        bezierPts.Add ( transform.localPosition ); // 当前位置
        bezierPts.Add ( ePos );                     // 新的位置
        bezierRots = new List<Quaternion>();
        bezierRots.Add ( transform.rotation );      // 当前旋转
        bezierRots.Add ( eRot );                    // 新的旋转

        //如果 timeStart 为 0，即已设置为立即开始，否则，将于 timeStart 开始
        //这样，如果已经设置了 timeStart，它不会被重写
        if (timeStart == 0) {
        timeStart = Time.time;
        }
        // timeDuration 开始总是一样，但可以稍后改变
        timeDuration = MOVE_DURATION;

        //将状态设置为 toHand 或 toTarget 将由调用方法处理
        state = CBState.to;
    }
    //重载 MoveTo 不需要旋转参数
    public void MoveTo(Vector3 ePos) {
        MoveTo(ePos, Quaternion.identity);
    }

    void Update() {
        switch (state) {
        //所有 to 开头的状态参数即纸牌插入位置
        case CBState.toHand:
        case CBState.toTarget:
        case CBState.to:
            //从当前时间和持续时间获取 u，u 范围通常为 0~1
            float u = (Time.time - timeStart)/timeDuration;

            //从 Utils 使用 Easing 类绘制 u 值
            float uC = Easing.Ease (u, MOVE_EASING);

            if (u<0) { //若 u<0，则无法再移动
                //停留在初始位置
                transform.localPosition = bezierPts[0];
                transform.rotation = bezierRots[0];
                return;
            } else if (u>=1) { //若 u>=1，就完成了移动
                uC = 1; //设定 uC=1，不会超限
                //从 to 状态移动到如下状态
                if (state == CBState.toHand) state = CBState.hand;
                if (state == CBState.toTarget) state = CBState.toTarget;
                if (state == CBState.to) state = CBState.idle;
                //移动到最终位置
                transform.localPosition = bezierPts[bezierPts.Count-1];
                transform.rotation = bezierRots[bezierPts.Count-1];
```

```
                // TimeStart 重置 0，这样下次就会被重写
                timeStart = 0;

                if (reportFinishTo != null) { //如果有游戏对象的回调，
                    //使用 SendMessage 调用 CBCallback 方法作为参数
                    reportFinishTo.SendMessage("CBCallback", this);
                    //在调用 SendMessage( )后，必须设置 reportFinishTo 为 null，
                    //这样该纸牌不会继续报告给后来每次移动的同一游戏对象
                    reportFinishTo = null;
                } else { //如果无回调，就什么都不做
                }
            } else { // 0<=u<1，这意味着这是现在的插值
                //使用贝塞尔曲线将此移动到右侧点
                Vector3 pos = Utils.Bezier(uC, bezierPts);
                transform.localPosition = pos;
                Quaternion rotQ = Utils.Bezier(uC, bezierRots);
                transform.rotation = rotQ;
            }
            break;
        }
    }
}
```

以上代码很多都是在前一章看到过的 FloatingScore 类的改写和扩展。插值的 CardBartok 版本也进行了插值 Quaternions（即处理旋转类），这是很重要的，因为我们想要 Bartok 的纸牌好像被玩家操控一样在扇动。

现在，打开 Bartok 类，并输入以下代码。需要做的第一件事是确保 Deck 类工作正常，创建所有 52 张纸牌。

```
using UnityEngine;
using System.Collections;
using System.Collections.Generic;

public class Bartok : MonoBehaviour {
    static public Bartok S;

    public TextAsset            deckXML;
    public TextAsset            layoutXML;
    public Vector3              layoutCenter = Vector3.zero;

    public bool ________________;

    public Deck                 deck;
    public List<CardBartok>     drawPile;
    public List<CardBartok>     discardPile;

    void Awake() {
        S = this;
    }
```

```
    void Start () {
        deck = GetComponent<Deck>();   // 获得 Deck 值
        deck.InitDeck(deckXML.text);   // 传递 DeckXML 值给它
        Deck.Shuffle(ref deck.cards); // 重置 deck
        // Ref 关键字将引用传递给 deck.cards，允许 Deck.Shuffle( )修改 deck.cards

    }

}
```

正如你所见到的，大部分代码都与 `Prospector` 类是一样的，只是处理纸牌使用的是 `CardBartok` 类，而不是 `CardProspector` 类。此时，应在 Inspector 中调整 PrefabCard 的其他方面。在 Project 面板的_Prefabs 文件夹中选择 PrefabCard，请按照以下说明操作。

1. 将 Box Collider 组件 Is Trigger 字段设置为 true。
2. 将 Box Collider 的 Size.z 组件设置为 0.1。
3. 增加一个 Rigidbody 组件到 PrefabCard (执行 Component > Physics > Rigidbody 命令)。
4. 设置 Rigidbody 的 Use Gravity 字段为 false。
5. 设置 Rigidbody 的 Is Kinematic 字段为 true。

完成后，在 PrefabCard 上的 Box Collider 和 Rigidbody 组件看起来应如图 32-2 所示。

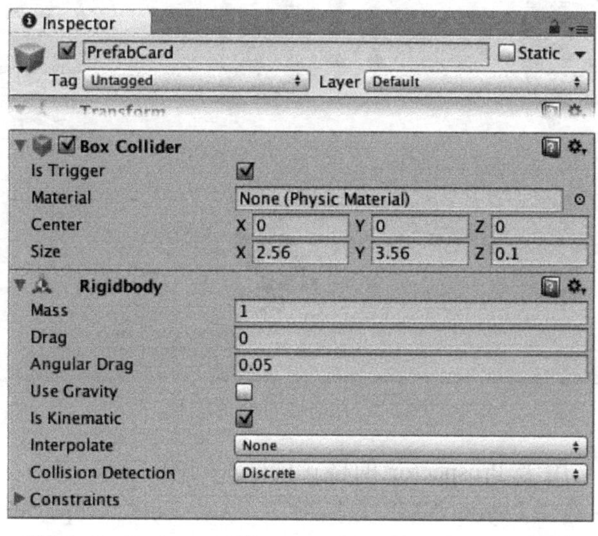

图 32-2　PrefabCard 的 Box Collider 和 Rigidbody 设置

所写代码在开始运行之前，还需要在 Unity 编辑器中进行一些改变。在 Hierarchy 面板中，选择_MainCamera。添加的 Bartok (Script)组件在检查器的底部（如果想要将它向上移动，可以单击其名称旁边的齿轮图标并选择 Move Up）。将 Bartok（Script）的

DeckXML 字段设置为 Project 面板 Resources 文件夹中的 DeckXM 文件（因为 deck 保持不变，仍然是 4 套装的 13 张牌，这是 Prospector 使用过的相同文件）。

现在，在 Project 面板_Prefabs 文件夹中选择 PrefabCard。我们需要为现有的 CardProspector 调换一个新的 CardBartok (Script)组件。在 CardProspector (Script)组件中 Script 变量旁边，单击 Target 按钮并选择 CardBartok 来代替它。或者，只是将 CardBartok 脚本添加到 PrefabCard，然后删除 CardProspector (Script)组件。

现在单击 Play 按钮，可以看到网格排列的纸牌，正如你在 Prospector 的早期阶段看到的一样。

游戏布局

Bartok 的布局明显不同于 Prospector。在 *Bartok* 中，屏幕中间将有一张抽牌和一张弃牌，四份手牌分布在屏幕的上、下、左、右。这几份手牌就好像扇子那样被玩家拿在手里（如图 32-3 所示）。

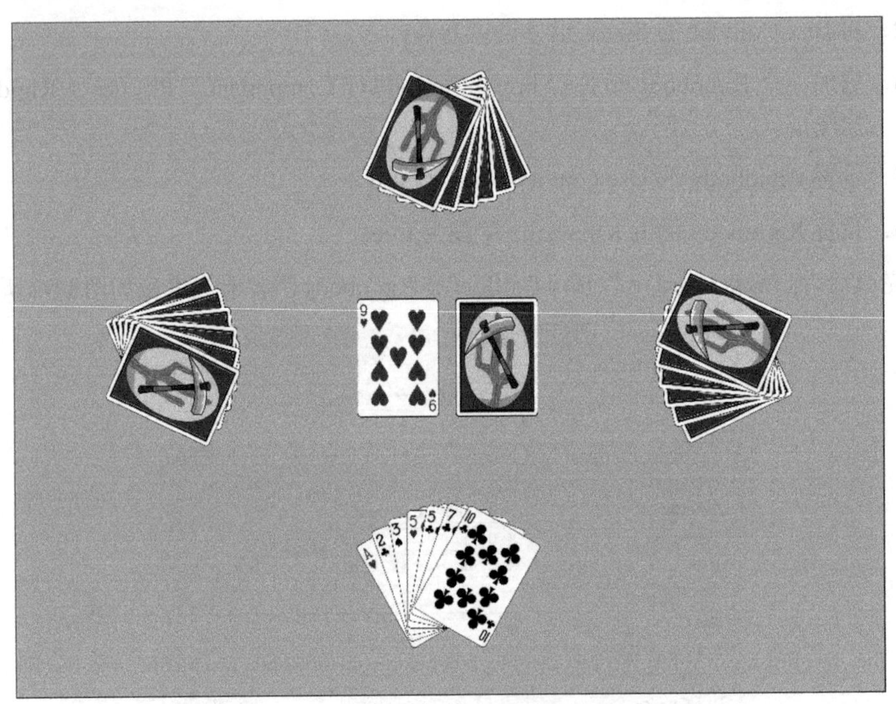

图 32-3　*Bartok* 的最终布局

这将需要一个与用于 Prospector 的格式稍微不同的 XML 文档。在 Project 面板的 Resources 文件夹中选择 Layout XML 并复制它（执行 Edit > Duplicate 命令）。将该副本命名为 Bartok Layout XML，并输入以下内容（粗体文本不同于原始的 LayoutXML 文本）。

```
<xml>
    <!--这个文件包含了编排 Bartok 游戏的信息 -->
```

```
    <!—multiplier 的值是由以下的 x 和 y 值相乘得到 -->
    <!—这决定了布局是松散或紧凑 -->
    <multiplier x="1" y="1" />

    <!-- 牌堆的位置 -->
    <slot type="drawpile" x="1.5" y="0" xstagger="0.05" layer="1"/>

    <!—弃牌的位置 -->
    <slot type="discardpile" x="-1.5" y="0" layer="2"/>

    <!-- 目标牌的位置-->
    <slot type="target" x="-1.5" y="0" layer="4"/>

    <!—这些位置是 4 位玩家所握 4 手牌的位置-->
    <slot type="hand" x="0" y="-8" rot="0" player="1" layer="3"/>
    <slot type="hand" x="-10" y="0" rot="270" player="2" layer="3"/>
    <slot type="hand" x="0" y="8" rot="180" player="3" layer="3"/>
    <slot type="hand" x="10" y="0" rot="90" player="4" layer="3"/>

</xml>
```

现在，布局的类必须重写，从而保证能正常地从扇形摆放纸牌以及利用新功能来插入纸牌。创建一个新的 C#脚本，命名为 BartokLayout 并且输入如下代码：

```
using UnityEngine;
using System.Collections;
using System.Collections.Generic;

// SlotDef 类不基于 MonoBehaviour，所以不需要它自己的文件
[System.Serializable] //使 SlotDef 能够在 Unity Inspector 中被看到
public class SlotDef {
    public float x;
    public float y;
    public bool faceUp=false;
    public string layerName="Default";
    public int layerID = 0;
    public int id;
    public List<int> hiddenBy = new List<int>();    //在 Bartok 中未使用
    public float rot;
    public string type="slot";
    public Vector2 stagger;
    public int player;              //一位玩家的编号
    public Vector3 pos;         //从 x, y 以及 multiplier 得到 pos 值
}

public class BartokLayout : MonoBehaviour {
    …
}
```

保存此代码并返回 Unity，你会注意到控制台会报错：

```
"error CS0101: The namespace 'global::' already contains a definition for
'SlotDef'."
```

这是因为 Layout 脚本中（来自 Prospector）公共类 `SlotDef` 与新的 BartokLayout 脚本公共类 `SlotDef` 冲突。要么完全删除 Layout 脚本，要么在 MonoDevelop 中打开 Layout 脚本并注释掉定义 `SlotDef` 部分。若要注释掉大量代码，只需在代码前插入“/*”，并在想要注释掉的代码后插入“*/”就可以了。也可以通过在 MonoDevelop 中选择代码行，然后在菜单栏执行 Edit > Format > Toggle Line Comment(s)命令来注释掉一大段代码，所选行之前会被放置一个单行注释符（//）。在 Layout 脚本中消除 `SlotDef` 类之后，回到 BartokLayout 脚本，并继续编辑代码，添加以下代码列表中的粗体代码。

```
public class BartokLayout : MonoBehaviour {
    public PT_XMLReader         xmlr;    //就像 Deck，这有一个 PT_XMLReader
    public PT_XMLHashtable      xml;     //这个变量是为了提高 xml 访问速度
    public Vector2              multiplier;  //设置 SlotDef 场景的参考间距
    public List<SlotDef>        slotDefs;
    public SlotDef              drawPile;
    public SlotDef              discardPile;
    public SlotDef              target;

    //调用此函数在 LayoutXML.xml 文件中读取
    public void ReadLayout(string xmlText) {
        xmlr = new PT_XMLReader();
        xmlr.Parse(xmlText);        //解析 XML
        xml = xmlr.xml["xml"][0];       //将 xml 设置为 XML 的快捷方式

        //在 multiplier 中读取，设置牌间距
        multiplier.x = float.Parse(xml["multiplier"][0].att("x"));
        multiplier.y = float.Parse(xml["multiplier"][0].att("y"));

        //读取 slots
        SlotDef tSD;
        //将 slotsX 用作所有<slot>的快捷方式
        PT_XMLHashList slotsX = xml["slot"];

        for (int i=0; i<slotsX.Count; i++) {
            tSD = new SlotDef(); //创建一个新的 SlotDef 实例
            if (slotsX[i].HasAtt("type")) {
                //如果这个<slot>具有解析它的类型属性
                tSD.type = slotsX[i].att("type");
            } else {
                //如果没有，就将属性设定为"slot"
                tSD.type = "slot";
            }

            //将多种属性解析为数值
            tSD.x = float.Parse( slotsX[i].att("x") );
            tSD.y = float.Parse( slotsX[i].att("y") );
```

```
                tSD.pos = new Vector3( tSD.x*multiplier.x, tSD.y*multiplier.y, 0 );

                //排序图层
                tSD.layerID = int.Parse( slotsX[i].att("layer") );
                //在这个游戏中，分类层被命名为 1，2，3，…，10
                //将 layerID 的编号转换成文本 layerName
                tSD.layerName = tSD.layerID.ToString();
                //这些分层用来确保纸牌在其顶部
                //在 Unity 2D，所有对象都在同一 Z 维深度
                //所以我们使用排序层来区分它们

                //基于每个<slot>的类型，拉取附属属性
                switch (tSD.type) {
                case "slot":
                    //忽略"slot"类型的位置
                    break;

                case "drawpile":
                    //drawpile xstagger 可读但在 Bartok 中没有用
                    tSD.stagger.x = float.Parse( slotsX[i].att("xstagger") );
                    drawPile = tSD;
                    break;

                case "discardpile":
                    discardPile = tSD;
                    break;

                case "target":
                    //目标纸牌和 discardPile 在不同的层
                    target = tSD;
                    break;

                case "hand":
                    //每个玩家的 hand 信息
                    tSD.player = int.Parse( slotsX[i].att("player") );
                    tSD.rot = float.Parse( slotsX[i].att("rot") );
                    slotDefs.Add (tSD);
                    break;
                }
            }
        }
    }
```

若要使用此代码，需要将 BartokLayout 脚本添加到_MainCamera（在 Hierarchy 面板中将 BartokLayout 脚本从 Project 面板拖动到_MainCamera 上）。还需要将 BartokLayoutXML 分配给_MainCamera 上 Bartok(Script)组件的 `layoutXML` 字段。

现在，将下面的粗体代码添加到 Bartok 脚本并使用 BartokLayout。

```
public class Bartok : MonoBehaviour {
```

```
    static public Bartok S;
    …

    public List<CardBartok>   discardPile;

    public BartokLayout       layout;
    public Transform          layoutAnchor;
    …

    void Start () {
        deck = GetComponent<Deck>();            //获取 Deck
        deck.InitDeck(deckXML.text);            //传递 DeckXML 给它
        Deck.Shuffle(ref deck.cards);           //重新洗牌
        // ref 关键字传递一个引用给 deck.cards
        //这就允许 deck.cards 被 Deck.Shuffle( )修改

        layout = GetComponent<BartokLayout>();        //获取 Layout
        layout.ReadLayout(layoutXML.text);            //传递 LayoutXML 给它

        drawPile = UpgradeCardsList( deck.cards );

    }

    //UpgradeCardsList 在 lCD 里将 CardsList 转换为 CardBartoks
    //当然，它们是在一起的，但这需要让 Unity 知道
    List<CardBartok> UpgradeCardsList(List<Card> lCD) {
        List<CardBartok> lCB = new List<CardBartok>();
        foreach( Card tCD in lCD ) {
            lCB.Add ( tCD as CardBartok );
        }
        return( lCB );
    }
}
```

运行该项目时，从 Hierarchy 面板中选择_MainCamera 并扩展 BartokLayout(Script)组件的变量，从而可以看到它们被正确读入。同时也应查看 Bartok(Script)的 drawPile 字段是否正确填充了 52 个 CardBartok 洗牌实例。

Player 类

因为游戏有四个玩家，本案例中创建一个类来代表玩家，执行将牌汇集到一只手上以及通过简单的 AI 来选择怎么出牌等操作。需要注意的是，这次的 Player 类相对于之前编写的其他代码，其独特之处在于 Player 类不会扩展 MonoBehaviour（或者其他任何类）。这意味着它不会接收来自 Awake( )、Start( )或者 Update( )函数的调用，而且不能从内部调用像 print( )这样的函数，或者作为一个组件连接到一个 GameObject。那些操作对于 Player 类来说都是不需要的，这样实际编写起来更简单。

创建一个名为 Player 的新 C#脚本，并输入以下代码：

```
using UnityEngine;
using System.Collections;
using System.Collections.Generic;
using System.Linq; //启用 LINQ 查询
//玩家可以是真人或 AI
public enum PlayerType {
    human,
    ai
}

// 游戏中的独立玩家
//注：Player 不能扩展 MonoBehaviour（或者其他任何类）

[System.Serializable] //使 Player 类在 Inspector 面板中可见
public class Player {

    public PlayerType              type = PlayerType.ai;
    public int                   playerNum;

    public List<CardBartok>      hand; //玩家手中的牌

    public SlotDef               handSlotDef;

    //手中增加一张牌
    public CardBartok AddCard(CardBartok eCB) {
        if (hand == null) hand = new List<CardBartok>();

        //手中增加一张牌
        hand.Add (eCB);

        return( eCB );
    }

    //从手上去除一张牌
    public CardBartok RemoveCard(CardBartok cb) {
        hand.Remove(cb);
        return(cb);
    }

}
```

现在，将下面的代码添加到 Bartok 中并使用 Player：

```
public class Bartok : MonoBehaviour {
...
    public Vector3               layoutCenter = Vector3.zero;

    //手中每张牌扇形分布的度数
    public float                 handFanDegrees = 10f;
```

```
public bool ___________;
...
public Transform          layoutAnchor;

public List<Player>       players;
public CardBartok              targetCard;


...

void Start () {
    ...
    drawPile = UpgradeCardsList( deck.cards );
    LayoutGame();
}
List<CardBartok> UpgradeCardsList(List<Card> lCD) {
    ...
}

//在drawPile里正确定位所有的牌
public void ArrangeDrawPile() {
    CardBartok tCB;

    for (int i=0; i<drawPile.Count; i++) {
        tCB = drawPile[i];
        tCB.transform.parent = layoutAnchor;
        tCB.transform.localPosition = layout.drawPile.pos;
        //旋转应该从0开始
        tCB.faceUp = false;
        tCB.SetSortingLayerName(layout.drawPile.layerName);
        tCB.SetSortOrder(-i*4); //命令它们前端到后端
        tCB.state = CBState.drawpile;
    }

}

//执行初始游戏布局
void LayoutGame() {
    //创建空的GameObject作为画面的锚点
    if (layoutAnchor == null) {
        GameObject tGO = new GameObject("_LayoutAnchor");
        //在Hierarchy中创建空的GameObject并命名为_LayoutAnchor
        layoutAnchor = tGO.transform;                          //抓取变换
        layoutAnchor.transform.position = layoutCenter;     //定位
    }

    //定位drawPile的牌
    ArrangeDrawPile();

    //设置玩家
    Player pl;
```

```
        players = new List<Player>();

        foreach (SlotDef tSD in layout.slotDefs) {
            pl = new Player();
            pl.handSlotDef = tSD;
            players.Add(pl);
            pl.playerNum = players.Count;
        }
        players[0].type = PlayerType.human; // 构建第 0 个真人玩家

    }

    //Draw 函数将从 drawpile 拉取单张纸牌并且返回
    public CardBartok Draw() {
        CardBartok cd = drawPile[0];  //拉取第 0 个 CardProspector
        drawPile.RemoveAt(0);         //从 List<> drawPile 中删除
        return(cd);                   //返回
    }

    //此 Update 方法用于测试向玩家手中添加纸牌
    void Update() {
        if (Input.GetKeyDown(KeyCode.Alpha1)) {
            players[0].AddCard(Draw ());
        }
        if (Input.GetKeyDown(KeyCode.Alpha2)) {
            players[1].AddCard(Draw ());
        }
        if (Input.GetKeyDown(KeyCode.Alpha3)) {
            players[2].AddCard(Draw ());
        }
        if (Input.GetKeyDown(KeyCode.Alpha4)) {
            players[3].AddCard(Draw ());
        }
    }
}
```

再次运行游戏。在 Hierarchy 中选择_MainCamera，并在 Bartok(Script)组件上找到 Players 字段。单击 Players 旁边的小三角图标展开下级选项，可看到 4 个 Element，每个玩家对应一个。继续单击小三角图标展开下级选项，包括那些 Hand 属性。由于在新的 Update( )方法中测试代码，在 Game 面板中（能够对游戏进行响应且支持键盘输入），在键盘上按下 1~4 数字键（键盘首行的数字键，不是小键盘），可以看到纸牌添加到玩家手中。Bartok(Script)组件的 Inspector 应显示牌正被添加到玩家手中，如图 32-4 所示。

此 Update( )方法当然不会用于游戏的最终版本，但是它在游戏其他方面完善前，允许建立一些用来进行功能测试的函数是相当有用的。在这种情况下，我们需要一种方式来测试 Player.AddCard( )方法是否正确工作，这是一种相当快捷的方法。

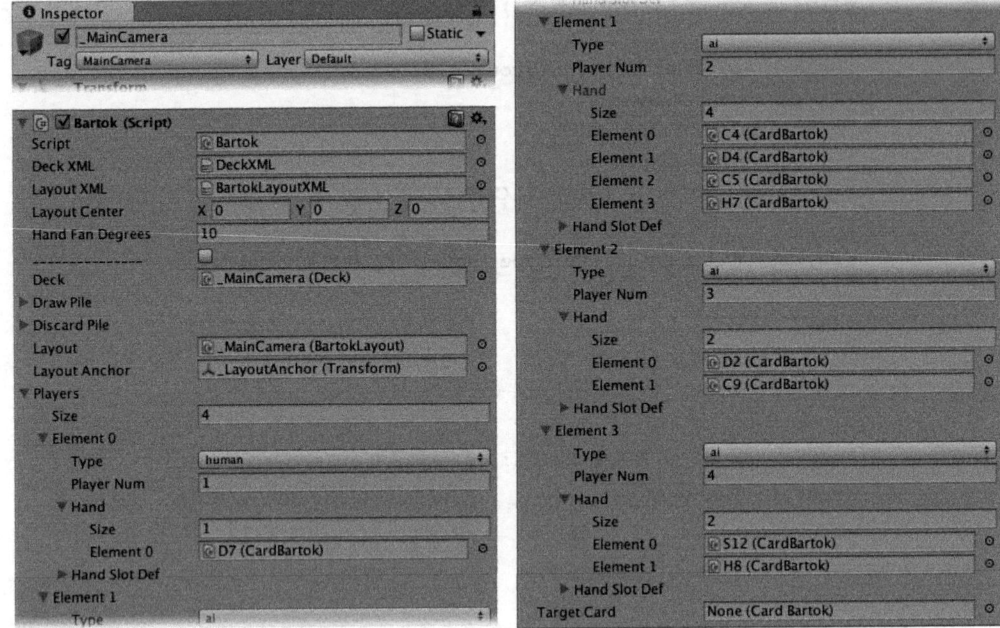

图 32-4 Bartok(Script)组件显示玩家和手

扇形手牌

现在，纸牌正从牌叠移动到玩家的手中，最好以图形化的方式进行展现。将下面的代码添加到 Player 来实现这一目标。

```
public class Player {
    ...

    public CardBartok AddCard(CardBartok eCB) {
        if (hand == null) hand = new List<CardBartok>();

        //将纸牌添加到手中
        hand.Add (eCB);
        FanHand();
        return( eCB );
    }

    public CardBartok RemoveCard(CardBartok cb) {
        hand.Remove(cb);
        FanHand();
        return(cb);
    }

    public void FanHand() {
        // startRot是第一张牌的 Z 旋转
        float startRot = 0;
        startRot = handSlotDef.rot;
        if (hand.Count > 1) {
```

```
            startRot += Bartok.S.handFanDegrees * (hand.Count-1) / 2;
        }
        //每张牌旋转 handFanDegrees 来扇形分布

        //将所有纸牌移动到新位置
        Vector3 pos;
        float rot;
        Quaternion rotQ;
        for (int i=0; i<hand.Count; i++) {
            rot = startRot - Bartok.S.handFanDegrees*i; // Z 轴 Rot 值
            // ^同样增加了不同玩家的手的旋转
            rotQ = Quaternion.Euler( 0, 0, rot );
            // ^ Quaternion 体现了与 rot 一样的旋转

            // pos 是 V3 纸牌在[0,0,0]之上一半的高度（即[0,1.75,0]）
            pos = Vector3.up * CardBartok.CARD_HEIGHT / 2f;

            //旋转后 Vector3 乘以 Quaternion，旋转值储存在 Quaternion
            //计算结果是一个基于[0,0,0]的向量，已旋转了 rot 度
            pos = rotQ * pos;

            //添加玩家手牌的基本位置（扇形排列的纸牌底部中心）
            pos += handSlotDef.pos;
            //纸牌在 Z 方向错开，这是不可见的，可避免重叠
            pos.z = -0.5f*i;

            //设置 localPosition 以及第 i 张牌的旋转
            hand[i].transform.localPosition = pos;
            hand[i].transform.rotation = rotQ;
            hand[i].state = CBState.hand;

            //使用比较运算符返回真或假的 bool 函数
            //所以，如果(type == PlayerType.human)，hand[i].faceUp 为真
            hand[i].faceUp = (type == PlayerType.human);

            //设置纸牌的 SortOrder，以便它们能正确重叠
            hand[i].SetSortOrder(i*4);
        }
    }
}
```

现在，运行该场景并在键盘上按下数字键 1、2、3、4，应该能看到纸牌直接插入玩家的手牌并且呈扇形排列。然而，你可能注意到玩家的手牌并不按顺序排列，看起来就有点松散。幸运的是，我们可以为此做些事情。

LINQ 简介

LINQ，就是语言集成查询（Language Integrated Query），是一组用于 C#语言的出

色扩展，有很多介绍它的图书。Joseph Albahari 和 Ben Albahari 的著作 *C# 5.0 Pocket Reference: Instant Help for C# 5.0 Programmers*（O'Reilly Media 于 2012 年出版）中有 24 页着重描述 LINQ（其中只有 4 页涉及数组）。大多数 LINQ 远远超出了本书需要掌握的范围，你只需知道它的存在以及它能做什么。

LINQ 能够在 C#的单行中做类似数据库查询，可以选择和排序数组中的特定元素。我们就是利用此方法来排列玩家手中的纸牌。添加以下加粗体代码到 Player.AddCard( )。

```
public class Player {
    …

    public CardBartok AddCard(CardBartok eCB) {
        if (hand == null) hand = new List<CardBartok>();

        //将牌插入手牌中
        hand.Add (eCB);

        //如果这是一个真人玩家，将其手牌进行排序
        if (type == PlayerType.human) {
            CardBartok[] cards = hand.ToArray();
            //将 hand 复制到一个新数组
            //下面用 LINQ 处理 CardBartoks 数组
            //它类似于做一个遍历并排序，然后返回一个已排序的数组
            cards = cards.OrderBy( cd => cd.rank ).ToArray();

            //将 CardBartok []数组转换为 List <CardBartok>
            hand = new List<CardBartok>(cards);
            //注意：LINQ 运行可能有点慢（大概需要几毫秒）
            //但因为每一轮只进行一次，所以这并不是一个问题
        }

        FanHand();
        return( eCB );
    }
    …
}
```

正如上面所示，在很少的几行代码中即可完成排序。LINQ 有着超出本书所涉及的更强大功能，但笔者强烈建议你学习一下，如果你需要对数组中的元素进行排序或进行其他类似查询的话（例如，需要在一个数组中找出年龄在 18 至 25 岁之间的人）。

现在运行这个场景，你会看到真人玩家的手牌都能按顺序排列了。

为了让游戏更直观，纸牌的移动需要进行动画处理。所以，下面让我们来实现纸牌的移动。

让纸牌动起来

现在来到了有趣的部分，我们要让纸牌从一个位置旋转移动并插入到另一个位置。这将使纸牌游戏看起来更逼真，同时，这也让玩家更容易理解游戏里正在发生的事情。

下面进行的很多修改都基于 Prospector 里的 FloatingScore。就像 FloatingScore 一样，我们先开始一个插值，由这张牌自己控制，当这张牌完成移动，它将发送一个回调消息告知游戏它已完成。

先来把纸牌顺利地移动到玩家的手牌里。在 CardBartok 中已经有很多为移动编写的代码，所以要充分利用它们。在 `Player.FanHand( )`方法中修改代码，如下面的粗体代码所示。

```
public class Player {
    …
    public void FanHand() {
        …
        for (int i=0; i<hand.Count; i++) {
            …

            //设置第 i 张牌的当前位置及旋转
            hand[i].MoveTo(pos, rotQ);     //告诉 CardBartok 插入
            hand[i].state = CBState.toHand;
            // ^ 移动之后，CardBartok 将状态设置为 CBState.hand

            /* <= This "/*" begins a multiline comment
    // 1
            hand[i].transform.localPosition = pos;
            hand[i].transform.rotation = rotQ;
            hand[i].state = CBState.hand;
            */                                                  // 1

            …
        }
    }
}
```

1. “/*”为多行注释的开始标记，它与下面的“*/”之间的所有代码行都被注释掉（被 C#忽略）。这和在本章开头 Laylout 脚本中注释掉 `SlotDef` 类是同样的方式。

现在，运行这个场景并按下数字键 1，2，3，4，将能看到纸牌移动到正确的位置！因为大部分繁重的工作由 CardBartok 完成，这里只需要用很少的代码来实现。这是面向对象编程的最大优点之一。我们相信 CardBartok 知道如何移动，所以我们可以只通过一个位置及旋转参数来调用 `MoveTo( )`，而 CardBartok 将完成剩下的工作。

发牌管理

在每一轮 *Bartok* 游戏的开头，每位玩家发 7 张牌，然后从牌叠里取一张牌翻开作为第一张目标牌。将下面的代码添加到 Bartok 来实现这些。

```
public class Bartok : MonoBehaviour {
    …
    public float       handFanDegrees = 10f;
    public int         numStartingCards = 7;
    public float       drawTimeStagger = 0.1f;
    …

    void LayoutGame() {
        …
        players[0].type = PlayerType.human;    //创建第 0 位真人玩家

        CardBartok tCB;
        //每位玩家发 7 张牌
        for (int i=0; i<numStartingCards; i++) {
            for (int j=0; j<4; j++) {      //一般有 4 位玩家
                tCB = Draw ();   //抽一张牌
                //稍微错开抽牌的时间，记住操作顺序
                tCB.timeStart = Time.time + drawTimeStagger * ( i*4 + j );
                //^ 在调用 AddCard 之前设置 timeStart，
                //在 CardBartok.MoveTo( )里覆盖 timeStart 的自动设置
                //将牌添加到玩家手牌中
                //取模运算（4%）的结果为从 0 到 3 的数字
                players[ (j+1)%4 ].AddCard(tCB);
            }
        }

        //当牌被打出时，调用 Bartok.DrawFirstTarget()
        Invoke("DrawFirstTarget", drawTimeStagger * (numStartingCards*4+4) );
    }

    public void DrawFirstTarget() {
        //从牌叠中翻开第一张目标牌
        CardBartok tCB = MoveToTarget( Draw () );
    }

    //使另一张牌成为目标牌
    public CardBartok MoveToTarget(CardBartok tCB) {
        tCB.timeStart = 0;
        tCB.MoveTo(layout.discardPile.pos+Vector3.back);
        tCB.state = CBState.toTarget;
        tCB.faceUp = true;

        targetCard = tCB;
```

```
        return(tCB);

    }
    ...
}
```

运行场景后，可看到 7 张牌的分布和第 1 张目标牌的抽取如期进行，然而，真人玩家的牌以奇怪的方式互相重叠。就像使用 Prospector 所做的一样，我们需要非常仔细地管理纸牌每个元素的 sortingLayerName 和 sortingOrder。

2D 深度排序管理

除了 2D 对象深度排序的标准配置问题，我们现在必须解决这个问题：纸牌正在移动时，有时需要它们在移动的起初有一个排序，在它们到达时有另一个不同的排序。若要实现这个，我们需要将 eventualSortLayer 和 eventualSortOrder 字段添加到 CardBartok。这样，当一张纸牌移动时，它将在移动中途切换到 eventualSortLayer 和 eventualSortOrder。

需要做的第一件事是重命名所有的排序层。在菜单栏上执行 Edit > Project Settings > Tags & Layers 命令，打开 Tags & Layers 管理器，然后将从 1 到 10 的 Sorting Layers 命名为 1 到 10，如图 32-5 所示。

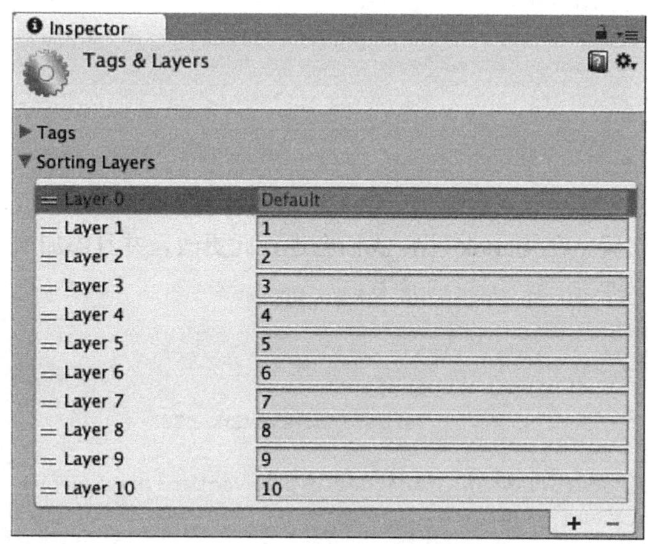

图 32-5　简单命名 Bartok 的排序层

完成后，将下面的粗体代码添加到 CardBartok。

```
public class CardBartok : Card {
    ...
    public float          timeStart, timeDuration;

    public int            eventualSortOrder;
    public string             eventualSortLayer;
    ...
```

```
    void Update() {
        switch (state) {
        //所有 to 开头的状态都是牌的插入位置
        case CBState.toHand:
        case CBState.toTarget:
        case CBState.to:
            ...
            } else {    // 0<=u<1，表示现在正在插入
                ...
                transform.rotation = rotQ;

                if (u>0.5f && spriteRenderers[0].sortingOrder !=
eventualSortOrder) {
                    //跳转到正确的排序位置
                    SetSortOrder(eventualSortOrder);
                }
                if (u>0.75f && spriteRenderers[0].sortingLayerName !=
eventualSortLayer) {
                    //跳转到正确的排序层
                    SetSortingLayerName(eventualSortLayer);
                }

            }
            break;
        }
    }
}
```

由于存在 eventualSortOrder 和 eventualSortLayer 字段，需要使用它们遍历已经写好的代码。在 Bartok 里，我们会进行此更改，并且添加一个移动目标牌到 discardPile 的 MoveToDiscard( ) 函数。

```
public class Bartok : MonoBehaviour {
    ...

    public CardBartok MoveToTarget(CardBartok tCB) {
        tCB.timeStart = 0;
        tCB.MoveTo(layout.discardPile.pos+Vector3.back);
        tCB.state = CBState.toTarget;
        tCB.faceUp = true;
        tCB.SetSortingLayerName("10");    //layout.target.layerName
        tCB.eventualSortLayer = layout.target.layerName;
        if (targetCard != null) {
            MoveToDiscard(targetCard);
        }
        targetCard = tCB;

        return(tCB);
    }
    public CardBartok MoveToDiscard(CardBartok tCB) {
```

```
            tCB.state = CBState.discard;
            discardPile.Add ( tCB );
            tCB.SetSortingLayerName(layout.discardPile.layerName);
            tCB.SetSortOrder( discardPile.Count*4 );
            tCB.transform.localPosition = layout.discardPile.pos +
    Vector3.back/2;

            return(tCB);
        }
        …
    }
```

在 Player 里需要做一些更改：

```
public class Player {
    …
    public CardBartok AddCard(CardBartok eCB) {
        …
        //如果这是一个真人玩家，使用 LINQ 对纸牌进行排序
        if (type == PlayerType.human) {
            …
        }

        eCB.SetSortingLayerName("10");    //此处排序将纸牌移动到顶部
        eCB.eventualSortLayer = handSlotDef.layerName;

        FanHand();
        return( eCB );
    }

    …

    public void FanHand() {
        …
        for (int i=0; i<hand.Count; i++) {
            …
            //设置纸牌的 SortOrder，以便能正确重叠
            hand[i].eventualSortOrder = i*4;
            //hand[i].SetSortOrder(i*4);

        }
    }
}
```

处理轮转

在这个游戏中，玩家需要轮流出牌，而且真人玩家必须知道即将轮到谁出牌。我们将通过高亮显示当前玩家背景的方式来实现这一目的。

在 Unity 里，在菜单栏中执行 GameObject > Create Other > Point Light 命令。将新建光，并命名为 TurnLight，并设置如下：

```
TurnLight (Point Light)          P:[0,0,-5]      R:[0,0,0]      S:[1,1,1]
```

正如你所见到的，这将在背景上折射出明显的光线。还需要添加代码来管理光照和轮转。打开 Bartok 脚本并添加如下所示的粗体代码。

```
using UnityEngine;
using System.Collections;
using System.Collections.Generic;

//此枚举包含一个游戏轮转的不同阶段
public enum TurnPhase {
    idle,
    pre,
    waiting,
    post,
    gameOver
}

public class Bartok : MonoBehaviour {
    static public Bartok S;
    //该字段是静态的，用于确保只有一个当前玩家
    static public Player CURRENT_PLAYER;
    …

    public CardBartok            targetCard;

    public TurnPhase          phase = TurnPhase.idle;
    public GameObject         turnLight;

    void Awake() {
        S = this;

        //按名称查找 TurnLight
        turnLight = GameObject.Find ("TurnLight");
    }

    …

    public void DrawFirstTarget() {
        //在中间翻开目标牌
        CardBartok tCB = MoveToTarget( Draw () );
        //完成时，在此 Bartok 上设置 CardBartok 调用 CBCallback
        tCB.reportFinishTo = this.gameObject;
    }
    //最后一张牌开始处理时将使用此回调
    //每次游戏中只使用一次
    public void CBCallback(CardBartok cb) {
        //你有时希望方法调用报告，就像这样                          // 1
    Utils.tr(Utils.RoundToPlaces(Time.time),"Bartok.CBCallback()",cb.name);
```

```
    StartGame(); //开始游戏
}

public void StartGame() {
    //真人玩家左边的玩家先出牌
    //(players[0]是真人玩家)
    PassTurn(1);
}

public void PassTurn(int num=-1) {
    //如果没有号码传入，就选择下一位玩家
    if (num == -1) {
        int ndx = players.IndexOf(CURRENT_PLAYER);
        num = (ndx+1)%4;
    }
    int lastPlayerNum = -1;
    if (CURRENT_PLAYER != null) {
        lastPlayerNum = CURRENT_PLAYER.playerNum;
    }
    CURRENT_PLAYER = players[num];
    phase = TurnPhase.pre;

    CURRENT_PLAYER.TakeTurn();

    //移动 TurnLight 高亮显示新的 CURRENT_PLAYER
    Vector3 lPos = CURRENT_PLAYER.handSlotDef.pos + Vector3.back*5;
    turnLight.transform.position = lPos;

    //报告轮转传递
    Utils.tr(Utils.RoundToPlaces(Time.time), "Bartok.PassTurn()",
    ➥ "Old: "+lastPlayerNum,"New: "+CURRENT_PLAYER.playerNum);
}
// ValidPlay verifies that the card chosen can be played on the discard pile
// ValidPlay 验证所选的纸牌可以放入弃牌堆
public bool ValidPlay(CardBartok cb) {
    // It's a valid play if the rank is the same
    //如果 rank 是相同的，它就是一个有效操作
    if (cb.rank == targetCard.rank) return(true);

    //如果 suit 是相同的，它就是一个有效操作
    if (cb.suit == targetCard.suit) {
        return(true);
    }
    //否则，返回 false
    return(false);
}

...
```

```
    /*现在是注释掉该测试代码的好时机                          // 2
    //此更新方法用于测试给玩家发牌
    void Update() {
        if (Input.GetKeyDown(KeyCode.Alpha1)) {
            players[0].AddCard(Draw ());
        }
        if (Input.GetKeyDown(KeyCode.Alpha2)) {
            players[1].AddCard(Draw ());
        }

        if (Input.GetKeyDown(KeyCode.Alpha3)) {
            players[2].AddCard(Draw ());
        }
        if (Input.GetKeyDown(KeyCode.Alpha4)) {
            players[3].AddCard(Draw ());
        }
    }
    */                                                   // 2
}
```

1. “//1”下面那行代码是第一次使用静态公共 Utils.tr( )方法（tr 是 trace 的缩写，是输出到控制台的另一个术语）。此方法可接收任意数量的参数（通过 params 关键字），然后把它们输出到 Console 面板。这是添加到 Utils 类中的元素之一，包含在导入 Prospector 的该版本的 Unity 资源包中。

2. 确保已放置了多行注释的开始和结束标记。

单击 Play 按钮，会看到发牌的场景，然后 TurnLight 移动到左边的玩家手牌上，表示现在轮到那位玩家出牌。现在，我们来让 AI 玩家轮流出牌。打开 Player 脚本并添加如下所示的粗体代码。

```
public class Player {
    …

    public void FanHand() {
        …
        for (int i=0; i<hand.Count; i++) {
            …
            pos.z = -0.5f*i;

            //下面一行确保纸牌立即开始移动，如果它不是游戏最开始发的牌
            if (Bartok.S.phase != TurnPhase.idle) {
                hand[i].timeStart = 0;
            }

            //设置手牌中第 i 张牌的位置和旋转
            …
        }
    }

    // TakeTurn() 函数启用电脑玩家的 AI
```

```
    public void TakeTurn() {
        Utils.tr (Utils.RoundToPlaces(Time.time), "Player.TakeTurn");

        //如果这是真人玩家，不需要做任何事情
        if (type == PlayerType.human) return;

        Bartok.S.phase = TurnPhase.waiting;

        CardBartok cb;

        //如果这是AI玩家，需要选择出什么牌
        //找出有效的牌
        List<CardBartok> validCards = new List<CardBartok>();
        foreach (CardBartok tCB in hand) {
            if (Bartok.S.ValidPlay(tCB)) {
                validCards.Add ( tCB );
            }
        }
        //如果没有有效牌
        if (validCards.Count == 0) {
            //抓一张牌
            cb = AddCard( Bartok.S.Draw () );
            cb.callbackPlayer = this;
            return;
        }

        //否则，如果有一张或多张可出的牌，选择一张
        cb = validCards[ Random.Range (0,validCards.Count) ];
        RemoveCard(cb);
        Bartok.S.MoveToTarget(cb);
        cb.callbackPlayer = this;

    }

    public void CBCallback(CardBartok tCB) {
        Utils.tr (Utils.RoundToPlaces(Time.time),
        ➥ "Player.CBCallback()",tCB.name,"Player "+playerNum);
        //此牌完成移动，传递轮转次序
        Bartok.S.PassTurn();
    }
}
```

上面添加的最后一个方法是个 `CBCallback` 函数，在处理移动任务时 CardBartok 会调用。然而，因为 Player 没有扩展 MonoBehaviour，我们需要使用 `SendMessage()` 以外的方法来完成。作为替代，我们将传递 CardBartok 引用给这个 Player，这样，当完成移动时，CardBartok 可以在 Player 实例上直接调用 `CBCallback`。该 Player 引用将作为 `callbackPlayer` 字段存储在 CardBartok 上。打开 CardBartok 并添加如下代码。

```
public class CardBartok : Card {
    …
```

```
//当纸牌完成移动，将调用 reportFinishTo.SendMessage()
public GameObject        reportFinishTo = null;
public Player                callbackPlayer = null;
void Awake() {
    callbackPlayer = null;    //只是为了确定
}

// MoveTo 让纸牌插入到新位置并旋转
…

void Update() {
    switch (state) {
      //所有 to 开头的都是纸牌的插入位置
    case CBState.toHand:
    case CBState.toTarget:
    case CBState.to:
        …
        } else if (u>=1) { //如果 u>=1，就完成了移动
            uC = 1;  //设置 uC=1，这样不会超限
            …

            if (reportFinishTo != null) { //如果此处有一个回调 GameObject
                //… 就使用 SendMessage 调用 CBCallback 方法，以此作为参数
                reportFinishTo.SendMessage("CBCallback", this);
                // to null so that it the card doesn't continue to report
                // to the same GameObject every subsequent time it moves.
                //调用 SendMessage()之后，reportFinishTo 必须设置为 null
                //这样纸牌不会在后面的移动中继续向同一 GameObject 报告
                reportFinishTo = null;
            } else if (callbackPlayer != null) {
                //如果此处有一个 Player 回调
                //就在 Player 上直接调用 CBCallback
                callbackPlayer.CBCallback(this);
                callbackPlayer = null;
            } else { //如果没有什么需要回调的
                //就让它保持静止
            }
        } else {
            …
        }
        break;
    }
}
}
```

现在，运行该场景后，就可以看到其他三位玩家依次出牌了。让真人玩家通过单击纸牌来操作出牌的时候到了。

将 OnMouseUpAsButton( )方法添加到 CardBartok 的末尾。

```
public class CardBartok : Card {
    …
    void update() {…}

    //让纸牌被单击时做出反应
    override public void OnMouseUpAsButton() {
        //在 Bartok 单人模式中调用 CardClicked 方法
        Bartok.S.CardClicked(this);
        //调用此方法的基本类（Card.cs）版本
        base.OnMouseUpAsButton();
    }
}
```

现在将 CardClicked( ) 方法添加到 Bartok 脚本的末尾。

```
public class Bartok : MonoBehaviour {
    …

    public void CardClicked(CardBartok tCB) {
        //如果没有轮到真人玩家，不响应
        if (CURRENT_PLAYER.type != PlayerType.human) return;
        //如果游戏正在等待一张纸牌移动，不响应
        if (phase == TurnPhase.waiting) return;

        //根据这张牌是在手里还是在牌叠里被单击，采取不同的动作
        switch (tCB.state) {
        case CBState.drawpile:
            //抓取顶部的牌，但不一定是被单击的那张
            CardBartok cb = CURRENT_PLAYER.AddCard( Draw() );
            cb.callbackPlayer = CURRENT_PLAYER;
            Utils.tr (Utils.RoundToPlaces(Time.time),
            ➥ "Bartok.CardClicked()","Draw",cb.name);
            phase = TurnPhase.waiting;
            break;
        case CBState.hand:
            //检查纸牌是否有效
            if (ValidPlay(tCB)) {
                CURRENT_PLAYER.RemoveCard(tCB);
                MoveToTarget(tCB);
                tCB.callbackPlayer = CURRENT_PLAYER;
                Utils.tr(Utils.RoundToPlaces(Time.time),
"Bartok.CardClicked()",
                ➥ "Play",tCB.name,targetCard.name+" is target");
                phase = TurnPhase.waiting;
            } else {
                //忽略它
                Utils.tr(Utils.RoundToPlaces(Time.time),
"Bartok.CardClicked()",
                ➥ "Attempted to Play",tCB.name,targetCard.name+" is
target");
            }
```

```
                    break;
                }
            }
        }
```

现在，这个游戏可以正常玩了。但是，当牌局结束时还无法结束游戏。仅需要稍作加工，这个原型就可以正确运行了！

添加游戏逻辑

与 Prospector 类似，我们希望在玩家打完一局牌时能告知他游戏结束。创建两个新的 GUITexts，命名为 GTGameOver 和 GTRoundResult。它们的设置如图 32-6 所示。

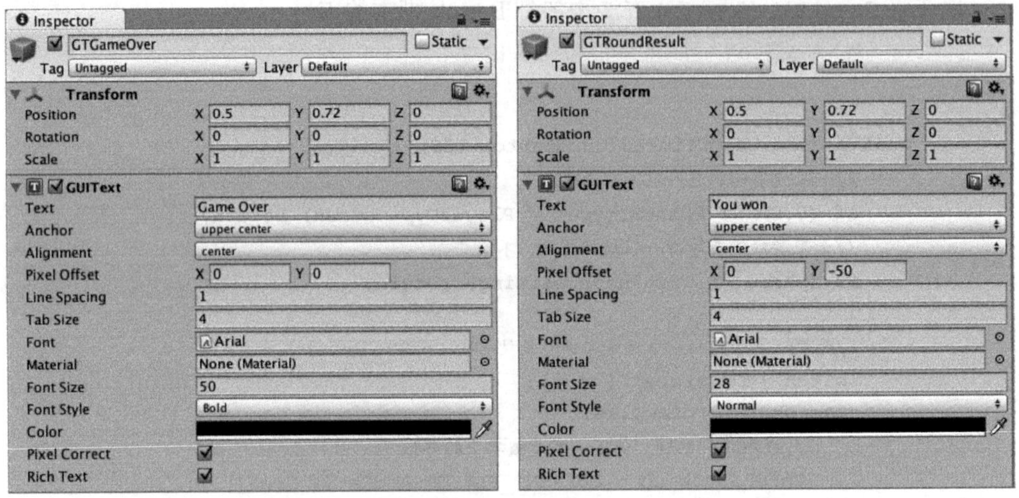

图 32-6 GTGameOver 和 GTRoundResult 的设置

设置完成后，将下面的代码添加到 Bartok，以此来管理这两个 GUITexts，并且测试游戏是否结束，如果结束，1 秒后重启。

```
public class Bartok : MonoBehaviour {
    …
    public GameObject               turnLight;

    public GameObject               GTGameOver;
    public GameObject               GTRoundResult;

    void Awake() {
        S = this;
        //按名称查找 TurnLight
        turnLight = GameObject.Find ("TurnLight");
        GTGameOver = GameObject.Find("GTGameOver");
        GTRoundResult = GameObject.Find("GTRoundResult");
        GTGameOver.SetActive(false);
        GTRoundResult.SetActive(false);
    }
```

```
...

public void PassTurn(int num=-1) {
    ...
    if (CURRENT_PLAYER != null) {
        lastPlayerNum = CURRENT_PLAYER.playerNum;
        //检查 Game Over，弃牌需要重新洗牌
        if ( CheckGameOver() ) {
            return;
        }
    }
    ...
}

...

public bool CheckGameOver() {
    //判断是否需要将弃牌重新洗入牌叠中
    if (drawPile.Count == 0) {
        List<Card> cards = new List<Card>();
        foreach (CardBartok cb in discardPile) {
        cards.Add (cb);
    }
    discardPile.Clear();
    Deck.Shuffle( ref cards );
    drawPile = UpgradeCardsList(cards);
    ArrangeDrawPile();
}

//检查当前玩家是否取胜
if (CURRENT_PLAYER.hand.Count == 0) {
    //当前玩家获胜!
    if (CURRENT_PLAYER.type == PlayerType.human) {
        GTGameOver.guiText.text = "You Won!";
        GTRoundResult.guiText.text = "";
    } else {
        GTGameOver.guiText.text = "Game Over";
        GT RoundResult.guiText.text = "Player "+CURRENT_PLAYER.playerNum
+ " won";
    }
    GTGameOver.SetActive(true);
    GTRoundResult.SetActive(true);
    phase = TurnPhase.gameOver;
    Invoke("RestartGame", 1);
    return(true);
}

    return(false);
}

public void RestartGame() {
```

```
            CURRENT_PLAYER = null;
            Application.LoadLevel("__Bartok_Scene_0");
        }
    }
```

现在游戏能够正常运行了，牌局结束时游戏就会结束，也会正确重启。

32.4 小结

本章的目的是展示如何借助本书中已有的数字原型制作你自己的游戏。当你学完本部分的所有章节后，将拥有多个游戏框架：一个经典街机游戏（《拾苹果》）、一个基于物理的休闲游戏（《爆破任务》）、一个射击游戏（《太空射击》）、两个纸牌游戏（《矿工接龙》与 *Bartok*）、一个文字游戏（*Word Game*）、一个第一人称射击游戏（*Quick Snap*）以及一个第三人称冒险游戏（*Omega Mage*）。作为原型，这些都不是完整的游戏，但其中任何一个都可以成为你开发新游戏的基础。

下一步

真实的经典 *Bartok* 纸牌游戏中，每一轮的获胜者可以增加附加游戏规则，这对于本章的数字游戏是不可能的。但是，你可以通过编写代码来在游戏中添加任意规则，就像本书第 1 章中所提到的一样。

第 33 章

游戏原型 6：*Word Game*

本章将介绍如何创建一个简单的文字游戏。该游戏会使用已学过的几个概念，并且会介绍协程（Coroutine）的概念。

学完本章，你会获得一个简单的、可自行扩展的文字游戏。

33.1 准备工作：*Word Game* 原型

像往常一样，本章从导入一个 Unity 资源包开始，该资源包包含一些属性和在之前章节中创建的一些 C#脚本。

本章项目设置

按照标准的项目创建流程，在 Unity 中创建一个新项目。如果你需要复习创建项目的标准流程，请参阅本书附录 A。在创建项目时，需要选择默认为 2D 还是 3D，在本项目中应该选 3D。

- **项目名称**：Word Game
- **下载并导入资源包**：访问 http://book.prototools.net，从 Chapter 33 页面下载
- **场景名称**：__WordGame_Scene_0（从 Unity 资源包中导入）
- **项目文件夹**：__Scripts，_Prefabs，Materials & Textures，Resources
- **C#脚本名称**：导入到 ProtoTools 文件夹的脚本

打开场景__WordGame_Scene_0，其中已有一个为游戏设置好的_MainCamera。而且，一些在前面的章节中创建的可复用 C#脚本都已经放入 ProtoTools 文件夹中，与本项目中即将创建的新脚本区分开。这很有用，每次笔者只需将 ProtoTools 文件夹的副本放入某个新项目的__Scripts 文件夹，就“整装待发”了。

在编译设置中，确保选项设置为 PC, Mac, & Linux Standalone，将 Game 面板的长宽比设置为 Standalone (1024×768)。

33.2　关于 *Word Game*

这个游戏是一个经典类型的文字游戏。这种游戏的商业案例包括 Pogo.com 出品的 *Word Whomp*，Branium 的 *Jumbline 2*，Words and Maps 的 *Pressed for Words* 以及其他许多游戏。玩家需要用 6 个字母拼写出至少一个 6 字单词，并且任务是找出所有可以用这 6 个字母创建的单词。本章的游戏包含一些流畅的动画（使用贝塞尔插值）和得分模式，鼓励玩家在找出那些短的单词之前先找出长单词。如图 33-1 所示为本章所创建游戏的画面，从图中可以看到，这个游戏可以处理长达 8 个字母的单词，虽然此类游戏通常都是 6 字母单词。

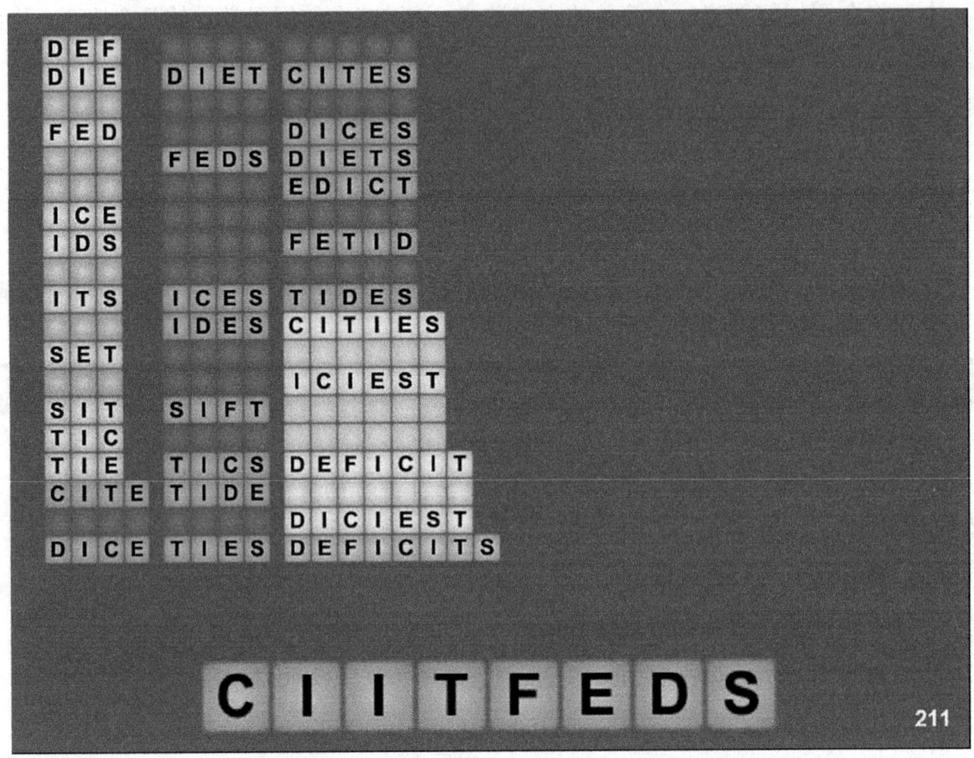

图 33-1　本章创建的 *Word Game* 游戏

通过图 33-1 可以看到，每个单词被拆分为单个字母，并且有两种尺寸的字母。由于是面向对象，我们将创建一个处理单个字母的 `Letter` 类和收集单词的 `Word` 类。我们还会创建一个 `WordList` 类来读取包含可用单词的大字典，并将其转化为可用的游戏数据。这个游戏将由 `WordGame` 类控制，并且之前原型里的 `Scoreboard` 和 `FloatingScore` 类可用于显示玩家得分。此外，`Utils` 类将用于插值和缓动。`PT_XMLReader` 类随项目被导入，但并不使用。该脚本留在 Unity 资源包中的作用是鼓励读者构建自己的有用脚本集合，这些脚本可用于导入任何新建项目，以帮助你快速起步（就像本书项目中用到的 ProtoTools 文件夹）。建议随时将创建的任何有用脚本添加到此集合，并在开始创建每一个新游戏原型时，把导入此合集作为第一件工作。

33.3 解析 Word List

本游戏使用 2of12inf 单词列表[1]（Alan Beale 创建）的改进版，一些不文明词语已经删除，其余部分也进行了适当修订。欢迎使用这个单词列表，只需遵守 Alan Beale 和 Kevin Atkinson 的版权声明即可（参见脚注）。笔者还对单词列表进行了修改，将所有字母转为大写形式，并把行结束符从“\r\n”（一个回车符和一个换行符，这是标准的 Windows 文本文件格式）改为“\n”（只是一个换行符，标准的 Macintosh 文本格式）。这样做是因为通过换行符便于将文件拆分成单个单词，并且在 Windows 上也可以与在 Mac 上一样运行。

由于这是一款友好的游戏，所以需要删除不文明词语。在 *Scrabble* 或 *Letterpress* 之类的游戏中，玩家会得到一组字母图块，并可以用这些字母自行选择拼写哪些单词。如果本游戏也和那些一样，我们将不能删除单词列表中的任何单词。然而，在这个游戏中，玩家被要求拼写出列表中的每一个单词，该列表来自于给玩家提供的所有字母能够组成的集合。这意味着游戏可能会迫使玩家拼写一些不文明词语。在这个游戏中，选择单词的决定权已经从玩家转移到计算机，而且强迫玩家拼写不文明单词会让人感觉不舒服。然而，在超过 75 000 个单词的列表中，笔者也可能存在疏漏。因此，如果你在游戏中发现任何应该删除的单词（或者应该添加的单词），请通过网站 http://book.prototools.net 发送消息告诉笔者。非常感谢！

要读取单词列表文件，我们需要将其文本内容放入一个字符串数组，并用“\n”分隔。下面的代码清单中包括本书的第一个协程实例。协程，就是通过使用 yield 来让多个进程交替执行，实现类似多任务的编程。查阅本书附录 B 可以了解更多有关协程的信息。创建一个新 C#脚本，命名为 *WordList*，并输入以下代码。

```
using UnityEngine;
using System.Collections;
using System.Collections.Generic;

public class WordList : MonoBehaviour {
    public static WordList S;

    public TextAsset     wordListText;
    public int           numToParseBeforeYield = 10000;
    public int           wordLengthMin = 3;
    public int           wordLengthMax = 7;

    public bool ________________;
```

1 除了基于 AGID 单词列表（版权所有 Kevin Atkinson 2000）的 2of12inf 列表，Alan Beale 已将其所有单词列表向公共领域发布。授权许可使用、复制、修改、分发和销售 AGID 数据库，相关的脚本以及用脚本创建的作品，及其用于任何目的的参考资料，都由 Atkinson 免费授予，只要上述版权声明出现在所有副本中，并且该版权声明和许可信息都显示在支持文档中。对于任何目的的使用，Kevin Atkinson 不对此数组的适用性作任何陈述，只是按“原样”提供且无明确或暗示的担保。

```
public int              currLine = 0;
public int              totalLines;
public int              longWordCount;
public int              wordCount;

//下面一些变量是私有的，用于防止它们出现在 Inspector 中
//由于这些变量很长，如要在 Inspector 中显示它们，会大幅拖慢回放速度
//私有变量是受限的，所以只有 WordList 类的实例可以看到它们
private string[]        lines;                              // 1
private List<string>    longWords;
private List<string>    words;

void Awake() {
    S = this; //建立单例模式
}

void Start () {
    //通过换行符拆分 WordListText 文本，
    //用列表中的所有单词创建一个大规模、已填充 string []
    lines = wordListText.text.Split('\n');
    totalLines = lines.Length;

    //这将启动协程 ParseLines()
    //协程可在运行中暂停，从而执行其他代码
    StartCoroutine( ParseLines() );                         // 2
}

//所有协程都用 IEnumerator 作为返回类型
public IEnumerator ParseLines() {                          // 3
    string word;
    //初始化列表来保存最长的单词和所有有效单词
    longWords = new List<string>();
    words = new List<string>();

    for (currLine = 0; currLine < totalLines; currLine++) {
        word = lines[currLine];

        //如果该单词和 wordLengthMax 一样长
        if (word.Length == wordLengthMax) {
            // ...将其保存在 longWords 中
            longWords.Add(word);
        }
        //如果单词的长度介于 wordLengthMin 和 wordLengthMax 之间
        if ( word.Length>=wordLengthMin && word.Length<=wordLengthMax ) {
            // ...将其添加到有效单词列表中
            words.Add(word);
        }
```

```
            //确定协程是否 yield
            //使用取模函数（%）每 10000 条记录 yield 一次
            //（也可以通过 numToParseBeforeYield 进行其他设置）
            if (currLine % numToParseBeforeYield == 0) {
                //统计每个列表中的单词显示解析进展
                longWordCount = longWords.Count;
                wordCount = words.Count;
                //该 yield 将执行到下一帧
                yield return null;                          // 4

                //该 yield 将暂停此方法的运行，在此等待其他代码的运行，
                //以后会从该点继续运行
            }
        }
    }

    //这些方法允许其他类访问私有 List <string>
    public List<string> GetWords() {
        return(words);
    }

    public string GetWord(int ndx) {
        return( words[ndx] );
    }

    public List<string> GetLongWords() {
        return( longWords );
    }

    public string GetLongWord(int ndx) {
        return( longWords[ndx] );
    }
}
```

1. 在 Inspector 中隐藏变量，还有一种无须私有化的方法，就是使用`[System.NonSerialized]`属性。其向 Unity 发送指令，指示如何执行下一行代码。对于已设为公有的变量，在其上一行放置`[System.NonSerialized]`，则这个公有变量将不会在 Inspector 中出现。此代码中的私有变量用于展示如何使用 `GetWord()`之类的方法来访问它们，但如果真的需要在 Inspector 中隐藏某个变量，`[System.NonSerialized]`也许是较好的方式。

2. 启动 `ParseLines( )`协程。协程在运行时，可以暂停并“让位”给其他代码运行。当一个协程暂停时，它将“运行权”传递给其他代码，经过一定时间后协程会继续运行。所以，如果一个协程的无限 `while` 循环中有一个 yield，其他代码仍然可以执行，即使循环从未结束。

3. 所有协程以 `IEnumerator` 作为返回类型。这样能够让 yield 方法运行并允许

其他方法运行，直到返回协程。这对于加载大文件或解析大量数据的进程是非常重要的（就像我们本章面对的情况）。

4. 这是 yield 语句。当协程 yield 时，它有效地暂停在 yield 代码行，直到一定的时间过去，然后从那里继续运行。协程和 yield 语句在代码中是必需的，因为 `for` 循环将迭代超过 75 000 次来解析所有 75 000 +行的 WordList。在较慢的计算机上，这会使程序停止响应。协程能够让 Unity 在一个耗时的进程中保持更新与互动。

在此代码中，我们想让协程 yield 尽可能少的时间（一个独立帧），所以 yield 语句返回 null。可以通过输入代码来让协程 yield 特定的时长，例如 `yield return new WaitForSeconds(5);`，这将导致协程 yield 约 5 秒（协程 yield 的时间不是精确的）。更多详细信息请参阅本书附录 B。

代码编写完成并保存后，切换回 Unity，将 WordList 的 C#脚本附加到_MainCamera。然后在 Hierarchy 中选择_MainCamera，并在 Inspector 中将 WordList(Script)组件的 `wordListText` 变量设置为文件 2of12inf，可以在 Project 面板的 Resources 文件夹中找到该文件。设置完成后，单击 Play 按钮。可看到 `currLine`、`longWordCount` 和 `wordCount` 将逐步计数。发生这样的情况是因为协程 `ParseLines()` 每次 yield，数字都在更新。

如果使用 Inspector 将 `numToParseBeforeYield` 更改为 100，这些数字的增加将相当缓慢，因为协程中每 100 个单词 yield 一次。然而，如果将它更改为 100000，这些数字将只更新一次，因为列表中的单词少于 10 万个。如果你有兴趣了解每次通过 `ParseLines()` 协程要花费多少时间，试试使用性能分析器（Unity Profiler），详情可参阅下面的介绍。

协程的应用

如果你有一台性能强劲的计算机，那么本章案例中的协程并非必要。但是，当你针对移动设备（或配有低配置处理器的其他设备）进行开发，这就显得尤为重要。在旧版 iPhone 上解析同样的单词列表可能会耗时 10 到 20 秒，因此在解析过程中设置中断很重要，这样 App 可以处理其他任务，从而避免出现停止响应的情况。

关于 `StartCoroutine()` 方法，需要注意它只能被扩展 MonoBehaviour 中的类调用。

查阅 Unity 参考文档或本书附录 B，可以了解更多关于协程的信息。

Unity 性能分析器

Unity 性能分析器（Unity Profiler）是进行游戏性能优化最强大的工具之一，但遗憾的是它只能在 Unity Pro 中使用。对于游戏的每一帧，Profiler 收集并统计各环节花费的时长、每个 C#函数、调用的图形引擎、处理用户输入等。通过在这个项目上运行性能分析器，可以充分了解它是如何工作的。

首先，确保 WordList 代码工作正常。接下来，在同组的 Scene 面板中添加一个 Profiler 面板。这样，确保可以同时查看 Game 面板和 Profiler 面板。若要添加 Profiler 面板，在当前 Scene 面板中单击顶部的弹出式菜单按钮，然后执行 Add Tab > Profiler 命令（如图 33-2 所示）。

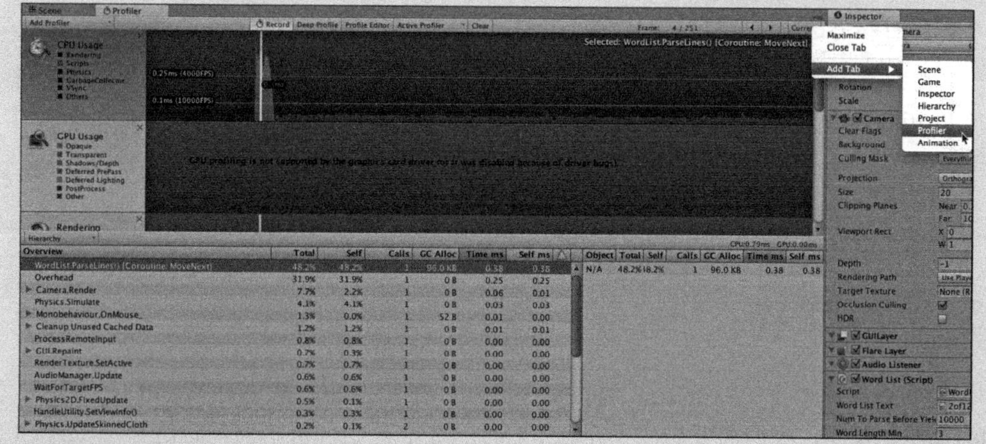

图 33-2 Profiler 面板

要在运行中查看 Profiler，首先单击 Unity 窗口顶部的 Pause 按钮，然后单击 Play 按钮。这样，Unity 做好了运行游戏的准备，并暂停在第一帧开始前。再次单击 Pause 按钮，将会看到一幅曲线图出现在 Profiler 中，在曲线完全达到屏幕的左侧之前再次暂停游戏。

随着游戏的暂停，Profiler 将停止绘图并且保持在最后一帧的状态。在 CPU Usage 旁边的曲线图上，每种颜色分别代表着 CPU（计算机的主处理器）资源被用于某一方面。在后面的帧中，如果运行在一台高性能的计算机上，可以看到图表的大部分是黄色的。黄色代表 Unity 将时间花在了 VSync 上（也就是说，等待屏幕准备显示另外一帧），这阻碍了我们去了解到底有多少时间用在了脚本上（浅蓝色显示），所以要把它隐藏。在 Profiler 的左边，CPU Usage 下面有多个小色框，分别代表不同的 CPU 当前进程。若想关闭 Scripts 框（蓝色）之外的所有显示，单击 Scripts 以外选项的彩色框。这样将显示如图 33-2 所示的蓝色曲线图。

现在，按下鼠标左键并沿着蓝色曲线图拖曳，会看到一根白色线条跟随着光标移动。这根白色线条代表图表中的单个帧。随着线条的移动，Profiler 下半部分显示的文字将随之更新，以显示在该帧中每个函数或后台进程所占用的处理时间是多少。我们感兴趣的是 `WordList.ParseLines()` 协程，它只在前几帧运行，所以不会在图表的右边看到相关数据。在曲线图的开始部分可以看到一个脚本活动的高峰（如图 33-2 所示），这代表 `ParseLines()` 协程所占用的时长。将白色线条移到曲线的那一部分，在 Overview 列中单击 `WordList.ParseLines()`，该协程在图表中所对应的部分将高亮显示，而其他部分则相对变暗。单击 Profiler 面板右上角的左右箭头按钮，可以向前或向后逐帧查看在每一帧中 `ParseLines()` 占用的 CPU 资源。在本例的分析中，可看到在前面的几帧中，每帧的 CPU 时间被 `ParseLines()`

占用了近 50%（所用计算机类型与处理器速度不同，具体数值会有所不同）。

除了脚本分析，Profiler 还可以协助你探明游戏中绘图或者物理模拟的哪部分占用了最多的时间。如果你曾经在游戏中遇到过帧速率的问题，可以用 Profiler 看看发生了什么（在进行分析时，要把 CPU 的所有其他类型图示重新启用，即再次单击本例前面取消选中的所有颜色框）。

要想看看不同的 Profiler 图表，可以尝试在本书第 18 章的 Hello World 项目上运行 Profiler。在 Hello World 中可以看到，花费在物理方面的时间比脚本更多（关闭图表的 VSync 显示，可以更清楚地查看）。

通过 Unity 参考资料可以了解更多 Profiler 相关信息。

33.4　创建游戏

我们将创建一个 WordGame 类来管理游戏，在此之前，需要对 WordList 进行一系列的调整。首先，我们需要做的不是在 `Start()` 中开始解析单词，而是等待 `Init()` 方法被另一个类调用。其次，当解析完成时，需要让 WordList 通知后面的 WordGame 脚本。为实现这一点，我们让 WordList 使用 `SendMessage()` 命令发送一条消息给 _MainCamera GameObject。这条信息将由 WordGame 进行解析。在 WordList 中，将 `void Start()` 方法的名字更改为 `public void Init()`，并将下面的粗体代码添加到 WordList 中的 `ParseLines` 方法末尾。

```
public class WordList : MonoBehaviour {
    …

    void Awake() {
        S = this; //建立单例模式
    }

    public void Init() { //该行替换"void Start()"
        //在换行处拆分 WordListText 的文本，
        //使用列表里所有单词创建庞大的已填充 string []
        lines = wordListText.text.Split('\n');
        totalLines = lines.Length;

        //启动 ParseLines 协程
        //协程可以中途暂停以允许执行其他代码
        StartCoroutine( ParseLines() );
    }

    …

    public IEnumerator ParseLines() {
        …
        for (currLine = 0; currLine < totalLines; currLine++) {
```

```
        ...
    }

    //发送一条消息到gameObject，告知解析已完成
    gameObject.SendMessage("WordListParseComplete");
  }
}
```

在 GameObject_MainCamera 上执行 `SendMessage( )`命令（因为 WordList 是_MainCamera 的一个脚本组件）。此命令将调用 `WordListParseComplete( )`方法，附加在 GameObject 的任何脚本上（即_MainCamera）。

现在，创建一个 WordGame C#脚本并将其添加到_MainCamera 作为脚本组件。输入以下代码，充分利用对 WordList 所做的修改。

```
using UnityEngine;
using System.Collections;
using System.Collections.Generic;      //即将使用List<>和Dictionary<>
using System.Linq;                     //即将使用LINQ

public enum GameMode {
    preGame,     //游戏开始之前
    loading,     //正在加载和解析单词列表
    makeLevel,   //创建单个WordLevel
    levelPrep,   //实例化等级图示
    inLevel      //等级在提高
}

public class WordGame : MonoBehaviour {
    static public WordGame    S;   //单例模式

    public bool ________________;

    public GameMode       mode = GameMode.preGame;

    void Awake() {
        S = this;     //分配单例模式
    }

    void Start () {
        mode = GameMode.loading;
        //告知WordList.S开始解析所有单词
        WordList.S.Init();
    }

    //由WordList中的SendMessage( )命令调用
    public void WordListParseComplete() {
        mode = GameMode.makeLevel;
    }
```

```
}
```

在 Hierarchy 面板中选择_MainCamera，并且在 Inspector 中查看 WordGame (Script) 组件。单击 Play 按钮，会看到状态字段值开始从 preGame 变为 loading。然后，当所有的单词都被解析之后，它会从 loading 变为 makeLevel。这说明工作一切正常。

现在从 WordList 中取出单词并且将它们分级。Level 类将包含如下内容：

- 基于单词长度的等级（如果 maxWordLength 为 6，代表是一个 6 字母单词，其字母将被重组变为其他单词）。
- 该词在 longWords 中的索引号。
- 等级编号 int levelNum。在本章中，每次游戏开始我们都会选择一个随机单词，但以后可以使用一个伪随机函数来确保第 8 级将会是同一个单词。
- 一个关于单词每个字母以及使用次数的 Dictionary<,>。所有 Dictionary 与 List 都是 System.Collections.Generic 的一部分。
- 一个 List<>，包含上述 Dictionary 中的字符可以组成的所有其他单词。

Dictionary<,>是包含一系列关键值对的泛型集合类型。Dictionary<,>将使用字符关键字和 int 值来存储长词中每个字符使用次数的信息。例如，以下是长词 MISSISSIPPI 的显示形式：

```
Dictionary<char,int> charDict = new Dictionary<char,int>();
charDict.Add('M',1);  // MISSISSIPPI 有 1 个 M
charDict.Add('I',4);  // MISSISSIPPI 有 4 个 I
charDict.Add('S',4);  // MISSISSIPPI 有 4 个 S
charDict.Add('P',2);  // MISSISSIPPI 有 2 个 P
```

WordLevel 也包含两个有效的静态方法：

- MakeCharDict( )：使用任意字符串创建类似上面代码中的 charDict。
- CheckWordInLevelt( )：查看是否可以在 WordLevel charDict 中使用字符拼写单词。

创建一个新 C#脚本，命名为 WordLevel，输入以下代码。请注意，WordLevel 不会扩展 MonoBehaviour，所以它不是一个可以附加到 GameObject 作为脚本组件的类，而且也不能调用 StartCoroutine( )。

```
using UnityEngine;
using System.Collections;
using System.Collections.Generic;

[System.Serializable]           //在 Inspector 中可查看 WordLevels
public class WordLevel {  // WordLevel 不会扩展 MonoBehaviour
    public int                levelNum;
    public int                longWordIndex;
    public string                word;
    //包含单词中所有字母的 Dictionary<,>
    public Dictionary<char,int>   charDict;
```

```
    //所有单词都可以用 charDict 中的字母拼写
    public List<string>             subWords;

    //一个计算字符串中字符实例数的静态函数
    //返回包含此信息的 Dictionary<char,int>
    static public Dictionary<char,int> MakeCharDict(string w) {
        Dictionary<char,int> dict = new Dictionary<char, int>();
        char c;
        for (int i=0; i<w.Length; i++) {
            c = w[i];
            if (dict.ContainsKey(c)) {
                dict[c]++;
            } else {
                dict.Add (c,1);
            }

        }
        return(dict);
    }

    //此静态方法查看是否可以用 level.charDict 中的字符拼写该单词
    public static bool CheckWordInLevel(string str, WordLevel level) {
        Dictionary<char,int> counts = new Dictionary<char, int>();
        for (int i=0; i<str.Length; i++) {
            char c = str[i];
            //如果 charDict 包含 char c
            if (level.charDict.ContainsKey(c)) {
                //如果计数时没有将 char c 作为关键字
                if (!counts.ContainsKey(c)) {
                    //...添加一个新的密钥值 1
                    counts.Add (c,1);
                } else {
                    //否则，将 1 添加到当前值
                    counts[c]++;
                }
                //如果在 str 中，字符 c 的实例比 level.charDict 中可用的多
                if (counts[c] > level.charDict[c]) {
                    // ...返回 false
                    return(false);
                }
            } else {
                // char c 不在 level.word 中，所以返回 false
                return(false);
            }
        }
        return(true);
    }
}
```

接下来，修改 WordGame，注意加粗显示的代码。

```
public class WordGame : MonoBehaviour {
    …

    public GameMode           mode = GameMode.preGame;
    public WordLevel          currLevel;

    …

    //由SendMessage( )命令从WordList中调用
    public void WordListParseComplete() {
        mode = GameMode.makeLevel;
        //设定级别并分配给currLevel，即当前WordLevel
        currLevel = MakeWordLevel();
    }

    //默认值为-1，此方法获得随机单词的级别
    public WordLevel MakeWordLevel(int levelNum = -1) {
        WordLevel level = new WordLevel();
        if (levelNum == -1) {
            //选择一个随机级别
            level.longWordIndex = Random.Range(0,WordList.S.longWordCount);
        } else {
            //可在以后添加
        }
        level.levelNum = levelNum;
        level.word = WordList.S.GetLongWord(level.longWordIndex);
        level.charDict = WordLevel.MakeCharDict(level.word);

        //调用协程检查WordList and中的所有单词
        //查看是否每个单词都可用level.charDict中的字符拼写
        StartCoroutine( FindSubWordsCoroutine(level) );

        //协程完成之前返回级别，协程完成时SubWordSearchComplete( )也被调用
        return( level );
    }

    //此协程查找该级别中可以拼写出的单词
    public IEnumerator FindSubWordsCoroutine(WordLevel level) {
        level.subWords = new List<string>();
        string str;

        List<string> words = WordList.S.GetWords();
        //^由于List<string>通过引用传递，所以非常快

        //遍历WordList中的所有单词
        for (int i=0; i<WordList.S.wordCount; i++) {
            str = words[i];
            //检查是否可以使用level.charDict拼写每一个单词
            if (WordLevel.CheckWordInLevel(str, level)) {
```

```
                level.subWords.Add(str);
            }
            //如果已分析此帧中的大量词语，Yield
            if (i%WordList.S.numToParseBeforeYield == 0) {
                // Yield，直到下一帧
                yield return null;
            }
        }
        //List <string>.Sort( )默认根据字母表顺序排序
        level.subWords.Sort ();
        //现在按长度排序，根据字母数量对单词进行分组
        level.subWords = SortWordsByLength(level.subWords).ToList();

        //协程完成，调用 SubWordSearchComplete( )
        SubWordSearchComplete();
    }

    public static IEnumerable<string> SortWordsByLength(IEnumerable<string> e)
    {
        //使用 LINQ 将接收的数组排序并返回一个副本
        // LINQ 语法不同于常规的 C#，同时也超出本书的范围
        var sorted = from s in e
            orderby s.Length ascending
                select s;
        return sorted;
    }

    public void SubWordSearchComplete() {
        mode = GameMode.levelPrep;

    }

}
```

以上代码创建了级别，选择一个目标单词，并使用由目标单词的字母可拼写的 subWords 来填充。单击 Play 按钮，可以看到在_MainCamera Inspector 中填充的 `currLevel` 字段。

保存场景！如果一直没有保存场景，你需要提醒自己经常保存。

33.5　屏幕布局

现在已创建了级别，该制作屏幕上的视觉效果了，包括用于拼写单词的大字母和单词的常规字母。首先，需要创建一个 PrefabLetter 来实例化每个字母。

制作 PrefabLetter

按照如下步骤制作 PrefabLetter：

1. 在菜单栏中执行 GameObject > Create Other > Quad 命令，将新建四边形重命名为 PrefabLetter。
2. 在菜单栏中执行 Assets > Create > Material 命令，命名该材料为 LetterMat，并将其放在 Materials & Textures 文件夹中。
3. 拖动 LetterMat 到 PrefabLetter 上进行分配。单击 PrefabLetter，将 LetterMat 的着色器（Shader）设置为 ProtoTools > UnlitAlpha，选择 Rounded Rect 256 作为 LetterMat 材料的纹理。
4. 在 Hierarchy 中双击 PrefabLetter，会看到一个漂亮的圆角矩形。如果没有看到，将 Camera 绕到另一边（Backface Culling 使四边形只从一面可见，而另一面不可见）。
5. 在菜单栏中执行 GameObject > Create Other > 3D Text 命令，并将新建的 3D 文本重命名为 3D Text。在 Hierarchy 中拖动该 3D Text 到 PrefabLetter，使其成为 PrefabLetter PrefabLetter 的一个子类。然后在 Hierarchy 中选择 3D Text 并设置其参数，如图 33-3 所示。

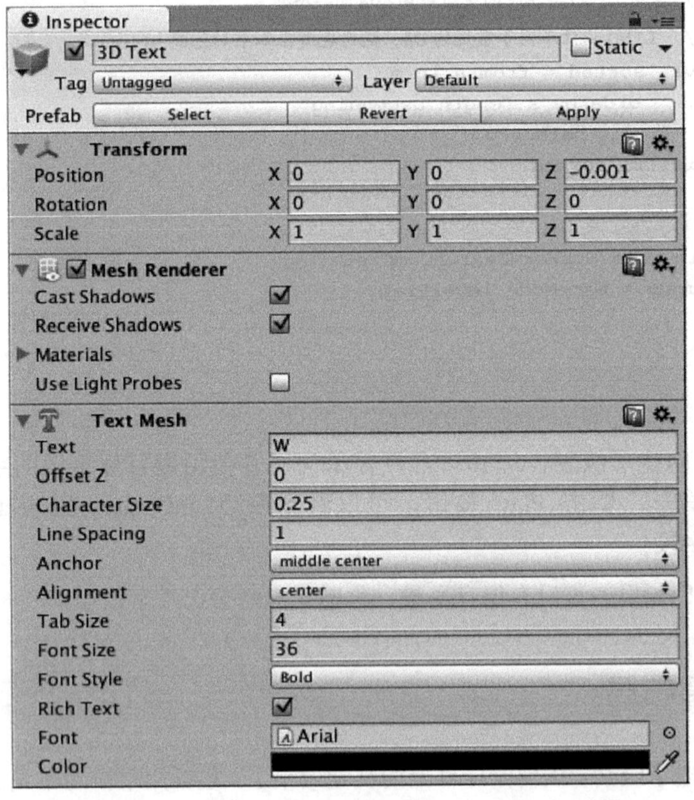

图 33-3　3D Text 和子类 PrefabLetter 的 Inspector 设置

6. PrefabLetter 准备完成之后，将它拖动到 Project 面板的_Prefabs 文件夹中，从 Hierarchy 中删除其余的实例。

Letter C#脚本

PrefabLetter 将使用自己的 C#脚本来设置字符的显示、颜色以及其他属性。创建一个新 C#脚本，命名为 Letter，并将其添加到 PrefabLetter。在 MonoDevelop 中将其打开，输入以下代码：

```
using UnityEngine;
using System.Collections;
using System.Collections.Generic;

public class Letter : MonoBehaviour {

    private char            _c;      //该 Letter 显示的字符
    public TextMesh         tMesh;   // TextMesh 显示的字符
    public Renderer         tRend;   // 3D Text 的 Renderer。决定该字符是否可见

    public bool             big = false; //大字母有不同的操作

    void Awake() {
        tMesh = GetComponentInChildren<TextMesh>();
        tRend = tMesh.renderer;
        visible = false;
    }

    //用于获取或设置_c 以及 3D Text 显示的字母
    public char c {
        get {
            return( _c );
        }
        set {
            _c = value;
            tMesh.text = _c.ToString();
        }
    }

    //获取或设置_c 为一个字符串
    public string str {
        get {
            return( _c.ToString() );
        }
        set {
            c = value[0];
        }
    }
    //启用或禁用 3D Text 渲染，分别会导致 char 可见或不可见
    public bool visible {
        get {
            return( tRend.enabled );
        }
        set {
```

```
            tRend.enabled = value;
        }
    }

    //获取或设置圆角矩形的颜色
    public Color color {
        get {
            return(renderer.material.color);
        }
        set {
            renderer.material.color = value;
        }
    }

    //设置该 Letter 游戏对象的位置
    public Vector3 pos {
        set {
            transform.position = value;
        }
    }
}
```

变量设置完成后，该类通过几个属性（具有 get{}与 set{}的字段）来执行各种操作。举个例子，WordGame 去设置一个 Letter 中的 char c，就不必操心如何转换为字符串并通过 3D Text 显示出来。这种在一个类中进行封装的功能是面向对象编程的核心。

Wyrd 类：Letters 集合

创建一个新 C#脚本并命名为 Wyrd。Wyrd 类将作为 Letters 的集合，其名称中使用了字母 y，以区别于本书代码和文本中经常出现的单词 word。Wyrd 是另一个类，不能扩展 MonoBehaviour，也不能添加到 GameObject，但它可以包含到 GameObjects 中的类的 List<>。

输入以下代码：

```
using UnityEngine;
using System.Collections;
using System.Collections.Generic;

public class Wyrd {
    public string              str;     //该词的字符串表示
    public List<Letter> letters = new List<Letter>();
    public bool           found = false;   //如果玩家找到该词，返回 True

    //设置 3D Text 中每个 Letter 的可见属性
    public bool visible {
        get {
            if (letters.Count == 0) return(false);
            return(letters[0].visible);
        }
```

```
            set {
                foreach( Letter lett in letters) {
                    lett.visible = value;
                }
            }
        }

        //设置每个 Letter 圆角矩形的颜色属性
        public Color color {
            get {
                if (letters.Count == 0) return(Color.black);
                return(letters[0].color);
            }
            set {
                foreach( Letter lett in letters) {
                    lett.color = value;
                }
            }
        }

        //添加一个 Letter 到 letters
        public void Add(Letter lett) {
            letters.Add(lett);
            str += lett.c.ToString();
        }

    }
```

WordGame 布局

Layout()函数将在游戏中生成 Wyrd 和 Letter，玩家可使用大字母来拼写单词（参见图 33-1 中底部的灰色大字母）。我们将从小字母开始，对于原型的这一阶段，我们会使字母在开始就可见（而不是像最终版本那样隐藏它们）。将下面的代码添加到 WordGame：

```
    public class WordGame : MonoBehaviour {
        static public WordGame    S; // 单例模式

        public GameObject         prefabLetter;
        public Rect               wordArea = new Rect(-24,19,48,28);
        public float              letterSize = 1.5f;
        public bool               showAllWyrds = true;
        public float              bigLetterSize = 4f;

        public bool _______________;

        public GameMode           mode = GameMode.preGame;
        public WordLevel          currLevel;
        public List<Wyrd>         wyrds;

        …
```

```
    public void SubWordSearchComplete() {
        mode = GameMode.levelPrep;
        Layout();    //在 SubWordSearch 之后调用 Layout( )函数
    }

    void Layout() {
        //将 currLevel 的各子字（subword）的字母放置在屏幕上
        wyrds = new List<Wyrd>();

        //声明在该方法中将使用的众多变量
        GameObject go;
        Letter lett;
        string word;
        Vector3 pos;
        float left = 0;
        float columnWidth = 3;
        char c;
        Color col;
        Wyrd wyrd;

        //确定屏幕上适合显示多少行字母
        int numRows = Mathf.RoundToInt(wordArea.height/letterSize);

        //生成每个 level.subWord 的 Wyrd
        for (int i=0; i<currLevel.subWords.Count; i++) {
            wyrd = new Wyrd();
            word = currLevel.subWords[i];

            //如果该词长度超过 columnWidth 就扩展
            columnWidth = Mathf.Max( columnWidth, word.Length );

            //为单词中的每个字母实例化 PrefabLetter
            for (int j=0; j<word.Length; j++) {
                c = word[j]; //抓取单词中的第 j 个字母
                go = Instantiate(prefabLetter) as GameObject;
                lett = go.GetComponent<Letter>();
                lett.c = c;  //设置 Letter 的 c 值
                // Letter 的位置
                pos = new Vector3(wordArea.x+left+j*letterSize, wordArea.y,
0);
                //此处的 %将多列进行排队
                pos.y -= (i%numRows)*letterSize;
                lett.pos = pos;
                go.transform.localScale = Vector3.one*letterSize;
                wyrd.Add(lett);
            }

            if (showAllWyrds) wyrd.visible = true;     //该行用于测试
```

```
                wyrds.Add(wyrd);

                //如果已经到达 numRows(th)行，开始新的一列
                if (i%numRows == numRows-1) {
                    left += (columnWidth+0.5f)*letterSize;
                }
            }

        }
    }
```

单击 Play 按钮之前，需要在 Project 面板中为_MainCamera 中的 WordGame (Script) 组件的 `prefabLetter` 字段指定 PrefabLetter 预设项。完成该操作之后，单击 Play 按钮，会看到一个单词列表显示在屏幕上，如图 33-4 所示。

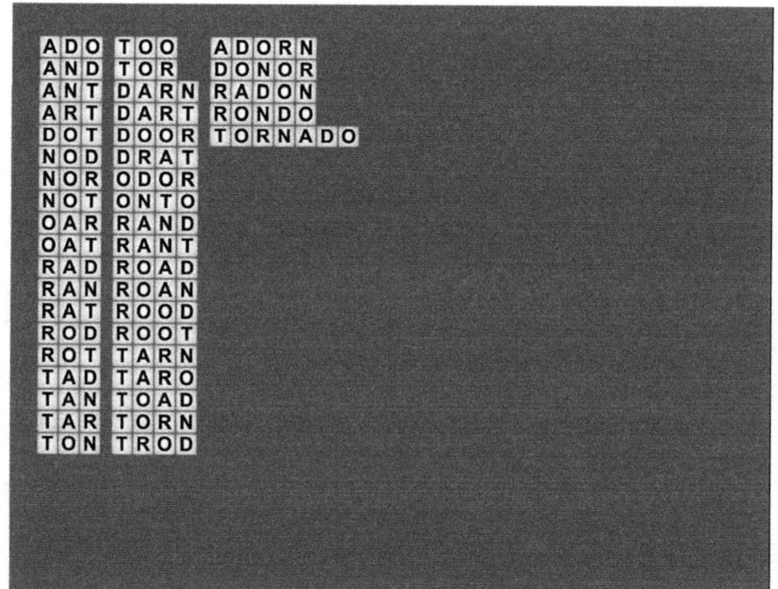

图 33-4　游戏当前状态示例：TORNADO 一词的级别

在底部添加大字母

接下来，我们需要在 `Layout()` 中将大字母放在屏幕的底部。添加以下代码来实现：

```
public class WordGame : MonoBehaviour {
    …

    public float          bigLetterSize = 4f;
    public Color          bigColorDim = new Color(0.8f, 0.8f, 0.8f);
    public Color          bigColorSelected = Color.white;
    public Vector3            bigLetterCenter = new Vector3(0, -16, 0);

    public bool ________________;
```

```
public GameMode        mode = GameMode.preGame;
public WordLevel       currLevel;
public List<Wyrd>      wyrds;
public List<Letter>        bigLetters;
public List<Letter>        bigLettersActive;
…

void Layout() {
    …

    //每个 level.subWord 生成一个 Wyrd
    for (int i=0; i<currLevel.subWords.Count; i++) {
        …
    }

    //放置大字母
    //为大字母实例化 List<>
    bigLetters = new List<Letter>();
    bigLettersActive = new List<Letter>();

    //在目标单词中为每个字母创建一个大字母
    for (int i=0; i<currLevel.word.Length; i++) {
        //类似于普通字母的处理
        c = currLevel.word[i];
        go = Instantiate(prefabLetter) as GameObject;
        lett = go.GetComponent<Letter>();
        lett.c = c;
        go.transform.localScale = Vector3.one*bigLetterSize;

        //设置大字母的初始位置
        pos = new Vector3( 0, -100, 0 );
        lett.pos = pos;

        col = bigColorDim;
        lett.color = col; This is always true for big letters
        lett.visible = true; //对于大字母，该值通常为 true
        lett.big = true;
        bigLetters.Add(lett);
    }
    //大字母洗牌
    bigLetters = ShuffleLetters(bigLetters);
    //将它们排列在屏幕上
    ArrangeBigLetters();

    //设置为游戏内置模式
    mode = GameMode.inLevel;
}
```

```
    //随机重排 List<Letter>，返回结果
    List<Letter> ShuffleLetters(List<Letter> letts) {
        List<Letter> newL = new List<Letter>();
        int ndx;
        while(letts.Count > 0) {
            ndx = Random.Range(0,letts.Count);
            newL.Add(letts[ndx]);
            letts.RemoveAt(ndx);
        }
        return(newL);
    }

    //排序屏幕上的大字母
    void ArrangeBigLetters() {
        // halfWidth 使大字母居中对齐
        float halfWidth = ( (float) bigLetters.Count )/2f-0.5f;
        Vector3 pos;
        for (int i=0; i<bigLetters.Count; i++) {
            pos = bigLetterCenter;
            pos.x += (i-halfWidth)*bigLetterSize;
            bigLetters[i].pos = pos;
        }
        // bigLettersActive
        halfWidth = ( (float) bigLettersActive.Count )/2f-0.5f;
        for (int i=0; i<bigLettersActive.Count; i++)  {
            pos = bigLetterCenter;
            pos.x += (i-halfWidth)*bigLetterSize;
            pos.y += bigLetterSize*1.25f;
            bigLettersActive[i].pos = pos;
        }
    }

}
```

现在，除了屏幕上方的字母，屏幕下方也能看到大字母了，而且是目标单词各字母的乱序模式。下面将在游戏中添加一些交互元素。

33.6　添加交互

在本章的游戏中，我们希望玩家根据屏幕上显示的可用大字母，通过键盘输入单词，然后按下回车键提交。玩家也可以按下 Backspace/Delete 键来删除已输入的最后一个字母，或者按空格键重新排列剩余未选中的字母。

当玩家按下回车键时，把输入的单词与 WordLevel 中的可选单词进行比较，如果玩家输入的单词在 WordLevel 中，即可获得分数，该词中的每个字母获得 1 分。此外，如果输入的这个单词包含 WordLevel 中的任意小单词，每个符合要求的单词还会为玩家赚取加倍的得分。继续前面提到的 TORNADO 示例，如果一个玩家输入 TORNADO 作为第一个单词并且按下回车键，将会获得总共 36 分，如下所示：

```
TORNADO        7×1 分        1 分/字母×1 (第 1 个单词)
TORN           4×2 分        1 分/字母×2 (第 2 个单词) = 8 分
TOR            3×3 分        1 分/字母×3 = 9 分
ADO            3×4 分        1 分/字母×4 = 12 分
                     总共 36 分
```

所有这些交互将由 Update( )函数处理，并且基于 Input。inputString 字符串用于接收当前帧的所有键盘输入。在 WordGame 中添加 Update( )方法等代码。

```
public class WordGame : MonoBehaviour {
    …

    public List<Letter>            bigLettersActive;
    public string                  testWord;
    private string                 upperCase = "ABCDEFGHIJKLMNOPQRSTUVWXYZ";

    …

    void Update() {
        //声明一些有用的局部变量
        Letter lett;
        char c;

        switch (mode) {
        case GameMode.inLevel:
            //遍历玩家在此帧输入的每个字符
            foreach (char cIt in Input.inputString) {
                //将 cIt 转换为大写字母
                c = System.Char.ToUpperInvariant(cIt);

                //检查以确认是否是大写字母
                if (upperCase.Contains(c)) {  //任意大写字母
                    //根据该字符在 bigLetters 中查找可用的 Letter
                    lett = FindNextLetterByChar(c);
                    //如果有 Letter 返回
                    if (lett != null) {
                        //...添加一个字符到 testWord
                        //将返回的 big Letter 移动到 bigLettersActive
                        testWord += c.ToString();
                        //将其从非活动列表移到活动列表
                        bigLettersActive.Add(lett);
                        bigLetters.Remove(lett);
                        lett.color = bigColorSelected;      //设为激活状态颜色
                        ArrangeBigLetters(); //重排 big Letters
                    }
                }
                if (c == '\b') { //退格键
                    //删除 bigLettersActive 的末尾 Letter
```

```
                    if (bigLettersActive.Count == 0) return;
                    if (testWord.Length > 1) {
                        //清除 testWord 的末尾字符
                        testWord = testWord.Substring(0,testWord.Length-1);
                    } else {
                        testWord = "";
                    }

                    lett = bigLettersActive[bigLettersActive.Count-1];
                        //将其从活动列表移到非活动列表

                    bigLettersActive.Remove(lett);
                    bigLetters.Add (lett);
                    lett .color = bigColorDim;     //设置为非激活状态颜色
                    ArrangeBigLetters();       //重排 big Letters
                }

                if (c == '\n' || c == '\r') { //回车键
                    //依据 WordLevel 中的单词检测 testWord
                    CheckWord();
                }

                if (c == ' ') {  //空格键
                    //重排 big Letters
                    bigLetters = ShuffleLetters(bigLetters);
                    ArrangeBigLetters();
                }
            }

            break;
        }

}

//在 bigLetters 中根据 char c 查找可用 Letter
//如没有任何可用的就返回 null
Letter FindNextLetterByChar(char c) {
    //在 bigLetters 中搜索每个 Letter
    foreach (Letter l in bigLetters) {
        //如有与 c 相同的字符
        if (l.c == c) {
            // …返回它
            return(l);
        }
    }
    //否则，返回 null
    return( null );
}
```

```
public void CheckWord() {
    //根据 level.subWords 检测 testWord
    string subWord;
    bool foundTestWord = false;

    //创建一个 List<int>，存放包含在 testWord 里的其他 subWords 索引
    List<int> containedWords = new List<int>();

    //在 currLevel.subWords 中遍历每个单词
    for (int i=0; i<currLevel.subWords.Count; i++) {

        //如果屏幕上的第 i 个 Wyrd 已被找到
        if (wyrds[i].found) {
            // …继续并跳过此次遍历的其他部分
            continue;
            //由于屏幕上的 Wyrd 和 subWords List<>中的单词顺序相同
            //所以可行
        }

        subWord = currLevel.subWords[i];
        //如果此 subWord 是 testWord
        if (string.Equals(testWord, subWord)) {
            // …高亮显示 subWord
            HighlightWyrd(i);
            foundTestWord = true;
        } else if (testWord.Contains(subWord)) {
        // ^否则，如果 testWord 包含这个 subWord（例如 SAND 包含 AND）
            //…将其添加到 containedWords 列表
            containedWords.Add(i);
        }
    }

    //如果在 subWords 里找到检测单词
    if (foundTestWord) {
        //…高亮显示 testWord 中的其他单词
        int numContained = containedWords.Count;
        int ndx;
        //倒序高亮显示单词
        for (int i=0; i<containedWords.Count; i++) {
            ndx = numContained-i-1;
            HighlightWyrd( containedWords[ndx] );
        }
    }

    //清除活动 big Letters，不论 testWord 是否有效
    ClearBigLettersActive();

}
```

```
    //高亮显示 Wyrd
    void HighlightWyrd(int ndx) {
        //激活 subWord
        wyrds[ndx].found = true;  //告知它已被找到
        //减弱其颜色
        wyrds[ndx].color = (wyrds[ndx].color+Color.white)/2f;
        wyrds[ndx].visible = true;    //使其 3D Text 可见
    }

    //删除 bigLettersActive 中的所有 Letter
    void ClearBigLettersActive() {
        testWord = "";              //清除 testWord
        foreach (Letter l in bigLettersActive) {
            bigLetters.Add(l);         //将每个 Letter 添加到 bigLetters
            l.color = bigColorDim;     //将其设置为非活动状态的颜色
        }
        bigLettersActive.Clear();      //清除 List<>
        ArrangeBigLetters();       //重排屏幕上的 Letter
    }

}
```

完成以上代码输入后，还需要在_MainCamera 组件的 WordGame(Script)的 Inspector 中将 `showAllWyrds` 设置为 false。然后，单击 Play 按钮。

现在你有了一个能够运行的游戏以及一个随机等级。

33.7 添加计分

由于 Scoreboard 和 FloatingScore 的代码已经编写完成并已导入项目，所以在游戏中加入计分功能十分简单。首先，从 Project 面板的_Prefab 文件夹中将 Scoreboard 拖动到 Hierarchy 面板。Hierarchy 中的 Scoreboard 实例以及 PrefabFloatingScore 都已为本游戏完成了预设（如果想要了解它们是如何工作的，请查阅本书第 31 章）。

下面，参照如下代码编写 WordGame 的 C#脚本：

```
public class WordGame : MonoBehaviour {
    …
    public Vector3         bigLetterCenter = new Vector3(0, -16, 0);
    public List<float>         scoreFontSizes = new List<float> { 24, 36, 36, 1 };
    public Vector3         scoreMidPoint = new Vector3(1,1,0);
    public float           scoreComboDelay = 0.5f;

    …

    public void CheckWord() {
        …
```

```
            //遍历 currLevel.subWords 中的每个单词
            for (int i=0; i<currLevel.subWords.Count; i++) {

                ...

                //如果 subWord 是 testWord
                if (string.Equals(testWord, subWord)) {
                    // ...高亮显示 subWord
                    HighlightWyrd(i);
                    Score( wyrds[i], 1 ); // testWord 得分
                    foundTestWord = true;
                }
                ...
            }

            //如果在 subWords 中找到测试单词
            if (foundTestWord) {
                ...
                //反序高亮显示单词
                for (int i=0; i<containedWords.Count; i++) {
                    ndx = numContained-i-1;
                    HighlightWyrd( containedWords[ndx] );
                    Score( wyrds[ containedWords[ndx] ], i+2 );     //单词得分
                    //第二个参数（i + 2）是这个词在组合中的编号
                }
            }
            ...

        }

        ...

        //添加到该单词的得分
        // int combo 是该词的组合数目
        void Score(Wyrd wyrd, int combo) {
            //在 wyrd 中获取第一个 Letter 的位置
            Vector3 pt = wyrd.letters[0].transform.position;
            //为 FloatingScore 创建一个贝塞尔曲线点 List<>
            List<Vector3> pts = new List<Vector3>();

            //将 pt 转换为 ViewportPoint
            //ViewportPoints 取值从 0 到 1 横跨屏幕，并且用于 GUI 坐标
            pt = Camera.main.WorldToViewportPoint(pt);
            pt.z = 0;

            //制作 pt 的第一个贝塞尔曲线点
            pts.Add(pt);
```

```
        //添加第二个贝塞尔曲线点
        pts.Add( scoreMidPoint );

        //制作 Scoreboard 的最后一个贝塞尔曲线点
        pts.Add(Scoreboard.S.transform.position);

        //设置 Floating Score 值
        int value = wyrd.letters.Count * combo;
        FloatingScore fs = Scoreboard.S.CreateFloatingScore(value, pts);

        fs.timeDuration = 2f;
        fs.fontSizes = scoreFontSizes;

        // InOut Easing 双倍效果
        fs.easingCurve = Easing.InOut+Easing.InOut;

        //使 FloatingScore 文本的显示类似“3×2”
        string txt = wyrd.letters.Count.ToString();
        if (combo > 1) {
            txt += " x "+combo;
        }
        fs.guiText.text = txt;
    }

}
```

输入以上代码后运行游戏，每次输入正确的单词就可以获得分数，所输入单词中如果包含其他有效单词，都会获得额外分数。所有的计分功能同时工作，幸运的是，可以使用协程来处理这个问题。对代码进行如下更改，在组合中的每个词之间暂停 0.5 秒，来运行 CheckWord( ) 函数。

```
public class WordGame : MonoBehaviour {
    …

    void Update() {
        …
        switch (mode) {
        case GameMode.inLevel:
            …
            //遍历此帧由玩家输入的每个字符
            foreach (char cIt in Input.inputString) {
                …
                if (c == '\n') { // Return/Enter
                    //根据 WordLevel 检测 testWord
                    StartCoroutine( CheckWord() );
                }
                …
            }
            break;
        }
```

```
    }

    …

    public IEnumerator CheckWord() {
        …

        //如果在 subWords 中找到测试单词
        if (foundTestWord) {
            // …高亮显示 testWord 包含的其他单词
            int numContained = containedWords.Count;
            int ndx;
            //反序高亮显示单词
            for (int i=0; i<containedWords.Count; i++) {

                //高亮显示每个单词之前稍作 yield 处理
                yield return( new WaitForSeconds(scoreComboDelay) );

                ndx = numContained-i-1;
                HighlightWyrd( containedWords[ndx] );
                Score( wyrds[ containedWords[ndx] ], i+2 );     //其他单词得
分
                //第二个参数（i + 2）是这个词在组合中的编号
            }
        }
        …
    }
    …
}
```

现在，分数将会飞速显示出来，单词将每隔 0.5 秒显示。

33.8　添加动画

类似于计分的处理，我们可以通过在 Utils 脚本中导入的插值函数轻松地添加 Letters 动画。

将下面的代码添加到 Letter C#脚本：

```
public class Letter : MonoBehaviour {
    …
    public bool          big = false;                    //大字母稍有不同
    //线性插值字段
    public List<Vector3> pts = null;
    public float         timeDuration = 0.5f;
    public float         timeStart = -1;
    public string             easingCuve = Easing.InOut;     //从 Utils.cs 淡出
    …
```

```
    //设置一条贝塞尔曲线来移到新位置
    public Vector3 pos {
        set {
            // transform.position = value; //注释掉这行代码

            //找到一个中间点，
            //与当前位置到传入值之间的实际中间点的距离随机
            Vector3 mid = (transform.position + value)/2f;
            //随机距离小于到实际中点的距离的 1/4
            float mag = (transform.position - value).magnitude;
            mid += Random.insideUnitSphere * mag*0.25f;
            //创建贝塞尔曲线点的 List<Vector3>
            pts = new List<Vector3>() { transform.position, mid, value };
            //如果 timeStart 为默认值-1，为其赋值
            if (timeStart == -1 ) timeStart = Time.time;
        }
    }

    //立即移动到新位置
    public Vector3 position {
        set {
            transform.position = value;
        }
    }

    //插值代码
    void Update() {
        if (timeStart == -1) return;

        //标准线性插值代码
        float u = (Time.time-timeStart)/timeDuration;
        u = Mathf.Clamp01(u);
        float u1 = Easing.Ease(u,easingCurve);
        Vector3 v = Utils.Bezier(u1, pts);
        transform.position = v;

        //如果插值完成，将 timeStart 恢复为-1
        if (u == 1) timeStart = -1;
    }
}
```

现在运行场景，会看到所有字母插补到其新位置。然而，这看起来有些奇怪，因为所有的字母会从屏幕中心同时开始移动。让我们对 WordGame.Layout( )进行些小改动来改善这种情况。

```
public class WordGame : MonoBehaviour {
    …

    void Layout() {
        …
```

```
            //为每一个 level.subWord 设置一个 Wyrd
            for (int i=0; i<currLevel.subWords.Count; i++) {
                ...

                //为单词的每个字母实例化一个 PrefabLetter
                for (int j=0; j<word.Length; j++) {
                    ...
                    //此处的 %使多个列排队
                    pos.y -= (i%numRows)*letterSize;

                    //立即将 lett 移动到屏幕上方位置
                    lett.position = pos+Vector3.up*(20+i%numRows);
                    //设置插入位置
                    lett.pos = pos;
                    //增加 lett.timeStart，在不同时间移动 Wyrd
                    lett.timeStart = Time.time + i*0.05f;

                    go.transform.localScale = Vector3.one*letterSize;
                    wyrd.Add(lett);
                }
                ...
            }

            ...
            //为目标单词中的每个字母创建一个大字母
            for (int i=0; i<currLevel.word.Length; i++) {
                ...
                go.transform.localScale = Vector3.one*bigLetterSize;

                //设置屏幕下面的大字母初始位置
                pos = new Vector3( 0, -100, 0 );
                lett.pos = pos;

                //增加 lett.timeStart 让大字母加入
                lett.timeStart = Time.time + currLevel.subWords.Count*0.05f;
                lett.easingCuve = Easing.Sin+"-0.18"; // Bouncy easing

                col = bigColorDim;
                lett.color = col;
                ...
            }
            ...
        }
        ...
    }
```

以上代码可以让游戏的动画效果流畅美观。

33.9　添加色彩

现在为游戏添加一些色彩。

1．将下面的代码添加到 WordGame，根据长度对 wyrds 进行上色。

```
public class WordGame : MonoBehaviour {
    …
    public float          scoreComboDelay = 0.5f;
    public Color[]        wyrdPalette;

    public bool ________________;
    …

    void Layout() {
        …
        //为每个 level.subWord 设置一个 Wyrd
        for (int i=0; i<currLevel.subWords.Count; i++) {
            …
            //为单词的每个字母实例化一个 PrefabLetter
            for (int j=0; j<word.Length; j++) {
                …
                wyrd.Add(lett);
            }

            if (showAllWyrds) wyrd.visible = true;      //该行代码用于测试

            //根据长度为 wyrd 上色
            wyrd.color = wyrdPalette[word.Length-WordList.S.wordLengthMin];

            wyrds.Add(wyrd);
            …
        }
        …
    }
}
```

这些代码更改起来非常简单，因为我们已经有了适合的支持代码（例如，Wyrd.color 和 Letter.color 属性以及 `Utils` 类中的 Easing 代码）。

2．现在，需要为 wyrdPalette 设置大约 8 种颜色。要做到这一点，需要用到在本项目开始时导入的 Color Palette 图像。我们来使用滴管设置颜色，可能你会好奇如何同时看到 Color Palette 图像和_MainCamera Inspector。为实现这一点，需要用到 Unity 可以同时打开多个 Inspector 窗口的功能。

3．如图 33-5 所示，单击面板中的选项按钮（见插图上的圆圈标注），并执行 Add Tab>Inspector 命令将 Inspector 添加到 Game 选项卡。然后在 Project 面板中选择 Color Palette 图像，它会在这两个 Inspector 中显示（拖动 Inspector 图像预览部分的边框，使它看起来如图 33-6 所示）。在一个 Inspector 中单击“锁”图标（见图 33-6

中部圆圈标注），并在 Hierarchy 面板中选择_MainCamera。将会看到解锁的 Inspector 更改为_MainCamera，但锁定的那个仍然显示 Color Palette。

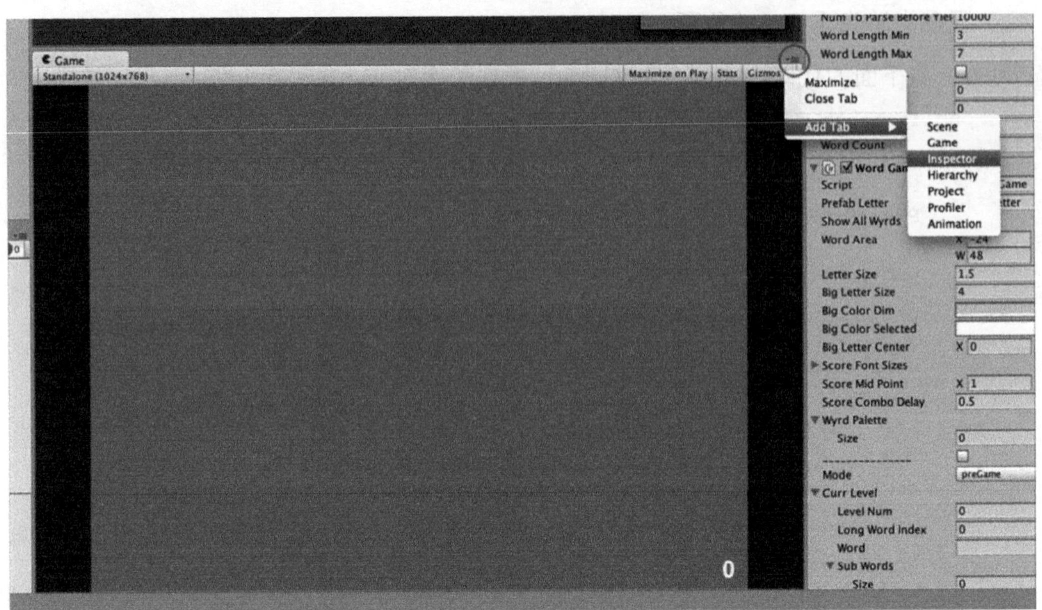

图 33-5　使用窗格中的选项按钮添加一个 Inspector 到游戏面板

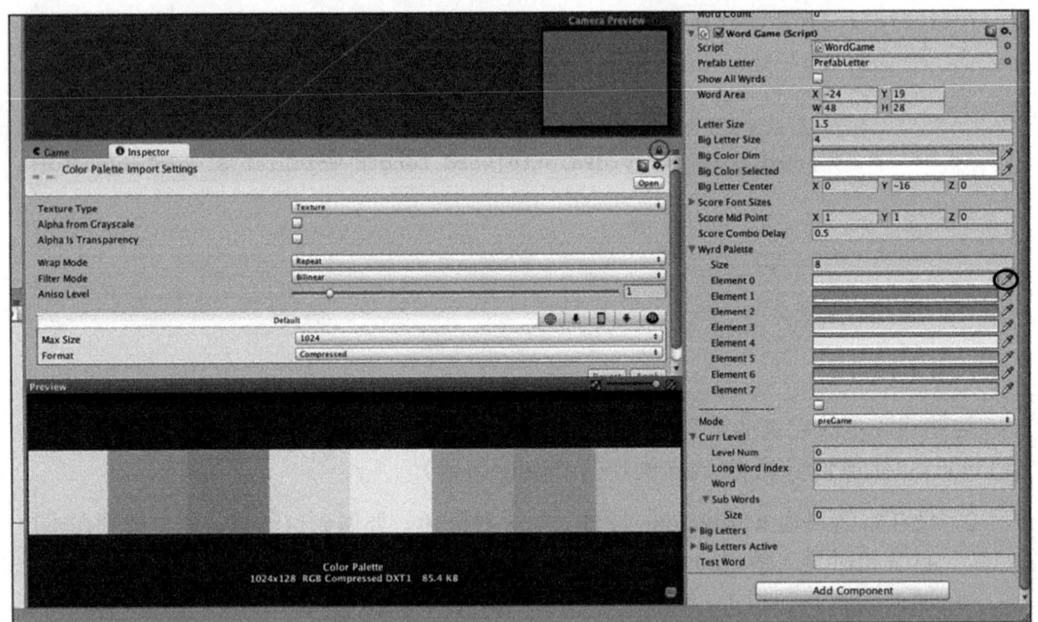

图 33-6　一个 Inspector 中的锁定图标以及另一个 Inspector 中的滴管图标

4．在_MainCamera Inspector 中展开 `wyrdPalette` 旁边的下拉菜单，将 Size 设置为 8。单击每个 `wyrdPalette element` 旁边的滴管图标（见图 33-6 右侧圆圈标注），然后在 Color Palette 图像中单击一种颜色。为每个 element 设置颜色，使 Color Palett 图像显示 8 种不同颜色，但它们的 alpha 值都默认为 0（因此不可见）。单击 wyrdPalette 队列中的每个颜色栏并设置其 alpha 值（或 A）为 255，使其完全不透明。

现在运行这个场景，效果会和本章开始的屏幕截图类似。

33.10　小结

在本章中，我们创建了一个简单的文字游戏，并使用了一些漂亮的插值移动为其赋予了更强大的功能。如果你一直在按顺序学习本书的章节，可能会意识到开发过程变得越来越简单。随着对 Unity 的逐步理解，现在你已拥有和能够运用不少现成的 Unity 脚本，例如 Scoreboard、FloatingScore 和 Utils。这样，你就能把更多精力放在游戏新功能的编程上，而不是不断重复劳动。

下一步

在之前的原型中，我们学习了如何设置一系列游戏状态来处理游戏的不同阶段，以及从一个等级到下一个等级的转换。本章这个原型没有涉及其中任何一项。对你自己而言，应该将这类控制结构添加到这个游戏中。

下面是一些提示：

- 什么时候玩家应该前进到下一个级别？他是否必须猜出每一个单独的词？或是总分达到某个标准、猜出目标单词即可升级？
- 如何处理等级？你是否会像我们现在这样只选择一个完全随机的单词，或者是否会修改随机性以确保第 5 级始终是同一个单词？（这样可以确保各玩家第 5 级的得分比较公平。）如果你决定尝试修改随机性，下面是一个提示。

```
int PickNthRandom(int n, int range) {

    int PickNthRandom(int n, int range) {
    //如果传入 0，则返回 0

    int seed = Random.seed;    //存储当前 Random.seed

    // Random.seed 为 Random 函数设置起始点
    //有相同的 Random.seed，Random.value 将生成相同结果，每一次都有相同的顺序

    Random.seed = 0; //设置新的 Random.seed

    //在 0 和-1 之间获取第 n 个随机数字
    int j=0;
    for (int i=0; i<n; i++) {
        j = Random.Range(0,range);
    }

    Random.seed = seed;   //还原初始 Random.seed
```

```
        return(j);
    }
```

- 当subWords太多或者太少的时候要如何处理等级？一些7字母的集合有很多单词，以至于它们会超出屏幕显示范围，而其他较少的却只有一列。在这种情况下，想让游戏要求下一个单词吗？如果是这样，该如何实现类似让PickNthRandom函数跳过某个号码的功能？

现在你已拥有足够的编程和原型知识，可以带着这些问题去制作一个真正的游戏。你已掌握了这些技能，现在去实现吧！

第 34 章

游戏原型 7：*QuickSnap*

在本章中，我们会以第一人称射击游戏（FPS）的移动和控制机制为基础完成一个智力游戏。会给玩家呈现一个复杂的环境并让玩家负责拍摄特定的照片。

虽然本书确实包含一个更传统的 FPS 游戏，读者可能已经从前面的章节中自学到相关技巧。这个原型不同之处是，它专注于不同的游戏风格，使笔者能够呈现一些概念，如 XML 创建和光影烘焙。

34.1 准备工作：*QuickSnap* 原型

这里需要导入一个比之前项目更大的 Unity 资源包。这是因为游戏将建立在一个修改版本的环境上，Unity 技术组用于他们的 *Stealth* 游戏原型。该环境包含了一些有趣的对象和复杂的灯光，所以它看起来比我们以前的原型好得多。

有两种导入 Unity 资源包的方法。一种是包含高分辨率的图形，约 200 MB 大小，另一种是使用较低分辨率的图形，只有约 88 MB。不过两种方法都能很好地用于原型开发，你不会注意到它们之间任何真正的区别，除非你的分辨率非常高并且试图查找不同。烘焙光照贴图在 200 MB 的版本上可能需要更长的时间，但也更漂亮。

本章项目设置

按照标准的项目创建流程，在 Unity 中创建一个新项目。如果你需要复习创建项目的标准流程，请参阅本书附录 A“项目创建标准流程”。在创建项目时，你会看到一个提示框，询问默认为 2D 还是 3D，在本项目中，应该选 3D。

- **项目名称：** *QuickSnap*。
- **下载并导入资源包：** 打开 http://book.prototools.net，从 Chapter 34 页面下载。
- **场景名称：** _QuickSnap_Scene_0。
- **项目文件夹：** 从 Unity 资源包导出所有文件夹。
- **C#脚本名称：** 导入到 ProtoTools 文件夹的脚本。

编译设置和纵横比设置

如果你最近完成了书中的其他项目，你的编译设置和 Game 面板的纵横比设置可能需要更新。

编译设置

打开 Unity 的编译设置窗口（在菜单栏执行 File > Build Settings 命令），并确保该平台设置用于 PC、Mac & Linux Standalone 系统。如果还未设置，单击平台列表选项并单击 Switch Platform 按钮。转换完成在 Switch Platform 按钮变灰。最后关闭编译设置窗口。

纵横比

在 Game 面板中从弹出式菜单选择纵横比 16:9 选项（就在 Game 面板下方的标题选项卡）。

导入 Unity 资源包

选择要导入的资源包并执行。资源包导入可能需要一段时间，尤其是选择了高分辨率版本，因为 Unity 需要导入和压缩环境所需的所有图像文件。

34.2　构建场景

导入完成后，将 environment 从_Prefabs 文件夹拖到 Hierarchy 窗格。你会看到一个非常复杂的环境，它甚至可能会拖慢你的机器。如果是这样的话，单击 Scene 窗格顶部一个看起来像太阳的按钮，这将触发光影计算。看起来越暗的场景实际上是亮的，而越明亮的场景渲染只是原始纹理，并且渲染更快。

添加第一人称控制器

Unity 技术组创建了几个角色控制器脚本，包括 Unity 的每个安装程序。要导入它们，要在菜单栏执行 Assets > Import Package > Character Controller 命令。此时会弹出资源包中所有资源的列表。继续将它们全部导入。

导入操作将在 Project 窗格中创建一个名为 Standard Assets 的新文件夹。打开 Standard Assets 旁边的三角展开标志，然后单击 Character Controllers 旁边的三角符号，你会看到两个角色控制器预置。将 First Person Controller 拖到 Hierarchy 面板中，单击它，并修改该实例的名称为_FPC。_FPC 的转换应该如下：

```
_FPC  (GameObject)  P:[-2,1,0]  R:[0,-90,0]  S:[1,1,1]
```

展开_FPC 旁边的三角形会看到两个游戏对象：Graphics 和 Main Camera。Graphics 负责在 Scene 面板中看到的白色颗粒，Main Camera 负责添加到_FPC 的摄像机。因为_FPC 配备了摄像机，我们不再需要场景自带的原始 Main Camera。选择 Hierarchy 顶层的黑色 Main Camera 并将其删除（在 Mac 上按 Command+Delete 组合键或在 PC 上直接按 Delete 键）。接着，选择_FPC 的子集 Graphics，单击 Inspector 面板左上的复选框禁用它。这将防止白色颗粒出现在 Game 或 Scene 面板。

单击 Play 按钮，现在使用标准的第一人称射击（FPS）控制（W、A、S、D 键或方向键用于移动，空格键用于跳跃，鼠标用于控制视线）应该可以在空间四处移动。移动的时候应该会发现一些问题：摄像机镜头似乎有点高，而且场景相当黑暗。

第一个问题很容易解决。在 Hierarchy 中选择_FPC 并将检查器 Character Controller 组件中的 Height 值从 2 修改为 1。现在摄像机应该低一些了，更适应环境。

第二个问题的工作量更大，需要一些时间。

Unity 光照贴图

光照贴图是 Unity 中用于创建融合了复杂光照计算的对象文本。这样相比于对整个墙体重复相同的文本，光照贴图的组成还包括墙体的各种灯光效果。Unity 4 光照贴图通过一款叫作 Autodesk Beast 的内置软件运行，而 Unity 5 使用 Geomerics Enlighten 引擎。因为这些光照贴图的解决方案之间的接口和设置不同，如果使用 Unity 5 你应该从 http://book.prototools.net 下载本章节的 Unity 5 版本，包含 Enlighten 引擎替代 Beast。

Beast 计算场景中所有的灯光信息和它们会在哪里击中各种被标记为静态的对象（即它们在游戏过程中永远不会移动）。如果点开 Hierarchy 中 environment 旁边的三角展开标志并选择 env_stealth_static 子选项，你会看到检查器右上角的 env_stealth_static 及其子集的 Static 选项都被选中。单击检查器中 Static 旁边的下拉弹出菜单也将显示所有类型的光照计算都被设置为静态。

高级别下的光照贴图可以创建漂亮的阴影和反射光，比如一个闪亮红色对象的周边区域将被反射在它上面的光染红。所有这些信息将被收集并合并到场景中的静态对象文本，即对象的原始文本替换为包含额外光照信息的文本。

然而，光照贴图是 Unity Free 和 Unity Pro 之间少数差异之一。Pro 允许利用渲染和双光照贴图，都可以提高视觉效果，使得 Unity 能实时响应。查看图 34-1 详解。

图 34-1 中 3 个系列的图片显示同一场景的不同渲染效果，第一个使用前向渲染且没有光照贴图。第二个展示的场景使用渲染和单光照贴图。第三栏显示延迟渲染和定向光照贴图。前两栏的变化是最明显的，但第三栏的微妙差异使它看起来更好。此外在第三栏中，你可以看到墙壁在地面上投下了微妙的阴影，而在第二栏中是没有这个效果的。虽然 Unity Free 中无法使用延迟渲染和定向光照贴图，好消息是你仍然可以从光照贴图烘焙获得第二栏所示的所有效果。

光探头

光照贴图的限制之一是它只能用于静态对象，所以穿过场景的字符或其他对象不能进行光照贴图。但是使用 Unity Pro 可以对动态（即非静态）对象进行假光照贴图，通过使用光探头实现。光探头是一种 Unity 方法用于映射光在开放的场景空间呈现的样子，如图 34-2 所示。每一个球形光探头存储光在场景特定位置的信息（虽然播放场景时是看不见它们的)。如果设置一个动态对象使用光探头，则该对象上的阴影将根据它相对于光探针的位置进行插值。

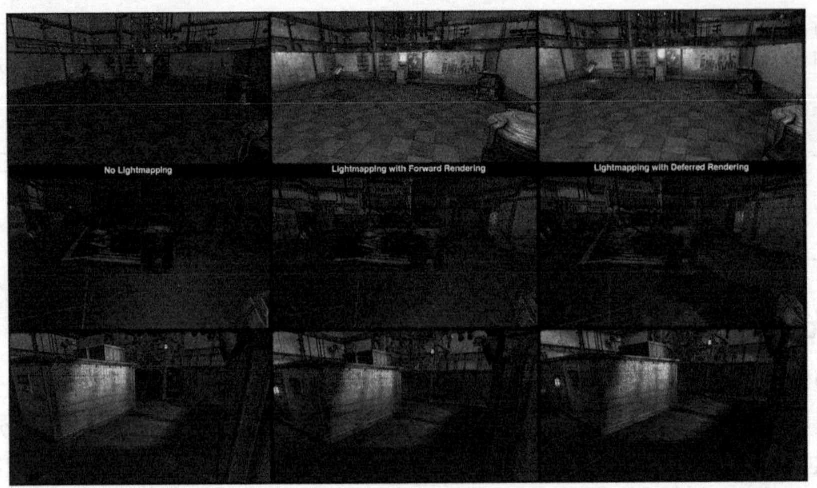

图 34-1　Unity 不同级别的光照贴图和渲染

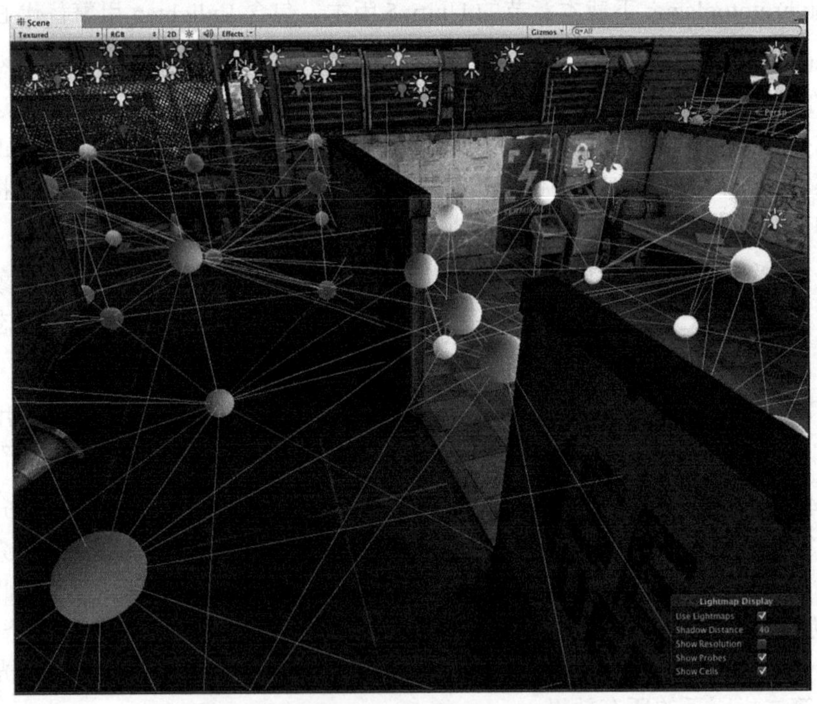

图 34-2　场景中的光探头网络（Unity Pro 特效）

烘焙光照贴图

如前面的图片所示，光照贴图可以创造出以实时速度渲染的难以置信的现实场景。不幸的是，对开发人员来说，这意味着玩家看到的所有处理保存内容都会传递给开发人员。因此，一个复杂场景的光照贴图可以花几个小时来完成，本原型中小场景的烘焙可以从 30 分钟到几个小时不等，此期间你仍然可以使用 Unity，但不能停止，并且不能播放场景。开始之前请确保你的计算机有足够的时间进行烘焙过程。

实现原型的光照贴图，在菜单栏中执行 Window > Lightmapping 命令并单击顶部的 Bake 按钮。如图 34-3 所示，Unity Pro 和 Unity Free 的设置选择方式稍有不同。你可以选择使用 Unity Pro 中的 Unity Free 设置加速烘焙过程（代价是更好的视觉效果）。

在这两种情况下都有两个选择来决定光照贴图的质量：低质量的会产生明显的锯齿状边缘阴影，但烘焙得更快，而高品质将产生更好的阴影和光效，但烘焙时间更长。作为第一次烘焙，笔者强烈建议将 Quality 弹出菜单设置为 Low。这样你可以知道它到底需要多长时间，对于高品质烘焙的时间预计至少乘以四倍时间。根据是否想在 Unity Pro 中使用单一光照贴图或定向光照贴图，输入如图 34-3 中所示的其余部分设置。

输入这些设置后，单击光照贴图面板底部的 Bake Scene 按钮（如果没有找到 Bake Scene 按钮，可能需要从附加的弹出式菜单的三角标志选择它），此时可以喝杯咖啡或者吃个冰激凌，因为需要等待一段时间。或者可以选择继续在这个原型上工作，当你休息的时候烘焙场景。笔者倾向于通宵烘焙场景，但如果你的机器很快，低质量的单光照贴图可能只需要 10 到 20 分钟。进行烘焙处理时，进度条会出现在 Unity 窗口的右下角并且 Bake Scene 按钮将被 Cancel 按钮取代。如前所述，烘焙的同时仍然可以运行 Unity，只是可以做的事情是有限的。

Unity Free 设置　　　　Unity Pro 设置

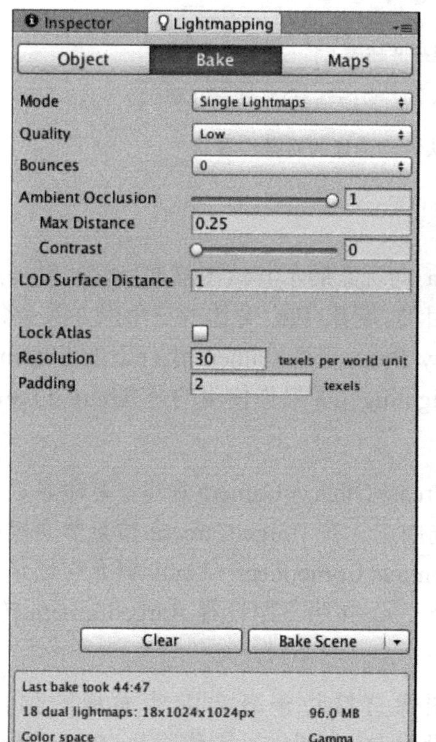

图 34-3　Unity Free 和 Unity Pro 下 Beast 光照贴图设置

质量设置

我们正在使用的提高游戏外观的技巧高度依赖于玩家选择的 Unity 质量设置，但作为一名开发人员，你可以选择游戏默认的质量设置。在菜单栏中执行 Edit > Project Settings > Quality 命令。会打开检查器的 QualitySettings 面板。在默认情况下，有六种质量级别，默认选择 Good（如 Good 行显示的是较深的高亮）。当选中一种质量级别时，检查器的下半部分显示该质量级别的值。下面的质量级别列表是弹出式三角形，使得可以在特定平台上设置默认质量级别。现在，我们唯一需要关注的平台是第二栏呈现的 PC 和 Mac & Linux Standalone 系统。单击第二栏底部的默认设置三角形（图 34-4 白色画圈部分）然后选择 Fantastic。这样第二栏中勾选了 Fantastic 的框将变绿，如图 34-4 所示。

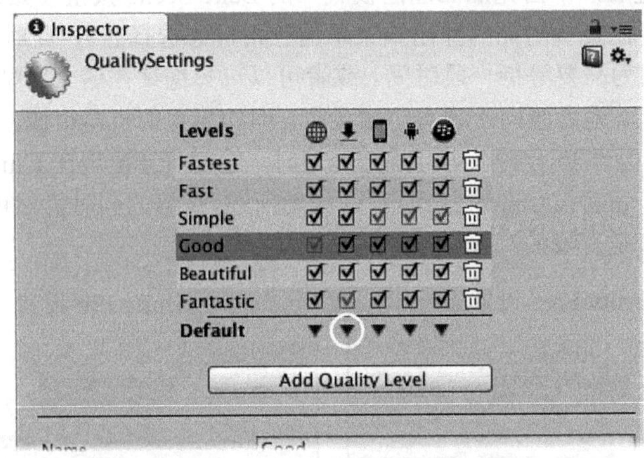

图 34-4　检视器中默认独立构建的质量设置

创建_TargetCamera

在这个游戏中，我们使用_TargetCamera 向玩家展示其试图瞄准目标的射击点，修改_FPC 中 Main Camera 的名称为更明确的目的。展开_FPC 旁边的三角形并重命名 Main Camera 为 FPCamera。如果你使用的是 Unity Pro，查看 Camera 组件下的 FPCamera 检查器并设置 Rendering Path 为 Deferred Lighting（如果你使用的是 Unity Free，忽略 Rendering Path，使用 Use Player Settings）。

接下来，在菜单栏执行 GameObject > Create Other > Camera 命令。重命名这个新的摄像机为_TargetCamera 并在 Hierarchy 中选中它。在_TargetCamera 检查器面板中，单击用于 Audio Listener 组件的设备并选择 Remove Component（Unity 只允许场景中有一个 Audio Listener，而 FPCamera 已经有一个了）。按照下面设置_TargetCamera 转换：

```
_TargetCamera  (Camera)  P:[0,1,0]  R:[0,0,0]  S:[1,1,1]
```

现在，来自场景中两个摄像机的图像直接位于各自游戏面板的顶部。在_TargetCamera 检查器的 Camera 组件中，设置 Depth 为 1。图像将从_TargetCamera 以上分离出 FPCamera。然后，设置 Viewport Rect 为[x:0, y:0.8, w:0.2, h:0.2]，将使图像从_TargetCamera 缩小到屏幕左上角落。如果使用的是 Unity Pro，和 FPCamera 一样，设置_TargetCamera 的 Rendering Path 为 Deferred Lighting（使用 Unity Free 的话，为 Use Player Settings）。

图形用户界面、图层、摄像机

之前使用的用于物理计算的层也可以用来产生不同的对象专门渲染摄像机或其他内容。

1. 首先，我们生成一个图形用户界面组件来演示。在 Project 面板的 Textures 文件夹中会找到一个名为_Crosshairs 的文本。选中它并在菜单栏执行 GameObject > Create Other > GUI Texture 命令（提前选择_Crosshairs 使之产生新的 GUI Texture）。设置_Crosshairs 的 Color 为[r:64, g:64, b:64, a:128]。

请注意，_Crosshairs 会出现在所有摄像机中，它们在屏幕上的大小不会随着摄像机的显示大小进行缩放。这时就需要引入层了。

2. 在菜单栏中执行 Edit > Project Settings > Tags and Layers 命令。Layers 列表应该被展开了，如果没有，单击它旁边的三角形。分别在 User Layer 8 和 User Layer 9 中输入 FPCamera 和_TargetCamera。
3. 我们希望_Crosshairs 只出现在 FPCamera，所以在 Hierarchy 选择_Crosshairs 并使用检查器设置该层为 FPCamera。
4. 现在，在 Hierarchy 中选择_TargetCamera。_TargetCamera 的 Camera 组件中 Culling Mask 的弹出菜单用于防止某些层被渲染到摄像机。单击弹出菜单（目前显示为 Everything）并选择 FPCamera 来切换复选标记（关闭它）。弹出菜单上的文本将更改为 Mixed...，表明一些层被禁用，_Crosshairs 图像也将从_TargetCamera 消失。
5. 选择 FPCamera 并禁用其消隐遮罩中的_TargetCamera 层。这将使_TargetCamera 层以相反的方式工作。

完成后，摄像机 FPCamera 不会显示_TargetCamera 层，摄像机_TargetCamera 也不会显示 FPCamera 层。

附加 GUI 元素

正如图 34-5 所示，我们希望在场景中有一些 GUI 元素。

有两个 GUIText 需要添加到场景。创建 2 个 GUI 文本（在菜单栏中执行 GameObject > Create Other > GUI Text 命令）。命名其中一个为 ShotCounter，另一个为 ShotRating。按照图 34-6 所示的值分别设置它们。一定记住同时设置 Layer。

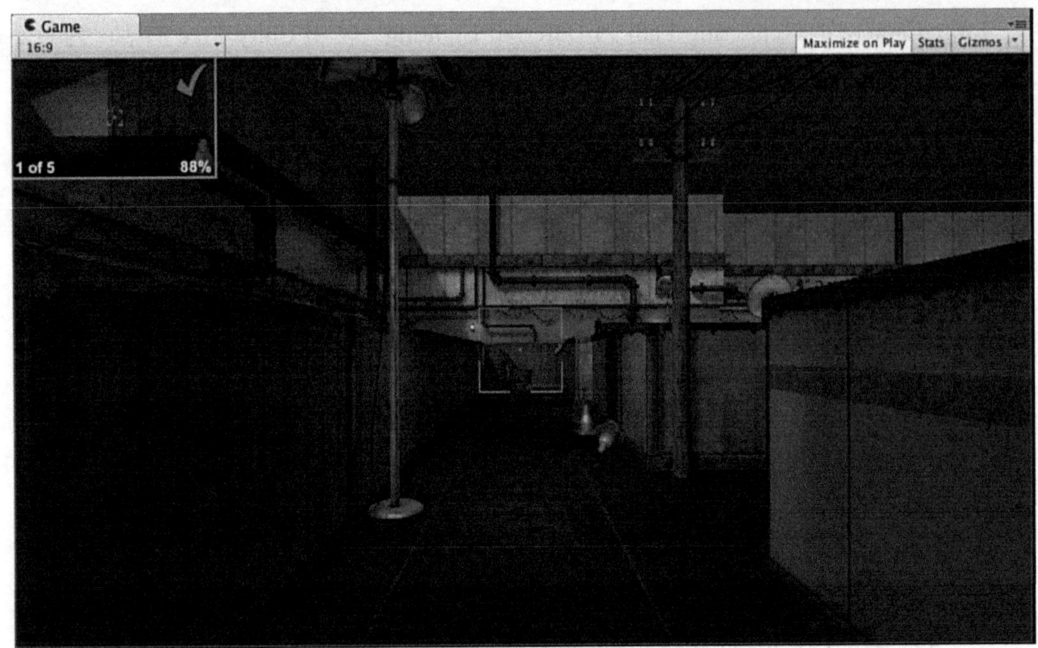

图 34-5 场景展示不同的 GUI 元素

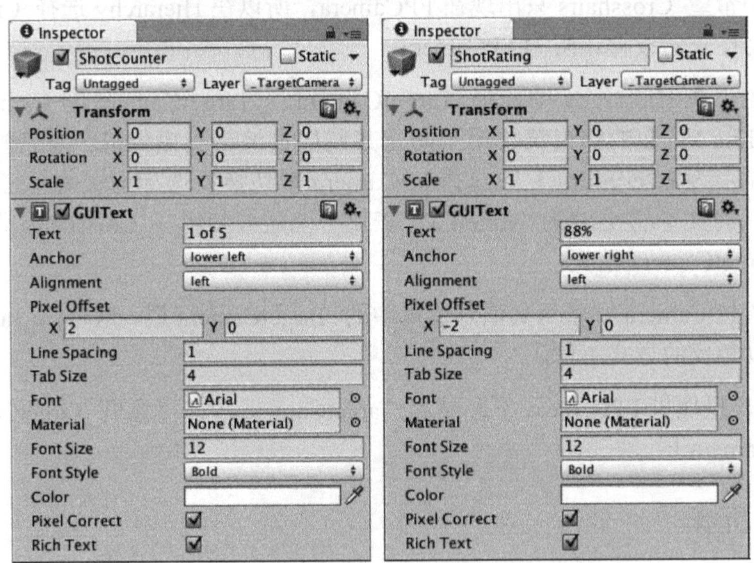

图 34-6 ShotCounter 和 ShotRating 的 GUIText 设置

这样 2 bits 的文字会出现在 Game 面板_TargetCamera 图像底部左、右下角（如图 34-5 所示）。

在 Project 面板的 Textures 文件夹中，你将找到以下文本。依次选择并生成一个新的 GUI 文本（在菜单栏中执行 GameObject > Create Other > GUI Texture 命令）：

```
_Check_64
_Crosshairs_12
_White
```

当它们都在 Hierarchy 中后，按照图 34-7 进行设置。

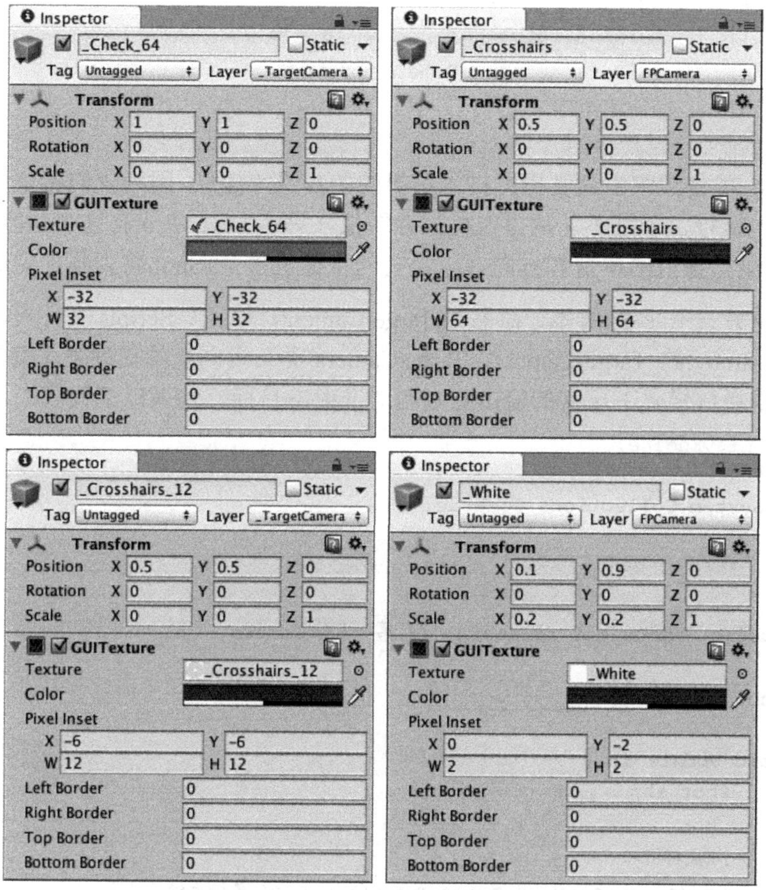

图 34-7　_Check_64，_Crosshairs，_Crosshairs_12 和_White 的 GUITexture 设置

再次确认正确设置了 Layer。同时，和_Crosshairs 一样设置_Crosshairs_12 的颜色为[r:64, g:64, b:64, a:128]。你的游戏窗口现在应该看起来如图 34-5 所示。

34.3　游戏编程

基于现有经验，对这个游戏进行编码似乎相当简单，但和其他程序一样，在这个例子里学习的东西可以作为以后项目的基础。

1. 在__Scripts 文件夹创建一个新的 C#脚本，命名为 Shot。打开它并用下面的代码取代 Shot 类中所有的默认文本：

```
using UnityEngine;
using System.Collections;
using System.Collections.Generic;

[System.Serializable] //在检查器可见
public class Shot { // Shot 没有扩展 MonoBehaviour
```

```
    public Vector3 position; // Camera 位置
    public Quaternion rotation; // Camera 旋转
    public Vector3 target; // Camera 对准点

}
```

该 Shot 类将跟踪由逼真摄影技术拍摄的游戏照片信息。因为我们希望游戏能够在 Unity Free 中运行，于是不能从摄像机保存图像（只有 Unity Pro 有这个功能），但我们仍然可以记录摄像机的位置和方向（以及它的目标位置）。Shot 将为我们完成。

2. 创建另一个新 C#脚本，命名为 TargetCamera，放在__Scripts 文件夹，并添加到 Hierarchy 的_TargetCamera。TargetCamera 类负责创建拍摄列表（编辑模式）和检查播放模式下玩家的射击点是否对准射击目标。输入以下代码：

```
using UnityEngine;
using System.Collections;
using System.Collections.Generic;

public class TargetCamera : MonoBehaviour {

    public GameObject fpCamera; // 第一人称 Camera

    public bool ________________;

    void Update () {
        Shot sh;

        //鼠标输入
        if (Input.GetMouseButtonDown(0)) { // 鼠标左键
            sh = new Shot();
            //抓取 fpCamera 的位置和旋转
            sh.position = fpCamera.transform.position;
            sh.rotation = fpCamera.transform.rotation;

            // 从摄像机射出光束看能击中什么
            Ray ray = new Ray(sh.position, fpCamera.transform.forward);
            RaycastHit hit;
            if ( Physics.Raycast(ray, out hit) ) {
                sh.target = hit.point;
            }

            // 带射击点的_TargetCamera 位置
            ShowShot(sh);
        }
    }

    public void ShowShot(Shot sh) {
        // 带射击点的_TargetCamera 位置
        transform.position = sh.position;
```

```
            transform.rotation = sh.rotation;
        }
    }
```

3．将 Hierarchy 中 FPCamera 的子集_FPC 分配给_TargetCamera 检查器 TargetCamera 的 fpCamera 字段。

4．保存场景！

单击 Play 按钮，当你单击鼠标左键，_TargetCamera 图像转变为显示你的瞄心。知道原理后，我们需要一个方法来存储每个游戏任务的射击点。

使用 PlayerPrefs 存储射击点

就像我们在《拾苹果》原型看到的一样，PlayerPrefs 是长期存放东西的好地方。然而，它只能存储浮点数、整数和字符串。解决方式是，在下一次开始游戏时，我们将 Shot 转换成 XML 然后用 PT_XMLReader 可以读取（第 31 章的卡牌游戏原型和第 32 章的原型使用了该方法）。

1．第一步是将每一个 Shot 转换成 XML。为 Shot 添加下面的代码：

```
public class Shot { // Shot 未扩展 MonoBehaviour

    public Vector3 position; // Camera 位置
    public Quaternion rotation; // Camera 旋转
    public Vector3 target; // Camera 对准点

    //单独生成一行 <shot>入口用于 XML 文档
    public string ToXML() {
        string ss = "<shot ";
        ss += "x=\""+position.x+"\" "; // 1
        ss += "y=\""+position.y+"\" ";
        ss += "z=\""+position.z+"\" ";
        ss += "qx=\""+rotation.x+"\" ";
        ss += "qy=\""+rotation.y+"\" ";
        ss += "qz=\""+rotation.z+"\" ";
        ss += "qw=\""+rotation.w+"\" ";
        ss += "tx=\""+target.x+"\" ";
        ss += "ty=\""+target.y+"\" ";
        ss += "tz=\""+target.z+"\" ";
        ss += " />";

        return(ss);
    }

}
```

代码中可以看到，双引号内部的\"定义字符串文字（例如"x=\""）。反斜杠（\）在本例中用于转义字符，因此它使得紧跟在后面的字符解释为字符串文字的一部分，不管它是什么字符。通常情况下，双引号结束字符串文字，但在它之前加反斜杠会添加双引号到字符串文字。

2．为 TargetCamera 增加一行代码进行测试：

```
public class TargetCamera : MonoBehaviour {
    …
    void Update () {
        …
        if (Input.GetMouseButtonDown(0)) { // 鼠标左键
            …
            ShowShot( sh );

            Utils.tr( sh.ToXML() );
        }
    }
    …
}
```

3．单击 Play 按钮并瞄准一些射击点。在控制台窗口中看到的输出应该格式化如下：

```
<shot x="-9.014837" y="1.457083" z="24.45312" qx="0.02179807" qy="0.0392502"
qz="-0.0008564426" qw="0.9989913" tx="-7.948404" ty="0.8636315" tz="38.00353"
/>
```

由此验证测试正常。

4．现在，通过添加一个静态的公共 `List<Shot>`来进一步扩展，以使它能够保持一次跟踪多个射击点。我们现在为 PlayerPrefs 增加读写 XML 的能力。为 Shot 添加以下代码：

```
public class Shot { // Shot 未扩展 MonoBehaviour
    static public List<Shot> shots = new List<Shot>(); //所有 shot 的列表
    static public string prefsName = "QuickSnap_Shots";

    public Vector3 position; // Camera 位置

    …

    public string ToXML() {
        …
    }

    //从 XML 中<shot>入口的 PT_XMLReader 取出 PT_XMLHashtable 并解析为 Shot
    static public Shot ParseShotXML( PT_XMLHashtable xHT ) {
        Shot sh = new Shot();

        sh.position.x = float.Parse(xHT.att("x"));
        sh.position.y = float.Parse(xHT.att("y"));
        sh.position.z = float.Parse(xHT.att("z"));
        sh.rotation.x = float.Parse(xHT.att("qx"));
```

```
        sh.rotation.y = float.Parse(xHT.att("qy"));
        sh.rotation.z = float.Parse(xHT.att("qz"));
        sh.rotation.w = float.Parse(xHT.att("qw"));
        sh.target.x = float.Parse(xHT.att("tx"));
        sh.target.y = float.Parse(xHT.att("ty"));
        sh.target.z = float.Parse(xHT.att("tz"));

        return( sh );
    }

    //从 PlayerPrefs 加载所有的 Shot
    static public void LoadShots() {
        //清空 List<Shot>
        shots = new List<Shot>();

        if (!PlayerPrefs.HasKey(prefsName)) {
            //如果没有射击点，返回
            return;
        }

        //获取完整 XML 并解析
        string shotsXML = PlayerPrefs.GetString(prefsName);
        PT_XMLReader xmlr = new PT_XMLReader();
        xmlr.Parse(shotsXML);

        //提取所有<shot>s 的 PT_XMLHashList
        PT_XMLHashList hl = xmlr.xml["xml"][0]["shot"];
        for (int i=0; i<hl.Count; i++) {
            //将 PT_XMLHashlist 中的每个<shot>解析为 Shot
            PT_XMLHashtable ht = hl[i];
            Shot sh = ParseShotXML(ht);
            //添加到 List<shot>shots
            shots.Add(sh);
        }
    }

    //将 List<Shot> shots 保存到 PlayerPrefs
    static public void SaveShots() {
        string xs = Shot.XML;

        Utils.tr(xs); //在控制台追踪所有 XML

        //设置 PlayerPrefs
        PlayerPrefs.SetString(prefsName, xs);

        Utils.tr("PlayerPrefs."+prefsName+" has been set.");
    }

    //将所有 Shot.shots 转换为 XML
```

```
    static public string XML {
        get {
            //开始一个 XML 字符串
            string xs = "<xml>\n";
            //将每个 Shots 增加为 XML 中的一个<shot>
            foreach( Shot sh in shots ) {
                xs += sh.ToXML()+"\n";
            }
            // 添加 XML 结束标签
            xs += "</xml>";
            return(xs);
        }
    }
}
```

5. 接下来，需要添加一些代码到 TargetCamera 类：

```
public class TargetCamera : MonoBehaviour {
    public bool editMode = true;
    public GameObject fpCamera; // 第一人称 Camera

    public bool ________________;

    public int shotNum;
    public GUIText shotCounter, shotRating;
    public GUITexture checkMark;

    void Start() {
        //查找 GUI 组件
        GameObject go = GameObject.Find("ShotCounter");
        shotCounter = go.GetComponent<GUIText>();
        go = GameObject.Find("ShotRating");
        shotRating = go.GetComponent<GUIText>();
        go = GameObject.Find("_Check_64");
        checkMark = go.GetComponent<GUITexture>();
        //隐藏 checkMark
        checkMark.enabled = false;

        //从 PlayerPrefs 加载所有 shots
        Shot.LoadShots();
        //如果有 shots 存储在 PlayerPrefs
        if (Shot.shots.Count>0) {
            shotNum = 0;
            ShowShot(Shot.shots[shotNum]);
        }

        //隐藏光标（注：只有 Game 面板设置为游戏模式下最大尺寸时才生效）
        Screen.showCursor = false;
    }

    void Update () {
```

```
        ...
        if (Input.GetMouseButtonDown(0)) { //鼠标左键
            ...
            Utils.tr( sh.ToXML() );

            // 记录新的 shot
            Shot.shots.Add(sh);
            shotNum = Shot.shots.Count-1;

        }

        //键盘输入
        //使用Q和E圈住Shots
        //注：如果Shot.shots为空，则各自抛出一个错误
        if (Input.GetKeyDown(KeyCode.Q)) {
            shotNum--;
            if (shotNum < 0) shotNum = Shot.shots.Count-1;
            ShowShot(Shot.shots[shotNum]);
        }
        if (Input.GetKeyDown(KeyCode.E)) {
            shotNum++;
            if (shotNum >= Shot.shots.Count) shotNum = 0;
            ShowShot(Shot.shots[shotNum]);
        }
        //如果在editMode下并且左Shift键被按下......
        if (editMode && Input.GetKey(KeyCode.LeftShift)) {
            //使用Shift+S保存
            if (Input.GetKeyDown(KeyCode.S)) {
                Shot.SaveShots();
            }
            //使用Shift+X向控制台输出XML
            if (Input.GetKeyDown(KeyCode.X)) {
                Utils.tr(Shot.XML);
            }
        }

        //更新GUITexts
        shotCounter.text = (shotNum+1).ToString()+" of "+Shot.shots.Count;
        if (Shot.shots.Count == 0) shotCounter.text = "No shots exist";
        // ^ Shot.shots.Count不需要.ToString()，因为+运算符的左边为字符串时它以具备
该功能
        shotRating.text = "";      //此行将在后面被替换
    }
    ...
}
```

6. 现在，只要单击Play按钮就会看到已经没有射击点存在了。环绕场景并使用鼠标左键来瞄准8个感兴趣的射击点。通过按Q和E键可以切换射击点。

如果给玩家一个特定的对象来定位并且给他们一些关于场景结构的提示（如与侧面或图像的角落对齐的物体），会更容易找到匹配的射击点。在保存一些感兴趣的射击点后，按 Shift+S（使用 Shift 左键）组合键，控制台窗口显示你已经将射击点保存到了 PlayerPrefs。单击 Play 按钮停止播放，然后再按一次重新开始游戏。你会看到这次从 Player Prefs 正确加载了所有射击点。

图 34-8 显示了笔者提取的 8 个射击点。

图 34-8　环绕场景的 8 个射击点

7. 保存场景。记住，随时保存你的场景。

OnDrawGizmos()的两种用法

Gizmos 是 Unity 的 Scene 面板中很常见的各种屏幕图标和工具集合。包括轴装置（显示场景视图方位）和所有灯光的图标等。Gizmos 也可以被用来作为一个调试工具使得开发者可以绘制简单的形状。我们将添加一个 DEBUG 工具到 TargetCamera，如果勾选，OnDrawGizmos()将在 Scene 面板中绘制每一个射击点的信息。

在 TargetCamera 类末尾添加下面的代码：

```
public class TargetCamera : MonoBehaviour {
    …

    //任何时候需要使用 Gizmos 绘制时都会调用 OnDrawGizmos()，即使 Unity 没有运行!
    public void OnDrawGizmos() {
        List<Shot> shots = Shot.shots;
        for (int i=0; i<shots.Count; i++) {
            Gizmos.color = Color.green;
            Gizmos.DrawWireSphere(shots[i].position, 0.5f);
            Gizmos.color = Color.yellow;
            Gizmos.DrawLine( shots[i].position, shots[i].target );
            Gizmos.color = Color.red;
            Gizmos.DrawWireSphere(shots[i].target, 0.25f);
        }
    }
}
```

现在运行场景，你会看到 Scene 面板弹出小的 gizmos，就像图 34-9 所示的那样，当瞄准射击点并且摄像机 Physics.Raycast()的红色球体撞到某个物体时，摄像机的位置出现一个绿色线框球体。如果你看到某个射击点有一个在点 0,0,0 位置的红色球体（在地图右下角靠近_FPC 开始的地方），这意味着 Physics.Raycast()没有撞到任何东西，那应该更换射击点。

图 34-9　Gizmos 显示环绕场景的 8 个射击点。请注意图像是顺时针旋转了 90°以更好地适应页面

说到更换射击点，现在，我们没有办法在 PlayerPrefs 中删除入口。为此，我们将使用另一个 OnDrawGizmos()特性。如代码清单注释所示，任何时候需要使用 gizmos 绘制时都会调用 OnDrawGizmos()，所以我们可以利用这点运行小代码，即使并未运行 Unity。

1. 在 Shot 类末尾添加以下 DeleteShots()方法。

```
public class Shot { // Shot 未扩展 MonoBehaviour
    ...
    //从 Shot.shots 和 PlayerPrefs 删除 Shot
    static public void DeleteShots() {
        shots = new List<Shot>();
        if (PlayerPrefs.HasKey(prefsName)) {
            PlayerPrefs.DeleteKey(prefsName);
            Utils.tr("PlayerPrefs."+prefsName+" has been deleted.");
        } else {
            Utils.tr("There was no PlayerPrefs."+prefsName+" to delete.");
        }
    }
}
```

2. 下一步，在 TargetCamera 顶部添加一个 bool 变量 checkToDeletePlayerPrefs，并在 TargetCamera.OnDrawGizmos()末尾添加如下粗体代码。

```
public class TargetCamera : MonoBehaviour {
    ...

    public GameObject fpCamera; // 第一人称 Camera

    public bool checkToDeletePlayerPrefs = false;

    public bool _______________;
    ...

    //任何时候需要使用 Gizmos 绘制时都会调用 OnDrawGizmos()，即使 Unity 没有运行!
    public void OnDrawGizmos() {
        ...
        //如果勾选 checkToDeletePlayerPrefs
        if (checkToDeletePlayerPrefs) {
            Shot.DeleteShots();  //删除所有 shot
            //取消勾选 checkToDeletePlayerPrefs
            checkToDeletePlayerPrefs = false;
            shotNum = 0; // Set shotNum to 0
        }
    }
}
```

现在，即使不运行 Unity，如果在检查器中勾选 TargetCamera 字段旁边的 checkToDeletePlayerPrefs 框，Unity 将从 PlayerPrefs 中删除 prefs，并在控制台提示你已经完成删除，然后在检查器中取消勾选 checkToDeletePlayerPrefs。如果选择使用这个功能需要非常小心，但在这种情况下它真的很有用。

测试 checkToDeletePlayerPrefs（并且应该这样做），现在继续下一步之前你需要去采集一些射击点并保存。

替换单个射击点

现在，你可以同时删除所有射击点，但如果想只更换一个射击点呢？

1. 添加下面的静态方法到 Shot 类末尾。

```
public class Shot { // Shot 未扩展 MonoBehaviour
    ...

    //替换 shot
    static public void ReplaceShot(int ndx, Shot sh) {
        //确保替换标识有一个 Shot
        if (shots==null || shots.Count <= ndx) return;
        //移除旧的 Shot
        shots.RemoveAt(ndx);
        // List<>.Insert()为列表的具体标识添加内容
```

```
            shots.Insert(ndx,sh);

            Utils.tr("Replaced shot:", ndx, "with", sh.ToXML());
        }
}
```

2. 现在按如下方式修改 TargetCamera。这将涉及几处对`//Mouse Input`部分代码的修改，所以把整个部分都包含了。

```
public class TargetCamera : MonoBehaviour {
    …

    void Update () {
        Shot sh;
        //鼠标输入
        //如果在该结构中按下鼠标左键或右键……
        if (Input.GetMouseButtonDown(0) || Input.GetMouseButtonDown(1)) {
            sh = new Shot();
            //抓取 fpCamera 的位置和旋转
            sh.position = fpCamera.transform.position;
            sh.rotation = fpCamera.transform.rotation;
            //从摄像机射出光束看能击中什么
            Ray ray = new Ray(sh.position, fpCamera.transform.forward);
            RaycastHit hit;
            if ( Physics.Raycast(ray, out hit) ) {
                sh.target = hit.point;
            }

            if (editMode) {
                if (Input.GetMouseButtonDown(0)) {
                    // Left button records a new shot
                    Shot.shots.Add(sh);
                    shotNum = Shot.shots.Count-1;
                } else if (Input.GetMouseButtonDown(1)) {
                    // Right button replaces the current shot
                    Shot.ReplaceShot(shotNum, sh);
                    ShowShot(Shot.shots[shotNum]);
                }
            }

            // Position _TargetCamera with the Shot
            // ShowShot(sh); //注释掉或删除该行

        }

        //键盘输入
        …
    }
    …
}
```

3．播放场景并四处走动。

现在，只要_TargetCamera 检查器中的 editMode 被勾选，你可以右击替换任何不是特别喜欢的射击点。然后按 Shift+S 组合键保存更新的射击点列表。

目标窗口最大化

你可能已经注意到开发过程中查看小尺寸的目标窗口有点费劲。可以在运行时通过改变 Camera.rect 的值调整摄像机的屏幕显示窗口。试着为 TargetCamera 添加下面的代码。注意到目前仍然会在屏幕中间显示很小的_Crosshairs_12，有办法在目标窗口被放大时把它隐藏吗？

```
public class TargetCamera : MonoBehaviour {
    …

    public bool ________________;

    public Rect camRectNormal; //从 camera.rect 提取

    …

    void Start() {
        …
        Screen.showCursor = false;

        camRectNormal = camera.rect;
    }

    void Update () {
        …

        // 键盘输入
        …
        if (editMode && Input.GetKey(KeyCode.LeftShift)) { … }
        //按住 Tab 键最大化目标窗口
        if (Input.GetKeyDown(KeyCode.Tab)) {
            //按下 Tab 键时最大化
            camera.rect = new Rect(0,0,1,1);
        }
        if (Input.GetKeyUp(KeyCode.Tab)) {
            //释放 Tab 键时恢复正常尺寸
            camera.rect = camRectNormal;
        }
    }

}
```

下面添加玩家可见的模式。

对比射击点

如果要求玩家瞄准已有的相同射击点，至关重要的是编写一个好的 `Shot comparison` 函数来对玩家的射击点和目标射击点进行比较。我们将要使用的比较方法既可以用于比较瞄准射击时摄像机的位置，也可以用于比较被摄像机 `Physics.Raycast()` 光束打中的位置。我们不会比较两个射击点的旋转，因为如果玩家没有站在完全正确的位置，他不得不从原始射击点旋转一些，从视觉上看到正确的对象，如图 34-10 所示。

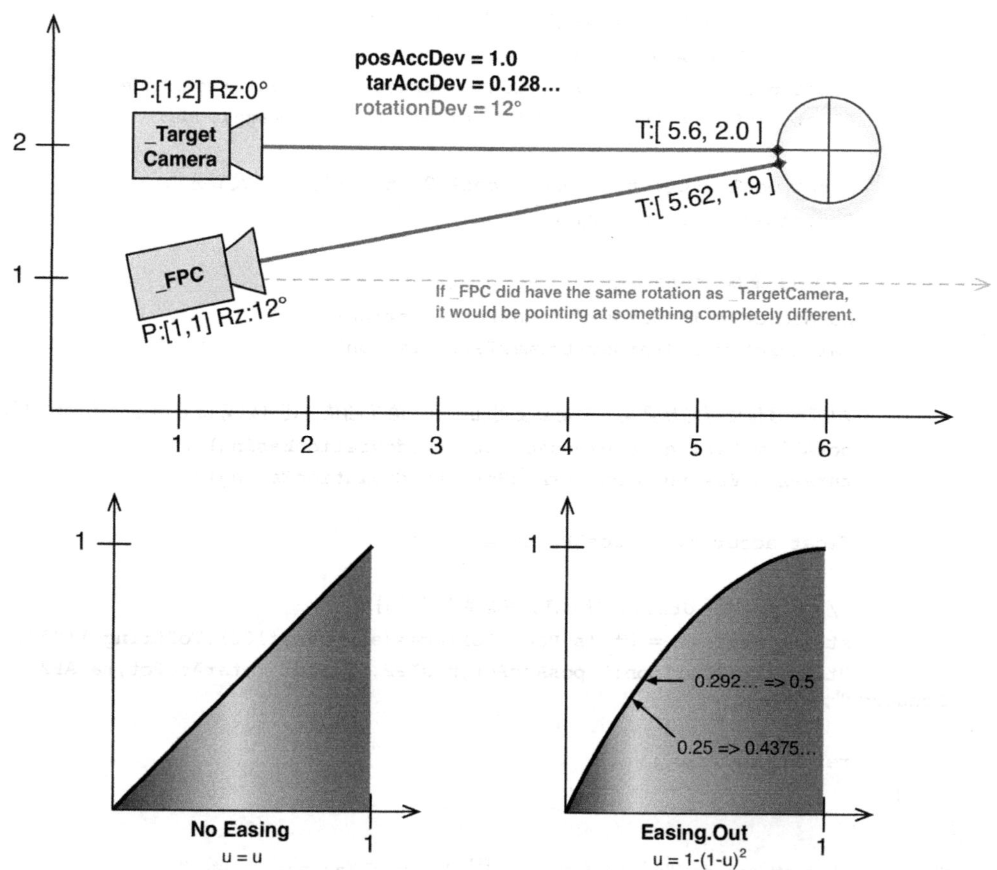

图 34-10　这里的 2D 效果演示了为什么我们要比较摄像机的位置和目标位置，而不是对比摄像机旋转。还展示了使用 Easing.Out 对精度百分比的影响

下面的代码可以看到使用了 `Easing.Ease()` 函数在精度百分比返回之前执行 Easing.Out。因为 Easing.Out 是最常用于内插和移动的，它可用于曲线或改变任何可能在 0 和 1 之间的数字（如我们所计算的精度百分比）。如图 34-10 所示，使用 Easing.Out（即函数 $u = 1 - (1 - u)^2$）将曲线的结果显示在图的右下角。这将使更多区域获得好的百分比值，同时在同一点上降低其百分比为 0 作为原点，以适应摄像机在极端困难位置时的获得的正确位置，同时仍然限制从 `maxPosDeviation` 和 `maxTarDeviation` 到正确位置的偏差半径。笔者在游戏设计工作中经常使用 easing。你可以在附录 B“实用概

念”的“插值”内容阅读更多关于它的信息。

在 Shot 类末尾添加下面的静态方法来比较两个射击点。这里的代码要引用一些我们将在检查器的_TargetCamera 中设置的变量，因此，随后我们将为 TargetCamera 添加一个单例来简化：

```
public class Shot { // Shot 未扩展 MonoBehaviour
    …

    //比较 2 个射击点。1 为完美匹配，<0 则无效
    public static float Compare(Shot target, Shot test) {
        //同时获得摄像机和 Raycast hit
        float posDev = (test.position - target.position).magnitude;
        float tarDev = (test.target - target.target).magnitude;

        float posAccPct, tarAccPct, posAP2, tarAP2; //精度百分比
        TargetCamera tc = TargetCamera.S;

        //获取精度值，1 为百分之百，0 为勉强 ok
        posAccPct = 1-(posDev/tc.maxPosDeviation);
        tarAccPct = 1-(tarDev/tc.maxTarDeviation);

        //弯曲该值使得容度更高。与动画使用相同的。除了插值，还可以弯曲 0 和 1 之间的任何值
        posAP2 = Easing.Ease(posAccPct, tc.deviationEasing);
        tarAP2 = Easing.Ease(tarAccPct, tc.deviationEasing);

        float accuracy = (posAP2+tarAP2)/2f;

        //记住可以使用 Utils 很好地将数字格式化为字符串
        string accText = Utils.RoundToPlaces(accuracy*100).ToString()+"%";
        Utils.tr("Position:",posAccPct,posAP2,"Target:",tarAccPct,tarAP2,
"Accuracy",accText);

        return(accuracy);
    }
}
```

现在，为 TargetCamera 加入粗体代码使用 Slot.Compare()函数：

```
public class TargetCamera : MonoBehaviour {
    static public TargetCamera S;

    public bool editMode = true;
    public GameObject fpCamera; //第一人称 Camera
    // Shot.position 允许的最大偏离量
    public float maxPosDeviation = 1f;
    // Shot.target 允许的最大偏离量
    public float maxTarDeviation = 0.5f;
    //用于偏离量的 Easing
    public string deviationEasing = Easing.Out;
```

```
public bool checkToDeletePlayerPrefs = false;

public bool ________________;

public Rect camRectNormal; //从 camera.rect 导出
public int shotNum;
public GUIText shotCounter, shotRating;
public GUITexture checkMark;
public Shot lastShot;

void Awake() {
    S = this;
}

...

void Update () {
    ...
    if (Input.GetMouseButtonDown(0) || Input.GetMouseButtonDown(1)) {
        ...

        if (editMode) {
            if (Input.GetMouseButtonDown(0)) {
                //左键记录新的 shot
                Shot.shots.Add(sh);
                shotNum = Shot.shots.Count-1;
            } else {
                //邮件替换当前 shot
                Shot.ReplaceShot(shotNum, sh);
                ShowShot(Shot.shots[shotNum]);
            }
            //编辑 shots 时重置玩家信息
            ResetPlayerShotsAndRatings();
        } else {
            //基于当前 Shot 对本地 shot 进行测试
            float acc = Shot.Compare( Shot.shots[shotNum], sh );
            lastShot = sh;
        }
    }
    ...
}

...

//任何时候需要使用 Gizmos 绘制时都会调用 OnDrawGizmos()，即使 Unity 没有运行!
public void OnDrawGizmos() {
    ...
```

```
        //显示玩家最近的射击点
        if (lastShot != null) {
            Gizmos.color = Color.green;
            Gizmos.DrawSphere(lastShot.position, 0.25f);
            Gizmos.color = Color.white;
            Gizmos.DrawLine( lastShot.position, lastShot.target );
            Gizmos.color = Color.red;
            Gizmos.DrawSphere(lastShot.target, 0.125f);
        }
    }
}
```

确保对检查器中_TargetCamera 的 `TargetCamera.editMode` 设置为 false，然后单击 Play 按钮。接着应该能够在游戏中四处走动了并使用 Q 和 E 键选择不同的目标射击点。与瞄准点保持一条线然后单击鼠标左键进行测试射击。控制台面板将显示你的精准度信息，此时 Scene 面板应该会跳出一个新的辅助工具显示最新瞄准的射击点。如果你总是不能准确瞄准特定点，可以使用这个辅助工具来确认是否是因为你的位置或瞄准目标引起的问题。然后适当调整 `maxPosDeviationand` 和 `maxTarDeviation` 帮助玩家的射击。

记录并显示玩家进度

现在已经可以对射击点进行正确对比了，接下来向玩家显示他在游戏中处于何种状态。为 TargetCamera 添加如下粗体代码：

```
public class TargetCamera : MonoBehaviour {
    …
    public string deviationEasing = Easing.Out;
    public float passingAccuracy = 0.7f;
    …
    public Shot lastShot;
    public int numShots;
    public Shot[] playerShots;
    public float[] playerRatings;

    …

    void Start() {
        …
        //从 PlayerPrefs 加载所有射击点
        Shot.LoadShots();
        //如果 PlayerPrefs 中存有射击点
        if (Shot.shots.Count>0) {
            shotNum = 0;
            ResetPlayerShotsAndRatings();
            ShowShot(Shot.shots[shotNum]);
        }
        …
    }
```

```
    void ResetPlayerShotsAndRatings() {
        numShots = Shot.shots.Count;
        //使用默认值初始化playerShots & playerRatings
        playerShots = new Shot[numShots];
        playerRatings = new float[numShots];
    }

    void Update () {
        ...
        if (Input.GetMouseButtonDown(0) || Input.GetMouseButtonDown(1)) {
            ...
            if (editMode) {
                if (Input.GetMouseButtonDown(0)) {
                    ...
                    ShowShot(Shot.shots[shotNum]);
                }
                //编辑shot时重置玩家信息
                ResetPlayerShotsAndRatings();
            } else {
                //基于当前Shot对本地shot进行测试
                float acc = Shot.Compare( Shot.shots[shotNum], sh );
                lastShot = sh;
                playerShots[shotNum] = sh;
                playerRatings[shotNum] = acc;
            }

        }

        //更新GUITexts
        shotCounter.text = (shotNum+1).ToString()+" of "+Shot.shots.Count;
        if (Shot.shots.Count == 0) shotCounter.text = "No shots exist";
        // ^ Shot.shots.Count不需要.ToString()，因为+运算符的左边为字符串时它以具备
该功能
        // shotRating.text = ""; //注释掉该行

        if (playerRatings.Length > shotNum && playerShots[shotNum] != null) {
            float rating = Mathf.Round(playerRatings[shotNum]*100f);
            if (rating < 0) rating = 0;
            shotRating.text = rating.ToString()+"%";
            checkMark.enabled = (playerRatings[shotNum] > passingAccuracy);
            // ^ >用于判断true或false
        } else {
            shotRating.text = "";
            checkMark.enabled = false;
        }
    }
    ...
}
```

现在单击 Play 按钮，瞄准射击点会在目标窗口右下角显示射击点额定值，如果额定值高于_TargetCamera 的 passingAccuracy，勾选标志也将出现在右上角。

添加快照声音和视觉效果

为了看起来更像是玩家在拍摄，我们需要添加快门声音和视觉效果。

添加音频源

在 Hierarchy 中选择_TargetCamera，并在菜单栏中执行 Component > Audio > Audio Source 命令。按照名字提示，Audio Source 组件在场景中生成声音。Audio Source 组件已出现在检查器中，单击目标图标右侧的 Audio Clip 字段并在 Project Assets 中只选择音频剪辑：*camera-shutter-click-03*。现在 Unity 在 Audio Clip 字段下面显示“This is a 3D Sound”。

Unity 有 3D 和 2D 声音。2D 是经常使用的常规立体声响（如听音乐的时候）。无论 Audio Source 在场景何处，2D 声音对玩家都是一样的。3D 声音相比的话，基于与 Audio Listener 的距离而变化（这个游戏中 FPCamera 上的组件作为麦克风使用），靠近或远离 Audio Listener 时甚至会产生多普勒效应（如汽车的警报声将随着距离近或远而改变音高）。3D 声音在一些游戏中是很加分的，但这个原型中我们真的不需要使用；我们希望无论玩家在哪里，相机快门的声音听起来是相同的。

所以，在检查器中单击 *camera-shutter-click-03* 名称使其在 Project 面板高亮。然后在 Project 面板选中它显示 *camera-shutter-click-03* 的导入设置。取消勾选 3D Sound 旁边的框（设置为 false）并单击 Apply 按钮。现在，在 Hierarchy 选择_TargetCamera，Audio Source 组件现在显示 camera-shutter-click-03 是 2D 声音。请确认 Audio Source 组件中勾选了 Bypass Effects 而 Play On Awake 未选中（如果 *Play On Awake* 为 true，它使得场景一开始摄像机就播放声音）。

添加快门视觉效果

Project 面板中，在 Textures 文件夹下选择名为_White 的文本。然后在菜单栏中执行 Game Object > Create Other > GUI Texture 命令。这将在 Hierarchy 中生成一个新的 GUITexture，名为_White。重命名为 WhiteOut，使之与 Hierarchy 已有的_White 进行区分。然后设置如下：

```
WhiteOut  (GUITexture)  P:[0.5,0.5,0]  R:[0,0,0]  S:[1,1,0]
Layer:  _TargetCamera
Pixel Inset:  [ x:0, y:0, w:0, h:0 ]
```

现在目标窗口应该完全填充为白色。任何时候目标窗口中的射击点发生变化，WhiteOut 将闪动以引起玩家注意。

音频和视觉效果代码

将下面的代码添加到 TargetCamera 类，使用 Audio Source 和 WhiteOut。注意我们用于延迟行动的两个不同策略：Invoke()和创建协程。

```
public class TargetCamera : MonoBehaviour {
    ...
    public Shot[] playerShots;
    public float[] playerRatings;
    public GUITexture whiteOut;

    void Start() {
        //查找 GUI 组件
        ...
        checkMark = go.GetComponent<GUITexture>();
        go = GameObject.Find ("WhiteOut");
        whiteOut = go.GetComponent<GUITexture>();
        //隐藏 checkMark 和 whiteOut
        checkMark.enabled = false;
        whiteOut.enabled = false;

        ...
    }

    void Update () {
        Shot sh;

        //鼠标输入
        //如果在该结构按下鼠标左键或右键...
        if (Input.GetMouseButtonDown(0) || Input.GetMouseButtonDown(1)) {
            ...

            if (editMode) {
                ...
            } else {
                //基于当前 Shot 对本地 shot 进行测试
                float acc = Shot.Compare( Shot.shots[shotNum], sh );
                lastShot = sh;
                playerShots[shotNum] = sh;
                playerRatings[shotNum] = acc;
                //显示玩家刚瞄准的射击点
                ShowShot(sh);
                //等待 1 秒后返回当前射击点
                Invoke("ShowCurrentShot",1);
            }
            //播放快门声音
            this.GetComponent<AudioSource>().Play();
        }
        ...
    }

    public void ShowShot(Shot sh) {
        //调用 WhiteOutTargetWindow()使之处理自己的计时
```

```
        StartCoroutine( WhiteOutTargetWindow() );
        //使用 Shot 定位_TargetCamera
        this.transform.position = sh.position;
        this.transform.rotation = sh.rotation;
    }

    public void ShowCurrentShot() {
        ShowShot(Shot.shots[shotNum]);
    }

    //协程的另一个作用是我们在这里使用的 fire-and-forget 函数和延迟
    //WhiteOutTargetWindow()激活 whiteOut 持续 0.05 秒然后禁用它
    //将该延迟方法与上面使用的 Invoke("ShowCurrentShot",1f)进行对比
    public IEnumerator WhiteOutTargetWindow() {
        whiteOut.enabled = true;
        yield return new WaitForSeconds(0.05f);
        whiteOut.enabled = false;
    }

    ...

}
```

现在运行场景，应该感觉更像真实的拍照了。进行一次射击播放快门声音，WhiteOut 闪烁，显示 1 秒钟你刚才的射击，WhiteOut 再次闪烁，然后目标射击点显示你刚才射击得分。

34.4 小结

虽然本教程中的代码比前面的章节简单，笔者希望读者能有机会看到 Unity 中各种强大的视觉技术（Unity Free 也一样）。本书中的大部分教程项目都基于原型，因此它们看起来很像原型。基于这个项目，笔者希望向读者提供使游戏更完美的方法。

下一章的内容将回到原型风格图形，但它包含最复杂的用户交互和 XML 文件的读取。这可以多方位、进一步使用本章中学到的技巧。

下一步

这个原型向读者介绍了很多新的概念，并展示了如何在 Unity 之外获得漂亮的图形。下面是一些额外的内容，你可以添加到游戏使其更有趣。

1. 在主窗口的右上角添加一个计时器，计算玩家找到所有八张照片的时间。
2. 改变或创造一个新的游戏环境。当前环境为平的地板，但也没有必要为了这点而修改环境。
3. 如果改变环境（或改变当前环境），你可能需要考虑调整基于从 Shot.target 到 Shot.postion 距离的射击点对比度 maxTarDeviation。如果两者相距

甚远，应该允许更多的 maxTarDeviation。这在大型室外环境中是非常重要的。

4. 在环境中放置玩家必须寻找和拍摄的移动生物。向玩家呈现射击中的生物的位置和大小。在 Ubisoft 出品的真实有趣的摄影探索游戏 *Beyond Good & Evil* 中也有类似此类设置。

提示

使用 GameObject.Rendere.Bounds 获取围绕在生物周围的 3D 包围体，然后在 Bound 的中部调用 Camera.WorldToViewportPoint()来查找生物的视线位置。如果对象居中并且填充了相当数量的结构，那么向玩家提供射击点。为了遵循第三方规则（在线搜索"photography rule of thirds"），甚至需要向玩家呈现更多的射击点。

如果要使用 Unity Pro 添加在场景中移动的动态对象，确保检查器中有用于动态对象的 Mesh Renderer 组件并且设置 Use Light Probes 为 true。这样就可以在动态对象上使用如图 34-2 所示的灯光探测信息。

5. 添加玩家必须躲避的流动的守卫或灯光。相关信息可以在该环境参考的原始 Unity Stealth 教程中找到。在线搜索"Unity Stealth tutorial"就可以很方便找到。

第35章

游戏原型 8：*Omega Mage*

Omega Mage 是一个游戏原型，它混合了地牢探险游戏 *The Legend of Zelda* 或基于道具的拼写游戏 *Rogue*，以及一个可用于鼠标或触摸屏（Android，iOS 等）的接口。

这是本书的最后一个原型，也是最复杂的。最后会搭建一个完整的动作冒险游戏的框架。

35.1 准备工作：*Omega Mage* 原型

这个项目的 Unity 资源包包括一些属性、素材和脚本。因为已经有了在 Unity 中构建简单形状的经验，因此，本章不做这样的要求。需要做的是导入一系列预设件作为这个游戏的美工。

游戏概览

Omega Mage 是经典的地牢探索游戏，类似 *The Legend of Zelda* 和 *Rogue*。然而，在这个游戏中，主角是一个法师（Mage），可以召唤四种道具击败他的敌人。

图 35-1 所示的是原型完成时游戏所显示的样子。从屏幕左边开始 3/4 的_maincamera 区域显示自上而下拍摄动作时的视角，屏幕右边 1/4 的区域包含一个选择道具的简易物品栏。

Omega Mgee 的设计是基于触摸屏的平板电脑，所以玩家通过鼠标或触摸界面应该获得同样出色的交互效果。

玩家单击鼠标或用手指单击主区域的地面可以让游戏角色走到指定地点。单击物品栏区域的四个道具将选中其一（玩家此时将看到，所选道具会围绕着法师转）。单击中间的黑色“None”图标将清除已选中的道具。

在没有选定道具时单击和拖动会使法师继续向玩家光标（或触摸点）移动，直到玩家释放鼠标或抬起手指，法师将停止在那个点。如果选定了一个道具，在地面单击并拖动，法师会施放相应的法术（如图 35-1 所示的火术）。

点击敌人可攻击对方。如果玩家选择了道具，法师将施放该道具加持的法术。如果没有选择道具，点击敌人会把对方稍微推开。

图 35-1 *Omega Mage* 外观样例

修改 Unity 资源包中的 ProtoTools

对于这个原型，我们已经为 ProtoTools 目录添加了两个新的脚本：

- **PT_MonoBehaviour**：这个简单脚本只是为经常修改的嵌套域增加了一些快捷键，包括位置、本地位置、旋转、尺度、材料和颜色。如果你的脚本扩展的是这个而不是 MonoBehaviour，那么就可以获得这个小小的附加功能。
- **PT_Mover**：这个稍微复杂些的脚本可以让物体以基于时间的方式移动，它使用贝塞尔曲线改变原始材料的位置、旋转、尺度以及颜色。它是一个 PT_MonoBehaviour 子集，所以如果在你的脚本上扩展它，将获得 PT_MonoBehaviour 和 PT_Mover 功能。

本章项目设置

按照标准的项目创建流程，在 Unity 中创建一个新项目。如果你需要复习创建项目的标准流程，请参阅本书附录 A“项目创建标准流程”。在创建项目时，你会看到一个提示框，询问默认为 2D 还是 3D，在本项目中，应该选 3D。

- **项目名称**：OmegaMage。
- **下载并导入资源包**：打开 http://book.prototools.net，从 Chapter 35 页面下载。
- **场景名称**：_ OmegaMage _Scene_0。
- **项目文件夹**：从 Unity 资源包导出所有文件夹。
- **C#脚本名称**：只需导出到 ProtoTools 文件夹的脚本。
- **重命名**：将 Main Camera 重命名为_MainCamera。

在_Textures & Materials/cartoon6r.free.fr 文件夹中用于地面和墙壁砖的文本图像是由 Philippe Cizaire 制作的，并经过其允许使用和包含在 Unity 资源包中。关于更多 Philippe Cizaire 的信息请访问 http://cartoon6r.free.fr。

35.2 构建场景

与之前的原型不同，这个游戏使用可扩展标记语言（XML）和一系列三维墙壁砖建造游戏环境。双击 Resources 文件夹里面的 Rooms.xml 文件查看详细解释。游戏中房间布局采用的文本的灵感来自于经典冒险游戏 *Rogue*，它通过显示与 Rooms.xml 文件文本相似的 ASCII 风格的玩家、敌人和地牢，成为首批“图形化”游戏之一。

在这个原型中，我们需要从 Rooms.xml 读取 XML 数据并解析成可构建 3D 墙壁砖的信息（使用_Prefabs 文件夹的 TilePrefab），通过_MainCamera 的 LayoutTiles 脚本完成，和 TilePrefab 的 Tile 小脚本一致。这里将使用_MainCamera:LayoutTiles 检查器的域来定义 3D 墙壁砖的文本。

首先，在__Scripts 文件夹创建一个新的 C#脚本，命名为 Tile，并将它添加到 Prefabs 文件夹的 TilePrefab。在 MonoDevelop 中打开 Tile 脚本，并输入下列代码：

```
using UnityEngine;
using System.Collections;

public class Tile : PT_MonoBehaviour {
//公共变量
public string type;

//私有变量
private string _tex;
private int _height = 0;
private Vector3 _pos;

// get{}和 set{}属性

// height 上下移动 Tile。墙体为 height=1
public int height {
get { return( _height ); }
set {
_height = value;
AdjustHeight();
}
}

//基于字符串设置墙壁砖文本
//需要请求 LayoutTiles，因此在此注释
/*                                        // 1
public string tex {
get {
```

```
return( _tex );
}
set {
_tex = value;
name = "TilePrefab_"+_tex; //设置此游戏对象名称
Texture2D t2D = LayoutTiles.S.GetTileTex(_tex);
if (t2D == null) {
Utils.tr("ERROR","Tile.type{set}=",value,
"No matching Texture2D in LayoutTiles.S.tileTextures!");
} else {
renderer.material.mainTexture = t2D;
}
}
}
*/                                          // 2

//用"new"关键字替代从 PT_MonoBehaviour 中继承的 pos 方法
//不使用"new"关键字，则两个属性会发生冲突
new public Vector3 pos {
get { return( _pos ); }
set {
_pos = value;
AdjustHeight();
}
}

//方法
public void AdjustHeight() {
//基于_height 变量上下移动墙壁砖
Vector3 vertOffset = Vector3.back*(_height-0.5f);
//-0.5f 操作使得 Tile 向下移动 0.5 个单元，当 pos.z=0 并且 height=0 时顶部接口在 z=0 的位置
transform.position = _pos+vertOffset;
}
}
```

1. 这是一个多行注释的开始，从当前开始对编译器隐藏 tex 属性。

2. 这是隐藏了 tex 的多行注释的结束。

你会发现 tex 属性是注释掉的。这是因为需要使用 LayoutTiles 脚本来替代以便能正确编译。在输入了预编代码并确保都能通过编译之后，在__Scripts 文件夹中创建一个新的名为 *LayoutTiles* 的脚本并附加到_MainCamera 上。然后，删除 tex 属性前后的多行注释（/ * 和* /）。Unity 将抛出一个编译错误（Assets/__Scripts/Tile.cs(31,53): error CS0117: 'LayoutTiles' does not contain a definition for 'S'），但通过编写 LayoutTiles 脚本可修复错误。在 MonoBehaviour 下打开 LayoutTiles 脚本并添加以下代码：

```
using UnityEngine;
using System.Collections;
using System.Collections.Generic;
```

```
[System.Serializable]
public class TileTex {
//该类可定义 tiles 的变量文本
public string str;
public Texture2D tex;
}

public class LayoutTiles : MonoBehaviour {
static public LayoutTiles S;

public TextAsset roomsText; // Rooms.xml 文件
public string roomNumber = "0"; //当前 room #作为一个字符串
// ^字符串 roomNumber 允许 XML& rooms 0-F 格式编码
public GameObject tilePrefab; //定义 Prefab 用于所有 Tiles
public TileTex[] tileTextures; // Tiles 的已命名文本列表

public bool ________________;

public PT_XMLReader roomsXMLR;
public PT_XMLHashList roomsXML;
public Tile[,] tiles;
public Transform tileAnchor;

void Awake() {
S = this; // 为 LayoutTiles 设置 Singleton 值

//创建一个新的 GameObject 为 TileAnchor（继承父类所有的 Tiles）
//这样使得 Tiles 在层次结构窗格中保持结构整齐
GameObject tAnc = new GameObject("TileAnchor");
tileAnchor = tAnc.transform;

//读取 XML
roomsXMLR = new PT_XMLReader(); //创建一个 PT_XMLReader 对象
roomsXMLR.Parse(roomsText.text); //解析 Rooms.xml 文件
roomsXML = roomsXMLR.xml["xml"][0]["room"]; //导出所有<room>

//建立第 0 个 Room
BuildRoom(roomNumber);
}

// Tile 使用的 GetTileTex()方法
public Texture2D GetTileTex(string tStr) {
//遍历所有的 tileTextures 查找指定字符串
foreach (TileTex tTex in tileTextures) {
if (tTex.str == tStr) {
return(tTex.tex);
}
}
```

```
//未找到则返回null
return(null);
}

//从XML <room>入口建立一个room对象
public void BuildRoom(PT_XMLHashtable room) {
//从<room>属性获取floors和walls的文本名
string floorTexStr = room.att("floor");
string wallTexStr = room.att("wall");
//基于Rooms.xml文件中返回的carriage值将room分行
string[] roomRows = room.text.Split('\n');
//从每行起始修剪制表符。但我们使用空格和下画线用于非长方形room
for (int i=0; i<roomRows.Length; i++) {
roomRows[i] = roomRows[i].Trim('\t');
}
//清空tiles数组
tiles = new Tile[ 100, 100 ]; //任何room的最大空间为100×100

//声明一些局部变量随后使用
Tile ti;
string type, rawType, tileTexStr;
GameObject go;
int height;
float maxY = roomRows.Length-1;

//循环遍历每个room的每行中的tile
for (int y=0; y<roomRows.Length; y++) {
for (int x=0; x<roomRows[y].Length; x++) {
//设置默认值
height = 0;
tileTexStr = floorTexStr;

//获取代表tile 的字符
type = rawType = roomRows[y][x].ToString();
switch (rawType) {
case " ": // 空格
case "_": // 空格
//仅跳过空格
continue;
case ".": // 默认floor
//保持type="."
break;
case "|": //默认wall
height = 1;
break;
default:
//任其他何都作为floor
type = ".";
```

```
break;
}

//基于<room>属性设置 floors 和 walls 文本
if (type == ".") {
tileTexStr = floorTexStr;
} else if (type == "|") {
tileTexStr = wallTexStr;
}

//初始化新的 TilePrefab 对象
go = Instantiate(tilePrefab) as GameObject;
ti = go.GetComponent<Tile>();
//设置父 Transform 为 tileAnchor
ti.transform.parent = tileAnchor;
//设置 tile 坐标
ti.pos = new Vector3( x, maxY-y, 0 );
tiles[x,y] = ti; //将 ti 添加到二维数组 tiles

//设置 Tile 的类型，高度和文本
ti.type = type;
ti.height = height;
ti.tex = tileTexStr;

//未完待续
}
}
}
}
```

所有代码都应该编译好了（现在 Tile 不再报错），但在_MainCamera:LayoutTiles 检查器正确工作之前需要添加一些东西。在 Hierarchy 面板中单击_MainCamera 并输入如图 35-2 所示的数据。

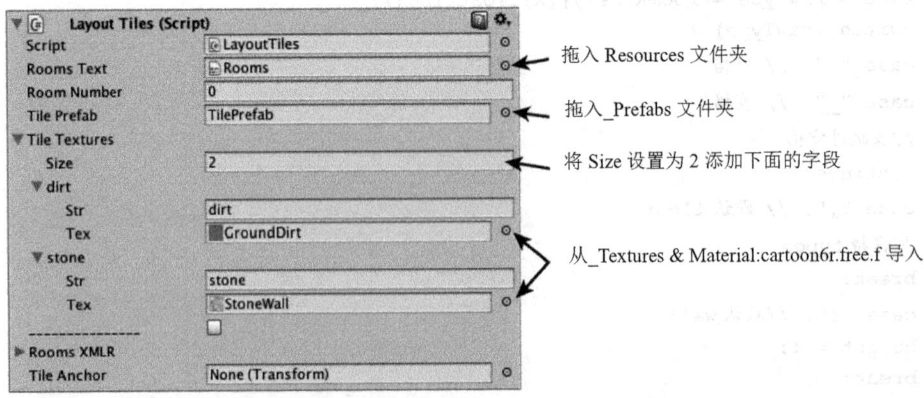

图 35-2　_MainCamera:LayoutTiles 检查器设置项

完成以上步骤后，单击 Play 按钮将建造一个房间。如果愿意，可以停止并修改检查器的_MainCamera:LayoutTiles.roomNumber 为其他有效值（0 - 8），再单击 Play 按钮查看地牢里其他房间。查看完所有的房间后一定要停止回放并设置 roomNumber 的值为 0。

你会注意到房间里现在很黑，但没关系，我们的法师将携带火把。

保存场景，永远记住要保存场景！

35.3　法师角色

将_Mage 从_Prefabs 文件夹拖入 Hierarchy 面板。这是为 *Omega Mage* 玩家角色设置的 GameObject。可以看到，_Mage 包含一个 Rigidbody 和 Capsule Collider 以及人体模型占位符和头顶光环。

在__Scripts 文件夹创建一个新的 C#脚本，命名为 Mage 并添加到 Hierarchy 面板_Mage 中。在 MonoDevelop 中打开 Mage 脚本输入下列代码：

```
using UnityEngine;
using System.Collections;
using System.Collections.Generic; //使用 List<>s
using System.Linq; //使用 LINQ 查询

// Mage 是 PT_MonoBehaviour 的一个子类
public class Mage : PT_MonoBehaviour {
static public Mage S;
void Awake() {
S = this; //设置 Mage Singleton
}
}
```

当然，随后我们会添加更多代码，但现在，需要正确定位房间里的_Mage。在 MonoBehaviour 打开 LayoutTiles 脚本并在紧接着“//未完待续”后面为 BuildRoom() 方法添加以下粗体代码：

```
public class LayoutTiles : MonoBehaviour {
…

//从 XML <room>入口建立一个 room 对象
public void BuildRoom(PT_XMLHashtable room) {
…

//循环遍历每个 room 每行中的 tile
for (int y=0; y<roomRows.Length; y++) {
for (int x=0; x<roomRows[y].Length; x++) {
…
ti.tex = tileTexStr;
```

```
//如果类型是 rawType，则继续下一个操作
if (rawType == type) continue;

//检查 room 中指定的对象实例
switch (rawType) { // 1
case "X": // Mage 的起始位置
Mage.S.pos = ti.pos; //使用 Mage Singleton
break;
}

//未完待续……
}
}
}
}
```

1. 在这个代码清单以前的版本中，它将把任何无法识别的 rawType 字符作为一个'.'处理（下角标）。这里，代码检查确认未识别的 rawType 是否为'X'（法师起始位置的字符）。

这将正确定位 Rooms.xml 文件 0 房间中_Mage 的 X 所在位置。现在是时候让_MainCamera 继承_Mage 了。在__Scripts 文件夹创建一个新的 C#脚本，命名为 CameraFollow 并将它附加到_MainCamera。在 MonoDevelop 中打开 CameraFollow 并输入以下代码：

```
using UnityEngine;
using System.Collections;

public class CameraFollow : PT_MonoBehaviour {
public static CameraFollow S;

public Transform targetTransform;
public float camEasing = 0.1f;
public Vector3 followOffset = new Vector3(0,0,-2);

void Awake() {
S = this;
}

void FixedUpdate() {
Vector3 pos1 = targetTransform.position+followOffset;
pos = Vector3.Lerp(pos, pos1, camEasing);
}
}
```

现在，回到检查器的 Unity 和 select _MainCamera。需要设置检查器_MainCamera:CameraFollow 中的 targetTransform。单击 Hierarchy 面板中_Mage 旁边的下拉按钮，然后展开 CharacterTrans 下拉菜单。可以看到 Spotlight 是 CharacterTrans 的一个子集。将 Spotlight 拖入检查器_MainCamera:CameraFollow 的

targetTransform 域中。这将导致_MainCamera 要略高于_Mage，因为 Spotlight 总是定位在先于_Mage 的地方。单击 Play 按钮应该可以看到这个结果。如果在 Hierarchy 面板中选择_Mage，那么场景将运行并调整检查器中 transform.rotation.z 的值，就在_Mage 前面应该可以看到摄像机追随着光束移动。

35.4　鼠标交互

因为我们想让这款游戏在计算机或基于触摸的移动设备上都可以播放，所有的交互都是基于简单的鼠标手势。它用于平板电脑应用，因为 Unity 会自动把平板电脑触摸转换成鼠标手势。

鼠标交互代码将添加到 Mage 脚本，它将使用一定数量的代码以完成一些初始化工作。为 Mage 脚本添加下面的代码：

```
using UnityEngine;
using System.Collections;
using System.Collections.Generic; //使用 List<>s
using System.Linq; //使用 LINQ 查询


// MPhase 枚举用于追踪鼠标交互的各阶段
public enum MPhase {
idle,
down,
drag
}

// MouseInfo 存储鼠标在各个交互结构中的信息
[System.Serializable]
public class MouseInfo {
public Vector3 loc; //鼠标靠近 z=0 的 3D 矢量 loc
public Vector3 screenLoc; //鼠标的屏幕位置
public Ray ray; //从鼠标变换为 3D 空间的光束
public float time; //记录本地 mouseInfo 的时间信息
public RaycastHit hitInfo; //被光束击中的信息
public bool hit; //鼠标是否有单击操作

//下面的方法确认 mouseRay 是否单击任何内容
public RaycastHit Raycast() {
hit = Physics.Raycast(ray, out hitInfo);
return(hitInfo);
}

public RaycastHit Raycast(int mask) {
hit = Physics.Raycast(ray, out hitInfo, mask);
return(hitInfo);
}
```

```
}

// Mage 是 PT_MonoBehaviour 的一个子类
public class Mage : PT_MonoBehaviour {
static public Mage S;
static public bool DEBUG = true;

public float mTapTime = 0.1f; //定义单击长度
public float mDragDist = 5; //定义拖动的最小像素距离

public float activeScreenWidth = 1; //屏幕使用的%

public bool ________________;

public MPhase mPhase = MPhase.idle;
public List<MouseInfo> mouseInfos = new List<MouseInfo>();

void Awake() {
S = this; // 设置Mage Singleton
mPhase = MPhase.idle;
}

void Update() {
// Find whether the mouse button 0 was pressed or released this frame
bool b0Down = Input.GetMouseButtonDown(0);
bool b0Up = Input.GetMouseButtonUp(0);

//在这里处理所有的输入（物品栏按钮除外）
/*
只有如下的可能动作:                                    // 1
1. 单击地面的指定点
2. 没有施用法术时从地面拖动到法师处
3. 施用法术时沿着地面拖动
4. 在敌人面前单击做攻击操作（或在没有道具辅助的情况下用力推）
*/

//使用 < 返回bool值的例子
bool inActiveArea = (float) Input.mousePosition.x / Screen.width <
activeScreenWidth;

//这里处理为if语句而不是switch语句，因为单击有时会发生在单结构中
if (mPhase == MPhase.idle) { //如果鼠标轮空
if (b0Down && inActiveArea) {
mouseInfos.Clear(); //清空mouseInfos
AddMouseInfo(); //添加第一个 MouseInfo

//如果鼠标有单击内容,则是有效的MouseDown
if (mouseInfos[0].hit) { //有东西被点中!
```

```
MouseDown(); //调用 MouseDown()
mPhase = MPhase.down; //设置 mPhase
}
}
}

if (mPhase == MPhase.down) { //如果鼠标左键按下
AddMouseInfo(); //添加该结构的 MouseInfo
if (b0Up) { //鼠标左键释放
MouseTap(); //单击动作
mPhase = MPhase.idle;
} else if (Time.time - mouseInfos[0].time > mTapTime) {
//如果按下长度超过单击的长度，则为拖动，但拖动应该具有一个确定的屏幕移动像素值
float dragDist = (lastMouseInfo.screenLoc -mouseInfos[0].screenLoc).magnitude;
if (dragDist >= mDragDist) {
mPhase = MPhase.drag;
}
}
}

if (mPhase == MPhase.drag) { //如果鼠标被拖动
AddMouseInfo();
if (b0Up) {
//鼠标左键释放
MouseDragUp();
mPhase = MPhase.idle;
} else {
MouseDrag(); //仍然处于拖动状态
}
}
}

//提取 Mouse 信息，添加到 mouseInfos 并返回
MouseInfo AddMouseInfo() {
MouseInfo mInfo = new MouseInfo();
mInfo.screenLoc = Input.mousePosition;
mInfo.loc = Utils.mouseLoc; //获取 z=0 时的鼠标位置
mInfo.ray = Utils.mouseRay; //通过鼠标光标从 Main Camera 获取光束

mInfo.time = Time.time;
mInfo.Raycast(); //默认值为未加工的 raycast

if (mouseInfos.Count == 0) {
//如果为第一个 mouseInfo
mouseInfos.Add(mInfo); //为 mouseInfos 添加 mInfo
} else {
float lastTime = mouseInfos[mouseInfos.Count-1].time;
if (mInfo.time != lastTime) {
```

```
//当最后一个 mouseInfo 超时
mouseInfos.Add(mInfo); //为 mouseInfos 添加 mInfo
}
//该时间测试很有必要，因为在一个结构中 AddMouseInfo()可能会被调用两次
}
return(mInfo); //同样返回 mInfo
}

public MouseInfo lastMouseInfo {
//访问最新的 MouseInfo
get {
if (mouseInfos.Count == 0) return( null );
return( mouseInfos[mouseInfos.Count-1] );
}
}

void MouseDown() {
//鼠标单击内容（可以是拖动或单击）
if (DEBUG) print("Mage.MouseDown()");
}

void MouseTap() {
//单击某对象如按钮
if (DEBUG) print("Mage.MouseTap()");
}

void MouseDrag() {
//拖动鼠标穿过
if (DEBUG) print("Mage.MouseDrag()");
}

void MouseDragUp() {
//鼠标拖动后释放
if (DEBUG) print("Mage.MouseDragUp()");
}
}
```

1. 由多行注释可知，只存在几种可能的鼠标交互：

　① 单击地面的指定点。

　② 没有施展法术时从地面拖动到法师处。

　③ 施展法术时沿着地面拖动。

　④在敌人面前单击做攻击操作（或在没有道具辅助的情况下用力推）。

在添加了这段代码之后，可单击 Play 按钮查看结果。如果用鼠标单击空白处（背景），什么也不会发生。单击任何物体会在控制台窗口产生一个“Mage.MouseTap()”消息。单击并保持（或拖动），将产生“Mage.MouseDrag()”消息，释放按键时产生

“Mage.MouseDragUp()” 消息。

if (DEBUG) print();语句只在静态 bool 变量 Mage.DEBUG 设置为 true 时打印。这样，当不再需要时可以很容易地屏蔽这些评论。

四类鼠标交互列在注释// 1 中，我们将先处理其中两种移动类型。

35.5　移动

当玩家单击地面时，法师应该移动到那里。首先使用 Rigidbody 来添加代码用于控制法师的移动（这将适当地产生碰撞）。为 Mage 类添加以下粗体代码。使得一个单击操作可移动_Mage：

```
public class Mage : PT_MonoBehaviour {
…
public float activeScreenWidth = 1; //屏幕使用%

public float speed = 2; // _Mage 行进速度

public bool ________________;

public MPhase mPhase = MPhase.idle;
public List<MouseInfo> mouseInfos = new List<MouseInfo>();

public bool walking = false;
public Vector3 walkTarget;
public Transform characterTrans;

void Awake() {
S = this; // 设置 Mage Singleton
mPhase = MPhase.idle;

//查询 characterTrans 以轮转 Face()
characterTrans = transform.Find("CharacterTrans");
}

…

void MouseTap() {
//单击某对象如按钮
if (DEBUG) print("Mage.MouseTap()");
WalkTo(lastMouseInfo.loc); //前进到最新的 mouseInfo 位置
}

void MouseDragUp() {
//拖动后释放鼠标
print("Mage.MouseDragUp()");
}
```

```
//前进到指定位置，position.z 通常为 0
public void WalkTo(Vector3 xTarget) {
walkTarget = xTarget; //设置将要前进的坐标点
walkTarget.z = 0; //强制设置 z=0
walking = true; //现在法师在移动
Face(walkTarget); //面向 walkTarget 方向
}

public void Face(Vector3 poi) { //面向焦点
Vector3 delta = poi-pos; //查找焦点的向量
//使用 Atan2 获取 Z 的旋转量，表明_Mage:CharacterTrans 在 X 轴的前进位置
float rZ = Mathf.Rad2Deg * Mathf.Atan2(delta.y, delta.x);
//设置 characterTrans 的旋转量（实际并不旋转_Mage）
characterTrans.rotation = Quaternion.Euler(0,0,rZ);
}

public void StopWalking() { //停止_Mage 的前进
walking = false;
rigidbody.velocity = Vector3.zero;
}

void FixedUpdate () { //发生在每个物理步骤（即 50 次/秒）
if (walking) { //如果法师前进
if ( (walkTarget-pos).magnitude < speed*Time.fixedDeltaTime ) {
//如果法师非常靠近 walkTarget，就停在当前
pos = walkTarget;
StopWalking();
} else {
//否则，向 walkTarget 移动
rigidbody.velocity = (walkTarget-pos).normalized * speed;
}
} else {
//如果不前进，则 velocity 设置为 zero
rigidbody.velocity = Vector3.zero;
}
}

void OnCollisionEnter( Collision coll ) {
GameObject otherGO = coll.gameObject;
//撞击墙体也可停止行进
Tile ti = otherGO.GetComponent<Tile>();
if (ti != null) {
if (ti.height > 0) { //如果 ti.height > 0
//那么该 ti 为墙体，并且法师停住
StopWalking();
}
}
```

```
}
}
```

现在，单击 Play 按钮，法师会走到你单击的那点上。然而，如果能给玩家多一点关于单击的反馈是比较好的。

增加单击指示器

在__Scripts 文件夹创建一个新的 C#脚本，命名为 TapIndicator 并将其拖到_Prefabs 文件夹的 TapIndicator 中。然后在 MonoDevelop 打开 TapIndicator 脚本并输入下面代码：

```
using UnityEngine;
using System.Collections;
using System.Collections.Generic;

/*
TapIndicator 利用 ProtoTools 中的 PT_Mover 类。它允许使用 Bezie 曲线改变位置，旋转，比例等。

你还会发现它为检查器添加了一些公有变量。
*/

public class TapIndicator : PT_Mover {

public float lifeTime = 0.4f; //持续时间
public float[] scales; //插入的比例
public Color[] colors; //插入的颜色

void Awake() {
scale = Vector3.zero; //最初隐藏指示器
}

void Start () {
// PT_Mover 基于 PT_Loc 类工作，包含关于位置，旋转，比例信息
//类似转换器但更简单（Unity 不期望用户创建转换器）

PT_Loc pLoc;
List<PT_Loc> locs = new List<PT_Loc>();
//通常是相同位置并且在 z=-0.1f 处
Vector3 tPos = pos;
tPos.z = -0.1f;

//在检查器中必须保持相同的比例和颜色
for (int i=0; i<scales.Length; i++) {
pLoc = new PT_Loc();
pLoc.scale = Vector3.one * scales[i]; //每个比例
pLoc.pos = tPos;
pLoc.color = colors[i]; //每个颜色
```

```
locs.Add(pLoc); //都添加到 locs
}

//回调是一种函数授权机制，当移动停止时调用 void function()函数
callback = CallbackMethod; //完成时调用 CallbackMethod()

//通过向贝塞尔曲线传递一系列 PT_Locs 和持续时间来初始化移动
PT_StartMove(locs, lifeTime);
}

void CallbackMethod() {
Destroy(gameObject); //移动完成，销毁（gameObject）
}
}
```

由代码可知创建了一个 fire-and-forget 对象。它被实例化时，设置了一条贝塞尔曲线插入规模和颜色（下面会在检查器中设置值），当 PT_Mover 完成，它调用 `CallbackMethod()`并销毁自己的 GameObject。

单击 Project 面板_Prefab 文件夹中的 TapIndicator，在检查器中输入如图 35-3 所示的值。

现在，在 MonoDevelop 打开 Mage 并添加以下代码来实例化 TapIndicator：

```
public class Mage : PT_MonoBehaviour {
…

public float mTapTime = 0.1f; //定义单击的长度
public GameObject tapIndicatorPrefab; //单击指示器的 Prefab
…

void MouseTap() {
//单击某东西如按钮
if (DEBUG) print("Mage.MouseTap()");

WalkTo(lastMouseInfo.loc); //前进到最新的 mouseInfo 位置
ShowTap(lastMouseInfo.loc); //显示玩家单击的地方
}

…

void OnCollisionEnter( Collision coll ) {
…
}

//显示玩家单击的地方
public void ShowTap(Vector3 loc) {
GameObject go = Instantiate(tapIndicatorPrefab) as GameObject;
go.transform.position = loc;
}
```

```
}
```

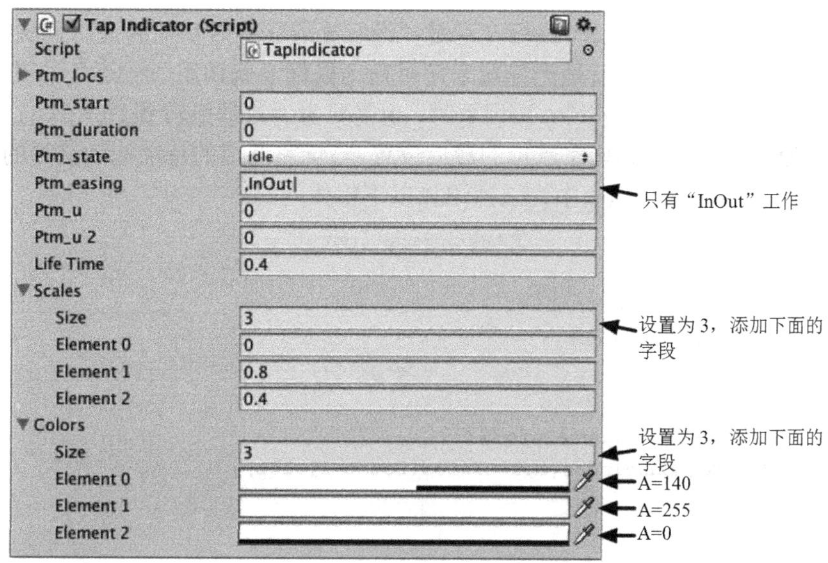

图 35-3　指示器设置项 TapIndicator :TapIndicator

配置 TapIndicator 最后一步是在_Mage:Mage 指示器中设置 `tapIndicatorPrefab` 字段。将 TapIndicator 从_Prefabs 文件夹拖到_Mage:Mage 的 `tapIndicatorPrefab` 字段，然后单击 Play 按钮。如图 35-4 所示，每次单击就应该能看到一个指示器。

图 35-4　游戏面板显示 *Omega Mage* 的当前进度

拖动移动

之前列出的第二类鼠标交互是“没有施展法术时从地面拖动到法师处”。这也很容易添加。需要做的就是无论玩家何时拖动鼠标，就调用 `WalkTo()`方法和一个新的位置。当 `MouseDragUp()`被调用时，也需要告诉法师跳转到 `StopWalking()`。否则，法师将继续移动到玩家鼠标的最后位置，与玩家期望的持续拖动法师的行进轨迹不太符合。在 MonoDevelop 中为法师添加以下粗体代码：

```
public class Mage : PT_MonoBehaviour {
…
void MouseDrag() {
//拖动鼠标穿过某对象
if (DEBUG) print("Mage.MouseDrag()");

//持续前往当前 mouseInfo 位置
WalkTo(mouseInfos[mouseInfos.Count-1].loc);
}

void MouseDragUp() {
//释放拖动的鼠标
if (DEBUG) print("Mage.MouseDragUp()");

//当拖动结束时停止前进
StopWalking();
}
…
}
```

该类鼠标交互很简单，但是剩下的两个比较困难，因为它们需要处理实施法术。对于施法，我们需要一个物品栏。

35.6 物品栏和选择道具

在图 35-1（在本章的开头）中，你看到了右边 1/ 4 屏幕有一个选择道具的界面。下面来创建这个界面。

首先在 Mage 脚本顶端的 `enum MPhase` 和 `MouseInfo` 类之间添加 `ElementType` 枚举。这样可以用名字或数字来表示道具（在下一个脚本你会看到，可以使用 typecast 将枚举转换为 int 型）。

```
using UnityEngine;
using System.Collections;
using System.Collections.Generic; //使用 List<>s
using System.Linq; //使用 LINQ 查询

// MPhase 枚举用于追踪鼠标交互的各个阶段
public enum MPhase {
…
```

```
}

// ElementType 枚举
public enum ElementType {
earth,
water,
air,
fire,
aether,
none
}

// MouseInfo 存储鼠标在各个交互结构中的信息
[System.Serializable]
public class MouseInfo {
…
}

// Mage 是 PT_MonoBehaviour 的一个子类
public class Mage : PT_MonoBehaviour {
…
}
```

在__Scripts 文件夹中创建一个新的 C# 脚本，并命名为 *ElementInventoryButton*。在 MonoDevelop 中打开并输入下面的代码：

```
using UnityEngine;
using System.Collections;

public class ElementInventoryButton : MonoBehaviour {

public ElementType type;

void Awake() {
//将 GameObject 名字的第一个字符解析为 int 型
char c = gameObject.name[0];
string s = c.ToString();
int typeNum = int.Parse(s);

//将 int 定型为 ElementType
type = (ElementType) typeNum;
}

void OnMouseUpAsButton() {
//告诉 Mage 添加此类道具
//Mage.S.SelectElement(type);
}
}
```

一旦保存并编译通过，从_Prefabs 文件夹切换回 Hierarchy 面板的 Unity 和 drag _InventoryCamera。此时应该定位在 P:[-100,0,0] R:[0,0,0] S:[1,1,1]。

打开 Hierarchy 面板中_InventoryCamera 旁边的三角形展开标志，然后将 ElementInventoryButton 脚本分别添加到子 GameObjects 0_Earth、1_Water、2_Air、3_Fire 和 5_None。单击 Play 按钮，将看到由于 `Awake()` 方法的使用，这些按钮的 `ElementInventoryBytton.type` 会对自身进行分配。当然也可以在检查器中将这些分配给自己，但笔者觉得对读者来说很重要的是知道可以将字符串转换为字符、整型、枚举。

调整双摄像机

正如你所见，_InventoryCamera 包括一个摄像机覆盖右边 1/4 的屏幕，并从_MainCamera 提供上面的图像。这是通过_InventoryCamera.Camera 检查器中的 `Viewport Rect` 和 `Depth` 字段控制的。在图 35-5 中可以看到分别用于_MainCamera 和_InventoryCamera 的检查器。_InventoryCamera 的 depth 为 0，大于_MainCamera 的默认 depth 值-1，所以_MainCamera 呈现在背景。然而，_MainCamera 依然集中在屏幕中间并且 1/4 的图像被_InventoryCamera 隐藏。改变_MainCamera 的 Viewport Rect 设置，如图 35-5 所示，此时_MainCamera 只会试图填补左边 3/4 的屏幕。此时最好为_MainCamera 选择一个不同的背景颜色（推荐颜色选择器中的[R 48，G 64，B：48]；Unity 忽略背景色的 alpha 设置项）。

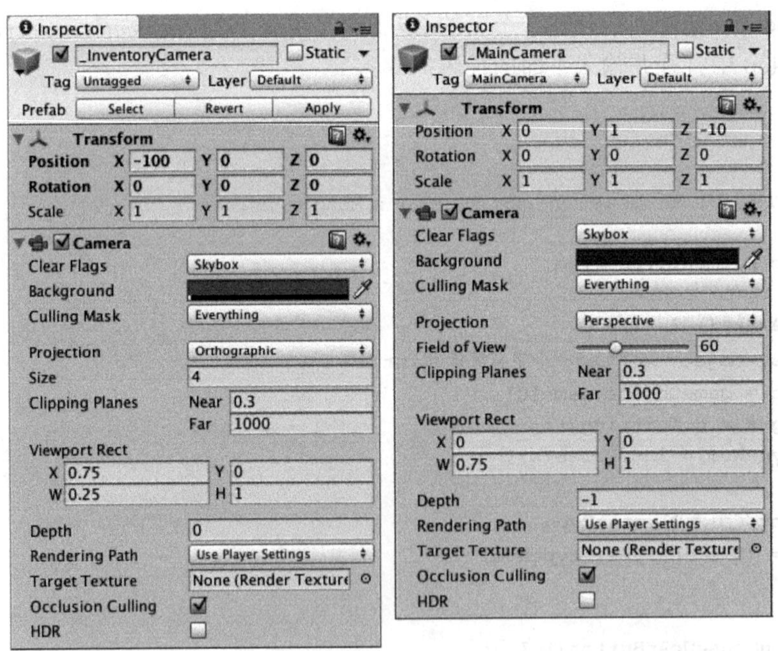

图 35-5 _InventoryCamera 和_MainCamera 的摄像机检查器

因为设计该原型时考虑到 iPad 应用，主屏幕以 4×3 纵横比浏览（早期 iPad 的分辨率是 1024×768，而 iPad Air 和 iPad Mini Retina 的屏幕分辨率都是 2048×1536）。选择游戏面板左上角的纵横比弹出菜单中的 4:3 选项，可以查看在 Unity 中的呈现的样子（如果选择的是 16:9，会看到木质物品栏背景的两侧有灰色条）。

要做的最后一个调整是让法师忽略任何来自右边 1/4 屏幕的单击或单击。在 Hierarchy 面板中选择法师，并设置 Mage（脚本）检查器的 `activeScreenWidth` 字段为 0.75。

选择道具

由 ElementInventoryButton 中的代码可知，需要为法师添加一个 `SelectElement()` 方法，用于选择一个道具并使它围绕在法师的头部。然而，在这之前，需要创建 `Element` 类并预设 Element_Sphere 游戏对象围绕法师。在__Scripts 文件夹创建一个新的 C#脚本，命名为 *Element* 并输入以下代码：

```
using UnityEngine;
using System.Collections;

public class Element : PT_MonoBehaviour {
public ElementType type;
}
```

正如你所看到的，代码不多，但它确实扩展了 PT_MonoBehaviour 类，其提供几个快捷键来访问修改 Element.gameObjects，并为每个快捷键添加一个名为 `type` 的 ElementType 字段。

现在，在 Unity 的项目窗格中，在_Prefabs 文件夹中查找四个 Element_Spheres。单击 Element_Sphere_Air 然后再单击 Shift-click Element_Sphere_Water，使得四个都被选中。在菜单栏中依次执行 Component > Scripts > Element 命令。这将同时为四个预设添加 Element 脚本。现在，单独选中每个预设并在检查器窗格中为之选择合适的 `Element.type`（例如，设置 Element_Sphere_Air 的 `type` 为 air）。

后面对游戏的进一步迭代中（超出本书的范围），可以同时选择多个道具创建不同的混合法术，Paradox Interactive 的一款名为 *Magicka* 的游戏已经可以做到，但你准备添加给法师的代码将与这个可行的扩展冲突，所以现在允许每次只能选择一个单一道具。为法师添加以下粗体代码实现道具选择：

```
public class Mage : PT_MonoBehaviour {
…
public float speed = 2; // _Mage 行进速度

public GameObject[] elementPrefabs; // Element_Sphere 预设
public float elementRotDist = 0.5f; //旋转半径
public float elementRotSpeed = 0.5f; //旋转周期
public int maxNumSelectedElements = 1;

public bool _______________;

…
public Transform characterTrans;

public List<Element> selectedElements = new List<Element>();
```

```
…
void Update() {
…
if (mPhase == MPhase.down) { //如果鼠标键按下
AddMouseInfo(); //为该结构添加一个 MouseInfo

if (b0Up) {
…
} else if (Time.time - mouseInfos[0].time > mTapTime) {
…
if (dragDist >= mDragDist) {
mPhase = MPhase.drag;
}

//如果没有道具被选中，mTapTime 一结束拖动就立即开始
if (selectedElements.Count == 0) {
mPhase = MPhase.drag;
}
}
}

if (mPhase == MPhase.drag) {
…
}

OrbitSelectedElements();
}

…

//显示玩家单击的地方
public void ShowTap(Vector3 loc) {
GameObject go = Instantiate(tapIndicatorPrefab) as GameObject;
go.transform.position = loc;
}

//选择 elType 的一个 Element_Sphere 并添加到 selectedElements
public void SelectElement(ElementType elType) {
if (elType == ElementType.none) { //如果没有道具
ClearElements(); //那么清空所有道具
return; //并返回
}

if (maxNumSelectedElements == 1) {
//如果只有一个可选，清空该道具
ClearElements(); //这样就可以替换
}
```

```
//不能同时选择数量超过 maxNumSelectedElements
if (selectedElements.Count >= maxNumSelectedElements) return;

//可以添加当前道具
GameObject go = Instantiate(elementPrefabs[(int) elType]) as GameObject;
// ^注意下行中的将 ElementType 转型为 int
Element el = go.GetComponent<Element>();
el.transform.parent = this.transform;

selectedElements.Add(el); //将 el 添加到 selectedElements 列表
}

//将 selectedElements 的所有道具清空并销毁它们的游戏对象
public void ClearElements() {
foreach (Element el in selectedElements) {
//销毁列表中的每个游戏对象
Destroy(el.gameObject);
}
selectedElements.Clear(); //并清空列表
}

//调用每个 Update()方法使道具围绕旋转
void OrbitSelectedElements() {
//没有任何选择就返回
if (selectedElements.Count == 0) return;

Element el;
Vector3 vec;
float theta0, theta;
float tau = Mathf.PI*2; // tau is 360° in radians (i.e. 6.283...)

//将圆圈划分到各个旋转道具
float rotPerElement = tau / selectedElements.Count;

//基于时间来设置旋转基础角度（theta0）
theta0 = elementRotSpeed * Time.time * tau;

for (int i=0; i<selectedElements.Count; i++) {
//确定每个道具的旋转角度
theta = theta0 + i*rotPerElement;
el = selectedElements[i];
//使用简单三角形将角度转换为单位矢量
vec = new Vector3(Mathf.Cos(tvheta),Mathf.Sin(theta),0);
//用 elementRotDist 乘以单位矢量
vec *= elementRotDist;
//拉升道具到腰部高度
vec.z = -0.5f;
el.lPos = vec; //设置 Element_Sphere 位置
```

```
        }
    }
}
```

一旦保存并编译通过，返回 Unity，选择 Hierarchy 面板中的_Mage。将看到新字段已经添加到 Mage(Script)检查器。打开 Element Prefabs 字段旁边的三角形展开标志并将它的 Size 设置为 4。然后将每个 Element_Sphere 预设拖入 elementPrefabs 矩阵，按照枚举中的顺序依次为：Earth，Water，Air 和 Fire。完成后，_Mage 的 Mage(Script)检查器应该如图 35-6 所示。

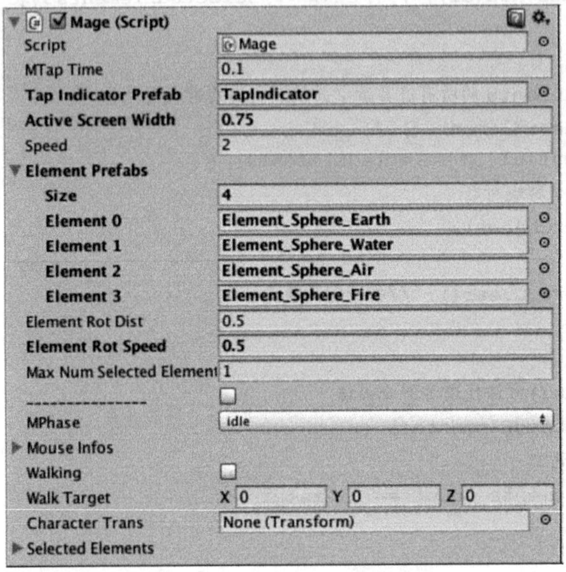

图 35-6　用于_Mage 的 Mage(Script)检查器显示 Element Prefabs

在 MonoDevelop 打开 ElementInventoryButton 脚本并删除调用 Mage.S.SelectElement() 方法的注释行（//）：

```
void OnMouseUpAsButton() {
//告诉法师添加当前道具类型
Mage.S.SelectElement(type);
}
```

现在，单击 Play 按钮可以选择一个单个道具，这个道具将围绕在法师周围。单击黑色空道具将清除选择。如果愿意，可以设置 Mage(Script) 检查器中 maxNumSelectedElements 为较高的值（如 4），查看多 Element_Spheres 将如何围绕法师，但回归本章目的，完成这些尝试后将 maxNumSelectedElements 设置回 1。

现在可以选择道具，把它们利用起来吧。游戏设计的目的是能处理两种法术：

- 地面法术在地面施展，用于有效范围的破坏或防御敌人攻击。
- 攻击法术直接施展在单个敌人上。

在下节中，将创建火场法术。

35.7 施展火场法术

下面我们将要创建的是火场法术。施展这个法术，玩家将选择一个单个道具，然后在地上画一个带颜色的法术的运行轨迹，点燃一圈火焰来阻止敌人。

为了完成该功能，需要更多关于玩家最初开始的鼠标交互或敲击信息：是在地面，是一个敌人，还是法师？这些信息将改变随后对鼠标动作的理解。通过为各个游戏对象增加标签（包括法师、TilePrefab 和各种不同的敌人），然后使用 *SHMUP* 原型的 `Utils.FindTaggedParent()`函数来完成。然而，如果没有单击父 Hierarchy 面板的任何内容，`Utils.FindTaggedParent()`将返回 null，这种情况也需要处理。

为 MageC#脚本加入下列粗体代码：

```
public class Mage : PT_MonoBehaviour {
…
public MPhase mPhase = MPhase.idle;
public List<MouseInfo> mouseInfos = new List<MouseInfo>();
public string actionStartTag; // ["Mage", "Ground", "Enemy"]

public bool walking = false;

…

void MouseDown() {
//鼠标在某对象上按下（可以是拖动或单击）
if (DEBUG) print("Mage.MouseDown()");

GameObject clickedGO = mouseInfos[0].hitInfo.collider.gameObject;
// ^如果鼠标没有单击任何内容，hitInfo 为空则可能抛出错误
//但是，我们知道只有当鼠标确实单击内容时 MouseDown()才会被调用
//因此 hitInfo 的定义可以被保证

GameObject taggedParent = Utils.FindTaggedParent(clickedGO);
if (taggedParent == null) {
actionStartTag = "";
} else {
actionStartTag = taggedParent.tag;
// ^可以是 "Ground", "Mage"或"Enemy"
}
}

void MouseTap() {
//单击某对象如按钮
if (DEBUG) print("Mage.MouseTap()");

//关注什么对象被单击
switch (actionStartTag) {
case "Mage":
```

```
//执行操作
break;
case "Ground":
//无论道具是否有道具被选中，移动到单击点@ z=0
WalkTo(lastMouseInfo.loc); //前进到第一个mouseInfo 位置
ShowTap(lastMouseInfo.loc); //显示玩家单击处
break;
}
}
void MouseDrag() {
//拖动鼠标穿过某对象
if (DEBUG) print("Mage.MouseDrag()");

//只有鼠标从地面开始拖动才有效
if (actionStartTag != "Ground") return;

//如果没有道具被选中，玩家应该随着鼠标移动
if (selectedElements.Count == 0) {
//继续前进到当前 mouseInfo 位置
WalkTo(mouseInfos[mouseInfos.Count-1].loc);
}
}

void MouseDragUp() {
//释放拖动的鼠标
if (DEBUG) print("Mage.MouseDragUp()");

//只有鼠标从地面开始拖动才有效
if (actionStartTag != "Ground") return;

//如果没有道具被选中，马上停止移动
if (selectedElements.Count == 0) {
//拖动结束时停止移动
StopWalking();
}
}
…
}
```

完成该段代码后，需要为一组对象添加标签。因为只有顶层父对象需要标签，而 Utils.FindTaggedParent()方法将有助于处理具有多个攻击的复杂对象，如法师。

在 Hierarchy 面板中选择_Mage 并从_Mage 检查器顶部的 Tag 弹出菜单选中 Add Tag。在 Tags 数组中，为法师、地面和敌人添加标签。完成后，再次选择 Hierarchy 面板中的_Mage 并设置它的标签为 Mage。选择项目窗格_Prefabs 文件夹中的 TilePrefab 并设置其标签为 Ground。保存你的场景并单击 Play 按钮。

现在单击或拖动_Mage 到别的地方，应该不会做额外动作。单击地面，仍然正常移

动_Mage，在没有道具被选择时拖动地面使得_Mage 跟随鼠标移动。

使用 LineRenderer 施展地面法术

当选定道具时，我们想要在地面上绘制一条该道具颜色的线，然后施展基本的地面法术（在这个例子中是火场法术）。使用 LineRenderer 可以完成画线，它同样是标准 Unity 组件用于内置 TrailRenderer。但 LineRenderer 级别稍微低一点并更可控。

每次只需要绘制一条线，所以只需要一个 LineRenderer 组件。选择 Hierarchy 面板中的_Mage，并在菜单栏中依次执行 Component > Effects > Line Renderer 命令。你会看到，现在在_Mage 旁边有一个丑陋的粉红色线段。下面让它看起来更好看。

你也会注意到现在_Mage 检查器中出现一个 LineRenderer 组件。打开 LineRenderer 组件 `Materials` 旁边的三角展开标志并单击道具 0 右边的小圆圈。此时将在项目中列出所有原料的清单。选择列表末尾的 *Default-Particle*（这是为数不多的包含在每个 Unity 工程中的默认原料之一）。这种原料非常适用于线条、轨迹和简单质点。线条现在看起来应该好多了。

取消选中 LineRenderer 检查器的 Cast Shadows 和 Receive Shadows 旁边的框。打开 Parameters 旁的三角展开标志，设置 Start Width 和 End Width 都为 0.2。最后，LineRenderer 已经就绪，取消勾选 LineRenderer 以禁用它（需要时我们会通过代码激活）。完成后，LineRenderer 设置应该如图 35-7 左边所示。

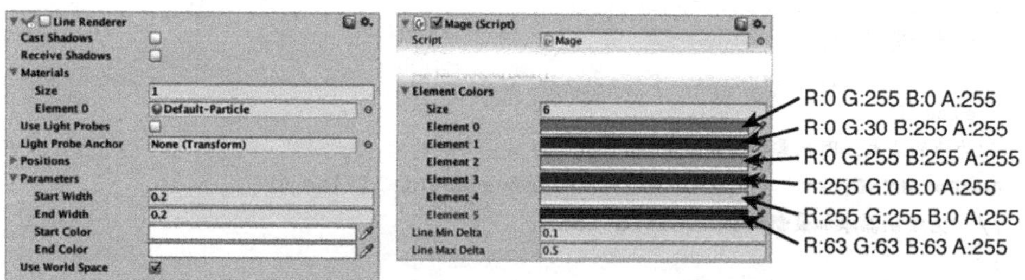

图 35-7　_Mage:LineRenderer 设置和_Mage:Mage.ElementColor 设置

在 MonoDevelop 打开 Mage 脚本并加入以下粗体代码完成线条渲染器：

```
public class Mage : PT_MonoBehaviour {
…
public int maxNumSelectedElements = 1;
public Color[] elementColors;

public bool ________________;

public List<Vector3> linePts; //线条显示的坐标
protected LineRenderer liner; //引用 LineRenderer 组件
protected float lineZ = -0.1f; //线条的 Z depth
// ^ protected 变量在 public 和 private 之间
// public 变量对所有可见
```

```
// private 变量只对本类可见
// protected 变量只对本类或任何子类可见
//只有 public 变量出现在检查器中
//（或前面代码行的[SerializeField]）
public MPhase mPhase = MPhase.idle;
…

void Awake() {
S = this; // Set the Mage Singleton
mPhase = MPhase.idle;

//查找 characterTrans 替换为 Face()
characterTrans = transform.Find("CharacterTrans");

//获取 LineRenderer 组件并禁用
liner = GetComponent<LineRenderer>();
liner.enabled = false;
}

…

void MouseDrag() {
…
//如果没有道具被选中，玩家应该跟随鼠标移动
if (selectedElements.Count == 0) {
//继续行进到当前 mouseInfo 位置
WalkTo(mouseInfos[mouseInfos.Count-1].loc);
} else {
//为地面法术，因此需要绘制线条
AddPointToLiner( mouseInfos[mouseInfos.Count-1].loc );
// ^为绘制器添加最新的 MouseInfo.loc
}
}

void MouseDragUp() {
…
//如果没有道具被选中，立即停止移动
if (selectedElements.Count == 0) {
//拖动结束时停止移动
StopWalking();
} else {
//TODO：施加法术

//清除绘制器
ClearLiner();
}
}

…
```

```
void OrbitSelectedElements() {
…
}

//---------------- LineRenderer 代码----------------//

//为线条添加新的坐标
void AddPointToLiner(Vector3 pt) {
pt.z = lineZ; //设置 pt.z 为 lineZ，使之稍微离开地面

linePts.Add(pt);
UpdateLiner();

}

//使用新坐标更新 LineRenderer
public void UpdateLiner() {
//获取 selectedElement 的类型
int el = (int) selectedElements[0].type;

//基于该类型设置线条颜色
liner.SetColors(elementColors[el],elementColors[el]);

//更新将要施放的法术的外观
liner.SetVertexCount(linePts.Count); //设置顶点数量
for (int i=0; i<linePts.Count; i++) {
liner.SetPosition(i, linePts[i]); //设置各顶点
}
liner.enabled = true; //启用 LineRenderer
}

public void ClearLiner() {
liner.enabled = false; //禁用 LineRenderer
linePts.Clear(); //清除所有 linePts
}

}
```

保存并编译，此时需要在_Mage:Mage(Script)检查器中设置 elementColors 数组。使用图 35-7 右边图片中显示的颜色填补 6 个 elementColors 道具。保存场景并单击 Play 按钮。现在，选择一个道具并在地面拖动时，线条显示法术被施展的地点。但此时线条可能看起来有点问题。这是因为线条的一些坐标点挨得太近，而其他的又隔得太远。下面改进的 Mage 类的代码将修正这点。它同样将增加一个最大线条长度，超过某点后，将不再画线。这将防止玩家长时间施展法术。

```
public class Mage : PT_MonoBehaviour {
…
public Color[] elementColors;
```

```
//设置线条 2 坐标点之间的最大最小距离
public float lineMinDelta = 0.1f;
public float lineMaxDelta = 0.5f;
public float lineMaxLength = 8f;

public bool ________________;

public float totalLineLength;
public List<Vector3> linePts; //线条显示的坐标点

…

//---------------- LineRenderer 代码----------------//

//为线条添加新坐标。如果太靠近已存在的坐标则忽略，如果远离则添加附加坐标
void AddPointToLiner(Vector3 pt) {
pt.z = lineZ; //设置 pt.z 为 lineZ 使之稍微离开地面

//linePts.Add(pt); //注释掉或删除这两行代码!!!
//UpdateLiner(); //注释掉或删除这两行代码!!!

//如果 linePts 为空则添加坐标
if (linePts.Count == 0) {
linePts.Add (pt);
totalLineLength = 0;
return; // ……需要第二个坐标来启动 LineRenderer
}

//如果线条超过最大长度，返回
if (totalLineLength > lineMaxLength) return;

//如果有先前坐标（pt0），那么查找 pt 距离它有多远
Vector3 pt0 = linePts[linePts.Count-1]; //获取 linePts 中的最新坐标
Vector3 dir = pt-pt0;
float delta = dir.magnitude;
dir.Normalize();

totalLineLength += delta;

//如果小于最小距离
if ( delta < lineMinDelta ) {
// ……太近了，放弃添加
return;
}

//如果大于最远距离那么为附加坐标…
if (delta > lineMaxDelta) {
```

```
//在二者之间添加附加坐标
float numToAdd = Mathf.Ceil(delta/lineMaxDelta);
float midDelta = delta/numToAdd;
Vector3 ptMid;
for (int i=1; i<numToAdd; i++) {
ptMid = pt0+(dir*midDelta*i);
linePts.Add(ptMid);
}
}

linePts.Add(pt); //添加坐标
UpdateLiner(); //最后更新线条
}
...
}
```

现在，线条应该更平滑，并且大约 8 米长时（即 8 个 Unity 单位长）停止绘制。

火法术

现在，我们可以看到法术的运行线路，下面该施加一个法术了。将 FireGroundSpellPrefab 从_Prefabs 文件夹拖进场景的项目窗格中，现在可以预览法术将呈现的样子。此时，还可以研究下 Particle System 组件，它生成所有的火颗粒。完成这些尝试后，记得从 Hierarchy 面板删除实例（记住，不是从项目窗格删除）。

打开 Mage 脚本并添加以下代码：

```
public class Mage : PT_MonoBehaviour {
...

public GameObject fireGroundSpellPrefab;

public bool _______________;

protected Transform spellAnchor; //所有法术的父 transform

...

void Awake() {
...
liner.enabled = false;

GameObject saGO = new GameObject("Spell Anchor");
// ^创建一个空的游戏对象命名为"Spell Anchor"
//使用这种方法创建新的游戏对象时，它的位置为 P:[0,0,0] R:[0,0,0] S:[1,1,1]
spellAnchor = saGO.transform; //获取 transform
}

...
```

```
void MouseDragUp() {
…
//如果没有道具被选中，立即停止移动
if (selectedElements.Count == 0) {
//拖动结束时停止移动
StopWalking();
} else {
CastGroundSpell();
//清除绘制器
ClearLiner();
}
}

void CastGroundSpell() {
//不存在为空道具的法术，返回
if (selectedElements.Count == 0) return;

//因为这个版本的原型只允许选择单道具，我们使用第 0 号道具挑选法术
switch (selectedElements[0].type) {
case ElementType.fire:
GameObject fireGO;
foreach( Vector3 pt in linePts ) {
//为 linePts 中的每个 Vector3 创建一个 fireGroundSpellPrefab 实例
fireGO = Instantiate(fireGroundSpellPrefab) as GameObject;
fireGO.transform.parent = spellAnchor;
fireGO.transform.position = pt;
}
break;
//TODO: 随后添加其他道具类型
}

//清除 selectedElements; 它们用于法术
ClearElements();
}
…
}
```

保存 Mage 脚本并返回 Unity。现在可以在_Mage.Mage（Script）检查器中看到一个 fireGroundSpellPrefab 字段。将 FireGroundSpellPrefab 从项目窗格的_Prefabs 文件夹拖进这个字段并保存场景。接着播放场景，可以选择一个火道具，并在地面施展火法术。但现在，这个法术还无法停止。

Fire-and-Forget 法术

这款游戏设计方式的其中一个方面就是，法术应该可以由 Mage 脚本施展，然后丢弃。而不是由 Mage 脚本控制持续时间、破坏和法术的行为，每个法术预置可以自我管理。为了使火场法术做到这点，在__Scripts 文件夹创建一个新的 C#脚本，命名为 FireGroundSpell 并将它附加在_Prefabs 文件夹的 FireGroundSpellPrefab。在 MonoDevelop

打开脚本并输入如下代码：

```
using UnityEngine;
using System.Collections;

//扩展 PT_MonoBehaviour
public class FireGroundSpell :PT_MonoBehaviour {

public float duration = 4; //游戏对象的生命周期
public float durationVariance = 0.5f;
// ^使持续时间的范围为 3.5 到 4.5
public float fadeTime = 1f; //衰减时间长度
public float timeStart; //游戏对象开始时间

//初始化
void Start () {
timeStart = Time.time;
duration = Random.Range(duration-durationVariance,
duration+durationVariance);
// ^设置持续时间的值在 3.5 和 4.5（默认）之间
}

// 每一帧都会调用 Update ()
void Update () {
//确定一个数字[0..1]（0 和 1 之间）存储已消耗的时间百分比
float u = (Time.time-timeStart)/duration;

// u 的值决定何时开始衰减
float fadePercent = 1-(fadeTime/duration);
if (u>fadePercent) { //如果大于开始衰减，那就下落到地面
float u2 = (u-fadePercent)/(1-fadePercent);
// ^ u2 的值[0..1]仅用于 fadeTime
Vector3 loc = pos;
loc.z = u2*2; //随时间移动
pos = loc;
}

if (u>1) { //如果大于持续时间…
Destroy(gameObject); // ……销毁
}
}

void OnTriggerEnter(Collider other) {
//有其他对象加入时的声明
GameObject go = Utils.FindTaggedParent(other.gameObject);
if (go == null) {
go = other.gameObject;
}
Utils.tr("Flame hit",go.name);
```

```
}

//TODO：实际破坏其他对象

}
```

现在播放场景，你会看到在施展火场法术后，每一个火星持续约 4 秒然后熄灭。此外，如果让法师穿过火焰，控制台将显示“Flame hit”提示。当然法师的法术不会伤害自己，那么寻找一种方法让他来寻找一些他可以攻击的敌人。

35.8　切换房间

很庆幸的一点是，第一个房间里没有任何怪物，但是在整个地牢里肯定会有。法师需要在房间之间移动的方法。使用_Prefabs 文件夹的 PortalPrefab 和一些脚本可以完成。查看 PortalPrefab 会发现它在 Ignore Raycast 层。Unity 为每一个项目自动包含这一层，这里我们用它来确保 MouseInfo 在完成 `Physics.Raycast()` 方法时忽略 PortalPrefab 并定位到它前面的 Tile。

创建一个新的 C#脚本，命名为 Portal 并放入__Scripts 文件夹。然后，将它附加到_Prefabs 文件夹的 PortalPrefab 预制。在 MonoDevelop 打开 Portal 脚本输入以下代码：

```
using UnityEngine;
using System.Collections;

public class Portal : PT_MonoBehaviour {

public string toRoom;
public bool justArrived = false;
// ^当_Mage 已经传递到这里则为 true

void OnTriggerEnter(Collider other) {
if (justArrived) return;
// ^既然法师已经到达，就不要把她送回

//获取 collider 的游戏对象
GameObject go = other.gameObject;
//搜寻单击父道具
GameObject goP = Utils.FindTaggedParent(go);
if (goP != null) go = goP;

//如果不为_Mage，返回
if (go.tag != "Mage") return;
//继续创建下一个房间
LayoutTiles.S.BuildRoom(toRoom);
}

void OnTriggerExit(Collider other) {
```

```
//一旦法师离开Portal，设置ustArrived为false
if (other.gameObject.tag == "Mage") {
justArrived = false;
}
}
}
```

布尔量 justArrived 之所以重要，是因为它防止法师立即被传送回之前的房间。如果 justArrived 为真，法师出现在新房间（上面的 Portal）会调用 OnTriggerEnter()方法并被送回到之前的房间。

现在，我们需要稍微修改一下 LayoutTiles 脚本，让它可以多次创建房间（并允许它销毁将被替换的旧房间 Tiles）。打开 LayoutTiles 并编辑如下粗体代码：

```
public class LayoutTiles : MonoBehaviour {
…
public TileTex[] tileTextures; // Tiles的命名文本列表
public GameObject portalPrefab; //房间之间入口的预设

public bool ________________;

private bool firstRoom = true; //是否为第一个创建的房间?
public PT_XMLReader roomsXMLR;
…

public Texture2D GetTileTex(string tStr) {
…
}

//基于房间号创建房间。这是可选版本的BuildRoom，基于<room>号获取roomXML
public void BuildRoom(string rNumStr) {
PT_XMLHashtable roomHT = null;
for (int i=0; i<roomsXML.Count; i++) {
PT_XMLHashtable ht = roomsXML[i];
if (ht.att("num") == rNumStr) {
roomHT = ht;
break;
}
}
if (roomHT == null) {
Utils.tr("ERROR","LayoutTiles.BuildRoom()",
"Room not found: "+rNumStr);
return;
}
BuildRoom(roomHT);
}

//为 XML <room>入口创建房间
public void BuildRoom(PT_XMLHashtable room) {
//销毁所有旧的Tiles
```

```
foreach (Transform t in tileAnchor) { //清除旧的 tile
// ^通过迭代 Transform 获得它的子集
Destroy(t.gameObject);
}

//法师离开
Mage.S.pos = Vector3.left * 1000;
// ^防止法师故意在 Portal 上触发 OnTriggerExit()
//通过测试发现 OnTriggerExit 在错误的时间被调用
Mage.S.ClearInput(); // Cancel any active mouse input and drags

string rNumStr = room.att("num");

//从<room>属性获得地板和墙体的文本名称
…
float maxY = roomRows.Length-1;
List<Portal> portals = new List<Portal>();

//该循环遍历各个房间每行的每个墙壁砖
for (int y=0; y<roomRows.Length; y++) {
for (int x=0; x<roomRows[y].Length; x++) {
…
ti.tex = tileTexStr;

//检查房间中的特定入口
switch (rawType) {
case "X": // 法师的起始位置
// Mage.S.pos = ti.pos;  //注释掉本行!
if (firstRoom) {
Mage.S.pos = ti.pos; //使用 Mage Singleton
roomNumber = rNumStr;
// ^此时设置 roomNumber 防止将法师移动到第一个房间的任何出口
firstRoom = false;
}
break;
case "0": //数字代表房间出口（到十六进制的 F）
case "1": //用数字代表 Rooms.xml 文件中的各出口
case "2":
case "3":
case "4":
case "5":
case "6":
case "7":
case "8":
case "9":
case "A":
case "B":
case "C":
case "D":
```

```
case "E":
case "F":
//实例化 Portal
GameObject pGO = Instantiate(portalPrefab) as GameObject;
Portal p = pGO.GetComponent<Portal>();
p.pos = ti.pos;
p.transform.parent = tileAnchor;
// ^添加到 tileAnchor 表明当构建新的房间时 Portal 会被销毁
p.toRoom = rawType;
portals.Add(p);
break;

}

//未完待续...

}
}

//定位 Mage
foreach (Portal p in portals) {
//如果 p.toRoom 与法师刚离开的房间号相同，那么法师应该通过该入口交替进入房间
//另外，如果 firstRoom == true 并且房间中没有 X 坐标（法师的默认起始坐标）
//让法师移动到该入口作为备用手段（例如只想加载 5 号房间）
if (p.toRoom == roomNumber || firstRoom) {
// ^如果房间中有 X 坐标，当代码运行到这里时 firstRoom 将设置为 false
Mage.S.StopWalking(); //停止法师的任何移动
Mage.S.pos = p.pos; //移动_Mage 到当前门口位置
// _Mage 维持面向先前的房间，因此没必要旋转她使之朝向当前进入的房间的方向
p.justArrived = true;
// ^ 通知 Portal 法师刚进入
firstRoom = false;
// ^ 阻止法师向房间内的第二个 Portal 移动
}
}

//最后分配 roomNumber
roomNumber = rNumStr;
}
}
```

为正确编译该段代码，还需要为法师添加几行代码。在 MonoDevelop 中打开 Mage，并在 Mage 类的末尾添加 ClearInput() 方法：

```
public class Mage : PT_MonoBehaviour {
…
public void ClearLiner() {
liner.enabled = false; //禁用 LineRenderer
linePts.Clear(); //并清空所有 linePts
```

```
    }

    //停止任何的有效拖动或其他鼠标输入
    public void ClearInput() {
        mPhase = MPhase.idle;
    }
}
```

保存并切换回 Unity。在 Hierarchy 面板中选择_MainCamera，找到_MainCamera.LayoutTiles(Script)检查器。将 PortalPrefab 从工程窗格_Prefabs 文件夹拖入 LayoutTiles(Script)检查器的 `portalPrefab` 字段。现在也可以确认 `roomNumber` 字段设置为 0，这样法师从正确的房间开始。

保存场景，单击 Play 按钮，你会看到法师现在通过入口可以在房间穿梭。如果可以，尝试探索整个地牢。既然法师已经进一步扩展，是时候给他增加一些敌人了。

35.9 补充敌人

除了存储关于房间的 Tile 布局的信息，Rooms.xml 文件也包括两种不同敌人的信息：bug 和 spiker。Rooms.xml 文件中 b 代表 bug，^、v 和{, or }代表 spiker（因为需要为 spikers 设定一个初始方向）。注意，三角括号<and>无法使用，因为它们是 XML 文件中的特殊保留字符。

所有敌人

游戏中的所有敌人都具有特定的特性。每一个都有一些简单的移动。大多数都可以被法术消灭。他们如果与法师相遇都会攻击他。每一个都具有一类碰撞特性用来确定它是什么碰撞。

因为所有敌人在许多方面都是相同的，所以有必要使用一种面向对象的分层方法来处理他们。在 *SHMUP* 原型中，我们实现了一个 Enemy 父类及其子类。为了演示不同，我们为这个替代原型使用一个接口实现。本书附录 B 中的“用户接口概念”介绍了相关概念。

简单地说，一个接口声明了一个随后将使用类来实现的方法或属性。实现接口的任何类都可以在代码中引用，作为接口类型而不是作为具体类。它有几点不同于子类，其中最明显的是一个类可以同时实现几个不同的接口，而一个类只能扩展一个父类。

我们还将创建一个工厂来实例化各种类型的敌人。这是“Gang of Four”[1]的 *Design Patterns* 一书中描述的经典工厂模式。当 `LayoutTiles.BuildRoom( )`方法遇到一个它无法识别的字符（如 b，^，v，{or}），它会将字符传递给 `EnemyFactory.`

---

1 Erich Gamma，Richard Helm，Ralph Johnson 和 John Vissides，*Design Patterns: Elements of Reusable Object-Oriented Software*（设计模式：可重用的面向对象软件道具），Addison-Wesley，1994。工厂模式是书中所描述的其中一个，其他还包括本书教程中使用的单例模式。

`Instantiate()`方法确认是否应该创建一个敌人。图 35-8 所示这个概念的流程图。`EnemyFactory.Instantiate()`是一个“工厂”，因为它可以创建任意数量的不同类并将它们返回 LayoutTiles，只要它们都实现 Enemy 接口。查阅本书附录 B 中的“软件设计模式”，可了解有关其他设计模式的更多信息。

有两种方法来设计类似的东西。一种是要提前深入构思并尝试预见那些需要抽象到接口中的，每种敌人类型的所有可能的行为。另一种是只建立一对敌人，看他们有什么共同的方法，然后添加到接口。第二种方法更类似于本书中使用的迭代过程的设计，但它可导致较少的灵活性和可扩展性。大多数时候，笔者采用的是二者混合偏向后者的方法。我试着用两类知识体系开始编码，一是后面对代码的重构，二是关注后面需要抽象到接口或子类中的内容。记住这些就可以开始设计 EnemyBug。

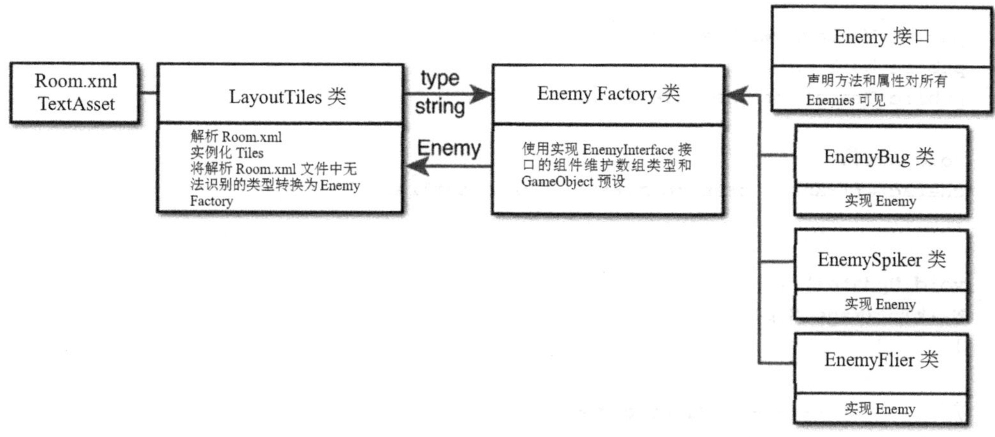

图 35-8　EnemyFactory 概念结构

EnemyBug

Bug 是非常基本的一类敌人。如果在同一个房间遇到，他们只是走向法师。Bug 对房间的墙壁或布局没有概念，因此会径直走到墙壁而不是绕过墙壁响应玩家操作。（如果想要他们更智能的话，你可以添加 A*寻址（发音为“A 星”）或使用 Unity 的导航网格。火术可以消灭 Bug，但他们并不害怕，并且通过触碰可以攻击法师。

下面开始跟随玩家后创建 EnemyBug 追踪。创建一个新的 C#脚本命为 EnemyBug，放在__Scripts 文件夹。然后把它拖到_Prefabs 文件夹 EnemyBug 中。

接下来，把 EnemyBug 实例从_Prefabs 文件夹拖入 Hierarchy 面板。确保其位置为 P:[8,4,0]，一旦建了 0 号房间，将让玩家出现在相同的房间（但仍然保持足够远，使得它在到达之前有充足的时间来施展法术）。如果在 Hierarchy 面板中展开 EnemyBug，你可以看到它的结构和_Mage 非常相似，即顶层游戏对象（EnemyBug）包含一个 Rigidbody 和 CapsuleCollider。EnemyBug 生成一个名为 CharacterTrans 的子集用于父道具，并轮换一个名为 View_Bug 的子集作为玩家实际看到的 Bug 模型。与 View_Character 相比，View_Bug 在其身体的各部分也有单独的撞击。这是 View_Bug 比 View_Character 更重要的地方，因为 View_Bug 的腿伸出距离比 EnemyBug 的 CapsuleCollide 边界更远。

打开 EnemyBug 脚本输入下列代码。正如你所看到的，它几乎完全从 Mage 剪切和粘贴。一般情况下，编码大项目时并不像这样剪切和粘贴代码。然而原型设计时，先剪切和粘贴是非常有用的，然后在明确知道想要什么后可以抽象代码。

```
using UnityEngine;
using System.Collections;
using System.Collections.Generic;

public class EnemyBug : PT_MonoBehaviour {
public float speed = 0.5f;

public bool ________________;

public Vector3 walkTarget;
public bool walking;
public Transform characterTrans;

void Awake() {
characterTrans = transform.Find("CharacterTrans");
}

void Update() {
WalkTo (Mage.S.pos);
}

// ---------------- Walking 代码 ----------------
//所有的 walking 代码都从 Mage 直接复制

//前进到指定位置。position.z 通常为 0

public void WalkTo(Vector3 xTarget) {
walkTarget = xTarget; //设置前往的坐标
walkTarget.z = 0; //强制 z=0
walking = true; //现在 EnemyBug 正在行进
Face(walkTarget); //面向 walkTarget
}

public void Face(Vector3 poi) { //面向一个主题
Vector3 delta = poi-pos; //查找主题矢量
//使用 Atan2 获取旋转量 Z，指出朝向 poi 的 X 轴的 EnemyBug:CharacterTrans
float rZ = Mathf.Rad2Deg * Mathf.Atan2(delta.y, delta.x);
//设置 characterTrans 旋转量（实际并不转动敌人）
characterTrans.rotation = Quaternion.Euler(0,0,rZ);
}

public void StopWalking() { //阻止 EnemyBug 前进
walking = false;
```

```
rigidbody.velocity = Vector3.zero;
}

void FixedUpdate () { //每个物理行走会触发（如 50 次/秒）
if (walking) { //如果 EnemyBug 前进
if ( (walkTarget-pos).magnitude < speed*Time.fixedDeltaTime ) {
//如果 EnemyBug 非常靠近 walkTarget，停在当前位置
pos = walkTarget;
StopWalking();
} else {
//否则，向 walkTarget 移动
rigidbody.velocity = (walkTarget-pos).normalized * speed;
}
} else {
//如果没有前进，速率应该为 0
rigidbody.velocity = Vector3.zero;
}
}
}
```

单击 Play 按钮，你会看到法师现在被 EnemyBug 追赶。如果你在地面上施展火场法术，Bug 会穿过它。控制台面板也会显示一条关于它的信息。然而，火场法术并没有真正伤害 Bug。

消灭 EnemyBug

我们需要添加一个函数使得可以消灭 Bug。将下面的代码添加到 EnemyBug：

```
public class EnemyBug : PT_MonoBehaviour {
public float speed = 0.5f;
public float health = 10;

public bool ________________;

private float _maxHealth;
public Vector3 walkTarget;
public bool walking;
public Transform characterTrans;

void Awake() {
characterTrans = transform.Find("CharacterTrans");
_maxHealth = health; //用于设置生命值的上限
}

…

void FixedUpdate () { //每个物理行走会触发（如 50 次/秒）
…
}
```

```
//销毁该实例。通常销毁是瞬间的，但也可以超时销毁，即 amt 的值为每秒完成销毁的数量
//注：同样的代码可用于恢复实例
public void Damage(float amt, bool damageOverTime=false) {
//如果为 DOT，则只销毁该结构的分数量
if (damageOverTime) {
amt *= Time.deltaTime;
}

health -= amt;
health = Mathf.Min(_maxHealth, health); //恢复的话则限制生命值

if (health <= 0) {
Die();
}
}

//单独创建 Die()函数使得可以随后添加内容，如不同的死亡动作、为玩家放东西等
public void Die() {
Destroy(gameObject);
}
}
```

现在 EnemyBug 已经可以被消灭了，下面用 FireGroundSpell 消灭它。打开 FireGroundSpell 并输入下面代码：

```
public class FireGroundSpell : PT_MonoBehaviour {
…
public float timeStart; //游戏对象生成时间
public float damagePerSecond = 10;

…

void OnTriggerEnter(Collider other) {
…
}

void OnTriggerStay(Collider other) {
//实际消灭其他
//获取 EnemyBug 脚本其他组件的引用
EnemyBug recipient = other.GetComponent<EnemyBug>();
//如果有 EnemyBug 组件，使用火术消灭它
if (recipient != null) {
recipient.Damage(damagePerSecond, true);
}
}
}
```

保存，单击 Play 按钮，此时火场法术会施放到地面_Mage 和 EnemyBug 之间。你会看到 Bug 在触摸火术后不久就消失了。但是仔细看会注意到 EnemyBug 实际上死得非常快。火焰每秒做 10 次攻击，EnemyBug 有 10 条命，所以它需要 1 秒才能死，但实

际的死亡速度比这个快。这是因为 Bug 遇到多个 FireGroundSpellPrefab 实例，每一个实例都单独攻击一次。攻击 EnemyBug 的方法需要修改，这样 EnemyBug 并不需要被相同法术的多个实例同时攻击。我们需要修改 EnemyBug 的 `Damage()` 方法，其需要造成攻击的类型信息并区分不同类型的攻击。首先，使用下面的代码替代刚添加到 FireGroundSpell 末尾的 `recipient.Damage()`：

```
// 如果有 EnemyBug 组件，使用火术攻击
if (recipient != null) {
recipient.Damage(damagePerSecond, ElementType.fire, true);
}
```

然后，编辑 EnemyBug 代码如下所示。请注意将替换大部分 `Damage()` 方法：

```
public class EnemyBug : PT_MonoBehaviour {
…
public Transform characterTrans;
//保存每个结构每个道具的攻击
public Dictionary<ElementType,float> damageDict;
// ^ 注：字典不会出现在 Unity 检查器

void Awake() {
characterTrans = transform.Find("CharacterTrans");
_maxHealth = health; //总是从最高生命值开始
ResetDamageDict();
}

//重置 damageDict 的值
void ResetDamageDict() {
if (damageDict == null) {
damageDict = new Dictionary<ElementType, float>();
}
damageDict.Clear();
damageDict.Add(ElementType.earth, 0);
damageDict.Add(ElementType.water, 0);
damageDict.Add(ElementType.air, 0);
damageDict.Add(ElementType.fire, 0);
damageDict.Add(ElementType.aether,0);
damageDict.Add(ElementType.none, 0);
}

…

//销毁该实例。通常销毁是瞬间的，但也可以超时销毁，即 amt 的值为每秒完成销毁的数量
//注：同样的代码可用于恢复实例
public void Damage(float amt, ElementType eT, bool damageOverTime=false) {
//如果为 DOT，则只销毁该结构的分数量
if (damageOverTime) {
```

```
amt *= Time.deltaTime;
}

//分布处理不同类型的攻击（大部分为默认）
switch (eT) {
case ElementType.fire:
// Only the max damage from one fire source affects this instance
damageDict[eT] = Mathf.Max ( amt, damageDict[eT] );
break;

case ElementType.air:
// air doesn't damage EnemyBugs, so do nothing
break;

default:
// By default, damage is added to the other damage by same element
damageDict[eT] += amt;
break;
}

}

// Unity 在每个结构中都会自动调用 LateUpdate()
//当所有实例的 Updates()都完成调用后，再调用 LateUpdate()
void LateUpdate() {
//应用不同类型的攻击

//使用 KeyValuePair 迭代字典
// entry.Key 为 ElementType，同时 entry.Value 为 float 型
float dmg = 0;
foreach ( KeyValuePair<ElementType,float> entry in damageDict ) {
dmg += entry.Value;
}

health -= dmg;
health = Mathf.Min(_maxHealth, health); //恢复则限制生命值

ResetDamageDict(); //准备下一个结构
if (health <= 0) {
Die();
}
}

...

}
```

现在，需要一个完整的第二次火场法术攻击使 EnemyBug 死亡。如果想双重确认时间的正确，可以增加 EnemyBug 的攻击数为 100，看看它是否的确花了 10 秒的时间死亡。

显示攻击

现在，没有任何迹象向玩家表明 EnemyBug 是否真的被攻击，除非它死了。许多游戏使用红色闪烁显示攻击（我们在 *SHMUP* 原型中就是这样做的），但在这个游戏中颜色已经代表很多意义，所以我们应该使用颜色以外的其他东西指示角色被攻击。不同于红色闪烁，我们使用 CharacterTrans 稍微修改下模型。将下面的代码添加到 EnemyBug 可完成：

```
public class EnemyBug : PT_MonoBehaviour {
public float speed = 0.5f;
public float health = 10;
public float damageScale = 0.8f;
public float damageScaleDuration = 0.25f;

public bool ________________;

private float damageScaleStartTime;
…

void LateUpdate() {
//应用不同类型的攻击

//使用 KeyValuePair 迭代字典
// entry.Key 为 ElementType，同时 entry.Value 为 float 型
float dmg = 0;
foreach ( KeyValuePair<ElementType,float> entry in damageDict ) {
dmg += entry.Value;
}

if (dmg > 0) { //如果为攻击...
//且当前为全尺寸（还不是攻击尺寸）...
if (characterTrans.localScale == Vector3.one) {
//开始攻击范围动画
damageScaleStartTime = Time.time;
}
}

//攻击范围动画
float damU = (Time.time - damageScaleStartTime)/damageScaleDuration;
damU = Mathf.Min(1, damU); //限制 localScale 最大值为 1
float scl = (1-damU)*damageScale + damU*1;
characterTrans.localScale = scl * Vector3.one;

health -= dmg;
health = Mathf.Min(_maxHealth, health); //恢复则限制生命值
ResetDamageDict(); //准备下一结构

if (health <= 0) {
Die();
```

```
    }
  }
  …
}
```

现在，当 EnemyBug 受到伤害，它会弹回一个较小的尺寸（原尺寸的 80%），然后 0.25 秒后恢复为 100%原尺寸。保存场景，单击 Play 按钮，使用火场法术测试它。

35.10 攻击法师

EnemyBug 最后需要完成的功能是通过接触攻击法师。与任何敌人接触会导致法师向后跳，丢失生命值，伴随 1 秒的闪烁。通过将法师切换到一个不同的模式，持续 1 秒可以达到这些效果。打开 Mage 脚本编辑如下代码：

```
public class Mage : PT_MonoBehaviour {
…
public GameObject fireGroundSpellPrefab;

public float health = 4; //法术所有生命值
public float damageTime = -100;
// ^计时攻击开始。设置为-100 使得场景开始时法师不会立即被攻击
public float knockbackDist = 1; //后退距离
public float knockbackDur = 0.5f; //后退秒数
public float invincibleDur = 0.5f; //战斗秒数
public int invTimesToBlink = 4; // #战斗时闪烁

public bool _________________;

private bool invincibleBool = false; //法师是否在战斗?
private bool knockbackBool = false; //法术被击退?
private Vector3 knockbackDir; //击退距离
private Transform viewCharacterTrans;

protected Transform spellAnchor; //所有法术的父 transform

…

void Awake() {
…
//查找 characterTrans 替换 Face()
characterTrans = transform.Find("CharacterTrans");
viewCharacterTrans = characterTrans.Find("View_Character");
…
}

…
```

```
void FixedUpdate () { //每个物理行走会触发（如50次/秒）
if (invincibleBool) {
//获取数字[0..1]
float blinkU = (Time.time - damageTime)/invincibleDur;
blinkU *= invTimesToBlink; //乘以闪烁次数
blinkU %= 1.0f;
// ^ 当blinkU除以1.0时，系数1.0得到10进制余数。例如：3.85f % 1.0f得到0.85f
bool visible = (blinkU > 0.5f);
if (Time.time - damageTime > invincibleDur) {
invincibleBool = false;
visible = true; //设为sure
}
//设置游戏对象失效使之隐身
viewCharacterTrans.gameObject.SetActive(visible);
}

if (knockbackBool) {
if (Time.time - damageTime > knockbackDur) {
knockbackBool = false;
}
float knockbackSpeed = knockbackDist/knockbackDur;
vel = knockbackDir * knockbackSpeed;
return; //返回避免继续运行后面代码
}

if (walking) { //如果法师在行进
…
}
}

void OnCollisionEnter( Collision coll ) {
GameObject otherGO = coll.gameObject;

//撞到墙壁也可停止移动
Tile ti = otherGO.GetComponent<Tile>();
if (ti != null) {
if (ti.height > 0) { // 如果ti.height is > 0
//那么ti为墙壁，法师应该停止
StopWalking();
}
}

//判断是否为EnemyBug
EnemyBug bug = coll.gameObject.GetComponent<EnemyBug>();
//如果otherGO为EnemyBug，将otherGO传递给CollisionDamage()
if (bug != null) CollisionDamage(otherGO);
}

void CollisionDamage(GameObject enemy) {
```

```
//如果在闪烁就不进行攻击
if (invincibleBool) return;

//法师被敌人击中
StopWalking();
ClearInput();

health -= 1; //攻击次数减1(当前)
if (health <= 0) {
Die();
return;
}

damageTime = Time.time;
knockbackBool = true;
knockbackDir = (pos - enemy.transform.position).normalized;
invincibleBool = true;
}

//法师死亡
void Die() {
Application.LoadLevel(0); //加载层级
// ^ 实际希望代码更智能
}

//显示玩家单击处
...

}
```

目前这就是所有 EnemyBug 的代码。通过单击 EnemyBug 检查器顶部 Prefab 右边的 Apply 按钮，确保所有代码都可以通过_Prefabs 文件夹中 EnemyBug 版本。将所有的修改应用到 EnemyBug Prefab。只需要保证一切正常工作：

1．保存场景。

2．从 Hierarchy 面板中删除 EnemyBug。

3．将 EnemyBug 新实例从_Prefabs 文件夹拖到 Hierarchy 面板。

4．确保工作方式相同。

如果一切工作正常，可以从 Hierarchy 面板删除新 EnemyBug 实例并保存场景。如果出了什么差错，可以恢复到已保存版本的场景并再次尝试应用这些变化。如果因为某些原因仍然不工作，将 EnemyBug 的运行版本从 Hierarchy 面板拖到_Prafabs 文件夹。这将生成一个名为 EnemyBug 1 的新的预制。然后删除旧的 EnemyBug 预制并重命名 EnemyBug 1 为 EnemyBug。

EnemySpiker

另一种我们将要实现的敌人是 EnemySpiker。沿着直线前后移动，它不会受任何法术的影响，并依靠接触攻击法师。

在__Scripts 文件夹创建一个新的 C#脚本，命名为 EnemySpiker。将这个脚本添加到_Prefabs 文件夹的 EnemySpiker 预制。打开 EnemySpiker 脚本输入下面的代码：

```
using UnityEngine;
using System.Collections;
using System.Collections.Generic;

public class EnemySpiker : PT_MonoBehaviour {
public float speed = 5f;
public string roomXMLString = "{";

public bool _______________;

public Vector3 moveDir;
public Transform characterTrans;

void Awake() {
characterTrans = transform.Find("CharacterTrans");
}

void Start() {
//基于 Rooms.xml 中的角色设置移动方向
switch (roomXMLString) {
case "^":
moveDir = Vector3.up;
break;
case "v":
moveDir = Vector3.down;
break;
case "{":
moveDir = Vector3.left;
break;
case "}":
moveDir = Vector3.right;
break;
}
}

void FixedUpdate () { //每个物理行走会触发（如 50 次/秒）
rigidbody.velocity = moveDir * speed;
}

// 与 EnemyBug 中的 Damage 方法具有相同结构
public void Damage(float amt, ElementType eT, bool damageOverTime=false) {
//对 EnemySpiker 没有任何攻击
}
```

```
void OnTriggerEnter(Collider other) {
//确认是否撞墙
GameObject go = Utils.FindTaggedParent(other.gameObject);
if (go == null) return; //没有任何点击的情况

if (go.tag == "Ground") {
//保证地面墙壁砖是沿着行进方向的
//一款 dot 产品会帮助我们实现（参考 Useful Concepts Reference）
float dot = Vector3.Dot(moveDir, go.transform.position - pos);
if (dot > 0) { //如果攻击手向它撞击的墙壁砖移动
moveDir *= -1; //反向
}
}
}
}
```

使 EnemySpiker 伤害法师

EnemySpiker 使用触发器（而不是通常的对撞机）使得在与其他对象碰撞时攻击手不会因为冲撞而走偏。然而，这也意味着它目前没有对法师造成伤害。为 Mage 编辑下面的代码使 EnemySpiker 可以伤害法师：

```
public class Mage : PT_MonoBehaviour {
…

void OnCollisionEnter( Collision coll ) {
…
}

void OnTriggerEnter(Collider other) {
EnemySpiker spiker = other.GetComponent<EnemySpiker>();
if (spiker != null) {
CollisionDamage(other.gameObject);
}
}

void CollisionDamage(GameObject enemy) {
…
}

…
}
```

为了测试新的 EnemySpiker，完成以下步骤：

1. 将 EnemySpiker 从项目窗格拖动至 Hierarchy 面板中并为场景添加一个 EnemySpiker 实例。确保它的位置一定要在距地板上方 1 米（1 Unity 单位）墙壁之间的某个地方。

2. 保存场景。

3. 播放场景测试并查看 EnemySpiker 的行为。

4. 如果一切似乎都正常，从 Hierarchy 面板删除 EnemySpiker 实例并再次保存场景。

现在游戏中有两种不同的敌人，他们有自己的行为并且都可以攻击法师；但是，如果想让他们对法师做不同程度的伤害，例如：想让 EnemySpiker 只能使法师损失 0.5 个生命值而不是 1 个生命值，目前还没有办法做到这样，因为就算每个敌人有 `touchDamage` 字段，但没有智能的方式把它传递给 `CollisionDamage` 方法（只需要一个游戏对象作为输入）。这个时候接口可以起到帮助了。

35.11　抽象敌人接口

如前文所述，接口是抽象出不同类共性的一个好方法。为了 EnemyBug 和 EnemySpiker 在与法师接触时都能正确交互，我们只需要知道关于他们的两点：

1. 敌人所在的地方，这样法师可以退后。

2. 当法师接触到敌人时，敌人对他的伤害值。

本书附录 B 的"接口"部分会提到，一个接口就像一个承诺，任何实现该接口的类将实现特定的方法和属性。虽然接口不能包含字段信息，属性可以很容易地处理该功能。

创建一个新的 C#脚本，命名为 Enemy 并放在__Scripts 文件夹。打开它输入下面代码：

```
using UnityEngine;
using System.Collections;

public interface Enemy {
//以下是所有类将要完成的属性声明以实现 Enemy 接口
Vector3 pos { get; set; } // Enemy 的 transform.position
float touchDamage { get; set; } //通过接触 Enemy 完成攻击
}
```

接口通常代码很短，因为它们只声明了后面需要具体实现的方法和属性。现在是时候利用 Enemy 接口了。按照下面修改 EnemyBug 脚本的前面部分：

```
public class EnemyBug : PT_MonoBehaviour , Enemy {
[SerializeField]
private float _touchDamage = 1;
public float touchDamage {
get { return( _touchDamage ); }
set { _touchDamage = value; }
}
// pos 属性已经在 PT_MonoBehaviour 中实现

public float speed = 0.5f;
```

```
…
}
```

EnemyBug:PT_MonoBehaviour,Enemy 告诉 C#，EnemyBug 扩展 PT_MonoBehaviour 类并实现了 Enemy 接口。如果有超过一个接口实现或一个类具有一个或多个接口，使用一个逗号将它们隔开。对 EnemyBug 的修改实现了声明的 touchDamage 属性，而 pos 属性已经在 PT_MonoBehaviour 中实现。[SerializeField] 属性使私有变量_touchDamage 出现在检查器中（尽管它是私有的）。

现在，添加类似的代码到 EnemySpiker 开头：

```
public class EnemySpiker : PT_MonoBehaviour , Enemy {
[SerializeField]
private float _touchDamage = 0.5f;
public float touchDamage {
get { return( _touchDamage ); }
set { _touchDamage = value; }
}
// pos 属性已经在 PT_MonoBehaviour 中实现
public float speed = 5f;
…
}
```

现在，EnemyBug 和 EnemySpiker 类的实例都可以作为 Enemy 接口的实例。按照下面修改 Mage 查看其是如何工作的：

```
public class Mage : PT_MonoBehaviour {
…

void OnCollisionEnter( Collision coll ) {
…

//判断是否为 EnemyBug
EnemyBug bug = coll.gameObject.GetComponent<EnemyBug>();
//如果 otherGO 为 EnemyBug，将 bug 传递给 CollisionDamage()，该方法将 bug 解释为 Enemy
if (bug != null) CollisionDamage(bug);
// if (bug != null) CollisionDamage(otherGO); //注释掉该行!
}

void OnTriggerEnter(Collider other) {
EnemySpiker spiker = other.GetComponent<EnemySpiker>();
if (spiker != null) {
// CollisionDamage()将攻击手视为 Enemy
CollisionDamage(spiker);
// CollisionDamage(other.gameObject); //注释掉该行!
}
}

void CollisionDamage( Enemy enemy ) {

//如果已经隐身就放弃攻击
```

```
if (invincibleBool) return;

//法师已经被敌人击中
StopWalking();
ClearInput();

health -= enemy.touchDamage; // Enemy造成的损害
if (health <= 0) {
Die();
return;
}

damageTime = Time.time;
knockbackBool = true;
knockbackDir = (pos - enemy.pos ).normalized;
invincibleBool = true;
}

…
}
```

尽管 EnemyBug 和 EnemySpiker 所占代码量很少，他们都可以由 `CollisionDamage()`处理，因为两者都实现 Enemy 接口。需要重点注意的是，尽管 EnemyBug 和 EnemySpiker 共享很多字段（例如游戏对象，变换等），只要关联到 `CollisionDamage()`方法，它只能访问 Enemy 接口中声明的 `pos` 和 `touchDamage` 两个属性。

35.12　创建 EnemyFactory

将两类敌人都抽象到 Enemy 接口，也使得当 Rooms.xml 传递字符串表达式时，可以创建一个工厂生成敌人。如前文所述，工厂是一个类或方法，对所有继承相同接口的不同类创建实例。在这款游戏中是很有用的，在工厂中增加新的敌人就像在_MainCamera.LayoutTiles 检查器中编辑数组一样简单。

首先，需要为 Enemy 接口添加几行代码。在 MonoDevelop 中打开 Enemy 并编辑如下代码：

```
public interface Enemy {
//以下是所有类将要完成的属性声明以实现Enemy接口
Vector3 pos { get; set; } // Enemy的transform.position
float touchDamage { get; set; } //通过接触Enemy完成攻击
string typeString { get; set; } //从Rooms.xml获得类型字符串

//下面所有已由MonoBehaviour子类实现
GameObject gameObject { get; }
Transform transform { get; }
}
```

修改 EnemyBug 脚本如下：

```
public class EnemyBug : PT_MonoBehaviour, Enemy {
[SerializeField]
private float _touchDamage = 1;
public float touchDamage {
get { return( _touchDamage ); }
set { _touchDamage = value; }
}
// PT_MonoBehaviour 中已继承 pos 属性
public string typeString {
get { return( roomXMLString ); }
set { roomXMLString = value; }
}

public string roomXMLString;
public float speed = 0.5f;
…
}
```

EnemySpiker 脚本的修改：

```
public class EnemySpiker : PT_MonoBehaviour, Enemy {
[SerializeField]
private float _touchDamage = 0.5f;
public float touchDamage {
get { return( _touchDamage ); }
set { _touchDamage = value; }
}
// PT_MonoBehaviour 中已继承 pos 属性
public string typeString {
get { return( roomXMLString ); }
set { roomXMLString = value; }
}

public float speed = 5f;
public string roomXMLString = "{";

public bool _______________;
…
}
```

现在，在 MonoDevelop 中打开 LayoutTiles 脚本并修改以下代码：

```
[System.Serializable]
public class TileTex {
…
}

[System.Serializable]
public class EnemyDef {
//该类可定义各种敌人
public string str;
```

```
public GameObject go;
}

public class LayoutTiles : MonoBehaviour {
…
public GameObject portalPrefab; //各房间入口的预置
public EnemyDef[] enemyDefinitions; //敌人的预置

public bool _______________;
…

public void BuildRoom(PT_XMLHashtable room) {
…

//该循环遍历各个房间每行的每个墙壁砖
for (int y=0; y<roomRows.Length; y++) {
for (int x=0; x<roomRows[y].Length; x++) {
…

//确定房间的具体入口
switch (rawType) {
…
case "F":
…
portals.Add(p);
break;

default:
//确认是否有 Enemy 对应该字母
Enemy en = EnemyFactory(rawType);
if (en == null) break; //一个也没有，退出循环
//设置新 Enemy
en.pos = ti.pos;
//使 en 为 tileAnchor 的子类，当加载下一个房间时删除它
en.transform.parent = tileAnchor;
en.typeString = rawType;
break;
}
}
}
…
}

public Enemy EnemyFactory(string sType) {
//查看 sType 是否带有 EnemyDef
GameObject prefab = null;
foreach (EnemyDef ed in enemyDefinitions) {
if (ed.str == sType) {
prefab = ed.go;
break;
```

```
        }
    }
    if (prefab == null) {
        Utils.tr("LayoutTiles.EnemyFactory()","No EnemyDef for: "+sType);
        return(null);
    }
    GameObject go = Instantiate(prefab) as GameObject;

    // GetComponent 的一般格式（使用< >）不会作用于像 Enemy 这样的接口
    //因此必须使用该替代格式
    Enemy en = (Enemy) go.GetComponent(typeof(Enemy));

    return(en);
    }
}
```

所有剩下要做的就是添加不同的 EnemyDefs 到_MainCamera.LayoutTiles。选择 Hierarchy 面板中的_MainCamera。打开 LayoutTiles(Script)检查器中 Enemy Definitions 旁边的展开标志并设置 Size 为 5。设置五个 `Str` 字段分别为 b，^，V，{和}。将 EnemyBug 从_Prefabs 文件夹拖到第一个 Go 字段，将 EnemySpiker 拖入剩下的 4 个字段。完成时，它应该看起来如图 35-9 所示。

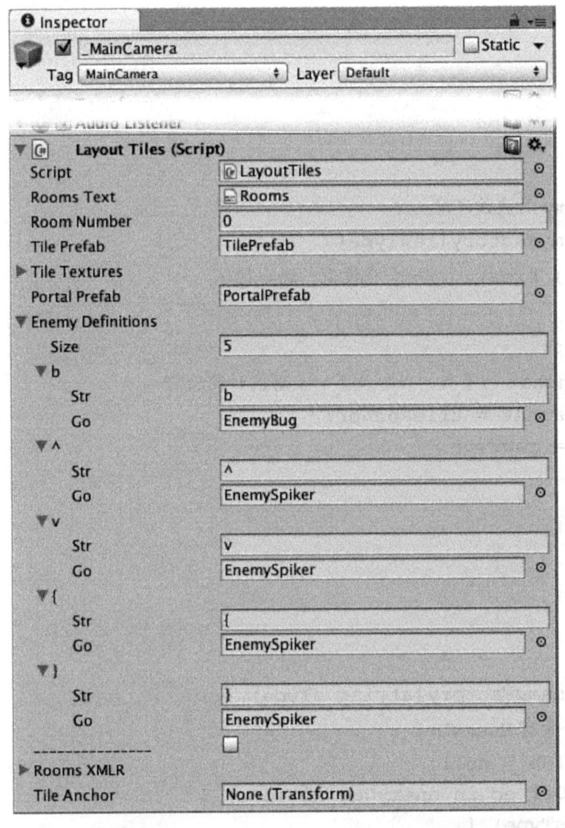

图 35-9 设置_MainCamera：Layout Tiles Enemy Definitions

现在，走过地牢时会遇到这两种敌人。因为 EnemySpiker 具有 4 类不同角色，攻击手将按照各自正确的朝向初始化。

35.13　小结

这就是所有的教程。这个原型介绍了很多新的概念，如接口和工厂模式。笔者将继续致力于这一原型，看它作为一款游戏到底能如何发展。笔者也邀请读者做同样的事，或者使用它作为建立专属的精彩游戏的基础。

下一步

如果继续这个项目，这里可以添加一些额外的东西使游戏更有趣：

1. 增加直接法术。通过选择一个道具然后单击一个敌人可以施加这个法术。
2. 制造更多敌人。在_Prefabs 文件夹有一个用于 EnemyFlier 的预置可以左右徘徊然后扑倒攻击，但本书没有章节介绍相关代码。
3. 当没有选择道具时，为每个道具添加一个法术和一个直接法术（如前面章节讨论，这可能会把敌人推回来）。
4. 使道具成为资源。比如地牢周围的喷泉使法师可以恢复他的道具供应。又比如杀死敌人释放道具。在物品栏的右边，道具按钮可以显示法师收集了多少道具。你也希望对每一类道具有一个可以携带的最高限额。
5. 添加更多有趣的地面和墙壁砖。如果不想让玩家掉下悬崖，你可以做一个 dropoff 墙壁砖，比其他墙壁砖低，但仍然有一个法师会碰撞到的凸起，这样看起来更有趣，虽然用途只是一堵墙壁砖。
6. 使用物理层更具体地管理冲突。
7. 参照 *Rogue* 的步骤，做一个程序生成的地牢，这样每次玩游戏都可以得到一个新的、从来没有见过的地牢。

再次感谢阅读本书的各位读者。笔者真诚地希望它能帮助大家实现梦想。

第 IV 部分

附录

附录 A

项目创建标准流程

本书很多次都讲解创建一个新的项目然后编写代码尝试运行。标准流程应该是每次创建一个新的项目，设置一个场景，创建一个新的 C#脚本，并将脚本附到场景的 Main Camera。本书为了避免重复介绍这些指令，下面将其列出。

A.1 建立新项目

按照下列步骤来建立一个新项目。屏幕镜头显示在两种操作系统 OS X 和 Windows 下的过程如下所示：

1．在菜单栏中执行 File > New Project 命令（如图 A-1 所示）。

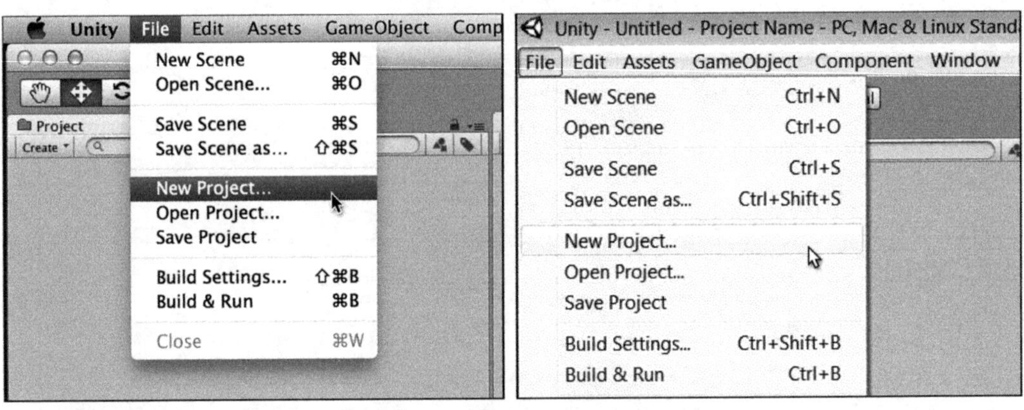

图 A-1　从 OS X 和 Windows 的 File 菜单选择 New Project

2．这将打开 Unity Project Wizard（如图 A-2 所示）。在向导中，单击 Set（Windows 系统下为 Browse）为新项目选择位置。此时会弹出一个标准文件对话框用于设置项目文件夹位置（如图 A-3 所示）。

3．在这一步中，OS X 和 Windows 的指令不同，虽然两者都会为 Unity 工程创建一个新的文件夹（如图 A-3 所示）。图 A-3 中，项目命名为 Project Name，但很明显会想选择一个更合适的名字。笔者建议将所有的 Unity 项目统一存储在名为 Unity Projects 的文件夹中。

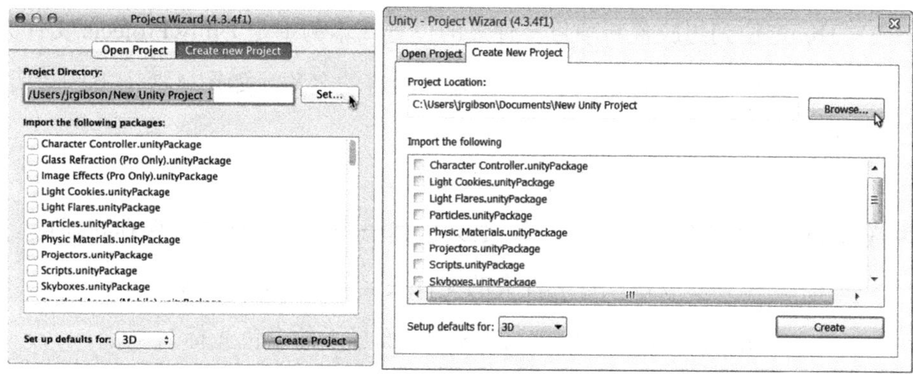

图 A-2　Project Wizard

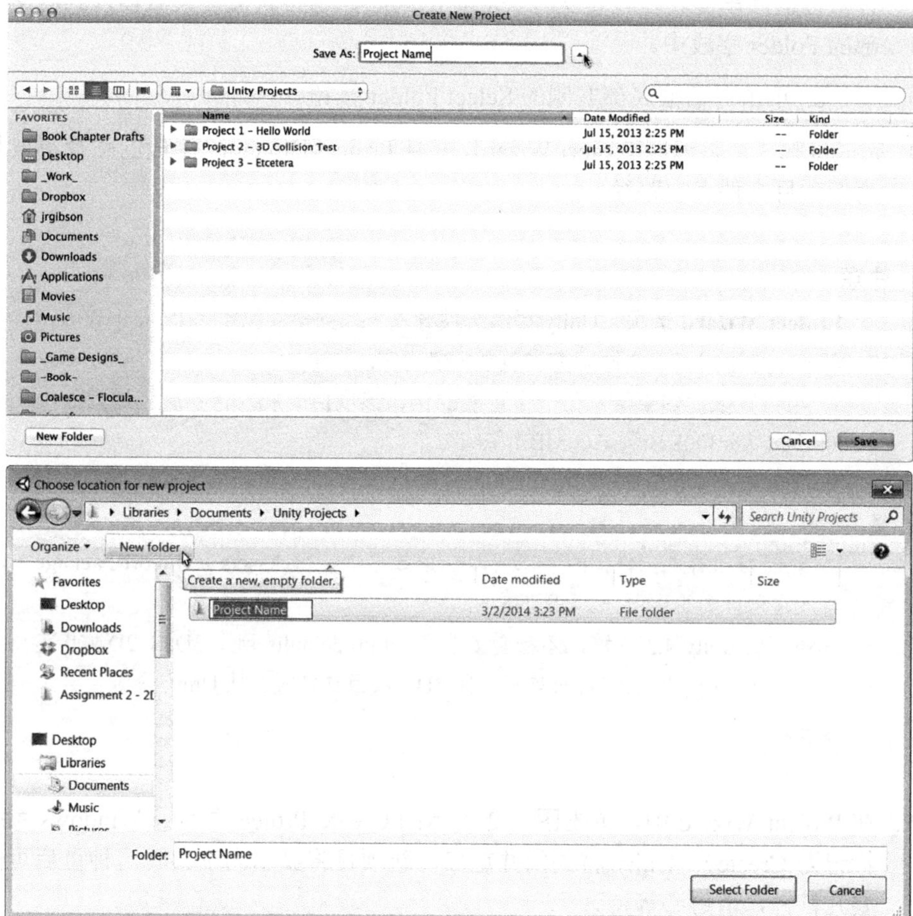

图 A-3　新项目的 Create New Project（OS X）和 Choose location（Windows）对话框

- OS X：在 OS X 系统下，不需要创建一个新文件夹保存项目；Unity 将自动创建：

    a. 如果没有看到图 A-3 所示的全屏的标准文件导航对话框的话，单击三角展开标志（显示在黑色的鼠标光标下，可展开对话框）。

b. 定位到想放置新项目文件夹的位置（本例中是 Unity Projects 文件夹）。

c. 在窗口顶部的 Save As 字段输入项目的名称（如图 A-3 上方图片所示的 Project Name）。

d. 单击对话框底部右侧的 Save 按钮。

- Windows：在 Windows 系统下，必须创建一个新的文件夹来保存新项目：

a. 定位到要放置项目文件夹的文件夹（本例中是 Unity Projects）。

b. 单击 New Folder 按钮（图 A-3 下面显示的白色光标）。

c. 在新文件夹名称字段输入项目的名称（如图 A-3 所示的 Project Name）并按键盘回车键。在设置文件夹名称的同时，也将新文件夹名输入到对话框底部的 Folder 字段中。

d. 单击对话框底部右侧的 Select Folder 按钮。

4. 完成步骤 3 后将返回 Project Wizard，并且 Project Directory 字段的路径将被替换为新项目文件夹的路径。

注意

Project Wizard 选项 Unity 提供选项导入一系列软件包作为 Project Wizard 的一部分。基于如下三个原因笔者般避免使用它。

- 项目扩张：如果导入每一个可能的包，该项目的规模将扩展到原始大小的 1000 倍（从≈300KB 到≈300MB）!
- 项目窗格杂乱：导入所有的包也会在 Assets 文件夹和项目窗格中添加大量条目和文件夹。
- 随时可以导入：任何时候都可以在菜单栏中执行 Assets > Import Package 命令导入在项目向导中列出的任何包。

此外，从 Unity 4.3 开始，还新增了选项 set up defaults 用于 3D 或 2D。此选项对项目影响很小，所以笔者通常不选择 3D。项目文件夹：从 Unity 资源包导出所有文件夹。

5. 在 Project Wizard 中，单击图 A-2 所示的 Create Project 按钮（Windows 系统下标记为 Create）。Unity 将关闭并重启，新项目将显示为空白。这种重启可能需要几秒钟，请耐心等待。

A.2 场景编码就绪

刚刚创建的新项目是一个默认的场景。遵循如下指令开始准备编码（虽然不是所有项目都需要）：

1．保存场景。

要做的第一件事应该总是先保存场景。在菜单栏执行 File > Save Scene As 命令并选择一个名称（Unity 会自动导航到保存场景的指定文件夹）。笔者倾向的名称类似像 _Scene_0，这样以后创造更多的场景时便于叠加。名字首部的下画线使得可以在项目窗格中进行排序。

2．创建一个新的 C#脚本（可选）。

有些章节要求在项目开头创建一个或多个 C#脚本。单击项目窗格的 Create 按钮并执行 Create > C# Script 命令。一个新的脚本将添加到项目窗格，并且它的名字将高亮显示，表示可更改。只可以任意按照自己喜欢的方式命名脚本，除非没有空格或名称中有特殊字符，然后按 Return 键或 Enter 键来保存名称。图 A-4 中，脚本名为 HelloWorld。

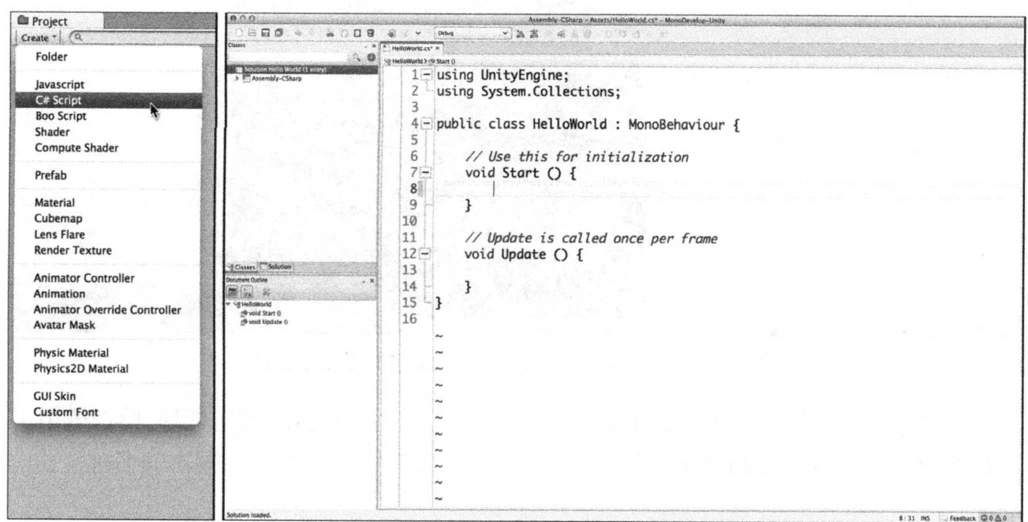

图 A-4 创建一个新的 C#脚本并在 MonoDevelop 中预览脚本

警告

脚本被创建后修改名称可能会导致问题 当你将设置脚本名称作为创建过程的一部分时，Unity 也将自动更改类声明中的名称（图 A-4 第 4 行）。然而，如果在初始化之后修改 C #脚本的名称，不仅需要在项目窗格中更改其名称，脚本本身所在行的类声明中也会修改。图 A-4 中，类声明在第 4 行，HelloWorld 需要更新为新脚本名。

3．将 C#脚本添加到场景的 Main Camera（可选）。

一些章节要求添加一个或多个新脚本到 Main Camera。添加一个脚本到一个游戏对象（如 Main Camera）将使脚本成为游戏对象的一个组件。所有的场景都将从一个包含就绪的 Main Camera 开始，所以在这里添加任何想要运行的基础脚本是补充的选择。一般来说，如果一个 C#脚本不添加到场景中的游戏对象，它是无法运行的。

下一部分有点麻烦，但我们很快就会习惯，因为在 Unity 中会反复运用。单击新脚本的名称，将它拖到 Hierarchy pane 的 Main Camera 名称中，并释放鼠标左键。现在应该如图 A-5 所示。

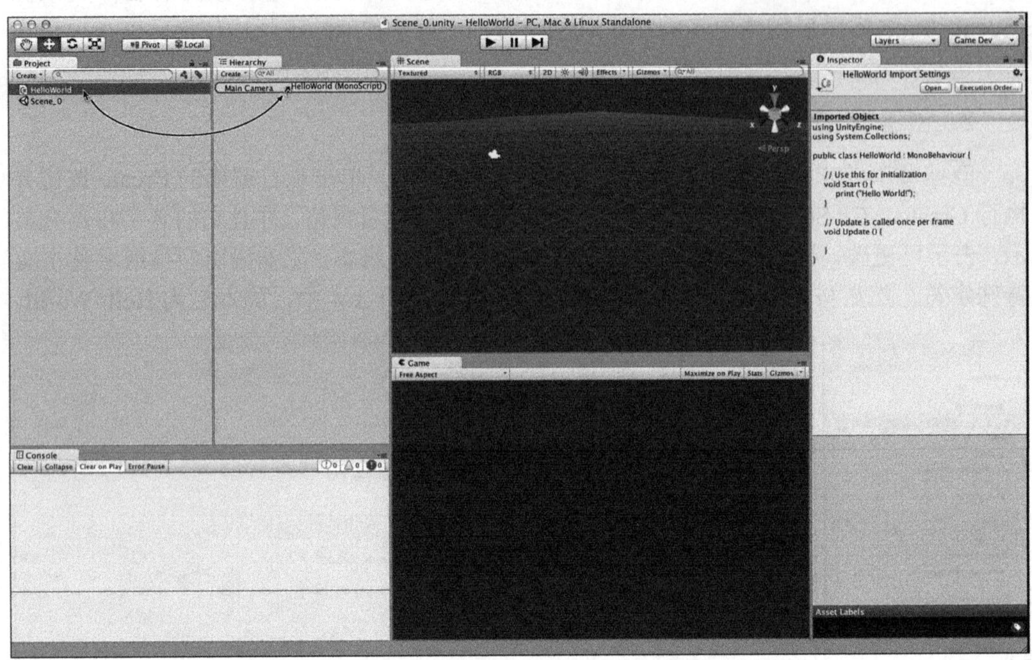

图 A-5　将 C#脚本拖到 Hierarchy pane 的 Main Camera

C#脚本现在已添加到 Main Camera，如果选择 Main Camera，它将出现在检查器中。开始在 MonoDevelop 中编辑 C#脚本代码，只需在项目窗格中双击该脚本的名称。

附录 B

实用概念

本部分提供的概念有助于让读者成为能创建更好的、更有效的原型机的程序员。其中一些是代码概念，其他为方法。这里将它们收集整理作为附录，便于读者多年后回看本书时参考。

本附录涵盖了几个不同的主题，分为四个不同的组并按字母顺序排序（而不是按概念排序）。其中很多都包含了 Unity 代码例子，还有本书其他章节引用的具体概念。

B.1 C#和 Unity 代码概念

这部分涵盖的 C#代码，在读者通读了本书之后可能会想要回看复习。还有一些虽然很重要，但不太适合普通章节的代码。为了方便，这些代码都被收录到附录中。

按位布尔运算符和层遮罩

正如在本书第 20 章提到的“布尔运算和条件”，一个单一的“或”符号（|）可以作为非短接条件或运算符，一个单一“与”符号（&）可以作为非短接条件与运算符。但在处理 ints 类型时，它们具有其他重要特性。|和&可用于整型的按位运算符，因此，有时也表示为按位或和按位与。

在按位运算符中，对整型的每一位的比较采用的是 C#中的 6 位运算符。如下所示的运算符列表包括它们在 8 位比特上的使用效果（一个简单的整型数据可以保存 0~255 范围大小）。运算符在 32 位整型上的原理与其相同（但 32 位不在本节使用范围）。

```
&     与           00000101 & 01000100 返回 00000100
|     或           00000101 | 01000100 返回 01000101
^     异或         00000101 ^ 01000100 返回 01000001
~     非（位非）   ~00000101 返回 11111010
<<    左移         00000101 << 1 返回 00001010
>>    右移         01000100 >> 2 返回 00010001
```

在 Unity 中，按位运算符最常用于管理 LayerMasks。Unity 允许开发者定义最多 32 个不同的层，LayerMask 是一个 32 位整型，代表哪一层应该划分为物理引擎或光线投射操作。在 Unity 中，变量类型 LayerMask 用于 LayerMasks，但它不过是在 32 位整型上附加一点额外功能。使用 LayerMask 时，任何为 1 的位代表该层可见，任何为 0 的位代表该层被忽略（即隐藏）。当想要检查是否碰撞到特定的对象层，或是想隐藏指定层时，这是非常有用的（例如，名为 Ignore Raycast 的内置层 2 会对所有的光线投射测试自动隐藏）。

Unity 有 8 个保留“内置”层，所有的游戏对象最初都放置在第零（0th）层，命名为 Default。其余的层，编号为 8 至 31，被称作 User Layers，为其中的一个命名会将它放置在任何弹出式菜单层中（例如，每一个游戏对象检查器的 Layer 弹出式菜单）。

因为层数从零开始，LayerMask 最右边位置的位 LayerMask 表示非隐蔽第零层为 1（参见下面代码清单的 `lmZero` 变量）。这可能有点复杂（因为这个整型的值表示 1，不是 0），所以许多 Unity 开发者使用按位左移运算符（<<）分配 LayerMask 值（例如，1 << 0 生成值 1，为第零层，1 << 4 在适当的地方产成一个 1 隐藏所有，但第四物理层除外）。以下代码清单包括更多的例子：

```
1 LayerMask lmNone = 0; // 00000000000000000000000000000000 bitwise // 1
2 LayerMask lmAll = ~0; // 11111111111111111111111111111111 bitwise // 2
3 LayerMask lmZero = 1; // 00000000000000000000000000000001 bitwise
4 LayerMask lmOne = 2; // 00000000000000000000000000000010 bitwise // 3
5 LayerMask lmTwo = 1<<2; // 00000000000000000000000000000100 bitwise // 4
6 LayerMask lmThree = 1<<3; // 00000000000000000000000000001000 bitwise
7
8 LayerMask lmOneOrThree = lmZero | lmTwo; // 5
9 // 创建 00000000000000000000000000000101 bitwise
10
11 LayerMask lmZeroThroughThree = lmZero | lmOne | lmTwo | lmThree;
12 //创建 00000000000000000000000000001111 bitwise
13
14 lmZero = 1 << LayerMask.NameToLayer("Default"); // 6
15 //创建 00000000000000000000000000000001 bitwise
```

1．当所有位设置为 0 时，LayerMask 将隐藏所有层。

2．当所有位设置为 1 时，LayerMask 将与所有层交互。

3．LayerMask 第二个位置的整数值 1 为 2，表明它是如何使用整型值混淆分配 LayerMask 的值。

4．在本例中使用左移运算符会更清晰，因为 1 代表将第二物理层向左移 2 位。

5．按位或用于和 0 层或 2 层碰撞。

6．当被传递层名时，静态方法 `LayerMask.NameToLayer()` 返回层数。用法如第 14 行所示。

协程

协程是 C#的一个特性，允许方法在运行过程中暂停，让其他方法执行，然后再返回运行。本附录用于“骰子概率”章节，因为用来计算抛掷骰子的所有可能结果的函数会运行很长时间，使得用户以为计算机死机了。协程也可用作特定时间触发的任务定时器（另一个选择为使用 InvokeRepeating 调用）。

Unity 示例

在这个例子中，我们要打印每一秒的时间。如果使用 Update() 方法打印时间，它每秒会打印几十次，次数太多了。

创建一个新的 Unity 工程。然后创建一个名为 Clock 的 C#脚本，将它添加到 Main Camera，并输入下面代码：

```
using UnityEngine;
using System.Collections;

public class Clock : MonoBehaviour {

    //初始化
    void Start () {
        StartCoroutine(Tick());
    }

    //所有协程具有 IEnumerator 返回类型
    IEnumerator Tick() {
        //无限 while 会阻止打印除非协程被挂起或程序停止
        while (true) {
            print(System.DateTime.Now.ToString());
            // yield 语句告诉协程在继续之前等待大约 1 秒。协程的时间不是非常精确
            yield return new WaitForSeconds(1);
        }
    }

}
```

有几个不同种类的 yield 语句：

```
yield return null;                          //立刻继续
yield return new WaitForSeconds(10);        //等待 10 秒
yield return new WaitForEndOfFrame(); `     //等待直到下一个结构
yield return new WaitForFixedUpdate();      //等待直到下一个修复的更新
```

协程用于本书第 33~35 章的原型。

枚举

枚举是一个简单的方法，用来声明一个只有少数特定选项类型的变量，本书都会使用到它。枚举在类定义之外声明。

```
public enum PetType {
    none,
    dog,
    cat,
```

```
        bird,
        fish,
        other
    }

    public enum Gender {
        unspecified
        female,
        male
    }
```

后面，使用枚举的类型可以在一个类中变量声明（例如下面代码清单中的 public PetTyp）。一个枚举的各种选项代表枚举类型、一个点和枚举选项（例如 PetType.dog）：

```
public class Pet {
    public string name = "Flash";
    public PetType pType = PetType.dog;
    public Gender gender = Gender.male;
}
```

整数枚举实际上是整数伪装成其他值，所以它们可以转换为 int（如下面代码清单中第 7、8 行所示）。这也意味着如果没有显式设置，一个枚举将默认为第零号选项。例如，使用前面定义的枚举 Gender 声明一个新的变量 Gender gen;将自动为 gen 分配默认值 Gender.unspecified。

```
1 public class Pet {
2   public string name = "Flash";
3   public PetType pType = PetType.dog;
4   public Gender gender = Gender.male;
5
6   void Awake() {
7       int i = (int) PetType.cat; // i 可能等于 2 // 1
8       P etType pt = (PetType) 4; // pt 可能等于 PetType.fish // 2
9   }
10 }
```

1. 第 7 行所示代码（int）是一个显式类型转换，将 PetType.cat 强制转换为 int。这类似于 as GameObject 关键字和在 Unity 中用于一部分 Instantiate()语句的类型，但显式类型转换更低级并且可用于简单数据类型，如 ints。（as 关键字只能用于类的实例。）
2. 这里，代码将 int 文字 4 显式类型转换为 PetType（PetType）。

枚举通常使用 switch 语句（正如读者在本书中所看到的）。

函数授权

函数授权简单理解为相似函数（或方法）的一个容器，并且智能被调用一次。授权可以用来实现策略模式，这是游戏开发者经常使用的软件设计模式，它定义不同的人工智能策略，在不同环境中用作相同的人工智能（AI）代理。本附录的“软件设计模式”

章节中描述了策略模式。

使用函数授权的第一步是定义授权类型。类型会设置参数并返回包含的授权和函数的值。

```
public delegate float FloatOperationDelegate( float f0, float f1 );
```

上一行创建了一个 FloatOperationDelegate 授权定义，需要两个 float 作为输入并返回一个 float。一旦设定了定义，就可以定义适合该授权定义的目标方法：

```
using UnityEngine;
using System.Collections;

public class DelegateExample : MonoBehaviour {
    //创建一个名为 FloatOperationDelegate 的授权定义
    //为模板函数定义参数和返回类型
    public delegate float FloatOperationDelegate( float f0, float f1 );

    // FloatAdd 必须和 FloatOperationDelegate 具有相同的参数和返回类型
    public float FloatAdd( float f0, float f1 ) {
        float result = f0+f1;
        print("The sum of "+f0+" & "+f1+" is "+result+".");
        return( result );
    }

    // FloatMultiply 必须也具有相同的参数和返回类型
    public float FloatMultiply( float f0, float f1 ) {
        float result = f0 * f1;
        print("The product of "+f0+" & "+f1+" is "+result+".");
        return( result );
    }
}
```

现在，可以创建 FloatOperationDelegate 类型的变量，并且目标函数都可以分配给它。然后，这个授权变量可以像函数一样被调用（参见下面语法中的授权变量 fod）。

```
public class DelegateExample : MonoBehaviour {
    public delegate float FloatOperationDelegate( float f0, float f1 );

    public float FloatAdd( float f0, float f1 ) { … }
    public float FloatMultiply( float f0, float f1 ) { … }

    //类型声明一个“fod”变量
    public FloatOperationDelegate fod; // 授权变量

    void Awake() {
        //为 fod 分配 FloatAdd()方法
        fod = FloatAdd;

        //当 fod 作为方法时调用它; fod 接着调用 FloatAdd()
```

```
        fod( 2, 3 ); // Prints: The sum of 2 & 3 is 5.

        //为 fod 分配 FloatMultiply()方法，替换 FloatAdd()
        fod = FloatMultiply;

        //调用 fod(2,3)；它将调用 FloatMultiply(2,3)，返回 6
        fod( 2, 3 ); //打印：The product of 2 & 3 is 6
    }

}
```

授权也可以多播，意味着多个目标方法可以分配给授权。在本书第 30 章中我们使用这种机制来装备武器，在玩家的飞船上，一个单一的 fireDelegate( )授权轮流调用武器的所有 Fire()方法。如果组播授权的返回类型为非 void（如本例中），最后目标方法的调用将是一个返回值。但是，如果没有添加任何函数就调用授权，它会抛出一个错误。通过第一次检查它是否为空来防止这种情况的发生。

```
void Awake() {
    //为 fod 分配 FloatAdd()方法
    fod = FloatAdd;

    //添加 FloatMultiply()方法，现在都被 fod 调用
    fod += FloatMultiply;

    //调用前检查 fod 是否为空
    if (fod != null) {
        //调用 fod(3,4；它先调用 FloatAdd(3,4)然后调用 FloatMultiply(3,4)
        float result = fod( 3, 4 );
        //打印：The sum of 3 & 4 is 7.
        // 然后打印：The product of 3 & 4 is 12.

        print( result );
        // Prints: 12
        //最后一个目标函数的调用通过授权返回一个值，使得最终返回值为 12
    }
}
```

接口

一个接口声明的方法和属性将由一个类来实现。任何实现接口的类都可以在代码中引用作为接口类型，而不是作为其实际类类型。这与子类有几点不同，其中最大的不同是一个类可以同时实现几个不同的接口，而一个类只能扩展一个超类。

Unity 示例

在 Unity 中新建一个工程。在该工程中创建一个名为 Menagerie 的 C#脚本并输入以下代码：

```
using UnityEngine;
```

```
using System.Collections;
using System.Collections.Generic;

//两个枚举用于设置类中变量的特定选项
public enum PetType {
    none,
    dog,
    cat,
    bird,
    fish,
    other
}

public enum Gender {
    female,
    male
}

// Animal 接口声明所有动物都具有的两个 public 属性和两个 public 方法
public interface Animal {
    //public 属性
    PetType pType { get; set; }
    Gender gender { get; set; }

    //public 方法
    void Move();
    string Speak();
}

// Fish 实现 Animal 接口
public class Fish : Animal {
    private PetType _pType = PetType.fish;
    private Gender _gender;

    public PetType pType {
        get { return( _pType ); }
        set { _pType = value; }
}

    public Gender gender {
        get { return( _gender ); }
        set { _gender = value; }
    }

    public void Move() {
        Debug.Log("The fish swims around.");
    }

    public string Speak() {
        return("…!");
    }
```

```
}

// Mammal是由Dog和Cat扩展的超类
public class Mammal {
    protected Gender _gender;

    public Gender gender {
        get { return( _gender ); }
        set { _gender = value; }
    }
}

//Dog是Mammal的一个子类并且实现Animal
//因为Dog是Mammal的一个子类
//它继承protected类型变量_gender和public属性gender
//如果_gender为private类型，Dog将无法继承
public class Dog : Mammal, Animal {
    private PetType _pType = PetType.dog;

    public PetType pType {
        get { return( _pType ); }
        set { _pType = value; }
    }

    public void Move() {
        Debug.Log("The dog walks around.");
    }

    public string Speak() {
        return("Bark!");
    }
}

// Cat是Mammal的一个子类并实现Animal
public class Cat : Mammal, Animal {
    private PetType _pType = PetType.cat;

    public PetType pType {
        get { return( _pType ); }
        set { _pType = value; }
    }

    public void Move() {
        Debug.Log("The cat stalks around.");
    }

    public string Speak() {
        return("Meow!");
    }
}
```

```
// Menagerie是MonoBehaviour的一个子类
public class Menagerie : MonoBehaviour {
    //下面的代码可以作为实现Animal的任何类的例子
    public List<Animal> animals;

    void Awake () {
        animals = new List<Animal>();

        Dog d = new Dog();
        d.gender = Gender.male;
        //当把d添加到Animal，它就作为Animal，而不是Dog
        animals.Add( d );
        animals.Add( new Cat() );
        animals.Add( new Fish() );

        //这个循环中，使用相同方法处理所有Animals，尽管它们不尽相同
        for (int i=0; i<animals.Count; i++) {
            animals[i].Move();
            print("Animal #"+i+" says: "+animals[i].Speak());
            switch (animals[i].gender) {
            case Gender.female:
                print("Animal #"+i+" is female.");
                break;
            case Gender.male:
                print("Animal #"+i+" is male.");
                break;
            }
        }
    }
}
```

正如在代码中所看到的，使用 Animal 接口允许 `Cat`、`Dog` 和 `Fish` 类以相同方式处理并存储在同一个 `List<Animal>`中，即使其中两个是 Mammal 的子类，另一个是没有扩展任何东西的类。关于在一个项目中如何使用它的例子，请参见本书第 35 章。

命名约定

命名约定在本书第 19 章的“变量和组件”章节首次讲述，但它们很重要，需要在这里再次描述。本书中的代码遵循一些规则，包括变量、函数、类的命名等。虽然这些规则非强制，遵循它们将使你的代码具有更高的可读性，不仅方便那些尝试阅读你的代码的人，在隔了数月后自己回看这些代码时也可以很好理解。每个程序员遵循的规则稍有不同，这几年我遵从的规则也在不断变化，但这里笔者推荐的规则对于我和我的学生都很适用，它们与大部分笔者在 Unity 中适用的 C#代码一致。

1. 全部使用驼峰命名。在由多个单词组成的变量名中，驼峰命名每个单词首字母大写（除了变量名的第一个单词）。
2. 变量名必须以小写字母开头（例如 `someVariableName`）。

3．函数名必须以大写字母开头（例如 `Start()`，`FunctionName()`）。

4．类名应该以大写字母开头（例如 `GameObject`，`ScopeExample`）。

5．私有变量名可以用下画线开头（例如 `_hiddenVariable`）。

6．静态变量名可以使用 snake_case 全部大写（例如 `NUM_INSTANCES`）。正如你所看到的，snake_case 使用下画线结合多个单词。

运算符优先级和操作顺序

跟代数一样，一些 C#运算符的优先级高于其他。一个你可能熟悉的例子是*的优先级高于+（例如，1 + 2 * 3 等于 7，因为 2 和 3 先相乘再加 1）。下面是一个常见运算符和它们优先级的列表。这个列表中的高优先级运算符将先于低优先级运算符。

( )　　圆括号运算符总是具有高优先级

F()　　函数调用

a[]　　访问数组

i++　　后置自加

i--　　后置自减

!　　非

~　　按位非（补码）

++i　　前置自加

--i　　前置自减

*　　乘

/　　除

%　　模

+　　加

-　　减

<<　　左移

>>　　右移

<　　小于

>　　大于

<=　　小于或等于

>=　　大于或等于

==　　等于（比较运算符）

!=　不等于

&　按位与

^　按位异或（XOR）

|　按位或

&&　条件与

||　条件或

=　赋值

竞争条件

与本节中的其他主题不同，竞争条件是确定不想要出现在代码里的内容。有必要时竞争条件会出现在代码中，用于一件事情之前先进行另一项，但这两件事发生的先后顺序可能混乱并导致意想不到的行为，甚至崩溃。竞争条件是一系列周全考量，当设计的代码需要在多处理器计算机、多线程操作系统或网络应用程序上运行（这样世界各地不同的计算机能够最终在一个竞争的条件下一起完成运行），但它们也可以是我们编写的简单 Unity 游戏中的问题。

这里举一个例子。

Unity 示例

按照下列步骤执行：

1．创建一个新的 Unity 工程，命名为 Unity-RaceCondition。生成一个 C#脚本，命名为 SetValues 并输入下列代码：

```
using UnityEngine;
using System.Collections;

public class SetValues : MonoBehaviour {
    static public int[] VALUES;

    void Start() {
        VALUES = new int[] { 0, 1, 2, 3, 4, 5 };
    }

}
```

2．生成第二个脚本，命名为 ReadValues 并输入下列代码：

```
using UnityEngine;
using System.Collections;

public class ReadValues : MonoBehaviour {

    void Start() {
        print( SetValues.VALUES[2] );
```

```
8     }
9
10 }
```

3. 在场景中创建两个立方体分别名为 Cube0 和 Cube1。将 SetValues 脚本添加到 Cube0，ReadValues 脚本添加到 Cube1。

现在，尝试播放我们刚才创造的场景，很可能在控制台面板中会出现一条错误消息。笔者说“很可能”是因为让竞争条件变得复杂的原因之一是它们不可预测的出现方式。如果没有错误消息，尝试将 SetValues 移动到 Cube1，ReadValue 移动到 Cube0。即使没有看到错误，也请继续阅读。

NullReferenceException：未将对象引用设置到对象实例 ReadValues.Start ()（在 Assets/ReadValues.cs:7）

如果双击错误消息，它会定位到 ReadValues.cs 的第 7 行（行数可能略有不同）。

```
print( SetValues.VALUES[2] );
```

4. 让我们使用调试器来进一步分析造成错误的原因是什么。在 ReadValues.cs 的 `print` 行设置一个断点并将调试器连接到 Unity。如果需要回顾调试器的使用，请阅读第 24 章“调试”。

5. 当与连接的调试器一起运行该工程（Unity 中）时，它将立即中断在设置断点的地方。通过报错 NullReferenceException，我们知道这一行有问题，即正在试图访问一些尚未定义的变量。让我们查看每个变量发生了什么。在 MonoDevelop 中打开 Watch 窗格（在菜单栏执行 View > Debug Windows > Watch 命令；旁边应该有一个复选标记，再次选择它将使 Watch 窗格显示在前面）。该行使用的唯一变量是 SetValues.VALUES，所以在 Watch 窗口某行输入 SetValues.VALUES 就可以看到它的值。正如我们所分析的，VALUES 没有定义，也就是说它当前为空。但我们知道 VALUES 应该是在 `SetValues.Start()` 中定义的。只需往上几行代码就可以看到定义。VALUES 不能被定义的唯一方式就是 `SetValues.Start()` 尚未运行，而这才是真正的原因。

这就是竞争条件。`SetValues.Start()` 定义 `SetValues.VALUES`，但 `ReadValues.Start()` 可能在设置之前试图使用该变量。我们知道在游戏对象接收到第一个 Update()之前，`Start()` 会被每个游戏对象调用，但目前尚不清楚各种对象的调用顺序。笔者认为这可能与对象被添加到 Hierarchy 的顺序有关，但不确定。事实上，笔者甚至不知道你是否遇到过同样的错误，我遇到可能是因为 `Start()` 方法被不同的命令调用。

这是竞争条件的主要问题。两个 `Start()` 函数相互竞争。如果一个首先被调用，并且你的代码运行良好，但当另一个被首先调用的话，程序崩溃。不管你的代码是否正常运行，这是一个需要解决的问题。

当一个游戏对象被实例化时立即调用 MonoBehaviour. Awake()，这是 `Awake()` 和 `Start()` 方法之间具有差异的原因之一，游戏对象接收第一个 `Update()` 之前反而立

即先调用 `Start()`。可以是几毫秒的差别，这对于一个计算机程序是很长的时间。即使在 Hierarchy 中有相当数量的对象，也可以保证 `Start()` 被任何对象调用前都会先调用 `Awake()`。`Awake()` 总是先于 `Start()` 发生，只要所有对象都添加到同一帧的场景（或像本节开头的 Cube0 和 Cube1 那样）。

知道了这一点，回看下之前的错误。由于两个 `Start()` 函数之间的竞争导致错误的发生。要解决这个问题，就必须先让其中一个在 `Awake()` 方法中运行。按如下所示的代码清单替换 SetValues 脚本的第 7 行。你需要单击 MonoDevelop 调试器的 Stop 按钮（或在 MonoDevelop 菜单栏中执行 Run > Stop 命令）并且在修改 SetValues 代码之前停止 Unity 的重现：

```
1 using UnityEngine;
2 using System.Collections;
3
4 public class SetValues : MonoBehaviour {
5     static public int[] VALUES;
6
7     void Awake() {
8         VALUES = new int[] { 0, 1, 2, 3, 4, 5 };
9     }
10
11 }
```

现在，`ReadValues.Start()` 之前肯定会先调用 `SetValues.Awake()` 方法，竞争问题也解决了。

递归函数

当函数被设计为重复调用它自己时称之为递归函数。一个简单的例子是计算数字的阶乘。

数学中，5!（5 阶乘）是该数和其他小于它的自然数的乘积：

```
5! = 5 * 4 * 3 * 2 * 1 * = 120
```

特殊情况是 0! = 1，并且我们假设负数的阶乘为 0：

```
0! = 1
```

我们可以编写一个递归函数来计算任意整数的阶乘：

```
void Awake() {
    print( fac (-1) ); // 打印输出 0
    print( fac (0) ); //打印输出 1
    print( fac (5) ); //打印输出 120
}

int fac( int n ) {
```

```
8    if (n < 0) { //当 n<0 时防止 break
9        return( 0 );
10   }
11   if (n == 0) { // "terminal case"的情形
12       return( 1 );
13   }
14   int result = n * fac( n-1 );
15   return( result );
16 }
```

当 fac(5)被前面的代码调用，程序运行到第 14 行，fac()在 n-1 条件下被再次调用，现在入参为 4。这个反复过程使得 fac()被调用四次，直到到达 terminal case，即 fac(0)时，然后开始返回值。递归链解决问题的原理如下：

```
fac(5)
5 * fac(4)
5 * 4 * fac(3)
5 * 4 * 3 * fac(2)
5 * 4 * 3 * 2 * fac(1)
5 * 4 * 3 * 2 * 1 * fac(0)
5 * 4 * 3 * 2 * 1 * 1
5 * 4 * 3 * 2 * 1
5 * 4 * 3 * 2
5 * 4 * 6
5 * 24
120
```

真正理解这个递归函数过程的最好方法是在 14 行放置一个断点，将 MonoDevelop 调试器连接到 Unity Process，并且使用 Step In 一步步查看递归发生过程（如果需要回顾调试器，请查看第 24 章）。

贝塞尔曲线的递归函数

递归函数的另一个经典例子是贝塞尔曲线插值静态方法（名为 Bezier），包含在 ProtoTools Utils 类中作为在 31 章到 35 章开头导入的 Unity 资源包的一部分。这个函数可以在贝塞尔曲线中插值点的位置组成任意数量的点。Bezier 函数的代码列在本附录“插值”章节的末尾。

软件设计模式

1994 年“Gang of Four”组合（Erich Gamma，Richard Helm，Ralph Johnson 和 John Vissides）出版了 *Design Patterns: Elements of Reusable Object-Oriented Software* 一书[1]，描述了各种可以用于软件开发的设计模式来创建有效的、可重用的代码。本书采用了其中两种模式并引用了 1 种。

---

1 Erich Gamma，Richard Helm，Ralph Johnson 以及 John Vissides，*Design Patterns: Elements of Reusable Object-Oriented Software(Reading*, MA: Addison-Wesley, 1994)。工厂模式是该书着重描述的模式之一。包括单例模式在内的其他模式被用作本书教程。

单例模式

单例模式是本书中最常用的，可以在第 26、27、29~35 章中找到。如果游戏中可以确定特定的类只有一个单一的实例，那么可以为该类创建一个单例，作为该类类型的静态变量，可以在代码的任何地方引用。代码示例如下：

```
public class Hero : MonoBehaviour {
    static public Hero S; // 1

    void Awake() {
        S = this; // 2
    }
}
public class Enemy {

    void Update() {
        public Vector3 heroLoc = Hero.S.transform.position; // 3
    }

}
```

1. 静态公共变量 `S` 是 hero 的单例。我命名所有自定义的单例为 S。

2. 因为 `Hero` 类只可能有一个实例，当实例被创建时 `S` 被分配到 `Awake()`。

3. 因为变量 `S` 是公共并且静态的，通过类名 `Hero.S` 可以在代码任何地方引用它。

工厂模式

工厂模式的使用和描述在第 35 章。简而言之，工厂模式使用一个接口定义一组相似的类，然后创建一个 factory 函数可以返回一个基于入参的对象。*Omega Mage* 中，用它来选择不同的可选敌人类型，可以设置为相同等级。敌人是完全不同的类，但它们都实现了同一个 `Enemy` 接口，所以工厂可以返回它们任何一个。要了解更多关于接口的内容，参见本附录中的“接口”章节。第 35 章描述了如何在一个项目中使用工厂模式。

策略模式

正如本附录“函数授权”章节所提到的，策略模式往往用于人工智能和其他领域，即根据不同场合改变行为，但只调用一个单一的函数授权。在策略模式中，创建一个函数授权用于类可执行的一组动作（例如，在战斗中采取行动），并且该授权基于特定条件被赋值和调用。它避免了代码中复杂的 switch 语句，因为仅一行代码就可以调用授权：

```
using UnityEngine;
using System.Collections;

public class Strategy : MonoBehaviour {
    public delegate void ActionDelegate(); // 1

    public ActionDelegate act; // 2

```

```
    public void Attack() {} // 3
        // Attack 代码从这里开始
    }

    public void Wait() { … }
    public void Flee() { … }

    void Awake() {
        act = Wait; // 4
    }

    void Update() {
        Vector3 hPos = Hero.S.transform.position;
        if ( (hPos - transform.position).magnitude < 100 ) {
            act = Attack; // 5
        }

        if (act != null) act(); // 6
    }
}
```

1. 定义 ActionDelegate 授权类型。它没有参数，返回类型为 void。
2. 创建 act 作为 ActionDelegate 的一个实例。
3. 这里的 Action()、Wait()和 Flee()函数为占位符，用于显示被定义的各种动作来匹配参数并返回 ActionDelegate 授权类型的类型。
4. 本 agent 的初始策略是 Wait。
5. 如果 hero 单例接近 agent 在 100 米范围内，通过替换目标方法为 act 函数授权，使得切换到 Attack 策略。
6. 无论选择哪种策略，都会调用 act()执行它。调用它之前有必要检查 act != null，因为调用一个空函数授权（即尚未分配给它一个目标函数）会导致 runtime 错误。

变量作用域

变量的作用域在任何编程语言中都是一个重要概念。变量作用域是指有多少代码知道变量的存在。全局作用域意味着任何地方的任何代码都可以看到和引用该变量，而局部作用域意味着在某些方面该变量的范围是有限的，它不对所有代码可见。如果一个变量是一个类的局部变量，那么只有类中的其他属性可以看到它。如果一个变量是一个函数的局部变量，那么它只存在于该函数中，并且函数运行完毕时销毁一次。

下面的代码演示了在一个类中不同变量的几个不同级别的作用域。代码后面的数字注释解释了重要代码行的作用。

```
using UnityEngine;
using System.Collections;
```

```
public class ScopeExample : MonoBehaviour {

    //公有作用域(public class variables)
    public bool trueOrFalse = false; // 1
    public int graduationAge = 18;
    public float goldenRatio = 1.618f;

    //私有作用域(private class variables)
    private bool _hiddenVariable = false; // 2
    private float _anotherHiddenVariable = 0.5f;

    //受保护作用域(protected class variables)
    protected int partiallyHiddenInt = 1; // 3
    protected float anotherProtectedVariable = 1.0f;

    //静态公有作用域(static public class variables)
    static public int NUM_INSTANCES = 0; // 4
    static private int NUM_TOO = 0; // 5

    void Awake() {
        trueOrFalse = true; //正常：将 true 赋给 trueOrFalse // 6
        print( trueOrFalse ); //正常：打印“true”
        int ageAtTenthReunion = graduationAge + 10; //正常// 7
        print( _anotherHiddenVariable ); //正常// 8
        NUM_INSTANCES += 1; //正常// 9
        NUM_TOO++; //正常//10
    }

    void Update() {
        print( ageAtTenthReunion ); //错误//11
        float ratioed = 1f; //正常
        for (int i=0; i<10; i++) { //正常//12
            ratioed *= goldenRatio; //正常
        }
        print( ratioed ); //正常
        print( i ); //错误//13
    }
}

public class SubScopeExample : ScopeExample{ //14
    void Start() {
        print( trueOrFalse ); //正常：打印“true”//15
        print( partiallyHiddenInt ); //正常：打印“1”//16
        print( _hiddenVariable ); //错误//17
        print( NUM_INSTANCES ); //正常//18
        print( NUM_TOO ); //错误//19
    }
```

}

1. 公有作用域：这里的三个变量都是公有变量。所有变量都是类成员变量，表明它们被声明为类的一部分，并且对类的成员函数都是可见的。因为这些变量是公共的，子类 SubScopeExample 也有一个公有变量 trueOrFalse。公共变量也可以被任何其他包含 ScopeExample 实例的引用的代码访问。允许使用一个函数和变量 ScopeExample se 来访问 se.trueOrFalse。

2. 私有作用域：这里有两个变量为私有作用域。私有作用域只对当前 ScopeExample 实例可见。子类 SubScopeExample 没有私有作用域 _hiddenVariable。使用函数和变量 ScopeExample se 将无法查看或访问作用域 se.hiddenVariable。

3. 受保护作用域：标记为受保护的作用域介于公有和私有之间。SubScopeExample 子类有一个受保护作用域 partiallyHiddenInt。但函数和变量 ScopeExample se 将无法查看或访问作用域 se.partiallyHiddenVariable。

4. 静态作用域：静态作用域是类本身的一个作用域，而不是类的实例。这意味着 NUM_INSTANCES 作为 ScopeExample.NUM_INSTANCES 被访问。这是我使用 C#中最接近全局作用域的，笔者脚本中的任何代码都可以访问 ScopeExample.NUM_INSTANCES，并且 NUM_INSTANCES 对所有 ScopeExample 实例相同。函数和变量 ScopeExample se 无法访问 se.NUM_INSTANCES，但它可以访问 ScopeExample.NUM_INSTANCES。通过 ScopeExample 的子类 SubScopeExample 也可以访问 NUM_INSTANCES。

5. NUM_TOO 是一个静态类成员变量，意味着所有 ScopeExample 实例共享相同的 NUM_TOO 值，但其他类不可以看到或访问它。SubScopeExample 子类不能访问 NUM_TOO。

6. // Works 注释表明该行代码执行没有任何错误。trueOrFalse 是 ScopeExample 的一个公共作用域，所以 ScopeExample 的 this 方法可以访问它。

7. 该行声明和定义一个名为 ageAtTenthReunion 变量，作为 Start() 方法的局部作用域。表明一旦 Start() 函数执行完毕，变量 ageAtTenthReunion 将被销毁。此外，这个函数以外的任何代码都不能看到或访问 ageAtTenthReunion。

8. 私有作用域 _anotherHiddenVariable 只能被当前类实例中的方法访问。

9. 在一个类中，静态公有作用域可以用它们的名称来表示，比如 Start() 方法可以引用 NUM_INSTANCES 而不需要前面的类名。

10. NUM_TOO 可以在 ScopeExample 类内的任何地方访问。

11. 该行抛出一个错误，因为 ageAtTenthReunion 是 Start() 方法中的局部变量，在 Update() 中无效。

12. 声明并定义在当前 for 循环中的变量 i 局部作用于 for 循环。意味着当 for 循环完成时，i 不再有意义。

13. 该行抛出一个错误，因为跳出 for 循环 i 没有任何意义。

14. 该行声明和定义 ScopeExample 类的子类 SubScopeExample。作为一个子类，SubScopeExample 可以访问 ScopeExample 的公有和受保护作用域，但私有作用域除外。因为 SubScopeExample 自身没有定义 Awake() 或 Update() 函数，它将运行基类 ScopeExample 中定义的版本。

15. trueOrFalse 是公有的，所以 SubStaticField 继承了 trueOrFalse 作用域。此外，因为在调用 SubScopeExample 的 Start() 时已运行基类(ScopeExample)版本的 Awake()，trueOrFalse 已被 Awake() 方法设置为“true”。

16. SubScopeExample 也有一个从 ScopeExample 继承的受保护作用域 partiallyHiddenInt。

17. _hiddenVariable 不是从 ScopeExample 继承的，因为它是私有的。

18. NUM_INSTANCES 对 SubScopeExample 可见，因为它是公有变量，从基类 ScopeExample 继承的。此外，这两个类共享相同的 NUM_INSTANCES 值，所以如果一个类的实例被初始化，无论是从 ScopeExample 或 SubScopeExample 访问，NUM_INSTANCES 值始终为 2。

19. 作为一个私有静态变量，NUM_TOO 不是继承于 SubScopeExample。然而值得注意的是，尽管 NUM_TOO 非继承，当 SubScopeExample 实例化并运行基类版本的 Awake()，该 Awake() 方法访问 NUM_TOO 不会报错，因为基类版本运行在 ScopeExample 类范围内，即使它实际上运行的是 SubScopeExample 类实例。

这 19 个注释包括非常简单和非常复杂的变量作用域的例子。如果读者无法理解其中某些，也没关系。在使用一阵 C#并且遇到更具体的作用域问题时可以再回看本章。

XML

XML（可扩展标记语言）是一种被设计为灵活且可读性高的文件格式。第 31 章的“Prototype 4: Prospector Solitaire”有一些 XML 的例子。添加额外的空格使它更具可读性，而且 XML 通常会将任何数量的空格或行结束处理为一个空格。

```
<xml>
    <!-- decorators are the suit and rank in the corners of each card. -->
    <decorator type="letter" x="-1.05" y="1.42" z="0" flip="0" scale="1.25"/>
    <decorator type="suit" x="-1.05" y="1.03" z="0" flip="0" scale="0.4" />
    <decorator type="suit" x="1.05" y="-1.03" z="0" flip="1" scale="0.4" />
    <decorator type="letter" x="1.05" y="-1.42" z="0" flip="1" scale="1.25"/>
    <!-- A list of all cards that defines where pips are placed. -->
    <card rank="1">
        <pip x="0" y="0" z="0" flip="0" scale="2"/>
    </card>
    <card rank="2">
        <pip x="0" y="1.1" z="0" flip="0"/>
        <pip x="0" y="-1.1" z="0" flip="1"/>
```

```
    </card>
</xml>
```

即使不太了解 XML，也多少应该能阅读一点。XML 基于标签（也被称为标记的文档），即两个角括号之间的内容（例如`<xml>`，`<card rank="2">`）。大多数 XML 元素都有一个开始标签（例如`<xml>`）和一个由向前斜线和开始标签组成的结束标签（例如`</xml>`）。开始和结束标签之间的任何内容被认为是该元素的文本。

也有空元素标签，即开始和结束标签之间没有文本的标签。例如，`<card rank="1" />`是一个单空元素标签。在一般情况下，XML 文件应该以`<xml>`开始并以`</xml>`结束，所以 XML 文档就是`<xml>`元素的文本。

XML 标签可以有属性，类似于 C#的作用域。XML 代码中看到的空元素`<pip x="0" y="1.1" z="0" flip="0"/>`包括 `x`，`y`，`z` 和 `flip` 属性。

XML 文件中，`<!--`和`-->`之间的任何内容都是注释，因此任何读取 XML 文件的程序都会忽略它。前面的 XML 代码中可以看到，我与 C#代码注释一样使用它们。

C# .NET 中有一个强大的 XML 阅读器，但我发现它非常大（它编译过的应用程序的大小增加了大约 1MB，如果用于手机开发将是很大的）并且笨拙（使用起来并不简单）。所以，我在 ProtoTools 脚本中使用一个更小的（虽然不是对所有健壮）XML 解释器名为 PT_XMLReader，在第 31 到 35 章开头导入作为 unitypackage 的一部分。回看第 31 章查看其使用例子。

B.2 数学概念

很多人听到数学这个词都很害怕，但真的不需要这样。正如你在本书中看到的，使用数学可以完成一些非常酷的事情。在本附录中，笔者只介绍一些著名的数学概念，有助游戏开发。

正弦和余弦（Sin 和 Cos）

Sine 和 Cosine 函数将一个角度值 Θ（theta）转换为沿波形的点，范围从-1 至 1，如图 B-1 所示。

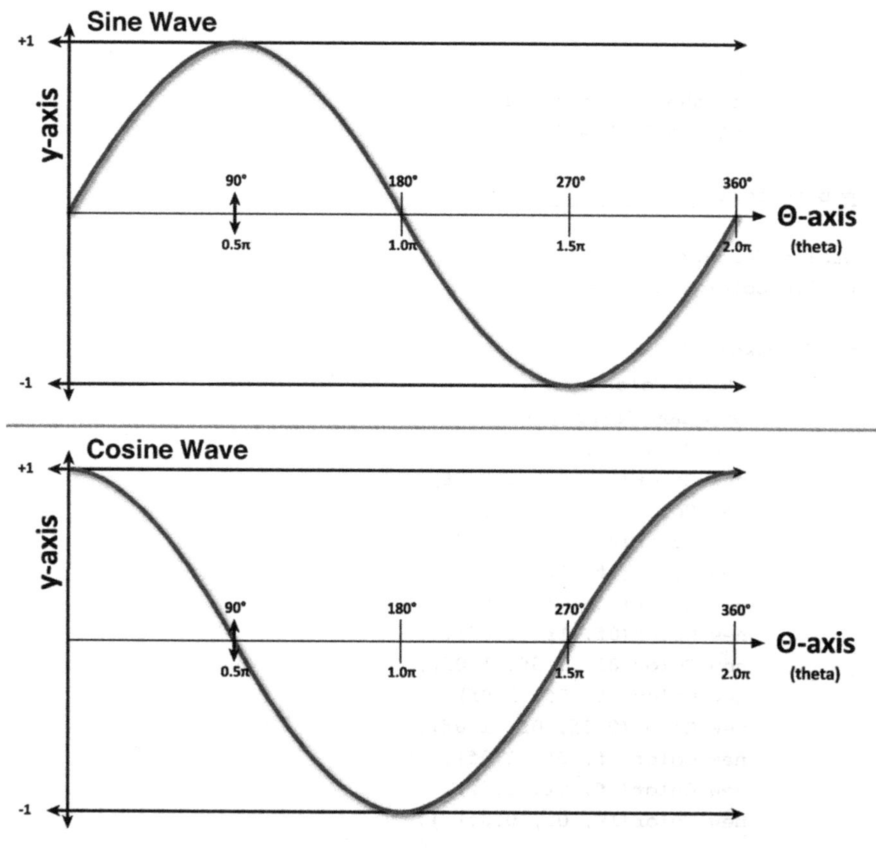

图 B.1　Sine 和 Cosine 的常见描述

但 Sine 和 Cosine 不仅仅是波，当环绕一个圆圈时它们描述 X 和 Y 的关系。下面我会用一些代码来解释。

Unity 示例

按照下面步骤执行：

1. 打开 Unity 创造一个新的场景。在场景中创建一个新的球面（执行 GameObject > Create Other > Sphere 命令）。设置球面的变换为 P:[0,0,0]，R:[0,0,0]，S:[0.1, 0.1, 0.1]。为球面添加一个 TrailRenderer（在 Hierarchy 中选择 Sphere 并在菜单栏中执行 Component > Effects > Trail Renderer 命令）。

2. 打开 Sphere:TrailRenderer 检查器中 Materials 旁边的三角展开标志并单击元素 0 右边的圆圈来选择 Default-Particle 作为 TrailRenderer 的文本。同时设置 Time= 1，`StartWidth`= 0.1 和 `EndWidth`= 0.1。

3. 创建一个新的 C#脚本命名为 Cyclic。将它附加到 Hierarchy 中的 Sphere。然后在 MonoDevelop 打开 Cyclic 脚本，并输入如下代码：

```
using UnityEngine;
using System.Collections;
```

```
public class Cyclic : MonoBehaviour {
    public float theta = 0;
    public bool showCosX = false;
    public bool showSinY = false;

    public bool ________________;

    public Vector3 pos;
    public Color[] colors;

    void Awake() {
        //定义使用的Colors
        colors = new Color[] {
            new Color(1f, 0f, 0.0f),
            new Color(1f, 0.5f, 0.0f),
            new Color(1f, 1f, 0.0f),
            new Color(0.5f, 1f, 0.0f),
            new Color(0f, 1f, 0.0f),
            new Color(0f, 1f, 0.5f),
            new Color(0f, 1f, 1.0f),
            new Color(0f, 0.5f, 1.0f),
            new Color(0f, 0f, 1.0f),
            new Color(0.5f, 0f, 1.0f),
            new Color(1f, 0f, 1.0f),
            new Color(1f, 0f, 0.5f),
            new Color(1f, 0f, 0.0f) };
    }

    void Update () {
        //根据时间计算弧度
        float radians = Time.time * Mathf.PI;
        //将弧度转换为度在检查器中显示
        //“% 360”限制值的范围为0-359.9999
        theta = Mathf.Round( radians * Mathf.Rad2Deg ) % 360;
        //重置pos
        pos = Vector3.zero;
        //分别根据cos和sin计算x和y
        pos.x = Mathf.Cos(radians);
        pos.y = Mathf.Sin(radians);

        //使用通过检查器测试的cos和sin
        Vector3 tPos = Vector3.zero;
        if (showCosX) tPos.x = pos.x;
        if (showSinY) tPos.y = pos.y;
        // 定位当前游戏对象（即Sphere）
        transform.position = tPos;
    }

    void OnDrawGizmos() {
```

```
            if (!Application.isPlaying) return;

            //根据在圆圈中的位置选择颜色
            float cIndexFloat = (theta/180f)%1f * (colors.Length-1);
            int cIndex = Mathf.FloorToInt(cIndexFloat);
            float cU = cIndexFloat % 1.0f; // 仅获取十进制位
            Gizmos.color = Color.Lerp( colors[cIndex], colors[cIndex+1], cU );
            //使用 Gizmos 显示各个 Sin 和 Cos
            Vector3 cosPos = new Vector3( pos.x, -1f-(theta/360f), 0 );
            Gizmos.DrawSphere(cosPos, 0.05f);
            if (showCosX) Gizmos.DrawLine(cosPos, transform.position);

            Vector3 sinPos = new Vector3( 1f+(theta/360f), pos.y, 0 );
            Gizmos.DrawSphere(sinPos, 0.05f);
            if (showSinY) Gizmos.DrawLine(sinPos, transform.position);

        }
    }
```

4. 单击 Play 按钮之前，通过单击场景面板顶部的 2D 按钮将场景面板设置为 2D。单击 Play 按钮，会看到球体并没有开始移动，但有彩色圆圈移动到球体的下面和右边（可能需要放大才能看到）。右边的圆圈遵循 `Mathf.Sin(theta)` 中对波的定义，下面的圆圈遵循 `Mathf.Cos(theta)` 波。

如果在 Sphere:Cyclic(Script)检查器查看 `showCosX`，Sphere 会开始在 x 方向沿余弦波移动。你可以看到 Sphere 的 X 移动是如何直接连接到波谷的余弦运动。取消 `showCosX` 并选择 `showSinY`。现在可以看到 Sphere 的 Y 移动是如何连接到正弦波上的。如果同时选择 `showCosX` 和 `showSinY`，Sphere 会移动到通过结合 X = cos(theta) 和 Y = sin(theta)定义的圆圈中。完整的圆圈是 360°，或弧度为 2π（即 2 * Mathf.PI）。

图 B-2 也显示了这种连接，它使用 Unity 例子中相同的颜色。

第 35 章的 *Omega Mage* 游戏原型使用了正弦和余弦的这些属性，使得元素可以围绕在法师头上旋转，并且在第 30 章《太空射击》原型为 Enemy_1 类型的敌人定义了波移动方式，为 Enemy_2 类型的敌人调整线性插值宽松策略（参见本附录“插值”章节获取线性插值与宽松策略相关信息）。

骰子概率

本书第 11 章提到了 Jesse Schell 的概率法则# 4：枚举能解决复杂的数学问题。这里的快速入门 Unity 程序将枚举任何数量的具有任意面的骰子的所有可能性。然而，要注意的是每增加一面会大大增加必要的计算量（例如，5d6 [五个六面骰子] 比 4d6 多花 6 倍的计算时间，比 3d6 多花 36 倍的计算时间）。

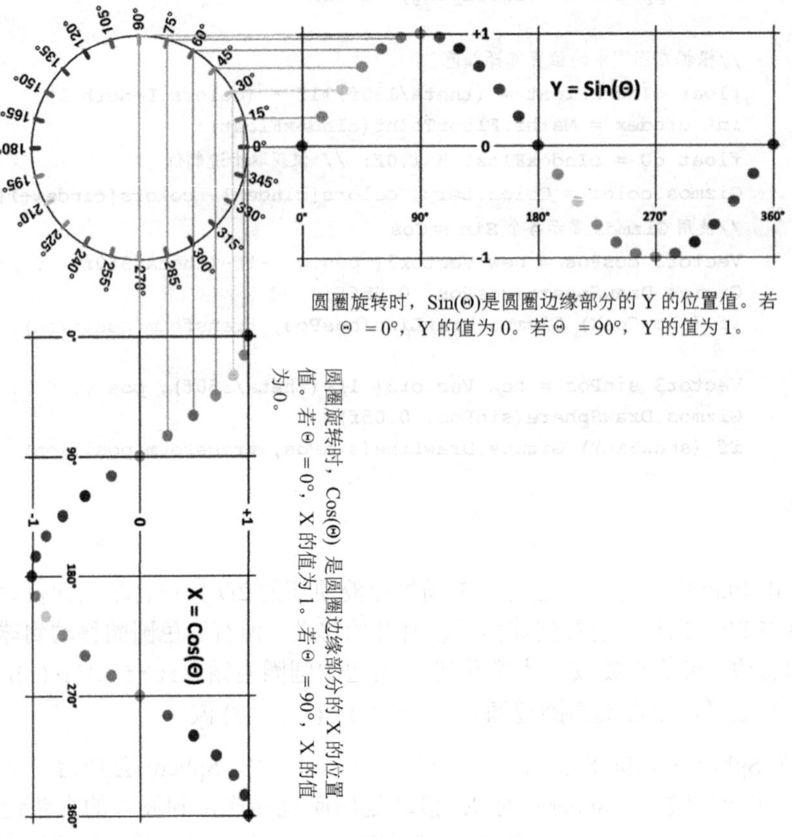

图 B-2　用于圆圈的正弦和余弦关系

Unity 示例

按照以下步骤创建一个示例：

1. 创建一个新的 Unity 工程。创建一个新的 C#脚本，命名为 DiceProbability 并将其拖到场景面板中的 Main Camera。打开 DiceProbability 并输入如下代码：

```
using UnityEngine;
using System.Collections;

public class DiceProbability : MonoBehaviour {

    public int numDice = 2;
    public int numSides = 6;
    public bool checkToCalculate = false;
    // ^ 设置 checkToCalculate 为 true 时，开始计算
    public int maxIterations = 10000;
    // ^ 完成一个周期的 CalculateRolls()协程的最大迭代次数
    public float width = 16;
    public float height = 9;

    public bool _______________;
```

```
    public int[] dice; //记录每面的值的数组
    public int[] rolls; //记录滚动次数的数组
    // ^对于2d6来说为[ 0, 0, 1, 2, 3, 4, 5, 6, 5, 4, 3, 2, 1 ], 意为2翻滚一次同
时7翻滚6次

    void Awake() {
        //设置main camera精确显示图表
        Camera cam = Camera.main;
        cam.backgroundColor = Color.black;
        cam.isOrthoGraphic = true;
        cam.orthographicSize = 5;
        cam.transform.position = new Vector3(8, 4.5f, -10);
    }

    void Update() {
        if (checkToCalculate) {
            StartCoroutine( CalculateRolls() );
            checkToCalculate = false;
        }
    }

    void OnDrawGizmos() {
        float minVal = numDice;
        float maxVal = numDice*numSides;
        //如果rolls数组未就绪, 返回
        if (rolls == null || rolls.Length == 0 || rolls.Length != maxVal+1) {
            return;
        }

        //描绘rolls数组
        float maxRolls = Mathf.Max(rolls);
        float heightMult = 1f/maxRolls;
        float widthMult = 1f/(maxVal-minVal);

        Gizmos.color = Color.white;
        Vector3 v0, v1 = Vector3.zero;
        for (int i=numDice; i<=maxVal; i++) {
            v0 = v1;
            v1.x = ( (float) i - numDice ) * width * widthMult;
            v1.y = ( (float) rolls[i] ) * height * heightMult;
            if (i != numDice) {
                Gizmos.DrawLine(v0,v1);
            }
        }
    }

    public IEnumerator CalculateRolls() {
        //计算每面的最大值(即翻滚的最大可能值)(例如2d6的maxValue = 12)
        int maxValue = numDice*numSides;
```

```
//使数组足够大保证存储所有可能值
rolls = new int[maxValue+1];

//为每个骰子生成一个带元素的数组。除第一个骰子的值设为 0，其他所有都设为 1，使
//RecursivelyAddOne()函数能正常运行
dice = new int[numDice];
for (int i=0; i<numDice; i++) {
    dice[i] = (i==0) ? 0 : 1;
}

//对骰子进行迭代

int iterations = 0;
int sum = 0;

//一般我不使用 while 循环因为它会导致无限循环
//但这里的协程在 while 循环中有输出，因此不会有什么大问题
while (sum != maxValue) {
// ^ 当所有骰子达到自身最大值时将有 sum == maxValue

    //在 dice 数组中增加第 0 号骰子
    RecursivelyAddOne(0);

    //对所有骰子求和
    sum = SumDice();
    //对 rolls 数组当前位置加 1
    rolls[sum]++;

    //迭代器加 1 并输出
    iterations++;
    if (iterations % maxIterations == 0) {
        yield return null;
    }
}
print("Calculation Done");

string s = "";
for (int i=numDice; i<=maxValue; i++) {
    s += i.ToString()+"\t"+rolls[i]+"\n";
}

int totalRolls = 0;
foreach (int i in rolls) {
    totalRolls += i;
}
s += "\nTotal Rolls: "+totalRolls+"\n";

print(s);
```

```
    }

    //下面为递归函数调用自身。本附录后面会介绍递归方法
    public void RecursivelyAddOne(int ndx) {
        if (ndx == dice.Length) return; //超过 dice 数组长度，返回

        //对 ndx 位置的骰子自加
        dice[ndx]++;
        //如果超过骰子最大限度...
        if (dice[ndx] > numSides) {
            dice[ndx] = 1; //那么设置当前骰子为 1...
            RecursivelyAddOne(ndx+1); //并对下一个骰子自加
        }
        return;
    }

    public int SumDice() {
        //在 dice 数组中对所有骰子的值求和
        int sum = 0;
        for (int i=0; i<dice.Length; i++) {
            sum += dice[i];
        }
        return(sum);
    }
}
```

2. 要使用 DiceProbability 枚举器的话，单击 Play 按钮然后在 Hierarchy 面板中选择 Main Camera。在 Main Camera:Dice Probability（脚本）检查器中，你可以设置 `numDice`（骰子数）和 `numSides`（每个骰子具有几面），然后单击 `checkToCalculat` 计算这些骰子投掷出的任何具体的数字的概率。Unity 将枚举所有可能的结果，然后将结果输出到控制台面板。第一次试着用 2 个 6 面骰子（2d6），将在控制台得到如下结果（你需要选择控制台消息以查看前两行之后的信息）：

```
2   1
3   2
4   3
5   4
6   5
7   6
8   5
9   4
10  3
11  2
12  1

Total Rolls: 36

UnityEngine.MonoBehaviour:print(Object)
```

```
<CalculateRolls>c__Iterator0:MoveNext() (at Assets/DiceProbability.cs:110)
UnityEngine.MonoBehaviour:StartCoroutine(IEnumerator)
DiceProbability:Update() (at Assets/DiceProbability.cs:34)
```

3．接下来尝试 8d6。你会看到这需要更长的时间来计算，而且每次协程（参见本附录中“协程”章节）输出，结果（以及曲线图）才逐步更新。

现在，任何时候想获取某事情的概率，如滚动 8d6 的骰子得到 13 的概率，可以通过枚举实现（这里是 792 / 1679616 = 11 / 23328≈0.00047≈0.05%）。此外，该代码可以用来选择每次随机滚动次数并输出一个实际的概率值，而不是书面的理论概率。

数量积

另一个非常有用的数学概念是数量积。两个向量的数量积是将每个向量的 X、Y 和 Z 分别和另一个向量相乘并将结果相加，如下面代码所示：

```
1 Vector3 a = new Vector3( 1, 2, 3 );
2 Vector3 b = new Vector3( 4, 5, 6 );
3 float dotProduct = a.x*b.x + a.y*b.y + a.z*b.z; // 1
4 // dotProduct = 1*4 + 2*5 + 3*6
5 // dotProduct = 4 + 10 + 18
6 // dotProduct = 32
7 dotProduct = Vector3.Dot(a,b); // C#中的实现方式 // 2
```

1．第 3 行显示手工计算 Vector3s 的 `a` 和 `b` 的数量积。

2．第 7 行显示使用内置静态方法 `Vector3.Dot()`进行相同的计算。

开始可能不是很重要，但它有另一个非常有用的属性：返回的浮点数的数量积也等同于 a.magnitude * b.magnitude * Cos(Θ)，其中 Θ 是两个向量之间的夹角，如图 B-3 所示。

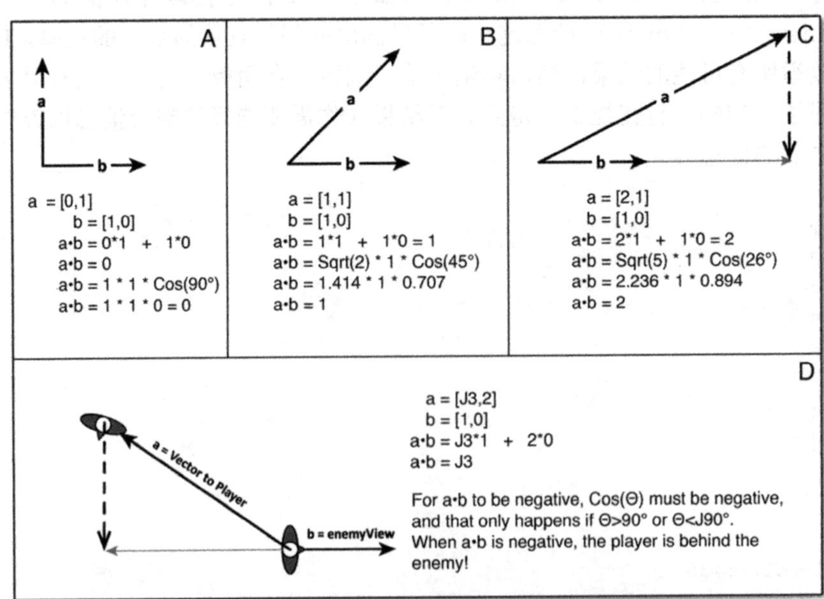

图 B-3　数量积例子（十进制数为近似值）。图中，黑点•表示数量积操作。

如图 B-3 中图 D 所示，这可以用来判断敌人是否面对玩家角色（在隐形游戏中会很有用）。也可以用于其他几个的地方，在计算机图形学中很常见。*Omega Mage* 里，它用于 `EnemySpiker.OnTriggerEnter()`来判别 EnemySpiker 是否移向或离开它击中的触发器。

B.3 插值

插值是指两个值之间的任何数学结合。当我毕业后作为一名合同程序员工作时，我觉得我能得到很多 offer 的一个主要原因是我的图形代码中元素的移动看起来平滑且饱满（借用 Kyle Gabler 的术语）。通过使用各种形式的插值和贝塞尔曲线可实现，本节将对它们一一进行介绍。

线性插值

线性插值是一种数学方法，通过规定存在于两个现有值之间来定义一个新的值或位置。所有的线性插值遵循相同的公式：

```
p01 = (1-u) * p0 + u * p1
```

代码看起来如下：

```
Vector3 p0 = new Vector3(0,0,0);
Vector3 p1 = new Vector3(1,1,0);
float u = 0.5f;
Vector3 p01 = (1-u) * p0 + u * p1;
print(p01); //打印：p0 和 p1 之间的半点(0.5, 0.5, 0)
```

在上面的代码中，通过在 `P0` 和 `P1` 之间插值创建一个新的点 `p01`。`u` 取值范围在 0 和 1 之间。其可以生成任何数量的维度，尽管我们在 Unity 中一般使用 Vector3s 插值。

基于时间的线性插值

在基于时间的线性插值中，可以保证插值将在一个指定的时间内完成，因为 u 的值是基于时间数量除以所需的总时间插值的结果。

Unity 示例

遵循以下步骤创建一个 Unity 例子：

1. 开始一个新的 Unity 工程，命名为 Interpolation Project。在 Hierarchy 中创建一个立方体（执行 GameObject > Create Other > Cube 命令）。在 Hierarchy 面板中选择 Cube 并添加一个 TrailRenderer（执行 Components > Effects > Trail Renderer 命令）。打开 TrailRenderer 的 `Materials` 数组并为内置素材 Default-Particle 设置命令（单击 Element 0 右边的圆圈，会在可用的素材列表中看到 Default-Particle）。

2. 在工程面板中创建一个新的 C#脚本，命名为 Interpolator。将它添加到 Cube 然后在 MonoDevelop 中打开它并输入下列代码：

```
using UnityEngine;
using System.Collections;

public class Interpolator : MonoBehaviour {
    public Vector3 p0 = new Vector3(0,0,0);
    public Vector3 p1 = new Vector3(3,4,5);
    public float timeDuration = 1;
    //设置 checkToCalculate 为 true 开始移动
    public bool checkToCalculate = false;

    public bool ________________;

    public Vector3 p01;
    public bool moving = false;
    public float timeStart;

    //每一帧都会调用 Update
    void Update () {
        if (checkToCalculate) {
            checkToCalculate = false;

            moving = true;
            timeStart = Time.time;
        }

        if (moving) {
            float u = (Time.time-timeStart)/timeDuration;
            if (u>=1) {
                u=1;
                moving = false;
            }

            //标准线性插值函数
            p01 = (1-u)*p0 + u*p1;

            transform.position = p01;
        }

    }
}
```

3. 切换回 Unity 并单击 Play 按钮。在 Cube:Interpolator（脚本）组件中，勾选 checkToCalculate 旁边的框，Cube 将在 1 秒内从 P0 移动到 P1。如果调整 timeDuration 为另一个值并再次勾选 checkToCalculate，可以看到 Cube 总是在 timeDuration 时间内从 P0 移动到 P1。Cube 正在移动时也可以改变 P0 或 P1 的位置，它将相应跟着更新。

利用 Zeno 悖论的线性插值

Zeno Elea 是一位古希腊哲学家，他提出了一系列关于日常非现实哲学和常识性运动的悖论。

在 Zeno 的二分法悖论中，焦点是一个移动的物体是否能到达固定点。假设一只青蛙跳向一堵墙，每跳一次，它到墙的距离就减少一半，无论青蛙跳了多少次，最后一次跳跃后它仍然距离剩余墙壁还有一半距离，所以它将永远无法越过墙。

忽略其中的哲学意义，我们实际上可以使用线性插值中的一个类似概念创建一个平滑运动，最后收缩到一个特定的点。本书中使用这个方法创建摄像机使它可以随意跟拍兴趣点。

Unity 示例

继续之前的 Interpolation Project 工程，现在为场景增加一个球体（执行 GameObject > Create Other > Sphere 命令）并放在远离 Cube 的某个地方。在工程面板中创建一个新的 C#脚本，命名为 ZenosFollower 并添加到 Sphere。在 MonoDevelop 打开 ZenosFollower 输入如下代码：

```
using UnityEngine;
using System.Collections;

public class ZenosFollower : MonoBehaviour {

    public GameObject poi; //兴趣点
    public float u = 0.1f;
    public Vector3 p0, p1, p01;

    //每一帧都会调用 Update
    void Update () {
        //获取 this 和 poi 的位置
        p0 = this.transform.position;
        p1 = poi.transform.position;

        //二插值
        p01 = (1-u)*p0 + u*p1;

        //将 this 移动到新位置
        this.transform.position = p01;
    }
}
```

保存代码并返回 Unity。设置 Sphere:ZenosFollower 的 `poi` 为 Cube（拖动 Cube 从 Hierarchy 面板到 Sphere:ZenosFollower（脚本）检查器的 `poi` 窗口）。记得保存场景！

现在单击 Play 按钮时，球体将向立方体移动。如果选择立方体并勾选 `checkToCalculate` 框，该球体将跟随立方体移动。也可以手动在场景窗口中移动立方体，然后让球体跟着移动。

尝试改变 Sphere:ZenosFollower 检查器中 u 的值。较小的值使它移动缓慢，较大的值让它速度加快。值为 0.5 使得球体可以覆盖每一帧到立方体一半的距离，完全类似 Zeno 的二分法悖论（但实际中跟得太近）。确实使用这个特殊代码会让球体永远无法到达立方体完全相同的位置，而且事实上因为这个代码不是基于时间的，在高速计算机上球体将跟得更紧，而低速计算机上则变慢，但它也只是一个快速入门的易实现的简单脚本。

其他插值

几乎可以插值任何类型的数值，在 Unity 中意味着我们可以很容易实现插值，如尺度、旋转以及颜色等。

Unity 示例

可以像前面的插值实例一样在同一个工程或新的工程中完成：

1. 在 Hierarchy 中创建两个新的立方体分别名为 c0 和 c1。为每一个生成新的素材（执行 Assets > Create > Material 命令）并分别命名为 Mat_c0 和 Mat_c1。通过拖动到顶部分别将各个素材应用到立方体上。选择 c0 并设置为任何你想要的位置、旋转和尺度（只要在屏幕上可见）。在检查器的 c0:Mat_c0 部分也可以设置为任何你喜欢的颜色。对 c1 做同样的操作并设置颜色为 Mat_c1，保证 c0 和 c1 彼此具有不同的位置、旋转、尺度和颜色。
2. 为场景添加第三个立方体，放在默认位置，并将其命名为 Cube01。
3. 创建一个新的 C#脚本，命名为 Interpolator2 并将它添加到 Cube01。在 Interpolator2 中输入下面的代码：

```
using UnityEngine;
using System.Collections;

public class Interpolator2 : MonoBehaviour {
    public Transform c0, c1;
    public float timeDuration = 1;
    //设置 checkToCalculate 为 true 开始移动
    public bool checkToCalculate = false;

    public bool ________________;

    public Vector3 p01;
    public Color c01;
    public Quaternion r01;
    public Vector3 s01;
    public bool moving = false;
    public float timeStart;

    //每一帧都会调用 Update
    void Update () {
        if (checkToCalculate) {
```

```
            checkToCalculate = false;

            moving = true;
            timeStart = Time.time;
        }

        if (moving) {
            float u = (Time.time-timeStart)/timeDuration;
            if (u>=1) {
                u=1;
                moving = false;
            }

            //标准线性插值函数
            p01 = (1-u)*c0.position + u*c1.position;
            c01 = (1-u)*c0.renderer.material.color +
                u*c1.renderer.material.color;
            s01 = (1-u)*c0.localScale + u*c1.localScale;
            //旋转的处理方法稍有不同，因为四元数有点麻烦
            r01 = Quaternion.Slerp(c0.rotation, c1.rotation, u);

            //将上面的值赋给当前Cube01
            transform.position = p01;
            renderer.material.color = c01;
            transform.localScale = s01;
            transform.rotation = r01;
        }

    }
}
```

4. 返回 Unity，将 c0 从 Hierarchy 面板拖入 Cube01:Interpolator2（脚本）检查器 `c0` 字段。同样将 c1 拖入 `c1` 字段。单击 Play 按钮，然后勾选 Cube01:Interpolator2 检查器中 `checkToCalculate` 复选框。你会发现除了位置，Cube01 现在还会对其他进行插值计算。

线性外插法

我们迄今所做的所有插值的 u 值范围都是 0 到 1。如果让 u 超出这个范围，可以实现外插（如此命名是因为不同于在两值之间内插值，它是在两个原点之外外插数据）。

假设两个原点为 10 和 20，外插 u=2 的效果如图 B-4 所示。

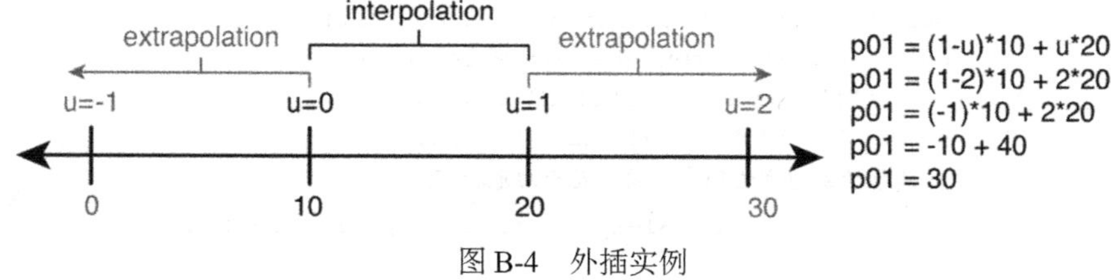

图 B-4 外插实例

Unity 示例

对 Interpolator2 进行如下修改可在代码中实现外插：

```
using UnityEngine;
using System.Collections;

public class Interpolator2 : MonoBehaviour {
    public Transform c0, c1;
    public float uMin = 0;
    public float uMax = 1;
    public float timeDuration = 1;
    //设置 checkToCalculate 为 true 开始移动
    public bool checkToCalculate = false;

    public bool ______________;

    public Vector3 p01;
    public Color c01;
    public Quaternion r01;
    public Vector3 s01;
    public bool moving = false;
    public float timeStart;

    //每一帧都会调用 Update
    void Update () {
        if (checkToCalculate) {
            checkToCalculate = false;

            moving = true;
            timeStart = Time.time;
        }

        if (moving) {
            float u = (Time.time-timeStart)/timeDuration;
            if (u>=1) {
                u=1;
                moving = false;
            }
            //调整 u 的范围为 uMin 到 uMax
            u = (1-u)*uMin + u*uMax;
            // ^似曾相识？线性内插也是这样做的！

            //标准线性插值函数
            p01 = (1-u)*c0.position + u*c1.position;
            c01 = (1-u)*c0.renderer.material.color +
                u*c1.renderer.material.color;
            s01 = (1-u)*c0.localScale + u*c1.localScale;
            //旋转的处理方法稍有不同，因为四元数有点麻烦
            r01 = Quaternion.Slerp(c0.rotation, c1.rotation, u);
```

```
            //将上面的值赋给当前 Cube01
            transform.position = p01;
            renderer.material.color = c01;
            transform.localScale = s01;
            transform.rotation = r01;
        }

    }
}
```

现在单击 Play 按钮并勾选 Cube01 的 `checkToCalculate` 框，会得到与前面相同的结果。但是，尝试将 Cube01:Interpolator2（脚本）检查器的 `uMin` 和 `uMax` 值分别改为-1 和 2。现在，勾选 `checkToCalculate`，你会发现颜色、位置和都实现外插并超出设置的原始范围。但是，由于 `Quaternion.Slerp()` 方法（使用球面线性插值实现旋转）的限制，旋转不会外插超过 c0 或 c1 的旋转范围。如果向 `Slerp()` 传递任何低于 0 的数字作为它的 u 值，它仍然将该值作为 0（任何大于 1 的数字也被当做 1）。查看关于 Vector3 的文档，它也有一个 `Lerp()` 方法在 Vector3s 之间实现插值，但笔者从来没有使用这个函数，因为它限制 u 的值为 0 到 1，且不允许外插。

缓动线性插值

到目前为我们已经很好地实现了插值，但仍然让人感觉它们非常机械，因为是突然开始，以固定的速度移动，然后突然停止。令人高兴的是，有几个不同的缓动函数可以使它们更灵活。下面是一个最容易理解的 Unity 例子。

Unity 示例

在 MonoDevelop 中打开 Interpolator2 并进行以下修改：

```
using UnityEngine;
using System.Collections;

public enum EasingType {
    linear,
    easeIn,
    easeOut,
    easeInOut,
    sin,
    sinIn,
    sinOut
}

public class Interpolator2 : MonoBehaviour {
    public Transform c0, c1;
    public float uMin = 0;
    public float uMax = 1;
    public float timeDuration = 1;
    public EasingType easingType = EasingType.linear;
    public float easingMod = 2;
    public bool loopMove = true; //产生周期移动
```

```
//设置 checkToCalculate 为 true 开始移动
public bool checkToCalculate = false;

...

void Update () {
    ...

    if (moving) {
        float u = (Time.time-timeStart)/timeDuration;
        if (u>=1) {
            u=1;
            if (loopMove) {
                timeStart = Time.time;
            } else {
                moving = false;
            }
        }
        //调整 u 的范围为 uMin 到 uMax
        u = (1-u)*uMin + u*uMax;
        // ^似曾相识？线性内插也是这样做的！

        //缓动函数
        u = EaseU(u, easingType, easingMod);
        //标准线性插值函数
        p01 = (1-u)*c0.position + u*c1.position;
        ...

    }
}

public float EaseU(float u, EasingType eType, float eMod) {
    float u2 = u;

    switch (eType) {
    case EasingType.linear:
        u2 = u;
        break;

    case EasingType.easeIn:
        u2 = Mathf.Pow(u, eMod);
        break;

    case EasingType.easeOut:
        u2 = 1 - Mathf.Pow( 1-u, eMod );
        break;

    case EasingType.easeInOut:
        if ( u <= 0.5f ) {
            u2 = 0.5f * Mathf.Pow( u*2, eMod );
        } else {
```

```
                u2 = 0.5f + 0.5f * ( 1 - Mathf.Pow( 1-(2*(u-0.5f)), eMod ) );
            }
            break;

        case EasingType.sin:
            //设 eMod 的值为 0.16f 并且 EasingType.sin 为 0.2f
            u2 = u + eMod * Mathf.Sin( 2*Mathf.PI*u );
            break;

        case EasingType.sinIn:
            // eMod is ignored for SinIn
            u2 = 1 - Mathf.Cos( u * Mathf.PI * 0.5f );
            break;

        case EasingType.sinOut:
            // eMod 被 SinOut 忽略
            u2 = Mathf.Sin( u * Mathf.PI * 0.5f );
            break;
        }

        return( u2 );
    }
}
```

保存 Interpolator2 并返回 Unity。在 Cube01:Interpolator2(Script)检查器中设置 uMin 和 uMax 的值回到 0 和 1。单击 Play 按钮勾选 checkToCalculate。现在，因为 loopMove 也被选中，Cube01 不断对 c0 和 c1 之间进行插值计算。

试着对 easingType.easingMod 用不同的设置将会影响 easeIn、easeOut、easeInOut 和 sin 缓动类型。对于 sin 类型，分别设置 easingMod 为 0.16 以及 0.2，可以看到 Sin-based 缓动类型的灵活度。

图 B-5 中用图形展示各种缓动曲线。图中水平维度代表初始 u 值，而垂直维度表示缓动 u 值（u2）。在每一个例子中都可以看到，当 u=1 时 u2 也等于 1。这样一来，如果线性插值是基于时间的，无论怎样设置缓动，值总是在同一时间完整地从 P0 移动到 P1。

线性曲线显示没有缓动效果（u2 = u）。如其他每个曲线所示，线 u2=u 作为虚线对角线显示常规线性行为。如果曲线垂直分量一直低于虚线对角线，那它的运动速度比线性曲线慢。相反，如果曲线的垂直分量是在虚线对角线之上，那么缓动曲线将提前于线性移动产生。

EaseIn 曲线启动缓慢，然后逐渐加快向终点移动（u2 = u*u）。这就是所谓的 easing in，因为第一部分的运动是“简单”并且缓慢的，然后才加快。

EaseOut 曲线与 EaseIn 曲线相反。该曲线运动开始很快，然后放缓直到结束。

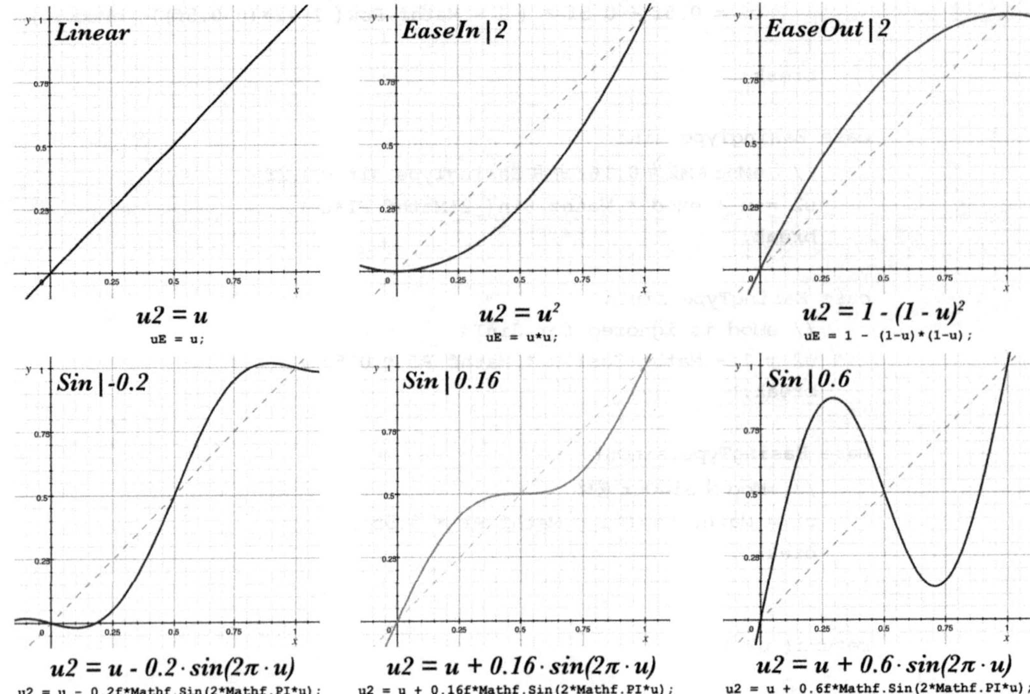

图 B-5 不同的缓动曲线及其公式。在每一种情况下，单管（|）后面的数字代表 easingMod 值

图底部的三个 Sin 曲线都遵循相同的公式（u2 = u + n * sin(u*2π)），其中 n 是一个浮点数（即代码中的变量 `easingMod`）。乘法 u * 2π 里面的 sin()确保 u 从 0 移动到 1，使它通过全正弦波（移动到中心，上，中，下，回中心）。如果 n = 0，没有正弦曲线效果（即曲线仍然是线性的），因为 n 从零开始在所有方向移动，它的效果更明显。

曲线 Sin|-0.2 是一个跳动的缓慢开始和缓慢结束的过渡效果。n 的值-0.2 为线性进程增加了一个负正弦波，使移动的物体从 p0 向后退一点，快速移动到 p1，超过一点，然后定在 p1。Sin|-0.1 中 n 值接近零使物体从中心点全速开始，接近 p1 时再慢下来，不会外插到任何一端。

Sin|0.16 中，一条稀疏的正弦曲线会添加到线性 u 进程，使曲线先于线性，在中间变慢，然后再超过。如果移动一个对象将使它来到中心点，在中间变慢“作用”一段时间，然后移走。

曲线 Sin|0.6 是第 30 章 Enemy_2 中使用的缓动曲线。在本例中，添加强正弦波使物体穿过中心点到距离 p1 大约 80%远的一个点，然后回到距离 p1 约 20%的点，最后移动到 p1。

贝塞尔曲线

贝塞尔曲线实现大于 2 点的线性插值。使用常规的线性插值，其基本公式为 p01 = (1-u) * p0 + u * p1。贝塞尔曲线只是增加了更多的点和计算量。

假设三个点 p0，p1 和 p2：

```
p01 = (1-u) * p0 + u * p1
p12 = (1-u) * p1 + u * p2
p012 = (1-u) * p01 + u * p12
```

在前面的方程中已证明过，对点 p0，p1 和 p2 来说，它们在贝塞尔曲线中的位置是通过首先在 p0 和 p1 之间（称为 p01）完成线性插值，然后在 p1 和 p2 间（称为 p12）完成线性插值，最后在 p01 和 p12 之间完成线性插值获得最终点 p012。图 B-6 用图形显示该过程。

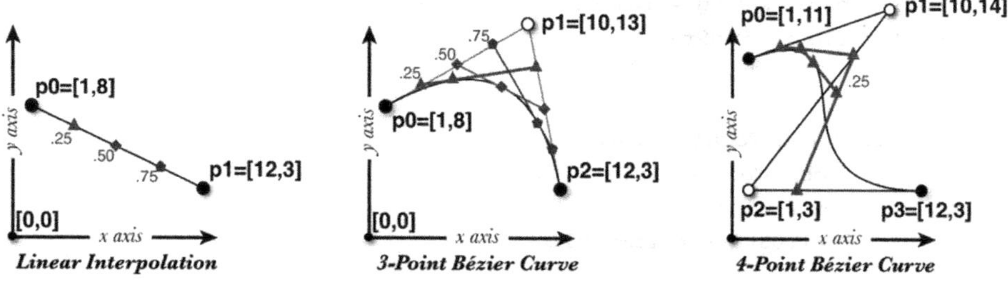

图 B-6 线性插值和三坐标、四坐标贝塞尔曲线

一个四坐标曲线需要更大的计算量来囊括 4 个点：

```
p01 = (1-u) * p0 + u * p1
p12 = (1-u) * p1 + u * p2
p23 = (1-u) * p2 + u * p3
p012 = (1-u) * p01 + u * p12
p123 = (1-u) * p12 + u * p23
p0123 = (1-u) * p012 + u * p123
```

四坐标贝塞尔曲线常用于画图程序定义控制高度的曲线，包括：Adobe Flash，Adobe Illustrator，Adobe Photoshop，Omni Groups 的 OmniGraffle 等。实际上，Unity 中用于动画和视频处理的曲线绘制工具使用的就是四坐标类型的贝塞尔曲线。

Unity 示例

按照下面的步骤在 Unity 中生成一个贝塞尔曲线实例。编写代码时，我没有在 Bézier 中使用重音符号é，因为代码应该避免任何重音字符。

1. 在 Unity 面板中创建一个新的场景，命名为_BezierScene。添加 4 个名为 c0、c1、c2 和 c3 的立方体。设置各立方体的 transform.scale 为 S:[0.5, 0.5, 0.5]。环绕场景将各立方体放置在不同位置，并调整场景视线能看到所有。接着，为场景添加球面，并赋上 TrailRenderer，设置 TrailRenderer 的素材为 Default-Particle（正如本附录前面的"基于时间的线性插值"章节中 Unity 例子步骤 1 描述的一样）。
2. 生成一个新的 C#脚本，命名为 Bezier 并添加到 Sphere。在 MonoDevelop 中打开 Bezier 并输入如下代码：

```
using UnityEngine;
using System.Collections;

public class Bezier : MonoBehaviour {
```

```
        public Transform c0, c1, c2, c3;
        public float timeDuration = 1;
        //设置 checkToCalculate 为 true 开始移动
        public bool checkToCalculate = false;

        public bool ____________;

        public float u;
        public Vector3 p0123;
        public bool moving = false;
        public float timeStart;

        void Update () {
            if (checkToCalculate) {
                checkToCalculate = false;
                moving = true;
                timeStart = Time.time;
            }

            if (moving) {
                u = (Time.time-timeStart)/timeDuration;
                if (u>=1) {
                    u=1;
                    moving = false;
                }

                //4 坐标贝塞尔曲线计算
                Vector3 p01, p12, p23, p012, p123;

                p01 = (1-u)*c0.position + u*c1.position;
                p12 = (1-u)*c1.position + u*c2.position;
                p23 = (1-u)*c2.position + u*c3.position;

                p012 = (1-u)*p01 + u*p12;
                p123 = (1-u)*p12 + u*p23;

                p0123 = (1-u)*p012 + u*p123;

                transform.position = p0123;
            }

        }
}
```

3. 返回 Unity，在 Sphere:Bezier（Script）检查器中将 4 个立方体分配到各自所属字段。然后在检查器中单击 Play 按钮并勾选 `checkToCalculate` 复选框。Sphere 会描绘四个立方体之间的贝塞尔曲线。这里要注意的很重要的一点是 Sphere 只与 c0 和 c3 相交。它受 c1 和 c2 作用但不与之相交。所有的贝塞尔曲线都是如此。曲线的末端总是通过第一个和最后一个点，但不会通过它们之间的任何点。如果读者想寻找一种会通过中间点的曲线，可查看在线“Hermite

spline”（以及其他各种类型的样条）。

递归贝塞尔曲线函数

正如你在上一节中看到的，为贝塞尔曲线添加更多的控制点带来额外计算量都是很简单的概念，但需要一点时间输出所有增加的代码行。下面的代码清单包括一个精简的递归函数用于计算包含任意点的贝塞尔曲线。它包含在 ProtoTools `Utils` 类作为第 31 到 35 章初始 unitypackage 的一部分：

```
//记住代码必须使用下面三行的"using"行
using UnityEngine;
using System.Collections;
using System.Collections.Generic; //函数使用 List<>s

public class Utils {
    // There are many lines in Utils prior to the Bezier methods
    ...

    //Unity 的标准 Vector Lerp 函数不允许外插（比如 u 固定为 0 <= u <= 1），
    //因此编写自定义 Lerp 函数
    static public Vector3 Lerp (Vector3 vFrom, Vector3 vTo, float u) {
        Vector3 res = (1-u)*vFrom + u*vTo;
        return( res );
    }

    //尽管大部分贝塞尔曲线都是 3 坐标或 4 坐标，使用该递归函数可以包含任意数量的坐标
    //鉴于 Vector3.Lerp 函数不支持外插，这里使用上面的 Lerp 函数
    static public Vector3 Bezier( float u, List<Vector3> vList ) {
        //如果 vList 中只有一个元素，返回
        if (vList.Count == 1) {
            return( vList[0] );
        }

        //创建 vListR，整体复制 vList，但除开第 0 号元素
        //例如，如果 vList = [0,1,2,3,4]，那么 vListR = [1,2,3,4]
        List<Vector3> vListR = vList.GetRange(1, vList.Count-1);

        //接着创建 vListL，整体复制 vList，但除开最后一号元素
        //例如，如果 vList = [0,1,2,3,4]，那么 vListL = [0,1,2,3]
        List<Vector3> vListL = vList.GetRange(0, vList.Count-1);

        //结果为这将 2 个短贝塞尔 List 传递给 Lerp 函数
        Vector3 res = Lerp( Bezier(u, vListL), Bezier(u, vListR), u );
        // ^ 这里的贝塞尔函数递归调用自己来合并列表直到每个递归只有一个值
            return( res ); //返回结果
    }
```

```
    //这个版允许一个数组或一系列的 Vector3s 作为输入，并随后转换为一个<Vector3>列表
    static public Vector3 Bezier( float u, params Vector3[] vecs ) {
        return( Bezier( u, new List<Vector3>(vecs) ) );
    }

    ...
}
```

B.4 角色扮演游戏

业界有很多好的角色扮演游戏(RPG)。最有名的可能还是 Wizards 的 Coast(D&D) 出品的 *Dungeons & Dragons* 游戏，目前已经第五版了。从第三版开始，D&D 就开始基于 d20 系统开发，使用一个单独的 20 面骰子替代先前系统中使用投掷大量复杂的骰子。笔者喜欢 D&D 的很多方面，但我发现很多我的学生试图在他们的系统中运行 D&D 时都会困在格斗环节，里面有大量具体的格斗角色，特别是第四版。

对于第一个 RPG 系统，笔者推荐 *Evil Hat* 系列产品的 *FATE*。*FATE* 是一个简单的系统，比起其他系统它允许玩家直接构成叙事（其他系统给运行游戏的人所有权力）。可以通过网站 http://faterpg.com 了解更多关于 FATE 的信息，也可在 http://fate-srd.com 阅读免费的 *FATE* 系统参考文献（SRD）。

关于运行好的角色扮演游戏的小提示

运行一个角色扮演比赛能提高作为一名游戏设计师的设计能力和讲故事的能力。如果你自己尝试运行一个比赛，这里有一些笔者的学生在开始运行比赛时我认为非常有用的技巧：

1. 从简单的开始：业界有很多不同的角色扮演系统，而它们规则的复杂性变化很大。我建议从一个简单的系统开始，如 *Dungeons & Dragons*。于 1974 年首次发布的 D&D 是第一个角色扮演系统并且在随后的 40 年中成为最流行的系统。D&D 所有的规则就是基于简单，基本规则涵盖的所有可能的条件都是非常直截了当的，随着对系统的逐渐深入了解，后面也可以添加更多的规则手册。

如前一节所述，对新角色玩家的另一个很好的方法是使用 *FATE* 系统，它比 D&D 具有更简单的战斗规则和比赛意念。另外，*FATE* 还有更详细的游戏机制允许玩家向游戏专家提出剧情建议，使得剧情类 *FATE* 游戏比其他系统更具协同性。

2. 从短的开始：不是从比赛的其中一个片段开始，你可能需要一整年才能完成，尝试从一个简单的任务开始，可以一个晚上就完成。这可以让游戏组体验他们的角色和系统，看看他们是否都喜欢。如果有不喜欢的，也很容易换成别的角色，更重要的是，比起开始了一场史诗般的战役，玩家们享受他们的第一次角色扮演体验。

3. 帮助玩家开始：除非你的队伍中的其他玩家以前有角色扮演的经验，否则你为

他们创造角色是一个好的建议。这可以确保角色之间互补，并组成一个好的团队。一个标准的角色扮演组具有下列特征：

- 士兵承受敌人近距离的损害和攻击。
- 向导完成远程攻击和侦测法术。
- 盗贼用于解除陷阱和设置偷袭。
- 牧师查明犯罪并恢复其他成员。

然而，如果你要为队员创造角色，应该通过前期询问他们想要哪种游戏体验，希望他们的角色具有什么类型的能力。前期购买是让玩家适应可能会在游戏之初遇到的粗糙补丁的关键之一。

4. 即兴策略：玩家会经常做你不期望的事情。唯一解决方法就是将自己系统装备足够的灵活性和及时应对。随时准备好如通用的空间地图，列出团队可能或可能不会遇到的可用于 NPC（非玩家角色）的名字列表，和一些能想象到的不同难度级别的通用怪物。事先准备的越多，游戏当中你花在查看游戏规则的时间就越少。

5. 做决策：如果花了 10 分钟在规则中找不到某个问题的答案，那就基于你的最佳判断和玩家意见做出决策，游戏任务结束后可以看到最终结果。这可以避免陷入深奥的游戏规则泥潭。

6. 玩家也要参与：记住让玩家们远离攻击路线。如果准备的场景太狭窄，你可能需要阻止玩家遇到此种情况，但也可能增加玩家对游戏失去兴趣的风险。

7. 请记住持续的高难度挑战并不有趣：本书第一部分对游戏次序的讨论中可以看到，如果玩家总是面对高难度挑战，他们很快会失去兴趣。在 RPG 游戏中也是如此。玩家通常都是面对高强度战斗，但也应该偶尔设置一些玩家可以轻松赢得的战斗（这有助于向玩家展示他们的角色随着级别上升实际上正在变得更强大）甚至有时玩家为了生存需要逃离战斗（玩家通常预计不能逃离战斗，这样做可能会使他们很意外）。

如果能记住以上提示，对于游戏设计者和玩家，都有助于让角色扮演游戏变得更加有趣。

B.5 用户接口概念

用于微软控制器的轴和按钮映射

虽然本书中大多数游戏使用鼠标或键盘接口，但笔者想读者可能最终想在游戏中使用手柄控制器。一般来说，用在 PC、OS X 或 Linux 上最简单的控制器是微软的 Microsoft Xbox 控制器。可以使用有线或无线版本，并且无线版本带有一个接收器，允许一台机器同时连接四台 Xbox 控制器。

然而不幸的是，每种平台（PC、OS X 以及 Linux）对控制器的解码方式不同，所以你需要设置一个输入管理器来适应不同平台上控制器的工作方式。

或者，为了避免麻烦，可以从 Unity 资源库选择一个输入管理器。笔者的一些学生已经在 Gallant Games 中使用 *InControl*，它的地图输入不仅支持微软控制器也包括 Sony、Logitech、Ouya 等在 Unity 中有相同输入代码的控制器。

```
http://www.gallantgames.com/pages/incontrol-introduction
```

如果你想自己配置 Unity 的 InputManager，图 B-7 包含了 Unify 社区主页关于 Xbox 360 控制器的信息[2]。图片中的数字表明可被 InputManager Axes 窗口访问的操纵杆按钮数。轴是用首写字母 a 定义的（例如 aX，a5）。如果在同一台机器上运行多个操纵杆，可以使用 *joystick # button #*（例如“joystick 1 button 3”）在 InputManager Axes 中指定一个特定的操纵杆。相同的 Unify 页面也包括可下载的用于 4 个模拟微软控制器的 InputManager 安装包。

在 PC 机上，控制器的驱动程序应该自动安装。在 Linux 上（Ubuntu 13.04 及以上版本）也应该包括在内。对于 OS X，你需要从 TattieBogle 下载驱动，请访问 http://tattiebogle.net/index.php/ProjectRoot/Xbox360Controller/OsxDriver。

OS X 系统的鼠标右键单击

本书中有很多时候都要求读者执行鼠标右键单击操作。然而许多人不知道如何在 Macintosh 系统下使用鼠标右键单击，因为它对于 OS X 触控板和鼠标不是默认设置。实际上有几种方法来执行单击鼠标右键，而选择何种方式取决于你的 Mac 版本和喜欢的人机交互方式。

Ctrl+单击=鼠标右键单击

在所有现代 OS X 系统键盘的左下角附近都是一个 Ctrl 键。如果你按住 Ctrl 键然后鼠标左键单击（正常单击）任何东西，OS X 系统视为一个鼠标右键单击。

使用任何 PC 鼠标

你可以在 OS X 上使用几乎任何一个有两个或三个按钮的电脑鼠标，笔者使用的是 Razer Orochi。

设置 OS X 鼠标为右键单击

如果你的 OS X 鼠标为 2005 年或之后生产的（Apple Mighty 鼠标或 Apple Magic 鼠标），通过执行 System Preferences > Mouse 命令可以激活鼠标的右键单击功能。选择屏幕顶部的 Point & Click 标签。勾选 Secondary click 旁边的方框然后从弹出菜单中选择 Secondary Click 下面的 Click on right side。这样设置使得单击鼠标左键执行左单击，单击鼠标右键执行右单击操作。

---

2 Unify 社区主页地址为 http://wiki.unity3d.com/index.php?title=Xbox360Controller。

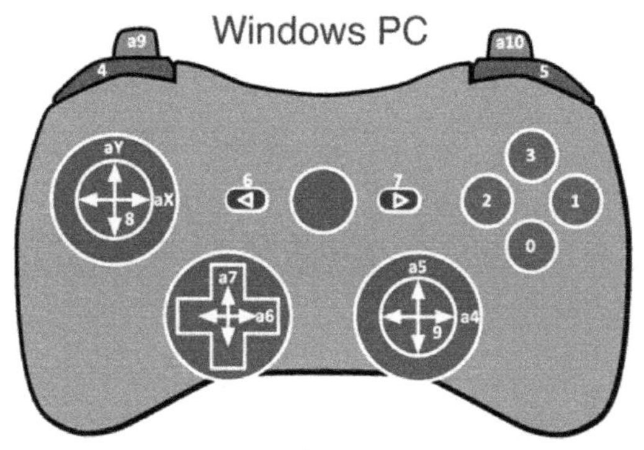

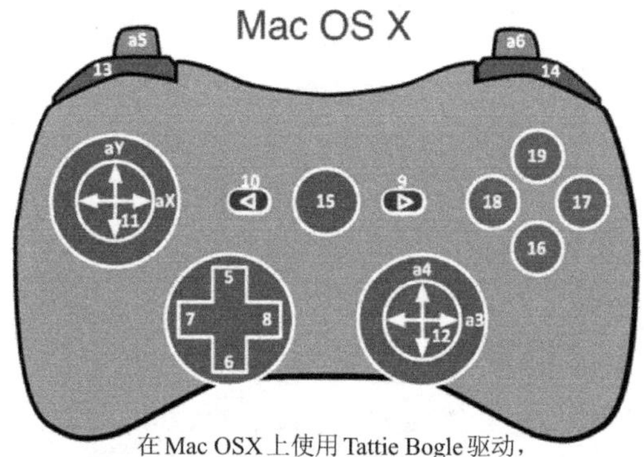

在 Mac OSX 上使用 Tattie Bogle 驱动，http://tattiebogle.net/index.php/ProjectRoot/Xbox360Controller/OsxDriver

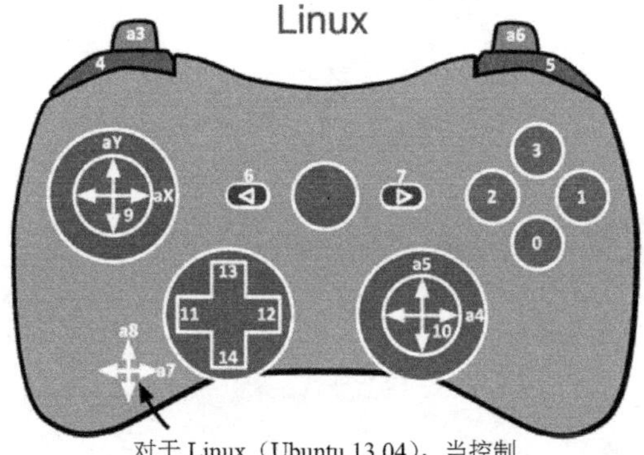

对于 Linux（Ubuntu 13.04），当控制器是有线的而 4 个按钮（11-13）是无线时，D-Pad 有 2 个轴（a7 & a8）

图 B-7　用于 PC、OS X 和 Linux 的 Xbox 控制器映射

设置 OS X 触控板的右键单击

和 Apple 鼠标一样，所有流行的 Apple 平板的触控板（或蓝牙 Magic 触控板）都可配置为右键单击。执行 System Preferences > Trackpad 命令并选择窗口顶部的 Point & Click 标签。勾选 Secondary click 旁边的方框。如果选择从弹出菜单中选择 Secondary Click 下面的 Click or tap with two fingers，可设置标准的单手指触摸和两根手指的右键单击触摸。当然还有其他可选的右键单击触摸选项。